Boxster 986/987

SCHRAUBERHANDBUCH

REPARIEREN UND OPTIMIEREN LEICHT GEMACHT

HEEL WERKSTATT

IMPRESSUM

HEEL Verlag GmbH
Gut Pottscheidt
53639 Königswinter
Tel.: 02223 9230-0
Fax: 02223 9230-26
info@heel-verlag.de
www.heel-verlag.de

Deutsche Ausgabe:

3. Auflage: 2023

Der Originaltitel „101 Projects for Your Porsche Boxster“ ist erschienen bei: Motorbooks, an imprint of Quarto Publishing Group USA Inc.
400 First Avenue North, Suite 400
Minneapolis, MN 55401
USA

Übersetzung ins Deutsche: TTS Veil + Partner,
Stephan Veil, Stuttgart

Lektorat: Jürgen Schlegelmilch

Titelfoto: Porsche AG

Printed in China

ISBN: 978-3-95843-144-7

MIX
Papier | Fördert gute Waldnutzung
FSC® C016973

WARNHINWEIS:
Dieses Buch soll Hilfe zur Selbsthilfe sein. Die hierin veröffentlichten technischen Ratschläge entsprechen nicht immer den üblichen Handwerksregeln.
Für etliche technische Ratschläge in diesem Buch wird handwerkliches Grundwissen vorausgesetzt, ohne das man die entsprechenden Arbeiten nicht angehen soll.
Im Zweifelsfall sollte man vor Durchführung von technischen Arbeiten immer einen geschulten Spezialisten zu Rate ziehen und die Arbeiten nicht selbst durchführen.
Etliche Ratschläge können bei fehlerhafter Ausführung unter bestimmten Umständen zu erheblichen Folgeschäden führen.
Autor, Übersetzer und Verlag lehnen daher ausdrücklich jede Haftung für die veröffentlichten Arbeitsanweisungen und daraus gefolgerte Schlüsse ab. Für alle anhand dieses Buches ausgeführten Arbeiten übernimmt der durchführende Schrauber, Bastler oder Mechaniker das alleinige und uneingeschränkte Risiko. Ebenso ist die Haftung des Autors, Übersetzers und Verlags für Druckfehler, Schreibfehler und sachliche Fehler jeder Art ausdrücklich ausgeschlossen.

Bei dem vorliegenden Handbuch handelt es sich um eine Übersetzung aus dem Englischen.
Wichtig: Bitte beachten Sie, dass es bei rechtsgelenkten Ausführungen zu dementsprechenden Abweichungen bei Befestigungspunkten und Bauteilausführungen kommen kann. Generell ist die Abfolge der Arbeitsschritte aber identisch.

Inhalt

ABSCHNITT 5: KRAFTÜBERTRAGUNG

ABSCHNITT 6: AUSPUFFANLAGE

ABSCHNITT 7: BREMSANLAGE

ABSCHNITT 8: FAHRWERK

ABSCHNITT 9: KAROSSERIE

ABSCHNITT 10: ELEKTRISCHE ANLAGE

ABSCHNITT 11: ZUSÄTZLICHE ARBEITEN

Danksagungen

Ein Buch dieses Umfangs schreibt sich nicht einfach selbst, sondern entsteht unter tätiger Mithilfe zahlreicher williger Auskunftgeber. Am Entstehen dieses Buches hatten viele Helfer ihren Anteil, die sich genau wie ich für dieses Projekt begeistern ließen. Vorneweg zu nennen ist Jared Fenton, der bei den Projekten und Fotos unschätzbare Hilfe leistete. Ganz besonderer Dank gilt meiner Ehefrau Nori für ihre unendliche Geduld und für die anhaltende Unterstützung, ohne die dieses Projekt nie seinen Abschluss gefunden hätte. Bedanken möchte ich mich auch bei meinen drei Kindern Sean, Holly und Patrick, denen ich dieses Buch widme. Besonderen Dank schulde ich Tony Callas und Tom Prine von Callas Rennsport, die mir unzählige Male ihre Zeit und ihr Fachwissen widmeten, um diesem Buch zum Erfolg zu verhelfen. Boxster-Experte Tony Holyoak danke ich für seine Hilfe beim Projekt zum 3,4-Liter-Motorenumbau und bei der Revision und Korrektur des gesamten Buches. Scott Slauson von Softronic half mir bei der Neuprogrammierung der DME und steuerte wertvolle Tipps zu weithin unbekannten Sachverhalten rund um diese Baureihe bei. Besonderer Dank geht an Charles Navarro von LN Engineering für seine Hilfe bei den Motorprojekten. Für ihre Hilfe beim vorliegenden Buch sei auch Peter Schletty, Jeff Zuehlke, Jim Michels, Becky Pagel und den übrigen Mitarbeitern von MBI gedankt, die meine langatmigen Ausführungen in ein präzises und praxisnahes Format packten. Zugleich möchte ich Zack Miller danken, der mir zusätzlichen Platz für weitere Inhalte freimachte und meine gelegentlichen Launen tapfer ertrug. Und natürlich wäre keine Danksagung vollständig ohne ein Dankeschön an meine Eltern Meg und Ed Dempsey. Sie hatten anfangs sicher große Vorbehalte, aber dieses Buch zählt zweifellos zu den vielen meiner Projekte, auf die sie im Laufe der Jahre stolz sein konnten. Weitere Hilfestellung erhielt ich von Ken Fund, Tim Suddard, Jim Schrager, Joe Fabiani, Art Chavez, Lennie Yee, Paul Guard, Bruce Anderson, Gary Hand, Peter Bodensteiner, Pedro Bonilla, Jake Raby, Ray Crawford, Owen Stutton, Michael C. Harley, Stefan Wilhelmy, Joel Reiser, Scott Shores, Loren Cook, Stephan Kaspar, Hans Kopecky, Fletcher Benton, Richard Graumann, Jay Horak, Randy Leffingwell, Mike Focke, Trinidad Winters, den Kollegen von LA Porsche Dismantlers und zahlreichen anderen, die mir bei diesem Buch mit Rat und Unterstützung zur Seite standen.

Einleitung

Seit seinem Debüt im Jahr 1996 hat sich der Porsche Boxster weltweit einen hervorragenden Ruf als Sportwagen der Sonderklasse erworben. Der Boxster baut auf über 40 Jahren Erfahrung von Porsche in der Fertigung von Sport- und Rennwagen auf und wurde im Laufe der Jahre nicht nur immer weiter bis zum Zustand fast völliger Perfektion verbessert und überarbeitet, sondern er hat sich auch einen riesigen Kreis treuer Fans erobert, denen der Zuffenhausener Mittelmotor-Sportwagen das Nonplusultra an Fahrspaß bietet. Wer einen Boxster sein Eigen nennt, entwickelt sehr oft eine leidenschaftliche Beziehung zu seinem Fahrzeug, die sich auch auf Restaurierung, Optimierung und Pflege bis zum Zustand höchster Perfektion erstreckt. Wenn auch Sie sich nun angesprochen fühlen, dann wurde dieses Buch just für Sie geschrieben.

Informationen sind bei jedem persönlichen Projekt der Schlüssel zum Erfolg. Ohne das erforderliche Wissen könnten teure Fehler unterlaufen, und wichtige Zeit wird damit vertan, dass Sie sich Ihr Wissen erst mühsam erarbeiten müssen. Die in diesem Buch beschriebenen Projekte sollen Ihnen einen Gutteil der Probiererei ersparen, die bei Arbeiten am Boxster notwendig werden könnte. Die Fehler, die der Autor bereits hinter sich hat, bleiben Ihnen so erspart. Es hat einiges an Lehrgeld gekostet, bis klar war, welche Methoden bei Reparatur, Restaurierung und Wartung dieser Fahrzeuge taugten. Dieser Erfahrungsschatz – ergänzt durch das Praxiswissen vieler erfahrener Porsche-Mechaniker, die mit Rat und Tat zur Seite standen – macht den Inhalt dieses Buches aus.

Ein wesentlicher Teil der Erfahrungen stammt aus dem Werkstattalltag von PelicanParts.com, einem der größten amerikanischen Online-Porsche-Teilehändler, dessen Zielgruppe Do-it-yourself-Mechaniker sind, die Spaß am Schrauben haben. Auf der Website von Pelican Parts finden sich Hunderte technischer Artikel, die Grundlage für viele Projekte dieses Buches sind.

Die hier gezeigten Projekte sind so dargestellt, dass jeder Hobbyschrauber damit in der Lage sein dürfte, die entsprechenden Arbeiten an seinem Fahrzeug durchzuführen. Einer der wesentlichen Nachteile eines Porsche besteht in den hohen Wartungskosten. Wer bestimmte Arbeiten selbst ausführt, kann durchaus einen vierstelligen Euro-Betrag einsparen. Dieses Buch soll also noch mehr Besitzer dazu ermutigen, an ihrem Boxster selbst Hand anzulegen – wobei der Spaßfaktor nicht zu kurz kommen soll! Wer die Arbeiten erfolgreich bewältigt, darf mit Recht stolz auf die eigene Leistung sein. Nicht zuletzt festigen Arbeiten, die man selbst an seinem Boxster ausführt, die emotionale Bindung zum eigenen Auto, wie sie alle Porsche-Besitzer auszeichnet.

Dieses Buch ist in elf Kapitel gegliedert, die jeweils einem speziellen Technikbereich des Boxster gewidmet sind. „Hinterhofmechaniker“ mit Vorkenntnissen und Werkstattausrüstung werden für kaum eines der hier beschriebenen Projekte mehr als ein oder zwei Wochenenden benötigen. Um möglichst viele anzusprechen, wurden sowohl Einsteigerprojekte als auch Arbeiten für Fortgeschrittene aufgenommen. Manche vermitteln lediglich einen Überblick über die am Boxster vorhandenen Systeme. Projekt 18 etwa, das mechanischen Ladern und Turboladern gewidmet ist, soll dem Leser in erster Linie verdeutlichen, was sich im Motor abspielt, wenn ihm mehr Leistung entlockt werden soll.

Die meisten Projekte sind als übersichtliche Anleitungen für Hobby-Schrauber aufgebaut. Die einzelnen Arbeitsschritte zeigen, wie die Arbeiten auszuführen sind, welche Werkzeuge Sie benötigen und welche kostspieligen Fehler unbedingt vermieden werden sollten. Fotos zeigen die Einzelheiten. Alle Anleitungen enthalten wichtige Tipps, Sie sollten Text und Bildunterschriften also vor Beginn der Arbeit komplett durchlesen.

Ergänzend zu diesem Buch finden Sie auf der englischsprachigen Website www.101projects.com kostenfrei weiterführende Informationen und Abbildungen, die den Rahmen dieses Buches gesprengt hätten. Im Diskussionsforum können Leser Fragen zu den in diesem Buch beschriebenen Projekten stellen. Der Autor und weitere Porsche-Experten sind oft im Forum präsent und stehen gern für den Erfahrungsaustausch zur Verfügung.

Dieses Buch ist als Arbeitsanleitung gedacht und Werkstatt-Gebrauchsspuren sind keine Schande – nehmen Sie es also ruhig mit unter Ihr Fahrzeug. Vergleichen Sie die Aufnahmen im Buch mit dem Anblick Ihres Porsche von unten. Arbeiten Sie die Anleitungen des Projekts, mit dem Sie sich befassen, schrittweise durch. Wenn das Buch dabei „Schlosserstempel" abbekommt, dann hat es immerhin seinen Zweck erfüllt.

Obwohl sich hier zahlreiche Informationen finden, sollte es nicht das einzige Buch sein, das man sich für sein Fahrzeug anschafft. Allein durch die Seitenzahl begrenzt, ließen sich nicht alle Schaubilder, Anzugsdrehmomente und Arbeitsabläufe festhalten, die im originalen Werkstatthandbuch zu finden sind. Wer in größerem Umfang schrauben möchte, sollte daher die Investition in weitere Bücher und Informationen nicht scheuen.

Dieses Buch ist nicht für die Lektüre an einem Stück gedacht, sondern eher als Nachschlagewerk, in dem Sie sich punktuell in die für Ihren Boxster besonders interessanten Projekte einlesen können. Die Projekte sind so gegliedert, dass Sie das Buch an einer beliebigen Stelle aufschlagen und sofort loslegen können. Auf jeden Fall sollten Sie sich aber vor Arbeitsbeginn mit dem einleitenden Werkzeugkapitel und mit Projekt 1 – Anheben des Fahrzeugs mit dem Wagenheber – vertraut machen.

In einem detaillierten Buch wie diesem sollte man sich zunächst verdeutlichen, was vorne und hinten ist. Beim Boxster-Motor ist dies nicht ganz einfach, da der Boxster einen Mittelmotor besitzt. Mit der Vorderseite des Motors ist die der Wagenfront zugewandte Motorseite gemeint, auf der auch die Antriebsriemen und Riemenscheiben liegen. Die Motorrückseite bezeichnet dementsprechend die Schwungradseite. „Links" und „rechts" sind mit Blick vom Fahrersitz (Linkslenker) aus zu verstehen. Einbaustellen am Motor werden öfters anhand der Zylindernummern der beiden Zylinderbänke bezeichnet. Zylinder 1 bis 3 befinden sich auf der rechten Fahrzeugseite, Zylinder 4 bis 6 auf der linken Seite.

Die Baujahrsangaben beziehen sich immer auf das jeweilige Modelljahr.

Ganz wichtig ist die Arbeitssicherheit. Es passiert nur zu leicht, dass man sich völlig in die Arbeit am eigenen Fahrzeug vertieft und darüber vergisst, wie empfindlich und verletzlich der menschliche Körper ist. Überstürzen Sie nichts und planen Sie jeden Handgriff sorgfältig. Denken Sie an die Folgen, falls Sie abrutschen oder ein Bauteil plötzlich „nachgibt". Da ist Köpfchen gefragt, damit Sie jederzeit sicher arbeiten können und keine unnötigen Risiken eingehen.

Hoffentlich finden Sie Gefallen an diesem Buch, denn in ihm stecken unzählige Informationen, die in möglichst leicht verständlicher und nachvollziehbarer Form aufbereitet wurden. Rückmeldungen oder Fragen über www.101projects.com, die Website zu diesem Buch, sind jederzeit willkommen.

Informationsquellen zum Boxster

Porsche Service Informationen. Diese Handbücher zählen zu den am besten gehüteten Geheimnissen in der Porsche-Welt. Bei Serienanlauf erstellt Porsche für seine Vertragshändler ein aufwändig produziertes Servicehandbuch, in dem die Unterschiede des neuen Modells gegenüber dem Vormodell erläutert werden. Das Buch wendet sich an die Kundendienstmechaniker und behandelt sämtliche Baugruppen, neue Merkmale und Weiterentwicklungen, die mit dem neuen Modell eingeführt wurden. Diese Bücher sind mitunter etwas schwierig aufzutreiben, bei eBay, Autoliteraturhändlern oder sogar direkt bei Porsche – sofern dort noch Lagerbestände vorrätig sind – lassen sie sich jedoch mitunter beschaffen.

Porsche-Werkstatthandbücher. Das Optimum sind natürlich die Unterlagen, mit denen auch die Kundendienstmonteure in den Porsche-Werkstätten arbeiten. Schaltpläne, vom Werk empfohlene Arbeitsabläufe, Anzugsdrehmomente und detaillierte Reparaturinformationen ergeben ein für den fortgeschrittenen Do-it-yourselfer unverzichtbares Gesamtpaket.

Werkzeuge

Dass zu jeder Monteursarbeit das richtige Werkzeug gehört, ist eine Binsenweisheit. Sicher kennt jeder Schauergeschichten über vermurkste Reparaturen oder vertane Zeit, weil die Anschaffung des passenden Werkzeugs aufgeschoben und damit am falschen Platz gespart wurde. Im Kern läuft es darauf hinaus: Jeder gute Mechaniker wird zugeben, dass das passende Werkzeug durch nichts zu ersetzen ist, er wird aber auch zugeben, dass man nie alle jemals benötigten Werkzeuge zur Hand haben wird, egal wie umfangreich die eigene Werkzeugausstattung ist. Mit dem richtigen Werkzeug lässt sich eine Arbeit, für die ohne weiteres fünf Stunden draufgehen können, oft in fünf Minuten erledigen. Je intensiver Sie an Ihrem Porsche schrauben und je intensiver Sie Werkzeugkataloge studieren, desto mehr wird sich unweigerlich ein gewisser Fetischismus beim Werkzeugkauf einstellen. Aber aller Anfang ist unübersichtlich – daher hier einige Ratschläge für den richtigen Start beim Werkzeugkauf.

DIE GRUNDAUSSTATTUNG

Der Markt bietet buchstäblich zehntausende von Werkzeugen für ebensoviele Anwendungsbereiche. Glücklicherweise wird kaum jemand all diese Werkzeuge je benötigen.

Als Grundausstattung Ihrer Werkzeugkiste sind empfehlenswert:

Schraubendreher. Schlitzschraubendreher in drei Größen (z.B. Klingenbreite 2,5, 5,5 und 8,0 mm) und Kreuzschlitzschraubendreher in zwei Größen (Größe 1 und 2) sollten auf jeden Fall vorhanden sein. Kontrollieren Sie die Klingen und Spitzen Ihrer Schraubendreher, ob sie nicht verbogen, abgerundet oder sonstwie abgenutzt sind. Mit beschädigten Schraubendrehern ruinieren Sie die Schraubenköpfe im Handumdrehen und selbst einfache Reparaturen können schnell zum Albtraum mutieren. Auch ein Ratschenschraubendreher ist sinnvoll. Damit lassen sich die Schrauben lösen, ohne den Schraubendreher zigmal neu ansetzen zu müssen.

Rollgabelschlüssel („Engländer"). Qualität ist bei diesen Schlüsseln von größter Bedeutung, denn bei preisgünstigeren Schlüsseln weiten sich die Backen, bekommen Macken oder fallen sonstwie auseinander, sobald sie härter beansprucht werden. Auch auf diese Weise lassen sich Schrauben unweigerlich ruinieren, womit Ihr Schraubertag ebenfalls verdorben wäre. Auch eine gute, verstellbare Rohrzange leistet beim Lösen großer, hartnäckig festsitzender Muttern gute Dienste

Zangen. Kein Werkzeugsatz wäre vollständig ohne diverse Zangen. Grundsätzlich vorhanden sein sollten verstellbare Zangen (Wasserpumpenzangen), Kombizangen, Langbeckzangen und Spitzzangen. Wichtigstes Kriterium ist die Verzahnung der Backen. Die Zähne müssen scharf sein und bleiben, da Zangen häufig unter schwierigen Bedingungen eingesetzt werden. Auch hier gilt: „Wer billig kauft, kauft zweimal." Nützlich sind außerdem qualitativ gute Gripzangen, und ein Satz Gripzangen unterschiedlicher Größe wird auf Jahre hinaus gute Dienste leisten.

Steckschlüsseleinsätze und ihre Betätigungswerkzeuge. Steckschlüsseleinsätze (Stecknüsse) sind nicht nur in unterschiedlichen Größen, sondern auch als Sechs- oder Zwölfkantausführung sowie als normale oder besonders tiefe Einsätze lieferbar. Zwölfkanteinsätze sind vielseitiger einsetzbar, Sechskanteinsäze sind jedoch robuster und schonender für die Schraubenköpfe. Die Antriebsvierkante werden üblicherweise als ¼"-, ⅜"-, ½"-, ¾"- und 1"-Antriebe geliefert. Dazu gehören noch eine gute Knarre (Ratsche) – da ist Geld für Qualität wirklich gut angelegt – sowie eine kurze und eine lange Verlängerung (etwa 50 bzw. etwa 150 mm) und ein Kardangelenk.

Als guter Ausgangspunkt bietet sich ein kompletter metrischer Steckschlüsselsatz an. Diese Sätze enthalten meistens Knarren in drei verschiedenen Antriebsvierkantgrößen und die zugehörigen normalen und tiefen Steckeinsätze. Auch ein Satz Kardangelenkadapter für das Arbeiten bei beengten Platzverhältnissen ist nützlich. Kaufen Sie zuerst den normalen Steckschlüsselsatz und später die Gelenkstecknüsse in den Größen, die Sie am häufigsten benötigen. Auch ein Satz tiefer Steckeinsätze macht sich rasch bezahlt.

Sehr praktisch ist die unter Artikelnummer 89.962 von Stanley Tools vertriebene Umschaltknarre, mit der besonders leichtes Umschalten möglich ist; auch beim platzsparenden abwechselnden Bewegen der Knarre im Uhrzeigersinn und dagegen wird die Stecknuss nur in eine Richtung gedreht, beide Bewegungsrichtungen der Knarre werden also durchgängig zum Festziehen und zum Lösen genutzt.

Schraubenschlüssel. Das Rückgrat vieler Werkzeugbestände sind kombinierte Ringgabelschlüssel, die am einen Ende einen offenen Gabelschlüsselkopf und am anderen Ende einen Ringkopf tragen. Daneben gibt es reine Gabelschlüssel (Maulschlüssel), reine Ringschlüssel, gekröpfte Schlüssel und Ringsteckschlüssel. Für den Anfang genügt ein Satz mit Schlüsselweite (SW) 7 bis 19 mm, wobei die SW10- und SW13-Schlüssel ruhig doppelt vorhanden sein dürfen. Auch die Entwicklung der Schraubenschlüssel ist nicht stehengeblieben, wobei die Knarren-Ring-Maulschlüssel persönliche Favoriten vieler Schrauber sind.

Bei ihnen ist die Ringschlüsselseite mit einer umschaltbaren Knarrenfunktion ausgerüstet, was in der Praxis in vielen Situationen nützlich ist. Sehr praktisch ist ein 12-teiliger metrischer Ring-Maulschlüsselsatz mit Umschaltknarrenfunktion (siehe Bild, Seite 10). Knarren-Ring-Maulschlüsselsätze sind von Hazet, Facom, Vigor und anderen Herstellern lieferbar.

Hammer. Es gibt Hunderte verschiedener Hämmer, alle in unterschiedlichen Größen, etwa Kugelhämmer, Klauenhämmer, Schonhämmer, Gummihämmer, Schweißerhämmer und Pinnhämmer, um nur einige zu nennen. Als erstes benötigen Sie als Allroundhammer einen Kugelhammer (auch als „Englischer Hammer" bekannt) mit einem Gewicht von 480 g. Wer wirklich kräftig zuschlagen muss, wird sich vielleicht sogar einen 950-g-Hammer gönnen.

Der Kauf eines Hammers sollte nicht zur höheren Wissenschaft geraten, einige Punkte sind aber dennoch beachtenswert. Neben Gewicht und Qualität des Kopfes kommt es vor allem auf den Stiel an, der je nach Verwendungszweck aus Holz, Glasfaser und Stahl sein kann. Hartholz wie Eiche ist bei Kugelhämmern am vorteilhaftesten, die Griffform variiert je nachdem, wie die Schläge auf das Objekt ausgeführt werden sollen. Nützlich ist auch ein Gummihammer für die materialschonende Teiledemontage.

Innensechskant-/Inbusschlüssel. Diese Sechskant-Steckschlüssel sind mit Sechskantantrieb, T-Griff oder als Multifunktionswerkzeug erhältlich. Wer nur einen einzigen Satz anschaffen möchte, für den ist ein normaler Winkelschlüsselsatz am vielseitigsten nutzbar.

Die Schlüsselweiten SW5 und SW6 sollten doppelt vorhanden sein, da sie garantiert im ungeeignetsten Moment durch Verschleiß ausfallen. Als nächste Stufe folgt die Anschaffung eines Satzes Inbus-Steckeinsätze für Ratschenantrieb. Diese Stecknüsse sind vor allem für höhere Drehmomente nützlich.

Torx-Steckeinsätze/-Schraubendreher. Moderne Porsche weisen eine Vielzahl von Torx-Schrauben auf. Dafür benötigen Sie einen Satz Torx-Steckeinsätze, einen Satz Torx-Schraubendreher und einen Satz Innen-Torx-Schraubendreher, um Schrauben zu lösen, wie sie beispielsweise an den Sitzschienen zu finden sind.

Drehmomentschlüssel. Kein guter Mechaniker oder Hobby-Schrauber wird auf einen Drehmomentschlüssel verzichten. Bei allen Montagearbeiten fällt ihm die entscheidende Aufgabe zu, das Drehmoment, mit dem eine Schraube oder eine Mutter angezogen wird, messen und begrenzen zu können. Dies ist ungeheuer wichtig, da sich bei zu kleinem Drehmoment eine Mutter lösen kann, zu großes dagegen ein wichtiges Bauteil beschädigen kann. Achten Sie darauf, dass die Skala nicht nur mkg-Werte, sondern auch Nm-Werte anzeigt. Empfehlenswert ist die Anschaffung von zwei Drehmomentschlüsseln, einem kleinen für geringere Drehmomente bis etwa 20 Nm und einem für höhere Anzugswerte.

Werkzeuge für Elektrikreparaturen. Man muss kein gelernter Elektriker sein, um Reparaturen an der Fahrzeugelektrik ausführen zu können, aber die richtigen Werkzeuge müssen schon vorhanden sein. Zur Grundausstattung zählen eine Prüflampe, eine Quetschzange für Kabelschuhe, eine Abisolierzange sowie ein gutes Vielfachmessgerät. Preisgünstige Messgeräte, wie sie für die meisten Einsatzfälle vollauf ausreichen, sind bei den meisten Autoteilehändlern oder Elektronikfachgeschäften erhältlich. Ein Lötkolben wäre für die lehrbuchmäßig korrekte Herstellung elektrischer Anschlüsse notwendig, oft ist dies jedoch umständlicher als die Verwendung lötfreier Quetschverbinder. Ein kombiniertes Messgerät mit Voltmeter, Amperemeter, Drehzahlmesser und Schließwinkelmesser wird von SUN produziert und ist ebenfalls bei den meisten Autoteilehändlern erhältlich. Eine weitere wichtige Arbeitshilfe für die Fehlersuche an der Elektrik sind die zugehörigen Schalt- und Stromlaufpläne.

Hydraulischer Wagenheber. Er ist mit das wichtigste Werkzeug in Ihrem Fundus, also sollten Sie hier keinesfalls sparen. Hochwertige Wagenheber sind zwar meist nicht billig, ihr Geld aber definitiv wert und halten entsprechend lange. Achten Sie beim Kauf des Wagenhebers auf möglichst große Hubhöhe. Die Traglast ist weniger wichtig als die maximale Hubhöhe. Am besten eignet sich ein Wagenheber mit 3 bis 5 Tonnen Tragkraft und der größten Hubhöhe, die aufzutreiben ist. Besonders empfehlenswert ist der DK13HLQ von AC Hydraulics (siehe Projekt 1, Abb. 5). Gleichermaßen wichtig sind Unterstellböcke. Dabei macht es sich bezahlt, Böcke in zwei Größen griffbereit zu haben, um das Fahrzeug auf unterschiedliche Höhen anheben zu können (siehe Projekt 1).

Werkstattleuchte. Nicht minder wichtig ist die Werkstattleuchte. Besonders praktisch sind Neonleuchten (Leuchtenlänge ca. 900 mm) mit einziehbarem Anschlusskabel, das sich automatisch in das Gehäuseinnere aufrollt. Nicht empfehlenswert sind normale Handleuchten mit 60-Watt-Glühlampen. Sie werden im Gebrauch heiß und können beim Hantieren unter dem Fahrzeug Brandblasen verursachen oder gar Brände auslösen, wenn versehentlich Benzin oder Öl auf sie tropft. Es spricht also alles für Neonleuchten.

Gleichermaßen sinnvoll sind stehende Halogen-Werkstattleuchten. Sie sind besonders lichtstark und werden mit verstellbarem Ständer und Metall-Abdeckgitter geliefert. Sie werden zwar sehr heiß, spenden aber eine enorme Menge Licht und sind vor allem zum Ausleuchten des Motorraums oder des Unterbodens unentbehrlich.

Hilfreich ist auch eine kleine magnetische LED-Lampe wie sie von Hazet angeboten wird. Damit können auch verwinkelte Ecken gut ausgeleuchtet werden.

Schutzbrille. Wer schon einmal an einem Pkw oder in einer Werkstatt gearbeitet hat, weiß, wie wichtig Schutzbrillen sind. Legen Sie sich also nie ohne Schutzbrille unters Auto und halten Sie stets drei oder vier Stück griffbereit, denn Sie verlegen sie garantiert immer wieder, und da ist es sinnvoll, jederzeit Ersatz griffbereit zu haben – und nicht auf die Schutzbrille zu verzichten, nur weil man sie gerade nicht findet.

Sonstiges. In diese Kategorie fällt eine Vielzahl weiterer Werkzeuge. Nicht fehlen dürfen: Messer mit auswechselbaren Klingen, ein kleiner Pinnhammer, Bandmaß, Schere, ein Satz Fühlerlehren, eine Bügelsäge und ein Inspektionsspiegel. Im Verlauf dieses Buches wird auf weitere nützliche oder für bestimmte Arbeitsgänge unentbehrliche Werkzeuge verwiesen, beispielsweise auf ein Bremsenentlüftungsgerät, das Durametric-Fehlercode-Auslesegerät usw. In den meisten Fällen werden Sie diese (oder gleichwertige) Werkzeuge anschaffen müssen, um die entsprechenden Arbeiten zu Ende bringen zu können.

WERKZEUGE FÜR FORTGESCHRITTENE

Der Werkzeugsatz für Fortgeschrittene ist lediglich eine Erweiterung der Werkzeug-Grundausstattung. Wenn Sie sich an komplexere Arbeiten heranwagen, wird sich ein noch breiteres Spektrum an Steckschlüsseleinsätzen, Schraubenschlüsseln, Schraubendrehern und Zangen als nützlich erweisen. Auch an die Anschaffung von Diagnosegeräten ist dann zu denken.

Vorrang sollten bei diesem Ausbau des Werkzeugbestandes erhalten: Sicherungsringzangen, Inbus- und Torx-Steckschlüsseleinsätze, kurze Schraubenschlüssel für schlecht zugängliche Ecken sowie Gelenk-Steckschlüsseleinsätze.

Dremel und Winkelschleifer zählen zu den standfestesten und auch nützlichsten Werkzeugen für Arbeiten an älteren Fahrzeugen. Sind Schrauben unlösbar festgerostet und bleibt keine andere Alternative, fällt den Schleif- und Trennwerkzeugen eine Schlüsselrolle zu. Ein Dremel sollte in keinem Werkzeugkasten fehlen, denn er ist zum Abtrennen kleiner Schrauben und sonstiger Metallteile an schwer zugänglichen Bereichen unbezahlbar. Für die Arbeit in beengten Winkeln ist ein Dremel mit biegsamer Welle als Verlängerung besonders nützlich. Maximale

Schneidleistung bieten glasfaserverstärkte Trennscheiben.

Eine Bohrmaschine mit verstellbarer Drehzahl dürfte ohnehin in keinem Haushalt fehlen. Besonders wichtig sind jedoch die hochwertigen Spiralbohrer. Halten Sie jederzeit einen vollständigen Satz scharfer Bohrer griffbereit. Billigbohrer sind für das Bohren in Holz brauchbar, bei Arbeiten an Metall ist aber das Beste gerade gut genug. Besorgen Sie sich einen qualitativ guten Satz, andernfalls drohen Verletzungen oder Schäden am Fahrzeug.

Nur selten benutzt, dafür umso nützlicher beim zeitsparenden Arbeiten ist ein elektrischer Schlagschrauber. Er funktioniert ähnlich wie die aus Kfz-Werkstätten bekannten Druckluft-Schlagschrauber, wird aber mit normalem Netzstrom betrieben.

Besonders nützlich ist der Schlagschrauber beim Lösen von Muttern, an denen man nicht richtig gegenhalten kann und die beim Losdrehversuch zum Mitdrehen neigen (siehe die Stoßdämpferdommuttern in Projekt 63).

Besteht der Verdacht auf ernstere Motorschäden, gilt der erste Griff meistens dem Kompressionsprüfer. Er lässt erste Rückschlüsse auf durchblasende Kolbenringe, undichte Ventile oder gar ein Loch im Kolben zu. Praktisch ist auch ein Lecktester, mit dem die Zylinder unter Druck gesetzt werden. Das Messergebnis verrät, wie viel Druck der Zylinder innerhalb eines bestimmten Zeitraums verliert. Manch einer hält die Lecktestermessung für genauer, sie sollte aber stets in Verbindung mit einer Kompressionsprüfung vorgenommen werden, will man sich ein vollständigeres Bild bei der Diagnose des Motorzustands verschaffen (siehe Projekt 7).

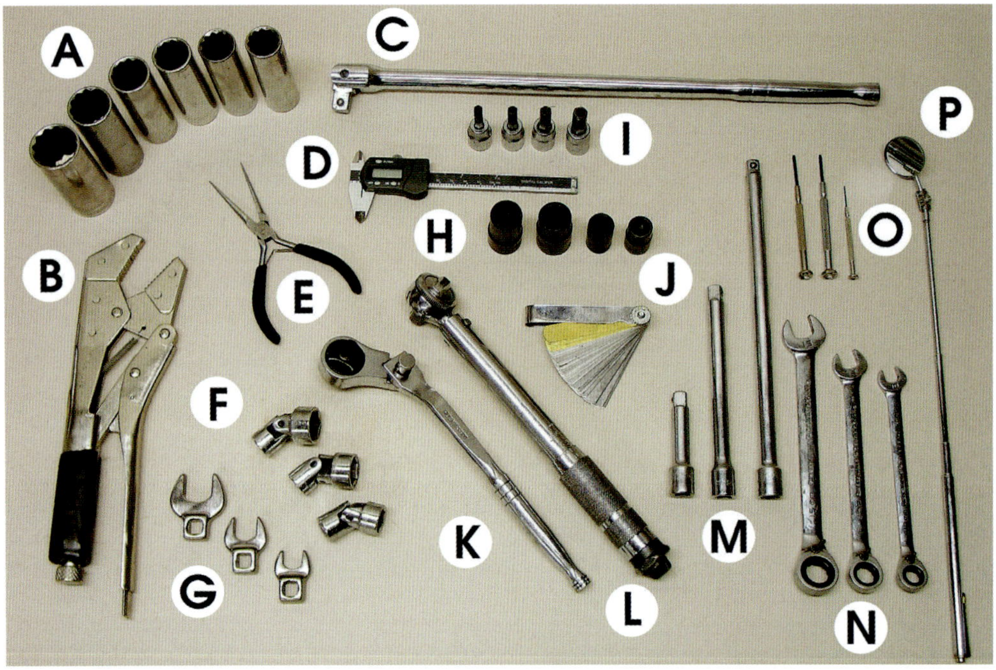

Werkzeuge: „Nur mit gutem Werkzeug kann man gut arbeiten", besagt eine alte Schrauber-Weisheit. Dieses Bild zeigt einige der bei Reparaturen an einem Boxster gebräuchlichen Werkzeuge, mit denen das Arbeiten leichter von der Hand geht. **A: Lange Steckschlüsseleinsätze.** Besonders praktisch für lange Schrauben, bei denen man nicht ohne Steckeinsätze auskommt. Irgendwann werden Sie einen langen Steckeinsatz benötigen, also kaufen Sie am besten gleich einen kompletten Satz. **B: Gripzange.** Gut als Allroundwerkzeug geeignet, solange sie nicht grob misshandelt wird. Verkneifen Sie es sich also, sie aus Bequemlichkeit statt des eigentlich passenden Werkzeugs zu verwenden. **C: Gelenkverlängerung.** In Verbindung mit den langen Steckeinsätzen ist oft ein langer Hebelarm notwendig, um das notwendige Drehmoment zum Lösen hartnäckig festsitzender Schrauben aufbringen zu können. **D: Digitalmessschieber.** Hervorragend für Messungen an so ziemlich jeder Stelle geeignet. Diese Messschieber sind in den vergangenen Jahren immer billiger geworden, gute Digitalgeräte sind heute also erschwinglich. **E: Spitzzange.** Sehr praktisch zum Fischen nach heruntergefallenen Schrauben oder Muttern oder zum Einsetzen kleiner Sicherungsringe. Achten Sie beim Kauf auf Qualität, damit die Spitzen lange intakt bleiben. **F: Gelenk-Steckschlüsseleinsätze.** Sehr praktisch für das Ansetzen der Steckeinsätze an schlecht zugänglichen Stellen, etwa auf der Mutter des Klimakompressors (siehe Projekt 11, Abb. 52). Manchmal funktioniert es auch mit einem normalen Kardangelenk für den Steckeinsatz. **G: Krähenfußschlüssel.** Ideal für absolut nicht erreichbare Muttern, vor allem für schwer zugängliche Stellen im Motorraum (siehe Projekt 11, Abb. 48). **H: Torx-Steckschlüsseleinsätze.** Diese Einsätze sind bei Arbeiten an allen modernen Porsche notwendig. Verschiedene sehr stabile Schrauben (wie an den Sitzschienen) werden in dieser Form verbaut und lassen sich nur mit diesen Steckeinsätzen lösen. **I: Innensechskant-Steckschlüsseleinsätze.** Inbus-Winkelschraubendreher sind in den meisten Werkzeugbeständen vorhanden, mit einer Knarre werden aber auch engere Stellen zugänglich und es lässt sich mehr Drehmoment aufbringen. **J: Fühlerlehrensatz.** Ohne einen Satz Fühlerlehren kommen Sie nicht weit. Sie werden für Messungen an den unterschiedlichsten Engstellen benötigt. **K: Gelenkknarre.** Es soll Schrauber geben, die sich dieses Werkzeug allein wegen seines imposanten Aussehens anschaffen – nicht, weil sie konkreten Bedarf hatten. Es macht sich aber meist sehr schnell bezahlt und man merkt rasch, wie sehr man mit der normalen Knarre in seiner Bewegungsfreiheit eingeschränkt ist. Ähnlich nützlich ist eine Ausführung, die sich nach oben klappen lässt. **L: Drehmomentschlüssel.** Ein Muss in jedem Werkzeugschrank. Achten Sie beim Kauf auf Qualität und darauf, dass der benötigte Drehmomentbereich komplett abgedeckt wird. **M: Satz Verlängerungen.** Verlängerungen für die ⅜"-Knarre sind sehr nützlich, aber auch andere Größen sind oft praktisch. Manche Muttern sind mit Knarren und Verlängerungen in Standardlängen einfach nicht zu erreichen. **N: Knarren-Ring-Maulschlüssel.** Diese Knarrenschlüssel zählen zu den Favoriten vieler Schrauber. Achten Sie darauf, dass Ihre Knarrenschlüssel den kleinen Umschaltgriff (siehe Foto) aufweisen. **O: Klein-Schraubendreher.** Man weiß nie, wann man einen benötigt, aber wenn, dann sind sie von unschätzbarem Nutzen. **P: Inspektionsspiegel.** Sehr praktisch zum Erforschen der hintersten Winkel des Motorraums oder beim Blick um die Ecke.

Legende des Informationskastens

Zeit: Dies gibt einen Anhaltspunkt, wie lange das komplette Projekt dauert, einschließlich Aufbau, Einrichtung und Aufräumen. Wie wir alle wissen, dauert der Einbau eines Teils, für den die Hersteller-Richtzeitenliste 1 Stunde veranschlägt, in Wahrheit oft 3 bis 4 Stunden. Betrachten Sie diese Zeitangaben also als groben Durchschnitt.

Kosten: Ein weiterer Faktor bei der Frage, ob man ein Projekt in Angriff nimmt, sind die Kosten, also vor allem die Gesamtkosten für die Teile.

Talent: Diese Angabe dient als Schätzwert, welche Mechaniker-Vorkenntnisse und Fertigkeiten für das Projekt notwendig sind.

1 = Anfänger: keine oder kaum Vorkenntnisse

2 = Anfänger/mittlerer Schwierigkeitsgrad: gewisse, aber nicht sehr umfangreiche Vorkenntnisse

3 = Mittlerer Schwierigkeitsgrad: einige Vorkenntnisse und ein gewisses Vertrauen in die eigenen Fähigkeiten

4 = Fortgeschrittenenniveau: umfangreiche Erfahrung und viel Vertrauen in die eigenen Fähigkeiten

5 = Expertenniveau: Wer sich da heranwagt, dem ist nichts mehr fremd!

Werkzeuge: Hier sind die benötigten Werkzeuge aufgeführt. Ihr eigener Werkzeugbestand ist oft ausschlaggebend dafür, ob Sie diese Arbeiten selbst ausführen können oder sie in einer Werkstatt erledigen lassen.

Relevante Baujahre: In manchen Fällen ist das Projekt nur für bestimmte Modelle, Ausführungen und Modelljahre des Boxster relevant.

Erforderliche Teile: Diese Ersatzteile benötigen Sie, um das Projekt erfolgreich zum Abschluss bringen zu können.

Tipp: Ergänzende Hinweise, mit denen die Arbeit schneller respektive besser gelingt.

Arbeitsziel: Hier ist aufgeführt, welche Vorteile das Projekt bringt – hinsichtlich Leistung, Verbrauch oder Optik. Oft ist dies der Grund, warum Sie dieses Projekt überhaupt angehen.

Ergänzende Arbeitsgänge: Verweist auf weitere Projekte, mit denen Sie aus diesem Projekt noch mehr Nutzen ziehen können.

ABSCHNITT 1
GRUNDLAGEN

Dieser Abschnitt ist ein idealer Ausgangspunkt für die Arbeit mit diesem Buch. Wer seinen Boxster frisch erstanden hat, aber keine Bedienungsanleitung mitgeliefert bekam, findet hier viel Wissenswertes. Die hier beschriebenen Projekte lassen sich ohne Spezialwerkzeuge umsetzen und sind eine gute Einführung in den Rest des Buches. Auch wenn Sie noch nie an Ihrem Porsche geschraubt haben – keine Angst! Die ersten Projekte sind sehr einfach und bieten sich als Einstieg an, damit Sie Ihr Fahrzeug etwas näher kennenlernen.

PROJEKT 1
Anheben des Fahrzeugs mit dem Wagenheber

Zeit/Kosten/Talent: 20 Minuten / 0 EUR /

Werkzeuge: 2-Tonnen-Rangierwagenheber, Unterstellböcke, Wagenheberauflageteller

Relevante Baujahre: Alle

Erforderliche Teile: Keine

Tipp: Legen Sie die Räder als zusätzliche Sicherheits-Unterlage unter das Auto.

Arbeitsziel: Ausgangspunkt für sämtliche weitere Arbeiten an der Fahrzeugunterseite

Ergänzende Arbeitsgänge: Kontrolle der Fahrwerksbuchsen an Vorder- und Hinterachse

Bei ungefähr einem Drittel aller Arbeiten an Ihrem Boxster muss das Fahrzeug angehoben werden. Keine größere Sache für erfahrene Mechaniker, für Anfänger ist das Anheben eines rund 1500 kg schweren Fahrzeugs aber zunächst etwas strapaziös. Nachstehend zeigen wir Ihnen, an welchen Stellen Sie Ihr Auto am besten hochheben können und wie Sie es für Arbeiten unter dem Fahrzeug sicher unterbauen.

Vorweg ein Wort zur Sicherheit: Unüberlegtes Hantieren mit dem Rangierwagenheber kann zu erheblichen und kostspieligen Schäden am Fahrzeug führen und Sie selbst gefährden. Vergewissern Sie sich vor dem Anheben des Fahrzeugs, dass die Räder gegen Wegrollen gesichert sind. Sinnvoll ist auch, die Feststellbremse anzuziehen und den 1. Gang einzulegen. Unterstellböcke sollten stets paarweise zum Abstützen des Fahrzeugs verwendet werden. Der Rangierwagenheber alleine genügt nicht. Selbst wenn das Fahrzeug nur für einige Minuten angehoben werden soll, stellen Sie als Sicherheitsreserve Unterstellböcke – auch wenn nur lose – unter Getriebe, Motor oder Differenzial für den Fall, dass der Wagenheber nachgibt.

Zum Hochbocken muss das Fahrzeug auf ebenem Untergrund stehen. Wird das Heck angehoben, ist die Feststellbremse wirkungslos (sie wirkt bekanntermaßen nur auf die Hinterräder). Bei Automatikgetrieben wirkt die Parkstellung ebenfalls nur auf die Hinterräder. Legen Sie daher ein Paar stabile Kanthölzer vor die Räder, damit das Fahrzeug beim Anheben nicht wegrollt.

Ideale Ansatzpunkte für die Unterstellböcke sind die vier Aufnahmen für den Werks-Wagenheber. Mit Ausnahme der erwähnten Reserve-Unterstellböcke ist es nicht empfehlenswert, die Böcke unter Motor oder Getriebe aufzustellen, da das Fahrzeug dabei instabil werden kann.

Üblicherweise hebt man den Wagen zuerst vorne an. Nutzen Sie dazu den in Abbildung 1 gezeigten verstärkten Rahmenbereich. Wer für den Auflageteller des Wagenhebers keine weiche Gummiauflage oder einen alten Hockeypuck zur Hand hat, sollte wenigstens eine Lage zusammengerolltes Zeitungspapier zwischen Wagenheber und Unterboden legen, damit der Unterboden keinen Schaden nimmt. Dann den Wagen langsam anheben. Es ist unbedenklich, wenn der Wagen sich etwas zur Seite neigt, solange die Räder auf der gegenüberliegenden Seite noch Bodenkontakt haben.

Je nachdem, wo Sie den Wagenheber unterstellen, können sich beim Anheben beide Vorderräder oder aber beide Räder auf einer Seite zugleich anheben. Heben Sie den Wagen nur soweit an, dass die Unterstellböcke eben untergeschoben werden können. Schieben Sie den Unterstellbock unter die Wagenheberaufnahme und lassen Sie das Fahrzeug langsam wieder ab. Ist der Unterboden noch makellos, packen Sie auch zwischen Unterstellbock und Unterboden einige Lagen Zeitungspapier, um Kratzer am Unterboden zu vermeiden.

Stellen Sie beim Anheben der Fahrzeugfront einen Unterstellbock unter das vordere Verstärkungsblech, lassen Sie das Fahrzeug auf den Unterstellbock ab und wiederholen den Vorgang auf der anderen Seite. Dann heben Sie das Heck auf gleiche Weise an der in Abb. 2 gezeigten Wagenheberaufnahme an. Beim Anheben an dieser Stelle hebt sich das gesamte Heck und Sie können beide Unterstellböcke gleichzeitig unterschieben. Stellen Sie die Unterstellböcke hinten auf dieselbe Höhe wie am Vorderwagen ein. Nachdem das Fahrzeug auf allen vier Unterstellböcken ruht, können Sie den Vorgang bei Bedarf vorsichtig wiederholen, um das Fahrzeug noch weiter anzuheben.

Sicherheit ist oberstes Gebot. Arbeiten Sie nie unter einem Auto, das nur vom Wagenheber gehalten wird, sondern stellen Sie immer Unterstellböcke unter. Und stellen Sie in der Nähe Ihres Wagenhebers stets einen Reserveunterstellbock unter. Ein winziger Gussfehler kann den Unterstellbock zum Wegknicken bringen, so dass das Fahrzeug plötzlich absackt. Müssen die Räder abgebaut werden, vergessen Sie nicht, die Radschrauben vor

dem Anheben zu lockern. Stapeln Sie die Räder paarweise unter dem Fahrzeug – auch dies bietet zusätzliche Sicherheit, falls ein Unterstellbock ins Wanken gerät.

Nachdem das Fahrzeug nun auf den Böcken ruht, stellen Sie den Wagenheber zur Sicherheit unter den Motor, ohne ihn anzuheben, und prüfen Sie, ob das Auto wirklich sicher auf den Böcken ruht. Wackelt es noch irgendwo, ist es nicht richtig unterbaut. Besser, das Fahrzeug rutscht von den Unterstellböcken, während Sie ruckeln, als wenn Sie bereits darunter liegen. Drücken Sie ruhig beherzt – das Auto muss absolut stabil gelagert sein. Während der Arbeiten unter dem Fahrzeug wird der Rangierwagenheber als zusätzliche Sicherung unter dem Motor oder Getriebe aufgestellt. Auch ein oder zwei Reserve-Unterstellböcke zur zusätzlichen Abstützung können nicht schaden.

Achten Sie vor dem Ablassen des Fahrzeugs darauf, wo Sie den Rangierwagenheber unterstellen. Manchmal kann er bei abgesenktem Fahrzeug kaum mehr unter dem Fahrzeug hervorgezogen werden oder der Griff schlägt am Rahmen oder anderen Karosserieteilen an und hinterlässt hier Spuren. Lassen Sie das Fahrzeug langsam ab und denken Sie daran, dass Rangierwagenheber sehr schnell „nachgeben“. Legen Sie vor dem Ablassen einen Gang ein und ziehen Sie die Handbremse an. Andernfalls kann das Fahrzeug sofort ins Rollen kommen, sobald es wieder auf dem Boden steht.

2 Mit einem Wagenheber mit ausreichend großem Hub ist das Anheben des Hecks einfach. Besonders gut geeignet ist die stabile Aufnahme der Hinterradaufhängung am Fahrzeugrahmen. Heben Sie das Fahrzeug keinesfalls an einem Motorteil an. Die Unterstellböcke sollten unter den Werks-Wagenheberaufnahmen stehen (siehe Abb. 3).

4 Stabiler und bequemer ist das Anheben mit einer Wagenheberunterlage. Sie wird auf den Aufnahmetellern unter dem Fahrzeug aufgelegt und ergibt eine große, kreisrunde Auflagefläche für den Rangierwagenheber.

1 Der verstärkte Bereich am Unterboden eignet sich sehr gut als Wagenheberaufnahmepunkt (gelber Pfeil). Wenn Sie den Wagenheber hier ansetzen, können Sie die Unterstellböcke an den serienmäßigen Wagenheberaufnahmen unterstellen (grüner Pfeil). Die Fahrzeugfront befindet sich links im Bild.

3 Die Wagenheberaufnahmen sind der beste Ansatzpunkt für die Unterstellböcke. Die Metallteller an den vier Ecken des Unterbodens dienen als Auflagen für die Ausleger von Werkstatt-Hebebühnen. Mit vier auf gleiche Höhe eingestellten Unterstellböcken kann das Fahrzeug dort sehr stabil unterbaut werden.

5 Unter den Rangierwagenhebern ist der DK13HLQ von AC Hydraulics sehr empfehlenswert. Er stammt von einem Hersteller hochwertiger Hebezeuge aus Dänemark (www.ac-hydraulic.dk) und wird über verschiedene Kanäle (auch über das Internet) vertrieben. Bei einer Mindesthöhe von nur 80 mm passt er in eingefahrenem Zustand unter jeden Porsche. Dank der enormen Hubhöhe von 735 mm ist es problemlos möglich, das Fahrzeug im Handumdrehen auf die Höhe der ausgefahrenen Unterstellböcke zu bringen. Mit seinem Schnellhub-Fußpedal ist er der ideale Helfer für jeden Hobby-Schrauber – egal für welches Fahrzeug.

PROJEKT 2

Motorölwechsel

Zeit/Kosten/Talent: 1 Stunde / ca. 150 EUR /

Werkzeuge: 2-Tonnen-Rangierwagenheber, Unterstellböcke, Wagenheberauflage, Ölfilterschlüssel

Relevante Baujahre: Alle

Erforderliche Teile: Ölfiltersatz, 7 bis 10 Liter Motoröl

Tipp: Stellen Sie eine ausreichend große Wanne zum Ablassen des Altöls bereit.

Arbeitsziel: Längeres Motorleben und höhere Zuverlässigkeit

Ergänzende Arbeitsgänge: Umstellung auf Synthetiköl

Eine der häufigsten Arbeiten am Fahrzeug ist der Motorölwechsel. Ein regelmäßiger Ölwechsel ist wohl das probateste Mittel, um die Lebensdauer des Motors zu verlängern. Mit den heute erhältlichen besseren Motorölen verlängern sich auch die zulässigen Ölwechselintervalle. Porsche empfiehlt heute wesentlich längere Wechselintervalle als in früheren Zeiten, mehr als ca. 8000 km sind allerdings nicht ratsam. Wird das Fahrzeug nicht allzu oft bewegt, sollte das Motoröl einmal jährlich gewechselt werden, damit die volle Schmierfähigkeit erhalten bleibt.

Als erstes vergewissern wir uns, dass alles vorhanden ist, was für diese Arbeit benötigt wird. Es wäre zu ärgerlich, wenn Sie nach dem Ablassen des Altöls feststellen, dass kein Ölfilter oder nicht genug frisches Motoröl zur Hand ist. Sie benötigen also einen neuen Ölfilter, den speziellen Porsche-Ölfilterschlüssel, Wischtücher, einen Dichtring für die Ölablassschraube eine sehr große Ablasswanne sowie ca. 7 bis 10 Liter Motoröl. Für die Ablassschraube an der Unterseite der Ölwanne ist ein 8-mm-Innensechskantschlüssel nötig. Fahren Sie Ihren Porsche vor dem Ölwechsel ausreichend warm, bis das Motoröl die normale Betriebstemperatur erreicht hat. Das Öl muss stets heiß abgelassen werden, dann fließt es wesentlich besser und Metallabrieb und Schmutz werden beim Ablassen leichter mit ausgespült.

Sobald das Fahrzeug auf ebener Fläche abgestellt und angehoben wurde, schieben Sie die Ablasswanne genau unter die Ölwanne. Die Ablassschraube unten an der Ölwanne muss zum Ablassen des Altöls herausgedreht werden. Lösen Sie sie vorsichtig und stellen Sie eine Wanne mit mindestens 10 l Fassungsvermögen – und sicherheitshalber darunter noch eine Auffangwanne – unter. Vorsicht: Das Öl ist sehr heiß und läuft sehr schnell ab, also Hautkontakt vermeiden (Arbeitshandschuhe anziehen!).

Während das Öl abläuft, bauen Sie den Ölfilter aus. Die Ablasswanne sollte nach wie vor unter dem Motor stehen, denn der Ölfilter ist ebenfalls voller Öl, das beim Lösen in die Ölwanne zurück- und dort an der Ablassschraubenbohrung ausläuft. Im Boxster ist ein Ölfiltereinsatz in einem Kunststoffgehäuse neben der Ölwanne an der Motorunterseite montiert. Normalerweise benötigen Sie den originalen (oder einen vergleichbaren) Ölfilterschlüssel, um das Filtergehäuse lösen zu können. Nach dem Abbau kommt der Filtereinsatz zum Vorschein. Ziehen Sie ihn von dem Rohr ab, auf dem er oft relativ fest am Motor sitzt. Halten Sie reichlich Wischtücher und Lappen bereit, denn beim Ausbau kann am Filter nochmals Öl auslaufen.

Während das Öl abläuft, reinigen Sie die Ablassschraube mit einem sauberen Lappen. Die saubere Schraube wird mit einem neuen Dichtring wieder eingedreht und mit 50 Nm festgezogen.

Nun montieren Sie den neuen Ölfilter. Schieben Sie den neuen Filtereinsatz auf das Ölrohr an der Motorunterseite auf. Der Filter sollte auf der einen Seite leicht konisch sein, so dass er problemlos auf das Rohr aufgeschoben werden kann. Säubern Sie die Innenseite des Filtergehäuses und legen Sie einen neuen O-Ring auf, bevor der neue Filtereinsatz montiert wird. Bestreichen Sie den O-Ring vor dem Einbau dünn mit Motoröl. Dann drehen Sie das Filtergehäuse auf und ziehen es handfest an. Anzugsdrehmoment 25 Nm.

Jetzt können wir frisches Motoröl einfüllen. Oft kommt die Frage nach der am besten geeigneten Ölsorte auf. Die Eigenschaften des Motoröls hängen seit jeher eng mit seiner Viskosität zusammen. Höherviskose (zähflüssigere) Öle bieten Schutz gegen hohe Temperaturen, dünnere Öle fließen bei niedrigen Temperaturen besser.

Wer in kälteren Gegenden wohnt, sollte ein 10W40-Öl oder eines mit vergleichbarer Viskosität verwenden. Diese Bezeichnung besagt, dass dieses Öl die Viskosität 10W aufweist, sich bei hohen Temperaturen aber wie ein 40W-Öl verhält. In wärmeren Regionen empfiehlt sich ein 20W50-Öl. Es ist bei niedri-

gen Temperaturen etwas zähflüssiger, bei Hitze aber standfester. Weitere Informationen und aktuelle Werksempfehlungen bekommen Sie in jedem Porsche-Zentrum.

Unter Autofans wird viel über die Qualitäten synthetischer und herkömmlicher mineralischer Motoröle diskutiert. Recht aufschlussreich ist dazu das Ergebnis eines Praxistests, das bereits im Juli 1996 in der US-amerikanischen Verbraucherzeitschrift Consumer Reports erschien. Die Tester hatten generalüberholte Motoren in 75 Taxis eingebaut und sie dann unter härtesten Bedingungen in New York laufen lassen. Die Motoren wurden mit unterschiedlichen Ölmarken, -viskositäten und -sorten betrieben, spulten insgesamt je 100.000 km ab und wurden anschließend zerlegt, vermessen und auf Verschleiß untersucht. Bei der Hälfte der Flotte wurde das Öl alle 5000 km gewechselt, bei der anderen Hälfte alle 10.000 km. Das Ergebnis? In keinem der Motoren waren nennenswerte Unterschiede im Verschleiß der Motorbauteile festzustellen. Fazit: Motoröle und ihre Additive sind mittlerweile derart gut, dass häufige Ölwechsel und teure Synthetiköle nicht mehr unabdingbar sind.

Manch einer schwört dennoch auf Synthetiköle. In der Praxis ist von Synthetikölen eher abzuraten, wenn Ihr Fahrzeug bereits etwas älter ist und die Motordichtringe noch nie erneuert wurden. Es sind zahlreiche Fälle dokumentiert, in denen Synthetiköle bei zuvor trockenen Motoren plötzlich zu Öllecks führten. Wenn an Ihrem etwas älteren Boxster also die Dichtringe noch nie erneuert wurden, bleiben Sie lieber bei mineralischem Öl. Haben Sie aber bisher bereits ausschließlich synthetisches Öl verwendet, dann bleiben Sie ruhig dabei.

Das Öl wird am Einfüllstutzen im Motorraum eingefüllt. Füllen Sie ca. 5 Liter ein und kontrollieren Sie den Ölstand am Ölmessstab (1997–2004) bzw. am Ölstandgeber (ab 2005). Füllen Sie das Öl anschließend halbliterweise nach und kontrollieren Sie jeweils den Füllstand. Füllen Sie nur soviel ein, dass das Öl an der oberen Marke des Messstabs steht – wenn der Ölfilter mit Öl vollläuft, sinkt der Ölstand automatisch etwas. Drehen Sie den Verschlussdeckel wieder richtig auf den Öleinfüllstutzen auf, andernfalls findet sich das Öl bald im gesamten Motorraum wieder. Überprüfen Sie bei dieser Gelegenheit auch gleich den Dichtring im Verschlussdeckel. Ein Unterdruckleck hätte unrunden Motorlauf zur Folge.

Falls Ihr Wagen auf Unterstellböcken stand, lassen Sie ihn jetzt wieder ab und starten den Motor. Die Öldruckkontrollleuchte sollte nach 1 bis 2 Sekunden erlöschen. Der nächste Blick gilt nochmals dem Motor und der Fahrzeugunterseite. Läuft nirgends Öl am Motor aus? Dann starten Sie zur Probefahrt und bringen Sie ihn auf Betriebstemperatur. Danach Motor abstellen und den Ölstand nochmals kontrollieren (Vorsicht: Der Motor ist heiß!). Jetzt sollte soweit Öl nachgefüllt werden, dass es bis an der oberen Marke am Ölmessstab steht. Altöl stets ordnungsgemäß entsorgen!

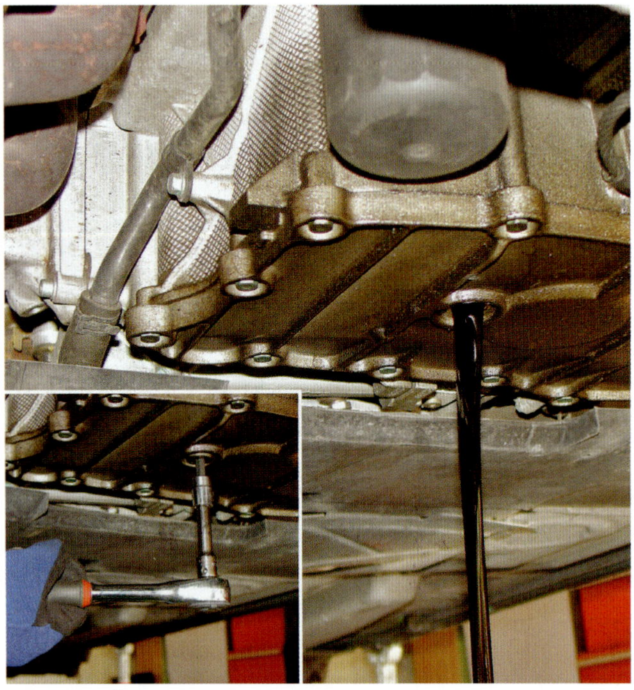

1 Zum Ölwechsel lösen wir zuerst die Ablassschraube an der Motorunterseite (SW8-Innensechskantschlüssel – siehe kleines Foto). Der Metalldichtring an der Ablassschraube wird bei jedem Ölwechsel erneuert, um Ölverlust an dieser Stelle vorzubeugen.

2 Das Filtergehäuse sitzt oft sehr fest und löst sich nur widerstrebend. Am leichtesten geht es mit dem Porsche-Ölfilterschlüssel. Schlüssel auf das Gehäuse aufschieben und Gehäuse abdrehen – fertig!

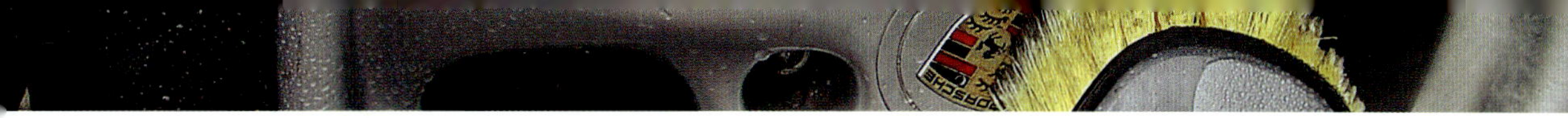

3 Legen Sie vor dem Wiederanbau des Filtergehäuses am Motor den großen O-Ring wieder auf. Dieser O-Ring müsste im Ölfiltersatz (kleines Foto) mit enthalten sein.

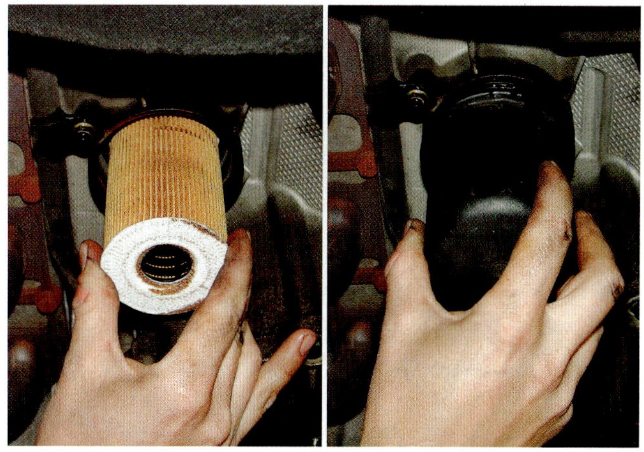

4 Schieben Sie den Ölfiltereinsatz auf das Ölrohr auf. Der Filter ist am einen Ende etwas angeschrägt, damit er sich leichter montieren lässt. Danach das Filtergehäuse montieren.

5 Das Motoröl wird an der Einfüllöffnung vorne im Heckkofferraum eingefüllt. Die Einfüllöffnung befindet sich auf der linken Seite, der Öleinfülldeckel ist an seiner hellbraunen Farbe zu erkennen. Wer schnell und geschickt ist, bekommt das Öl direkt aus der Flasche in den Motor, ohne eine Riesensauerei anzurichten, es empfiehlt sich jedoch die Verwendung eines Trichters.

6 Ziehen Sie den Ölmessstab heraus und kontrollieren Sie den Füllstand (nur Modelle 1997-2004). Wischen Sie den Messstab an einem Tuch ab, bevor Sie ihn wieder einschieben und erneut herausziehen, um nun den exakten Stand abzulesen.

7 Dieser Schraubadapter ermöglicht die Verwendung herkömmlicher Filterpatronen anstelle der herkömmlichen Filtereinsätze und vereinfacht den Ölwechsel. Mit diesem Adapter brauchen Sie sich nicht mehr um den Filtereinsatz oder um gebrochene Filtergehäuse oder die Gefahr eines vermurksten Gewindes am Kunststoff-Filtergehäuse zu kümmern. Über die Ansicht, ob diese Optimierungsmaßnahme wirklich effektiv und sinnvoll ist, gibt es allerdings gespaltene Meinungen in der Porsche-Gemeinde. So hält sich das Einsparpotenzial gegenüber den Papierfiltern in deutlichen Grenzen und ein Ersatz-Kunststoffgehäuse kann man sich auf Grund des niedrigen Anschaffungspreises (ca. 40 Euro) als Ersatzteil in die Werkstatt legen.

PROJEKT 3
Luftfilterwechsel

Zeit/Kosten/Talent: 30 Minuten / ca. 35 EUR /

Werkzeuge: Keine

Relevante Baujahre: Alle

Erforderliche Teile: Luftfilter, Innenraum-Pollenfilter

Tipp: Luftfiltereinsatz und Pollenfilter sollten zusammen gewechselt werden.

Arbeitsziel: Besserer Luftdurchsatz zur Einspritzanlage

Ergänzende Arbeitsgänge: Einbau des Konusfilters oder Kaltluftansaugstutzens

Der Luftfiltereinsatz des Boxster sollte ungefähr alle 15.000 km gewechselt werden. Der Luftfilter schützt die Einspritzanlage und die Ansauganlage vor Schmutz und Staub, die im Fahrbetrieb angesaugt werden könnten.

Beim Boxster sitzt der Luftfilter oben links im Motorraum. Um an die Oberseite des Motorraums heranzukommen, muss das Verdeck etwas abgesenkt und die hintere Cabrioverdeckabdeckung etwas angehoben werden (siehe Abb. 1).

Um an den Filter zu kommen, lösen Sie die Federklammern und ziehen den Deckel hoch – der Filter müsste sich jetzt aus seinem Gehäuse lösen. Kontrollieren Sie die Gehäuseinnenseite – meistens finden sich hier allerlei Laubreste und Schmutzablagerungen. Reinigen Sie die Gehäuseinnenseite vor dem Einbau des neuen Filters gründlich.

Grundsätzlich gibt es beim Boxster zwei verschiedene Ausführungen des Luftfiltereinsatzes – die serienmäßigen Papier- oder Gewebeeinsätze sowie Aftermarket-Nachrüstteile.

In diesen Zubehör-Filtereinsätzen soll mithilfe eines ölgetränkten Vlieses der Luftdurchsatz optimiert werden. Die Engstelle beim Luftdurchsatz im Motor des Boxster ist freilich nicht unbedingt der Luftfilter. Hauptvorteil der Nachrüstfiltereinsätze ist, dass Sie nur ein einziges Mal einen Einsatz kaufen müssen und dieser dann das gesamte Fahrzeugleben hält.

Aber egal, was Ihre Porsche-Kollegen erzählen: Diese Zubehörfilter bringen keine nennenswerte Mehrleistung; ein Fakt, der sogar in Prüfstandsläufen nachgewiesen wurde. Falls Sie einen solchen Filter montieren und Stein und Bein „schwören" möchten, dass die Leistung sich verbessert hat, dann machen Sie einmal einen „neutralen" Test mit einem Bekannten. Er tauscht die Filtereinsätze willkürlich aus und Sie versuchen, bei der Testfahrt einen Unterschied festzustellen. Man nennt das auch „Placeboeffekt" – man glaubt vor allem deshalb, spürbare Leistungszuwächse festzustellen, weil eben ein „Tuningteil" montiert wurde.

Nachteil der Zubehörfilter ist, dass ihre Filterwirkung nicht immer an die der Serienfilter heranreicht. Zudem können sich übermäßige Schmutzablagerungen am Luftmassenmesser sammeln und zu dessen vorzeitigem Ausfall führen. Fazit: Wer einen nicht originalen Nachrüst-Luftfiltereinsatz einbauen will, sollte genau hinschauen – und dem Filtereinsatz in der Folge die notwendige Wartung angedeihen lassen. Wer auf bestmögliche Filterung und Motorlebensdauer Wert legt, bleibt besser bei den serienmäßigen Papier-/Gewebeeinsätzen. Außerdem ist zu beachten, dass eine Verwendung dieser so genannten Sportluftfilter in Deutschland nur zulässig ist, wenn dafür eine ABE (Allgemeine Betriebserlaubnis) oder ein Teilegutachten vorliegt.

1 Um an den Motorraum des Boxster zu kommen, muss das Cabrioverdeck in die „Wartungsstellung" gebracht werden. Heben Sie das Verdeck soweit an, dass die Vorderkante ca. 25 mm über der Windschutzscheibenoberkante steht. Die hintere Verdeckabdeckung müsste sich beim Öffnen des Verdecks jetzt in die maximal geöffnete Stellung bewegt haben.

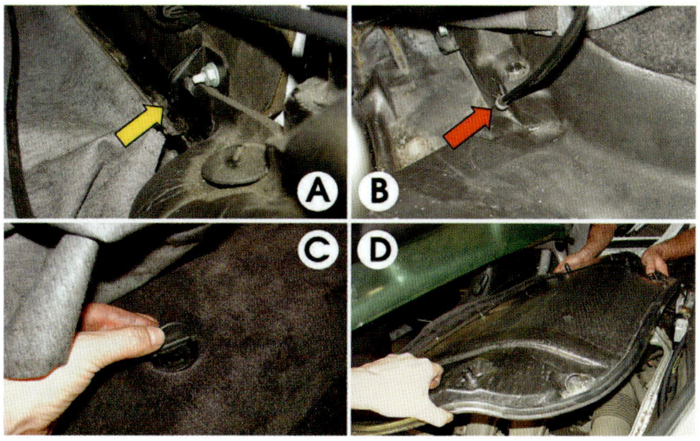

2 Steht das Verdeck in der Wartungsstellung, sind einige vorbereitende Schritte notwendig, um an die Motoroberseite heranzukommen. **A:** Kunststoff-Verdeckstange an den beiden Halterungen an der hinteren Schottwand lösen (gelber Pfeil). **B:** Unteren Kugelkopf der Verdeckspannseile auf beiden Seiten abziehen (roter Pfeil). Unterseite des Verdecks in Richtung Fahrzeugvorderseite schieben. **C:** Verriegelungen drehen und Heckablage unter dem Verdeck herausnehmen. **D:** Klammern an der Motorraumabdeckung drehen und abheben.

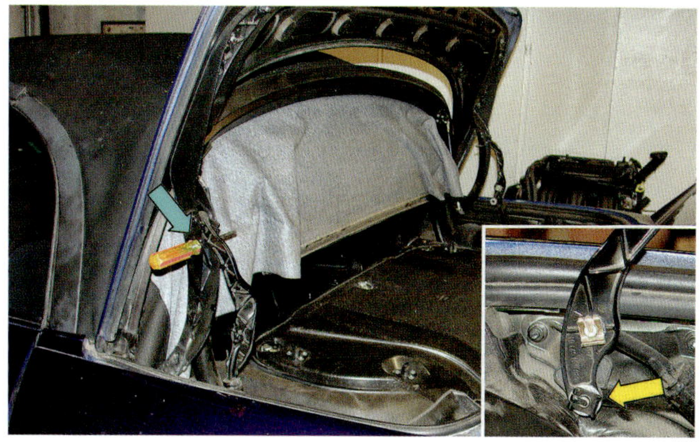

3 Um mehr Bewegungsfreiheit im Motorraum zu schaffen, kann auch das Gestänge für die Heckabdeckung gelöst und diese im Fahrzeug weiter nach vorne geschoben werden. Dazu den unteren Sprengring auf beiden Seiten lösen (gelber Pfeil) und das Verdeck nach vorne schieben. Dann das Verdeck mit Schraubendrehern fixieren, die provisorisch in die Sicherungslöcher eingeschoben wurden (blauer Pfeil). Hintere Abdeckung ebenfalls sorgfältig sichern – falls sie abrutscht, könnten die beiden Nippel auf der Unterseite Dellen in der Heckklappe hinterlassen.

4 Der Luftfilter ist links im Motorraum eingebaut. Lösen Sie die Haltebügel und ziehen Sie das schwarze Kunststoffgehäuse nach oben (grüner Pfeil). Jetzt müsste sich der Filter aus dem Inneren herausnehmen lassen.

5 Ziehen Sie den Luftfiltereinsatz nach oben heraus. Nun müsste sich das neue Filterelement problemlos einsetzen lassen (das kleine Bild zeigt die frühe Filterausführung).

6 Wenn wir schon beim Filterwechsel sind, erneuern wir auch gleich den Innenraumfilter (Pollenfilter). Dieser Filter sitzt rechts im vorderen Kofferraum. Bauen Sie die Kunststoffabdeckung rechts vor der Windschutzscheibe (oben links) mit einem T25-Torx-Schraubendreher aus. Greifen Sie dann ins Innere und ziehen Sie den Filter heraus. Setzen Sie den neuen Filter ein (oben rechts) und montieren Sie die Kunststoffabdeckung wieder.

7 Bei späteren Modellen waren Luftfilter und Filterelement etwas anders gestaltet. Drehen Sie zum Ausbau zuerst die beiden Schrauben am vorderen Deckel heraus (gelbe Pfeile). Drehen Sie dann die Einzelschraube heraus, mit der der Filter am Gehäuse befestigt ist (grüner Pfeil), und manövrieren Sie den Filtereinsatz heraus. Bauen Sie die Halteplatte auf den neuen Filtereinsatz um und montieren Sie ihn wieder.

PROJEKT 4
Erneuern des Kraftstofffilters

Zeit/Kosten/Talent: 1 Stunde / ca. 30 EUR /

Werkzeuge: Schraubendreher, Ölauffangwanne

Relevante Baujahre: 1997-2001

Erforderliche Teile: Kraftstofffilter

Tipp: Führen Sie diese Arbeit nur an einem gut belüfteten Ort aus.

Arbeitsziel: Sauberere Kraftstoffanlage

Ergänzende Arbeitsgänge: Verschlissene oder rissige Kraftstoffleitungen ersetzen

Teil der grundlegenden Wartungsarbeiten ist der Austausch des Kraftstofffilters. Ab Modelljahr 2002 verlegte Porsche den Filter in den Benzintank und erklärte diesen „Dauerfilter" für wartungsfrei. Bei Fahrzeugen mit austauschbarem Kraftstofffilter sollte der Filter jährlich oder alle 15.000 km gewechselt werden.

Der Wechsel des Benzinfilters ist keine besonders angenehme Arbeit. Beim Filterwechsel verteilt sich garantiert Benzin auf den Boden und auf Ihre Arbeitskleidung. Wechseln Sie den Filter daher stets an einem gut belüfteten Ort, also im Freien oder in einer Garage mit leistungsfähigem Abluftgebläse. Außerdem sollten Sie Feuerlöscher sowie Lappen griffbereit halten. Achtung: Gummihandschuhe und Schutzbrille tragen!

Der Tank sollte möglichst leer sein, also planen Sie Ihre Fahrten vor dem Filterwechsel entsprechend. Dies verringert Probleme, falls etwas schief geht.

Zuerst heben wir das Fahrzeug an (Projekt 1). Der Weg des Kraftstoffs ist im Boxster besonders intelligent konzipiert. Die Benzinpumpe sitzt am Tankboden und fördert das Benzin an der oberen Tankabdeckung heraus nach vorne. Worin liegt der Vorteil dieser Konstruktion? Beim Erneuern des Benzinfilters können Sie das Pumpenrelais abziehen und den Motor kurz durchdrehen und sind dann sicher, dass nicht überall Benzin austritt, falls beim Ausbau ein Fehler unterläuft.

Bei älteren Modellen wird das Benzin vom Tankboden aus nach vorne gefördert. Bei diesen Konstruktionen müssen Sie die Leitung abziehen und sehr schnell abklemmen, andernfalls läuft der gesamte Tank leer! Beim Boxster lässt sich der Tank allerdings nicht zu 100 Prozent entleeren und beim Lösen des Filters läuft immer etwas Kraftstoff daneben. Zudem ist auch der Kraftstofffilter fast immer noch komplett voll Benzin.

Steht der Wagen auf seinen Unterstellböcken, legen Sie sich unters Fahrzeug. Der Filter sitzt hinter der großen Kunststoffabdeckung in der Fahrzeugmitte. Diese Abdeckung wird von mehreren Kunststoffmuttern (10 mm) gehalten und lässt sich leicht nach unten abnehmen. Danach die Schaumstoffummantelung um die Leitungen am Mitteltunnel entfernen und die beiden Schrauben des Kühlmittelleitungs-Kunststoffhalters lösen (siehe Abb. 1).

Nehmen Sie nun das Masseband des Kraftstofffilters ab und lösen Sie die Halteschelle des Filters. Anschließend die Leitungen zum Filter trennen. Die Anschlüsse am Filter lassen sich sehr leicht befestigen und abziehen. Drücken Sie vorsichtig auf die grauen Laschen an den Seiten des Kunststoffsteckers, dann müsste sich der Anschluss problemlos abschieben lassen. Schauen Sie sich den neuen Filter an, um sich die Funktion dieses Schnellsteckers zu verdeutlichen. Um beim Lösen des Anschlusses austretenden Kraftstoff aufzufangen, sollte eine kleine Auffangwanne bereit stehen.

Sobald die Anschlüsse gelöst wurden, dürfte einiger Kraftstoff am Filter auslaufen, also sorgen Sie vor (Handschuhe, Schutzbrille, Lappen, Eimer und ein gut belüfteter Arbeitsbereich). Ziehen Sie den Filter zum Fahrzeugheck hin ab, legen Sie ihn in die Auffangwanne und schaffen Sie Filter und Kraftstoffreste umgehend ins Freie. Die Garage sollte vor den weiteren Arbeiten 15 bis 20 Minuten durchlüften.

Nun braucht nur noch der neue Filter anstelle des alten aufgesteckt zu werden. Achten Sie auf die Pfeile auf dem Gehäuse, die die Durchflussrichtung des Benzins anzeigen. Zur Kontrolle, ob die Schnappverschlüsse fest sitzen, ziehen wir nochmals leicht an ihnen. Nun muss noch der Masseanschluss angebracht werden (wichtig!). Dann ziehen Sie die Halteschelle des Filters wieder fest und montieren die Schaumstoffabdeckung und die mittige Abdeckung.

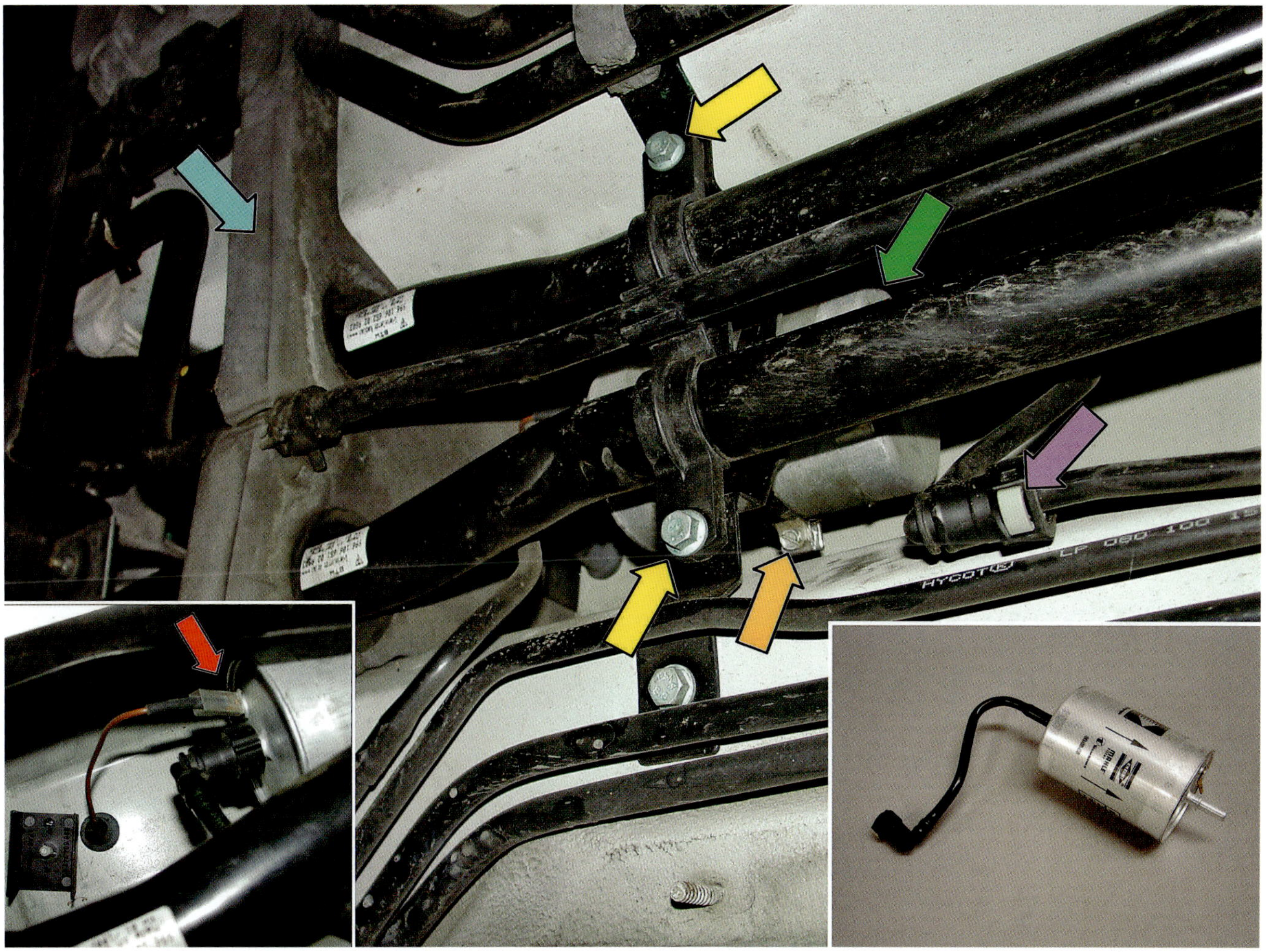

1 Der Benzinfilter (grüner Pfeil) sitzt hinter den Kühlmittelleitungen fast mittig unter dem Fahrzeug. Der blaue Pfeil zeigt auf das Schaumstoffteil, das ausgebaut werden muss, um den Filter zum Wagenheck hin abziehen zu können. Leichter geht der Ausbau, wenn die beiden Schrauben des Kunststoffhalters für die Kühlmittelleitungen (gelbe Pfeile) herausgedreht werden. Der orangefarbene Pfeil zeigt auf die Schraube, die gelöst werden muss, um den Filter von seiner Schelle zu trennen. Der violette Pfeil zeigt auf eine der beiden Nasen, die am Schnellstecker zusammengedrückt werden müssen. Unten rechts ist ein neuer Filter zu sehen. Die Pfeile auf dem Filtergehäuse geben die Benzindurchflussrichtung an. Das Bild unten links zeigt den Massestecker (roter Pfeil), der am alten Filter abgezogen und am neuen Filter wieder angebracht werden muss.

PROJEKT 5
Erneuern des Antriebsriemens

Zeit/Kosten/Talent: 1 Stunde / ca. 25 EUR /

Werkzeuge: Steckschlüsselsatz, 24-mm-Schlüssel für Umlenkrolle

Relevante Baujahre: Alle

Erforderliche Teile: Antriebsriemen

Tipp: Führen Sie für den Pannenfall stets einen Antriebsriemen im Fahrzeug mit.

Arbeitsziel: Keine Quietschgeräusche am Motor und keine Wasserpumpendefekte mehr

Ergänzende Arbeitsgänge: Wasserpumpe und/oder Drehstromgenerator ersetzen

Kontrolle und Erneuerung des Aggregate-Antriebsriemens zählen zu den Routinewartungsarbeiten am Boxster. Der Riemen wird von der Kurbelwelle angetrieben und treibt seinerseits Aggregate wie Wasserpumpe, Lenkhelfpumpe, Drehstromgenerator und Klimakompressor an. Er sollte regelmäßig (alle 8000 km bzw. beim Motorölwechsel) kontrolliert werden.

Bei diesem Riemen handelt es sich um einen so genannten Keilrippenriemen (mit mehreren Rippen auf der Innenseite). Eine federbelastete Riemenspannrolle sorgt für die richtige Riemenspannung. Das Nachspannen des Riemens entfällt.

Bei der Riemenkontrolle ist vor allem auf Risse zu achten (siehe Detail in Abb. 1). Falls irgendwelche Beschädigungen festzustellen sind, sollte der Riemen umgehend erneuert werden. Die Risse treten meist zuerst auf der Riemeninnenseite (die auf der Riemenscheibe abrollt) auf, also an den Rippen der Riemeninnenfläche.

Der Wechsel ist denkbar einfach. Zuerst muss die Motorvorderseite freigelegt werden. Abb. 1 zeigt, wie Sie den Innenteppich herausnehmen und an die vordere Motorabdeckung herankommen.

Die Riemenspanner lassen sich mit einem SW24-Schlüssel lösen. Zum Lockern der Riemenspannung wird der Spanner im Uhrzeigersinn gedreht. Nachdem die Riemenspannung gelockert wurde, müsste sich der Riemen problemlos abnehmen lassen. Tipp: Ist der Riemen verschlissen, lockern Sie ihn, schneiden ihn mit einer großen Blechschere einfach durch und ziehen ihn aus dem Motorraum heraus.

Die Montage des neuen Riemens ist unkompliziert. Legen Sie ihn so weit wie möglich auf Riemenscheiben und Laufrollen auf, lösen Sie die Spannung am Riemenspanner und positionieren den Riemen auf dem Spanner. Dabei nicht vergessen zu kontrollieren, ob der Riemen richtig auf allen Riemenscheiben und Laufrollen sitzt. Der verrippte Teil des Riemens muss an der Kurbelwellenriemenscheibe anliegen. Der Riemen wird in der folgenden Reihenfolge aufgelegt: 1. Wasserpumpe, 2. Generator, 3. Obere Laufrolle, 4. Lenkhelfpumpe, 5. Klimakompressor, 6. Kurbelwelle, 7. Flexible Spannrolle, 8. Untere Laufrolle

1 Beim Boxster ist der Antriebsriemen hinter einem Wartungsdeckel hinter den Sitzen zugänglich. Schieben Sie die Sitze ganz nach vorne und nehmen Sie die hintere Teppichverkleidung heraus (dazu die Halteclips des Teppichs lösen – siehe kleines Bild, links oben). Die Clips sind auf Metallstifte aufgedreht. Sie können mit einem gegabelten Hilfswerkzeug abgehebelt und/oder mit dem Finger nach oben abgedrückt werden. Unter dem Bodenteppich ist die Motorabdeckung zu sehen – lösen Sie nun die sieben Schrauben und zwei Muttern (jeweils SW10) der Abdeckung, worauf diese sich problemlos herausnehmen lassen müsste. Das Bild links unten zeigt einen reichlich betagten Riemen, der in der Keilrippenfläche bereits zahlreiche Risse aufweist.

2 Nachdem die vordere Motorabdeckung ausgebaut wurde, liegen alle Aggregate offen, die vom Hauptantriebsriemen angetrieben werden. Rechts der Klimakompressor (gelber Pfeil) und die Lenkhelfpumpe (grüner Pfeil). Links der Generator (blauer Pfeil). Nicht zu sehen ist die Wasserpumpe. In der Mitte liegt die Kurbelwelle (orangefarbener Pfeil). Zum Lockern der Riemenspannung wird eine SW24-Stecknuss auf eine Verlängerung aufgesetzt und die Spannrolle (roter Pfeil) im Uhrzeigersinn gedreht (links unten).

3 Ein neuer, frisch ausgepackter 996er 3,4-Liter-Motor. Die Baugruppen sind **1)** Lenkhelfpumpe, **2)** Generator, **3)** obere Laufrolle, **4)** Wasserpumpe, **5)** Klimakompressor (hier nicht eingebaut), **6)** Kurbelwelle, **7)** Spannrolle, **8)** untere Laufrolle. Unten rechts ein neuer Antriebsriemen.

PROJEKT 6

Waschen des Fahrzeugs

Zeit/Kosten/Talent: 1 Stunde / ca. 20 EUR /

Werkzeuge: Eimer und Schlauch, Schlauchbürste

Relevante Baujahre: Alle

Erforderliche Teile: Autoshampoo, vier oder fünf Baumwoll-Frottiertücher

Tipp: Verzichten Sie auf Haushaltswaschmittel und Fensterleder

Arbeitsziel: Ihr Porsche kommt fast „wie geleckt" daher

Ergänzende Arbeitsgänge: Kauf einer Fahrzeug-Faltgarage (Car Cover)

Eine der elementarsten Wartungsarbeiten am Auto ist die regelmäßige Reinigung. Darunter fallen nicht nur die hohe Kunst des Waschens, sondern auch Aufarbeitung und Pflege von Lack und Chrom sowie des Innenraums. Wichtig: Waschen Sie Ihr Auto nur dort, wo es auch gestattet ist. Waschen Sie das Fahrzeug nicht im direkten Sonnenlicht, es könnten sich hässliche Wasserflecken auf dem Lack bilden.

Zunächst stellen wir fest, welche Reinigung der Wagen benötigt. Ist er einfach nur staubig und stand er in der Garage, genügt vermutlich eine Wäsche mit klarem Wasser (ohne Reinigungsmittel). Zuerst befeuchten Sie die Karosserie gründlich mit dem Schlauch, dann entfernen Sie den Staub mit einem Waschhandschuh. Front- und Heckschürze sowie Schwellerbleche beim Waschen nicht vergessen. Da sie der Fahrbahn am nächsten sind, ist die Verschmutzung hier tendenziell am stärksten.

Das Trocknen des Fahrzeugs mit einem Autoleder ist nicht zu empfehlen. In der porösen Oberfläche des Leders können sich winzige Schmutzpartikel ablagern, die beim Trockenreiben des Fahrzeugs Kratzer im Lack hinterlassen können. Eine gute Alternative sind Frottiertücher aus 100% Baumwolle. Diese Tücher müssen bereits mindestens einmal gewaschen worden sein (ohne Weichspüler). Weichspüler kann Schlieren hinterlassen und die Absorptionsfähigkeit des Tuches beeinträchtigen.

Beschränken sich die Verschmutzungen nicht nur auf einfache Staubrückstände, ist der Zusatz von Autowaschmittel oder -shampoo notwendig. Normale Haushaltswaschmittel oder -shampoos sind tabu, da sie den Wachsschutz des Lacks angreifen. Autowaschmittel sind dagegen sehr mild und dürften die Wachsschicht auf Ihrem Wagen nicht in Mitleidenschaft ziehen.

Als erstes wird der Wagen mit dem Schlauch gut abgespült, wobei der Wasserstrahl nicht direkt auf jene Bereiche gerichtet werden sollte, in denen vielleicht bereits eine Dichtung porös wird. Hat Ihr Boxster einige Jahre auf dem Buckel, sind die Dichtungen zum Innenraum möglicherweise nicht mehr hundertprozentig wasserdicht. Droht Wassereinbruch in den Innenraum, legen Sie Tücher auf Sitzen und Teppichen aus. Achten Sie darauf, dass kein Wasser in den Bereich des seitlichen Ansaugschnorchels gelangt – Wasser kann sich hier sammeln und dann in den Motor angesaugt werden.

Nachdem der Wagen gut abgeduscht wurde, muss er sofort abgetrocknet werden. Hierfür eignet sich besonders gut ein Profi-Gummi-Abzieher von rund 35 cm Länge, der sich den Rundungen der Karosserie perfekt anpassen kann und mit dem in kürzester Zeit alle Tröpfchen entfernt werden können. Das verringert die Arbeitszeit und vermeidet Wasserflecken auf dem Lack. Anschließend kann restliche Feuchtigkeit auf dem Wagen mit weichen Tüchern oder einem hochwertigen, echten Leder entfernt werden.

Wer weitere zahlreiche nützliche Praxistipps rund um die Fahrzeugpflege erfahren möchte, dem sei an dieser Stelle auch das Buch von Pflegespezialist Christian Petzoldt (Das große Buch der Fahrzeugpflege) empfohlen.

Der Schlüssel zur Vermeidung von Lackkratzern ist, dass alle Reinigungstücher garantiert sauber und frei von Staub und Schmutz sind. Am besten sollten die Tücher in sauberer Umgebung gelagert und benutzt werden. Lassen Sie sie also nicht im Freien liegen, und wenn sie zu Boden fallen, werden sie erst nach der nächsten Wäsche weiterverwendet. Bereits winzige Partikel in der Tuchoberfläche können hässliche Lackkratzer hinterlassen. Wasserflecken im Lack werden mit einem sauberen, angefeuchteten Frottiertuch vorsichtig auspoliert.

Schützen Sie den gereinigten Wagen am besten sofort gegen neue Schmutzablagerungen. Wenn er längere Zeit unbenutzt in der Garage steht, decken Sie ihn mit einem hochwertigen Autopaletot (Autohaube bzw. Faltgarage) ab. Diese Abdeckhauben bieten nicht nur Schutz gegen Staub, sondern auch gegen Ob-

jekte, die auf das Fahrzeug fallen könnten, sowie gegen allzu neugierige Katzen. Steht Ihr Fahrzeug dagegen im Freien, ist von diesen Faltgaragen abzuraten. Unter der Faltgarage kann sich Kondenswasser sammeln und im Wind kann der Stoff auf dem Lack scheuern. Ist Ihr Fahrzeug obendrein nicht absolut sauber, können Schmutzpartikel zwischen Fahrzeug und Paletot Kratzer auf dem Lack hinterlassen.

Ein neuer Trend der letzten Jahre ist, das Fahrzeug mit entionisiertem Wasser zu waschen. Diese Pflegesysteme gibt es sowohl als manuelle Dosiereinheiten als auch als Programme an Waschstraßen, bei denen Leitungswasser in einem Entionisierungsfilter demineralisiert wird, so dass der Trocknungsgang nach dem Waschen entfallen kann, da entionisiertes Wasser keine hässlichen Wasserflecken hinterlässt. Das funktioniert recht gut, allerdings bekommt man die Wasserflecken in der Praxis doch nicht hundertprozentig weg – ein Packen normaler Trockentücher sollte zum Nachtrocknen nach der Autowäsche also trotzdem griffbereit sein.

1 Autowaschbürsten gibt es in unzähligen Varianten. Die Bürsten werden auf den Schlauch aufgeschraubt und das Waschwasser fließt dann direkt durch die Bürste. Auch Autoshampoostäbchen können in das Innere der Bürste eingelegt werden; sie lösen sich bei der Wäsche auf und werden so dem Wasser automatisch zugesetzt. Für die Reinigung der Räder werden spezielle Schlauchbürsten angeboten, mit denen sich selbst hartnäckiger Straßenschmutz und Bremsbelagabrieb in Minutenschnelle entfernen lässt.

ABSCHNITT 2
MOTOR

Die modernen Porsche-Motoren sind das Ergebnis jahrzehntelanger Entwicklungserfahrung mit den luftgekühlten 911er-Modellen. Die bewährte, ausgereifte Porsche-Konstruktion wurde kontinuierlich überarbeitet und verfeinert, so dass der Sechszylinder-Boxermotor auch in seiner wassergekühlten Version mit der markentypischen Zuverlässigkeit aufwarten kann. Bestimmte Motorteile verschleißen aber dennoch und müssen von Zeit zu Zeit inspiziert werden. In diesem Kapitel werden die Wartungsarbeiten rund um den Motor eingehend beschrieben und außerdem erläutert, was im seltenen Fall eines Motordefekts zu tun ist.

PROJEKT 7
Wechsel der Zündkerzen/Zündspulen

Zeit/Kosten/Talent: 2 Stunden / ca. 50 Euro /

Werkzeuge: Zündkerzenschlüssel

Relevante Baujahre: Alle

Erforderliche Teile: Zündkerzen, Zündkerzenhülsen

Tipp: Bestreichen Sie die Kerzengewinde beim Einbau nicht mit Antifestbrennpaste.

Arbeitsziel: Sauberer und weicher laufender Motor

Ergänzende Arbeitsgänge: Erneuern der Zündkerzenstecker

Der Wechsel der Zündkerzen und Zündkabel (soweit vorhanden) gehört bei jedem Fahrzeug mit Ottomotor zu den grundlegenden Arbeiten. Es empfiehlt sich, die Zündkerzen alle 15.000 km oder einmal jährlich zu wechseln. Die tatsächliche Lebensdauer der Kerzen ist in aller Regel höher, man kann allerdings nie wissen, wie viel Restlebensdauer ihnen über diese Kilometergrenze hinaus noch beschieden ist, und womöglich gerät der Kerzenwechsel ganz in Vergessenheit, wenn man ihn nicht jährlich einplant.

Mit der Einführung des Boxster-Motors entfielen bei Porsche die Zündkerzenkabel, und an jeder der sechs Zündkerzen wurde eine eigene Spule-Kerzenstecker-Einheit montiert. Dieser Aufbau ist zwar kostspieliger als eine konventionelle Zündanlage mit einer einzigen Zündspule, er trägt jedoch wesentlich zur höheren Zuverlässigkeit bei, da mit den Zündkabeln eine Fehlerquelle entfällt. Bei älteren Modellen ist eine derartige Anlage üblicherweise nicht zu finden. Nachdem die Fertigungskosten dieser Teile jedoch immer weiter sanken, finden diese Zündanlagen weitere Verbreitung.

Beginnen wir mit der Fahrzeugvorbereitung. Wichtig ist eigentlich nur, dass der Motor kalt ist. Wer versucht, die Kerzen an einem heißen Motor aus- oder einzubauen, könnte sich Probleme einhandeln, da die Zündkerzen beim nächsten Wechsel regelrecht festgebacken sein können und beim Löseversuch die relativ empfindlichen Kerzengewinde im Alu-Zylinderkopf Schaden nehmen können. Der Motor sollte also kalt oder allenfalls noch handwarm sein.

Dann bocken Sie das Fahrzeug hoch (Projekt 1). Die Kerzen sind etwas besser zugänglich, wenn wir die Radhausschalen vor den beiden Radkästen ausbauen, vor allem auf der Beifahrerseite. Dann entfernen wir an jeder Zündspule die beiden Befestigungsschrauben am Motor. Nun kann der Kabelstrang der Spule abgezogen werden. Die demontierte Spulen-Kerzenstecker-Einheit legen wir beiseite. Alle Spulen sind gleich aufgebaut, es spielt also keine Rolle, von welcher Zylinderbank sie stammen, es sei denn, Sie müssen anhand des Fehlercodes (der am Bordcomputer angezeigt wurde) gezielt einen Spulendefekt lokalisieren

Nachdem die Spulen ausgebaut wurden, sehen Sie die Zündkerzen in ihren Bohrungen im Zylinderkopf. Wenn Öl in der Kerzenhülse steht, kann aufgrund von Rissbildung Öl eingedrungen sein. In diesem Fall muss eine neue Kerzenhülse montiert werden (siehe Abb. 3 sowie Projekt 16, Abb. 6).

Der Ausbau der Kerzen ist einfach. Sie benötigen lediglich einen passenden Kerzenschlüssel. Besonders praktisch ist ein langer Kerzensteckschlüssel mit Haltegummieinsatz, der die Kerze umschließt; das Gelenk an der Griffseite sorgt für zusätzliche Bewegungsfreiheit. Derartige Kerzenschlüssel werden von zahlreichen Werkzeugherstellern vertrieben und eignen sich vor allem für die Kerzendemontage an schwer zugänglichen Stellen im Motorraum.

Nun wird die Zündkerze an der Griffverlängerung des Kerzenschlüssels entgegen dem Uhrzeigersinn gedreht und gelöst. Die ausgebaute Kerze verdient einen genauen Blick zur Kontrolle, denn am „Kerzengesicht" lassen sich die Vorgänge im Motorinneren am besten ablesen.

Beim Einbau der neuen Zündkerze sollte der Kerzenschlüsseleinsatz auf einem Drehmomentschlüssel aufgesteckt und die Kerze mit dem richtigen Drehmoment angezogen werden. Dies ist wichtig, weil Kerzen durchaus zu lose oder zu fest eingedreht werden können. Die Kerze muss spielfrei im Steckeinsatz sitzen, denn es passiert nur zu leicht, dass sie schief am Zylinderkopf angesetzt und dabei das Kerzengewinde im Kopf beschädigt wird. In derartigen Fällen kommt das Gewinde der Kerze nicht richtig mit dem Gegengewinde im Zylinderkopf in Eingriff und die Kerze „sucht sich ihr eigenes Gewinde". Dabei nimmt das Gewinde im Kopf unweigerlich Schaden und kann in Extremfällen völlig zerstört werden. Die daraus resultierenden Probleme sollte sich niemand antun, deshalb ist sorgfältiges Arbeiten beim Kerzenwechsel unabdingbar.

Drehen Sie die einzelnen Kerzen ohne Antifestbrennpaste in

die Zylinderköpfe ein und ziehen Sie sie mit 30 Nm an.

Wie im Technischen Rundschreiben 9102, Gruppe 2, Nr. 2870, erläutert, rät Porsche bei sämtlichen Motoren – rückwirkend für alle Modelle – von der Verwendung von Antifestbrennpaste ab. Dahinter steht die Überlegung, dass die Antifestbrennpaste als elektrischer Isolierstoff zwischen Zündkerze und Zylinderkopf wirkt. Dies könnte sich nachteilig auf die Bildung des Zündfunkens auswirken, da dadurch die durchgängig gute Masseverbindung beeinträchtigt werden kann.

Nachdem die neuen Zündkerzen eingeschraubt und mit dem vorgeschriebenen Drehmoment angezogen wurden, können auch die Zündspulen und die Kerzenstecker wieder montiert werden. Danach müsste der Motor wieder ganz normal aussehen und perfekt laufen.

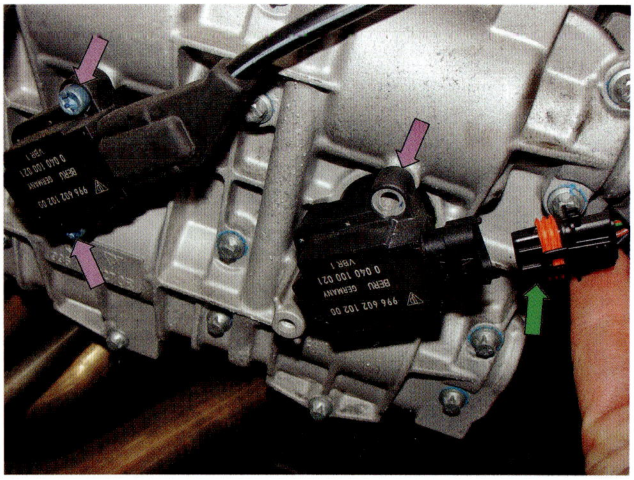

1 Zu jeder Zündkerze gehört eine eigene Zündspule. Diese Spulen sind mit zwei Schrauben (violette Pfeile) am Motor angeschraubt. Lösen Sie alle Schrauben und ziehen Sie den Zündspulen-Kerzenkabelstrang ab (grüner Pfeil). Nun muss sich die abgeschraubte Zündspule vom Motor abziehen lassen.

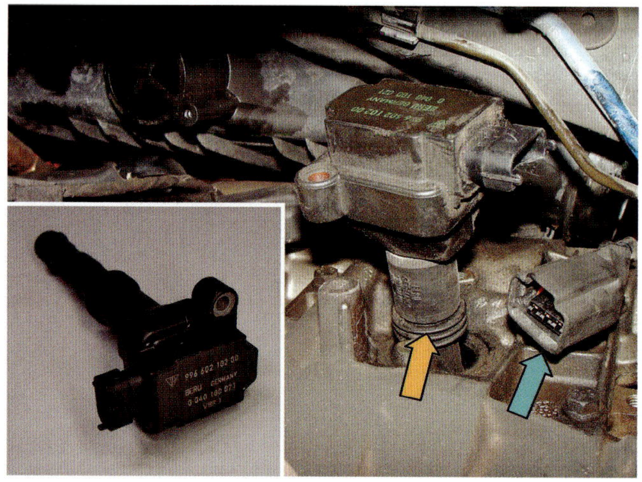

2 Das kleine Bild zeigt eine einzelne Kerzen-Zündspule. Der blaue Pfeil deutet auf den Stecker für die Stromzuleitung zur Zündspule, der orangefarbene zeigt auf den Faltenbalg, der als Teil der Spule die Kammer gegen Schmutz abdichtet. Die Zündspulen sollten auch auf Risse überprüft werden, vor allem, wenn der Wagen viel auf streusalzbelasteten Straßen gefahren wurde. Korrosion und Rissbildung an diesen Teilen können zu Zündaussetzern führen.

3 Für den Ausbau der Kerzen ist vor allem an schwer zugänglichen Stellen ein Kerzenschlüsseleinsatz mit Gelenk empfehlenswert. Falls die Ventildeckeldichtung undicht ist, kann sich Öl in den Zündkerzenbohrungen ansammeln. Mitunter sind hier nach dem Lösen der Spulen-Kerzenstecker-Einheit Motorölrückstände festzustellen. In diesem Fall sollten Sie die Zündkerzenhülsen (gelber Pfeil, Boxster 1997-2004) ausbauen. Diese Kunststoffhülsen dichten das Motorinnere zur Kerzenbohrung ab. Die Hülsen können mit einer Spitzzange aus ihrem Sitz herausgezogen werden. Bei späteren Boxstern und Cayman sind diese Hülsen entfallen, allerdings sollten bei dieser Gelegenheit die O-Ringe in den Nockenwellengehäusen überprüft werden.

4 Bei der Zündkerze im kleinen Foto sind bereits alle vier Elektroden wegerodiert (roter Pfeil). Eine Kerze in diesem Zustand fällt durch häufige Aussetzer auf (sofern sie überhaupt noch funkt). Bei diesem Motor war aber an keiner der anderen Kerzen ein derartiger Schaden feststellbar. Daher kann ein Fertigungsdefekt unterstellt werden. Rechts eine brandneue Platinzündkerze von Bosch. Auch der Aufbau der Kerzen hat sich im Laufe der Zeit wegen der immer strengeren Abgasvorschriften gewandelt. Wichtig ist, stets die richtige Kerzenversion zu montieren, anderenfalls können rätselhafte Zündprobleme die Folge sein (die Kerzen unterscheiden sich nach Elektrodenbauart und Wärmewert). Zündkerzen kosten nicht die Welt, also halten Sie sich an Markenprodukte wie Bosch oder NGK.

PROJEKT 8
Zerlegen des Boxster-Motors

Zeit/Kosten/Talent: 6 Stunden / 0 EUR /

Werkzeuge: Haltewerkzeug für die Nockenwelle

Relevante Baujahre: Alle

Erforderliche Teile: –

Tipp: Zum Auslegen der ausgebauten Teile sollte eine großzügige Arbeitsfläche zu Verfügung stehen.

Arbeitsziel: Suche nach der Defektursache

Ergänzende Arbeitsgänge: Einbau eines Motors aus dem 996

1 Dieses Projekt soll einen kurzen Überblick über den Boxster-Motor und dessen inneren Aufbau vermitteln. Der hier gezeigte Motor gab nach einem kapitalen Motorschaden den Geist auf, vermutlich infolge Ölmangels an der Kurbelwelle. Das Zerlegen dieses Motors und die Prüfung sämtlicher Teile beanspruchte zwei volle Tage in einem Fachbetrieb.

2 Hier wird der Nockenwellendeckel vom Motor abgenommen. Die Einzelteile sollten vor dem Ausbau stets gekennzeichnet werden, damit ihre Einbaulage beim Zusammenbau klar ersichtlich ist. Wir brachten für den Wiedereinbau in der richtigen Stellung eine Markierung an der Rückförderpumpe an (gelber Pfeil), die das Motoröl aus dem Zylinderkopf ins Kurbelgehäuse zurückbefördert. Bei den Nockenwellendeckeln ist auch auf das integrierte Nockenwellenlager zu achten. Der grüne Pfeil zeigt auf den Deckelbereich, der für die Fixierung der Nockenwelle verantwortlich ist.

3 So sieht die Zylinderkopfoberseite aus, nachdem der Nockenwellendeckel demontiert wurde: oben die Einlass-, unten die Auslassnockenwelle. Bei älteren Modellen sind die Nockenwellen über eine kleine Kette verbunden, die mit einem Kettenspanner/Verstellmechanismus gekoppelt ist, der sich vor- und zurückbewegen und dabei die Stellung (in Winkelgrad) der Nockenwellen zueinander verändern kann. Diese Vorrichtung wird durch den Magnetschalter in der Mitte (gelber Pfeil) gesteuert. Der grüne Pfeil zeigt auf das Nockenwellen-Haltewerkzeug von Callas Rennsport, mit dem sich die Nockenwellen beim Abnehmen des Seitendeckels fixieren lassen. Wie bereits unter Abbildung 2 erwähnt, fixieren die Ventildeckel die Nockenwellen in ihren Sitzen, sodass die nicht eigens daran gehinderten Wellen herausfallen, wenn die Deckel demontiert werden.

4 Die beiden Nockenwellen werden gemeinsam ausgebaut. Aus- und Einbau sind durchaus auch bei eingebautem Motor möglich, allerdings ist die Arbeit weder angenehm noch sauber und der Monteur muss dabei sehr vorsichtig jonglieren. Die Enddeckel der oberen und unteren Nockenwellen werden von vier Schrauben gehalten. Achten Sie beim Ausbau darauf, welcher Deckel wo saß. Der Spanner-/Verstellmechanismus wird zusammen mit den Einlass-/Auslassnockenwellen abgenommen.

5 Nachdem die Nockenwellen aus dem Weg sind, müssten sich die hydraulischen Nockenwellenstößel aus ihrem Gehäuse herausnehmen lassen. Greifen Sie sie mit dem Finger oder einem Saugnapf und legen Sie sie in einer Wanne ab, zeichnen Sie aber an, zu welchem Ventil sie gehören. In den Porsche-Werkstatthandbüchern wird von der Verwendung eines Magnetwerkzeugs zum Herausnehmen der Stößel abgeraten. Dies kann Schäden nach sich ziehen, vermutlich, wenn ein Teil der Stößel magnetisiert wird. Beim Zusammenbau des Motors sollten die Stößel wieder in ihre ursprünglichen Bohrung eingesetzt werden. Dies wirkt vorzeitigem Nockenwellenverschleiß entgegen.

6 Hier sehen wir den Ausbau des Stößelgehäuses. Nachdem dieses Gehäuse ausgebaut ist, liegen die Ventilenden und die zugehörigen Ventilfedern frei.

7 Lösen Sie die Schrauben der Gleitschienen und bauen Sie sie aus. Drehen Sie die Zylinderkopfschrauben heraus und lockern Sie den Kopf mit leichten Hammerschlägen vom Motorgehäuse. Er müsste jetzt sofort freikommen. Falls nicht, haben Sie wahrscheinlich irgendwo eine Schraube übersehen. Der Zylinderkopf wird hier gerade abgehoben. Offenbar ist uns aber ein Ventil abhandengekommen (blauer Pfeil)!

8 Und hier findet sich das fehlende Ventil (blauer Pfeil)! Offensichtlich ist es abgerissen, ob dies aber vor oder nach den übrigen Motorschäden passierte, lässt sich nicht mehr feststellen. Unschön sind auch die Risse in den Zylinderwandungen (rote Pfeile). Ein reparables Gehäuse sieht anders aus …

9 Hier ist der beschädigte Zylinderkopf zu sehen. Der rote Pfeil zeigt auf das Ventil, dessen Teller abgerissen ist. Das Öl aus dem Motor hat eine hellbraune Farbe. Hier haben sich also Kühlmittel und Öl gemischt – meistens ein sehr schlechtes Omen, wenn sich beim Ölwechsel dieser Anblick präsentiert.

10 Die ausgebaute Ölpumpe: Sie wird nur von einigen kleinen Schrauben gehalten; nachdem diese gelöst wurden, müsste sie sich einfach abziehen lassen.

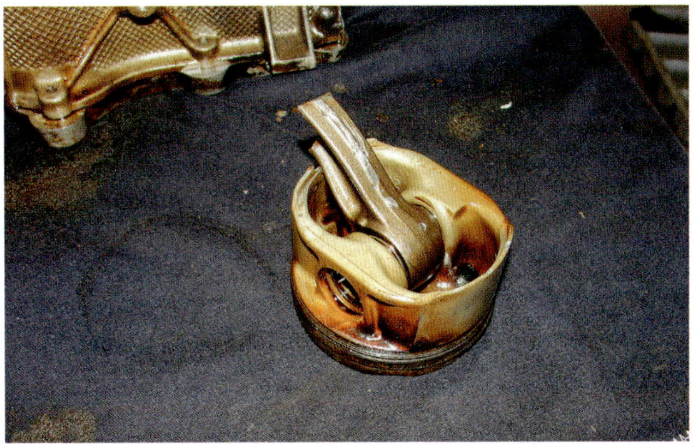

11 Bei der Untersuchung der Kolben kam uns dieser Kolben gleich ganz entgegen, denn das Pleuel hat seinen Dienst eingestellt!

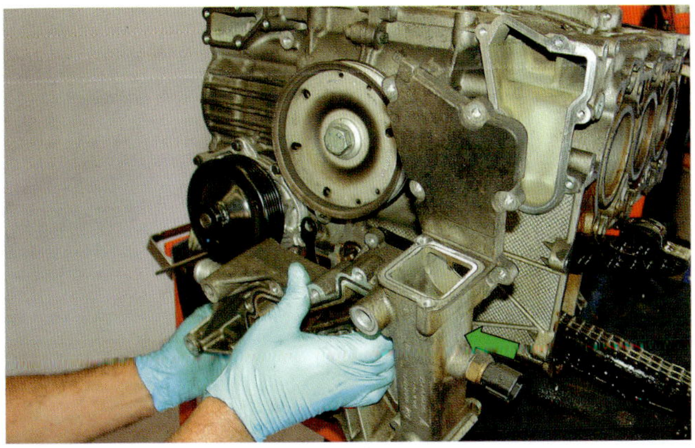

12 Nun bauen wir auf der Vorderseite das Ölpumpengehäuse vom Motor ab.

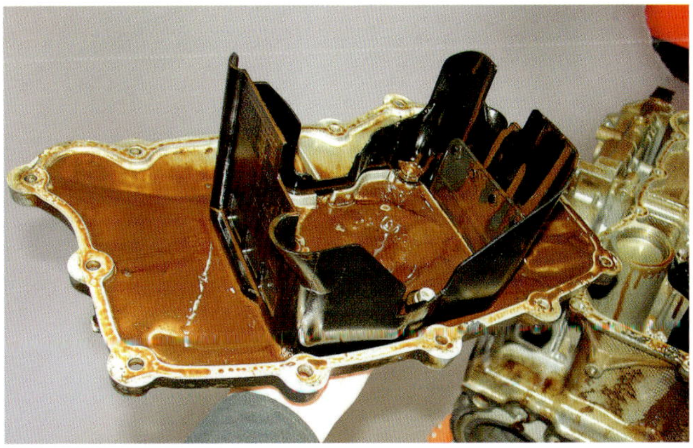

13 Die Ölwanne an der Motorunterseite muss demontiert werden, bevor das Gehäuse geteilt werden kann. Diese schwarzen Kunststoffeinsätze sind Schwallbleche, die den Ölfluss in der Wanne kontrollieren.

14 Bevor das Motorgehäuse getrennt wird, drehen wir die Arme des Motorträgers so, dass der Motor an drei statt nur an zwei Punkten aufgehängt ist. Der Motorträger ist ein Universalträger, der den Motor also nicht ganz so präzise fixiert wie ein Porsche-Originalträger. Der Träger muss an der Motorhälfte befestigt werden, an der die Wasserpumpe sitzt. Die gegenüberliegende Seite kann dann ganz leicht abgehoben werden. Drehen Sie den Motor soweit, dass die Wasserpumpe nach unten zeigt. Nachdem alle Schrauben herausgedreht wurden, müssten sich die beiden Gehäusehälften auseinanderdrücken lassen. An bestimmten Stellen am Gehäuse ist es unbedenklich, einen Hebel zum Trennen anzusetzen. Nutzen Sie nur diese Bereiche, denn die Gehäusepassflächen dürfen keinesfalls Schrammen abbekommen. Auf diesen Passflächen liegt Metall auf Metall – es gibt keine Papier-Dichtungen, stattdessen kommt hier Dichtmasse zum Einsatz!

15 Hier scheint die Katastrophe begonnen zu haben. Dieses Lager (Nr. 1) ist vollkommen ausgelaufen und hat auf der Kurbelwelle gefressen – symptomatisch für Öldruckabfall. Das Lager läuft heiß und verschmilzt regelrecht mit der Kurbelwelle. Dann geht das Pleuel fest und reißt ab. Das Pleuel dieses Zylinders fehlte völlig. Es fand sich dann in Form eines halben Dutzends Einzelteile unten im Motor.

16 Mit einem Helfer hebeln Sie nun das Kurbellwellenlagergehäuse nach oben, es müsste sich dann mitsamt der Zwischenwelle vom Motor abheben lassen. Am sichersten geht dies zu zweit, denn alleine schafft man es kaum, da Sie beim Anheben in einem extrem ungünstigen Winkel anpacken müssten.

17 Nun lösen Sie die Halteschrauben des Ölabscheiders und entfernen die Führung für die Hauptkette. Jetzt müsste sich die Zwischenwelle nach oben vom Kurbelwellenlagergehäuse abheben lassen.

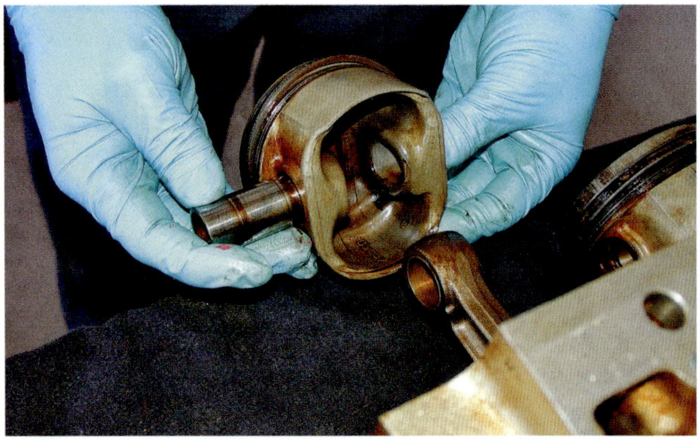

18 Hier sehen wir einen der Kolben mit seinem Sicherungsring. Dessen Montage bereitet bei der Motorüberholung gewisse Mühen. Sie benötigen hierfür ein Porsche-Spezialwerkzeug – und viel Geduld. Bei manchen klingt dieser Arbeitsgang wie ein Kinderspiel, aber ein einziger Fehlgriff genügt und der Sicherungsring kann im Motorinneren landen.

19 So etwas sieht man nur in modernen Motoren: Im Lagergehäuse ist ein Stahleinsatz im Alu eingegossen. Diese Art der „Formeinsätze" soll die Festigkeit an den Lagerstellen erhöhen. Nach dem Lösen der Verbindungsschrauben werden die Gehäuse hier vorsichtig auseinandergedrückt.

20 Bei diesen Motoren werden Pleuel mit „Bruchflansch" verwendet, d.h. die geschmiedeten Pleuel werden durch Bruch an Sollbruchstellen von ihrem Pleueldeckel getrennt. Danach werden die Lagerschalen eingelegt und Pleuel und Deckel wieder zusammengebaut. Diese Pleuelkonstruktion ist in der Fertigung kostengünstiger und die Pleuelschrauben kommen konstruktiv ohne integrierte Führungsstifte (wie sie bei den Pleuelschrauben der älteren luftgekühlten Motoren zu finden waren) aus. Eine Überholung oder Nacharbeit dieser Pleuel ist nur in Verbindung mit Übermaßlagern möglich.

21 Noch ein Blick auf das ausgelaufene Pleuellager. Eindeutig die Folge von Schmierungsmangel. Vielleicht hat der Vorbesitzer vergessen, den Ölstand zu kontrollieren?

PROJEKT 9
Erneuern des Ölabscheiders

Zeit/Kosten/Talent: 3 Stunden / ca. 90 Euro /

Werkzeuge: Keine

Relevante Baujahre: Alle

Erforderliche Teile: Neuer Ölabscheider

Tipp: Kontrollieren Sie am Öleinfülldeckel, ob der Unterdruck im Kurbelgehäuse ungewöhnlich hoch ist.

Arbeitsziel: Schluss mit der lästigen Ölfahne

Ergänzende Arbeitsgänge: Ölwechsel

Der Ölabscheider ist Teil der Abgasreinigungsanlage des Motors und ist oben rechts hinten am Motor angeordnet. Der Ölabscheider sammelt die Blowbygase und Dämpfe im Kurbelgehäuse und leitet sie in den Ansaugtrakt zurück, damit sie im Brennraum mitverbrannt werden können. Dies trägt zur Senkung der Abgasemissionen bei.

Bei defektem Ölabscheider steigt der Unterdruck im Kurbelgehäuse deutlich an. In Extremfällen kann der Abscheider das Öl überhaupt nicht mehr aus der Luft sammeln, dann wird es in den Ansaugtrakt mit angesaugt. Dieses Öl in der Ansauganlage bekommt dem Motor nicht; zugesetzte Zündkerzen und Schäden am Katalysator sind als Minimum zu erwarten. Oft ist bei defektem Ölabscheider eine starke Neigung zu weißem Auspuffrauch und unsauberem Motorlauf zu beobachten. Mitunter leuchtet auch die Motorkontrollleuchte auf, da das in den Ansaugtrakt mit angesaugte Öl die Gemischzusammensetzung verändern kann.

Zur Prüfung, ob der Abscheider funktioniert, wird der Kurbelgehäuseunterdruck mit einem „Slack-tube"-Manometer (aufrollbares U-Rohr-Manometer) gemessen. Der normale Kurbelgehäusedruck (am Öleinfülldeckel gemessen) beträgt 100 bis 180 mm Wassersäule (zum Messen bohren Sie ein Loch in einen alten Einfülldeckel und schließen hier das Manometer an). Bei defektem Ölabscheider macht sich der Ansaugunterdruck im Kurbelgehäuse bemerkbar und die Werte steigen auf 230 bis 300 mm Wassersäule oder noch mehr an. Wer (wie wohl die meisten) kein „Slack-tube"-Manometer besitzt, kann auch einen normalen Unterdruckmesser verwenden.

Wer sich immer noch nicht sicher ist, sollte nun den Verbindungsschlauch zwischen Ölabscheider und Ansaugstutzen überprüfen (Abb. 2, gelber Pfeil). Ist der Ölabscheider defekt, steht in diesem Rohr eine beträchtliche Menge Öl oder öliger Ablagerungen. Läuft der Motor unrund, müsste sich der Ölabscheider lahmlegen lassen, indem dieses Rohr abgezogen wird und beide Anschlussstutzen verschlossen werden. Danach müsste der Motor wieder zu alter Leistung finden. Allerdings ist dieser Notbehelf keine Dauerlösung, sondern lediglich ein kurzfristiger Diagnoseschritt, bevor der Ölabscheider erneuert wird.

In reinen Wettbewerbsfahrzeugen kann ein Motorsport-Ölabscheider montiert werden. Dieser Spezialabscheider ist für die höheren g-Kräfte ausgelegt, die bei den hohen Geschwindigkeiten bei Rundstreckenrennen auftreten können. Bläut Ihr Motor nach einer schnellen Pistenrunde stark am Auspuff, benötigen Sie vermutlich dieses Tuningteil.

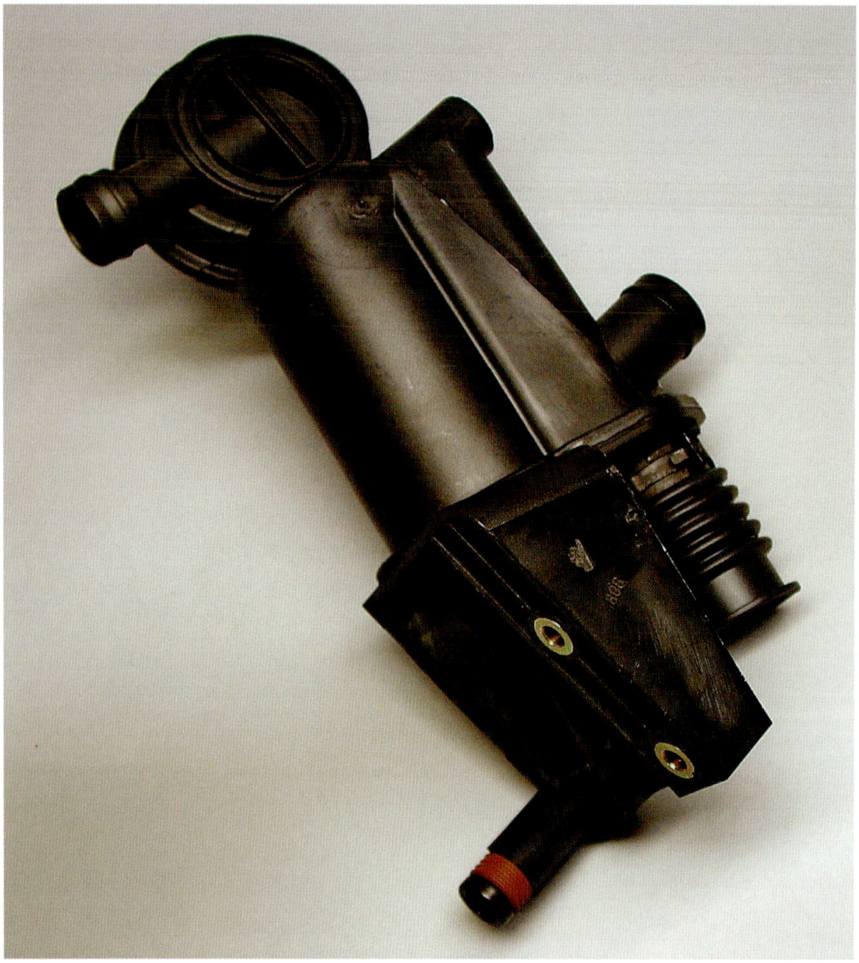

1 Dieses Bild zeigt einen neuen Ölabscheider für einen frühen Boxster. Der Ölabscheider leitet Öl- und Kraftstoffdämpfe aus dem Kurbelgehäuse und leitet sie in den Ansaugtrakt zurück. Der Ölabscheider ist Teil der Abgasreinigungsanlage und wirkt sich zwar nicht leistungsmindernd aus, allerdings kann er die Motorleistung beeinträchtigen, falls er ausfällt oder ein Leck an einem oder mehreren Unterdruckleitungsanschlüssen auftritt. Der Ölabscheider wurde im Laufe der Jahre wiederholt weiterentwickelt. Die neueren Ausführungen sind gegen die alten ohne Modifikationen austauschbar, allerdings wurde auch der Schlauch zwischen Abscheider und Klappenstutzen geändert (der alte ist etwas zu kurz). Wer also seinen Abscheider durch die neue Ausführung ersetzen will, sollte auch den modifizierten Verbindungsschlauch einbauen.

2 Bei geöffnetem Motorraumdeckel sind die Anschlüsse am Ölabscheider relativ gut zugänglich. Der grüne Pfeil zeigt auf den Abscheider. Der gelbe Pfeil zeigt auf den Anschluss zum Einlass. Hier wird der Unterdruck am Ansaugstutzen abgezweigt. Drücken Sie den Anschlussstecker zusammen und ziehen Sie ihn ab. Der violette Pfeil zeigt auf den ziemlich verdeckt liegenden Schlauch an der Unterseite des Ölabscheiders. Dieser Anschluss lässt sich am leichtesten von unten abziehen (siehe Abb. 3).

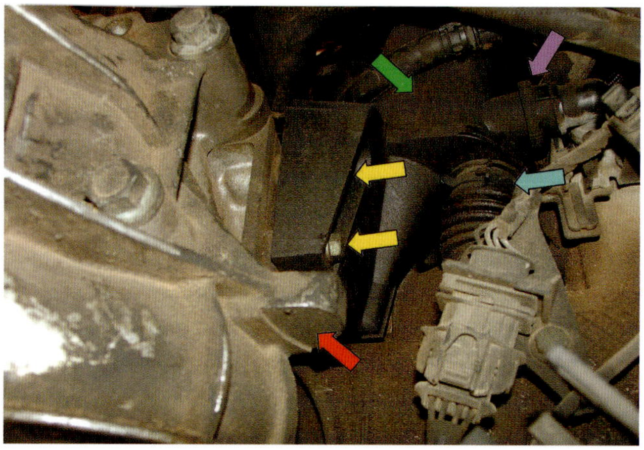

3 Bei hochgebocktem Fahrzeug ist der Ölabscheider von unten her besser zu erkennen. Der grüne Pfeil markiert den Ölabscheider. Der violette Pfeil zeigt auf die Schnelltrennkupplung der Unterdruckleitung zum gegenüberliegenden Nockenwellenlager. Der rote Pfeil weist auf die rechte Getriebeseite. Der blaue Pfeil kennzeichnet die Verbindungsleitung zwischen Ölabscheider und rechtem Zylinderkopf. Dieser Schlauch sollte zusammen mit dem Ölabscheider erneuert werden. Am schwierigsten dürfte dabei das Lösen der kleinen Federklammern des Schlauchs sein. Es ist daher ratsam, sie mit der dafür vorgesehenen Spezialzange zu lösen. Der Abscheider ist mit den beiden durch gelbe Pfeile markierten Schrauben am Motorgehäuse befestigt.

PROJEKT 10
Erneuern der Motorlager

Zeit/Kosten/Talent: 3 Stunden / ca. 140 EUR /

Werkzeuge: Rangierwagenheber

Relevante Baujahre: Alle

Erforderliche Teile: Neue Motorlager

Tipp: Bauen Sie den ganzen Motorträger aus und erledigen Sie die weitere Demontage auf der Werkbank.

Arbeitsziel: Straffere Straßenlage, besseres Handling

Ergänzende Arbeitsgänge: Getriebelager erneuern

Zu den Baugruppen im Boxster, die mit am häufigsten altern, zählen die Motorlager. Nach jahrelanger Beanspruchung im Fahrbetrieb wird der Gummi im Motorlager alt und spröde und kann den Antriebsstrang nicht mehr richtig gegen die übrigen Komponenten der Bodengruppe isolieren. Die Boxster-Motorlager sind innen hohl, um Vibrationen zu dämpfen. Dies erhöht allerdings auch die Spannungsspitzen und Schwachpunkte und fördert damit die Rissbildung im Motorlager.

Alte, ermüdete Motor- und Getriebelager rufen mitunter ein dumpfes Klappern und Vibrationen hervor, da die Führung des Antriebsstrangs zunehmend zu wünschen übrig lässt. Ein Symptom derartiger Defekte ist, dass der Schalthebel sich bei scharfem Beschleunigen ruckartig nach hinten bewegt. Sichtbares Indiz für erneuerungsreife Motorlager sind mit bloßem Auge erkennbare Risse im Gummi der Motorlager (ohne Ausbau des Lagers sind sie allerdings nicht zu erkennen). Die Alterung des Gummis schreitet über Jahre fort, bis nur noch Austausch hilft, selbst wenn die Laufleistung des Fahrzeugs noch relativ gering ist.

Die Motorlager wurden wiederholt umgestaltet; die aktuellste Ausführung (Teile-Nr. 987 975 375 023 04) ist am stabilsten und dürfte für sämtliche Boxster und Cayman passen. Ältere Motorlager (bis 1998) waren am Motor nur mit drei Schrauben befestigt. Die späteren Lager mit vier Befestigungslöchern passen auch als Ersatz für die frühen Versionen, wer die Lager aber mit vier Schrauben an einem älteren Motor montieren möchte, muss auch das Ölpumpengehäuse wechseln (siehe Projekt 11, Abb. 17 und 18).

Statt der serienmäßigen Motorlager sind auch alternative Ausführungen lieferbar, beispielsweise Motorsport-Motorlager aus Vollmaterial. Für den Straßenbetrieb sind sie allerdings nicht zu empfehlen, da der Fahrkomfort deutlich eingeschränkt wird. Für den normalen Straßenbetrieb sind die Originallager alles in allem der beste Kompromiss.

Die Erneuerung der Motorlager ist denkbar einfach. Bocken Sie den Wagen hoch und stellen Sie ihn auf Unterstellböcke (Projekt 1). Setzen Sie den Rangierwagenheber vorsichtig unter der Ölwanne an, so dass er gerade eben so viel Gewicht trägt, dass das vordere Motorlager entlastet wird. Schrauben Sie den Motorträger ab und bauen Sie dann das Motorlager vom Motorgehäuse ab. Dann wechseln Sie das Motorlager auf der Werkbank am Motorträger. Danach Motorträger wieder einbauen, Fahrzeug ablassen – fertig!

1 Als erstes bocken wir das Fahrzeug auf und heben den Rangierwagenheber an, bis er das Motorgewicht trägt. Fahrzeug oder Motor dürfen dabei aber nicht angehoben werden, sondern der Wagenheber soll nur unter der Ölwannenverkleidung anliegen. Grundsätzlich darf der Motor niemals an der Ölwanne angehoben werden. Soll aber nur das Motorgewicht beim Wechsel der Motorlager abgestützt werden, kann die Ölwannenverkleidung dieses Gewicht durchaus aufnehmen.

2 Der Motorträger ist mit vier Stiftschrauben und Muttern (blaue Pfeile) am Unterboden verschraubt. Lösen Sie alle vier Befestigungspunkte vorsichtig. Meistens dreht sich die gesamte Stiftschraube aus dem Rahmen heraus. Dies ist unbedenklich, da die Mutter abgeschraubt und die Stiftschraube hinterher wieder eingesetzt werden kann.

3 Das Motorlager ist vorne am Motorgehäuse mit vier Schrauben befestigt (die violetten Pfeile zeigen auf zwei dieser Schrauben). Drehen Sie diese vier Schrauben heraus, dann müsste sich das Motorlager absenken.

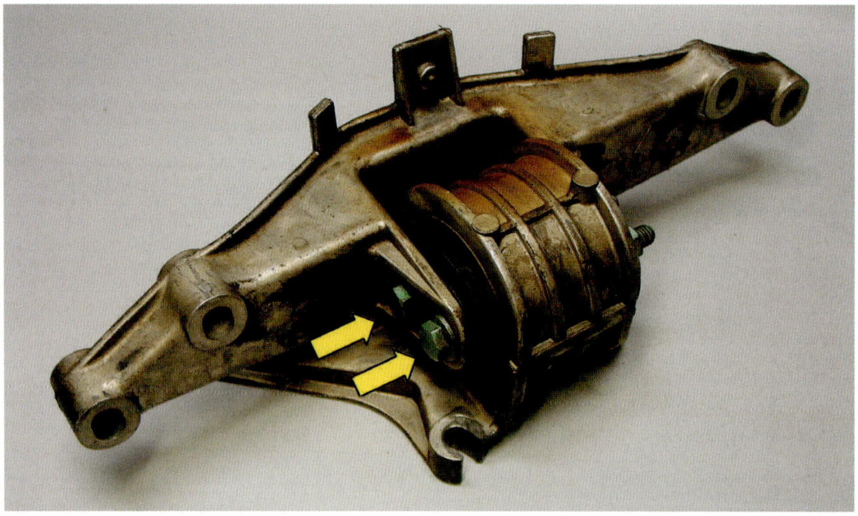

4 Am ausgebauten Motorträger kann das Motorlager abgebaut werden. Motorlager und Motorträger sind mit zwei großen Schrauben verschraubt (gelbe Pfeile).

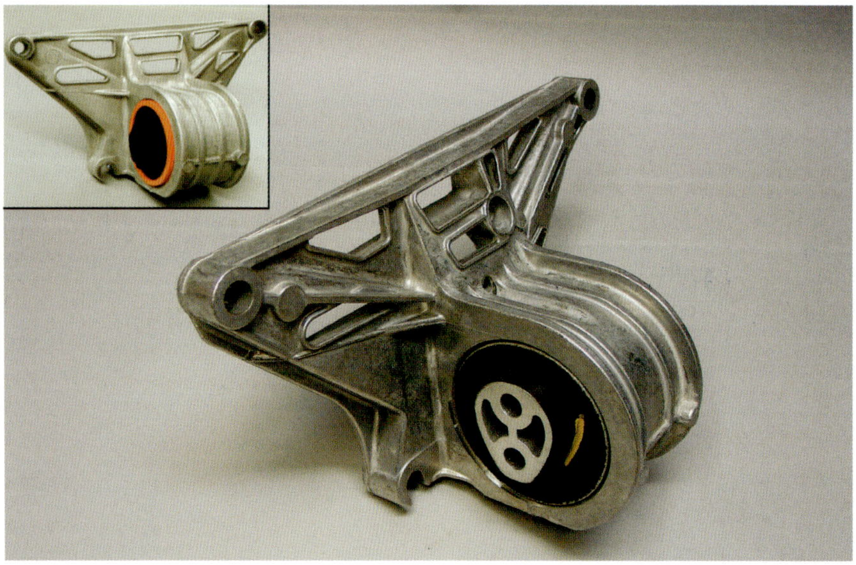

5 Hier ist ein einbaufertiges Motorlager in der späteren Ausführung zu sehen. Für sportlich besonders ambitionierte Fahrer werden Vollmaterial-Polyurethanlager (u.a. von WEVO) angeboten. Diese Lager lassen mehr Motorvibrationen auf die Bodengruppe durch, die Straßenlage ist jedoch wesentlich stabiler und steifer. Pressen Sie den verschlissenen alten Gummi aus dem alten Motorlager heraus und pressen Sie den Polyurethaneinsatz ein. Für den Motorsport sind die Polyurethanlager unbedingt zu empfehlen, allerdings ist von der Kombination von Polyurethan-Motorlagern mit Vollmaterial-Getriebelagern abzuraten. Die Motorvibrationen, die dabei spürbar würden, können immense Probleme verursachen, u.a. Funktionsstörungen am Klopfsensor, und damit auch deutliche Leistungsverluste.

PROJEKT 11

Motorumbauten und Motoroptimierungen

Zeit/Kosten/Talent:
150 Stunden / ca. 8500 EUR / 5 von 5 Schraubenschlüsseln

Werkzeuge: Alle

Relevante Baujahre: Alle

Erforderliche Teile: Ein größerer Motor

Tipp: Lesen Sie diesen Artikel genau durch und stellen Sie in den einschlägigen Markenforen gezielte Fragen.

Arbeitsziel: Deutliche Leistungssteigerung

Ergänzende Arbeitsgänge: Kupplung erneuern, Fahrwerk optimieren, Bremsen optimieren

Eines der besonders interessanten Merkmale des Boxster ist, dass er zahlreiche baugleiche Teile mit dem 911 Carrera, seinem großen Bruder, aufweist. Die Boxster- und Carrera-Motoren ähneln einander weitgehend – das Carrera-Triebwerk ist im Prinzip lediglich eine größere Version des Boxster-Aggregats. Dank dieses ähnlichen Aufbaus ist ein Motorumbau relativ leicht zu bewerkstelligen, wobei allerdings vorab mit den zuständigen Markenexperten und Zulassungsstellen geklärt werden muss, welche Baumuster bei einem Einbau in den Boxster eintragungs- und damit zulassungsfähig sind.

Mit am schwierigsten dürfte bei der Motorumrüstung eines Boxster die Klärung der Frage sein, welche Motoren in welche Bodengruppen passen. Endgültige Dokumentationen hierüber gibt es nicht, daher beschreiten wir mit der nachstehenden Beschreibung Neuland. Bei der nachstehenden Liste der möglichen Motor-/Bodengruppen-Kombinationen ist allerdings zu beachten, dass diese nur einen Überblick vermitteln kann und dass beim Motoreinbau im eigenen Fahrzeug sicher noch weitere Detailrecherchen notwendig werden. Der Wissensstand zu derartigen Umbauten ist also ständig im Fluss – ein Blick auf die Website 101Projects.com, auf der auch aktuelle Erkenntnisse zu Motorumbauten zu finden sind, macht sich daher immer bezahlt.

Ein idealer Motorentausch würde auf einen größeren Hubraum und mehr Leistung hinauslaufen. Nun kann es aber sein, dass Sie vielleicht wegen eines Motordefekts zum Motorwechsel gezwungen sind und dann gerade ein Gebrauchtaggregat aus einem anderen Modelljahr, das ebenfalls passen würde, zur Hand wäre. Die nachstehende Liste gilt daher sowohl für den Tausch verschiedener Boxster-Motoren untereinander als auch für die beliebteren Motorenumbauten eines Boxster auf ein Carrera 996/997-Triebwerk.

Bei fast allen Motorwechseln muss das Kennfeld in der Software der DME (Digitale Motorelektronik) neu programmiert werden. Die Digitale Motorelektronik bildet gewissermaßen das Computergehirn für die Steuerung der Zünd- und Einspritzanlagen ihres Motors. In der Motronic – der Steuerungssoftware der DME – ist jedem Motorhubraum ein eigenes Kennfeld zugeordnet (d.h. ein eigener Anweisungssatz, der dem Motorcomputer sagt, wie der Motor angesteuert und eingeregelt werden soll). Beim Motorwechsel muss das Kennfeld entsprechend aktualisiert werden – entweder mit dem PST-2-Programmiertool des Herstellers oder einer Laptop-Software eines freien Softwareanbieters wie Softronic (siehe Projekt 24).

BOXSTER 1997-1999 (2,5 LITER)

- Die Bodengruppe des Boxster 1997-1999 ist für jeden 3,4-Liter-Motor des Carrera 996 oder jeden Boxster-Motor der Modelljahre 1997-2002 geeignet. Im Jahr 2003 stellte Porsche auf eine neuartige Einstellerkonstruktion für die Steuerung der variablen Nockenwellensteuerzeiten um, und für diese Ausführung ist die spätere DME mit Motronic-Version 7.8 erforderlich. Wer sein Fahrzeug also nicht auf die neuere DME aufrüstet (was sehr kompliziert wäre), kann die Carrera-996-Motoren ab 2002 bzw. die Boxster-Motoren ab 2003 nicht verbauen. Der Einbau von 2,5-Liter-Ersatzmotoren der Modelljahre 1997-1999 ist möglich, ohne dass Änderungen am Kennfeld der DME notwendig sind.
- In diesen Fahrzeugen wurde die Bosch-Motronic 5.2.2 verbaut, die mit einem seilzugbetätigten Drosselklappenstutzen (ähnlich wie bei fast allen älteren Porsche) ausgerüstet ist. Beim Einbau eines Motors in eines dieser frühen Modelle muss ein seilzugbetätigter Klappenstutzen mit dem zum Motor passenden Querrohr montiert werden (z.B. ist beim Einbau eines 3,4-Liter-Motors der seilzugbetätigte Klappenstutzen eines Carrera 996 Modell 1999 notwendig – der serienmäßige 2,5-Liter-Klappenstutzen ist zu klein). Der Boxster-Seilzug kann ohne weitere Modifikationen am Klappenstutzen des 996 angeschlossen werden.
- Bei ganz frühen 1997er Modellen waren die DME noch

nicht programmierbar. Wer eines dieser Exemplare besitzt, müsste ggf. eine neue DME und eine zugehörige Sperre beschaffen. Die Sperrencodes für diese frühen Modelle sind im Porsche-Händlerinformationssystem nicht gespeichert, d.h. die vorhandene Sperre kann nicht mit der neuen DME kombiniert werden. Legen Sie sich keinesfalls ein 1997er Modell zu, wenn Sie ohnehin einen Motorenumbau planen, denn möglicherweise handeln Sie sich damit das Problem dieser nicht programmierbaren DME ein.

- Der Einbau eines 3,6-/3,8-Liter-Motors des 996/997 oder eines Motors aus einem Boxster/Cayman Modell 2003-2008 in ältere Baujahre ist sehr kompliziert, da dabei eine manuelle Aktualisierung zahlreicher weiterer Fahrzeugsysteme erforderlich ist, damit sie hinterher einwandfrei funktionieren. Diese neueren Motoren waren mit dem VarioCam Plus (einem System zur Steuerung des variablen Ventilhubs) bestückt. In diesen Fällen wäre der Einbau einer neuen DME sowie der Betrieb mit der Motronic 7.8 unumgänglich, um den variablen Ventilhub richtig steuern zu können. Die Kombination mit einem Zusatzcomputer, der den variablen Ventilhub eigenständig steuert, ist zwar machbar, aber alles andere als ideal und in der Installation sehr aufwändig.
- Die Boxster-Motoren von 2000-2002 sowie alle 996er Motoren besitzen ein zusätzliches Querrohr mit variabler Resonanzklappe, die über die DME gesteuert wird. Bei der Flash-Neuprogrammierung der DME 5.2.2 zur Steuerung des neu eingebauten Motors sind auch diverse zusätzliche Kabel im DME-Kabelstrang erforderlich. Die Resonanzklappe wird über einen Magnetschalter gesteuert, der den Unterdruck an der Klappe anlegt. Zur Verdrahtung dieses Magnetschalters wird ein Kabel mit einer 12-V-Stromquelle verbunden und ein weiteres Kabel mit Pin 59 an der DME (die DME steuert das Ventil über eine geschaltete Masse).

BOXSTER 2000 (2,7 LITER UND 3,2 S)

- Die Bodengruppe des Boxster 2000 ist für jeden 3,4-Liter-Motor des Carrera 996 und jeden Boxster-Motor von 1997-2002 geeignet. Im Jahr 2003 stellte Porsche auf eine neuartige Einstellkonstruktion für die Steuerung der variablen Nockenwellensteuerzeiten um, und für diese Ausführung ist die spätere DME mit Motronic-Version 7.8 erforderlich. Wer sein Fahrzeug also nicht auf die neuere DME aufrüstet (was sehr kompliziert wäre), kann die Carrera-996-Motoren ab 2002 bzw. die Boxster-Motoren ab 2003 nicht verbauen. Der Einbau von hubraumgleichen Ersatzmotoren der Modelljahre 2000-2002 ist möglich, ohne dass Änderungen am Kennfeld der DME notwendig sind (in einem 2,7-Liter-Boxster Bj. 2000 könnte der defekte Motor z.B. ohne Änderungen an der DME durch einen 2,7-Liter Bj. 2002 ersetzt werden). Der Einbau eines Boxster-S-Motors (3,2 l) wäre einfach, erfordert aber eine Kennfeldaktualisierung in der DME.
- Diese Fahrzeuge waren mit der Bosch Motronic 7.2 ausgerüstet, die über einen elektronischen Klappenstutzen und ein elektronisches Gaspedal (E-Gas-Pedal) verfügt. Bei der Transplantation des Motors in eines dieser Fahrzeuge muss ein elektronischer Klappenstutzen und das zugehörige, zum Motor passende Querrohr montiert werden (Beispiel: beim Einbau eines 3,4-Liter-Motors ist der elektronische Klappenstutzen aus einem Carrera 996 ab Modell 2000 zu montieren).
- Soll aus irgendeinem Grund ein älterer Motor (der kleinere 2,5-l-Motor) eingebaut werden, müssen Einspritzanlage und DME-Kennfeld aus einem 2,7-Liter-Motor übernommen werden. An der Einspritzanlage des 2,5-l-Motors fehlt das Querrohr auf der Saugseite, außerdem findet sich bei ihr der seilzugbetätigte Klappenstutzen, der nicht mit der DME-Version 7.2 mit elektronischem Klappenstutzen kombinierbar ist.
- Der Einbau eines 3,6-/3,8-Liter-Triebwerks des 996/997 oder eines Motors aus einem Boxster/Cayman Modell 2003-2008 in diese Modelle ist sehr kompliziert, da dabei eine manuelle Aktualisierung zahlreicher weiterer Fahrzeugsysteme erforderlich ist, damit sie hinterher einwandfrei funktionieren. Diese neueren Motoren waren mit dem VarioCam Plus (einem System zur Steuerung des variablen Ventilhubs) bestückt. In diesen Fällen wäre der Betrieb mit der Motronic 7.8 unumgänglich, um den variablen Ventilhub richtig steuern zu können. Die Kombination mit einem Zusatzcomputer, der den variablen Ventilhub eigenständig steuert, ist zwar machbar, aber alles andere als ideal und in der Installation sehr aufwändig.

BOXSTER 2001 (2,7 LITER UND 3,2 S)

- Der Boxster Modell 2001 bietet in puncto Motorentausch mit Abstand die flexibelsten Möglichkeiten. Die 2001er Modelle sind noch mit der DME Version 7.2 ausgerüstet, die meisten anderen Fahrzeugsysteme wurden jedoch im Vorgriff auf das CAN-Bussystem des Modells 2002, in dem verschiedene Elektroniksysteme integriert sind, bereits überarbeitet. Mit Ausnahme der ABS-Bremsanlage sind die eigentlichen CAN-Bussysteme im Fahrwerk des Modells 2001 integriert, so dass die DME Version 7.8 sehr einfach nachgerüstet werden kann. Somit ist der Einbau aller Boxster-Motoren von 1997-2008 oder Carrera-996-Motoren ohne besondere Schwierigkeiten möglich. Hubraumgleiche Ersatzmotoren der Modelle 2000-2002 lassen sich ohne neue Kennfeldprogrammierung der DME einbauen (ein defekter 2001er 3,2-l-Motor kann im Boxster z.B. problemlos und ohne neue Kennfeldprogrammierung durch einen 3,2-Liter-Motor Baujahr 2002 ersetzt werden).
- Diese Fahrzeuge waren mit der Bosch Motronic 7.2 ausgerüstet, die über einen elektronischen Klappenstutzen und ein elektronisches Gaspedal (E-Gas-Pedal) verfügt. Bei der Transplantation des Motors in eines dieser Fahrzeuge muss ein elektronischer Klappenstutzen und das zugehörige, zum Motor passende Querrohr montiert werden (Beispiel: Beim Einbau eines 3,4-Liter-Motors ist der elektronische Klappenstutzen aus einem Carrera 996 ab Modell 2000 zu montieren).
- Soll aus irgendeinem Grund der ältere und kleinere 2,5-l-Motor eingebaut werden, müssen Einspritzanlage und DME-Kennfeld aus einem 2,7-Liter-Motor übernommen werden. An der Einspritzanlage des 2,5-l-Motors fehlt das Querrohr auf der Saugseite, außerdem findet sich bei ihr der seilzugbetätigte Klappenstutzen, der nicht mit der DME-Version 7.2 mit elektronischem Klappenstutzen kombinierbar ist.
- Wollen Sie einen 3,6-/3,8-l-Motor eines Carrera 996/997 oder einen Boxster-Cayman-Motor Modell 2003-2008 in eines dieser Fahrzeuge einbauen, müssen Sie eine neue DME Version 7.8 beschaffen und die Pin-Ausgänge am DME-Stecker etwas modifizieren. Außerdem ist eine Änderung des

Boxster-Motorkabelstrangs notwendig, da die Nockenwellenpositionsgeber auf der im Vergleich zum 5-Ketten-Motor entgegengesetzten Motorseite angeordnet sind. Alle Fahrzeugsysteme müssten normal funktionieren – mit einer Ausnahme: Der Tempomat arbeitet mit der neueren DME Version 7.8 nur dann einwandfrei, wenn das ABS ebenfalls aufgerüstet wird (dazu ABS-Steuerung und -Stecker tauschen).

BOXSTER 2002 (2,7 LITER UND 3,2 S)

- Der Boxster Modell 2002 nimmt insofern eine Sonderstellung ein, als hier die alte DME Version 7.2 mit dem CAN-Bus-System Modell 2002 (in dem verschiedene Elektroniksysteme im Fahrzeug integriert sind) kombiniert ist. Wer also einen 3,4-l-Motor aus dem Carrera 996 montieren möchte, benötigt eine individuell angepasste Kennfeldprogrammierung durch einen externen Anbieter wie Softronic (siehe Projekt 24). Die optimale Lösung für diese Motoren wäre der Einbau eines 3,6-/3,8-l-Motors aus dem Carrera 996/997 oder eines Boxster-/Cayman-Motors Modell 2002-2008. Der Einbau eines hubraumgleichen Ersatzmotors der Baujahre 2000-2002 ist ohne Änderung des DME-Kennfeldes möglich (Beispiel: Ein defekter 2002er 2,7-l-Motor kann im Boxster problemlos und ohne neue Kennfeldprogrammierung durch einen 2,7-Liter-Motor Baujahr 2000 ersetzt werden).
- Wollen Sie einen 3,6-/3,8-l-Motor eines Carrera 996/997 oder einen Boxster-Cayman-Motor Modell 2003-2008 in eines dieser Fahrzeuge einbauen, müssen Sie eine neue DME Version 7.8 beschaffen und die Pin-Ausgänge am DME-Stecker etwas modifizieren. Außerdem ist eine Änderung/Verlängerung des Boxster-Motorkabelstrangs notwendig, da die Nockenwellenpositionsgeber auf der im Vergleich zum älteren 5-Ketten-Motor entgegengesetzten Motorseite angeordnet sind (außerdem besitzen die neuen Nockenwelleneinsteller andere Anschlussstecker). Alle Fahrzeugsysteme müssten mit der neueren DME Version 7.8 normal funktionieren (das Modell 2002 ist mit einer ABS-Version 5.7 bestückt, daher entfallen auch die Probleme mit dem Tempomat, die sich beim Modell 2001 einstellen). Beim Einbau eines Motors mit VarioCam Plus (alle Carrera 3,6/3,8 und Boxster 2007-2008) muss auch der Kabelsatz für die variable Ventilsteuerung nachgerüstet werden.
- Soll aus irgendeinem Grund der ältere und kleinere 2,5-l-Motor eingebaut werden, müssen Einspritzanlage und DME-Kennfeld aus einem 2,7-Liter-Motor übernommen werden. Die Einspritzanlage des 2,5-l-Motors besitzt noch nicht das Querrohr auf der Saugseite, außerdem findet sich bei ihr der seilzugbetätigte Klappenstutzen, der nicht mit der DME-Version 7.2 mit elektronischem Klappenstutzen kombinierbar ist.

BOXSTER UND CAYMAN 2003-2008 (2,7 LITER/2,9 LITER/3.2 S)

- Im Boxster und Cayman ab Modell 2003 kann jeder Carrera 3,6-l-Motor (996/997) und jeder Boxster- bzw. Cayman-Motor ab 2003 montiert werden. Der beste Weg zur Leistungssteigerung ist der Einbau eines 3,6- oder 3,8-Motors des 996 bzw. 997. Hubraumgleiche Ersatzmotoren der Baujahre 2003-2008 können ohne Änderung des DME-Kennfeldes montiert werden (Beispiel: Ein defekter 2003er 2,7-l-Motor kann im Boxster problemlos und ohne neue Kennfeldprogrammierung durch einen 2,7-Liter-Motor Baujahr 2005 ersetzt werden).
- Bei Fahrzeugen ab Modell 2004 mit PSM kann es beim Einbau eines leistungsstärkeren Motors im Antriebsstrang passieren, dass das PSM durcheinandergerät. Gegebenenfalls müssen verschiedene Systemkomponenten auf die Ausführung des späteren 997 modernisiert werden, damit das System mit dem neuen Motor einwandfrei zusammenarbeitet.
- Die Boxster-Motoren von 2007-2008 erhielten als erste dieser Baureihe das variable Ventilhubsystem VarioCam Plus. Im Carrera 996 war das VarioCam Plus seit der Einführung des 3,6-Liter-Motors im Jahr 2002 zu finden. Bei der DME Version 7.8 im Boxster der Jahre 2003-2006 war noch keine variable Ventilhubsteuerung vorgesehen, d.h. im Motorkabelstrang fehlen auch die Pins bzw. Kabel für die entsprechende Steuerung. Diese Kabel müssen bei einem entsprechenden Motorumbau daher im Motorkabelstrang nachgerüstet werden. Die Pins A1 werden bei beiden Ventilhubsteuerungen mit einer 12-V-Stromquelle im Kabelstrang verbunden (hierfür bietet sich die 12-V-Zuleitung für den Steuermagneten der variablen Ventilsteuerung an). Die Pins A2 der Steuerungen werden mit dem DME-Steckerpin C1 für Zylinder 1-3 und Pin C26 für Zylinder 4-6 verbunden.

Kraftstoffrückfördersystem: Ab 2002 hielt beim Boxster eine Kraftstoffanlage ohne Rückförderung Einzug. Bei den Modellen 1997-2001 wurde der Kraftstoff vom Tank zum Motor gepumpt und überschüssiger Kraftstoff von dort im Kreislauf wieder zurückgefördert. Im Jahr 2002 entfiel dann die Rücklaufleitung zum Tank. Beim Einbau einer Kraftstoffanlage ohne Rücklauf in eine Bodengruppe mit Rücklauf bieten sich zwei Möglichkeiten an. Zum einen können die Kraftstoffpumpe und der Geber aus einem Boxster ab 2003 eingebaut und die Anlage ohne Rücklauf betrieben werden. In diesem Fall werden die vorhandenen Kraftstoffsammelrohre aus dem Motor ohne Rücklauf verwendet.

Bei der zweiten Möglichkeit werden die Kraftstoffsammelrohre und Einspritzdüsen der Anlage mit Rücklauf montiert und lediglich die Unterdruckleitung am Kraftstoffdruckregler abgeklemmt. Der Grunddruck für die Anlage mit Rücklauf ohne angeschlossenen Unterdruck ist mit dem konstanten Kraftstoffdruck in der Anlage ohne Rücklauf identisch. Diese zweite Möglichkeit ist kostengünstiger, besser ist freilich die erste Lösung, da dann auch die späteren EV6-Einspritzdüsen verwendet werden können, die von Haus aus für diesen neuen Motor vorgesehen waren.

Unterdruckpumpe: Ab 2005 war der Boxster mit einer über die Nockenwelle angetriebenen Unterdruckpumpe ausgerüstet. Zweck dieser Pumpe ist, im Motor einen gleichmäßigeren Unterdruck unabhängig von der Drosselklappenstellung und anderen Umgebungsbedingungen aufrechtzuerhalten. Beim Einbau eines Motors mit Unterdruckpumpe in ein älteres Fahrzeug wird einfach die Unterdruckversorgung für den Bremskraftverstärker und das Resonanzventil für den Sekundäransaugverteiler an diese Unterdruckquelle angeschlossen.

Ölmessstab: Ab Modell 2005 entfiel beim Boxster der Ölmessstab. Stattdessen wird der Motorölstand elektronisch überwacht. Wird einer der späteren M96-Motoren in einem älteren Fahrzeug eingebaut, ist die Öleinfüllöffnung am Motor typi-

scherweise mit einem schwarzen Gummistopfen verschlossen. Stecken Sie hier einfach den originalen Messstab ein. Beim Motorbaumuster M97 ist keine Aufnahme für den Messstab vorhanden, also werden Sie sich auf die Anzeige verlassen müssen.

Klimakompressor: Da der Klimakompressor beim Motortausch am Fahrzeug verbleibt, sollten Sie beachten, dass alle Klimakompressoren von 1997 bis 2008 offenbar mit allen lieferbaren Motoren kombinierbar sind. Manchmal müssen die Klimaleitungen etwas anders gebogen werden, damit sie um die Aufnahmeaugen und Lagerpunkte bestimmter Motorenbaumuster herumgeführt werden können. Die größte Schwierigkeit dürfte dabei der Einbau eines 3-Ketten-Motors (mit dem neuartigen Nockenwelleneinsteller) in einem früheren Fahrzeug bereiten. Das Gussgehäuse des 3-Ketten-Motors ist an den Enden der Zylinderköpfe anders gestaltet. Umgehen lässt sich dieses Problem, indem beim Einbau eines solchen Motors in ein älteres Fahrzeug die entsprechenden Teile aus einem 3-Ketten-Motor mit verbaut werden (Zulauf- und Rücklaufleitungen der Servolenkung).

Der 3,4-Liter-Motor-Umbau im Detail: Der nachstehend beschriebene Umbauvorgang wurde anhand von fast 2000 Fotos dokumentiert, so dass es recht schwierig war, eine Auswahl von nur ca. 65 Aufnahmen zu treffen. Alle Aufnahmen zu diesem Umbau sind aber auch auf der begleitenden Website 101Project.com zu finden.

Ihre Fahrzeug-Motor-Kombination ist möglicherweise eine andere und bringt ein paar Abweichungen mit sich, die hier nicht bildlich festgehalten sind. Die einschlägigen Boxster-Internetforen bieten eine gute Plattform für Fragesteller und für den Erfahrungsaustausch unter Markenfans.

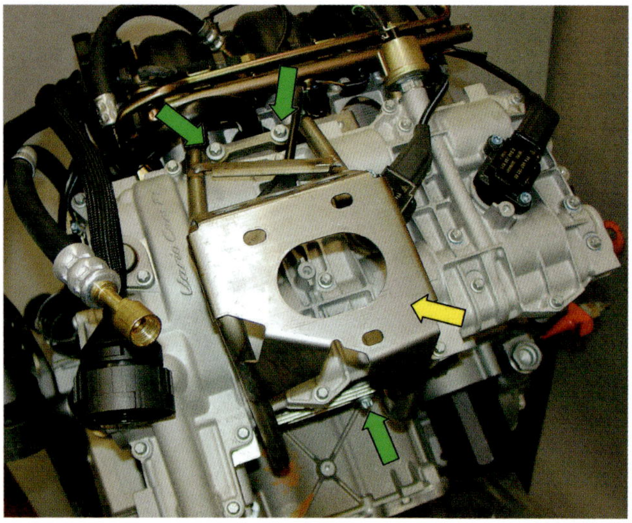

1 Am Motor des Carrera 996 ist die Auspuffanlage auf völlig andere Weise am Motor befestigt (gelbe Pfeile). Diese großen, schweren Schalldämpferhalteplatten müssen auf beiden Motorseiten demontiert werden. Sie sind mit Schrauben befestigt (die Pfeile zeigen auf drei dieser Schrauben).

2 Nachdem der Schalldämpferhalter abgebaut wurde, muss auf beiden Seiten noch ein kleinerer Halter abgeschraubt werden. Der Ausbau dieses oberen Halters ist nicht ganz einfach, da dazu der schwarze Kunststoff-Ansaugstutzen und der Alu-Ansaugstutzen (grüner Pfeil) gelöst bzw. ausgebaut werden müssen, um die Schrauben (gelber Pfeil) herausdrehen zu können. Jetzt wäre der geeignete Zeitpunkt, um die Dichtungen zwischen Alu-Ansaugstutzen und Motorgehäuse zu erneuern. Verschließen Sie die offenen Saugrohre nach dem Wiedereinbau des Ansaugstutzens sicherheitshalber mit sauberen Lappen, damit bei den weiteren Motorarbeiten keine Schrauben oder andere Kleinteile versehentlich in die Trichter fallen können.

3 Über die Motoroberseite verläuft ein Schlauchpaket, das am Ölabscheider angeschlossen ist, beim Boxster aber nicht benötigt wird. Ziehen Sie die am Ölabscheider angeschlossenen Schläuche (grüne Pfeile) ab, ziehen Sie den kleinen Wasserschlauch an der Motorvorderseite ab (siehe nächstes Bild) und heben Sie dann das Schlauchbündel vom Motor ab (roter Pfeil). Die kleineren Kühlmittelschläuche werden beim 996er Ölabscheider nicht verwendet – diese Anschlüsse werden mit Kunststoffstopfen verschlossen.

4 Ziehen Sie den Kühlmittelschlauch von seinem Anschluss an der Motorvorderseite ab (grüner Pfeil). Soll ein elektronischer Klappenstutzen montiert werden (Boxster ab Modell 2000), entfällt der Ölabscheiderschlauch des 996er Motors und kann dann vom Ansaugquerrohr abgezogen werden (siehe kleines Bild – roter Pfeil).

5 Beim Einbau eines Carrera-996-Motors im Boxster wird üblicherweise auch der Ansaugstutzen des Carrera montiert. Es muss allerdings zunächst vom Motor abgebaut und später in umgekehrter Richtung wieder angebaut werden, denn der Klappenstutzen muss zum Fahrzeugheck zeigen. Dokumentieren Sie den Ausbau des Ansaugstutzens mit reichlich Fotos, denn der Verlauf der Unterdruckschläuche ist recht unübersichtlich, so dass beim Wiederanbau des Ansaugstutzens jede Orientierungshilfe willkommen ist.

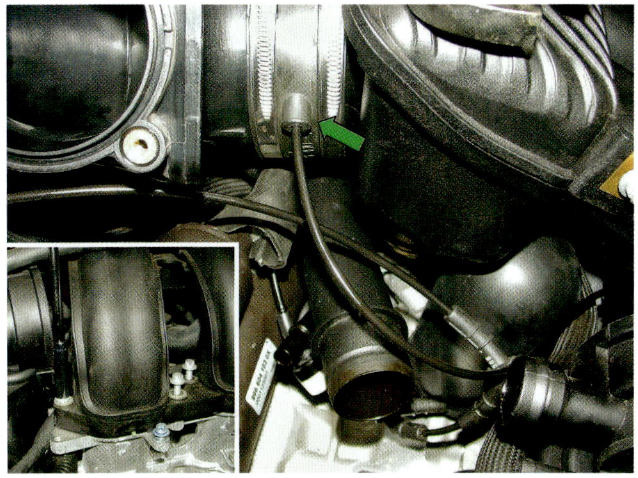

6 Beim Wiederanbau des Ansaugstutzens muss der Klappenstutzen zur Schwungradseite zeigen. Außerdem müssen an den Ansaugmanschetten die kleinen Unterdruckanschlüsse (grüner Pfeil) auf beiden Seiten des Klappenstutzens liegen und nach unten zeigen (wie hier zu sehen). Der Ansaugstutzen ist mit mehreren kleinen Torx-Schrauben am Alu-Saugstutzen angeschraubt (kleines Bild).

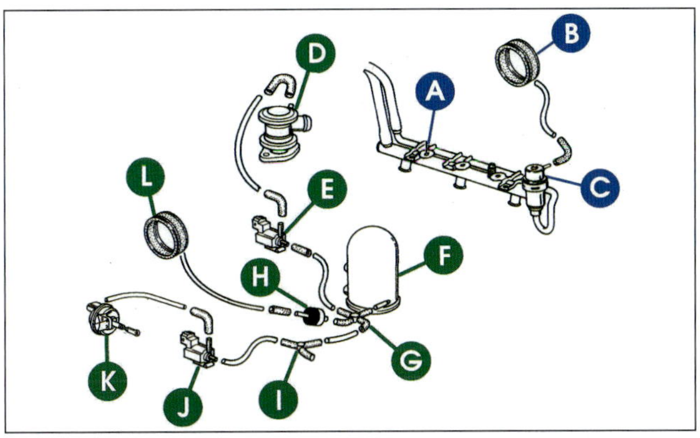

7 Der richtige Anschluss all der kleinen Unterdruck-Kunststoffschläuche kann zum Puzzlespiel geraten, daher soll diese Übersichtszeichnung etwas Orientierung beim Zusammenbau bieten. Halten Sie sich beim Wiederanschließen aller Motorschläuche an diese Zeichnung. **A:** Kraftstoffsammelrohr. **B:** Ansaug-Gummimuffe mit Unterdruckanschluss (rechts am Klappenstutzen). **C:** Kraftstoffdruckregler am Kraftstoffsammelrohr. **D:** Luftpumpenventil. **E:** Elektronisches Unterdruckmagnetventil für Luftpumpenventil. **F:** Unterdrucktank. **G:** Vierweg-Unterdruckverteiler. **H:** Unterdruck-Rückschlagventil (schwarze Seite zeigt zum Ansaugstutzen). **I:** Dreiwege-Unterdruckverteiler (eine Seite ist verschlossen). **J:** Elektronisches Unterdruck-Magnetventil für Resonanzklappenventil. **K:** Resonanzklappenventil. **L:** Ansaug-Gummimuffe mit Unterdruckanschluss (links am Klappenstutzen montiert).

8 Der Motorkabelstrang des Carrera 996 wird im Boxster nicht benötigt und muss daher vom Motor demontiert (und hinterher der originale Boxster-Kabelstrang angebaut) werden (siehe Abb. 39). Ziehen Sie alle Steckverbinder an den einzelnen Anbauteilen ab und nehmen Sie den Kabelstrang vom Motor ab.

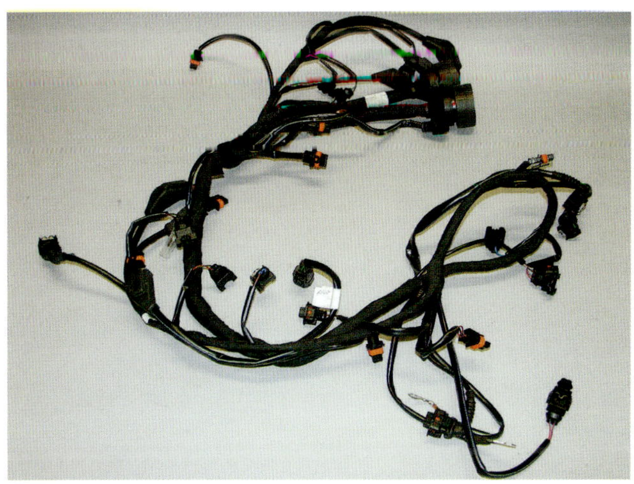

9 So sieht der überzählige Motorkabelstrang des Carrera 996 aus. Der Boxster-Kabelstrang scheint zunächst ähnlich, wird aber direkt an der DME im Heckkofferraum und nicht – wie beim 996 – an Einzelsteckern im Motorraum angeschlossen.

10 Am Carrera-996-Motor sitzt ein Anschlusskasten (roter Pfeil), der an den Serieneinbauort des Boxster (nahe der Lenkhelfpumpe, siehe nächstes Bild) verlegt werden muss. Sinnvoll ist hier der Einbau des Anlasserkabelstrangs aus dem 996, der länger als der des Boxster ist. Dieser Anschlusskasten ist bei manchen Umbauten etwas hinderlich, und es ließe sich mehr Platz schaffen, wenn er umgedreht wird (siehe nächstes Bild). Das kleine Bild zeigt den Anschluss am Anlassschalter; eine einwandfreie Verbindung mit der Anlasserklemme ist wichtig.

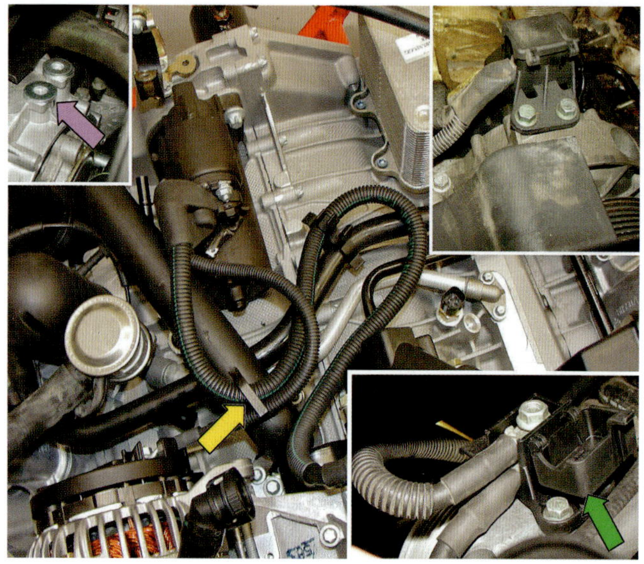

11 Hier sehen wir den Anlasser-/Generatorkabelstrang des 996 (gelber Pfeil) und den versetzten Anschlusskasten (grüner Pfeil). Der Kabelstrang des 996 ist etwas länger, die zusätzlichen Kabel werden jedoch einfach in einer Schleife auf der Motoroberseite verlegt. Das kleine Bild oben rechts zeigt den originalen Anschlusskasten auf der Oberseite des Boxster-Motors. Beim Motoreinbau ist dieser Anschlusskasten evtl. dem Resonanzklappenventil im Weg, also wird er umgedreht (kleines Bild unten rechts), nachdem einige Unterlegscheiben untergelegt werden (kleines Bild, oben links).

12 Am Boxster-Motor warnt ein Öldruckschalter vor mangelndem Öldruck. Am Carrera-996-Motor ist hierfür ein Kombigerät mit Druckfühler und Niederdruckschalter vorgesehen. Dieses Gerät muss am 996-Motor auf die andere Motorseite umgebaut werden (beim Einbau dieses Motors im Boxster muss dieses Gerät auf der rechten Motorseite sitzen). Schrauben Sie die Verschlussschraube auf der einen Motorseite heraus und tauschen Sie die Einbauplätze mit dem Öldruckgeber (siehe Abb.). Als Schutz gegen Öllecks legen wir neue Dichtringe unter. Der Geber wird mit einem Schraubenschlüssel an seinem Sockel gelöst, keinesfalls an der Druckdose, sonst kann der Geber Schaden nehmen und undicht werden. Für den Anschluss am Boxster-Kabelstrang bringen wir eine Flachsteckzunge am Geber an (falls noch nicht vorhanden – siehe kleines Bild oben links). Am Boxster fehlt zwar die Öldruckanzeige an der Instrumententafel, der Geber des 996 sollte jedoch für den Fall montiert werden, dass Sie später das Kombiinstrument des 996 einbauen möchten (siehe Projekt 90).

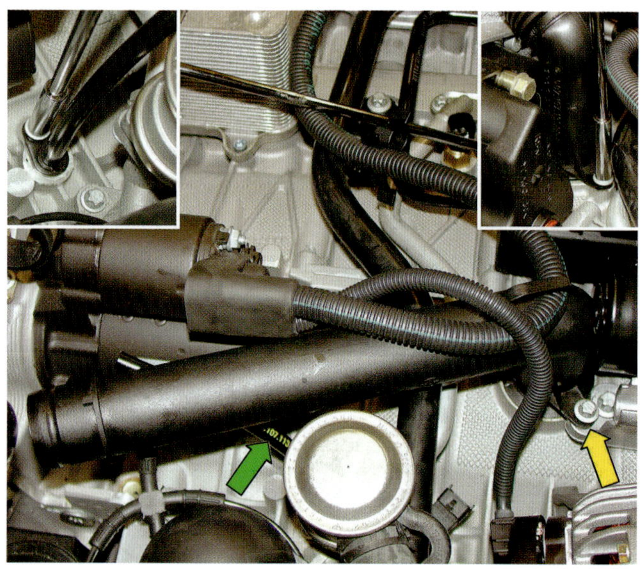

13 Sowohl das Öleinfüllrohr als auch das Ölmessstabrohr sind beim 996 anders, daher müssen sie gegen die entsprechenden Boxster-Teile getauscht werden. Das Bild zeigt die Befestigungsschraube des Öleinfüllrohrs (gelber Pfeil) und den Ölmessstab (grüner Pfeil). Bauen Sie sie entsprechend den kleinen Bildern (mit neuen Dichtungen) ein. Kontrollieren Sie das Einfüllrohr vor dem Einbau auf Risse – diese können Unterdrucklecks und damit Leistungsmangel des Motors hervorrufen.

14 Auch an der Motorvorderseite müssen verschiedene Bauteile gegen die entsprechenden Teile des ursprünglichen Boxster-Motors ausgewechselt werden. Die Anschlüsse der vorderen Wasserrohre sind bei beiden Motoren unterschiedlich – das kleine Bild zeigt die Teile des 996, die durch die Boxster-Teile ersetzt werden müssen. Das grün markierte 996er Teil ersetzen wir durch den Deckel (gelber Pfeil) des Boxster-Motors. Das orange markierte Teil des 996er Motors wird durch den Rohranschluss (blauer Pfeil) des Boxster-Motors ersetzt. Beim Anbau am Motorflansch stets neue Dichtungen verwenden!

15 An der Vorderseite des 996er Motors sitzt ein Deckel und Anschlussstück für einen Wasserschlauch, das durch das entsprechende Teil des Boxster-Motors ersetzt werden muss (roter Pfeil). Dazu zuerst die Laufrolle abschrauben, die den Zugang zur unteren Schraube versperrt (gelber Pfeil und kleines Bild) und dann den Deckel abnehmen, nachdem die Schrauben gelöst wurden.

16 So sieht der eingebaute Boxster-Wasserdeckel aus (roter Pfeil). Der grüne Pfeil im kleinen Bild zeigt auf den Anbauplatz am Motor – das Boxster-Teil wird natürlich mit einer neuen Dichtung montiert. Kontrollieren Sie auch den Kühlmittelschlauch am Boxster-Teil und erneuern Sie ihn, falls er Alterungsspuren aufweist. Nicht vergessen, die Laufrolle wieder auf ihrer Aufnahme zu montieren (violetter Pfeil).

17 Mit Ausnahme einiger früher Modelle besitzen fast alle Boxster- und Carrera-996-Motoren vier Befestigungspunkte für das Motorlager. Drei tun es zwar auch, allerdings ist dies nicht ratsam, vor allem nicht bei leistungsstärkeren Motoren. Fehlt an Ihrem Carrera-996-Motor dieser vierte Motorlagerpunkt (gelber Pfeil), muss die Ölpumpe nebst Gehäuse vom alten Boxster-Motor auf den 996er Motor umgebaut werden. Fehlt dieser vierte Lagerpunkt auch an Ihrem Boxster-Motor, wäre es sinnvoll, eine neuere Ölpumpe mit dem in das Gehäuse integrierten Lagerpunkt zu besorgen.

18 Beim Carrera-996-Motor wird der vordere Motorträger mit Stiftschrauben befestigt, beim Boxster mit normalen Schrauben. Die Stiftschrauben müssen also mit einem robusten Stehbolzenausdreher an der Motorvorderseite abgeschraubt werden (siehe kleines Bild). Der gelbe Pfeil im Hauptfoto zeigt auf den vierten Lagerpunkt des Motorlagers. Bei unserem 3,4-Liter-Projektmotor eines 996 Bj. 1999 war dieser Lagerpunkt bereits vorhanden, denn derartige neue Tauschmotoren werden ab Werk mit allen Modellpflegedetails der Folgebaujahre ausgeliefert.

19 Hier wurde das Boxster-Motorlager probeweise an der Vorderseite des 996er Motors montiert. Es empfiehlt sich, das Motorlager abzubauen, an sein Gegenstück anzupassen und am Motor zu montieren, nachdem dieser im Fahrzeug einbaufertig positioniert wurde (siehe Projekt 10).

20 Etwas länger dauert der Umbau all der Einzelteile vom alten auf den neuen Motor. Dafür benötigt man mit je 1 bis 2 Stunden nach Feierabend grob geschätzt einige Wochen, während derer ein Teil nach dem anderen gereinigt und umgebaut wird. Erfahrungsgemäß dauern solche vorbereitenden Arbeiten vor dem Einbau immer länger als geplant.

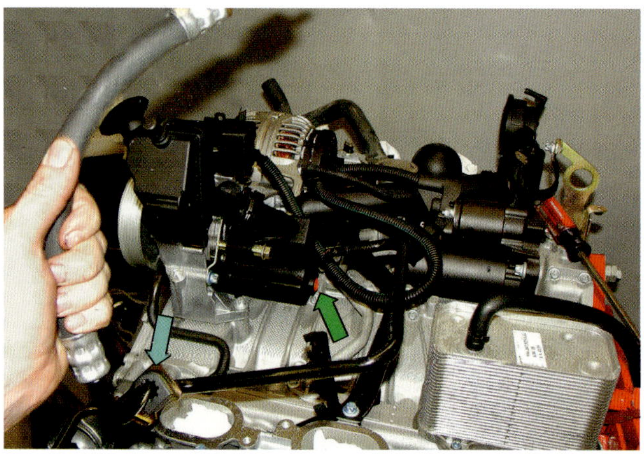

21 Auch die Servolenkungsleitungen müssen vom alten Boxster-Motor auf den Carrera-996-Motor umgebaut werden. Der Ausbau der Rücklaufleitung (siehe Bild) ist manchmal nicht ganz einfach. Drücken Sie mit einem Schraubenschlüssel vorsichtig das rote Kunststoffteil (grüner Pfeil) ein und ziehen Sie die Leitung von hinten ab. Vorsicht: Wenn der rote Stecker beschädigt wird, muss der gesamte hintere Pumpenbehälter ausgetauscht werden (keine einfache Arbeit!). Ziehen Sie die Leitung ab und schließen Sie die Leitung des Boxster-Motors an.

22 So sieht der Motor nach dem Anschluss der Boxster-Servolenkungsleitungen aus (gelber Pfeil = Druckleitung, blauer Pfeil = Rücklaufleitung). Die Druckleitung ist mit einem typischen Bremsleitungsnippel verschraubt (kleines Bild). Um den Sechskant des Nippels nicht zu beschädigen, sollte zum Ausbau ein offener Ringschlüssel verwendet werden. Bauen Sie auch die zugehörigen Leitungshalterungen (violette Pfeile) auf den neuen Motor um.

23 Der obere Servolenkungsbehälter ist beim Carrera-996-Motor anders gestaltet. Lösen Sie zum Ausbau des Behälters den Haltering (gelber Pfeil). Montieren Sie den Boxster-Behälter aber noch nicht – dies hat Zeit, bis der Motor im Wagen eingebaut ist. Gleichzeitig sollte auch der O-Ring zwischen Behälter und Pumpe erneuert werden.

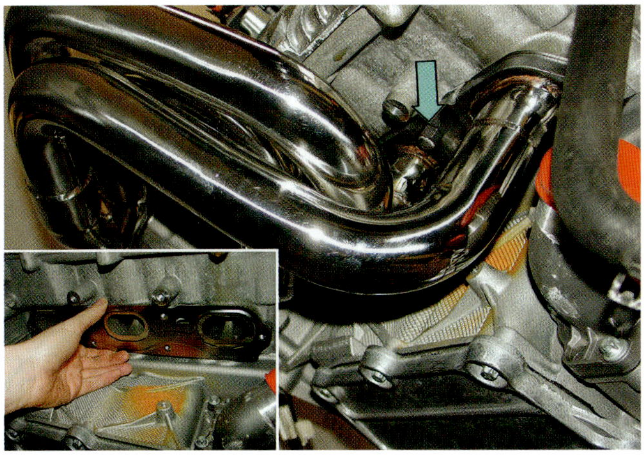

24 Bei dem auf dem Motorständer montierten 996er Motor sollten wir jetzt gleich die Krümmer anbauen. Hier sehen wir eine Edelstahlvariante mit besonders großem Leitungsdurchmesser für die originale 3,4-Liter-Auspuffanlage. Bei unserem Projektmotor wurde statt dieser Anlage später übrigens eine Fabspeed-Hochleistungsanlage montiert (siehe Projekt 47). Natürlich sollte auch stets eine neue Krümmerdichtung (kleines Bild) montiert und die richtigen Befestigungsteile verwendet werden.

25 Der Motorkabelstrang ist bereits montiert und die ersten Lambdasonden können nun angeschlossen werden. Es empfiehlt sich, nur originale Porsche- oder Bosch-Sonden zu montieren, da sich andernfalls der Anschluss der Stecker verkompliziert (Einzelheiten siehe Projekt 19).

26 Hier ist das Zusatzluftventil, das an der Luftpumpe rechts im Boxster-Motorraum angeschlossen wird. Das Ventil ist bei den Boxster- und 996er Motoren baugleich, der S-förmige Schlauch muss aber vom Boxster-Originalmotor auf den 996 umgebaut werden.

27 So sieht der am Ansaugstutzen montierte S-förmige Zusatzluftschlauch aus. Es muss zuerst der Schlauch und dann der Ansaugstutzen montiert werden, wobei der Schlauch wie gezeigt durch die Öffnung geführt wird. Beim Einbau des Motors schließen wir diesen Schlauch an die Luftpumpe rechts im Boxster-Motorraum an.

28 Der Ölkühler des Carrera-996-Motors baut wesentlich höher als der des Boxster. Das Luftansaugrohr lässt sich daher eventuell nur unter Schwierigkeiten um den Kühler verlegen. Als Lösung bietet sich der Einbau des wesentlich niedrigeren Boxster-Ölkühlers an (kleines Bild). Falls irgend möglich, sollten Sie allerdings den Carrera-Ölkühler beibehalten, denn die zusätzliche Kühlung ist auf jeden Fall ein Pluspunkt.

29 Zweckmäßig ist auch, den Ölkühler auszubauen und neue Dichtringe zu montieren, um Ölverlust vorzubeugen.

30 Der 996er Motor besitzt am Querrohr des hinteren Ansaugstutzens ein Resonanzventil. Beim Motoreinbau in den Boxster sollte dieses Ventil möglichst weit nach oben zeigen (kleines Bild) und alle Anschlüsse am Ansaugstutzen sollten vorerst lose bleiben, damit beim Motoreinbau sowohl das Ventil als auch der Klappenstutzen noch verdreht werden können.

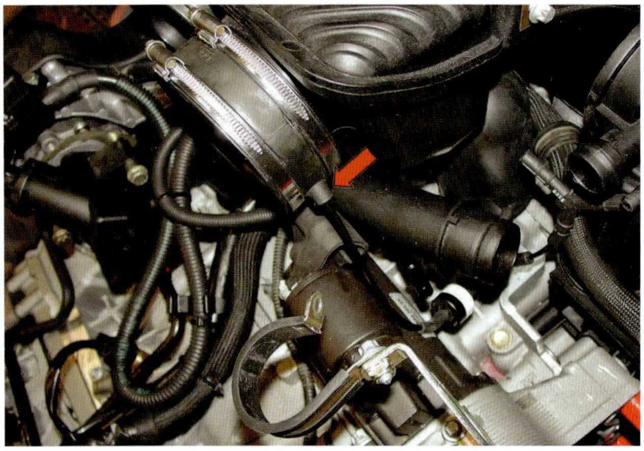

31 Wie bereits erwähnt, müssen verschiedene Unterdruck-Kunststoffschläuche vom Ansaugstutzen aus wegverlegt werden. An zwei der Gummimanschetten sitzen Verschlussstopfen für die Unterdruckleitungen. Montieren Sie die Manschetten zur Vereinfachung des Einbaus so ein, dass sie nach unten zeigen (roter Pfeil).

32 Hier ist einer der kleinen Unterdruck-Kunststoffschläuche in der Seitenansicht in der Gummimanschette für den Ansaugstutzen zu sehen. Wie zu erkennen, ragt der Schlauch etwas über die Manschette hinaus (Violetter Pfeil). Das kleine Bild zeigt die Innenseite des Resonanzventils in voll geöffnetem Zustand. Beim Einbau des Motors ist auf ausreichende Bewegungsfreiheit dieses Ventils zu achten; sein Verstellweg darf nicht durch Schläuche oder Kabel behindert werden.

33 So präsentiert sich der seilzugbetätigte Klappenstutzen des Carrera-996-Motors in der Serienversion. Das Querstück (violetter Pfeil), an dem der Klappenstutzen sitzt, unterscheidet sich je nach seilzugbetätigter oder elektronischer Version des Klappenstutzens, also muss die für das eigene Fahrzeug richtige Version bereitliegen. Beim elektronischen Klappenstutzen besteht die Möglichkeit, das Querstück umzudrehen (siehe nächste Bilder). Beim Boxster Bj. 1997-1999 mit seilzugbetätigtem Klappenstutzen muss der Klappenstutzen in der normalen Einbaustellung montiert werden. Außerdem benötigen wir das serienmäßige Boxster-Ölabscheideranschlussstück und wir müssen den Tankentlüftungsschlauch am Nippel am Klappenstutzen anschließen (Modelle 1997-1999).

34 Hier wird das Querrohr (in der Ausführung für den seilzugbetätigten Klappenstutzen) gerade ausgebaut. Stattdessen bauen wir das Querrohr für den elektronischen Klappenstutzen ein, und zwar um 180 Grad gegenüber der normalen Einbaulage versetzt, um den Anschluss am Ölabscheider zu erleichtern (siehe Abb. 37). Das kleine Bild zeigt den Motorraum-Temperaturfühler, der an dem Ansaugstutzen rechts im Motorraum montiert werden müsste (wird der Stutzen des 996 umgedreht, müsste er richtig ausgerichtet sein).

35 So sehen Klappenstutzen-Querrohr und Ölabscheider des Carrera 996 in der Serienversion aus. Zum Einbau in unserem Boxster bauten wir das Querrohr aus, drehten es um und fertigten aus einem passenden abgewinkelten Kühlerschlauch ein einfaches Zwischenstück an (kleines Bild). Die beiden Verbindungsstücke des originalen, nicht sehr biegsamen Kunststoff-Ölabscheiderschlauch des Boxster wurden mit verwendet. Der serienmäßige Ölabscheiderschlauch des Boxster passt annähernd, steht aber in einem ungünstigen Winkel ab, der ein Unterdruckleck verursacht hätte.

36 Hier ist der elektronische Klappenstutzen am umgedreht montierten Querrohr zu sehen. Der grüne Pfeil zeigt auf das serienmäßige Anschlussrohr des Boxster-Ölabscheiders, das nicht ganz passt, sondern mit einem angefertigten Zwischenstück passend gemacht wurde (siehe Abb. 35 und 37). Im kleinen Bild ist der Befestigungspunkt des Klappenstutzens zu sehen – neue Gummidichtung verwenden!

37 Nach dem Einbau des neuen Ölabscheiderschlauchs: Der grüne Pfeil weist auf das Anschlussstück zum Querrohr, der gelbe Pfeil auf die Verbindung zum Ölabscheider. Der rote Pfeil zeigt auf den Tankentlüftungsschlauch, der mit dem im nächsten Foto (Abb. 38) gezeigten Ventil verbunden ist.

38 Der Tankentlüftungsschlauch ist mit einer elektronischen Steuerung kombiniert – der gelbe und der blaue Pfeil zeigen auf den Kabelanschluss (kleines Bild). Der Entlüfterschlauch (grüner Pfeil) führt zu einem kleinen Anschluss am Klappenstutzen zurück (siehe Abb. 37). Das Entlüfterventil muss vor dem Motoreinbau exakt positioniert und befestigt werden, denn bei eingebautem Motor ist es unter dem Ansaugstutzen nur noch schwer zu erreichen.

39 Bei der Montage des Boxster-Kabelstrangs am 996er Motor zeigt sich meistens, dass die Länge einzelner Kabel nicht ganz stimmt. Sie müssen dann die Ummantelung des Kabelstrangs zurückziehen und die Kabel freilegen (der blaue Pfeil zeigt hier auf den Motorraum-Temperaturfühler). Umwickeln Sie die freiliegenden Kabel mit selbstvulkanisierendem Isolierband (kleines Bild). Alternativ Kabelbinder zur Fixierung des Kabelstrangs verwenden.

40 Auf der gegenüberliegenden Motorseite mussten die Kabel ein Stück weit getrennt werden, um den Anschluss zum Magnetventil für das Resonanzventil herstellen zu können (am Ende des Krümmers, gelber Pfeil). Entfernen Sie auch hier die Ummantelung (orangeroter Pfeil'), trennen Sie die einzelnen Kabel (violetter Pfeil) und ummanteln Sie den Kabelstrang in seiner neuen Verlegung mit selbstvulkanisierendem Isolierband. Für noch bessere Übersichtlichkeit des Kabelverlaufs beim Zusammenbau sollten Markierfähnchen verwendet werden.

41 Montage und Verlegung des Motorkabelstrangs orientieren sich an der Verlegung am originalen Boxster-Motor. Am Motor aus dem 966 liegen die Befestigungs-und Abstützpunkte für den Kabelstrang anders, daher sollte der Kabelstrang mit reichlich Kabelbindern fixiert werden. Vergessen Sie nicht die beiden wichtigen Massepunkte am Kabelstrang (kleines Bild, unten links). Vorsicht auch beim Verlegen des Generatorkabelstrangs – Anschlussfehler können hier regelrecht zum Durchschmelzen der Elektrik führen, wenn die Batterie wieder angeschlossen wird (kleines Bild, unten rechts).

42 Etwas Nachdenken ist in dieser Phase des Motorenumbaus bei der Montage der Kraftstoffsammelrohre nötig. Die Anpassung der Sammelrohre an den Motor des 996 ist unproblematisch, allerdings gibt es verschiedene Einbaumöglichkeiten. Wir entschieden uns für den scheinbar einfachsten Weg (Hinweisen zu weiteren Einbaumöglichkeiten siehe Website 101projects.com). Als erstes wurden die Sammelrohre komplett vom 996er Motor entfernt. Dazu drehen wir die Befestigungsschrauben der Sammelrohre am Ansaugstutzen heraus und ziehen Sammelrohre und Einspritzdüsen vom Motor ab. Das kleine Bild zeigt die ausgebauten Einspritzdüsen und Sammelrohre des 996. Der rote Pfeil weist auf den Rücklaufleitungsanschluss für den Motor des 996.

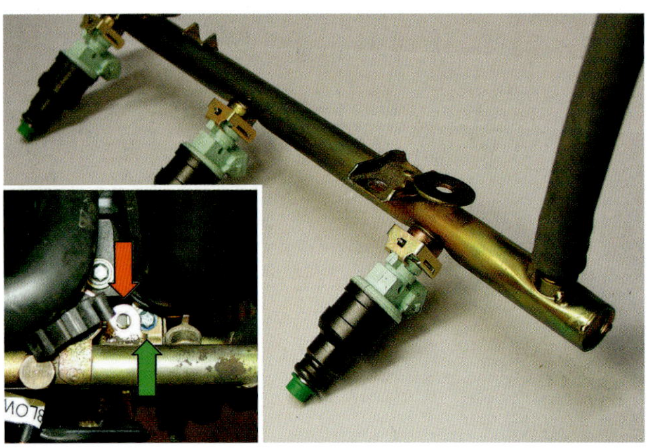

43 Das kleine Bild zeigt die Boxster-Sammelrohre neben den Sammelrohren des 996 – sie stimmen nicht genau überein. Um die Boxster-Sammelrohre am Ansaugstutzen des 996 verwenden zu können, müssten die Haltenasen der Boxster-Sammelrohre abgetrennt und in der für den 996er Motor passenden Stellung wieder angeschweißt werden. Wir entschieden uns jedoch gegen Schweißen und dafür, die Sammelrohre des 996 und die Kraftstoffleitungen im Boxster passend zu machen. Hier sehen wir die „linke" Seite des Sammelrohrs aus dem 996, an dem das Sekundärrohr abgetrennt und der zweite Kraftstoff-Verbindungsschlauch entfernt wurde.

44 Dieses Bild zeigt den am 996er Motor vorhandenen Kraftstoffschlauch und den über die Motoroberseite verlegten zusätzlichen Hochdruck-Kraftstoffschlauch. Beim Motoreinbau ist darauf zu achten, dass der Kraftstoffschlauch nirgends scheuert. Beim Einbau des Motors empfiehlt es sich, den Kraftstoffschlauch mit einer Hartplastikummantelung gegen Scheuern und Vibrationen im Motorraum zu schützen (z.B. mit biegsamen Kunststoffkabelführungen – siehe kleines Bild oben). Das untere kleine Bild zeigt den 8x13-mm-Hochdruck-Kraftstoffschlauch von BMW, den wir für den Wiederanschluss der Kraftstoffleitungen verwendeten.

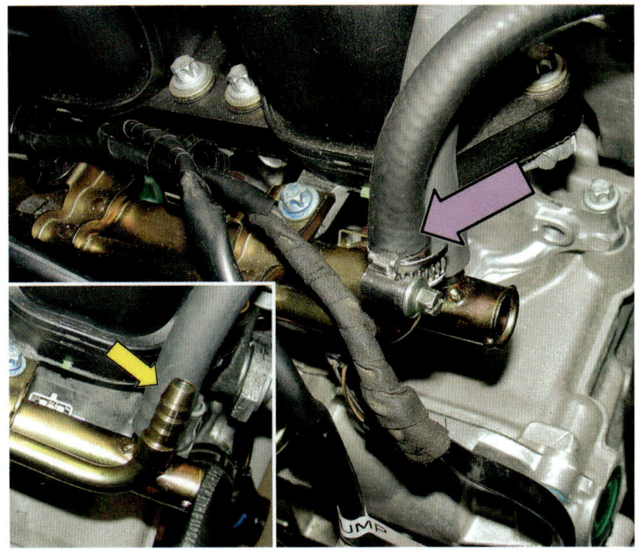

45 Hier ist die „rechte“ Motorseite beim Einbau in den Boxster zu sehen. Die vorgefertigte Kraftstoffleitung am Stutzen am Kraftstoffsammelrohr (kleines Bild) wurde vorsichtig zugeschnitten. Dann wurde ein Hochdruckschlauchstück mit einer stabilen Schlauchklemme an diesem Stutzen angeschlossen. Diese Leitung wurde über die Motoroberseite auf die andere Motorseite und von dort nach unten zu der Kraftstoffleitung verlegt, die am Mitteltunnel entlang verlegt ist.

46 Die Kraftstoffrücklaufleitung, die bis zur anderen Motorseite führt, verläuft auf der linken Seite nach unten und schließt am Kraftstoffschlauch an, der entlang der Wagenmitte verläuft (grüner Pfeil). Ein Adapter, der einen einfachen Anschluss der Schlauches an dem Winkelstück ermöglicht, ist nicht leicht aufzutreiben, daher fertigten wir für unser Projekt das hier abgebildete Reduzierstück an. Es funktioniert zwar, eine elegantere Lösung ist aber sicher möglich (z.B. eine Schnelltrenn-Winkelkupplung). Das große Bild zeigt, wie die Kraftstoffleitung nach dem Motoreinbau abgelängt wird. Diese Leitung wird oben an dem Messingstutzen (violetter Pfeil) angeschlossen.

47 Die Druckleitung im Boxster wird an die Kraftstoffsammelrohre rechts hinten am Motor angeschlossen. Da an den Sammelrohren des 996 der Druckeinlass in Nähe der rechten Motorseite liegt, trennen wir die Alu-Kraftstoffleitung mit dem Dremel direkt hinter dem Luftfiltergehäuse durch (gelber Pfeil, kleines Bild). Dann schließen wir hier eine Hochdruck-Kraftstoffleitung mit zwei stabilen Kraftstoffschlauchschellen an, damit Leckagen ausgeschlossen sind. Die Leitungslänge von dieser Stelle bis zum Anschlusspunkt im nächsten Bild beträgt ca. 30 cm.

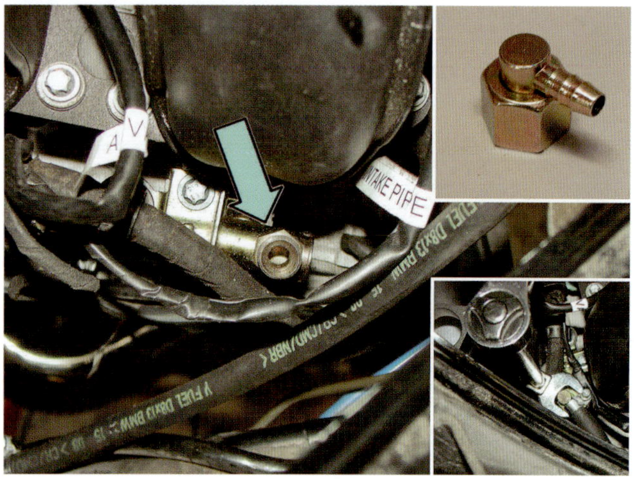

48 Die Verschraubung für die Kraftstoffdruckleitung ist am Kraftstoffsammelrohr des 996 länger, daher benötigen wir einen Adapter (kleines Bild, oben rechts). Bei unserem Projekt schlossen wir ein Hochdruck-Leitungsstück an der Trennstelle der Alu-Kraftstoffhauptleitung des Boxster an. Am anderen Ende montierten wir das abgebildete Anschlussstück und schraubten es mit einem Krähenfußschlüssel an den 996er Kraftstoffsammelrohren an.

49 Der Unterdruckanschluss für den Bremskraftverstärker sitzt an den Ansaugstutzen des 996 an der für uns falschen Stelle. Wir verlegen den Stutzen an die (beim Einbau im Boxster) vordere rechte Motorseite und ändern außerdem das Stück vom Boxster-Motor, so dass ein Winkeladapter entsteht, der an den serienmäßigen Unterdruckanschluss angeschlossen werden kann (kleines Bild).

50 Hier sitzt der Unterdruckanschluss mit dem modifizierten Adapter (grüner Pfeil) an der rechten Motorseite (gelber Pfeil). Der 16-mm-Schlauch aus Bild 51 wird am Alu-Adapter am Ende dieses Adapterstücks angeschlossen. Es geht hier sehr eng zu, daher sollte die Unterdruckleitung angeschlossen werden, bevor der Motor ganz eingebaut wird. In diesem Bild fehlen noch ca. 15 bis 20 cm bis zur endgültigen Einbauhöhe des Motors.

51 Bei unserem Projekt war nicht klar abzusehen, ob der 16-mm-Heizungsschlauch aus dem Zubehörhandel den Unterdruck des Bremskraftverstärkers verkraftete. Schläuche, die eigentlich nicht für Unterdruckanschlüsse ausgelegt sind, bleiben unter starkem Unterdruck manchmal nicht dicht. Dieser Schlauch funktionierte jedoch einwandfrei. Das kleine Bild zeigt den Umbau des serienmäßigen Boxster-Teils zu einem Winkeladapter für die Unterdruckleitung.

52 Nun geht es an den Einbau! Halten Sie beim Motoreinbau ca. 30 cm vor der endgültigen Höhe inne und schließen Sie den Klimakompressor und dessen Leitungen an. Die äußere Anschlussschraube ist schlecht zugänglich – Sie benötigen eine Gelenkstecknuss und diverse Verlängerungen, um durch die Aussparungen am Ansaugstutzen an die Schraube zu kommen.

53 Der Ansaugstutzen des Carrera 996 sitzt höher am Motor als der Boxster-Stutzen, also muss das Antriebsaggregat etwas abgesenkt werden, damit er unter den Motordeckel passt. Wir verwendeten dazu zwei 12-mm-Distanzstücke und 100-mm-Schrauben zwischen Motorlager und Rahmen. Platzprobleme dürfte es beim Absenken des Motors nicht geben, seien Sie aber vorsichtig bei steilen Hofeinfahrten und Fahrbahnschwellen, vor allem, wenn der Wagen selbst ebenfalls bereits tiefergelegt wurde (siehe Projekt 60).Der Ansaugstutzen des Carrera 996 sitzt höher am Motor als der Boxster-Stutzen, also muss das Antriebsaggregat etwas abgesenkt werden, damit er unter den Motordeckel passt. Wir verwendeten dazu zwei 12-mm-Distanzstücke und 100-mm-Schrauben zwischen Motorlager und Rahmen. Platzprobleme dürfte es beim Absenken des Motors nicht geben, seien Sie aber vorsichtig bei steilen Hofeinfahrten und Fahrbahnschwellen, vor allem, wenn der Wagen selbst ebenfalls bereits tiefergelegt wurde (siehe Projekt 60).

54 Für Motorumbauten benötigen wir die Motorlager des Carrera 993 (siehe Projekt 36), da diese auf der Unterseite längere Stehbolzen besitzen. Das Vierkantauge auf der Unterseite der Getriebelager des 993 passt mit dem Getriebehalter zusammen. Wird nur ein 12-mm-Distanzstück zwischen Lager und Halter eingesetzt, sitzt das Getriebe um mehr als 12 mm tiefer. Stattdessen legen wir mehrere Stahlscheiben vorsichtig zwischen Lager und Halter ein. Beim Nachmessen ergibt dies eine Absenkung um ca. 12 mm. Bei unserem Projekt zeigte sich später, dass die Stiftschraube des Lagers mit dem darunterliegenden senkrechten Träger kollidierte (was im Schiebelauf eigenartige Vibrationen hervorrief). Zur Abhilfe sägten wir ein Stück an der Spitze der Stiftschraube ab.

55 Jetzt sitzt der Motor bereits annähernd in seiner endgültigen Einbaulage im Boxster. Für optimales Arbeiten empfiehlt es sich, Motor und Getriebe getrennt einzubauen, zumal man sich dann den Ausbau des hinteren Querträgers spart (violetter Pfeil). Hier sehen wir auch das brandneue Zweimassenschwungrad, wie es bei jedem Einbau eines neuen Motors mit montiert werden sollte.

56 Nach dem Motoreinbau muss das Öleinfüllrohr angebaut werden. Neue Originalschlauchschellen machen sich bei der Befestigung des Rohrs immer bezahlt. Es geht hier sehr beengt zu, und diese Schlauchschellen sind auch dann gut zugänglich, wenn es eng wird.

57 Ein sicher befestigtes Masseband ist für die einwandfreie Motorfunktion immens wichtig. Wir schrauben das Masseband an einem Halter rechts im Motorraum (nahe der Zusatzluftpumpe) an.

58 Das Masseband wird außerdem an einer der unteren Anlasserflanschschrauben befestigt (kleines Bild, violetter Pfeil). Lockern Sie diese Schraube mit einer langen Verlängerung, die durch die Antriebsriemenseite des Motors durchgesteckt wird. Der Einbau des Massebandes sollte praktischerweise bereits vor dem Motoreinbau am Anlasser angeschraubt werden.

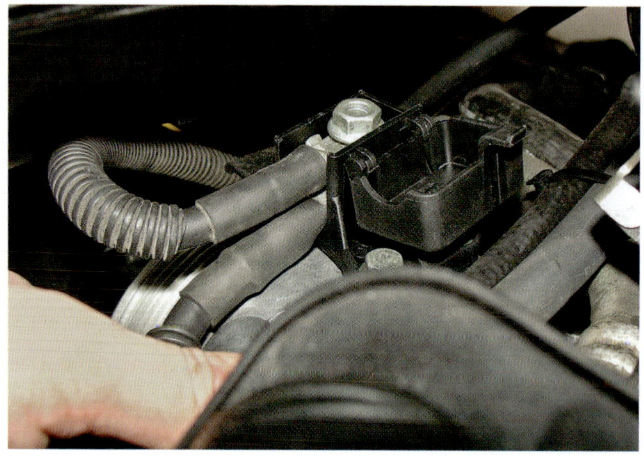

59 Nach dem Motoreinbau klemmen wir nun die Anschlüsse an dem kleinen Verteilerkasten wieder an (die Batterie muss dabei noch abgeklemmt sein!). Wie bereits erwähnt, muss dieser Kasten verdreht werden, damit mehr Platz für das Resonanzventil bleibt. Beim 996 sind die Kabel länger als beim Boxster und sind auch noch für den verdrehten Kasten lang genug. Falls es beim Einbau wirklich eng zugeht, klemmen wir die Kabel bereits an, bevor der Motor vollends auf seine endgültige Einbauhöhe angehoben wird.

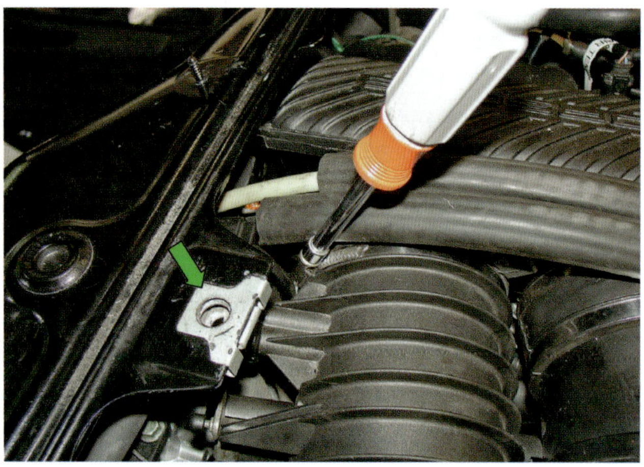

60 Am Resonanzventil (unter der Motordeckel-Blechmutter; grüner Pfeil) ist nur wenig Manövrierraum vorhanden. Beim Anheben des Motors achten Sie ständig auf die Lage dieses Ventils, damit es in seiner Funktion nicht durch angrenzende Bauteile behindert wird. Es geht hier deshalb so eng zu, weil der Ansaugstutzen des 996 höher sitzt als der serienmäßige Stutzen des Boxster.

61 So sieht der Motor aus, nachdem er endgültig im Motorraum montiert wurde. Luftpumpe und Servolenkungs-Vorratsbehälter müssen noch eingebaut, das Getriebe angeflanscht, die Schaltseile angeschlossen und der Luftansaugtrakt montiert werden.

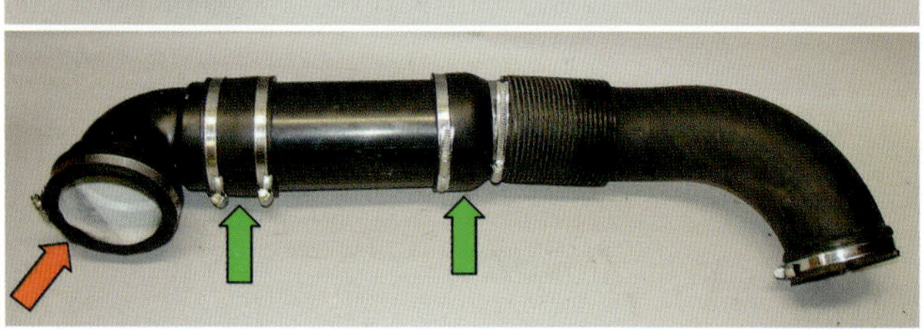

62 Diese beiden Bilder zeigen den Zusammenbau des Luftansaugtrakts des neuen Motors. Wir verwenden das flexible Winkelstück des serienmäßigen Boxster-Lufteinlasses – der Innendurchmesser entspricht annähernd dem des 996. Hieran schließt sich ein PVC-Winkelstück in Kombination mit einem geraden, auf Länge zugeschnittenen PVC-Rohr an. Alle drei Stücke werden mit Gummimanschetten (grüne Pfeile) und breiten Schlauchschellen verbunden. Der so aufgebaute Ansaugtrakt funktioniert einwandfrei. Aus strömungstechnischer Sicht ist diese Lösung zwar nicht das Optimum, angesichts der beengten Platzverhältnisse im Boxster-Motorraum bleiben jedoch kaum Alternativen.

63 So präsentiert sich der maßgeschneiderte Luftansaugtrakt nach der Probemontage im Motorraum. Der rote Pfeil zeigt auf den Auslass am Luftansaugkasten von Evolution Motorsports. Der grüne Pfeil weist auf den wiederverwendeten Teil des serienmäßigen Boxster-Lufteinlasses. Der violette Pfeil zeigt das PVC-Winkelstück (das später schwarz lackiert wurde), das am Klappenstutzen anschließt. Zweck dieser Probemontage des Luftansaugtrakts im Fahrzeug war die Vermessung der Länge des geraden PVC-Stücks, das noch zugeschnitten und zwischen dem Winkelstück und dem Rest des serienmäßigen Boxster-Lufteinlasses eingepasst werden musste.

64 So sieht der fertige Luftansaugtrakt nach der Montage am Motor aus. Der gelbe Pfeil zeigt das gerade PVC-Rohrstück, das abgelängt und zwischen dem Winkelstück und dem restlichen serienmäßigen Boxster-Lufteinlass eingepasst werden musste. Nach der Endmontage wurde die gesamte Konstruktion auf Dichtheit überprüft (siehe Projekt 21).

65 Noch ein Bild des eingebauten Motors mit der neuen Luftansauganlage. Wenn der Klappenstutzen nach unten gedreht wird, unbedingt alle Gummimanschetten nachziehen, mit denen die Querstücke mit den Ansaugstutzen verbunden sind.

66 So sieht der fertig eingebaute neue Motor aus. Die Schaltseile wurden bereits angeschlossen, der vordere Antriebsriemen wurde aufgelegt, Kühlmittel und Öl wurden eingefüllt und der Motor ist startklar. Nicht vergessen, vor der ersten Fahrt die Kühlanlage zu entlüften (Projekt 29). Außerdem sollte das Benzinpumpenrelais überbrückt werden (siehe Projekt 22) und die Benzinleitungsanschlüsse vor dem Anlassen des Motors überprüft werden. Etwaige Lecks an den Benzinleitungen spürt man besser bei abgestelltem, kaltem Motor auf.

67 Wie bei jedem Motorumbau bleiben Probleme und kleine Tücken natürlich nicht aus. Bei diesem 3,4-Liter-Motor funktionierte eine der Lambdasonden nicht richtig, wobei sich ein gequetschter Kabelstrang als Schuldiger herausstellte. Auch die Gemischzusammensetzung lag weit daneben, so dass der Motor lief, als hätte ihm jemand einen Pfropfen ins Endrohr gestopft. Ursache: Die Motorsteuerung des 996 geht von einem an einem größeren Rohrdurchmesser montierten Luftmassenmesser aus. Die Steuerung erwartete also einen wesentlich größeren Luftdurchsatz im Motor. Wir montierten daher einen 0-1000-Ohm-Stellwiderstand (Elektronikgeschäft) in Reihe an Pin 5 (weiß/blau) des Kabelstrangs. Somit konnten wir das PST-2- (oder Durametric-)Diagnosetool für die Einstellung des Widerstandswerts verwenden, bis die Kraftstoffeinstellung stimmte. Auch der Einbau eines serienmäßigen Luftmassenmessergehäuses aus dem 987 ungefähr an der Stelle, an der der 996er Luftmassenmesser im 996 sitzt (in Nähe des Klappenstutzens), ist möglich. Bei späteren Fahrzeugen ist dies etwas problematischer; die 5.2.2-Modelle (1997-1999) eignen sich für die Methode mit dem Widerstand offenbar besser, die Modelle ab Bj. 2000 sind hier weniger tolerant.

PROJEKT 12
Einbau eines Ölwannenvergrößerungssatzes

Zeit/Kosten/Talent: 3 Stunden / ca. 250 EUR /

Werkzeuge: Dremel

Relevante Baujahre: Alle

Erforderliche Teile: Ölwannenvergrößerungs-Einbausatz, Ansaugrohrverlängerung

Tipp: Die Ansaugrohrverlängerung sollte zum optimalen Schutz des Motors nachgerüstet werden.

Arbeitsziel: Besserer Schutz des Motors bei scharfen Kurvenfahren bei hohen g-Kräften

Ergänzende Arbeitsgänge: Ölwechsel

Eine Besonderheit der älteren Porsche 911 ist ihre so genannte Trockensumpfschmierung. Das gesamte überschüssige Öl aus dem Motor wird dabei aus der Ölwanne in einen separaten Vorratstank zurückgefördert. In den Trockensumpfschmieranlagen steht jederzeit eine größere Ölfüllmenge (ca. 12 Liter) für die Motorschmierung zur Verfügung. Bei konventionellen Schmierkreisläufen befindet sich das Öl in der Ölwanne unter dem Motor. Eine normale Ölwanne, wie sie im Boxster verwendet wird, hat ein geringeres Füllvolumen als ein Trockensumpftank; zudem kann es bei scharfer Kurvenfahrt, wenn das Motoröl in der Ölwanne hin- und herschwappt, kurzzeitig zu Ansaugproblemen kommen.

Aufgrund des geringeren Fassungsvermögens der Ölwanne können beim Renneinsatz auf Rundstrecken im Motor des Boxster Ölförderprobleme auftreten – derartige Kräfte dürften im Alltags-Straßenbetrieb freilich kaum erreicht werden. Eine Abhilfemöglichkeit für diese Förderprobleme wäre, die Ölwanne tieferzulegen und ihr Fassungsvermögen zu vergrößern. Durch einen Ölwannenvergrößerungssatz („Deep Sump Kit“) wandert der Unterboden der Ölwanne etwas nach unten und ihr Füllvolumen vergrößert sich. Dieser halbe Liter zusätzliches Öl ist oft das entscheidende Plus, das bei den hohen g-Kräften bei scharfer Kurvenfahrt trotzdem noch ein zuverlässiges Ansaugen des Motoröls gewährleistet. Die Montage ist relativ einfach und kann bei eingebautem Motor erfolgen.

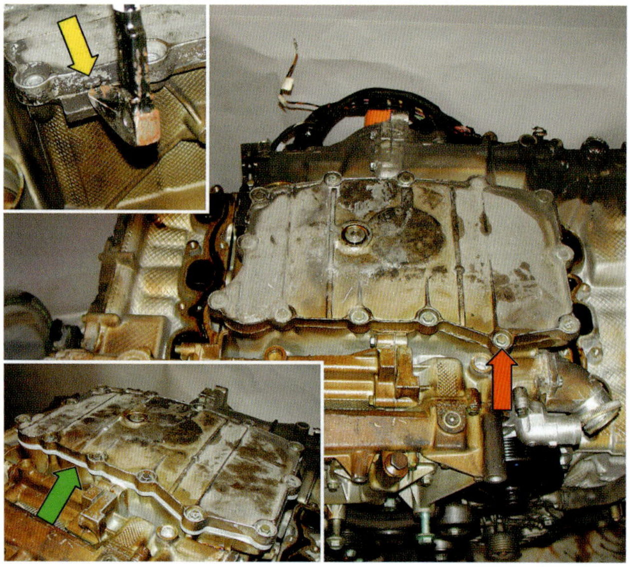

1 Nachdem das Öl abgelassen wurde, schrauben wir den Ölwannendeckel ab. Er ist mit dreizehn Schrauben am Motorgehäuse befestigt (der rote Pfeil zeigt auf eine Schraube). Lassen Sie zunächst zwei Schrauben einige Gewindegänge eingedreht, damit der Deckel sich nicht schlagartig löst. Stellen Sie eine große Auffangwanne unter, denn beim Lösen des Deckels läuft noch eine gewisse Restölmenge ab. Setzen Sie zum Lösen des Deckels einen Hebel an den beiden Zapfen am Ölfilter (gelber Pfeil) an. Leichte Schläge mit einem Gummihammer sind immer hilfreich, hebeln Sie aber nie mit Hilfswerkzeugen an den Passflächen zwischen Deckel und Motorgehäuse. Die Ölwannen-Distanzplatte wird zwischen Motorgehäuse und serienmäßigem unterem Ölwannendeckel montiert (grüner Pfeil).

2 Bauen Sie die schwarze Kunststoff-Schottwand vom Ölwannendeckel ab. Die sechs „Fenster“ in der Schottwand sollten geringfügig vergrößert werden, um den maximalen Effekt der mit der Distanzplatte vergrößerten Ölwanne zu erzielen. Dazu entfernen wir mit einem Dremel-Fräser vorsichtig ca. 3 mm an der Unterkante jedes dieser Fenster. Im kleinen Bild ist das bereits abgeänderte erste Fenster (gelber Pfeil) zu sehen. Nehmen Sie hier nur wenig Material ab – es muss genug Material stehenbleiben, damit die Wände auf der erhabenen Unterkante noch senkrecht stehen.

3 Nun setzen wir das Distanzstück für die Schottwand auf dem Ölwannendeckel auf. Die beiden kleinen Nasen müssen mit dem im Ölwannendeckel eingegossenen Gegenstück (gelber Pfeil) zusammenpassen. Dann wird die Kunststoff-Schottwand mit den mitgelieferten Schrauben auf dem Distanzstück aufgeschraubt. Die Schrauben erhalten beim Eindrehen etwas Loctite-Gewindesicherungsflüssigkeit. Dichtungspaste hat an der Schottwand-Distanzplatte aber nichts zu suchen. Nach dem Ausbau des originalen Ölwannendeckels müssen Deckel und Motorseite gründlich gereinigt werden, damit die Distanzplatte nach dem Einbau wieder einwandfrei dicht wird. Sind beide Dichtflächen tadellos sauber, erhalten die Flansche eine dünne Raupe Dichtmasse (Loctite 5900).

MOTOR

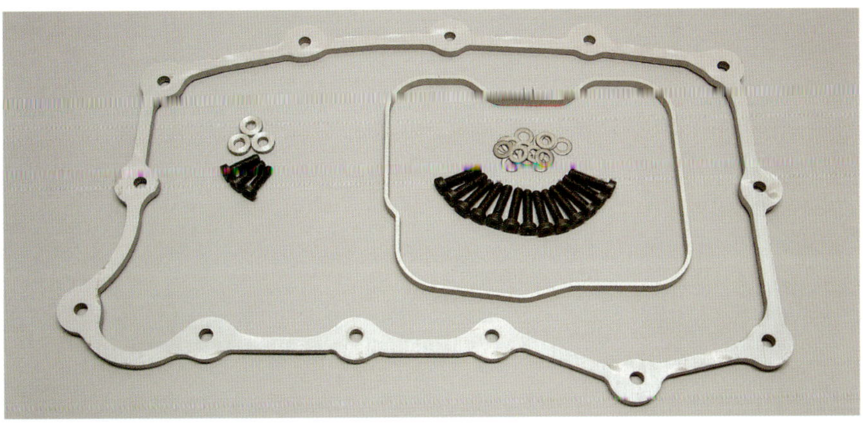

4 Im Projektmotor wurde dieser Ölwannenvergrößerungssatz des Herstellers Brey-Krause verbaut. Er enthält nicht nur die Ölwannen-Distanzplatte, sondern auch das Distanzstück für die Schottwand sowie alle Befestigungsteile.

5 Hier sind die Ölabscheider für die Ölwanne zu sehen, mit denen ein Aufschäumen des Öls am Boden der Ölwanne verhindert werden soll. Sie werden mit je zwei Schrauben (grüne Pfeile) befestigt, müssen aber selten erneuert werden. Eine Erneuerung ist ratsam, wenn bei Ihrem Motor bereits einmal ein größerer Motorschaden aufgetreten ist, durch den Fremdkörper ins Innere dieser Teile gelangt sein könnten (das kleine Foto zeigt das Motorgehäuse, nachdem die Separatoren ausgebaut wurden). Bei der Montage dieser Ölwannenvergrößerung haben wir auch das Distanzstück (von LN Engineering) für das Ölansaugrohr montiert (kleines Foto links). Dadurch reicht das Ansaugrohr auch nach Einbau dieser Ölwannenvergrößerung bis zum Boden der Ölwanne und die Ölpumpen können die maximale Ölmenge ansaugen. Die gelben Pfeile zeigen auf die Befestigungspunkte des Ölansaugrohrs.

PROJEKT 13
Häufige Motorprobleme am Boxster

Zeit/Kosten/Talent:
So lange wie nötig / 0 bis ca. 8500 EUR /

Werkzeuge: Unterschiedlich

Relevante Baujahre: Alle

Erforderliche Teile: Verbesserte Ausführungen der zu erneuernden Teile

Tipp: Nehmen Sie notwendige Verbesserungen am Motor nicht erst dann vor, wenn der Motor schon auseinanderfliegt!

Arbeitsziel: Zuverlässigkeit und lange Lebensdauer des Motors

Ergänzende Arbeitsgänge: Kupplungswechsel

Zur Premiere des Boxster im Jahr 1996 präsentierte Porsche als Ergebnis jahrzehntelanger Erfahrung in Entwicklung und Bau von Motoren das Triebwerksmuster M96. Von Anfang an sollte dieses neue Triebwerk die gemeinsame Plattform für den Boxster und den geplanten neuen Carrera bilden und war daher so konzipiert, dass es die gesamte Bandbreite von der 2,5-Liter-Variante des Boxster bis zum 3,8-Liter-Ableger (am Ende der Bauzeit) abzudecken vermochte.

Sowohl dem wassergekühlten M96 als auch dem späteren und technisch verwandten M97 mangelt es keineswegs an Leistungsfülle, allerdings zeigten sich im Laufe der Zeit gewisse konstruktive Schwächen, die von Porsche während der 11 Jahre Bauzeit nach und nach ausgemerzt wurden. Kleinanzeigen von Fahrzeugen mit „neuem Werks-Tauschmotor" sind keine Seltenheit. Nur bei Porsche dürfte man genau wissen, wie viele Motoren im Rahmen des mittlerweile eingestellten Tauschmotorenprogramms insgesamt gewechselt wurden. Mit dem bloßen Ersatz eines defekten Motors sind die bekannten Schwachpunkte in der Konstruktion freilich noch nicht beseitigt. Thema dieses Projekts sind daher die Problemzonen dieses Triebwerks und Lösungswege zur Abhilfe bzw. vorbeugenden Vermeidung von Motorschäden.

Undichter hinterer Kurbelwellendichtring. Nach dem Debüt des M96-Motors machte zunächst vor allem sein hinterer Kurbelwellendichtring von sich reden. Einige der späteren Probleme an diesem Dichtring waren eigentlich undichten Zwischenwellendeckeln zuzuschreiben, bei den frühen Modellen konnte es jedoch durchaus zu Ölverlust an diesen Wellendichtringen kommen. Oft galt dies lediglich als Schönheitsfehler, denn die Motorleistung war nicht beeinträchtigt, und Reparaturen wurden meist aufgeschoben, bis die Kupplungsfunktion litt. Viele Motoren wurden aufgrund dieses Problems zudem von Porsche auf Garantie zerlegt bzw. getauscht.

Die Ursache der leckenden hinteren Kurbelwellendichtringe wurde nie eindeutig ermittelt. Eine denkbare Ursache ist mangelnde Steifigkeit der Führung des hinteren Kurbelwellenendes. Vielleicht liegt es auch daran, dass der Kurbelwellenträger nur in einer Ebene sehr knapp mit dem äußeren Gehäuse verstiftet ist. Dies kann zu geringfügigen Bewegungen des Trägers führen – durch zusätzliches Verstiften des Kurbelwellenträgers, wie es bei der Optimierung früher 911er Motoren für den Motorsporteinsatz üblich ist, lässt sich hier oft Abhilfe schaffen.

Mittlerweile wird dieser Dichtring mit einer neuen „Cayenne"-Teilenummer aus dem Sortiment des 997 geliefert, und nach dem Einbau dieses verbesserten Simmerrings ist in der Regel in diesem Bereich auch kein Ölverlust mehr festzustellen. Wer also einen undichten hinteren Kurbelwellendichtring (auch als Schwungraddichtring bezeichnet) diagnostiziert, sollte einfach einen neuen Dichtring montieren und am Dichtringträger zusätzlich etwas Curil-T auftragen (siehe Projekt 44, Abb. 10).

Defekte Zwischenwellenlager. Defekte am Zwischenwellenlager sind wohl die problematischsten Motorstörungen am M96/M97. Dieses Lager nimmt die Zwischenwelle auf der Schwungradseite des Motors auf. Porsche sah hier ein gekapseltes Kugellager vor, das in die Zwischenwelle eingepresst wird. Diese Lagerbauformen werden üblicherweise in Geräten wie Fotokopierern und anderen Maschinen eingesetzt, die in trockenen Umgebungen laufen. Theoretisch ist auch der von Porsche vorgesehene Einbauort trocken. Nach jahrelangem Betrieb im Motorinneren finden Öl und Schmutzpartikel aber offenbar dennoch ihren Weg an der Dichtlippe vorbei ins Lagerinnere, verdrängen die ursprüngliche Schmierstofffüllung und nisten sich im Inneren ein. Das Lager muss nun unter schwierigen Einsatzbedingungen arbeiten und verschleißt vorzeitig. In dieser Verschleißphase des Lagers können die Steuerketten am Motor überspringen und der Motor zerstört sich im Handumdrehen selbst. Kollabiert das

Lager vollends, werden die Bruchstücke mit dem Motoröl umgewälzt und können in anderen Motorbereichen weitere Folgeschäden verursachen.

Bei den frühen Modellen montierte Porsche zudem eine Zentralschraube zur Fixierung des Zwischenwellenlagers, die unterdimensioniert war und gelegentlich abscherte. In diesem Fall kann die Zwischenwelle im Motorrumpf zu wandern beginnen, was sehr bald in einem kapitalen Motorschaden endet.

Auch Undichtigkeiten sind in diesem Bereich an der Tagesordnung. Der Dichtring um den Zwischenwellendeckel kann Öl austreten lassen und wurde inzwischen umkonstruiert, um Undichtigkeiten vorzubeugen. Die drei Befestigungsschrauben des Zwischenwellendeckels sitzen außerdem in Durchgangsbohrungen, die direkt im Motorgehäuse enden. Diese Schrauben müssen beim Einbau mit Dichtmittel bestrichen werden, damit kein Öl entlang der Schraubenbohrungen durchsickern kann. Öllecks in diesem Bereich können also ein erstes Indiz für einen bevorstehenden Defekt an der Zwischenwelle sein und verlangen nach umgehender gründlicher Überprüfung.

Erfreulicherweise lassen sich die Zwischenwellenlagerprobleme aber an den meisten Modellen dank eines Nachrüstsatzes beheben, der bei eingebautem Motor montiert werden kann. Projekt 14 enthält eine detaillierte Umbauanleitung.

Risse in den Zylinderlaufbuchsen. Zur Senkung der Fertigungskosten griff Porsche auf ein Gussverfahren zurück, bei dem die Lokasil-Zylinderlaufbuchsen direkt in das Gehäuse eingegossen wurden. Die Gesamtzahl der Einzelteile des Motors lässt sich damit auf sehr praktische Weise verringern, allerdings wird damit ein Verschleißteil direkt in das Motorgehäuse mit eingegossen. Werkseitigen Ersatz für die Laufbuchsen gibt es nicht; bei zu weit fortgeschrittenem Verschleiß geht das Werk davon aus, dass der Kunde in ein neues Motorgehäuse investiert. Zudem können die Laufbuchsen aufgrund ihrer Konstruktion in einem von Kühlmittel umströmten Bereich „schwimmen".

Durch übermäßige Vibrationen und Verdrehbeanspruchung bei normalem Motorbetrieb kommt es offenkundig gelegentlich zu Rissbildung an diesen Laufbuchsen und ein kleines Stück der Buchse bricht ab. Erstaunlicherweise macht sich dieses Problem ausgebrochener „D-Stücke" vorwiegend an zurückhaltend bewegten Fahrzeugen bemerkbar. Bei Boxstern, die auf der Straße oder auf Rennstrecken betont flott gefahren werden, sind derartige Schäden nicht zu beobachten. Zumindest bei Fahrzeugen aus dem Motorsport wird als Begründung angeführt, dass bei diesen das Motoröl wesentlich häufiger gewechselt wird. Betroffen sind vor allem der 2,5 Liter und der Carrera 3,4 – der Motor des Boxster 3,2 S scheint dagegen nicht anfällig zu sein, da bei ihm die Zylinderwandungen dicker als beim 3,4 sind. Wenn dieser Schadensfall eintritt, kommt es zur Vermischung von Öl und Kühlmittel bzw. zu unerklärlichem geringfügigem Kühlmittelverlust.

Eine Reparaturmöglichkeit für diese Defekte besteht im Einbau der Nikasil-Laufbuchsen, die von LN Engineering angeboten werden. Dort werden die rissigen oder schadhaften alten Lokasil-Laufbuchsen aus dem Gehäuse ausgedreht und eine Alu-Nikasil-Einsatzlaufbuchse eingezogen, die standfester und zuverlässiger als die im Werk eingegossene Laufbuchse ist. Beim Einbau dieser Laufbuchsen lässt sich außerdem sehr elegant die Bohrung vergrößern, was mehr Hubraum und damit mehr PS bedeutet. Wer sich für diese Reparatur entscheidet, muss auch passende Nachrüstkolben montieren und die Software der digitalen Motorelektronik (DME) entsprechend dem größeren Hubraum aktualisieren.

Poröse Motorgussteile. Wie oben erwähnt, führte Porsche aus Kostengründen ein neues Gussverfahren ein, bei dem die meisten Öl- und Wasserkühlkanäle direkt in das Motorgehäuse eingegossen wurden. Der Motor kam dadurch mit weniger Bauteilen aus und die Montagezeiten und Fertigungskosten konnten reduziert werden. Leider hatte diese moderne Gusstechnik in manchen Fällen anscheinend eine gewisse Porosität der Motorgehäuse zur Folge. Informationen darüber sind dünn gesät, die Probleme scheinen aber mit dem eigentlichen Gussverfahren zusammenzuhängen.

In manchen Fällen machte sich offenbar ein Leck an den Kurbelgehäuse-Innenwandungen bemerkbar. Der Gießvorgang des flüssigen Aluminiums muss sehr präzise gesteuert werden, andernfalls können sich Lufteinschlüsse bilden. Meistens werden diese Fehlstellen bei Materialprufungen nach der Fertigung festgestellt; offensichtlich schafften es aber einige dieser Gussdefekte bis in fertig montierte Motoren. Dadurch kann es zur Vermischung von Öl und Wasser kommen. Dann findet sich Kühlmittel im Öl (das eine milchig-kaffeebraune Farbe annimmt) oder Öl im Kühler.

Das Problem kann sich auch durch die Expansion und Kontraktion der Motorwandungen als Folge der Wärmeentwicklung im normalen Fahrbetrieb bemerkbar machen. Es sind sogar Motoren bekannt, bei denen im Betrieb eine Ölträne durch das Motorgehäuse durchschwitzte. Reparaturen sind leider nicht möglich, d.h. das Motorgehäuse ist letzten Endes Schrott. Erfreulich ist immerhin, dass diese Probleme meistens bereits an den relativ neuen Motoren erkannt und die Motoren mittlerweile als Garantiefall ausgetauscht wurden.

Defekte Kettenspanner. Im Laufe der Zeit kamen die M96-Motoren wegen defekten Kettenspannern ins Gerede. Ist die Steuerkette Ihres Motors beim Kaltstart sehr deutlich zu vernehmen und wird dann plötzlich leiser, kann ein Problem am Kettenspanner vorliegen. Im Jahr 2000 wurde die Konstruktion der Kettenspanner werksseitig geändert und modernisiert (siehe TSB Gruppe 1 Nr. 8/00). Die älteren Kettenspanner sollten daher auf jeden Fall durch die neuere Ausführung ersetzt werden. Näheres zur Identifizierung und zum Tausch der Kettenspanner siehe Projekt 16.

Risse in den Zylinderköpfen. Im Grunde sind die Zylinderköpfe des M96 sehr durchdacht konstruiert. Bei manchen 3,2-, 3,4- und 3,6-Liter-Motoren können jedoch feine Risse um die Auslassventilsitze entstehen und sich bis zur Zündkerzenbohrung fortsetzen. Auch der Befestigungspunkt des Stößelgehäuses ist ein Schwachpunkt. Oft kommt es durch diese Rissbildung zur Vermischung von Öl und Kühlwasser. Derartige Probleme sind bei Autozylinderköpfen generell ein verbreitetes Übel, eine Reparatur ist häufig aber durch qualifizierte Werkstätten möglich, die auf das Schweißen von Aluzylinderköpfen eingestellt sind.

Ungeeigneter Schmierölkreislauf. Der luftgekühlte Vorgänger des M96-Motors war mit einer Trockensumpfschmierung ausgerüstet, in der stets eine nennenswerte Reservemenge an Motoröl für härtere Betriebsbeanspruchungen vorhanden war.

Mit dem M96-Motor vollzog Porsche die Abkehr von diesem Konstruktionsprinzip. In den Baumustern M96/M97 fand sich stattdessen eine Art Zwischenlösung zwischen einem getrennten Trockensumpföltank und einem konventionellen Motorblock mit Ölfüllung in der Ölwanne.

Aufgrund der geringeren Ölfüllmenge und anderer Faktoren neigen die M96/M97-Motoren eher zu Problemen infolge Ölmangels (ein Liter Fehlmenge macht sich durchaus bemerkbar), vor allem bei betont scharfer Fahrweise.

Es sind verschiedene vorbeugende Maßnahmen gegen derartige Probleme durch Ölmangel möglich. Grundsätzlich sollte der Ölstand stets bis zur MAX-Marke am Ölmessstab reichen. Die Ölfüllmenge der M96/M97-Motoren ist nicht überreichlich bemessen. Zusätzlich könnten Sie einen „Deep sump kit" (Ölwannenvergrößerungssatz) nachrüsten (siehe Projekt 12), mit dem sich die Füllmenge um ca. ½ Liter erhöht. Außerdem ist der Einbau eines Accusump-Ölspeichers möglich, der Schutz gegen plötzlichen Öldruckabfall bietet (siehe Projekt 98, Abb. 5).

Neben den üblichen Problemen, die bei dieser doch recht speziellen Konstruktion auftreten können, sind die Schottwandklappen unten in der Ölwanne zu beachten, die aus Kunststoff bestehen; sie können abbrechen und das Ölansaugrohr blockieren. Eine Unterbrechung der Ölzufuhr und ein kapitaler Motorschaden wären die Folgen. Zur Vorbeugung sollte daher der Ölwannendeckel abgeschraubt und die Klappen der Ölumlenkfenster überprüft (siehe Projekt 12) und gegebenenfalls ersetzt werden. Im Zubehörhandel sind alternativ auch Edelstahlklappen erhältlich, die zusätzliche Sicherheit bieten.

Wie in Projekt 2 angesprochen, ist das von Porsche angegebene Ölwechselintervall von 25.000 km mit Vorsicht zu genießen. Das Motoröl wird im Laufe der Zeit durch Benzin verdünnt, vor allem bei zunehmendem Fahrzeugalter, wenn die Dichtungen und Kolbenringe ein gewisses Verschleißstadium erreicht haben. Empfehlenswert ist daher ein etwas dickeres Öl, das alle 5000 bis 8000 km gewechselt wird. Ständig frisches Motoröl kann auch manchem Ärger mit dem Zwischenwellenlager vorbeugen und ist grundsätzlich förderlich für eine längere Motorlebensdauer.

Defekte Pleuelschrauben. Die Pleuel des Boxster bestehen aus Schmiedestahl und wurden nach dem so genannten „Bruchflansch"-Prinzip hergestellt. Nach dem Schmieden und Fertigbearbeiten werden Pleuel und Pleueldeckel entlang festgelegter Sollbruchstellen gebrochen, so dass die Lagerschalen eingelegt und die Pleuel wieder zusammengebaut werden können. Diese Pleuel sind in der Fertigung kostengünstiger und die Pleuelschrauben kommen konstruktiv ohne integrierte Führungsstifte aus.

Möglicherweise ist aber der Pleuelschraubendurchmesser zu gering für die hohen Beanspruchungen, denen die Pleuelstangen ausgesetzt sind. Bei mehreren Defekten an frühen Motoren mit hoher Laufleistung deuteten die Schadensdiagnosen auf unterdimensionierte Pleuelschrauben als Schwachstelle hin.

Der Schaden tritt ein, wenn der Motor ständig im oberen Drehzahlbereich arbeiten muss. Die serienmäßigen Pleuelschrauben sind so ausgelegt, dass beim Anziehen auf das endgültige Anzugsdrehmoment eine gewisse plastische Dehnung eintritt. Bei Drehzahlen ab 6700/min neigen die rotierenden Massen an beiden Enden des Pleuels (also der Kolben und die Pleuelmasse selbst) dazu, die Pleuelschrauben noch weiter zu dehnen. So verformen sie sich plastisch und können sich im Extremfall lockern und sogar vom Pleuel lösen – mit einem kapitalen Motorschaden als unweigerliche Folge.

Aufgrund der Bruchflanschkonstruktion der Pleueldeckel ist eine Instandsetzung der Pleuel nicht ohne weiteres möglich. Eine Lösung wäre der Einbau von speziellen Nachrüstpleueln,

1 Die Schwungradseite eines M96-Motors: Dieser fabrikneue 3,4-Liter-Motor besaß bereits alle werksseitigen Optimierungen. Die Zwischenwelle ist mit der neueren Schraubenversion (gelber Pfeil) bestückt, das Problem der Zwischenwellendefekte war aber bei diesem Konstruktionsstand noch nicht komplett behoben. Diese modernisierten Triebwerke zeigen aber weniger Schwachstellen als die frühen Motoren. Der hintere Kurbelwellendichtring entspricht ebenfalls der neueren Ausführung (grüner Pfeil).

die mit größeren, im Rennsport bewährten Pleuelschrauben bestückt sind.

Variocam-Magnetventile. Es kommt gar nicht so selten vor, dass die Variocam-Magnetventile auf einer Seite ausfallen, wodurch der Leerlauf unrund wird oder zu „sägen" beginnt. Durch eindringende Feuchtigkeit kann der Mechanismus korrodieren und irgendwann ausfallen. Der DME-Bordcomputer müsste diesen Fehler rasch erkennen und die Motorkontrollleuchte aktivieren.

Papierölfilter. Der serienmäßige Ölfilter des Boxster mutet etwas schwächlich an. Halten Sie sich also an hochwertige Markenfilter. Auch die Umrüstung auf den Schraubölfilter von LN Engineering (siehe Projekt 2) wäre eine Überlegung wert.

Defekter Ölabscheider. Der Ölabscheider soll die Motoremissionen verringern, indem die Kurbelgehäusedämpfe direkt in den Ansaugstutzen zurückgeleitet werden. Stellt der Ölabscheider den Dienst ein, wird Öl direkt aus dem Motor in den Ansaugtrakt angesaugt. Ein defekter Ölabscheider führt zwar nicht gleich zu Motorschäden, kann sich aber durch übermäßiges Auspuffqualmen und unrunden Leerlauf unliebsam bemerkbar machen (siehe Projekt 9).

Ölwechselintervalle. Auch Besitzern eines neueren Porsche ist zu raten, die Ölwechselintervalle deutlich zu verkürzen (ca. alle 8000 km) und mindestens Öl der Viskosität 5W40 einzufüllen. Bei Motoren ohne Variocam Plus (Modell 2006 und früher) lässt sich mit 15W50 oder 20W50 eine wesentlich bessere Stabilität des Ölfilms erreichen und damit die Lagerlebensdauer deutlich verlängern.

Thermostat mit niedrigerer Öffnungstemperatur. Sinnvoll ist auch der von LN Engineering vertriebene Thermostat (siehe Projekt 34), der bei 71 °C statt (in der Serienversion) bei 86 °C öffnet. Kühleres Öl bleibt länger frisch, und die niedrigeren Betriebstemperaturen setzen auch ein paar zusätzliche Pferdchen frei.

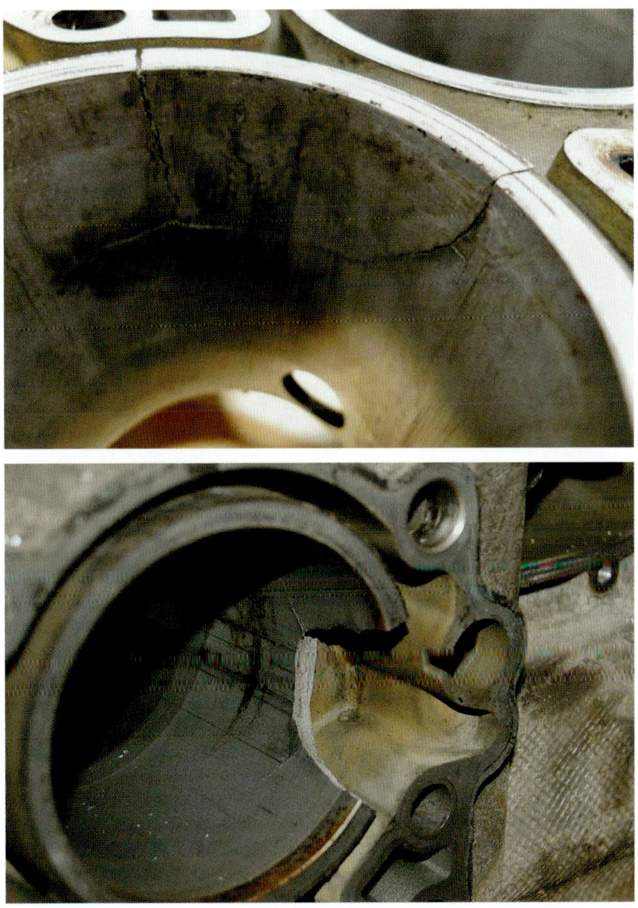

2 Die berüchtigte „D-Bruchstelle": Es sind fast immer nur die beiden mittleren Zylinder betroffen, so dass die Vermutung naheliegt, dass die Risse in der Zylinderwand auf übermäßige Torsions- und Vibrationskräfte zurückzuführen sind. Dieser Defekt trat vor allem an den 2,5- und 3,4-Liter-Motoren auf, jedoch praktisch nie bei den 3,2-Liter-Motoren mit ihren dickeren Zylinderwandungen. Abhilfe schafft das Ausdrehen des Gehäuses und Einziehen separater Laufbuchsen (siehe nächstes Bild).

3 Ein komplett überholter M96-Motor mit den Nikasil-Laufbuchsen von LN Engineering. Im Gehäuse werden die alten Laufbuchsen ausgedreht und der schwimmende Teil im Wassermantel komplett entfernt. Dann werden stattdessen Nikasil-Zylinder in das Motorgehäuse eingepresst – eine praktische Lösung, da das Gehäuse andernfalls unrettbar verloren wäre. Das Gehäuse muss allerdings reparabel sein und darf keine nennenswerten anderweitigen Schäden (z.B. Porosität) aufweisen. Zusätzlich zum Ersatz der Laufbuchsen kann gleichzeitig auch eine Hubraumvergrößerung erfolgen. Die 2,5-Liter-Motoren lassen sich problemlos auf 2,7 Liter und die 3,4-Liter-Motoren auf 3,6 Liter vergrößern. Die aktuelle Entwicklung umfasst sogar Hubraumvergrößerungsmöglichkeiten auf 3,8 Liter und mehr.

4 Dieser Riss wirkt harmlos, kann aber Folgeprobleme heraufbeschwören, z. B. können sich Öl und Kühlmittel vermischen, wodurch diese Betriebsstoffe unbrauchbar werden. Bei wassergekühlten Fahrzeugen sind Risse im Zylinderkopf besonders häufig; manchmal ist eine Reparatur durch Ausschleifen des Rissbereichs und Schweißen möglich.

PROJEKT 14
Optimierung des Zwischenwellenlagers

Zeit/Kosten/Talent:
5 Stunden / ca. 130 bis 500 EUR /

Werkzeuge: Demontage- und Montagewerkzeuge und Werkzeug für die Einstellung der Nockenwellensteuerzeiten

Relevante Baujahre: 1997-2006

Erforderliche Teile: Umbausatz für das Zwischenwellenlager

Tipp: Planen Sie diesen Umbau mit ein, wenn ein Kupplungswechsel ansteht.

Arbeitsziel: Jahrelange Betriebszuverlässigkeit

Ergänzende Arbeitsgänge: Kupplungswechsel

Die Zuverlässigkeit des M96/M97-Motors des Boxster ist nicht über jeden Zweifel erhaben (siehe Projekt 13). Auch vom Werk wurde das Zwischenwellenlager in den letzten Jahren als Schwachstelle erkannt. Dieses Lager dient zur Führung der Zwischenwelle an der Schwungradseite des Motors (siehe Abb. 6). Das gekapselte Kugellager wird in die Zwischenwelle eingepresst (Abb. 12). Diese Lagerbauformen werden üblicherweise in Geräten wie Fotokopierern und anderen Maschinen eingesetzt, die in trockenen Umgebungen laufen. Theoretisch ist auch der von Porsche vorgesehene Einbauort trocken. Nach jahrelangem Betrieb im Motorinneren finden Öl und Schmutzpartikel aber offenbar dennoch ihren Weg an der Dichtlippe vorbei ins Lagerinnere. Das Lager verschleißt nun vorzeitig. In dieser Verschleißphase können die Steuerketten am Motor überspringen und der Motor zerstört sich im Handumdrehen selbst. Kollabiert das Lager vollends, werden Trümmerteile des Lagers mit dem Motoröl umgewälzt und können in anderen Motorbereichen weitere Folgeschäden verursachen.

Auch die Zentralschraube, mit der das gesamte Zwischenwellenlager fixiert wird, kann den Geist aufgeben. Schert diese Schraube ab, kann die Zwischenwelle im Motorrumpf sofort zu wandern beginnen und die Steuerzeiten geraten durcheinander. Dies führt unweigerlich in kürzester Zeit (innerhalb von Sekunden) zum Exitus des Motors. Wenn sich das Zwischenwellenlager verabschiedet, wird meist auch die Zentralschraube überbeansprucht und kann abscheren. In diese Stiftschraube ist eine radiale Nut eingearbeitet, in der ein O-Ring die Abdichtung zum Außendeckel übernimmt. An dieser Nut kommt es zu einer Konzentration der auftretenden Spannungen und der Stiftschraubendefekt kann hier seinen Ausgang nehmen. Die Lösung lautet, das Lager herauszuziehen und die Schraube durch eine stabilere Schraube ohne Nut zu ersetzen (siehe Gegenüberstellung der alten und neuen Schrauben in Abb. 5).

Es gibt verschiedene Warnzeichen, die nahendes Ungemach ankündigen. Beim Anlassen des kalten Motors kann ein lautes Klappergeräusch zu hören sein, das nach ca. 10 Sekunden verschwindet. Dieses Geräusch kann sich auch beim Beschleunigen bemerkbar machen. Es kommt vom Rasseln der Ketten oder des Lagers im Motor, da dieses bereits schadhaft ist – am Motor kann dann schon bald ein Zahn am Kettenrad überspringen, was zu Defekten führt, deren Behebung einen vierstelligen Betrag verschlingt. Frühstadien dieses Defekts lassen sich lokalisieren, indem Sie auf Geräusche achten, die an ein Ausrücklager, eine Wasserpumpe oder eine Laufrolle bei beginnendem Verschleiß der Wälzlager erinnern. Wird der Wagen bei laufendem Motor hochgebockt, müsste sich das Geräusch aus dem Bereich des Zwischenwellenlagers leicht lokalisieren lassen (hinten rechts am Motor in Nähe des Getriebeflansches) – vor allem bei Verwendung eines Diagnosestethoskops.

Auch eine Untersuchung des Ölfilters könnte Aufschluss über einen bevorstehenden Ausfall des Zwischenwellenlagers geben. Glänzender Metallabrieb von verschlissenen Lagerkugeln kann in den Ölkreislauf gelangen und sich im Ölfilter ablagern, ebenso winzige schwarze Kunststoffreste der Lagerdichtung (siehe Abb. 1). Bei einem routinemäßigen Kupplungstausch können wir auch gleich den Deckel für die Zwischenwelle abschrauben und das Lager eingehender inspizieren (vor dem Abnehmen des Deckels müssen aber die Nockenwellen blockiert und kontrolliert werden – siehe Anleitung unten). Fühlt sich die Mittelwelle wacklig an oder dreht sich die Lagermitte nicht leichtgängig, ist wahrscheinlich bereits spürbarer Verschleiß eingetreten.

Eine Motorkontrolle ist auch mit dem Porsche-Spezialwerkzeug PST-2 oder dem Durametric-Werkzeug (siehe Projekt 20) möglich. Dabei werden die Abweichungen der Steuerzeiten der beiden Nockenwellen daraufhin überprüft, ob sie erheblich voneinander abweichen, vor allem beim Hochbeschleunigen (siehe Abb. 2). Bei bevorstehendem Exitus des Zwischenwellenlagers kann mitunter auch die Motorkontrollleuchte (CEL) aufleuchten, da der Bordcomputer erkennt, dass die Einstellwerte der beiden Nockenwellen deutlich voneinander abweichen.

1 Diese Fragmente eines zerstörten Zwischenwellenlagers kamen an unserem M96-Projektmotor zum Vorschein. Noch bei der Entnahme aus dem Ausbauwerkzeug zerfiel das Lager in seine Einzelteile. Das obere kleine Bild zeigt den Ölfilter nach dem Ausbau. Die Metallsplitter im Filterpapier sind unübersehbar. Der Filter kam seiner Aufgabe also anscheinend recht gut nach, d.h. das übrige Innenleben des Motors müsste eigentlich in Ordnung sein. Viele Bruchstücke landeten glücklicherweise auch in der Ölwanne und im Ansaugsieb. Ist das Lager nach dem Ausbau derart fragmentiert, sollten unbedingt die Ölwanne demontiert, gründlichst gereinigt und die beiden Ölabscheider ersetzt werden (siehe Projekt 12).

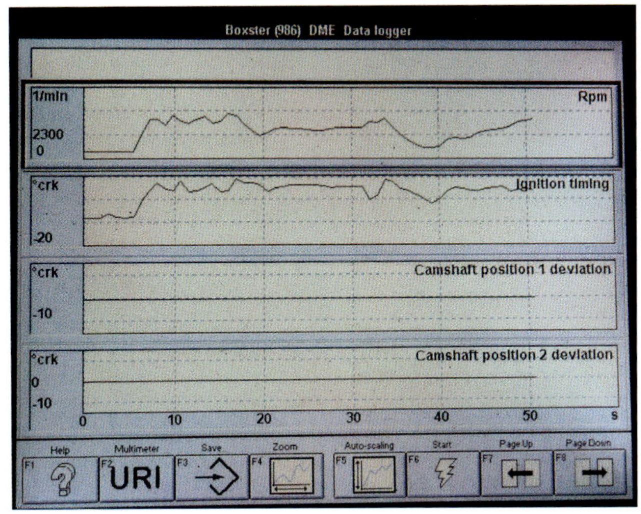

2 Manchmal ist ein bevorstehender Exitus des Zwischenwellenlagers auch durch einen Test zu erkennen. Mit dem Durametric-Werkzeug oder dem PST-2 können am Bildschirm die Nockenwellenabweichungen in Abhängigkeit von Zündeinstellung und Drehzahl angezeigt werden. Erhebliche Unterschiede zwischen linker und rechter Nockenwelle können auf Lagerprobleme hinweisen. In diesem Schaubild ist die Abweichung nahezu Null.

WIE SIEHT EIN DEFEKTES LAGER AUS?

Abb. 1 zeigt die Überreste des Zwischenwellenlagers aus einem Motor, der nur knapp 50.000 km gelaufen war. Nachdem der Lagerdeckel abgezogen wurde, zeigte sich, dass sich das Lager komplett in seine Einzelteile aufgelöst hatte. Der Motor lief und der Wagen fuhr, gab aber alle paar Sekunden ein fürchterliches kreischendes Geräusch von sich. Manchmal lief er sogar minutenlang ohne jedes Geräusch – angesichts des restlos zerstörten Lagers mehr als erstaunlich.

Was können wir nun mit einem Motor mit einem derart gravierenden Lagerschaden anstellen? Der Motor lief zum Zeitpunkt des Lagerausbaus noch, also waren die Zylinderköpfe anscheinend noch nicht aufgrund verstellter Nockenwellensteuerzeiten beschädigt worden. Der Ölfilter erfüllte offensichtlich seine Aufgabe und hielt den Lagerabrieb größtenteils zurück. Es bleibt in derartigen Fällen also nur, alles so gründlich wie möglich zu reinigen, das Lager zu wechseln und alles wieder zusammenzuschrauben.

WIE KÖNNEN WIR EINEN LAGERDEFEKT BEHEBEN ODER IHM VORBEUGEN?

Erfreulicherweise gibt es hier mehrere Möglichkeiten. Erstens sollte das Motoröl alle 8000 km oder noch häufiger gewechselt und ein dickflüssigeres Motoröl mit zusätzlichen Antiverschleißadditiven eingefüllt werden. Verwenden Sie die von Porsche freigegebenen 5W40-Öle, möglichst mit der Klassifikation API SJ-SL. 0W40-Öle sollten nur in kälteren Regionen im Winter verwendet werden, bei denen sich Kaltstarts regelmäßig bei Minusgraden abspielen. Auch Öle mit zusätzlichen verschleißhemmenden Additiven (wie Zink, Phosphor oder Molybdän) sind überlegenswert. Bei neueren Motorölqualitäten wurden die Additivzusätze aufgrund gesetzlicher Vorgaben geändert und begrenzt, im Hinblick auf möglicherweise schädliche Nebenwirkungen dieser Zusätze auf die Katalysatorlebensdauer. Abhilfe schafft jedenfalls nur die Verwendung von Motoröl mit geeigneten verschleißhemmenden Eigenschaften sowie häufiger Ölwechsel.

Erstaunlich ist auch, dass dieses Problem bei zahm bewegten Fahrzeugen häufiger auftritt als bei betont sportlich gefahrenen Porsche. Bei Exemplaren, die regelmäßig auf Rundstrecken unterwegs sind, kommen diese Lagerprobleme nur sehr selten vor, bei Boxstern in typischer „Rentnerhand“ dagegen vermehrt. Vielleicht liegt die Langlebigkeit der Lager in den rennerprobten Boxstern daran, dass bei diesen das Öl deutlich häufiger gewechselt wird.

Die beste vorbeugende Maßnahme ist, das Lager bereits vor dem kompletten Ausfall zu erneuern. Von der US-Firma Softronic (siehe Projekt 24) wurde ein Verfahren entwickelt, mit dem das Lager bei eingebautem Motor gewechselt werden kann. Anhand dieses Verfahrens wurden von LN Engineering und Pelican Parts Lagerteilesätze für den Wechsel des störungsanfälligen Originallagers entwickelt.

WELCHE LAGERVERSION IST IN MEINEM MOTOR VERBAUT?

Der erste Schritt beim Lagerwechsel ist, die verbaute Lagerversion zu ermitteln. Im Laufe der Jahre kamen drei verschiedene Versionen zum Einsatz. Frühe Exemplare besitzen im Allgemeinen ein großes zweireihiges Lager mit Sprengring. Als später die Steuerkettenkonstruktion überarbeitet wurde, stellte Porsche auf ein einreihiges Lager um (Vergleich dieser beiden Lager siehe Abb. 7). Ungefähr zum Modelljahr 2006 hielt dann eine dritte Version Einzug, die nicht austauschbar ist. Die Motornummern, bei denen die Umstellung erfolgte, stehen in den Technischen Rundschreiben von Porsche, sie sind allerdings nicht hundertprozentig exakt, daher ist eine Kontrolle des Lagergehäuses in Ihrem Motor unumgänglich, um zweifelsfrei feststellen zu können, welches Lager verbaut ist.

Im elektronischen Teilekatalog von Porsche sind die Umstellungen ab den folgenden Motornummern der einzelnen Motorbaumuster angegeben:

- Bis einschließlich Motor-Nr. M 651 12851: Boxster 2,7 Liter M96.22
- Bis einschließlich Motor-Nr. M 671 11237: Boxster S 3,2 Liter M96.21
- Bis einschließlich Motor-Nr. M 661 141164: Carrera 996 3,4 Liter
- Ab Motor-Nr. M 651 12852: Boxster 2,7 Liter M96.22
- Ab Motor-Nr. M 671 11238: Boxster S 3,2 Liter M96.21
- Ab Motor-Nr. M 661 141165: Carrera 996 3,4 Liter
- Alle Boxster 987 Modell 2005 (möglicherweise einige Modelle 2006)
- Alle Carrera 997 Modell 2005 (möglicherweise einige Modelle 2006)
- Möglicherweise einige Cayman Modell 2006

Wie bereits angesprochen, zeigt die Erfahrung jedoch, dass diese Nummern nicht hundertprozentig korrekt sind. Porsche ersetzte bzw. reparierte im Laufe der Jahre zahlreiche Motoren, d.h. es sind viele Motoren in Betrieb, bei denen Teile individuell kombiniert und neu zusammengestellt wurden. Der 3,4-Liter-Werkstauschmotor, der bei der 3,4-Liter-Umrüstung des Autors montiert wurde, ist z.B. mit dem sehr späten Zwischenwellenlager mit der 22-mm-Zentralmutter ausgerüstet (siehe Abb. 15), an ihm fehlen allerdings verschiedene andere Modifikationen, die im Laufe der Jahre eingeführt worden waren.

Gewissheit verschafft nur der Ausbau des Getriebes und eine eingehende Kontrolle. Die zweireihige Version des Zwischenwellenlagers wurde bei diesen Motoren als erstes verbaut und ist somit in frühen Exemplaren fast immer zu finden. Der Zwischenwellendeckel des zweireihigen Lagers ist an einer flachen Mulde zu erkennen, bei den einreihigen Lagern ist die Mulde wesentlich tiefer (siehe Abb. 7).

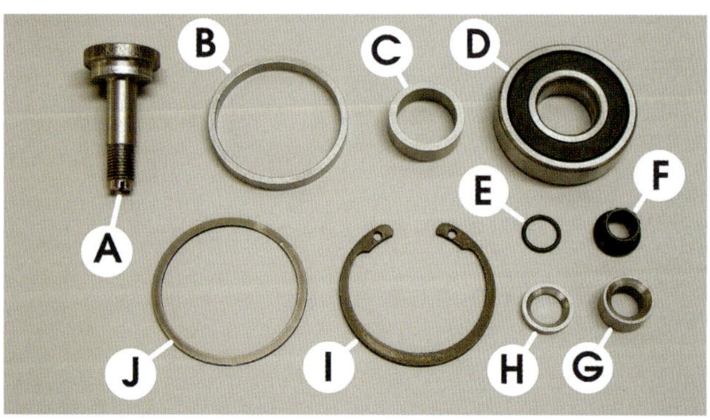

3 Dieses Bild zeigt die Einzelteile des Zwischenwellenlager-Umbausatzes von Pelican Parts. **A:** Optimierte Zentralschraube; **B:** Distanzring für Außenring (für Motor mit zweireihigem Lager); **C:** Distanzring für Innenring (für Motor mit zweireihigem Lager); **D:** Neues Zwischenwellenlager (NSK); **E:** O-Ring für Zentralschraube; **F:** Mutter für Zentralschraube; **G:** Langer Distanzring für Zentralschraube (für Motor mit einreihigem Lager); **H:** Kurzer Distanzring für Zentralschraube (für Motor mit zweireihigem Lager); **I:** Sprengring (für Motor mit einreihigem Lager); **J:** Spirolox-Sicherungsring (für Motor mit zweireihigem Lager). **Nicht abgebildet:** 3 neue Deckelschrauben mit Mikrodichtkapsel; 3 M6x25-Hilfsschrauben für die Montage; 3 M6x1x25-Madenschrauben.

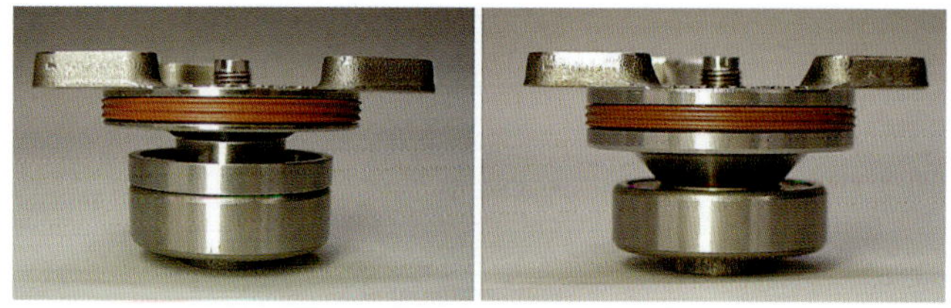

4 Seitenansichten des Umbausatzes von Pelican Parts: links die Ausführung für das zweireihige Lager mit montierten Distanzringen, rechts die Ausführung für das einreihige Lager. Diese Deckel werden mit dem verstärkten braunen Dichtring geliefert (siehe Abb. 8).

DER UMBAUSATZ VON PELICAN PARTS

Der von Pelican Parts vertriebene Umbausatz für das Zwischenwellenlager ist in Abb. 3 dargestellt. Er enthält alle Einzelteile für den Austausch eines ein- oder zweireihigen Lagers, allerdings mit einer stabileren Dichtscheibe auf der Lageraußenseite. Der Umrüstsatz ist so aufgebaut, dass das Lager beim routinemäßigen Kupplungswechsel (siehe Projekt 44) mit getauscht werden kann. Wird dieses Lager jedes Mal gewechselt, wenn Eingriffe an der Kupplung anstehen, erreicht das Lager gar nicht erst Laufzeiten, bei denen sich vorzeitiger Verschleiß einstellen kann. Die Standzeit dieses Lagers ist – wie oben erläutert – nicht klar zu beziffern. Wird es alle 45.000 bis 70.000 km erneuert, wenn in der Regel auch die Kupplung erneuert wird, dürfte der Motor vor Problemen geschützt sein.

Im Teilesatz ist ein einreihiges Lager enthalten, wie es bei den späteren Porsche zum Einbau kam. Für Motoren, die original ein zweireihiges Lager besaßen, sind zwei Distanzringe mit enthalten (Abb. 4). Neben dem Ersatzlager enthält der Teilesatz auch eine stabilere Zentralschraube. Statt eines in die Schraube integrierten O-Rings sitzt der Dichtring in einer V-förmigen Aufnahme auf der Außenfläche des Lagergehäusedeckels.

DER UMRÜSTSATZ VON LN ENGINEERING

Auch der Einbau des Umrüstsatzes von LN Engineering ist problemlos und kann bei eingebautem Motor erfolgen. Er verschafft dem Zwischenwellenlager eine fast unverwüstliche Standfestigkeit. Dieser Umrüstsatz kostet ca. 600 US-$ und kann ebenfalls über PelicanParts.com bezogen werden. Er enthält ein eigens entwickeltes Keramik-Hybridlager (siehe Abb. 5) mit in Japan präzisionsgefertigten Lagerringen aus Werkzeugstahl und in den USA produzierten ultra-reibungsarmen gesinterten Silikonnitrid-Lagerkugeln von Timken. In Verbindung mit einer robusteren Zentralschraube und einem eigens entwickelten Lagergehäuse wird den konstruktionsbedingten Problemen der serienmäßigen Zwischenwellen somit wirksam vorgebeugt. Die Umrüstung des Motors ist im Rahmen eines normalen Kupplungswechsels möglich und der Einbau ist dank der von LN Engineering eigens hierfür entwickelten Einbauwerkzeuge relativ einfach.

WELCHER UMBAUSATZ IST FÜR MEIN FAHRZEUG DER RICHTIGE?

Mit der Entwicklung des Umbausatzes von Pelican Parts sollte eine Lücke im Teileangebot für ambitionierte Hobby-Schrauber geschlossen werden. Dieser Umbausatz ersetzt das serienmäßige Lager und sollte bei jedem Kupplungswechsel erneuert werden.

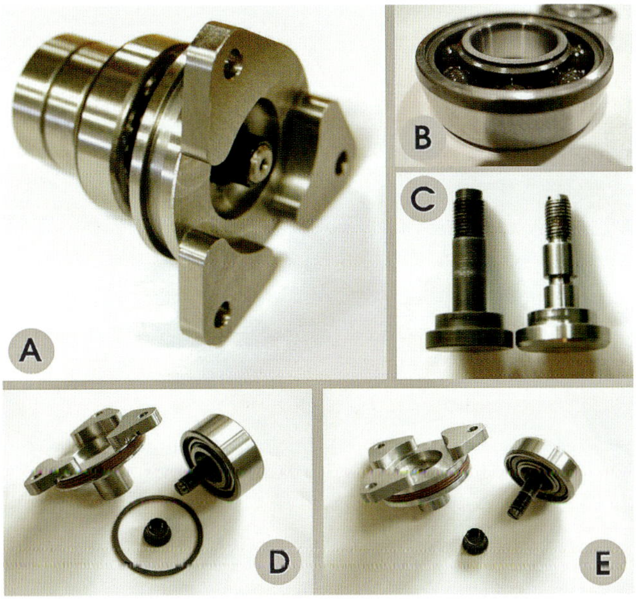

5 Diese Bilderserie zeigt die Bestandteile des Umrüstsatzes von LN Engineering. **A:** Diese Ausführung des Umrüstsatzes wird bei der Überholung montiert; der Motor muss dazu zerlegt werden. **B:** Das optimierte keramikbeschichtete Kugellager; **C:** Die stabilere Zentralschraube (links) neben der dünneren und schwächeren Originalschraube; **D:** Umrüstsatz für frühe Motoren mit zweireihigem Lager; **E:** Umrüstsatz für die späteren Motoren mit einreihigem Lager

6 Seitenansicht/Schnitt durch die Zwischenwelle und den eingebauten LN-Umrüstsatz: An diesem Schaumotor mit dem eingebauten Umrüstsatz ist das Motorgehäuse zur Hälfte aufgeschnitten. Zu sehen sind die Steuerkette auf der Zwischenwelle (blauer Pfeil), das Zwischenwellenzahnrad (gelber Pfeil), Deckel/Gehäuse für das Zwischenwellenlager (roter Pfeil), die Gehäusedichtung zum Kurbelgehäuse (oranger Pfeil), eine der drei Deckelbefestigungsschrauben am Motorgehäuse (violetter Pfeil) und das Motorgehäuse (weißer Pfeil). Lagerschraube und Mutter sind in der Gehäuse-/Deckelmitte ebenfalls zu sehen.

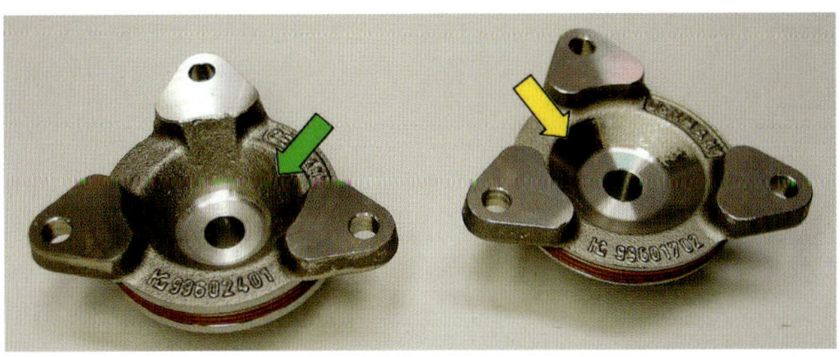

7 Zwei „späte" Zwischenwellendeckel: Der Deckel links weist eine tiefe Mulde auf und wird in Motoren verbaut, die ab Werk ein einreihiges Lager besaßen. Der rechte Deckel ist flacher und wird für Motoren mit zweireihigem Lager verwendet. Erst nach dem Ausbau des Getriebes lässt sich feststellen, welches Lager wir vor uns haben.

8 Im oberen Teil dieses Bildes ist der störungsanfällige O-Ring der frühen Zwischenwellenlagerdeckel zu sehen. Die untere Aufnahme zeigt den Deckel mit der verbesserten dreilippigen Dichtung aus der Nähe. Stellt man nach dem Ausbau des Deckels fest, dass noch die frühe Ausführung montiert ist, wäre der Umbau auf diesen späteren Deckel sehr zu empfehlen.

Die äußere Dichtscheibe entfällt bei diesem Umbausatz nicht, stattdessen wird eine verbesserte Dichtscheibe montiert, die länger als das Werksoriginal halten sollte.

Ersatzlager, O-Ringe und weitere Einzelteile sind für alle Kunden lieferbar, die den Umbau bereits mindestens einmal durchexerziert haben und über die Werkzeuge, Distanzringe und die stabilere Zentralschraube verfügen. Im Umbausatz von Pelican Parts wird der serienmäßige Zwischenwellen-Lagerdeckel verwendet, um die Gesamtkosten in Grenzen zu halten.

Der Umrüstsatz von LN Engineering enthält eine im Vergleich zum Originalteil hochfestere Zentralschraube, einen eigens entwickelten Zwischenwellen-Abschlussdeckel sowie ein spezielles, unverwüstliches Keramik-Sonderlager (siehe Abb. 5), das sehr teuer ist, dafür aber auch unter harten Einsatzbedingungen wesentlich langlebiger ist. Der Umrüstsatz von LN Engineering gilt als der standfestere Einbausatz und bietet sich vor allem für Werkstätten an, die ihren Kunden bei der Umrüstung eine besondere Garantie bieten müssen.

AUSBAU DES LAGERS

Das Lager sitzt hinter dem Motorschwungrad, also müssen wir als erstes den Wagen hochbocken (siehe Projekt 1) und das Getriebe ausbauen (siehe Projekt 37). Dann werden Kupplung und Schwungrad vom Motor abgebaut (siehe Projekt 44). Am angehobenen Wagen lassen wir nun das Motoröl ab und bauen den Ölfilter aus und inspizieren ihn eingehend (siehe Projekt 1).

Vor den weiteren Arbeitsgängen müssen zuerst die Verschlussdeckel der Nockenwellenlagerung aus dem Motor ausgebaut werden (siehe Projekt 16, Abb. 2). Diese Verschlussdeckel verdecken die Einstellmarken der Nockenwelle die Steuerzeiten an den Nockenwellen müssen nach dem Wechsel der Lager aber überprüft werden. Bei Boxster-Motoren vor 2003 (bzw. Carrera 996 vor 2002) müssen nur die Verschlussdeckel der Auslassnockenwellen (insgesamt zwei Deckel) ausgebaut werden. Die Auslassnockenwellen sitzen unten im Motor. Bei Boxster-Motoren ab 2003 (bzw. Carrera 996 ab 2002) müssen alle vier Deckel (Einlass und Auslass) entfernt werden, da nach dem Lagerwechsel alle vier Nockenwellen überprüft werden müssen. Beim Boxster müssten die Deckel für die Nockenwellen der Zylinder 4-6 links vom Schwungradbereich relativ leicht zugänglich sein. An die Deckel für Zylinder 1-3 kommen Sie nur über die Wartungsöffnung im Innenraum heran, an der die Antriebsriemen des Motors zugänglich sind (Näheres siehe Projekt 5).

Nachdem die Deckel entfernt wurden, drehen wir als nächstes die drei Halteschrauben des Zwischenwellen-Lagerdeckels heraus (Abb. 9). Nachdem die Schrauben entfernt wurden, müssten Sie die Löcher mit einer Handlampe ausleuchten und im Motorinneren das Zwischenwellen-Kettenrad erkennen können (Abb. 10). Dieses große Kettenrad ist auch in Abb. 5 zu sehen. Der Motor muss soweit gedreht werden, dass hinter allen drei Schraubenbohrungen die Metallfläche des Kettenrades zu sehen ist und diese überdeckt. Nach dem Herausdrehen der Kerzen (Projekt 7) lässt sich der Motor leichter durchdrehen. In dieser Stellung des Kettenrades drehen wir die Madenschrauben soweit in diese Bohrungen ein, dass die Schrauben auf dem Kettenrad aufliegen und das Rad blockieren, während das Lager erneuert wird (siehe Abb. 12). Ziehen Sie die Schrauben mit einem kleinen Inbusschlüssel bzw. einer Knarre nur handfest an. Übermäßiges „Anknallen" der Schrauben könnte zum Ausreißen der M6-Gewinde führen. Handfestes Anziehen genügt also vollauf.

Nachdem das Zwischenwellenrad nun durch die Madenschrauben fixiert wird, markieren wir die Einbaustellung der Nockenwellen. Bei den Boxster-Motoren vor 2003 (bzw. Carrera-996-Motoren vor 2002) müssen – wie gesagt – nur die beiden Auslassnockenwellen gekennzeichnet werden, denn Einlass- und Auslassnockenwelle sind über einen eigenen Kettensatz miteinander gekoppelt; stimmt die Einstellung der einen Welle, stimmt auch die der anderen (siehe Abb. 22 zur Verdeutlichung).

Bei den Boxster-Motoren ab 2003 (bzw. Carrera 996 ab 2002) kommen spezielle Einsteller zum Einbau und die Auslass- und Einlassnockenwellen sind über eine einzelne Kette miteinander verbunden (siehe Abb. 22). Bei dieser Konstruktion können sich die Nockenwellen beim Lagerwechsel verstellen, Sie müssen also alle vier Nockenwellen überprüfen und genau auf die Einstellung achten (siehe Abschnitt zur Kontrolle der Nockenwellen am Kapitelende).

Zeichnen Sie die Stellung der Nockenwellen zum Zylinderkopf mit Tipp-ex-Flüssigkeit oder einer Reißnadel an (siehe Abb. 13). Die Markierungen müssen klar erkennbar sein; nach dem Lagertausch drehen Sie die Nockenwelle um 360° durch und prüfen, ob die Nockenwellen wieder genau mit den Kontrollmarken fluchten.

Nachdem die Nockenwelleneinstellung angezeichnet und die Zwischenwelle in ihrer Sollstellung blockiert wurde, werden die beiden Spanner abgenommen, die auf die schwungradseitigen Kettenräder der Zwischenwelle wirken. Zuerst nehmen wir den Spanner rechts neben dem Schwungradbereich ab. Anschließend bauen wir den Spanner aus, mit dem die Verbindungskette von Zwischenwelle und Kurbelwelle (rechts vom Schwungradbereich) gespannt wird (Abb. 14). Stellen Sie beim Ausbau dieser beiden Spanner eine Auffangwanne für das austretende Motoröl unter.

Danach wenden wir uns der Zentralmutter auf dem Lager zu. Meist lässt sie sich mit einer SW13-Stecknuss lösen, manchmal muss jedoch ein 13er Gabelschlüssel angesetzt und der Schraubenkopf mit einem Schlitzschraubendreher gegengehalten werden, während die Mutter losgedreht wird. Ist die Zentralmutter entfernt, müsste sich der Deckel durch leichte Schläge entgegen dem Uhrzeigersinn lockern lassen, so dass wir unter dem Deckel Abdrückhebel ansetzen können (Abb. 15). Zum Lösen des Deckels sind mindestens zwei Hebel notwendig, mit denen an zwei Stellen gleichzeitig gedrückt wird. Das Porsche-Ausbauwerkzeug für die Demontage dieses Deckels ist recht teuer und nicht unbedingt notwendig.

Nachdem der Deckel abgenommen wurde, müsste das Lager dahinter freiliegen. Das kleine Bild in Abb. 9 zeigt ein restlos ruiniertes Zwischenwellenlager, Abb. 12 zeigt, wie das Lager normalerweise aussehen müsste. Fällt die Zentralschraube versehentlich in die Aussparungen an der Zwischenwelle, lässt sie sich mit einem Magnetwerkzeug herausfischen. Beim einreihigen Lager muss jetzt der große Sprengring entfernt werden, der das Lager hält (siehe Abb. 19). Beim zweireihigen Lager löst sich der Innensicherungsring von selbst, wenn Sie das Lager herausziehen.

Bei LN Engineering wurde für die Demontage ein spezielles Lagerausziehwerkzeug entwickelt (Abb. 16). Die Mittelstange des Werkzeugs wird auf die Lagerschraube aufgeschraubt, bis sie am Lagergrund anliegt (siehe kleines Bild in Abb. 16). Dann die Hülse des Ausbauwerkzeugs über die Gewindestange schieben und die große Mutter auf die Gewindestange aufschrauben. Tragen Sie etwas Motoröl auf Mutter und Werkzeugrückseite auf, um den Ausbauvorgang zu erleichtern. Nachdem das Werkzeug aufgesetzt wurde, halten Sie die Gewindestange fest und ziehen das Lager durch Rechtsdrehen der Mutter heraus. Tragen Sie dabei stets eine Schutzbrille, denn beim Herausziehen des Lagers wirken hohe Kräfte. Der Schraubenschlüssel muss auf der Mutter weitergedreht werden, bis das Lager aus dem Motor herausrutscht. Bei Motoren mit zweireihigem Lager ist ein deutliches Knallen zu hören, wenn der Innensicherungsring aus seiner Nut herausfedert. Aus der Zwischenwellenbohrung läuft sicher noch einiges Öl aus, wenn das Lager seinen Sitz verlässt, also stellen wir rechtzeitig eine Auffangwanne unter.

Im Inneren der Zwischenwelle sind sicher Öl- und Abriebrückstände zu finden. Zum Säubern des Welleninneren kleben wir Wischtücher auf dem Ende eines passenden Dorns fest und wischen das Innere damit aus. Auch mit einem dünnen Gummischlauch als Vorsatz auf einem kleinen Werkstattstaubsauger lassen sich Fremdkörper aus dem Welleninneren entfernen.

9 Die Arbeit beginnt am Zwischenwellendeckel unter dem hinteren Hauptlagerdichtring (hinter Kupplung und Schwungrad). Die drei Zwischenwellen-Deckelschrauben werden mit einem SW10-Steckschlüssel herausgedreht. In der unteren Deckelhälfte steht noch ein gewisser Ölrest, d.h. der Dichtring war nicht mehr ganz dicht. Das kleine Bild zeigt ein völlig zerstörtes Zwischenwellenlager. Äußere Dichtscheibe und Lagerkäfig fehlen ganz, die Lagerkugeln liegen lose im Lagerring. Die übrigen Lagerbestandteile hatten sich allerdings bereits Richtung Ölwanne verabschiedet: Hätten Metallpartikel den Filter passieren können, wären andere Motorbereiche (z.B. die Lager) in Mitleidenschaft gezogen worden. Der Exitus des Motors stand also unmittelbar bevor und der Besitzer war gut beraten, auf weitere Fahrten zu verzichten.

10 Die Schraubenbohrungen für den Zwischenwellendeckel sind Durchgangsbohrungen. Drehen Sie bei abgenommenen Deckelschrauben die Kurbelwelle, bis hinter jeder Bohrung Metall zu sehen ist. Im großen Kettenrad der Zwischenwelle sind Erleichterungsbohrungen eingearbeitet (siehe Abb. 6). Der Motor muss soweit gedreht werden, dass hinter allen Schraubenbohrungen das Metall des Kettenrades zu sehen ist. Auf diese Weise können keine der Madenschrauben, die uns als Halteschrauben dienen, in eine der größeren Bohrungen im Kettenrad wandern. Die Madenschrauben müssen beim Eindrehen unmittelbar unterhalb der Gehäuseoberfläche auf Widerstand stoßen. Wenn nicht, dürfen sie nicht weitergedreht werden; Am Ende fallen sie noch ins Motorinnere, wo sie sich später nur mit Mühe wieder herausfischen lassen.

11 Nachdem das Kettenrad alle Schraubenbohrungen hinter dem Deckel blockiert, drehen wir die Madenschrauben in die Bohrungen ein und ziehen sie nur handfest an! Sind die Madenschrauben ganz eingedreht, müsste sich der Deckel nach leichten Schlägen auf die Außenfläche in seinem Sitz leicht drehen lassen. Das kleine Bild zeigt die M6x1x25-Abdrückschrauben (nach DIN 916), die im Teilesatz von Pelican Parts hierfür enthalten sind.

12 Der gelbe Pfeil zeigt den Anlagepunkt der Madenschraube auf dem Kettenrad, das damit fixiert wird, so dass sich auch die Welle nicht drehen kann. Beim Drehen des Motors müssen also alle drei Madenschrauben auf dem Kettenrad anliegen und dürfen nicht in einer der großen Bohrungen (grüner Pfeil) landen. Die Schrauben sollen durch ihre Reibwirkung ein Mitdrehen der Welle verhindern, während wir am Lager arbeiten.

13 Nachdem die Madenschrauben eingedreht wurden, zeichnen wir die Nockenwellen mit Farbe an. Bei Motoren vor 2003 müssen die beiden Auslassnockenwellen markiert werden, bei den Motoren ab 2003 alle vier Nockenwellen. Bei den Motoren vor 2003 sind Einlass- und Auslassnockenwelle über eine eigene Kette verbunden, d.h. wenn die Einstellung der einen Nockenwelle stimmt, ist auch die der anderen in Ordnung. Die Nockenwellen werden angezeichnet, um zu prüfen, dass sie sich beim Einbau nicht bewegen und damit die Steuerzeiten des Motors verstellen. Nach erfolgtem Einbau drehen wir den Motor zur Kontrolle, dass alle Marken noch immer exakt fluchten, um 360° durch.

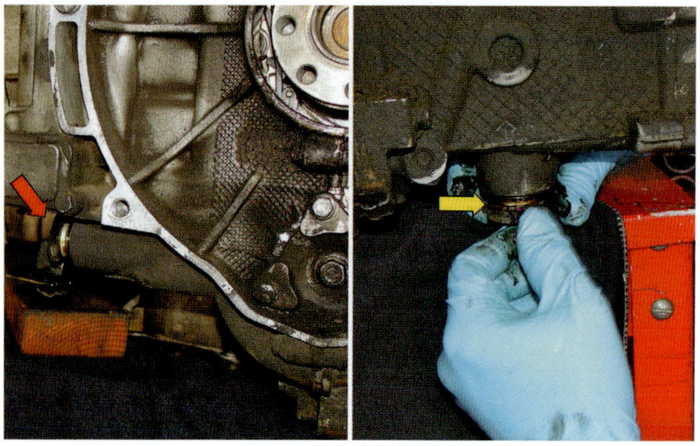

14 Die Spannung der Nockenwellenketten muss etwas gelockert werden, indem die Spanner ein Stück weit aus ihrer Bohrung herausgeschraubt werden. Der Primärkettenspanner im Motorblock neben dem Schwungrad wird mit einem 32er Schrauben- oder Steckschlüssel gelöst (links). Dieser Kettenspanner dient zum Spannen der Kette, die Zwischenwelle und Kurbelwelle verbindet. Analog muss der Kettenspanner für Zylinder 1-3 (unten im Zylinderkopf für Zylinder 1-3, siehe Abb. rechts, auf der rechten Fahrzeugseite) gelockert werden. Der gelbe Pfeil zeigt auf den Aludichtring, der beim Wiedereinbau des Kettenspanners erneuert werden sollte.

15 So sieht der Zwischenwellendeckel aus, nachdem die drei Schrauben und die Zentralmutter gelöst wurden. Den Deckel drücken wir mit zwei kleinen Hebeln vom Motorgehäuse ab. Hier ist die flache Deckelausführung zu sehen, d.h. dahinter verbirgt sich ein zweireihiges Lager. Das kleine Foto oben rechts zeigt den serienmäßigen Deckel für ein einreihiges Lager (Mulde im Deckel tiefer). Das kleine Bild oben links zeigt den Zwischenwellendeckel ab 2006 mit der größeren Mutter. Die dahintersitzenden Lager können nicht gewechselt werden, da das Lager durch das Motorgehäuse fixiert wird.

16 Zum Ansetzen des Lagerausbauwerkzeugs an der Zentralschraube wird die Mittelstange auf die Zentralschraube aufgeschraubt, mit der Lager und Deckel zusammengehalten werden (kleines Bild). Das Sechskantteil muss so weit wie möglich auf die Schraube aufgeschraubt werden. Dann den äußeren Zylinder aufschieben und die Mutter auf die Gewindestange aufdrehen. Hilfreich ist dabei, die Rückseite des Zylinders und der Mutter ebenfalls einzuölen, damit sich die Mutter leichter drehen lässt. Danach an der Mittelwelle einen 24-mm-Schlüssel ansetzen, mit einem langen Griff mit 13-mm-Steckschlüssel gegenhalten (grüner Pfeil) und den 24-mm-Schlüssel im Uhrzeigersinn drehen (gelber Pfeil). Dadurch wird das Zwischenwellenlager langsam aus der Bohrung für die Zwischenwelle herausgezogen. Bei zweireihigen Lagern ist der erforderliche Kraftaufwand recht hoch. Sobald der Sicherungsring herausfedert, ist ein deutlicher Knall zu hören. Nach diesem Knall müsste sich das Lager mit mäßigem Kraftaufwand vollends herausziehen lassen.

Es besteht ein gewisses Risiko, dass die Zentralschraube im Lager abschert, wenn wir versuchen, das Lager aus dem Motor herauszuziehen. In diesem Fall muss das Lager mit einem Lagerinnenabzieher herausgezogen werden.

EINBAU DES LAGERS

Wir legen das Lager zuerst auf einem Schraubstock auf und pressen die Zentralschraube ein. Beim Einpressen der Zentralschraube dürfen die Einpresskräfte nur auf den Lagerinnenring wirken. Das Einpressen kann auch mit einer normalen Stecknuss aus dem Werkzeugkasten erfolgen. Dabei ist egal, welche Lagerseite zur Zentralschraube zeigt. Einzelheiten siehe kleines Bild in Abb. 17.

Vor dem Einbau des neuen Lagers kontrollieren wir nochmals, ob die Zwischenwellenbohrung absolut sauber und frei von Schmutzresten ist. Dann wird das neue Lager mit seiner Zentralschraube auf das Ende des Lagereinbauwerkzeugs aufgesetzt. Dieses Werkzeug soll das Lager beim Einbauvorgang fest- und zusammenhalten – die 12-mm-Mutter muss auf die Werkzeugachse aufgedrückt und auf das Gewinde der Zentralschraube aufgedreht werden.

Zur Vorbereitung für den Einbau wird das neue Lager samt Einbauwerkzeug über Nacht in den Tiefkühlschrank gelegt. Durch die Kälte schrumpfen die Lagerringe und der Einbau geht leichter. Dieser alte Trick findet häufig beim Einbau von Radlagern Anwendung.

Nachdem Lager und Werkzeug zusammengebaut wurden, setzen wir das Lager an der Bohrung der Zwischenwelle an (Abb. 17). Das Lager muss genau zentriert werden und lotrecht zur Motorgehäuseebene anliegen (es darf nicht einmal minimal verkantet sein). Dann wird das Lager mit einem Kunststoffhammer vorsichtig in seinen Sitz getrieben. Es müsste relativ sanft und ohne großen Kraftaufwand in seinen Sitz wandern.

Beim Einbau des Lagers in einem Motor mit zweireihigem Lager wird der äußere Distanzring entsprechend Abb. 18 in die Bohrung eingesetzt. Setzen Sie anschließend den Spirolox-Ring in die Nut in der Zwischenwelle ein (siehe kleines Bild in Abb. 19). Sitzt der Ring vorschriftsgemäß im Motor, kann der Deckel des Zwischenwellenlagers montiert werden. Legen Sie den kleineren Distanzring auf dem hinteren Deckel auf. Dann setzen Sie den Deckel am Motor an und treiben ihn mit einem kleinen Gummihammer in seinen Sitz (Abb. 20).

Beim Lagerwechsel an einem Motor mit einreihigem Lager entfallen die Distanzringe – es braucht nur der große Sprengring gemäß Abb. 19 und danach der Zwischenwellendeckel gemäß Abb. 20 montiert zu werden. Beim Wechsel eines ein- oder zweireihigen Lagers ist auf jeden Fall eine neue Deckeldichtung fällig! An den älteren Deckeln mit Abdichtung durch einen schwarzen O-Ring empfiehlt sich im Interesse der Dichtheit die Umrüstung auf den neuen Deckel mit verbessertem Dichtring.

Eine dünne Schicht Curil-T auf dem Dichtring kann beim Einbau als zusätzlicher Schutz gegen Öllecks ebenfalls nicht schaden. Der Deckel lässt sich nur in einer Richtung montieren, die Zahlen (bzw. Buchstaben bei den späteren Deckeln) sitzen in der Regel unten. Achten Sie darauf, dass beim Einbau des Deckels die Dichtung nicht gequetscht oder beschädigt wird, denn manchmal bleibt sie beim Einbauvorgang an einem benachbarten Bauteil hängen.

Lässt sich der Zwischenwellendeckel nicht ohne weiteres in seinen Sitz pressen, hilft der folgende Kniff: Verwenden Sie die drei M6x25-Schrauben beim Einbau als Führungen für den Deckel. Schieben Sie den Deckel in seine Bohrung und klopfen Sie ihn so weit wie möglich ein. Dann entfernen Sie die zuvor eingedrehten Madenschrauben (Abb. 11). Nun drehen Sie die Hilfsschrauben wieder ein und ziehen sie abwechselnd je eine Umdrehung an, bis der Deckel bündig mit dem Motorgehäuse sitzt. Nachdem der Deckel ganz eingebaut ist, können die drei M6x25-Schrauben wieder entfernt werden.

Sobald der Deckel richtig sitzt und die Madenschrauben herausgedreht wurden, schrauben wir die drei Schrauben mit Dichtkapsel aus dem Porsche-Teileprogramm ein (siehe kleines Bild in Abb. 21). „Dichtkapsel" bedeutet, dass die Gewindegänge teilweise mit Dichtmittel vorbehandelt sind. Es können auch die alten Schrauben wiederverwendet werden, die Gewindegänge sollten dann aber vorher mit Curil-T oder Loctite bestrichen werden, um Undichtigkeiten vorzubeugen. Ziehen Sie die Schrauben mit 11 Nm an.

Der Deckel ist jetzt eingebaut und die Deckelschrauben angezogen und dicht, also muss nun der O-Ring auf der zentralen Welle aufgesetzt werden (Abb. 20). Als zusätzliche Abdichtung ist eine dünne Schicht Curil-T an diesem O-Ring hilfreich. Nach der Montage des O-Rings bauen wir den Distanzring ein. Zuletzt folgt noch die 12-Zahn-Mutter, die mit max. 33 Nm angezogen wird. Auch unter dieser Mutter sollte eine dünne Schicht Curil-T aufgetragen werden.

Der Einbau des Umrüstsatzes von LN Engineering erfolgt auf fast gleiche Weise. Der neue Zwischenwellenlagerdeckel wird auf die oben beschriebene Weise montiert.

Überprüfen Sie vor dem Einbau, ob der O-Ring richtig in der Wellenmitte sitzt und unbeschädigt ist.

Die 12-Zahn-Mutter auf dem Wellenende wird mit grüner Loctite-Dichtflüssigkeit bestrichen, um Öllecks vorzubeugen. Abb. 21 zeigt das Keramiklager von LN Engineering nach dem Einbau im Gehäuse, wobei die offene Seite (ohne Dichtscheibe) nach außen zeigt; das kleine Bild zeigt den montierten Zwischenwellendeckel des Umrüstsatzes.

KONTROLLE DER NOCKENWELLENSTEUERZEITEN

Ist das neue Lager erst einmal montiert, ist der Einbau schon fast fertig. Vor dem Wiederanbau des Getriebes und Probelauf des Motors müssen aber unbedingt noch die Steuerzeiten über-

17 Ist die Zentralschraube noch nicht auf dem Lager vormontiert, muss sie vorsichtig eingepresst werden. Dazu setzen wir auf dem Lagerinnenring eine Stecknuss der passenden Größe an und pressen in einem Schraubstock die Schraube ein (Bild oben rechts). Die Stecknuss darf nur auf dem Lagerinnenring aufliegen, damit beim Einpressen des Lagers nur dort Kräfte übertragen werden. Würden die Kräfte auf den Lageraußenring wirken, könnten Lagerkäfig und Laufflächen beschädigt werden und das Lager vorzeitig den Geist aufgeben. Nach dem Einpressen der Zentralschraube wird das Lager im Gefrierschrank (Bild oben links) vorgekühlt. Dieser Trick wird häufig bei Radlagern zum Schrumpfen des Lageraußenrings vor dem Einbau genutzt, um das Lager mit geringerem Kraftaufwand einpressen zu können. An der Zwischenwelle sollten die Kräfte möglichst gering gehalten werden, denn die Welle soll sich ja nicht aus ihrer mithilfe der Madenschrauben fixierten Lage wegbewegen. Klopfen Sie mit einem Kunststoffhammer vorsichtig auf das Ende des Einbauwerkzeugs. Ein direkt aus dem Gefrierschrank entnommenes Lager müsste sich mit mäßigem Kraftaufwand einsetzen lassen. Treiben Sie das Lager soweit ein, bis es am Grund der Bohrung in der Zwischenwelle aufliegt.

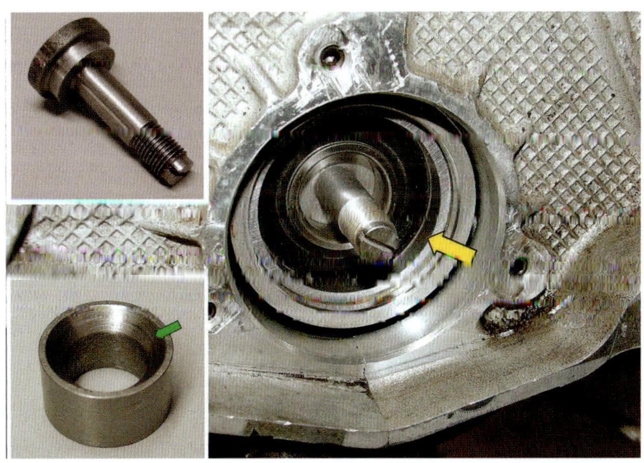

18 Hier wurde das Lager bereits in der Bohrung der Zwischenwelle montiert und der äußere Distanzring eingesetzt (gelber Pfeil). Dieser Motor besaß original ein zweireihiges Lager. Oben links ist die verbesserte Zentralschraube dargestellt. Sie ist wesentlich zugfester als das Original. Unten links ist der lange Distanzring für die Zentralschraube an Motoren mit einreihigem Lager zu sehen. Das Geheimnis der Öldichtheit am Lager liegt in der präzisionsbearbeiteten V-Nut des Distanzrings. Dadurch wird der O-Ring eng gegen Zwischenwellendeckel und Schraube gedrückt und es entsteht eine leckunempfindliche Dichtfläche. Diese Konstruktion erinnert an die V-Dichtscheiben an den Gehäuseschrauben der luftgekühlten 911er Motoren von 1965 bis 1989.

19 In den Motoren mit einreihigem Lager wird das Lager durch einen großen Sprengring auf der Zwischenwelle fixiert. Vor dem Ausbau des Lagers muss dieser Ring mit einer Sprengringzange herausgehoben und nach der Montage des neuen Lagers wieder eingesetzt werden. In Motoren mit zweireihigem Lager werden das neue Lager, der Distanzring und dann der Spirolox-Ring (kleines Bild) eingebaut. Der Ring wird in die Nut eingefädelt und dann durch Weiterdrehen in seine endgültige Lage gebracht.

21 Hier ist das Keramiklager von LN Engineering nach dem Einbau zu sehen. Der Hersteller vertritt den Standpunkt, dass durch den Wegfall der Dichtscheibe auf der rückwärtigen Lagerseite frisches Motoröl besser zur Schmierung an das Keramiklager gelangen kann. Das kleine Bild oben links zeigt drei neue Torx-Schrauben von Porsche für den Zwischenwellendeckel. Die Schrauben tragen Dichtmittel auf den Gewindegängen. Um Undichtigkeiten vorzubeugen, ist die Verwendung neuer Schrauben vorzuziehen, aber auch die alten Schrauben können wiederverwendet werden, sofern sie vor dem Einbau gut mit Gewindedichtmittel bestrichen werden. Oben rechts der Umrüstsatz von LN Engineering nach dem Einbau. An der Mutter wird zum Schutz gegen ausschwitzendes Öl etwas Curil-T oder ein ähnliches Flanschdichtmittel aufgetragen.

prüft werden. Abb. 22 zeigt die Einbaulage der Steuerketten bei den Motoren mit fünf Ketten (Boxster bis 2002, 996 Carrera bis 2001) bzw. drei Ketten (Boxster ab 2003, 996 Carrera ab 2002). Vor allem bei den Motoren mit drei Ketten muss die Auslassnockenwelle der Zylinder 1-3 (rechts vom Schwungrad) überprüft werden.

Bei dieser Nockenwelle ist der Winkel, über dem die Kette auf dem Kettenrad aufliegt, am kleinsten, d.h. wenn der Kettenspanner zum Wechsel des Zwischenwellenlagers gelöst wird, kann sich die Kette lockern und einen Zahn überspringen, wodurch sich die Steuerzeiten verstellen.

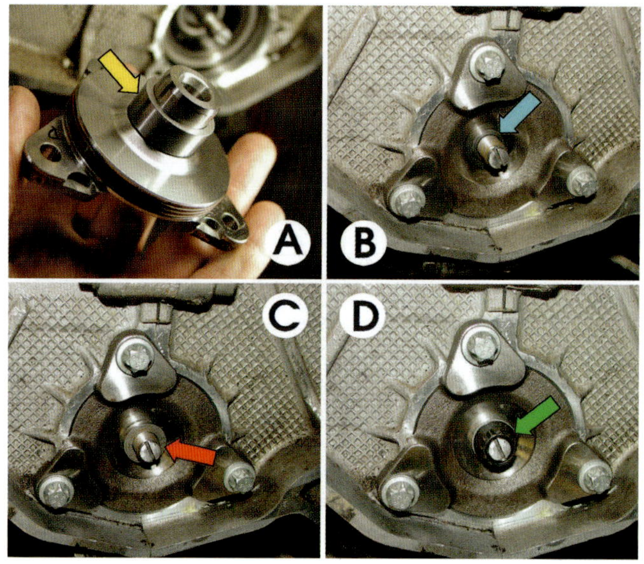

20 **A:** Nachdem das Lager, der große äußere Distanzring und der Spirolox-Ring montiert wurden, folgt der Lagerdeckel mit dem kleineren Distanzring (nur bei zweireihigen Lagern). Den kleinen Distanzring entsprechend dem gelben Pfeil auf dem Lagerdeckel auflegen. Beim Einbau des Lagerdeckels stets eine neue Dichtung montieren. **B:** Verwenden Sie die alten Schrauben zum Anziehen des Deckels. Diese alten Schrauben danach wieder herausdrehen und den Deckel mit den neuen Schrauben festziehen; max. Drehmoment 11 Nm. Bei Wiederverwendung der alten Schrauben die Gewindegänge mit Dichtmasse bestreichen, um Öllecks vorzubeugen. Nach der Montage des Deckels den O-Ring wie gezeigt aufschieben. Eine dünne Schicht Curil-T bietet hier zusätzlichen Schutz gegen Undichtigkeiten (hier Version für zweireihiges Lager). **C:** Distanzring auf Lagerflansch montieren (hier Version für zweireihiges Lager). **D:** Zentralschraube mit einem Schraubendreher halten und die 12-Zahn-Mutter mit max. 33 Nm anziehen. Eine Schicht Curil-T zwischen Distanzring und Mutter hilft auch hier gegen Öllecks (hier bei Version für zweireihiges Lager).

Zur Kontrolle der Steuerzeiten drehen wir die Kurbelwelle ab der Ausgangsstellung, in der wir die Madenschrauben eingedreht hatten, um 360 Grad weiter. Dann kontrollieren wir die zuvor auf den Nockenwellen angebrachten Markierungen (bei den Motoren mit 3 Ketten je eine Marke auf allen vier Nockenwellen, bei den Motoren mit 5 Ketten je eine Marke auf beiden Auslassnockenwellen). Wenn alle Marken exakt miteinander fluchten, ist alles im Lot und wir können die Montage weiter fortsetzen. Ist eine der Markierungen verstellt, ist möglicherweise die Steuerkette beim Zusammenbau vom Nockenwellenrad abgerutscht (Näheres zur Neueinstellung der Nockenwellensteuerzeiten siehe Projekt 16).

Falls Sie das Nockenwelleneinstellwerkzeug P253 besitzen, können Sie damit die Steuerzeiten an den Motoren mit 5 Ketten kontrollieren. Dazu wird der Motor in den oberen Totpunkt (OT) gedreht (siehe Projekt 16, Abb. 1), alle vier grünen Kappen an den Nockenwellen abgenommen und das Werkzeug auf beiden Seiten zur Kontrolle des jeweiligen Nockenwellenpaars montiert (siehe Projekt 16, Abb. 3). Passt das Werkzeug, stimmen die Steuerzeiten. Falls nicht, müssen die Nockenwellen neu eingestellt werden (siehe Projekt 16). Es ist grundsätzlich ratsam, die Einstellung der „5-Ketten-Motoren“ zu kontrollieren, in der Praxis treten dort aber nur sehr selten Probleme auf, sofern nicht die Montageanleitung missachtet wurde.

Trotzdem sollte die Nockenwelleneinstellung vor dem Wiederanbau des Getriebes überprüft werden – diese Rückversicherung kostet ja nicht die Welt. Anschließend drehen Sie den Motor vorsichtig volle 360 Grad (eine komplette Umdrehung) durch und überprüfen Sie die zuvor angebrachten Steuerzeitenmarken für die Nockenwellen. Wenn alle Marken fluchten, ist alles in Ordnung. Stehen sie versetzt, ist die Steuerkette übergesprungen und die Steuerzeiteneinstellung muss wiederholt werden. Nähere Einzelheiten hierzu siehe Projekt 16.

Nach der Kontrolle der Nockenwellen montieren wir neue Nockenwellenverschlussdeckel (siehe Projekt 16, Abb. 27). Etwas Dichtmittel ist hier nicht verkehrt, allerdings neigen diese Verschlussdeckel nicht zu Undichtigkeiten.

Wer über die Nockenwellenwerkzeuge verfügt, sollte bereits vor dem Einbau des Lagers die Nockenwellensteuerzeiten überprüfen. Sind die Nockenwellen geringfügig verstellt, macht das Lager aber noch einen guten Eindruck, verbergen sich im Steuerkettenmechanismus der Nockenwelle vielleicht noch weitere Probleme (durchrutschende Kettenräder auf der Zwischenwelle, verschlissene Anlageflächen an den Nockenwellenmagneten usw.). Vor dem Ausbau des Lagers ist daher in diesem Bereich vorab eine Fehlersuche notwendig.

Vergessen Sie außerdem nicht, den Ölfilter zu wechseln und Öl nachzufüllen (Einzelheiten siehe Projekt 2). Zeigten sich nach dem Ausbau des Lagers erheblicher Verschleiß oder weitere Schäden, empfiehlt es sich, die Ölwanne zu demontieren und zu reinigen (siehe Projekt 12). Auch die Erneuerung der Ölabscheider in der Ölwanne wäre überlegenswert, da sie sich durch Lagerabrieb aus der Ölwanne zusetzen können.

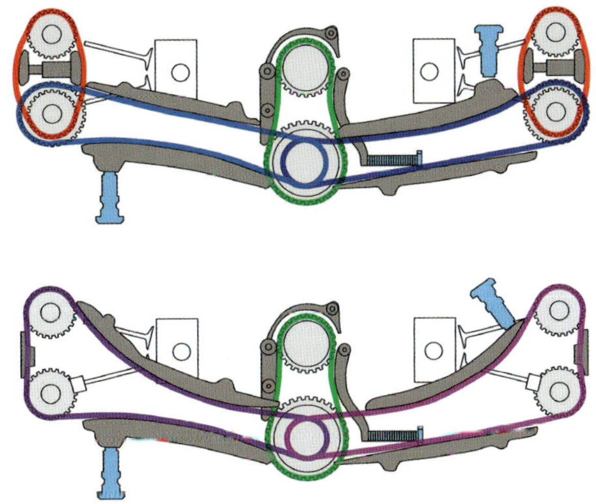

22 Beim Boxster und 996 Carrera vor 2003 besaßen alle Motoren fünf Ketten: zwei Ketten zur Verbindung beider Nockenwellenpaare mit der Zwischenwelle, eine Kette zur Verbindung von Zwischenwelle und Kurbelwelle und zwei Ketten zur Verbindung der Nockenwellen (oberes Bild). Positiv ist an diesen Modellen mit fünf Steuerketten, dass es fast nie vorkommt, dass beim Wechsel des Zwischenwellenlagers eine Kette am Kettenrad einen Zahn überspringt. Die Ketten laufen recht stramm auf ihren Kettenrädern, d.h. auch wenn die Spannung gelockert wird, bleiben sie in aller Regel auf ihrem Platz. Ab 2003 stellte Porsche auf eine Ausführung mit drei Ketten um, bei der die Ketten für die direkte Verbindung der beiden Nockenwellen links bzw. rechts entfielen (unteres Bild). Die Konstruktion hat sich bewährt, allerdings kann es jetzt leichter passieren, dass beim Wechsel des Zwischenwellenlagers die Kette von den Nockenwellenrädern rutscht. Vor allem an der Auslassnockenwelle der Zylinder 1-3 kann die Kette beim Lockern überspringen. Deshalb müssen die statischen Steuerzeitenmarken aller vier Nockenwellen genau überprüft werden.

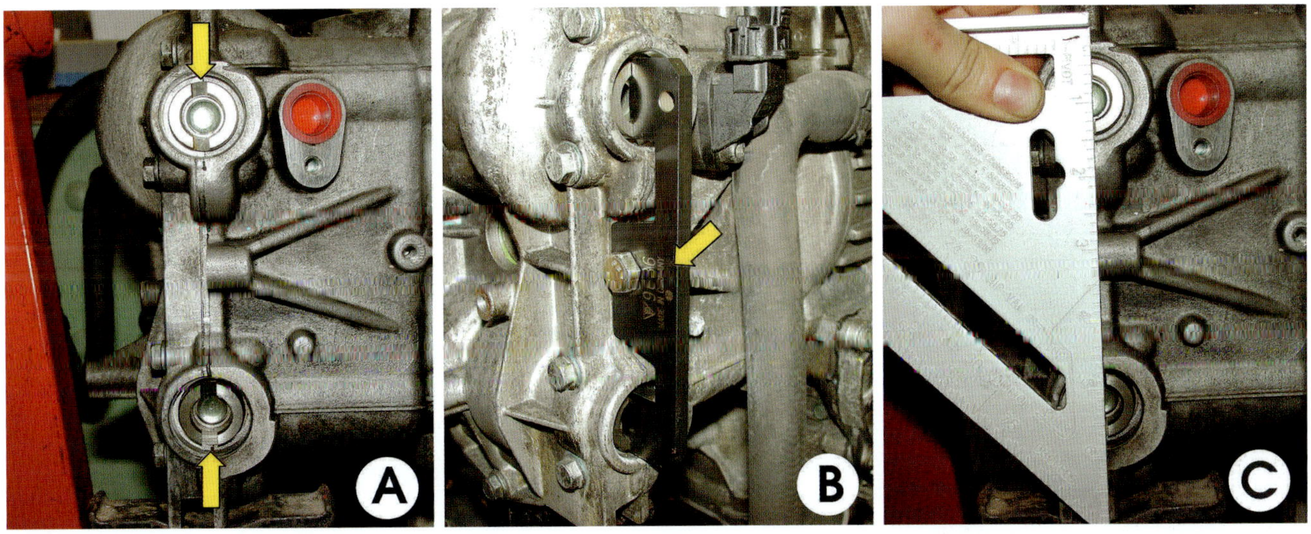

23 **A:** Hinteres Ende der Einlass- und Auslassnockenwellen für Zylinder 1-3 am Motor mit 3 Ketten. Vor dem Ausbau des Zwischenwellenlagerdeckels muss die Stellung dieser Nockenwellen angezeichnet worden sein. Falls dies unterblieben ist, stellen Sie den Motor auf den oberen Totpunkt (OT) und kontrollieren, ob die Nockenwellen nun auf ihre Steuerzeitenmarken ausgerichtet sind. **B:** Bei den späteren Motoren mit 3 Ketten läuft eine lange gemeinsame Kette über die Nockenwellenräder auf beiden Motorseiten. Bei diesen Motoren müssen nach dem Einbau des neuen Lagers alle vier Nockenwellen auf die richtige Einstellung der Steuerzeiten überprüft werden. Hier ist das Nockenwellenblockierwerkzeug 9686 zu sehen, mit dem die Nockenwellen der Zylinder 1-3 am „3-Ketten-Motor" blockiert werden. Damit das Werkzeug in das Nockenwellenpaar eingreifen kann, muss der Motor im OT stehen. Passt das Werkzeug nicht, drehen Sie den Motor um eine komplette Umdrehung durch. Sitzt das Blockierwerkzeug jetzt richtig, können Sie sicher sein, dass die Nockenwellensteuerzeiten stimmen. Sicherheitshalber sollten beide Seiten (Zylinder 1-3 und Zylinder 4-6) kontrolliert werden, allerdings ist bei den Zylindern 1-3 das Risiko, dass die Kette um einen Zahn überspringt, größer. **C:** Wer das Nockenwelleneinstellwerkzeug nicht besitzt, kann auch ein Reißlineal am Rand der Nockenwellen ansetzen und damit die Fluchtung der Einstellmarken überprüfen.

PROJEKT 15
Ausbau des Boxster-Motors

Zeit/Kosten/Talent: 10 Stunden / ca. 170 EUR / 4 Schraubenschlüssel

Werkzeuge: Rangierwagenheber, Rollwagen

Relevante Baujahre: Alle

Erforderliche Teile: Keine

Tipp: Getriebe zuerst ausbauen, damit der Rahmenquerträger nicht ausgebaut werden muss.

Arbeitsziel: Genug Schraubererfahrung, um Motorreparaturen sicher ausführen zu können

Ergänzende Arbeitsgänge: Einbau eines Motors aus dem 996

Das Boxster-Triebwerk zählt nicht unbedingt zu den reparaturfreundlichsten Motoren. Aufgrund der beengten Platzverhältnisse im Motorraum sind der Motor sowie viele Bauteile der Einspritzanlage relativ schlecht zugänglich. Viele Arbeiten lassen sich auch am eingebauten Motor erledigen (u.a. Arbeiten an der Einspritzanlage), für viele größere Arbeiten ist aber mehr Ellenbogenfreiheit notwendig. Tatsache ist jedenfalls, dass der Ausbau des Boxster-Motors nicht besonders schwierig ist, sofern Sie die richtigen Werkzeuge zur Hand haben und die richtigen Kniffe kennen (die im Folgenden vermittelt werden sollen).

Unser „Versuchskaninchen“ ist ein Boxster Bj. 2000 mit Motorschaden. Dieser Motor wurde durch ein nagelneues 3,4-Liter-Aggregat des Carrera 996 ersetzt (siehe Projekt 11). Im Laufe der Bauzeit des Boxster hielten verschiedene geringfügige Änderungen Einzug, der grundsätzliche Ablauf des Motorausbaus ist bei allen Boxstern jedoch identisch. Die nachstehende Checkliste gibt eine Übersicht über die notwendigen Einzelschritte:

VORBEREITENDE ARBEITEN

- Fahrersitz ausbauen (linke Fahrzeugseite, Projekt 73)
- Front- und Heckklappe öffnen
- Cabrioverdeck in Wartungsposition stellen und Motorraumabdeckung ausbauen (Projekt 3)
- Batterie abklemmen (Projekt 81)
- Motorabdeckung hinter den Rücksitzen ausbauen (Projekt 5)
- Antriebsriemen abnehmen (Projekt 5)

MOTORRAUM

- Luftmassenmesser abklemmen und Ansaugrohr abnehmen (Abb. 1). Erforderlichenfalls Ölabscheiderschlauch vom Ansaugtrakt und Ölabscheider abziehen (Projekt 9)
- Bremskraftverstärker-Unterdruckleitung trennen (Abb. 2)
- Anschlusskabel am Klimakompressor abziehen
- Befestigungsschrauben für Klimakompressor lösen (Abb. 4)
- Anschlussverteiler abklemmen (Abb. 2)
- Vorratsbehälter für Servolenkung ausbauen (Abb. 2)
- Masseband lösen (Abb. 3), Tankdeckel abnehmen, Lufteinblasleitungen lösen und Luftpumpe ausbauen (Abb. 3)
- Öleinfüllstutzen und Kühlmittelschlauchschellen lösen (Abb. 3)

HECKKOFFERRAUM

- Im Heckkofferraum Motorkabelstrang von der DME abziehen sowie übrige Kabelstrangstecker abziehen (evtl. muss die DME von der Spritzwand abgeschraubt werden – Abb. 5)
- Massekabel an Kofferraumwand lösen (Abb. 5)
- Ölmessstab aus Kühlmitteltankhalter ziehen (Projekt 33)
- Gummitülle durchdrücken und Kabelstrang in Motorraum durchziehen (Abb. 5)

UNTER DEM FAHRZEUG

- Getriebe ausbauen (Verkleidungen, Haltestreben, Lambdasonden und Auspuffanlage, Schalldämpfer, Projekt 37)
- Sicherheitsseil ausbauen (Abb. 10)
- Kühlmittel ablassen und alle Kühlmittelschläuche ausbauen (Projekt 29)
- Leitungen für Servolenkung abziehen (Abb. 8 und 9)
- Servolenkungsleitung von Halterung lösen (Abb. 9)
- Servolenkungs-Rücklaufleitung an der Verbindung im Motorraum lösen (Abb. 9)
- Abdeckung für Gaszug-Verbindungsteile lösen, Gaszug lösen und Gaszug-Verbindungsteile vom Fahrzeug trennen (nur Modelle 1997-1999, Abb. 11)
- Kraftstoffzulauf- und -rücklaufleitungen lösen (die Rücklaufleitung war nur an frühen Modellen verbaut, siehe Abb. 6)
- Motor-Öleinfüllstutzen abziehen (Projekt 33)
- Wagenheber unter dem Motor aufstellen und hochpumpen, bis er am Motor anliegt
- Vorderes Motorlager ausbauen (Projekt 10)

- Vorsichtig mit dem Ablassen des Motors beginnen (Abb. 13)
- Klimakompressor beiseite bewegen (Abb. 12)
- Motor ablassen (Abb. 13)
- Motor auf Rollwagen ablassen und unter dem Fahrzeug hervorziehen (Abb. 14)

Wenn Sie sich genau an die Arbeitsanweisungen halten und sich (lieber doppelt) vergewissern, dass alle Leitungen, Kabel usw. abgezogen bzw. gelöst wurden, ist das Ablassen des Motors nicht weiter schwierig. Je nach Baujahr gibt es kleine Unterschiede, wo überall Verbindungen getrennt werden müssen, die Aufzählung und die Bildreihe dürften den Ablauf der Arbeitsschritte aber klar beschreiben. Als Faustregel gilt, alle Einbaubereiche und Bauteile (Leitungen, Unterdruckschläuche und Elektrikanschlüsse) genau zu prüfen, über die der Motor mit dem Rest des Wagens verbunden ist. Bei Fahrzeugen mit Tiptronic-Getriebe kommen noch einige weitere Leitungen und Schläuche hinzu.

Beim Ausbau dieses Motorbaumusters wird das Getriebe zuerst ausgebaut. Dazu muss der Motor mit einem Unterstellbock unterbaut werden, nachdem das Getriebe ausgebaut wurde. Motor und Getriebe können auch zusammen ausgebaut werden, allerdings ist dies eine etwas unhandliche Angelegenheit, dafür ist der Anbau des Getriebes bei eingebautem Motor wiederum oft etwas schwieriger. Werden Motor und Getriebe getrennt abgelassen, stört auch der mittlere Querträger nicht mehr, der die gesamte Hinterachskonstruktion zusammenhält.

Beim Ablassen des Motors sollte ein Helfer bereitstehen, nicht nur für Notfälle, wenn irgendetwas schiefgeht, sondern auch, weil vier Augen mehr sehen als zwei, falls ein Arbeitsschritt beim Ausbau übersehen worden war. Der Helfer sollte den Bereich um Motor und Hinterachsquerträger beobachten und den Fortgang des Ausbaus überwachen. Wenn das Motorgehäuse den Querträger passiert hat, wird der Motor auf dem Wagenheber etwas instabil, d.h. jemand sollte zugreifen und ihn stabilisieren.

Möglicherweise muss der Wagen höher als erwartet aufgebockt werden, um den Motor ausbauen zu können. Es kommt häufig vor, dass der Motor beim Ausbau bereits auf dem Boden aufsitzt und man dann erst feststellt, dass noch viel Platz fehlt, um den Motor unter dem Wagen hervorziehen zu können. Heben Sie das Fahrzeugheck dann mit einem Rangierwagenheber mit besonders großer Hubhöhe am Hinterachsquerträger noch höher, bis der Motor herausgezogen werden kann. Reicht der Platz trotzdem keinesfalls aus, muss dieser Querträger im Zweifelsfall demontiert und der Motor nach hinten hervorgezogen werden. Zusätzlichen Freiraum beim Motorausbau erhält man auch durch Ausbau der Heckstoßstange. Der notwendige Arbeitsaufwand richtet sich dabei unmittelbar nach den zur Verfügung stehenden Hilfsmitteln. Gehen Sie aber beim Anheben des Fahrzeugs keine Risiken ein – unter dem Fahrzeug aufgestapelte Felgen/Reifen bieten zusätzlichen Schutz, falls das Fahrzeug abrutscht (denn es landet dann auf den Felgen bzw. Reifen). Beste Arbeitsbedingungen garantiert allerdings nur eine Hebebühne.

Ist der Motor nun ausgebaut, stellen wir ihn am besten auf einen Rollwagen. Achten Sie darauf, dass keine Schläuche, Leitungen oder Befestigungsteile gequetscht oder plattgedrückt werden, wenn der Motor auf dem Rollwagen steht (der dabei nicht auf den Auspuffkrümmern ruhen sollte). Unterbauen Sie den Motor mit Holzklötzen, so dass der Motor mit seinem Gehäuse auf dem Rollwagen aufliegt.

Ist der Motor ohnehin ausgebaut, wäre dies die ideale Gelegenheit für bestimmte Zusatz- und Wartungsarbeiten am Motor, die sich jetzt besonders bequem und mit geringem finanziellem Aufwand erledigen lassen:

- Schläuche und Dichtungen am Ansaugstutzen erneuern. An älteren Fahrzeugen können sie durch Alterung brüchig werden, was zu Unterdrucklecks führen kann (Projekt 28).
- Ölkühlerdichtungen erneuern. Sie können zwar auch bei eingebautem Motor gewechselt werden, zweckmäßigerweise erledigen wir dies aber, wenn die Teile besser zugänglich sind (Projekt 83).
- Optimierung des Zwischenwellenlagers und der Kettenspanner. Die Sicherung der Nockenwellen gegen Verdrehen und die Zugänglichkeit der Primärkette sind bei eingebautem Motor nur erschwert möglich. Siehe Projekte 14 und 16.
- Kupplung und Schwungraddichtring erneuern. Die Kupplungsscheibe sollte bei ausgebautem Motor immer überprüft und ggf. ersetzt werden Auch der häufig undichte Schwungraddichtring am Kurbelwellenausgang sollte erneuert werden (Projekt 44).
- Zündkerzen erneuern. Sie sind zwar auch von der Fahrzeugunterseite her zugänglich, viel bequemer geht es aber bei ausgebautem Motor (Projekt 7).
- Ölabscheiderschläuche überprüfen. Sie bestehen aus Hartplastik und werden zwar nur selten undicht, bei zunehmender Alterung verspröden sie jedoch und dürften dann Unterdrucklecks entwickeln (Projekt 9).

1 Ziehen Sie den Luftmassenmesser am Ansaugrohr ab (gelber Pfeil), trennen Sie den Stecker und lagern Sie ihn in einer Plastiktüte (damit er nicht verschmutzt). Lösen Sie die beiden Schlauchschellen am Ansaugrohr (orangeroter Pfeil), ziehen Sie das Rohr zurück und bauen Sie es aus.

2 Hier sind verschiedene wichtige Bauteile zu sehen, die ebenfalls abgebaut werden müssen. Der rote Pfeil zeigt auf den Elektrik-Anschlusskasten. Öffnen Sie den schwarzen Kunststoffdeckel (hier geöffnet, blauer Pfeil) und lösen Sie das darunterliegende Kabel (roter Pfeil). Vorher aber unbedingt die Batterie abklemmen! Der grüne Pfeil zeigt auf den Behälter für die Servolenkung, der abgeklemmt und ausgebaut werden muss, um Platz für die Arbeiten an den Klimaanlagenschläuchen im Motorraum zu schaffen. Nehmen Sie dazu den Deckel ab und saugen Sie die Flüssigkeit mit einem Absauggerät aus dem Behälter ab. Das kleine Bild zeigt den Ringverschluss an der Unterseite des Servolenkungsbehälters. Drehen Sie ihn zum Lösen nach links und nehmen Sie den Behälter vom Motor ab. Der Schlauch auf der Behälteroberseite führt übrigens ins Nichts – dieser Überlaufschlauch leitet überschüssige Flüssigkeit zum oberen Motorbereich ab (manch einer hat schon Stunden mit der Suche nach der Stelle verbracht, an der dieser Schlauch vermeintlich angeschlossen werden müsste). Der gelbe Pfeil zeigt auf die Unterdruckleitung des Bremskraftverstärkers. Die beiden Schrauben herausdrehen und die Leitung dann abziehen.

3 Hier sehen wir die Luftpumpe. Ziehen Sie den Schlauch (grüner Pfeil) und den Stecker (blauer Pfeil) ab und lösen Sie die Befestigungsschrauben an der Halterung. Dann die Pumpe aus dem Motorraum ausbauen. Nun noch das Motormassekabel (roter Pfeil) lösen. Bei dieser Gelegenheit bauen wir auch gleich den Öleinfüllstutzen (gelber Pfeil) aus. Sobald die Schelle (violetter Pfeil) gelöst ist, müsste sich der Stutzen herausziehen lassen. Komplett ausbauen lässt er sich, nachdem er im Heckkofferraum getrennt wurde, sobald das Getriebe ausgebaut ist (siehe Projekt 33).

4 Zu den schwierigeren Arbeitsschritten zählt der Ausbau des Klimakompressors. Wie bei früheren Porsche, bleibt der Kompressor beim Ausbau des Motors im Fahrzeug. Somit braucht die Klimaanlage nicht entleert zu werden (was nur mit Spezialgeräten möglich wäre). **A:** Der Kompressor ist mit zwei Schrauben befestigt. Der orangerote Pfeil markiert die rechte Kompressorschraube. Diese Schraube lässt sich vom Innenraum aus lösen. **B:** Die andere Schraube ist mit einem Gelenkschlüssel (grüner Pfeil) durch einen Ausschnitt im Ansaugstutzen zugänglich (Abb. **C**). **D:** Legen Sie den hinteren Bereich des Innenraums mit Plastikfolien aus und ziehen Sie den Kompressor aus seiner Halterung auf der Motoroberseite. Beim Ablassen des Motors müssen dann die Schläuche aus ihren Führungen manövriert und im Innenraum abgelegt werden (siehe Abb. 12).

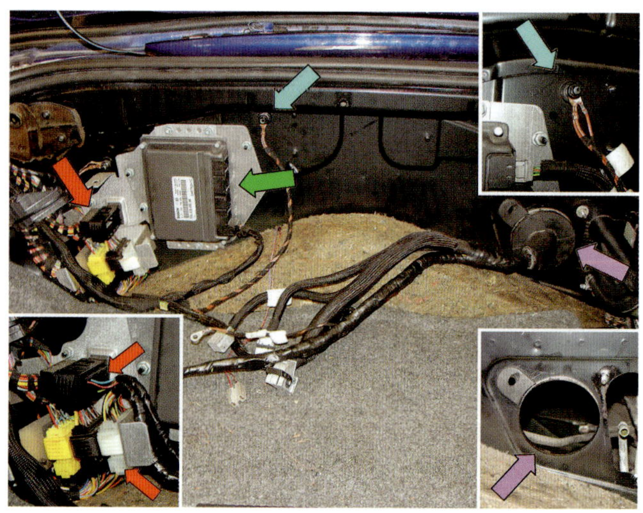

5 Hier wurde im Heckkofferraum der Bodenteppich entfernt (Anleitung zum Ausbau des Teppichs siehe Projekt 33). Der Motorkabelstrang wird von der DME (grüner Pfeil) und vom Fahrgestellkabelstrang (rote Pfeile) getrennt. Außerdem muss der Massepunkt des Motorkabelstrangs von seinem Befestigungspunkt an der hinteren Schottwand (blauer Pfeil) gelöst werden. Abschließend drücken wir die große Durchführungstülle durch und schieben den gesamten Kabelstrang durch die Öffnung der Schottwand (violetter Pfeil) und legen ihn sauber auf der Motoroberseite ab.

6 Blick auf die Anschlüsse der Kraftstoffleitungen: Beim Lösen dieser Anschlüsse stets Augenschutz tragen und einen kleinen Eimer bereithalten. In der Anlage kann noch etwas Benzin stehen, das jetzt auf Monteur und Garagenboden tropfen kann. Öffnen Sie diese Leitungsanschlüsse nur an einem gut durchlüfteten Arbeitsplatz, an dem die Dämpfe schnell abziehen können. Der gelbe Pfeil zeigt auf die Druckleitung der Servolenkung, die zusammen mit dem Motor abgesenkt wird. Der blaue Pfeil zeigt die Rücklaufleitung der Servolenkung, die im Motorraum (unmittelbar über dem blauen Pfeil) getrennt wird (siehe Abb. 9).

7 So sieht es im Motorraum nach dem Ausbau des Motors aus. Falls der Wagen nicht hoch genug angehoben werden kann, um den Motor hervorzuziehen, kann zusätzlich der Rahmenquerträger (gelbe Pfeile) ausgebaut werden. Dieser Träger muss wieder eingebaut werden, wenn der Wagen wieder auf seine Räder abgelassen wird (mit oder ohne eingebautem Motor). Außerdem sollte die Fahrwerksgeometrie überprüft werden, sobald der Wagen wieder auf seinen Rädern steht, da dieser Träger eine wichtige Führungsfunktion an der Hinterachse übernimmt und sich die Achseinstellung verändern könnte, wenn er aus- und wieder eingebaut wird.

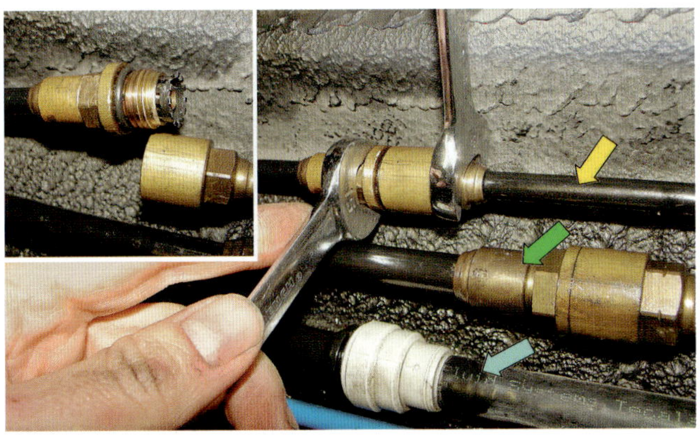

8 Hier schrauben wir gerade die Servolenkungs-Druckleitung (gelber Pfeil) auseinander. Es muss nur die Druckleitung getrennt werden – die Rücklaufleitung wird weiter hinten im Motorraum getrennt (siehe Abb. 9): Vorsicht, dass die Einzelteile der Verschraubung nicht verlorengehen (kleines Bild). Sie können nur durch Kauf einer neuen Leitung ersetzt werden (nicht ganz billig, und ihr Einbau hinter der Servopumpe ist nicht einfach). Also Vorsicht beim Abschrauben und alle Teile in einem Plastikbeutel verstauen! Wird das Leitungsende beim Ausbau mit Klebeband abgeklebt, kann sich das Band, falls der Wagen längere Zeit zerlegt bleibt, im Laufe der Zeit lösen und die Einzelteile samt dem Band in den Untiefen des Garagenbodens verschwinden! Hilfreich ist es auch, die Unterdruckleitung des Bremskraftverstärkers hier zu trennen und auszubauen (blauer Pfeil). Sie ist mit einem kleinen Kunststoffsicherungsring am weißen Verbindungsstück mit der anderen Leitung verbunden.

9 An diesen beiden Stellen ist der Ausbau etwas schwieriger. Die Servolenkungs-Rücklaufleitung besitzt an dieser Stelle einen Gummischlauch, der an einem Verbindungsstück mit einem weiteren Schlauch verschraubt ist. Lösen Sie die Halteklammer und ziehen Sie den Schlauch ab. Den Schlauch nicht durchtrennen, denn er ist teuer und sein Austausch ist kompliziert. Lässt sich der Schlauch nicht von seinem Anschluss trennen (er sitzt sehr fest und man hat nicht viel Platz zum Abhebeln), können Sie die Rücklaufleitung immer noch an der gleichen Stelle wie die Zulaufleitung trennen (siehe Abb. 8). Das kleine Bild zeigt den Anschluss der Tankentlüftungsleitung, der unter dem Ansaugstutzen sitzt. Auch diese Stelle ist sehr schlecht zugänglich – Sie müssen hineingreifen und an der Leitung ziehen oder sie weiter oben trennen.

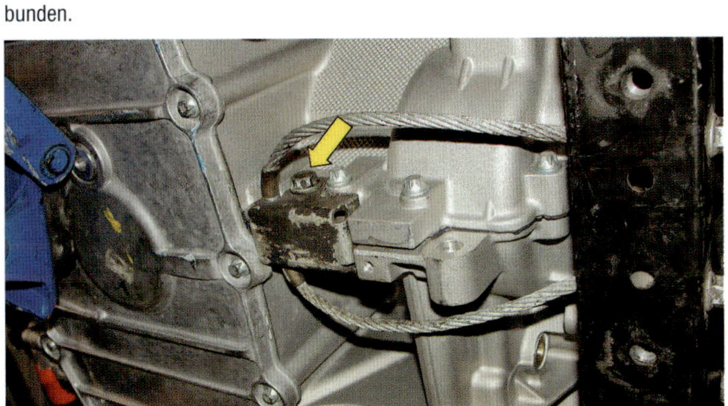

10 Dieses Seil ist kein Masseband, sondern ein Sicherheitsseil, das den Motor mit dem Querträger verbindet, der über die Fahrzeugmitte verläuft. Lösen Sie das Seil an der markierten Schraube (gelber Pfeil) vom Motor und befestigen Sie es ggf. am Querträger, so dass es beim Absenken des Motors aus dem Weg ist.

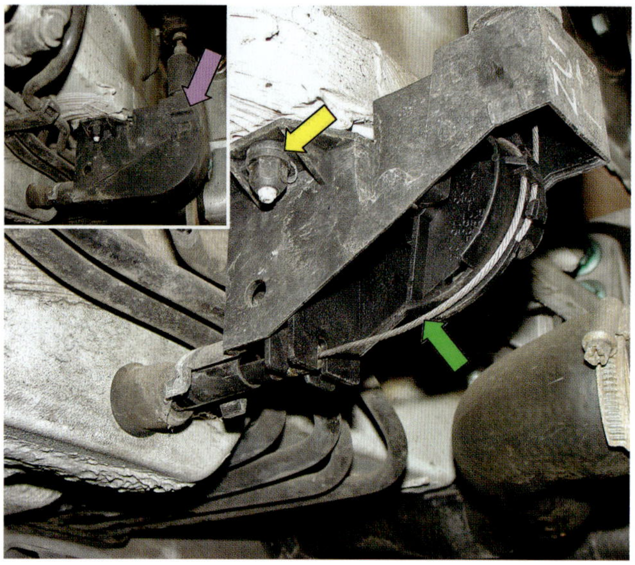

11 Bei den Modellen bis 1999 war noch ein richtiger Gaszug vorhanden. Entfernen Sie die äußere Abdeckung, indem Sie die Haltelaschen (violetter Pfeil) lösen und die Abdeckung nach unten drehen. Dann den Gaszug lösen, der mit der Fahrzeugkarosserie verbunden ist (grüner Pfeil) Zum Schluss die beiden Muttern lösen, mit denen die Abdeckung am Rahmen befestigt ist (gelber Pfeil), und das Gehäuse von der Karosserie trennen. Das Gehäuse verbleibt beim Absenken am Motor.

12 Nehmen Sie beim Absenken des Motors die Klimaschläuche aus der Kunststoffführung (grüner Pfeil) und manövrieren Sie sie vorsichtig zur Seite. Vorsicht, dass sie beim Absenken des Motors nicht gequetscht oder beschädigt werden. Die Klimaschläuche erneuern zu müssen, weil sie beim Ablasen des Motors versehentlich Schaden nahmen, sollte sich vermeiden lassen. Vorsicht auch vor sonstigen Missgeschicken beim Ausbau – siehe kleines Bild: Einer der Motorkabelstrangstecker ist hier am Ausschnitt im Innenraum hängengeblieben, als der Motor abgesenkt wurde. Achten Sie also beim Motorausbau genauestens darauf, ob irgendwo noch ein Teil festhängt oder sich verklemmt hat – andernfalls können irreparable Schäden die Folge sein. Solche Pannen kommen im „Eifer des Gefechts" leider nur zu oft vor.

13 Hier wurde der Motor bereits etwa zur Hälfte aus dem Boxster abgesenkt. Der Rangierwagenheber trägt den Hauptteil des Gewichts – die Unterstellböcke dienen nur zur Absicherung und Stabilisierung (grüne Pfeile). Das Motorgewicht sollte nie einzig und alleine auf den Auspuffkrümmern lasten – durch die dabei auftretenden Kräfte können die Gewinde der Krümmerschrauben am Zylinderkopf überbeansprucht werden. Um den Motor ganz herauszubekommen, lassen wir ihn auf einen Rollwagen ab und heben den Boxster soweit an, dass wir den Motor darunter hervorziehen können, und senken den Wagen dann wieder ab. Der Rahmenquerträger (gelber Pfeil) konnte bei dieser Methode eingebaut bleiben.

14 Geschafft! Dieser Boxster-Motor ist nun ausgebaut und ruht auf seinem Rollwagen (gelber Pfeil). Motor und Auspuff wurden hier gemeinsam ausgebaut, da ohnehin Kühlmittel und Öl des defekten Motors in die Auspuffanlage gelangt waren. Um den Motor beim Ausbau nach unten an der Heckstoßstange und/oder dem Querträger vorbei herausziehen zu können, muss das Fahrzeugheck allerdings sehr weit angehoben werden. Lässt sich nicht ohne Weiteres genug Freiraum schaffen, ist es zweckmäßig, den Querträger (siehe Abb. 7) auszubauen; auch der Ansaugstutzen kann von unten abgeschraubt werden. Noch ein paar Zentimeter zusätzlichen Platz gewinnt man durch Abbauen der Heckstoßfängerverkleidung.

PROJEKT 16

Tausch der Nockenwellen und Instandsetzung des Ventiltriebs

Zeit/Kosten/Talent: 10 Stunden / ca. 80 bis 2000 EUR /

Werkzeuge: Nockenwelleneinstellwerkzeug, Kurbelwellenblockiervorrichtung

Relevante Baujahre: Alle

Erforderliche Teile: Neue Nockenwellen, Stößel, Magnetventile usw.

Tipp: Alle Arbeitsgänge können bei eingebautem Motor durchgeführt werden, sind aber bei ausgebautem Triebwerk wesentlich einfacher.

Arbeitsziel: Mehr Leistung

Ergänzende Arbeitsgänge: Erneuern des Zwischenwellenlagers

Dieses Projekt war ursprünglich nur als Ergänzung zur Kontrolle der Nockenwellensteuerzeiten bei der Erneuerung des Zwischenwellenlagers gedacht (siehe Projekt 14). Letztendlich wurden aber alle Bauteile des Ventiltriebs mit aufgenommen, die irgendwann einmal Probleme bereiten könnten. Im Einzelnen werden im Rahmen dieses Projekts die folgenden Arbeiten und potenziellen Problembereiche am Carrera-Motor behandelt:

- Beseitigung von Undichtigkeiten am Nockenwellendeckel
- Erneuern des VarioCam-Magnetventils
- Tausch der Nockenwellen
- Kontrolle der Nockenwellensteuerzeiten
- Erneuern allzu lauter Stößel
- Erneuern der äußeren Kettenspanner
- Erneuern der inneren Kettenspanner an den Ketten zwischen zwei Nockenwellen
- Erneuern der Steuerkettenschienen

Die Abbildungen entstanden an einem auf einem Motorständer montierten Motor. Dieser Motor dient lediglich als Demonstrationsobjekt (er hatte bei einem Fahrzeugbrand stark gelitten). Der Motorrumpf ist in Ordnung, Einspritzanlage und Sensoren waren bei dem Brand allerdings zerstört worden – also ideal als Restaurierungsobjekt und für eine Fotoserie. Dieser 5-Ketten-Motor unterscheidet sich in einigen Punkten erheblich vom 3-Ketten-Motor. Projekt 14 enthält eine nähere Beschreibung dieser beiden Baumuster und ihrer Unterscheidungsmerkmale. Die Arbeitsabläufe beim 3-Ketten-Motor sind auf der begleitenden Website zu diesem Buch beschrieben (siehe oben angegebener Link).

Alle hier beschriebenen Arbeiten müssten sich bei eingebautem Motor ausführen lassen, allerdings sind die Platzverhältnisse beengt und unter dem Fahrzeug arbeitet es sich nicht sehr bequem. Die einzelnen Arbeitsschritte sind in den Bildunterschriften beschrieben.

1 **Zerlegen:** Zuerst wird die Kurbelwelle auf den oberen Totpunkt (OT) gestellt und in dieser Stellung blockiert. Dazu drehen wir den Motor im Uhrzeigersinn, bis die tropfenförmige Öffnung mit der Öffnung im Gehäuse fluchtet. Stecken Sie den (viel zu teuren) Werks-Haltedorn hinein – oder einfach einen Bohrer passender Größe (8-mm-Bohrer). Stellen Sie die Kurbelwelle dabei genau auf OT; die Nockenwellen rotieren mit halber Kurbelwellendrehzahl, d.h. die Kurbelwelle steht jetzt entweder im OT für Zylinder 1 oder im OT für Zylinder 4. Falls bei den nächsten Arbeitsschritten notwendig, müssen Sie die Kurbelwelle um 360 Grad weiterdrehen, falls sie nicht im OT der Zylinderreihe steht, an der Sie gerade arbeiten. Sollen diese Arbeiten am eingebauten Motor ausgeführt werden, müssen Sie sich hinter den Sitzen bis zur Kurbelwelle vorarbeiten (siehe Projekt 5).

2 Nun entfernen wir die Verschlussdeckel am Ende der beiden Nockenwellen. Diese grünen Deckel müssen raus, damit wir beim Einbau eines verstärken Zwischenwellenlagers die Nockenwellensteuerzeiten kontrollieren können. Stechen Sie zum Ausbau ein Loch in Wellenmitte in den Deckel und hebeln Sie ihn heraus. Werfen Sie die alten Deckel gleich weg, denn sie werden nicht wieder verwendet. Pro Zylinderkopf werden drei Verschlussdeckel benötigt (Teile-Nr. 996 104 215 54).

3 Nach dem Ausbau der Verschlussdeckel setzen wir das Nockenwelleneinstellwerkzeug P253 auf dem Nockenwellenende an. Normalerweise würden die Nockenwellen mit Porsche-Werkzeug 9624 am Motorende fixiert (siehe Projekt 8, Abb. 3), die Nockenwellen lassen sich aber auch mit diesem Einstellwerkzeug sehr gut feststellen. Profis besitzen zwar sicher die meisten der in den Porsche-Werkstatthandbüchern vorgeschriebenen Spezialwerkzeuge, wir behandeln hier aber nach Möglichkeit gezielt Bereiche, in denen sie nicht unbedingt notwendig sind. Dies ist ein solcher Fall - Werkzeug P253 erfüllt den Zweck genauso gut.

4 Bauen Sie die Ölpumpe vom Zylinderkopf ab. Die Einbaulage der Ölpumpe sollte am Motorgehäuse mit einem Marker angezeichnet werden; sie könnte sonst versehentlich verkehrt herum montiert werden. Zum Ausbau müssen die Befestigungsschrauben der Pumpe am Gehäuse gelöst werden (orange Pfeile), nicht die vier Inbusschrauben, die Teil der Pumpe sind. Dann hebeln wir die Pumpe von der Motorrückseite ab.

5 Nach dem Ausbau der Ölpumpe drehen wir alle Schrauben am Umfang des Nockenwellendeckels heraus. Auch die beiden Schrauben für den Deckel des VarioCam-Magnetventils (grüner Pfeil, unten rechts) werden ausgebaut. Sind alle Schrauben gelöst, können wir den Nockenwellendeckel an den Trennflächen zu Gehäuse und Zylinderkopf vom Zylinderkopf abhebeln.

6 Nach dem Ausbau des Nockenwellendeckels sind Nockenwellen und Steuerketten zugänglich. Die obere Nockenwelle neigt beim Abnehmen des Deckels dazu, nach außen zu wandern, der Druck des Einstellwerkzeugs auf das Wellenende dürfte sie allerdings sicher fixieren. Unbedenklich ist, wenn sie einige Millimeter nach außen gedrückt wird. Es wird berichtet, dass die Nockenwelle brechen kann, wenn die Ventilfederkraft zu hoch ist, also sollte sich die Nockenwelle besser nicht nennenswert aus ihrem Sitz bewegen. Der gelbe Pfeil zeigt auf die Zündkerzenhülsen (der frühen Motoren). Jetzt ist der ideale Zeitpunkt, um sie und die O-Ringe zu erneuern, mit denen sie gegen den Zylinderkopf und Nockenwellendeckel abgedichtet sind.

7 Hier ist der Magnetschalter zur Betätigung des Ventils zu sehen, der die Hydraulikölversorgung zur Nockenwellenverstellung des VarioCam aktiviert. Dieser Magnetschalter fällt öfters aus und muss dann erneuert werden. Nach der Demontage der Ventildeckel ist der Austausch kinderleicht. Schrauben Sie den alten heraus und drehen Sie den neuen, mit ca. 170 EUR pro Stück nicht gerade billigen Magnetschalter hinein.

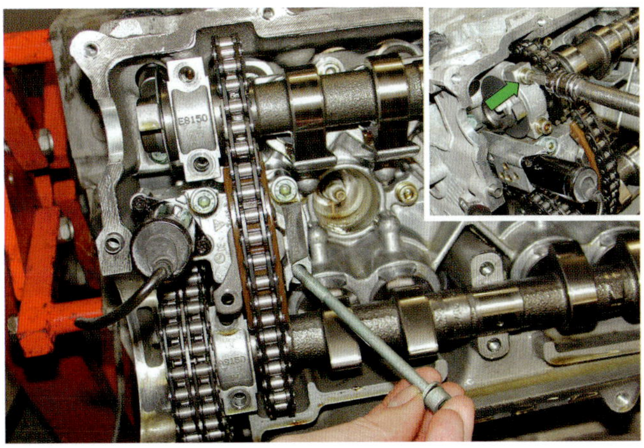

9 Nehmen Sie von beiden Nockenwellen vorsichtig die Nockenwellenlagerdeckel ganz links ab (grüner Pfeil, kleines Bild). Entfernen Sie anschließend die drei langen Schrauben, mit denen der VarioCam-Kettenspanner am Zylinderkopf befestigt ist.

11 Alle angrenzenden Teile sind nun abgebaut, also können wir das Nockenwelleneinstellwerkzeug vom Motor abnehmen. Nehmen Sie die Nockenwellen heraus und legen Sie sie auf der Werkbank ab.

8 Nun lösen wir das Kettenrad der Auslassnockenwelle und heben es ab. Es ist mit vier kleinen Schrauben mit der Nockenwelle verschraubt.

10 Lösen Sie jetzt den Kettenspanner am Zylinderkopf (Zyl. 1-3 siehe Abb. 16, Zyl. 4-6 siehe Abb. 17). Nachdem der Kettenspanner gelockert, die Lagerdeckel abgenommen und der VarioCam-Spanner vom Zylinderkopf getrennt wurde, müsste sich das Zahnrad von Hand von der Nockenwelle abziehen lassen. Sitzt es fest, helfen Sie mit einigen leichten Schlägen mit einem kleinen Gummihammer nach. Legen Sie das Kettenrad direkt neben der Nockenwelle im Gehäuse ab. Bei eingebautem Motor ist zu beachten, dass die Nockenwellen aus dem Zylinderkopf herausrutschen können, sobald das Nockenwellenrad abgenommen wurde. Halten Sie sie also notfalls fest. Wer mit einem Motorständer arbeitet, braucht den Motor nur soweit zu drehen, dass die Nockenwellen nicht herausrutschen können.

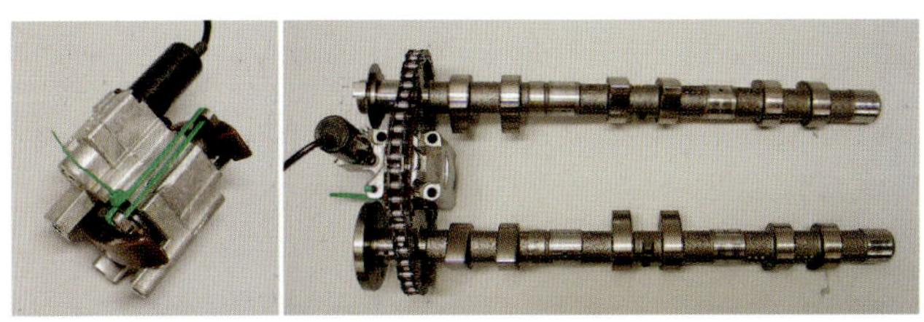

12 Hier die beiden Nockenwellen, die kurze Steuerkette und der VarioCam-Kettenspanner, der alles zusammenhält. Der Kettenspanner kann zur leichteren Demontage mit einem Spezialwerkzeug zusammengedrückt werden, ein Kabelbinder funktioniert aber auch einwandfrei – und wenn der Kettenspanner wieder expandieren darf, schneiden Sie den Binder einfach durch.

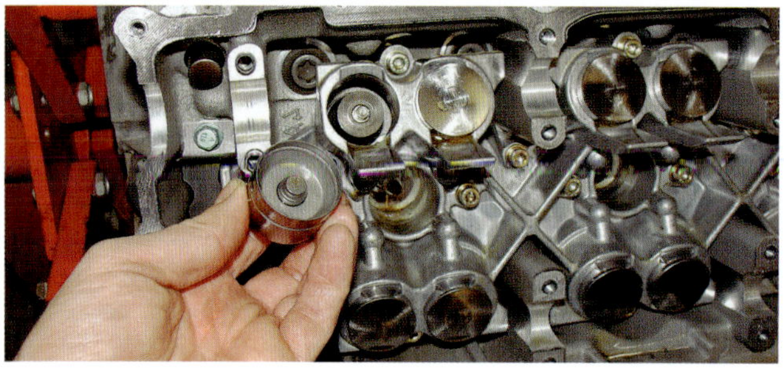

13 Die Nockenwellen sind ausgebaut und wir können die Stößel herausheben. Kontrollieren Sie Stößel und Stößelführungen auf Schäden (lokaler Verschleiß von mehr als 1 mm Tiefe, Ausbrüche an den Rändern, unregelmäßige Laufbilder auf den Laufflächen, Rillenbildung in den Ölführungen für die Nocken). Alle Stößel mit einem flusenfreien Tuch sorgfältig reinigen. Spezielle Reinigungstücher, wie sie in der Reinraumtechnik verwendet werden, sind hierfür eine praktische Sache, besonders wenn keine Papierfasern oder Schmutzpartikel an die winzigen Ölkanäle kommen dürfen. Dann tauchen wir den gesäuberten Stößel in frisches Motoröl (der Ölsorte, die beim Ölwechsel nach dem Zusammenbau verwendet werden soll). Solange der Stößel im Öl eingetaucht ist, drücken wir auf die Stößelinnenseite, damit die Innenkanäle möglichst gründlich mit durchgespült werden. Besonders wichtig ist diese Reinigung, falls Kühlmittel in das Motoröl gelangt war. Falls der Stößel nicht ausreichend gründlich gesäubert und nachgeölt wurde, kann er hinterher im Betrieb Laufgeräusche verursachen, weil er nicht voll in seiner Bohrung beweglich ist. Dies kann zu Leistungsabfall führen. In den Porsche-Werkstatthandbüchern wird empfohlen, die Stößel nicht mit einem Magneten aus ihren Bohrungen zu fischen (sondern mit dem Finger oder einem kleinen Saugnapf).

14 Einer der Gründe, die gegen die vom Werk empfohlenen 25.000-km-Ölwechselintervalle sprechen: Dieses Nockenwellenlager zeigt Kratzer und fortschreitenden Verschleiß. Bei einem Porsche 911 der Serie von 1965 bis 1989 wäre die Erneuerung des Lagers ratsam. Hier sind Nockenwellendeckel und Zylinderkopf aber gepaart, d.h. beim Ersatz dieses Lagers wäre theoretisch ein neuer Zylinderkopf fällig! Dieses Risiko ist einfach zu groß. Sinnvoller ist daher, das Ölwechselintervall auf maximal 8000 km zu verkürzen, um den Lagerverschleiß auf ein Minimum zu beschränken.

15 Am Boxster-Motor sind drei Kettenspanner von außen zugänglich. Hier ist der Spanner für die Kette für Zylinder 4-6 zu sehen, an den mit Abstand am schwierigsten heranzukommen ist. Er sitzt im Zylinderkopf unter dem Klimakompressor und ist vom Motorraum her zugänglich. Zum Lösen dieses Spanners drehen wir die beiden Schrauben am Klimakompressor heraus und drücken diesen aus dem Weg. Dann lösen wir mit einer 32er Nuss den Kettenspanner.

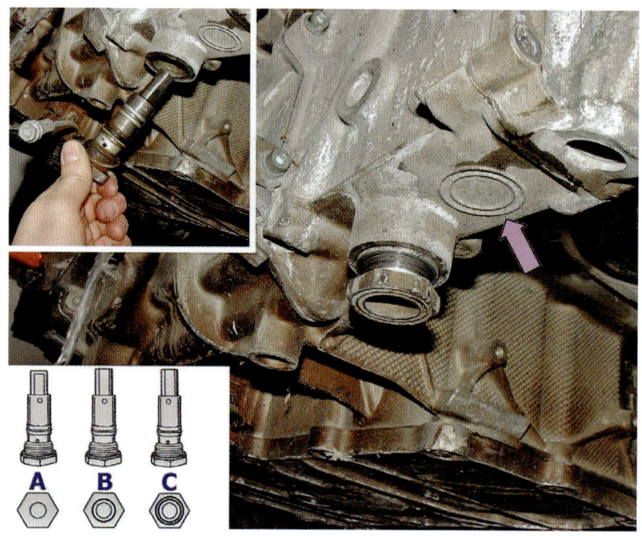

16 Hier der Kettenspanner für Zylinder 1-3, der innen in der Unterseite des Zylinderkopfes sitzt: Die drei Kettenspanner sind alle unterschiedlich, ähneln einander aber weitgehend. Zur Unterscheidung kennzeichnete Porsche die Kettenspanner auf der Oberseite mit unterschiedlichen Ringmarken. **A:** Der Kettenspanner für Zylinder 4-6 befindet sich unter dem Klimakompressor. **B:** Der Hauptspanner für die Zwischenwelle sitzt im Kurbelgehäuse in Nähe des Schwungrads. **C:** Der Kettenspanner für Zylinder 1-3 ist unten im Zylinderkopf montiert. Praktisch ist auch die Markierung am Zylinderkopf (violetter Pfeil).

17 Hier ist der Spanner für die Kette zu sehen, die zwischen Kurbelwelle und Zwischenwelle (an der linken Seite des Motorgehäuses nahe der Schwungradunterkante angeordnet) läuft. Beim Erneuern des Zwischenwellenlagers (Projekt 14) lösen wir diesen Spanner auf die im kleinen Bild gezeigte Weise. Bei Lecks an den Kettenspannern sollten der Metalldichtring (orangefarbener Pfeil, Teile-Nr. 900 123 147 30) und der kleine O-Ring an der Kettenspannerwelle (violetter Pfeil, Teile-Nr. 999 707 344 40) erneuert werden.

18 Zum Zusammenbau legen wir als erstes die beiden Nockenwellen auf der Werkbank bereit. Die Verbindungskette der beiden Nockenwellen weist zwei spezielle Kettenglieder in unterschiedlichen Farbtönen auf (grüne Pfeile). Diese Kettenglieder werden auf die Marken an den beiden Nockenwellen (gelber Pfeil) ausgerichtet. Zeigen Kettenglieder und Marken aufeinander, stimmt auch die Einstellung der beiden Nockenwellen zueinander.

19 Nun wird der Kettenspanner zwischen beiden Kettenrädern montiert (Vorsicht, dass die Kette auf den Kettenrädern nicht überspringt). Auch die Kettenschienen sollten jetzt erneuert werden, falls Verschleiß erkennbar ist (kleines Bild unten rechts; sie können einfach abgeschoben werden). Kettenspanner und Nockenwellen müssen etwas hin- und herbewegt werden, bis der Spanner richtig sitzt. Nach dem Einbau trennen wir den Kabelbinder durch, damit der Kettenspanner sich ausdehnen kann; die Kette müsste nun sicher sitzen und die Nockenwellen richtig zueinander eingestellt sein. Vor dem nächsten Arbeitsschritt säubern wir alle Passflächen an Zylinderkopf und Nockenwellendeckel gründlich (rote Pfeile, kleines Bild) mit Dichtungsentferner und einer scharfen Rasierklinge. Auf beiden Flächen müssen sämtliche Dichtungsreste restlos beseitigt werden.

20 Sobald sämtliche Dichtmittelreste beseitigt sind, legen wir die Nockenwellen auf ihrem Sitz auf dem Zylinderkopf ab. Die hellen Kettenglieder und die Nockenwellenmarken müssen nach wie vor richtig aufeinander ausgerichtet sein. Auf der gegenüberliegenden Zylinderkopfseite muss die untere Nockenwelle mit der Trennlinie von Zylinderkopf/Nockenwellendeckel fluchten (siehe kleines Bild).

21 Drücken Sie nun die Nockenwelle mit der linken Hand in ihren Sitz und befestigen Sie den Nockenwellenlagerdeckel. Ziehen Sie die Lagerschrauben an und schrauben Sie das Kettenspannergehäuse fest. Als Gedächtnisstütze: „E“ steht für „Einlass“, „A“ für „Auslass“. Zylinderkopf, Nockenwellendeckel und diese beiden Lagerdeckel sind miteinander feinbearbeitet und sind mit derselben Nummer gekennzeichnet, damit sie bei der Montage nicht vertauscht werden können. Da der Nockenwellendeckel gemeinsam mit dem Zylinderkopf bearbeitet wurde und mit diesem gepaart ist, ist er nicht als gesondertes Ersatzteil lieferbar. Im Bedarfsfall muss ein kompletter neuer Zylinderkopf mit gepaarten Nockenwellendeckeln und Lagerdeckeln bestellt werden.

22 Die Nockenwellenlagerdeckel wurden aufgelegt und der Spanner festgezogen. Nun setzen wir das Nockenwelleneinstellwerkzeug auf der anderen Seite an. Die Nockenwelle kann mit Porsche-Spezialwerkzeugen in ihrem Sitz gehalten werden, während wir am Motor weiterarbeiten. Man kann aber auch das Einstellwerkzeug wie hier gezeigt montieren.

23 Bauen Sie den Kettenspanner für diese Zylinderreihe ab. Hier sehen wir den Spanner für Zylinder 1-3 (grüner Pfeil). Nach dem Ausbau der Kettenspanner müsste genug „Luft“ vorhanden sein, um das Kettenrad (violetter Pfeil) mit der Hand aufschieben zu können. Klopfen Sie das Kettenrad mit einem Gummihammer vorsichtig in seinen Sitz (kleines Bild). Wer das Porsche-Kettenspannerwerkzeug 9599 besitzt, montiert dies jetzt unten am Gehäuse. Ziehen Sie die Spannschraube an, bis der kleine Stift in der Mitte bündig mit der Einstellschraube sitzt. Wer nicht über dieses Werkzeug verfügt (kleines Bild oben links in Abb. 24), kann die Spannung der Kette auch mit dem normalen Kettenspanner nachstellen. Bauen Sie dann den Kettenspanner wieder vollständig unten im Gehäuse ein.

25 Nun wird die Ölpumpe mit zwei der vier Schrauben, die für die Montage am Zylinderkopf vorgesehen sind, an der Auslassnockenwelle befestigt. Richten Sie die Nase an der Ölpumpe sorgfältig auf die Nut in der Nockenwelle aus und bringen Sie sie vollständig in Eingriff miteinander. Die beiden Spülölpumpen sind auf beiden Seiten identisch, sie müssen aber mit der richtigen Seite nach oben montiert werden. Es sind Markierungen für Zylinder 4-6 (grüner Pfeil) und Zylinder 1-3 (gelber Pfeil) vorhanden. Die Pumpe muss so montiert werden, dass die Marken für die jeweilige Zylinderreihe zum Kurbelgehäuse hin zeigen. Wenn Sie auf dem Rücksitz des Boxster sitzen, liegen beim Blick auf den Motor und die Kurbelwellenriemenscheibe Zylinder 1-3 links und Zylinder 4-6 rechts. Im Zweifelsfall merken Sie sich, dass die Pumpen in einander gegenüberliegender Stellung montiert werden. Die Ölpumpe für Zylinder 1-3 sitzt auf der Schwungradseite des Motors, die Ölpumpe für Zylinder 4-6 auf der Antriebsriemenseite.

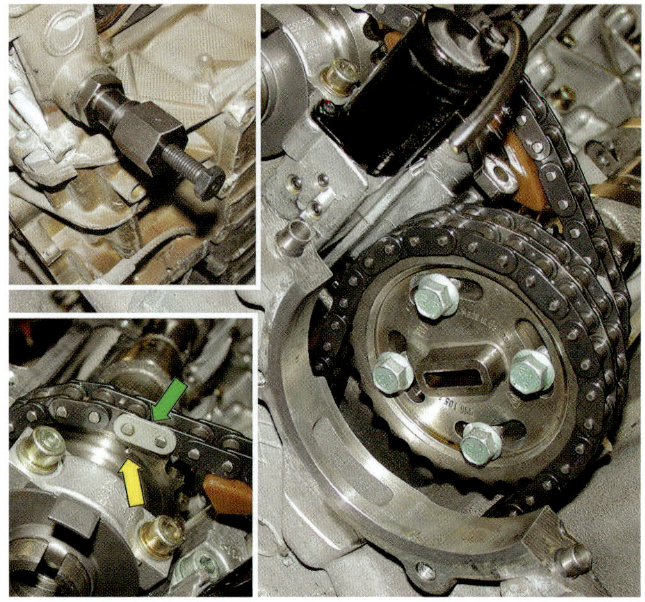

24 Mittlerweile wurden die Nockenwellen eingebaut, das Einstellwerkzeug montiert und die beiden Lagerdeckel festgezogen, der Magnetspanner für die Nockenwelle festgeschraubt und der Primärspanner im Gehäuse montiert. Nun werden die vier Halteschrauben des Nockenwellenrades auf der Nockenwelle festgezogen. Kontrollieren Sie nochmals, dass die andersfarbigen Kettenglieder (grüner Pfeil) der Nockenwellenverbindungskette auf die Marke auf der Nockenwelle (gelber Pfeil) zeigen. Der Nockenwellendeckel wird jetzt provisorisch mit einer Handvoll Schrauben montiert, leicht angezogen und das Nockenwelleneinstellwerkzeug abgebaut. Drehen Sie den Motor nun zwei Umdrehungen durch, um die Nockenwelleneinstellung mit dem Werkzeug (das nochmals angebaut wird) zu überprüfen. Das Bild oben links zeigt das Porsche-Kettenspannerwerkzeug.

26 Zum Abschluss reinigen wir die Passflächen mit Isopropylalkohol, der vor dem Auftragen des Dichtmittels vollständig ablüften muss. Porsche empfiehlt für die Abdichtung der Dichtflächen zwischen Kopf und Nockenwellendeckeln Drei Bond-Silikon Typ 1209 oder Loctite 5900 Flächendichtmittel. Auch die Lagerbockbereiche im inneren Bereich des Zylinderkopfes erhalten eine dünne Dichtmittelraupe. Nach dem Dichtmittelauftrag ziehen wir alle Schrauben des Nockenwellendeckels vorsichtig in der hier angegebenen Reihenfolge an. Das Anzugsdrehmoment beträgt lediglich 12 Nm.

27 Als letzten Schritt werden die Nockenwellen-Verschlussdeckel wieder an den Nockenwellenenden eingesetzt. Klopfen Sie sie mit einem Gummihammer vorsichtig in ihren Sitz. Ziehen Sie dann die beiden verbleibenden Schrauben an der Ölpumpe sowie die beiden Schrauben für die Befestigung des Deckels am Magnetventil fest. Sobald die eine Motorseite fertig ist, wiederholen wir diese Arbeitsschritte ggf. auf der anderen Seite.

PROJEKT 17
Erneuern der Riemenspanner

Zeit/Kosten/Talent: 1 Stunde / ca. 130 EUR /

Werkzeuge: 24-mm-Schraubenschlüssel

Relevante Baujahre: Alle

Erforderliche Teile: 3 Riemenspannrollen

Tipp: Die oberen und unteren Laufrollen sehen gleich aus, sind aber unterschiedlich.

Arbeitsziel: Verbesserte Laufruhe des Motors

Ergänzende Arbeitsgänge: Erneuern des Antriebsriemens

Der einzelne Antriebsriemen, mit dem die Anbauaggregate angetrieben werden, wird auf recht verwinkelte Weise geführt. Selbst erfahrene Schrauber können sich beim Riemenwechsel an ihrem Boxster den Verlauf des Riemens oft nicht exakt merken und müssen ein Schaubild wie z.B. aus Projekt 5, Bild 3, zu Hilfe nehmen. Die drei Spann- und Laufrollen auf der Kurbelwellen-Riemenscheibenseite des Motors sind im Laufe ihres Lebens erheblichem Verschleiß ausgesetzt und Defekte (quietschende Geräusche) sind gar nicht so selten.

Der Ursprung schriller Quietschgeräusche aus dem Motorraum lässt sich meist nur sehr schwer eingrenzen. Es empfiehlt sich, bei laufendem Motor den Motordeckel zu öffnen und das Geräusch zu lokalisieren (Vorsicht vor rotierenden Motorteilen!). Hilfreich ist auch eine Dose Kriechöl (WD-40) mit langem Düsenröhrchen, mit dem sich – bei laufendem Motor – durch gezieltes Einsprühen feststellen lässt, welche Laufrolle, Riemenscheibe oder sonstiges Bauteil den Krach verursacht. Dabei müssen sämtliche rotierenden Bauteile einzeln überprüft werden – auch Wasserpumpe, Servopumpe, Generator und Klimakompressor. Oft verschwindet das Geräusch, sobald das Kriechöl bis zum Lager auf der Welle vordringt. In rund der Hälfte aller Fälle lässt sich die Geräuschquelle damit lokalisieren.

Eine weitere Methode zur Kontrolle der Rollen und Riemenscheiben ist, sie bei abgenommenem Antriebsriemen von Hand durchzudrehen. Manchmal ist dabei deutlicher Widerstand spürbar oder ein schleifendes Geräusch hörbar. Auch hier müssen sämtliche Rollen und Riemenscheiben sowie die Wellen aller Anbauaggregate überprüft werden. Alle drei Spannrollen müssen sich ungefähr gleich schwer drehen. Die Anbauaggregate (Generator, Wasserpumpe usw.) unterscheiden sich in ihrem Drehverhalten, d.h. etwaige Lagerdefekte lassen sich durch Vergleich nur schwer orten.

Kreischende Geräusche sind mitunter auch auf abgenutzte Riemen zurückzuführen. Mit fortschreitender Alterung verschleißt der Antriebsriemen zusehends und wird immer glatter und beginnt durchzurutschen (daher die Geräusche). Falls der Verdacht also auf den Antriebsriemen fällt, sollte er als erstes erneuert werden. Manchmal hilft vorrübergehend auch etwas Spezial-Keilriemenspray aus dem Zubehörhandel.

Der Austausch der Riemenspanner ist glücklicherweise sehr einfach. Bauen Sie die Rückwand hinter den Sitzen aus (siehe Projekt 5). Dann nehmen Sie den Antriebsriemen vom Motor ab. Die beiden Laufrollen brauchen zum Ausbau nur abgeschraubt und durch Neuteile ersetzt zu werden. Vorsicht, dass die große Unterlegscheibe vor den beiden Laufrollen oder die hinter den Rollen liegenden Distanzstücke nicht verlorengehen. Die oberen und unteren Laufrollen sehen fast identisch aus, besitzen allerdings unterschiedliche Teilenummern, d.h. sie dürfen nicht vertauscht werden, wenn sie gemeinsam erneuert werden. Der Einbau ist einfach: Drehen Sie die Schrauben ein und ziehen Sie sie fest. Die Schrauben der Laufrollen sollten vor dem Einbau mit Schraubensicherungslack (Loctite 242) versehen werden.

Etwas anders verhält es sich mit der Spannrolle. Sie ist mit einer einzelnen Schraube, die umgekehrt wie bei den beiden Laufrollen ausgerichtet ist, auf einem unter Federspannung stehenden Arm befestigt. Der Schraubenkopf wird hinter der Spannrolle mit einem 15-mm-Schlüssel gegengehalten und auf der Vorderseite zum Lösen ein 24-mm-Schlüssel angesetzt. Vorsicht, dass das Distanzstück hinter der Spannrolle beim Abziehen nicht verlorengeht! Die neue Spannrolle wird auf gleiche Weise montiert und mit etwas blauem Loctite 242 gesichert. Anzugsdrehmoment 60 Nm.

1 Dieses Bild zeigt die Motorvorderseite und die drei im Text beschriebenen Lauf- bzw. Spannrollen. Der gelbe Pfeil zeigt auf die obere Laufrolle, der grüne Pfeil auf die untere Laufrolle. Beide sehen zwar gleich aus, besitzen aber unterschiedliche Teilenummern. Der violette Pfeil zeigt auf die Spannrolle, die auf einem Arm sitzt, der vom Riemenspanner unter Federspannung gehalten wird (blauer Pfeil). Zum Lösen dieser Spannrolle muss die Schraube von hinten gegengehalten (weißer Pfeil) und die Rolle auf der Vorderseite mit einer 24er Stecknuss gelöst werden. Um die Schraube ganz herausdrehen zu können, die die obere Laufrolle hält, muss ggf. die Lichtmaschinenbefestigung gelöst werden (siehe Projekt 82).

PROJEKT 18
Turbolader und mechanische Lader

Zeit/Kosten/Talent:
30 Stunden / ca. 2200 EUR bis 7500 EUR /

Werkzeuge: Alle

Relevante Baujahre: Alle

Erforderliche Teile: Turbolader-Nachrüstsatz

Tipp: Planen Sie voraus und beschaffen Sie den Einbausatz, der Ihren fahrerischen Ambitionen am besten entspricht.

Arbeitsziel: Deutliche PS-Steigerung

Ergänzende Arbeitsgänge: Zylinderkopfdichtung erneuern, neue Kolben einbauen

Weithin verbreitet ist der Glaube, dass Turbolader und mechanische Lader (Kompressoren) das ultimative Motorentuning darstellen. Natürlich lässt sich auf diese Weise satte Mehrleistung generieren, es ist allerdings ein Irrglaube, dass jeder beliebige Nachrüstlader jedem Motor im Handumdrehen zu jeder Menge zusätzlichen PS verhilft. Wie jedes durchdachte Verfahren zur Leistungssteigerung, muss auch der Einbau eines Turboladers oder mechanischen Laders sorgfältig auf die Motorkonstruktion und die gewünschte Leistungscharakteristik abgestimmt werden.

Daher zunächst einige grundsätzliche Anmerkungen zu Motoren mit „Zwangsbeatmung“. Ein „aufgeladener“ Motor erhält gewissermaßen Hilfestellung bei der Füllung des Brennraums mit Kraftstoff-Luft-Gemisch. Bei einem Motor ohne Aufladung („Saugmotor“) entspricht der maximale Druck im Ansaugstutzen dem Luftdruck (knapp 1 bar). Bei einem aufgeladenen Motor erhöht der Lader den Ansaugdruck auf mehr als 1 bar. Dadurch kann eine größere Kraftstoff-Luft-Masse in den Brennraum gefördert und die erreichbare Motorleistung gesteigert werden.

Turbolader und mechanischer Lader (Kompressor) ähneln einander in ihrer grundsätzlichen Funktionsweise. Bei beiden wird der Gesamtdruck der in den Brennraum geförderten Gase (kalte Seite) mithilfe eines Verdichters/Gebläses erhöht. Dieser Druckanstieg bewirkt, dass das Kraftstoff-Luft-Gemisch über das normale Maß hinaus verdichtet wird. Durch dieses dichtere Gemisch steht mehr Leistung im Arbeitshub des Motors zur Verfügung. Aufgrund dieses Effektes lässt sich mithilfe der Zwangsaufladung ein Motor mit kleinerem Hubraum so konstruieren, dass er die gleiche Leistung freisetzt wie ein hubraumstärkerer Motor.

Wie sieht es aber mit der Zuverlässigkeit aus? Die ab Werk für Zwangsaufladung ausgelegten Motoren (wie der Porsche 911 Turbo) werden gezielt für die erwartete Mehrbelastung konstruiert. Derartige Triebwerke sind deshalb meistens deutlich niedriger verdichtet, um die höheren Ladedrücke bei Motorvolllast zu kompensieren. Wer also einen Turbolader oder mechanischen Lader an einen serienmäßigen Saugmotor anschraubt, mutet diesem erheblich höhere Lasten und größeren Verschleiß zu. Da mit der höheren Vorverdichtung auch die Klopfneigung bzw. Gefahr von Selbstzündungen steigt – und damit natürlich auch die Gefahr eines Motorschadens –, sollte nur noch hochoktaniges Benzin getankt werden.

FUNKTIONSWEISE

Ein mechanischer Lader wird über eine Riemenscheibe von der Kurbelwelle angetrieben. Mit steigender Motordrehzahl wird die Außenluft verdichtet, mit dem Kraftstoff vermischt und in den Ansaugtrakt gefördert. Üblich sind drei verschiedene Laderbauarten: Radiallader (Zentrifugallader bzw. Kreiselverdichter), Schraubenlader (mit zwei gegenläufigen Schrauben) und das Roots-Gebläse mit gegenläufigen Rotorflügeln. Mit steigender Motordrehzahl nimmt auch die Aufladewirkung des Laders zu. Bei einem straßentauglichen Boxster-Motor liegt der Ladedruck typischerweise bei 0,35 bis 0,45 bar. Der Ladedruck dient dabei als Maßzahl für den Druckanstieg im Ansaugtrakt über den normalen Luftdruck hinaus.

Beim Turbolader wird der Verdichter von den vom Motor freigesetzten Abgasen angetrieben. Durch den Auspuffstaudruck kann zwar ein gewisser Leistungsverlust im Motor entstehen, dieser Verlust wird aber von der Mehrleistung kompensiert. Der Turbolader ähnelt in seinem Aufbau dem Radiallader und erreicht Spitzendrehzahlen von 75.000 bis 150.000/min.

DER DIREKTE VERGLEICH

Leistung und Wirkungsgrad. Der Turbolader wird von den Motorabgasen angetrieben, der mechanische Lader zweigt dagegen Leistung von der Motorkurbelwelle für den Laderantrieb ab.

Insgesamt schlucken die mechanischen Lader im Vergleich zu Turboladern also mehr Motorleistung für den Laderantrieb (40 bis 50 PS bei vollem Ladedruck).

Auch bei den Turboladern gehen allerdings PS verloren – durch den Staudruck des Turbos und die Drosselwirkungen aufgrund der komplexen Auspuffrohrgestaltung. Im Vergleich zu der Leistung, die für den Antrieb eines mechanischen Laders über die Kurbelwelle verlorengeht, sind diese Verluste allerdings minimal. Für ein kompromissloses Motortuning ist also der Turbolader die geeignetere Maßnahme.

Das „Turbo-Loch". Die Beseitigung dieses Beschleunigungs-„Lochs" bis zum Ansprechen des Laders ist einer der Gründe, warum mechanische Lader bei straßenzugelassenen Fahrzeugen oft gegenüber Turboladern punkten. Da der Turbolader durch die Motorabgase hochbeschleunigt wird, erreicht er erst oberhalb einer bestimmten Motodrehzahl einen nennenswerten Ladedruck. Im unteren Drehzahlbereich ist also keine bzw. kaum eine Aufladung spürbar. Ist der Ladedruck dann endlich da, entfaltet sich abrupt die zusätzliche Leistung. Diese bedeutet aber auch eine gewaltige Belastung der unverändert belassenen Antriebsstrang- und Fahrwerkskomponenten. Reduzieren lässt sich dieses „Turbo-Loch" auf unterschiedliche Weise (siehe weiter unten), allerdings gehen diese Abhilfemaßnahmen auf Kosten der Leistung im oberen Drehzahlbereich. Ein mechanischer Lader ist dagegen direkt mit der Kurbelwelle gekoppelt und liefert jederzeit Ladedruck. Beim Turbolader setzt der Leistungsschub ab ca. 3000-4000/min relativ schlagartig ein, der mechanische Lader bietet dagegen eine gleichmäßige, satte Ladedruckkennlinie, bei der bereits „von unten heraus" ein spürbares Leistungsplus erreicht wird.

Standfestigkeit. Turbolader sind recht komplex und gelten daher als weniger standfest als mechanische Lader. Außerdem sind alle Bauteile der Turboanlage thermisch hoch belastet und hohem Verschleiß ausgesetzt. Beim Abschalten eines Turbomotors können Temperaturspitzen auftreten, bei denen die Lager des Flügelrades beschädigt werden können, zumal ja auch die an den Motorölkreislauf gekoppelte Schmierung schlagartig abgestellt wird. Turbolader drehen mit wesentlich höheren Drehzahlen als mechanische Lader, d.h. die Lager verschleißen tendenziell erheblich schneller.

Hitze. Der Turbolader wird durch die heißen Auspuffgase angetrieben, durch die es zur unbeabsichtigten Aufheizung der Ansauggemischfüllung kommen kann. Zusätzlich wird die Ansauglufttemperatur auch durch die eigentliche Verdichtung der Ansaugluft erhöht. Die heiße Luft dehnt sich aus und verliert so wieder an Dichte. Kühlere Luft bedeutet ein Kraftstoff-Luft-Gemisch mit höherer Dichte. Ein so genannter Ladeluftkühler schafft hier Abhilfe. Die warme Luft wird effizient heruntergekühlt, bevor sie dem Ansaugstutzen zugeführt wird.

Einbau und Abstimmung. Der Einbau mechanischer Lader ist im Allgemeinen relativ unkompliziert. Die Installation der meisten auf dem Markt angebotenen Nachrüstsätze lässt sich innerhalb eines langen Wochenendes bewerkstelligen. Bei diesen Kompressor-Einbausätzen sind nur geringfügige Eingriffe an der Kraftstoffanlage erforderlich, meistens in Form eines neuen Kennfelds für die digitale Motorelektronik (DME), damit der Motor optimal läuft. Bei den meisten Turbo-Anlagen sind dagegen komplexe Umbauten an den Auspuffrohren, Ölleitungen und anderen Bauteilen notwendig. Für Ladeluftkühler bleibt im vollgepackten Motorraum des Boxster häufig kaum genug Platz, wenn nicht auf verbreiterte Heckkotflügel umgerüstet wird. Die Turbo-Varianten lassen sich zwar auch mit den serienmäßigen Kraftstoff- und Zündanlagen (DME) zum Laufen bringen, allerdings empfiehlt sich für optimale Leistungsausbeute, den Motor mit einem eigens konzipierten Motormanagementsystem wie Tec-3 oder Motec zu betreiben.

Kosten. Beide Bauarten können ins Geld laufen – von rund 6000 EUR für eine Basisversion bis zu rund 12.000 EUR für eine komplette Anlage mit Einbau und Prüfstandslauf. Ein weiterer Gesichtspunkt sind die Einbaukosten. Die meisten mechanischen Lader lassen sich relativ einfach montieren. Der Einbau eines Turboladers ist wesentlich aufwändiger.

Leistungsausbeute und Straßentauglichkeit. Sowohl mit Turboladern als auch mit Kompressoren sind erhebliche Leistungssteigerungen möglich. Systembedingt können Turbolader erst im oberen Drehzahlbereich sehr hohe Ladedrücke aufbauen und hier auch höhere Spitzenleistungen freisetzen. Der überwiegende Teil der Fahrten vollzieht sich aber in den unteren Drehzahlbereichen, in denen mechanische Lader leistungsmäßig im Vorteil sind. Für Motorsporteinsätze bietet dagegen ein Turbolader die bessere Option.

MECHANISCHE LADER (KOMPRESSOREN).

Die verbreitetste Laderbauart für den Boxster ist der Radiallader (Zentrifugallader). Der Radiallader ähnelt im Aufbau dem Turbolader, außer dass er über einen Riemen von der Kurbelwelle des Motors angetrieben wird.

Im Radiallader wird die Luft über das mitlaufende Flügelrad verdichtet. Der Vorteil dieser Bauformen besteht darin, dass die Flügelradgrößen verändert und die Antriebsriemenscheibe getauscht werden können und sich damit die Ladekennlinie entsprechend den individuellen Erfordernissen anpassen lässt. Radiallader werden meist so ausgelegt, dass sie den maximalen Ladedruck bei oder nahe dem roten Motordrehzahlbereich liefern. Im Allgemeinen steht ein größerer Teil ihrer Aufladung bei höheren Drehzahlen und geringere Aufladung im unteren Drehbereich zur Verfügung. Zu den renommierten Herstellern von Radialladern zählen Paxton, Powerdyne, ProCharger und Vortech.

TURBOLADER

Oft herrscht die irrige Annahme vor, dass ein größerer Turbolader mehr Ladedruck und PS liefert. Dem ist allerdings nicht unbedingt so. Der Einbau eines größeren Laders muss Hand in Hand mit weiteren wichtigen Änderungen am Motor erfolgen. Der maximale Ladedruck wird durch ein Überdruckventil – das „Wastegate" – begrenzt. Das Wastegate gibt den Abgasdruck frei, wodurch die Turbine abgebremst wird, um Motorschäden infolge überhöhten Ladedrucks zu vermeiden. Wird ein größerer Turbolader montiert, ohne das Wastegate entsprechend anzupassen, erhöht sich auch der maximale Ladedruck nicht.

Wie wirkt sich nun die Größe des Turboladers auf die Motorleistung aus? Die Ziffern in den Typenkürzeln der Turbolader (K24, K26, K27 usw.) bezeichnen im Allgemeinen die Größe des Gebläserades (auf der „heißen" Seite). Das Flügelrad auf der Ansaugseite (der „kalten" Seite) verdichtet die Luft und erzeugt damit den eigentlichen Ladedruck. Durch Ändern der Größe dieser beiden Räder kann die Charakteristik des Turboladers insgesamt verändert und das Ansprechverhalten des Turbo für den individuellen Einsatzfall abgestimmt werden.

Ist ein kleines Turbinenrad auf der Abgasseite in Verbindung mit einem kleinen Flügelrad auf der Verdichterseite montiert, kann der Turbolader schnell hochdrehen und spricht sofort auf Änderungen der Gaspedalstellung an, allerdings fällt die Leistung im oberen Drehzahlbereich dann wieder ab. Ein kleines Turbinenrad auf der Abgasseite und ein großes Gebläserad ergeben einen guten Kompromiss zwischen Ansprechverhalten und Leistung im oberen Drehzahlbereich.

Die ideale Kombination für den Alltagsbetrieb besteht aus einem kleineren, schnell ansprechenden Turbinenrad auf der heißen Seite und einem größeren Gebläseturbinenrad auf der kalten Seite. Diese Konfiguration ergibt einen ordentlichen Kompromiss zwischen dem Ansprechverhalten bei niedrigen Drehzahlen und der Leistung bei hohen Drehzahlen.

Wie lässt sich die Leistung nun steigern? Die Charakteristik eines Turbomotors lässt sich bereits durch Umbau auf einen Lader mit anders übersetzten Verdichter- bzw. Turbinenrädern verändern. Turbolader sind in unterschiedlichsten Abstufungen erhältlich – jeder verändert die Motorcharakteristik auf etwas andere Weise. Es lohnt sich also, sich umzuhören und von den Erfahrungen anderer Boxster-Fahrer zu profitieren. Eine sofortige Leistungssteigerung ist durch die Erhöhung des Ladedrucks (durch Änderung der Ventileinstellung am Wastegate) möglich. Ein höher verdichteter Motor liefert mehr Leistung im unteren Drehzahlbereich. Diese Vorgehensweise kann allerdings für den Motor nicht ganz ungefährlich sein, besonders dann, wenn obendrein nicht ausreichend klopffestes Benzin getankt wird.

WIE HOCH SOLL DER LADEDRUCK SEIN?

Diese uralte Frage lässt sich am besten mit dem alten Spruch beantworten: „Nichts im Leben ist umsonst." Wie viel Ladedruck Ihr Lader liefert, ist von zahlreichen Faktoren abhängig.

Wie wird die Füllung auf der Ansaugseite zugeführt? Wie bereits gesagt, fahren Turbolader auf das volle Ladepotenzial hoch und überschüssiger Druck bläst über das Wastegate ab. Damit stehen zwar jede Menge PS bei hohen Drehzahlen zur Verfügung, der Motor läuft aber über längere Phasen bei hohen Ladedrücken. Bei einem Zentrifugallader (Radiallader) wird der maximale Ladedruck nur bei Spitzendrehzahlen erreicht, und auch dann nur einige Sekunden lang. Mit einem Radiallader ist also ein wesentlich höherer maximaler Ladedruck möglich als bei einem Turbolader.

Welche Oktanzahl sollte man tanken? Die Bauteile eines aufgeladenen Motors werden wesentlich höher beansprucht, auch der Antriebsstrang muss permanent höhere Leistung verkraften. Sehr kritisch ist für diese Triebwerke allerdings Motorklopfen. Ist die Oktanzahl zu niedrig und die Motorverdichtung zu hoch, zündet das Kraftstoff-Luft-Gemisch vorzeitig. Kommt es zu einem klopfenden Verbrennungsablauf, befindet sich der Kolben bei der Zündung noch in seiner Aufwärtsbewegung im Verdichtungshub. Der Druck wirkt dann auf den in Aufwärtsbewegung begriffenen Kolben und da der Druck nirgends hin kann, steigt er noch weiter an. Ohne Gegenmaßnahme kann dieses Klopfen zur Zerstörung der Kolben und zum Durchblasen der Zylinderkopfdichtung führen. Als Abhilfe muss der Ladedruck entsprechend vermindert werden. Normalerweise passt das Motormanagement (DME) Motorsteuerzeiten und Zündeinstellung entsprechend den Signalen an, die es vom Klopfsensor erhält, um damit die Klopfneigung zu verringern. Bei hohen Ladedrücken und zu niedriger Oktanzahl ist jedoch das serienmäßige Motormanagement oft überfordert und kann nicht mehr richtig reagieren. Die Oktanzahl des getankten Kraftstoffs muss daher umso höher sein, je höher der abgerufene Ladedruck ist.

Welche Eingriffe werden an der DME vorgenommen? Die Digitale Motorelektronik (DME) steuert und regelt die Zündanlage und das dem Motor zugeführte Kraftstoff-Luft-Gemischverhältnis. Der Einbau eines Laders bedeutet einen derart tiefgreifenden Eingriff im Motor, dass es ohne eine völlige Neuprogrammierung des Kennfelds für das Kraftstoff-Luft-Gemischprogramm kaum möglich ist, den Steuerungscomputer so anzupassen, dass er die richtige Korrektur für die vorverdichtete Ansaugluftfüllung vornehmen kann (siehe Projekt 24).

Wie hoch ist das Verdichtungsverhältnis? Motoren mit von Haus aus hoher Verdichtung (wie der 11:1 verdichtete 2000er Boxster) verkraften weniger Ladedruck als niedriger verdichtete Motoren. Die höheren Verdichtungsverhältnisse der Motoren des Boxster und des Carrera 996 bieten sich nicht ohne weiteres für eine Ladernachrüstung an. Ladermotoren sind konstruktiv für relativ niedrige Verdichtungen ausgelegt (wie der ehrwürdige, nur 7,0:1 verdichtete Porsche 911 Turbo). Dies bedeutet also, dass sich durch maximalen Ladedruck mit einem Turbolader mehr PS aus einem Motor herausholen lassen als durch eine Erhöhung des Verdichtungsverhältnisses. Wer mit höherer Verdichtung arbeitet, muss den Ladedruck im oberen Drehzahlbereich reduzieren, da andernfalls der Motor überbeansprucht und zerstört werden kann. Das Ziel ist, den Motor für ein niedrigeres Verdichtungsverhältnis auszulegen, damit die Ladedrücke bei höheren Drehzahlen hoch gehalten und dem Motor somit mehr PS entlockt werden können. Die Verdichtung lässt sich auf unterschiedliche Weise verringern: durch Einbau einer dickeren Kopfdichtung, durch niedriger verdichtende Spezialkolben usw.

Wie alt ist der Motor? Lager und Laufspiele des Motors unterliegen im Betrieb einem gewissen Verschleiß. Die meisten Laderanbieter raten kategorisch ab, Motoren mit sehr hohen Laufleistungen zu tunen. Das Risiko, dass die Kopfdichtung den Geist aufgibt oder Pleuellager versagen, ist einfach zu groß.

Auch die Erhöhung der Gesamtverdichtung bedeutet mehr Verschleiß an sämtlichen Komponenten des Antriebsstrangs.

Das Fazit? Beim Betrieb aufgeladener Motoren sind ein paar allgemeingültige Faustregeln zu beachten. Die Tabelle auf der nächsten Seite enthält Anhaltspunkte für die möglichen Ladedrücke bei unterschiedlich verdichteten Motoren.

ZUSAMMENFASSUNG

Welchen Lader Sie einbauen, hängt letztendlich von Ihren Zielsetzungen – auch hinsichtlich Einbauaufwand und finanzieller Grenzen – ab. Natürlich können wir hier nur kurz umreißen,

was bei der Konstruktion und Abstimmung eines Turboladers oder mechanischen Laders alles zu berücksichtigen ist.

Anhand der relativen Leistungscharakteristik dieser beiden Laderkonzepte sind freilich einige allgemeingültige Feststellungen möglich: Mechanische Lader liefern bereits bei niedrigen Drehzahlen viel Leistungsplus und zudem eine vorhersagbare Leistungskennlinie. Wem es dagegen auf hohe Spitzengeschwindigkeiten und das letzte bisschen Leistungsreserve auf der Autobahn ankommt, für den empfiehlt sich ein Turbolader. Ein Turbo liefert maximale Leistung im oberen Drehzahlbereich. Bei den meisten mechanischen Ladern steht der maximale Ladedruck nahe dem roten Bereich zur Verfügung. Beim Turbo liegt der maximale Ladedruck dagegen ab ca. 3000-4000/min bis zum roten Bereich an. Für die Turbos spricht außerdem ihre größere Flexibilität bei der Auslegung entsprechend den Wünschen des Fahrzeugbesitzers. Mechanischen Ladern sind da oft etwas engere Grenzen gesetzt. Soll sich Ihr Porsche relativ serienmäßig „anfühlen" und erst im oberen Drehzahlbereich den zusätzlichen „Bums" erhalten, dann ist ein Radiallader das Richtige. Aber natürlich ließe sich die Mehrleistung ohne den Aufwand der Zwangsaufladung auch ganz einfach durch den Einbau des Motors aus einem 996 erreichen (siehe Projekt 11).

In puncto Einfachheit der Montage haben die mechanischen Lader die Nase eindeutig vorne. Turbolader sind leistungsmäßig häufig im Vorteil, im Allgemeinen ist dafür allerdings mehr Zeit, Geld und Einbauaufwand notwendig.

Ladedruck	Verdichtungsverhältnis
0,55 bar*	10.5:1
0,62-0,68 bar*	10.0:1
0,76-0,82 bar*	9.5:1
0,90-0,96 bar*	9.0:1
1,0-1,24 bar*	8.5:1

** bei Betrieb mit Kraftstoff mit 91 Oktan*

2 Die Hauptbestandteile des Ladernachrüstsatzes aus Abb. 1. In Konstruktion und Tests derartiger Sätze stecken Tausende Entwicklungsstunden, der eigentliche Zusammenbau und Einbau lässt sich aber auch von ambitionierten Hobby-Schraubern mit zeitlich überschaubarem Aufwand erledigen.

1 Ein Blick auf den Nachrüstlader von Imagine Auto in einem Boxster 2.5. Diese Fahrzeuge sind sehr leicht und wendig und sind daher ein dankbares Objekt für einen dieser Nachrüstkits. Aufgrund der beengten Platzverhältnisse im Motorraum sind für diesen Lader zahlreiche Sonderteile notwendig, unter anderem ein Satz neuer Ansaugkammern. Beim Einbau geht es eng zu, der Radiallader findet jedoch recht bequem seitlich am Nockenwellendeckel Platz. Auch nach dem Einbau wirkt der Motorraum noch „werksoriginal" und der Einbausatz lässt sich ohne weitere Umbauten montieren. Natürlich ist auch ein neuer Antriebsriemen notwendig und die DME benötigt ein modifiziertes Kennfeld.

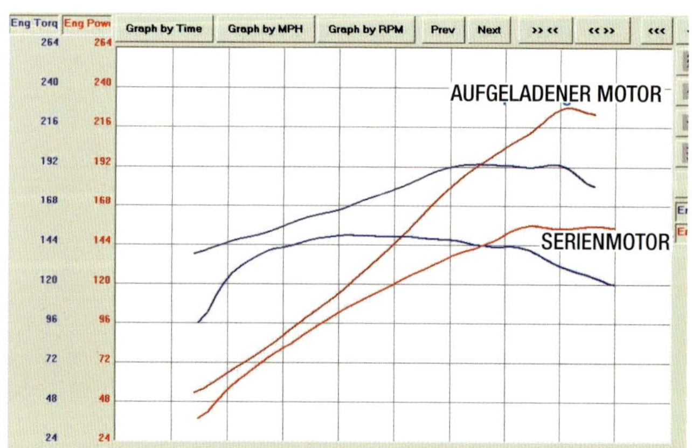

3 Dieses Schaubild verdeutlicht, warum beispielsweise die Nachrüstlader von Imagine Auto so beliebt sind. Mit ihnen verwandeln sich die relativ braven Boxster-2,5-Liter-Motoren in wahre Kraftpakete. In Verbindung mit einem Leichtbaufahrwerk wie beim Boxster entsteht damit ein durchzugsstarker, agiler Rundstreckennrenner, der selbst einem Boxster S die Rücklichter zeigt.

VERDICHTER FÜR ZWANGSAUFLADUNG

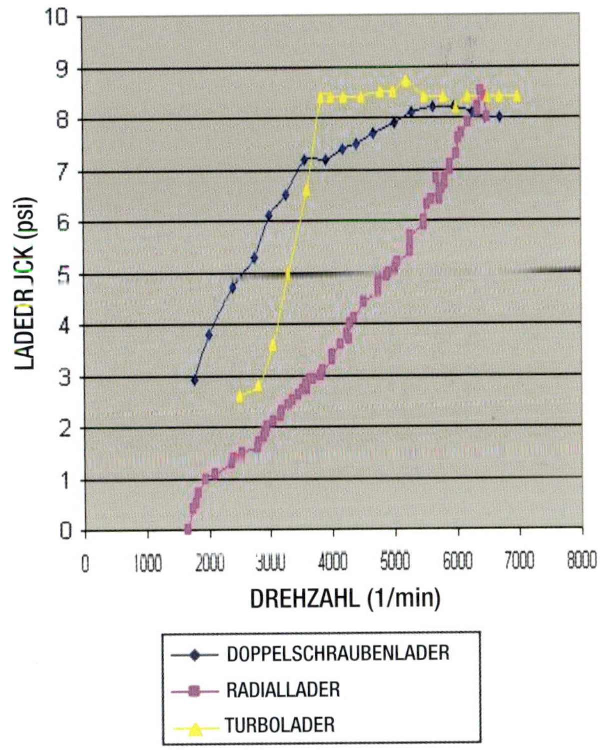

4 Dieses Diagramm zeigt die unterschiedlichen Ladedrücke eines Radialladers, eines Doppelschraubenladers und eines Turboladers. Der Doppelschraubenlader liefert mehr Ladedruck je U/min als der Radiallader. Die Kennlinie des Turboladers verharrt bis ca. 3500/min bei niedrigen Ladedrücken, und erst danach steigt der Ladedruck steil an. Steve Anderson

5 Hier sehen wir die Ladedruckanzeige an der fahrerseitigen A-Säule. Der Einbau einer solchen Anzeige ist bei einer Ladernachrüstung auf jeden Fall sinnvoll. Die Ladedruckanzeige liefert eine Momentaufnahme der Vorgänge im Inneren der Ansauganlage und signalisiert auch einen möglicherweise zu starken Anstieg des Ladedrucks.

ABSCHNITT 3
KRAFTSTOFFANLAGE

Die Einspritzanlage Ihres Boxster birgt bei Diagnose und Störungssuche mitunter besondere Tücken. Allein über die Einspritzanlagen ließen sich Bände füllen, wir konzentrieren uns hier auf eine Einführung ins Motronic-Motormanagementsystem und auf die Lokalisierung häufiger auftretender Störungen und Komplikationen. Wenn Sie sich mit diesen Projekten vertraut gemacht haben, werden Sie Störungen an der Einspritzanlage wesentlich leichter eingrenzen und beheben können.

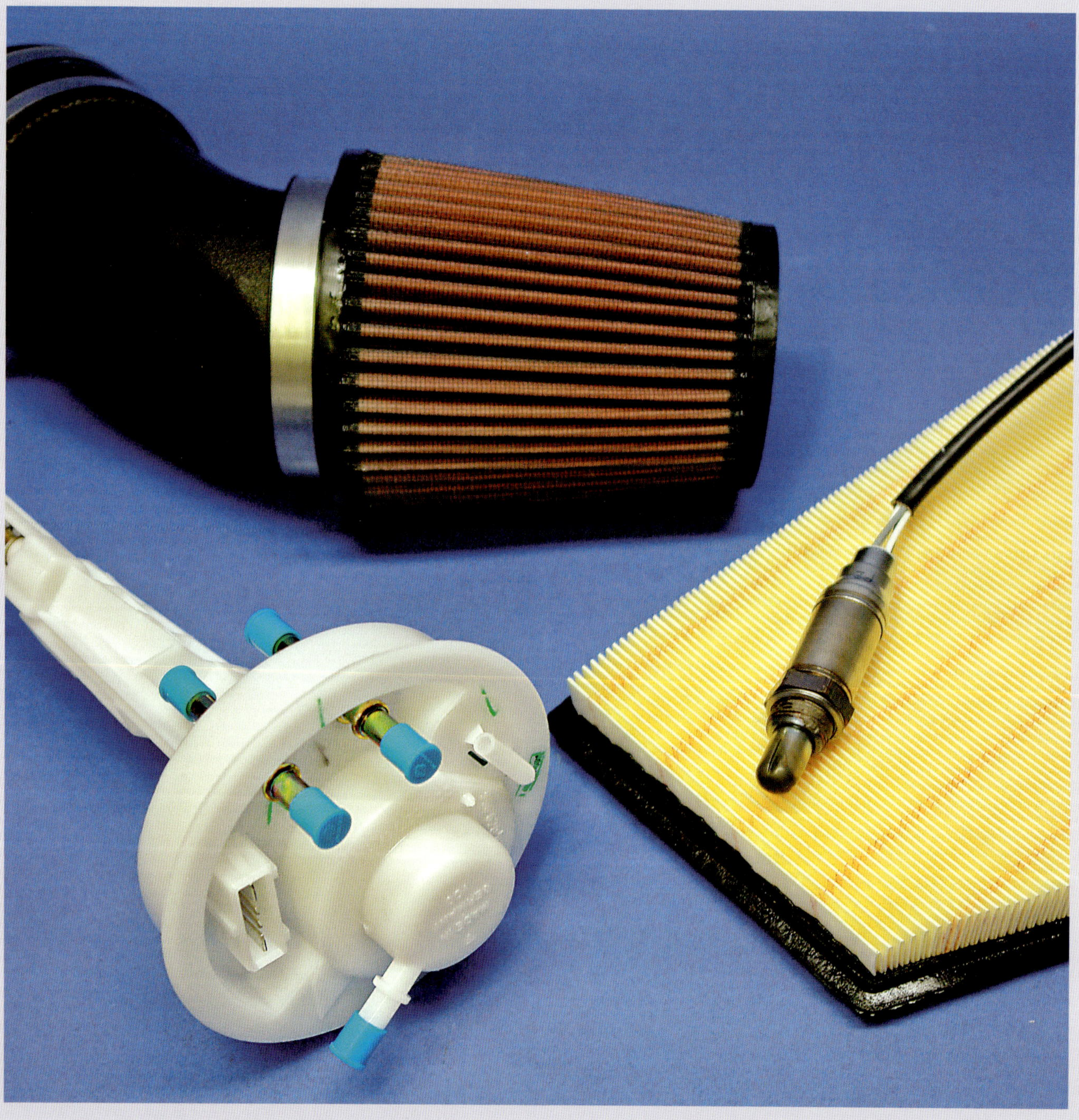

PROJEKT 19

Erneuern der Lambdasonde

Zeit/Kosten/Talent: 1 Stunde / ca. 80 bis 350 Euro / 🔧🔧

Werkzeuge: Werkstattwagenheber und Unterstellböcke, 22-mm-Schlüssel

Relevante Baujahre: Alle

Erforderliche Teile: neue Lambdasonde

Tipp: Bestreichen Sie das Gewinde der Lambdasonde mit Antifestbrennpaste, damit sie sich das nächste Mal leichter lösen lässt.

Arbeitsziel: Exakter dosiertes Kraftstoff-Luft-Gemisch und runderer Motorlauf

Ergänzende Arbeitsgänge: Einbau einer Aftermarket-Auspuffanlage oder Erneuern alter Auspuffdichtungen

Die Lambdasonde (auch als Sauerstoffsensor bezeichnet) ist eines der wichtigsten Bauteile moderner Einspritz- und Katalysatoranlagen. Eine präzise eingeregelte Einspritzanlage mit Lambdasonde kann die Zusammensetzung des Kraftstoff-Luft-Gemischs auf 0,02% genau konstant halten. Bei stöchiometrischer Zusammensetzung des Kraftstoff-Luft-Gemischs (Luft-Kraftstoff-Verhältnis 14,6:1) erreicht der Motor seine maximale Leistungsausbeute bei gleichzeitiger Minimierung der Abgasemissionen.

Die Lambdasonden sind in der Auspuffanlage des Motors angeordnet und erfassen den Sauerstoffgehalt der Abgase. Die meisten Boxster verfügen insgesamt über vier dieser Sonden – zwei je Katalysator auf jeder Fahrzeugseite. Die Sonde unmittelbar vor dem Katalysator misst die Gemischzusammensetzung der aus dem Motor ausströmenden Abgase. Mit der Sonde hinter dem Katalysator wird die Katalysatorwirkung durch Vergleich des O_2-Gehalts vor und nach dem Katalysator gemessen. Der Sauerstoffgehalt in den Abgasen variiert je nach Kraftstoff-Luft-Verhältnis der Einspritzanlage. Die Lambdasonde erzeugt ein Kleinspannungssignal, das vom elektronischen Steuergerät der Einspritzanlage ausgewertet wird. Das Steuergerät passt die Kraftstoffmenge entsprechend dem von der Lambdasonde gelieferten Signal an und hält so die optimale Gemischzusammensetzung aufrecht.

Der Ausfall der Lambdasonde lässt sich an mehreren Symptomen erkennen. Grundsätzlich sind Störungen allerdings schwer zu diagnostizieren, solange nicht alle anderen Komponenten der Einspritzanlage überprüft und für intakt befunden wurden. Zu den Symptomen eines Ausfalls der Lambdasonde zählen:

- unrunder Leerlauf in der Warmlaufphase
- unrunder Leerlauf bei warmem Motor
- mangelhafte Beschleunigung und Patschen im Auspuff
- mangelhafte Motorleistung
- hoher Kraftstoffverbrauch
- mangelhafte Fahrleistungen
- zu hoher oder zu niedriger CO-Gehalt im Leerlauf
- Motor-Kontrollleuchte leuchtet auf

Arbeitet die Lambdasonde nicht, läuft der Motor meist relativ schlecht und fällt auch durch überhöhte Schadstoffemissionen auf. Liegt das am Steuercomputer eingehende Signal außerhalb des normalen Bereichs, löst der Computer fast immer ein Warnsignal aus, und die Motorkontrollleuchte leuchtet auf. Manchmal gibt der Computer auch einen Fehlercode aus, der besagt, dass der Lambdasondenwert außerhalb des Sollbereichs liegt, auch wenn ein Fehler an anderer Stelle in der Einspritzanlage schuld ist. Bevor Sie also die Lambdasonden erneuern, vergewissern Sie sich, dass keine weiteren Fehlercodes aufgezeichnet wurden, die sich auf die Messwerte der Sonde auswirken. Weitere Einzelheiten zum Auslesen der Codes für die Einspritzanlage siehe Projekt 20.

Wird die Lambdasonde abgeklemmt und am Fahrgestell an Masse gelegt, interpretiert das Steuergerät dies als zu magere Motoreinstellung (Kraftstoffmangel) und versucht eine Gemischanreicherung. Wird anstelle der Lambdasonde eine kleine 1,5-V-Batterie (AA) angeschlossen, fasst das Steuergerät dies als einen zu fett laufenden Motor auf und versucht, das Gemisch abzumagern.

Die Störungssuche der kompletten Einspritzanlage würde natürlich den Rahmen dieses Projekts sprengen. Haben Sie aber die Lambdasonden als Schuldigen für Probleme an der Einspritzanlage im Verdacht, sollten die Sonden erneuert werden. Das ist etwa alle 50.000 km sinnvoll. Um an die Sonden heranzukommen, muss der Wagen aufgebockt werden (siehe Projekt 1).

Schrauben Sie die Sonde nun mit einem SW22-Schlüssel he-

raus. Beim Boxster sind die Sonden sehr bequem zugänglich. Bei vielen anderen Fahrzeugen wäre ein besonders tiefer, seitlich geschlitzter Lambdasonden-Steckschlüsseleinsatz notwendig. Der Stecker für die Sonde braucht lediglich am Fahrwerkskabelstrang abgezogen zu werden.

Die neuen Lambdasonden sollten exakt denselben Stecker aufweisen, der dann nur noch am Kabelstrang angeschlossen zu werden braucht. Wahrscheinlich ist die ausgebaute Sonde mit schwarzem Ruß überzogen. Dies ist ein normales Verschleißbild. Bei unserem Projektfahrzeug war die Lambdasonde mit Motoröl und Kühlmittelrückständen zugesetzt – erstes Indiz für den festgegangenen Motor (siehe Projekt 13).

Ziehen Sie die neue Lambdasonde stramm an, falls Sie den geschlitzten Steckschlüsseleinsatz und einen Drehmomentschlüssel zur Hand haben, mit 55 Nm. Bestreichen Sie das Sondengewinde vor dem Einbau mit etwas Antifestbrennpaste, die Paste darf aber nicht an die Schlitze am Sondenkopf gelangen. **Achtung:** Manche Sonden werden bereits entsprechend präpariert geliefert.

Lambdasonden sind in zweierlei Versionen erhältlich: Als Universalsonde, bei der der Stecker an der alten Sonde abgetrennt und an der neuen montiert wird, oder aber als Erstausrüsterteil mit vormontiertem passenden Stecker. Bei älteren Fahrzeugen können die Universalsonden montiert werden, bei neueren Baujahren kann es aber zu Problemen bei diesen Lambdasonden kommen, das es hier besonders auf Kabel und Stecker ankommt. Dies ist auch im Porsche-Werkstatthandbuch des 911 Carrera erläutert:

„Der 911 Carrera 4 ist mit einer neuen, wasserdichten Lambdasonde ausgerüstet. „Wasserdicht“ bedeutet, dass der obere Sondenteil und das Gehäuse leckdicht mit einer Schweißnaht abgedichtet werden und die Referenzluftöffnungen entfallen. Die Referenzluft wird nun über den Anschlusskabelstecker zugeführt. Daher dürfen keinesfalls Kontaktmittel, Schmiermittel, Betriebsflüssigkeiten oder andere Stoffe an den dreipoligen Stecker gelangen, da dies zum Ausfall der Sonde führen würde.“

Durch das Verlöten der Kabel kann das Referenzluftsignal unterbrochen werden, was Sondenstörungen nach sich ziehen würde. Aber auch bei den werksoriginalen Bosch-Posi-Lock-Steckern, die eigentlich mit den neuen Sonden funktionieren müssten, wurde bereits von Komplikationen berichtet. Da eine einwandfreie Verbindung zwischen Stecker und Lambdasonde für die saubere Übermittlung des Referenzsignals wichtig ist, sollten nur die passenden Lambdasonden mit dem richtigen Stecker eingebaut werden.

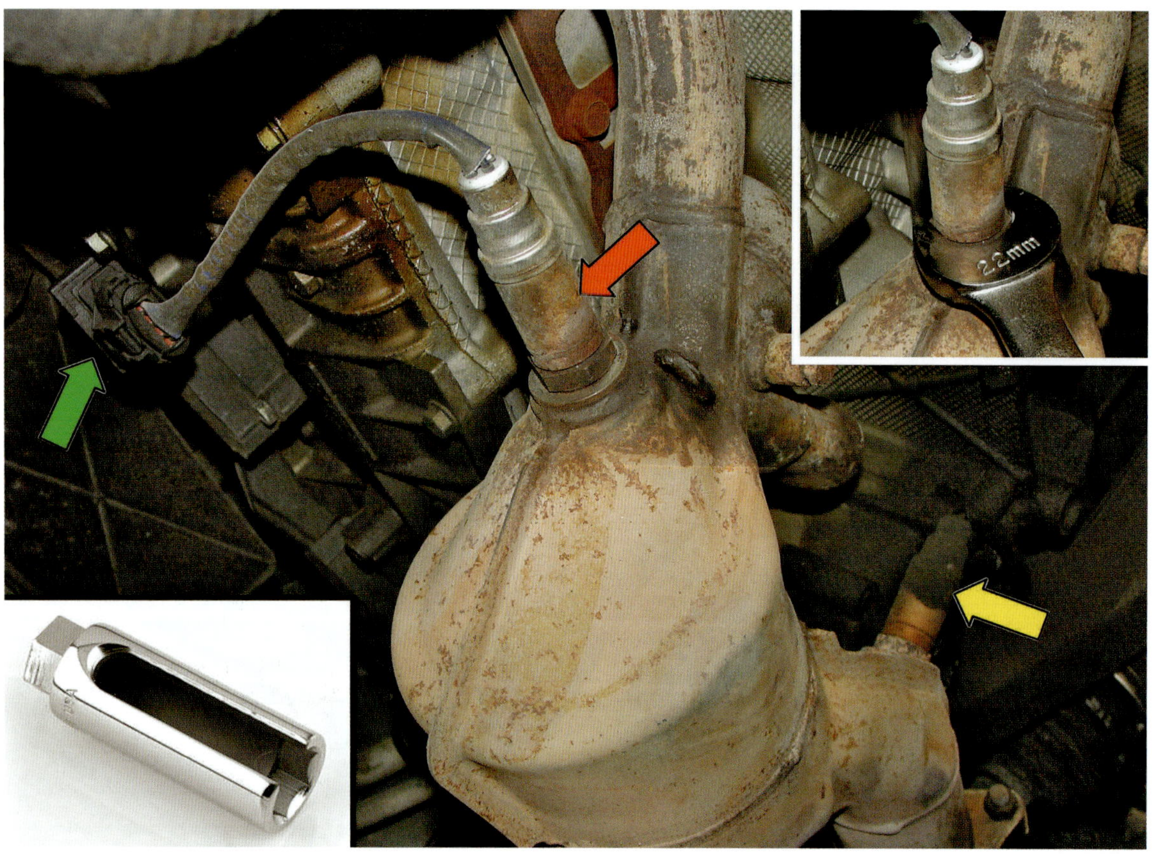

1 Hier sind der Katalysator und die beiden Lambdasonden zu sehen (roter Pfeil: vordere Sonde; gelber Pfeil: hintere Sonde). Der kleine schwarze Stecker (grüner Pfeil) verbindet die Sonde mit dem Kabelstrang und kann leicht entrastet und getrennt werden. Die neuen Lambdasonden sind zwar mit dem passenden Stecker bestückt, das Anschlusskabel ist aber mitunter viel zu lang. In diesem Fall sollte es mit einem Nylon-Kabelbinder befestigt und so verlegt werden, dass es nicht in die Nähe der Auspuffanlage kommt, denn die Auspuffwärme soll ja nicht das Kabel an der Sonde anschmelzen! Das kleine Bild links unten zeigt den Spezialeinsatz, der manchmal zum Ausbau der Lambdasonde an schlecht zugänglichen Einbaustellen benötigt wird. Er ist im gut sortierten Autowerkzeughandel erhältlich.

PROJEKT 20

Auslesen der Fehlercodes für die Kraftstoff-Einspritzanlage

Zeit/Kosten/Talent: 30 Minuten / ca. 250 Euro /

Werkzeuge: Durametric-Software

Relevante Baujahre: Alle

Erforderliche Teile: –

Tipp: Die Durametric-Software ist ein unverzichtbares Hilfsmittel für die Fehlerdiagnose.

Arbeitsziel: Der Motor läuft wieder besser, nachdem die Störungen behoben sind.

Ergänzende Arbeitsgänge: Erneuern der Lambdasonde – der Fehlercomputer zeigt häufig den entsprechenden Fehlercode an.

Fast alle Porsche ab etwa 1984 sind mit dem Bosch-Motormanagementsystem Motronic ausgerüstet. Die Motronic (auch allgemein als Digitale Motorelektronik – DME – bezeichnet) hat sich seither in Preis und Leistung als die alles in allem beste Motorsteuerung mit integrierter Einspritzanlage bewährt. Zündzeitpunkt und Kraftstoffdosierung werden über ein digitales Kennfeld gesteuert, das auf einem auswechselbaren Chip im Hauptcomputer der Einspritzanlage in der DME gespeichert ist. Der Computer verarbeitet verschiedene Sensorsignale am Motor: Motorkühlmitteltemperatur, Kurbelwellenwinkel, Drosselklappenstellung, Sauerstoffgehalt im Abgas, Umgebungslufttemperatur und Luftmassenstrom. Auf dem Speicherchip des DME-Flash-Speichers sind ab Werk bestimmte Leistungskennwerte (mit betont konservativer Auslegung) programmiert, so dass der Motor bei unterschiedlichsten Betriebsbedingungen gleichermaßen gut anspricht.

Wie bei jedem elektronischen Gerät können auch hier Komponenten ausfallen und die Systemfunktion beeinträchtigen. Die Porsche-Motronic ist so aufgebaut, dass sie darauf reagiert und dies dem Fahrer für die Fehlerbehebung meldet. Arbeitet ein Sensor nicht ordnungsgemäß, kann der Computer den Motorzustand nicht richtig erfassen und Gemischzusammensetzung und Zündzeitpunkt nicht anpassen. Die Folge sind erhöhter Verbrauch, Abfallen der Motorleistung sowie höhere Abgasemissionen und typischerweise leuchtet die Motorkontrollleuchte auf.

Porsche vor 1995 waren mit dem Borddiagnosesystem OBD I (On-Board Diagnostic Level I) ausgerüstet. Ab 1996 hielt die modernisierte Version OBD II Einzug, die von den US-Behörden im Zuge der Standardisierung der Kfz-Reparatur- und Diagnoseausrüstungen vorgeschrieben worden war. Das OBD-System überwacht und kontrolliert sämtliche Sensoren der Einspritzanlage und der Fahrzeugsysteme und bringt die Motorkontrollleuchte zum Aufleuchten, sobald ein Problem festgestellt wird. Der Computer speichert Diagnosefehlercodes im Hauptcomputer, bis er ausgelesen und wieder zurückgesetzt wird (Reset).

Um den fehlerhaften Sensor ausmachen und die Störung beheben zu können, ist zuerst zu prüfen, welchen Fehlercode der Computer ausgegeben hat. Ohne entsprechendes Computer-Tool lassen sich diese Codes nicht auslesen. Das Werk hat für die Händler den Porsche System Tester 2 (PST-2) entwickelt. Allerdings ist der auf dem freien Markt praktisch nicht aufzutreiben und kostet auch in gebrauchtem Zustand 3000 Euro und mehr. Eine neuere Version des PST-2 läuft unter dem Kürzel PIWIS, kostet allerdings rund 15.000 Euro und erfordert einen nochmals rund 700 Euro teuren Wartungsvertrag mit Porsche. Ein OBD II-Standardlesegerät, wie es im Zubehörhandel erhältlich ist, kann zwar ebenfalls verwendet werden, allerdings liefert es nur die Standard-Auslesecodes für die Einspritzanlage – weitere Diagnosearbeiten sind damit nicht möglich.

Erfreulicherweise wurde von der US-Firma Durametric eine Nachrüstsoftware entwickelt, die nahezu alle wichtigen Auslesefunktionen des PST-2 abdeckt. Sie läuft auf einem Laptop unter Windows und kostet in der Hobbyversion, mit der Codes an bis zu drei Fahrzeugen ausgelesen werden können, etwa 250 Euro. Ein wichtiges Hilfsmittel für alle Schrauberaktivitäten.

Mit einem standardmäßigen OBD II-Fehlercodelesegerät können nur die Codes aufgerufen und zurückgesetzt werden, die mit der Einspritzanlage zusammenhängen. Mit dem PST-2 und der Durametric-Software können Sie sich dagegen tief in die Teilsysteme des Fahrzeugs vorarbeiten und die Werte auslesen (Airbag, Tiptronic-Getriebe, Alarmanlage, Sitzspeicher, Heizung und Klimaanlage). Die Durametric ist allerdings nicht für die Programmierung des Computers vorgesehen; hier sind Sie nach wie vor auf das Entgegenkommen des Händlers angewiesen, wenn Änderungen an den Einstellwerten außerhalb der Einspritzanlage vorgenommen werden sollen.

Sobald die vom PST-2 ausgegebenen Fehlercodes vorliegen, können Sie weitere Einzelheiten im Porsche-Diagnosehandbuch für die ODB II (kostspielig!) nachlesen. Die verschiedenen Fehler und die Voraussetzungen für ihre Behebung werden dort ausführlich beschrieben.

Tipp: Viele Störungen, die zur Anzeige von Fehlercodes führen, haben ihre Ursache im Kabelbaum. Mit zunehmendem Fahrzeugalter verhärten die Kabelbäume. So werden die Kabel spröde und brechen mitunter in ihrer Plastikisolation. Kabelbrüche lassen sich dann nur mit der Durchgangsprüfung jedes einzelnen Kabels feststellen.

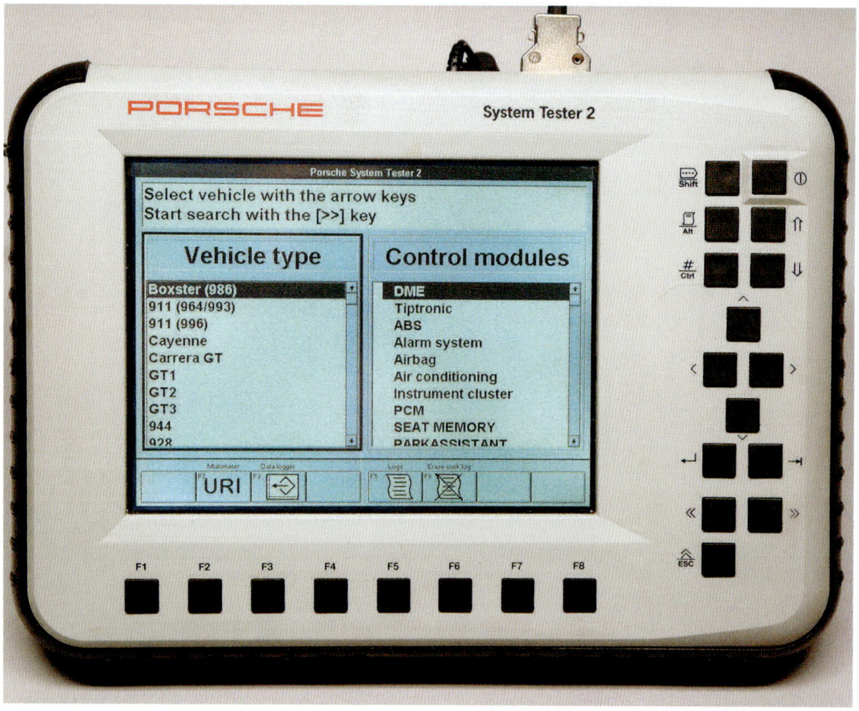

1 Der heilige Gral der Porsche-Fehlercodelesegeräte: Der Porsche System Tester 2 (PST-2) – ein seltenes und teures Spezialgerät – wird für die Diagnose verschiedener Fahrzeugsysteme in unterschiedlichen Porsche eingesetzt. Jeder Vertragshändler verfügt über ein solches Gerät oder einen der neueren PIWIS-Tester, um Störungen schnell diagnostizieren und die Einstellwerte in den Computersystemen des Fahrzeugs modifizieren zu können.

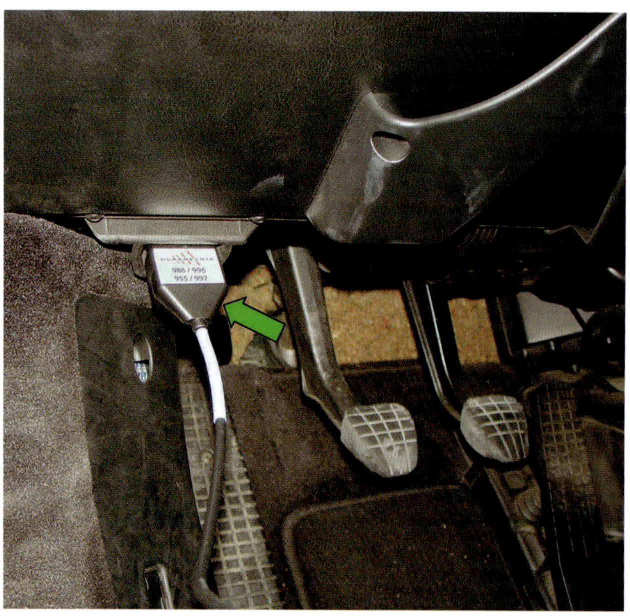

2 Sowohl das PST-2 als auch die Durametric-Software kommunizieren mit dem Fahrzeug über den OBD II-Port unter dem Lenkrad links im Fußraum. Der Stecker muss fest eingesteckt sein, denn er rutscht gelegentlich aus seiner Halterung.

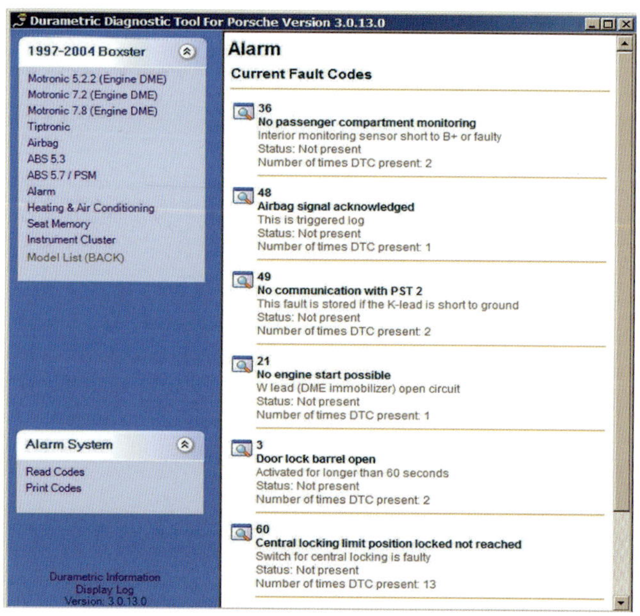

3 Ein Screenshot der Durametric-Software für die Diagnose unterschiedlicher Systemstörungen. Die Software ist annähernd so leistungsfähig wie die Auslesefunktionen des originalen Porsche PST-2 und als Diagnosetool für den Hobbyschrauber unentbehrlich.

PROJEKT 21
Lokalisieren von Unterdrucklecks

Zeit/Kosten/Talent: 2 Stunden / ca. 550 Euro /

Werkzeuge: SmokePro Gerät

Relevante Baujahre: Alle

Erforderliche Teile: –

Tipp: Vielleicht können Sie sich das Gerät bei einem Schrauberkollegen ausleihen.

Arbeitsziel: runderer Motorlauf, bessere Leistung

Ergänzende Arbeitsgänge: Erneuern der Unterdruckschläuche und Ansaugmanschetten

Moderne Kraftfahrzeuge sind mit einer Unmenge Unterdruckschläuche und -manschetten im Motorraum ausgerüstet. Das ungeschulte Auge sieht im Motorraum nur ein Gewirr einwärts und auswärts verlaufender Schläuche. Diese Schläuche und Manschetten, die zudem wechselnden Hitze- und Kälteeinflüssen ausgesetzt sind, altern, zeigen irgendwann Risse und werden schließlich undicht. Ein Unterdruckleck an der Einspritzanlage irritiert die Sensoren des Einspritzcomputers und der Motor läuft dann nicht mehr ordentlich. Der Verbrauch steigt, der Leerlauf wird unrund, Zündaussetzer stellen sich ein und manchmal leuchtet die Motorkontrollleuchte auf.

Der erste Tipp bei Problemen mit unrundem Motorlauf ist, die gesamte Anlage eingehend auf Lecks zu untersuchen. Ohne geeignete Werkzeuge ist das allerdings oft recht schwierig. Alte Gummimanschetten werden an Stellen, die mit dem bloßen Auge nicht zu erkennen sind, rissig und undicht. Drückt man sie zusammen, zeigt sich manchmal ein Riss, der in der normalen Einbaulage nicht erkennbar wäre.

Die „Räubermethode" bei der Suche nach Unterdrucklecks besteht darin, künstlich ein Leck zu erzeugen und zu prüfen, wie der Motor reagiert. Am Boxster-Motor sind zwei primäre Unterdrucksysteme vorhanden: der Kurbelgehäuseunterdruck und der am Ansaugstutzen. Zur Kontrolle, ob der Kurbelgehäuseunterdruck in Ordnung ist, nehmen wir den Öleinfülldeckel bei laufendem Motor ab. Die Motorleerlaufdrehzahl sollte sich ändern und der Motor etwas rauer laufen, sobald dieser Deckel abgenommen wurde. Ändert sich der Motorlauf nicht, liegt vielleicht irgendwo ein Unterdruckleck am Kurbelgehäuse vor (manchmal aufgrund eines defekten Ölabscheiders – siehe Projekt 9). Um ein Unterdruckleck am Saugstutzen zu erzeugen, ziehen wir einen oder mehrere der dort angeschlossenen Schläuche ab, etwa den Verbindungsschlauch zum Ölabscheider. Wird einer dieser Schläuche nur geringfügig geöffnet und ändert sich die Motordrehzahl dann nicht, ist wahrscheinlich irgendwo am Ansaugtrakt ein Unterdruckleck vorhanden.

Die bei weitem beste Möglichkeit zur Prüfung auf Unterdrucklecks bietet freilich ein Raucherzeuger. Diese Geräte sind zwar ziemlich teuer, Sie können sie aber vielleicht auch in Werkstätten ausleihen oder mieten. Sie erzeugen Rauch, der bei stehendem Motor in den Ansaugtrakt und in das Kurbelgehäuse des Motors eingeblasen wird. Sie brauchen nur zu beobachten, wo feine Rauchwölkchen entweichen. Das erspart oft stundenlange Sucherei, die buchstäblich zum „Stochern im Nebel" geraten würde. Bei Umbauprojekten – wie für dieses Buch beim Einbau des 3,4-Liter-Motors in den Boxster – die eigens angefertigten Zusatzschläuche auf Dichtheit zu prüfen, ist mithilfe des Raucherzeugers ebenfalls kein sonderlich kompliziertes Unterfangen.

Der Raucherzeuger kann mit normalem haushaltsüblichem Babyöl betrieben werden und setzt Rauch durch die Erwärmung dieses Öls frei. Der dabei entstehende Rauch ähnelt dem in Modelleisenbahnen erzeugten. Außerdem muss das Gerät an einen Werkstattkompressor angeschlossen werden. Die verdichtete Luft wird mit dem Rauch gemischt und über den Ansaugtrakt in den Motor geblasen. Bei unserem Motor wurden dazu der Ansaugluftfilter demontiert und ein mit dem Gerät mitgelieferter konischer Adapter angesetzt, mit dem der Rauchschlauch zum Ansaugstutzen abgedichtet werden kann. Bei der Leckprüfung muss das Fahrzeug vollständig ausgekühlt sein, da die Gummischläuche und -manschetten am ehesten Lecks zeigen, wenn sie kalt sind und sich zusammengezogen haben. Am kalten Motor lassen sich Lecks also am sichersten lokalisieren. Wenn Fahrzeug und Motor sich erwärmen, dehnen sich die Bauteile, und kleine Lecks werden so womöglich abgedichtet. Außerdem sollte der Luftmassenmesser (LMM) abgebaut werden, damit der Rauch sich nicht an ihm sammelt und seine Funktion stört. Verschließen Sie die Bohrung für den LMM mit Abklebeband.

Nach der Inbetriebnahme des Raucherzeugers dauert es eine bis zwei Minuten, bis der Rauch an alle Stellen im Fahrzeug vorgedrungen ist. Ist Ihr Porsche absolut luftdicht (was nicht

schlecht ist), dürfte nirgends Rauch zu erkennen sein. Auch die ordnungsgemäße Funktion des Raucherzeugers lässt sich jetzt überprüfen – indem Sie den Öldeckel im Motorraum abnehmen. Aus dem Öleinfüllstutzen muss nun gleichmäßig Rauch austreten.

Beim Boxster können außerdem winzige Rauchwölkchen an den Resonanzklappenlagern austreten – auch dies ist normal und beeinträchtigt weder die Motorfunktion noch weist es auf ein größeres Unterdruckleck hin. Treten dagegen gleichmäßige Rauchwolken im Motorraum aus, müssen Sie sich auf eingehendere Suche nach der Quelle machen. Bei dem 3,4-Liter-Motor unseres Umbauprojekts waren keine größeren Lecks festzustellen, lediglich etliche kleinere Undichtigkeiten (einer der Entlüfterschläuche zum Kühler musste nachgezogen werden).

Auf den ersten Blick mag der Raucherzeuger nur begrenzte Einsatzmöglichkeiten bieten, er ist aber auch für andere Störungssuchaufgaben vielseitig verwendbar. Im Prinzip lässt sich damit jedes luftführende System testen, also Klimaregler, undichte Scheinwerfergehäuse, Auspuffanlagen sowie Klimaanlagenleitungen und Klimakompressoren (allerdings sind die meisten Lecks an Klimaanlagen winzig und mit einem Rauchentwickler allein nur schwer zu lokalisieren). Auch die Prüfung von Kühlern auf einwandfreie Dichtigkeit ist damit vor dem Einbau möglich.

Selbst undichte Stellen an Tür- und Scheibendichtungen lassen sich mit dem Raucherzeuger aufspüren. Kurbeln Sie dazu alle Kurbelfenster hoch und verschließen Sie alle Öffnungen am Wagen. Dann schalten Sie den Frischluftgebläsemotor auf seine höchste Stellung (aber nicht auf Umluft). Bewegen Sie nun den Raucherzeuger mit einer Diffusordüse (die breiter ist und damit die Strömungsgeschwindigkeit des Rauchs drosselt) außen um das Fahrzeug und blasen Sie den Rauch auf den Bereich, in dem Sie eine Undichtigkeit vermuten. Die Frischluftgebläse im Innenraum bauen einen Druck auf, durch den Luft an undichten Stellen nach außen gedrückt wird. Wenn der Rauch langsam auf diese verdächtigen Bereiche geblasen wird, lassen sich an undichten Stellen Veränderungen in der Bewegung des Rauchs erkennen. Natürlich muss diese Prüfung in der Garage an einem absolut windstillen Ort durchgeführt werden.

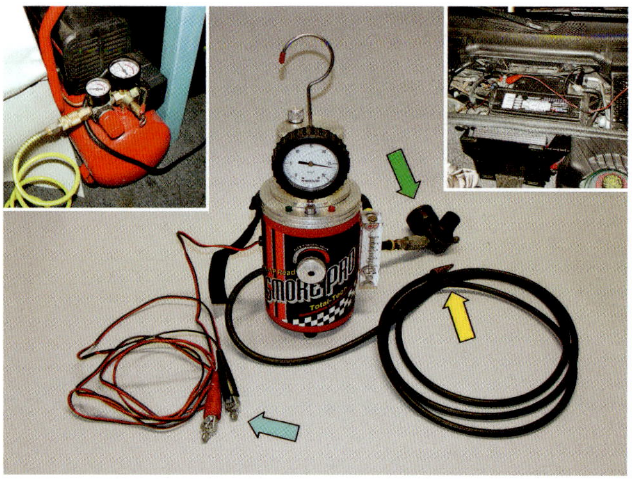

1 Das Redline Smoke Pro-Gerät. Dank seiner Vielseitigkeit ist es für die Lokalisierung von Unterdrucklecks an der Einspritzanlage extrem nützlich. Ein Luftkompressor (oben links), der mit einem Druckregler (grüner Pfeil) verbunden ist, erzeugt die Betriebsluft. Die Erwärmungsvorrichtung wird über die Fahrzeugbatterie betrieben (oben rechts und blauer Pfeil). Die Druckluft wird mit Rauch versetzt und tritt durch die Düse aus (gelber Pfeil).

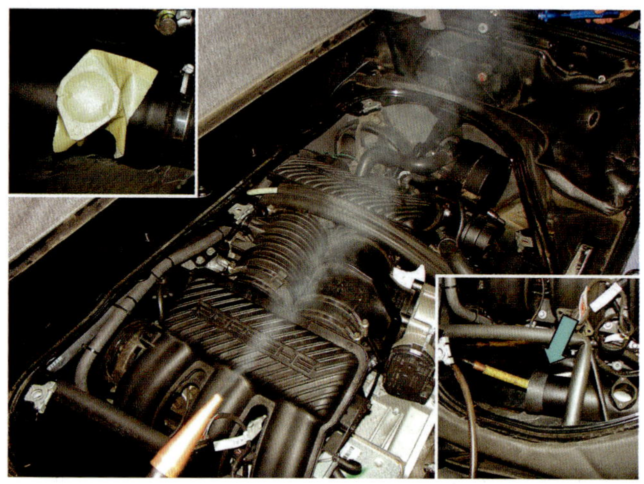

2 Bei eingeschaltetem Raucherzeuger ist die an der Düse austretende Rauchfahne deutlich zu erkennen. Der Luftmassenmesser soll allerdings nicht im Rauch erstickt werden, also sollte er ausgebaut und seine Öffnung abgeklebt oder verschlossen werden, bevor Druck aufgebaut wird (oben links). Der Smoke Pro wird mit verschiedenen Adaptern für den Anschluss an der Ansauganlage geliefert. Bei diesem Boxster wurden der konische Nachrüst-Luftfilter demontiert und die Ansaugseite mit dem mitgelieferten konischen SmokePro-Gummiadapter (blauer Pfeil) verschlossen.

3 Sobald das System unter Druck steht, können wir durch Abnehmen des Öleinfülldeckels prüfen, ob der Motor komplett „eingenebelt" wurde. Aus dem Einfüllstutzen muss jetzt eine gleichmäßige Rauchfahne austreten. Das bedeutet, dass der Rauch von der Saugseite durch den Ölabscheider in das Kurbelgehäuse durchtritt. Bringen Sie nun den Öleinfülldeckel wieder an und kontrollieren Sie die Saugseite eingehend auf Rauchspuren – sie sind Indiz für Unterdrucklecks.

PROJEKT 22
Erneuern der Kraftstoffpumpe

Zeit/Kosten/Talent: 2 Stunden / ca. 250 Euro

Werkzeuge: Ölfilterschlüssel, Batterieladegerät

Relevante Baujahre: Alle

Erforderliche Teile: Kraftstoffpumpe, O-Ring, Geber

Tipp: Zum Entleeren des Tanks das Relais überbrücken.

Arbeitsziel: Zuverlässiger arbeitende Kraftstoffanlage

Ergänzende Arbeitsgänge: Erneuern der Batterie

Gar nicht so selten sind Probleme mit einer fehlerhaften oder ausgefallenen Benzinpumpe. Arbeitet sie sehr laut oder mit Nebengeräuschen oder erreicht der Kraftstoffdruck im Motorraum nicht den für die einwandfreie Funktion der Einspritzanlage notwendigen Druck, dürfte ein Austausch anstehen. Die Benzinpumpe ist allerdings nicht so einfach aufgebaut, wie es den Anschein hat. Der Kraftstoff durchströmt die Pumpe und dient sowohl als Kühl- als auch als Schmiermittel fürs gesamte Pumpeninnere. Geht also einmal der Sprit aus, sollten Sie sofort die Benzinpumpe abschalten, andernfalls könnten ihre Innenbauteile Schaden nehmen. Und verlassen Sie sich darauf: Kaum etwas ist schlimmer als eine defekte Pumpe, wegen der Sie hilflos am Straßenrand stehen.

Manche typischen Kraftstoffpumpenprobleme lassen sich bereits im Vorfeld umgehen. Vernehmliche Laufgeräusche und lautes Klicken deuten darauf hin, dass die Lager im Pumpeninneren ausgelaufen sind und erneuert werden sollten. Sind auch nach dem Ausschalten der Zündung noch Pumpengeräusche zu hören, stehen möglicherweise die internen Rückschlagventile vor dem Exitus. Die Pumpe könnte irgendwann festgehen oder der an der Einspritzanlage anliegende Druck könnte abfallen. In beiden Fällen erreicht der Motor dann nicht mehr seine volle Leistung. Weiteres Symptom eines Defekts ist, dass die Pumpe hängenbleibt und erst wieder zuschaltet, nachdem die Zündung mehrmals aus- und wieder eingeschaltet wurde. Dies wäre ein eindeutiges Anzeichen dafür, dass die Pumpe ihrem Ende entgegengeht und ein sofortiger Tausch ratsam ist. Kontrollieren Sie zuvor aber die elektrische Zuleitung, um sicherzugehen, dass es sich nicht lediglich um ein Elektrikproblem handelt.

Bei einem Pumpentausch muss das Fahrzeug zunächst vorbereitet werden. Lassen Sie das Benzin möglichst vollständig aus dem Fahrzeug ab (siehe Fotos). Dazu einige ergänzende Tipps:

- Halten Sie für den Notfall stets einen Feuerlöscher griffbereit.
- Benzin ist sehr leicht entzündlich. Bei der Arbeit in der Nähe von Benzinleitungsanschlüssen sollten nie Kabel oder elektrische Anschlüsse gelöst werden, bei denen es zu Funkenbildung kommen kann.
- Nehmen Sie vor Arbeiten an der Kraftstoffanlage stets den Tankdeckel ab, um Druck in der Kraftstoffanlage abzubauen.
- Arbeiten Sie keinesfalls mit einer Werkstattleuchte in der Nähe von Kraftstoff oder Kraftstofftanks. Wenn Sie Licht brauchen, nehmen Sie eine (kühle) Leuchtstoffröhre, halten Sie sie aber in sicherem Abstand zum Tank.
- Benzindämpfe sind ausgesprochen gesundheitsschädlich und können Benommenheit und Schwindel hervorrufen. Arbeiten Sie daher stets in einem gut belüfteten Bereich mit guter Frischluftzirkulation.
- Klemmen Sie bei Arbeiten an der Kraftstoffanlage stets die Batterie ab. Sie muss mindestens 30 Minuten abgeklemmt bleiben, damit sich die restliche elektrische Aufladung an den Bauteilen abbaut.
- Halten Sie reichlich Lappen griffbereit und tragen Sie Gummihandschuhe, um Hautkontakt mit austretendem Kraftstoff zu vermeiden.
- Achten Sie stets auf einwandfreie Masseverbindung – vermeiden Sie alles, was zur Bildung statischer Elektrizität führen könnte. Auch Mobiltelefone und Personenrufempfänger (Pager) bleiben in sicherer Entfernung.
- Fahren Sie den Tank vor dem Pumpenwechsel möglichst weitgehend leer und lassen Sie den restlichen Kraftstoff wie in Abb. 1 beschrieben ab.

Als erstes bauen wir die Batterie aus (siehe Projekt 81). Der Batterieträger dient auch als Abdeckung für den Benzinpumpenbereich. Unter ihm ist die Oberseite des Tankgebers für den Benzintank zu sehen. Ziehen Sie den Stecker am Geber ab. Drücken Sie nun die Benzinzuleitungen zusammen und ziehen Sie sie zusammen mit dem Entlüfterschlauch auf der Oberseite des Gebers ab. Eventuell tritt etwas Benzin aus, halten Sie also etwas zum Aufnehmen bereit. Ein alter Filzstift eignet sich zum Verschließen der Leitungen. Falls sich noch Benzin im Tank befindet, wäre jetzt der ideale Zeitpunkt, um den Tank zu leeren (siehe Abb. 1 und 2).

Der Geber wird von einer großen Überwurfmutter gehalten. Sie wird üblicherweise mit einem Spezialwerkzeug gelöst und wieder festgezogen.

Mit einem großen Schlitzschraubendreher oder Meißel und einem kleinen Hammer kann der Kunststoffring jedoch recht mühelos gelockert werden. Nehmen Sie den gelockerten Ring anschließend vorsichtig von der Geberoberseite ab.

Kommen wir zum unterhaltsamen Teil: Für die nun folgenden Arbeiten sollten Sie gut vorbereitet sein – und in einer gut belüfteten Garage mit Gummihandschuhen arbeiten und reichlich Lappen bereithalten. Wenn Sie am Oberteil des Gebers ziehen, müsste er sich komplett aus dem Tank herausheben lassen (Abb. 3). Pumpe und Tank sind mit einem großen, dicken O-Ring gegeneinander abgedichtet – legen Sie diesen jetzt beiseite. Näheres zum Aus- und Einbau der Pumpe siehe Abb. 4 und 5.

Achten Sie beim Wiedereinbau der Pumpe darauf, dass die Benzinschläuche im Tank nicht die Funktion des Tankgebers behindern. Wenn der Geber hängt, sind oftmals die Schläuche die Schuldigen. Zur Abhilfe müssen dann der Tank erneut geöffnet und die Schläuche seitlich wegverlegt und fixiert werden. Prüfen Sie also vorab, ob die Schläuche nicht mit der Bewegung des Tankgebers kollidieren, bevor Sie alles wieder zusammenschrauben.

Der große Dichtring sollte grundsätzlich erneuert werden. Der O-Ring muss auf der Pumpenaußenseite ringsum dicht anliegen und zur Tanköffnung hin abdichten. Drehen Sie dann die Überwurfmutter auf und ziehen Sie sie so fest wie möglich an. Anschließend schließen Sie die Benzinleitungen und den Steckverbinder wieder an.

Die Batterie wird wieder eingebaut und angeschlossen, nachdem sich alle Benzindämpfe verzogen haben. Nun können wir den Motor mit dem Anlasser durchdrehen und probieren, ob er anspringt. Springt er sofort an und läuft längere Zeit problemlos, dann erfüllt die Pumpe ihren Dienst.

1 Dieses Bild zeigt eine sichere Methode zum Entleeren des Tanks: Ziehen Sie den Schlauch auf der Druckseite an der Pumpenoberseite ab und bringen Sie einen durchsichtigen Kunststoffschlauch am Stutzen an (gelber Pfeil). Verbinden Sie die Anschlusskabel der Fahrzeugbatterie mit einer externen 12-V-Stromquelle (beide Pole müssen gründlich umwickelt und isoliert werden). Dann überbrücken Sie das Relais im Fahrerfußraum (siehe Abb. 2) und schalten die Zündung ein. Jetzt muss die Pumpe anlaufen und den Kraftstoff in den Kanister fördern. Füllstand genau beobachten und die Pumpe abschalten, wenn der externe Behälter vollläuft oder der Tank trockenläuft! Funktioniert die Benzinpumpe Ihres Boxster nicht, müssen Sie eine kleine elektrische Förderpumpe so anschließen, dass der Kraftstoff aus dem Tank abgesaugt werden und in den externen Behälter fließen kann.

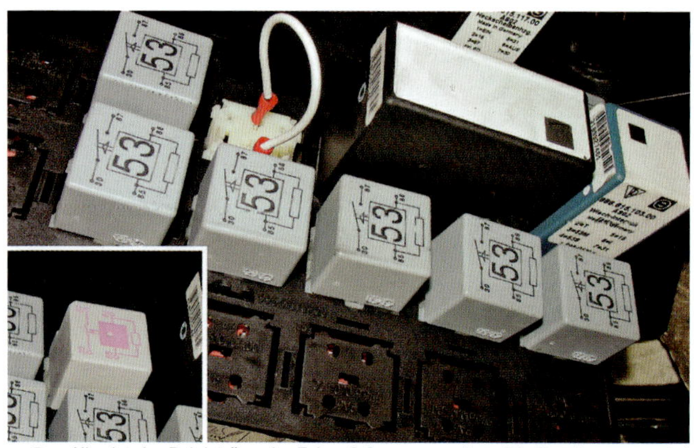

2 Hier ist der Relaisträger im Fahrerfußraum zu sehen. Die Benzinpumpe wird normalerweise nur bei laufendem Motor eingeschaltet, das Relais kann jedoch – wie hier zu sehen – auch ausgebaut und mit einem einfachen Überbrückungskabel überbrückt werden. Bauen Sie das Benzinpumpenrelais (kleines Bild) aus und überbrücken Sie Klemme 30 und 87 (auf dem Relaisträger üblicherweise mit 3 und 5 gekennzeichnet). Dadurch schaltet die Benzinpumpe automatisch zu, sobald die Zündung eingeschaltet wird.

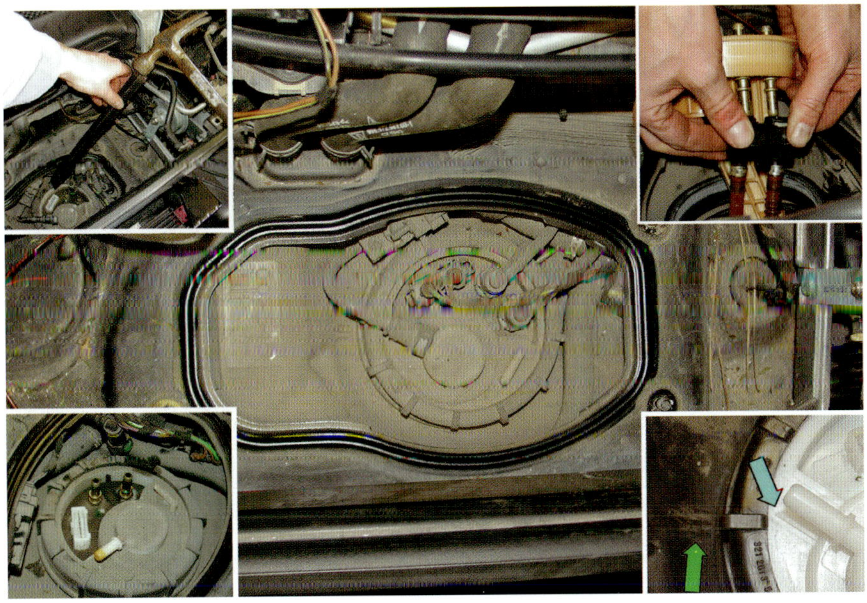

3 Nach dem Ausbau der Batterie und des Auflageblechs liegen Tankoberseite und Tankgeber frei. Drücken Sie die Anschlüsse der Benzinleitung zusammen und ziehen Sie sie zusammen mit dem Entlüfterschlauch und den elektrischen Anschlüssen ab (unten links). Mit einem breiten Meißel und mittelgroßen Hammer wird der Außenring vorsichtig gelockert, der die Benzinpumpe trägt (oben links). Er müsste sich nun drehen und mit einigen leichten Schlägen lockern lassen. Sobald der Ring locker ist, ziehen wir den Tankgeber heraus, und nun müssten sich die Benzinzuleitungen an der Unterseite zusammendrücken und abziehen lassen. Achten Sie beim Wiedereinbau des Gebers darauf, den großen Pfeil (blauer Pfeil) auf die drei Striche am Tank (grüner Pfeil) auszurichten.

4 Das Bild oben links zeigt die Benzinpumpe im leeren Benzintank. Der Abbau der Pumpe vom Tankboden bereitet gelegentlich Probleme. Eigentlich müsste sie sich von Hand drehen und vom Boden abschrauben lassen, sie lässt sich aber anscheinend nicht immer fest genug greifen. Wickeln Sie z.B. ein Ölfilterschlüssel-Gummiband vorsichtig um den Pumpenkörper; mit einem kräftigen Ruck am Filterschlüssel löst sich die Pumpe dann in aller Regel aus ihrem Sitz am Tankboden.

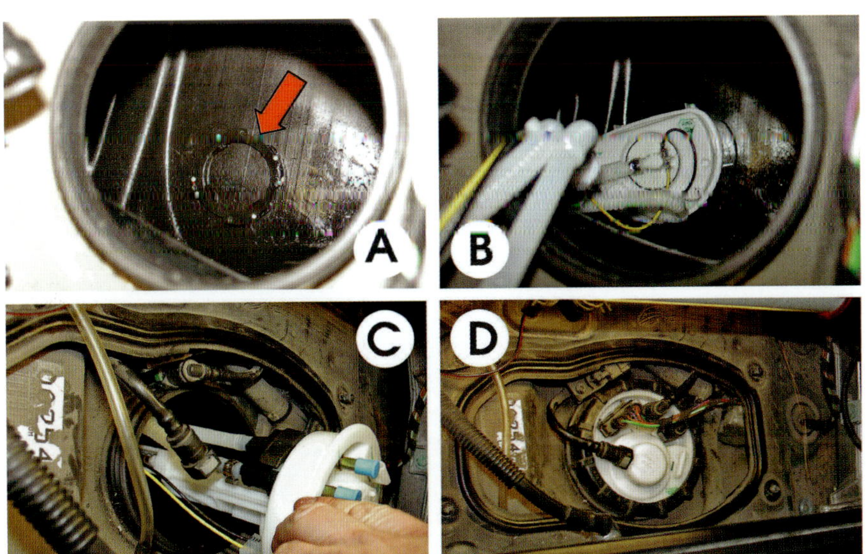

5 Der Einbau ist nicht weiter kompliziert. **A:** Der rote Pfeil zeigt auf den Sicherungsring, in den die Benzinpumpe an ihrer Unterseite beim Drehen einrastet. Damit wird die Pumpe am Tankboden befestigt. **B:** Hier sehen wir die neue Pumpe nach dem Einbau. Sie sieht etwas anders aus als die Originalpumpe, ist in ihrer Funktion aber identisch. **C:** Nach dem Einbau der neuen Pumpe muss wieder der Tankgeber montiert werden. Nicht vergessen, die Schläuche von der Pumpe an der Geberunterseite anzuschließen! **D:** So sieht die eingebaute neue Pumpe nach dem Anschluss des neuen Gebers vor der Funktionsprüfung aus. Bevor die Pumpe erstmals eingeschaltet wird, muss ausreichend Benzin in den Tank gefüllt werden.

PROJEKT 23
Einbau eines Hochleistungs-Luftansaugkastens

Zeit/Kosten/Talent: 8 Stunden / ca. 350 Euro / 4 Schraubenschlüssel

Werkzeuge: Torx-Schlüssel

Relevante Baujahre: 1997-2004

Erforderliche Teile: Kaltluftansaugkasten-Einbausatz

Tipp: Planen Sie sicherheitshalber ein, dass der Einbau länger dauert als erwartet.

Arbeitsziel: Freier atmender Motor

Ergänzende Arbeitsgänge: DME-Software aktualisieren

In Internetforen ist neuerdings immer wieder von Kaltluftansaugsystemen die Rede. Manche Hersteller schwören Stein und Bein auf die in diesen Ansaugluftführungen versteckte Mehrleistung. Andere „Experten" halten diese Nachrüstteile für völligen Humbug, und in den Zeiten des Internet machen Mythen jeder Couleur schnell die Runde. Die Wahrheit dürfte vermutlich zwischen diesen beiden Extremen liegen. Bei manchen Modellen bewirkt eine durchdacht konzipierte Kaltluftansaugführung eine wirksame Abkühlung der in die Zylinder einströmenden Ansaugluftfüllung. Kühlere Luft wirkt der Klingelneigung des Motors entgegen und ermöglicht eine höhere Dichte der Ansaugluftfüllung, was theoretisch auch zusätzliche Pferdestärken freisetzt.

Nun ist aber die serienmäßige Ansaugluftanlage des Boxster bereits eine Kaltluftansauganlage. Sie saugt Luft von außen an und isoliert den Ansaugtrakt gegenüber der durch den Motor erzeugten Wärme. Nicht ganz optimal ist allerdings die Drosselung des Ansaugluftstroms. Die Serienversion bewirkt eine gewisse Drosselung und die Luft muss auf dem Weg in den Motor etliche Umwege nehmen. Nachrüst-Tuningkits verfolgen zwei Ziele: Kältere Luft soll dem Ansaugtrakt auf direktem Wege zugeführt werden und die Drosselwirkung der Serienversion soll entfallen.

Welche Mehrleistung können wir damit aber erwarten? Dies hängt natürlich von dem montierten Nachrüstkit ab. Mangelhaft konzipierte Kits mit nicht originalem Filtereinsatz bewirken möglicherweise eine noch stärkere Drosselung und damit Leistungsabfall. Zudem drohen bei unsachgemäß montierten Ansauganlagen auch Leistungseinbußen durch Falschlufteintritt. Bei manchen Prüfstandstests war nach dem Einbau von angeblich leistungssteigernden Ansauganlagen keinerlei Veränderung bzw. gar eine Verschlechterung der Leistung festzustellen. Bei anderen Tests zeigte sich dagegen ein spürbarer Leistungszuwachs von ca. 10 PS.

Kurz und gut: Eine Luftansauganlage für Tuningzwecke ist (üblicherweise) ein teures Nachrüstteil, das nur geringe Mehrleistung bringt. Manche dieser Kits schlagen mit mehr als 400 EUR zu Buche, was dann schon viel Geld pro PS ist. Andere Kits sind preisgünstiger und sind mit auswasch- und wiederverwendbaren Nachrüstfiltereinsätzen bestückt. Diese Filter sind nicht unumstritten, da ihre Filterwirkung schlechter als die der Serieneinsätze ist (siehe Projekt 3 bzw. 27), langfristig kann sich die Wiederverwendbarkeit der Filtereinsätze aber durchaus als kostendämpfender Faktor bemerkbar machen.

Einigkeit dürfte nur darin bestehen, dass eine leistungssteigernde Ansauganlage ein wesentlich kernigeres Motorengeräusch im oberen Drehzahlbereich bewirkt. Wer diesen satteren Sound bevorzugt, wird allein dies schon als Kaufargument werten. Wer auf einen laufruhigeren Motor Wert legt, könnte die neue Klangkulisse dagegen schon bald als etwas nervenzehrend empfinden.

Die Zahl der Anbieter derartiger spezieller Ansaugsysteme ist fast unüberschaubar – große Tuningfirmen sind genauso vertreten wie Amateurschrauber, die ihre Kreationen bei Internetauktionen feilbieten. Nachrüstwillige Boxster-Besitzer sollten sich im Zweifel aber an die Produkte bekannter Hersteller halten – so auch bei unserem Projekt, das eine Anlage der bekannten US-Tuningfirma Evolution Motorsports erhielt. Bei ihr wird der serienmäßige Luftfilter durch einen durchsatzoptimierten Konusfilter und ein spezielles Rohr zur Aufnahme des Luftmassenmessers (LMM) ersetzt. Dies ergibt eine Ansauganlage, die freier atmen kann und die Motorkontrollleuchten längst nicht mehr so rasch zum Aufleuchten bringt. Das Ansaugluftgehäuse ist vom Motorraum getrennt und soll lediglich den Luftstrom von außerhalb des Fahrzeugs in den Ansaugtrakt lenken. Die Montage dieses Einbausatzes bot sich bei der Umrüstung auf den 3,4-Liter-Motor (siehe Projekt 11) geradezu an.

Der Einbau dieser Anlage ist freilich nicht ganz so einfach wie gedacht – planen Sie also am besten einen kompletten Arbeitstag für den Ausbau der alten Ansauganlage und die Montage der neuen ein. Der Einbau bei den Boxster-Modellen bis 2004 ist in der Bildreihe beschrieben.

1 Die EVO-Frischluftansauganlage aus dem Programm von Evolution Motorsports. Der Einbausatz besteht aus einem Polyethylengehäuse, das durch seine sehr geringe Wärmeleitfähigkeit die Wärme des Motorraums von der Kaltluftseite des Motors fernhalten soll. Der wiederverwendbare Konusfilter ermöglicht einen ungehinderteren Luftdurchtritt als der Serienfiltereinsatz. Das LMM-Ansaugrohr entspricht im Durchmesser dem Originalteil, um Probleme mit der Motorkontrollleuchte zu vermeiden.

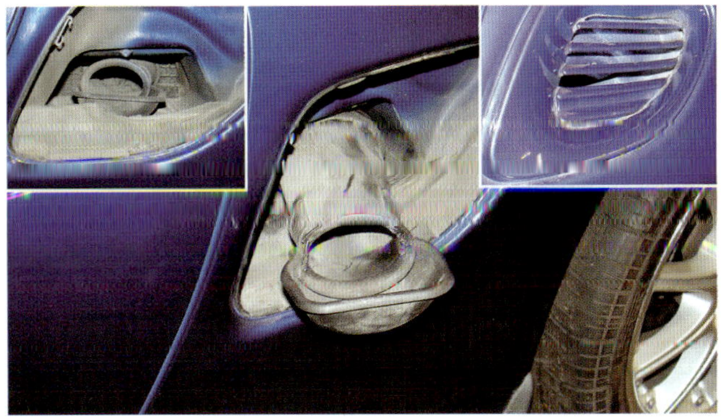

2 Zuerst wird das linke Frischluftgitter demontiert. Das Gitter ist mit einer einzelnen Schraube (gelber Pfeil) und mehreren Einrastklammern befestigt. Heben Sie das Gitter mit einem Kunststoffspatel vorsichtig am gesamten Umfang von seinen Halteklammern ab. Lösen Sie das Luftansaugrohr durch Auf- und Abbewegungen und ziehen Sie es dann heraus. Es sitzt sehr stramm und erfordert beim Ausbau einige Kraft.

3 Lösen Sie den Luftmassenmesser (LMM) vorsichtig mit einem T20-Torx-Schraubendreher und montieren Sie ihn vor dem Einbau in dem mit dem neuen Kit mitgelieferten Metallrohr. Vorsicht beim Umgang mit dem LMM – es darf keinesfalls Schmutz an den LMM gelangen. Für den Ausbau des LMM ist der mit dem EVO-Kit mitgelieferte Torx-Schraubendreher erforderlich. Jetzt wäre auch der optimale Zeitpunkt zum Reinigen des LMM (siehe Projekt 27).

4 Lösen Sie die beiden Schellen (an jedem Ende eine), mit der das Serienansaugrohr am Klappenstutzen befestigt ist (grüner Pfeil). Nehmen Sie dieses Winkelrohr heraus und legen Sie es beiseite.

5 Nun lösen wir die Schellen auf der Saugrohroberseite. Mit den nachfolgenden Arbeitsgängen schaffen wir ausreichend Freiraum, um den sperrigen Serien-Ansaugluftkasten demontieren zu können. Dabei lösen wir auch die 10er Mutter am Klappenstutzengehäuse (Bild dieser Mutter siehe Projekt 83, Abb. 2).

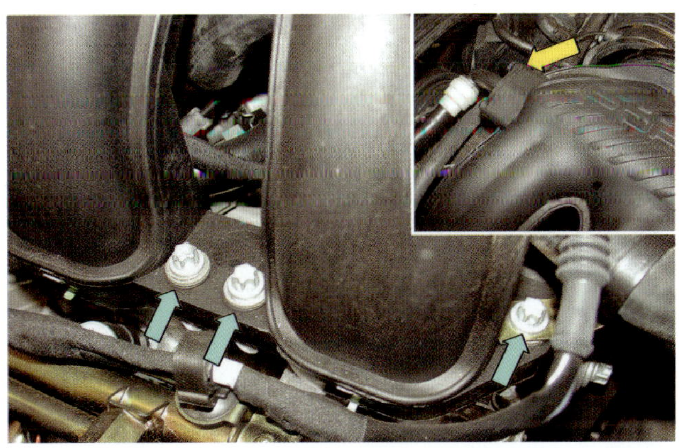

6 Lösen Sie nun die Schrauben am Ansaugstutzen. Hierfür ist ein Torx-Schraubendrehersatz notwendig. Bauen Sie außerdem das Unterdruckschlauch-Winkelstück am Ansaugstutzen ab (gelber Pfeil). Der Ansaugstutzen wird nun etwas angehoben, um an den Serien-Luftfilterkasten heranzukommen.

7 Jetzt sind wir soweit, dass wir den Serien-Luftansaugkasten ausbauen können. Er ist mit drei Schrauben im Fahrzeug befestigt. Zwei sind von oben zugänglich, die dritte von unten (wozu der Wagen angehoben werden muss, siehe Projekt 1). Sobald der Kasten gelöst ist, heben wir ihn heraus. Ein Helfer zieht den Ansaugstutzen zur linken Fahrzeugseite, damit der Luftkasten herausmanövriert werden kann. Am einfachsten geht der Ausbau, wenn zuerst das Rohr für den Luftmassenmesser entfernt wird. Dies ist der schwierigste und frustrierende Teil des Ausbaus, denn der Ansaugluftkasten lässt sich nur mit viel Zerren und Schieben und einigem Nachdruck ausbauen.

8 Der Einbau des neuen Frischluftansaugkastens ist dagegen ein Kinderspiel. Einfach anstelle des originalen Kastens montieren. Rohr für den Luftmassenmesser einführen und die obere Halterung wieder anbringen.

9 Dann den Konusfilter auf das Ende des Rohrs für den Luftmassenmesser aufklemmen. Danach das zuvor ausgebaute Original-Ansaugrohr (gelber Pfeil) wieder einbauen. Sobald das neue Luftansaugsystem montiert ist, bauen wir den Ansaugstutzen wieder ein und schließen alle zuvor gelösten Unterdruckleitungen wieder an.

PROJEKT 24
Aktualisieren der DME mit Tuning-Software

Zeit/Kosten/Talent: 1 Stunde / ca. 600 Euro /

Werkzeuge: Windows-PC

Relevante Baujahre: Alle

Erforderliche Teile: Softronic-Kabel und -Software

Tipp: Unbedingt notwendig, wenn weitergehende Änderungen am Antriebsstrang vorgenommen werden.

Arbeitsziel: 10-15 % mehr PS.

Ergänzende Arbeitsgänge: Motor aus einem 996 einbauen

Unter Preis-Leistungs-Gesichtspunkten ist das Motronic-System DME die mit Abstand beste Kraftstoffeinspritzanlage. Zündzeitpunkt und Fördermenge werden über ein digitales Kennfeld gesteuert, das ein Flash-Speicherchip im Haupt-Einspritzcomputer (DME) enthält. Der Computer verarbeitet ständig aktuelle Daten zu Zylinderkopftemperatur, Kurbelwellenwinkel, Drosselklappenstellung, Sauerstoffgehalt im Abgas, Umgebungslufttemperatur und Luftmassenstrom. In der DME sind ab Werk Leistungskennwerte (mit betont konservativer Auslegung) programmiert, so dass der Motor bei unterschiedlichsten Betriebsbedingungen gleichermaßen gut anspricht. Bei weitergehenden Eingriffen – etwa Hubraumvergrößerung oder andere Nockenwellen – muss das Kennfeld aktualisiert werden. Passiert das nicht, kann die Leistung sich sogar verschlechtern, da die originale Anlage präzise auf optimale Zündzeitpunkt- und Einspritzmengeneinstellung für die serienmäßige Motorausführung abgestimmt ist. Um die Änderungen also optimal nutzen zu können, muss entweder die Flash-Software in der DME aktualisiert werden (was einfach ist) oder aber ein programmierbares Motormanagementsystem als Nachrüstanlage installiert werden (nicht so einfach).

Im Allgemeinen ist die Motronic sehr zuverlässig. Schwachstellen sind die Sensoren, von denen der DME-Computer seine Daten erhält. Eine weitere potenzielle – am Boxster allerdings eher seltene – Fehlerquelle älterer Porsche-Fahrzeuge-Modelle ist das DME-Relais. Kontaktkorrosion kann in diesem wichtigen Bauteil intermittierend auftretende Störungen hervorrufen. Manche Werkstattkunden berichten, dass ihr Fahrzeug nach dem Tausch des DME-Relais wesentlich besser läuft. Zwar lässt sich dies nicht anhand empirischer Daten zweifelsfrei untermauern, viele Porsche-Fahrer schwören jedoch darauf, alle 2 Jahre ihr DME-Relais zu wechseln. Es empfiehlt sich zumindest, ein Ersatzrelais mitzuführen, denn beim Ausfall des Relais macht Ihr Porsche möglicherweise keinen Mucks mehr. Beim Boxster sind zwei DME-Relais im Kofferraum montiert – in Einbauplatz Nr. 1 (DME) und Nr. 2 (Zündung). Ähnlich anfällig ist das Kraftstoffpumpenrelais über dem vorderen Sicherungskasten (siehe Projekt 22, Abb. 2).

Für serienmäßige Porsche mit Motronic ist das Aufspielen der als Nachrüstsatz lieferbaren Hochleistungssoftware eine der besten Möglichkeiten des „Chiptuning“. Die werksseitig programmierte Einstellung soll brauchbare Werte unter allen möglichen Fahrbedingungen liefern. Heutzutage sind sogar Softwarekennfelder erhältlich, bei denen die Grenzdrehzahl des Drehzahlbegrenzers angehoben und der Zündzeitpunkt vorverlegt wird, wodurch der Motor generell noch spritziger als mit der Werkseinstellung betrieben werden kann. Der einzige Nachteil einer aggressiveren Programmierung ist, dass die Zündzeitpunktkennlinien mitunter etwas zu weit Richtung „früh“ verschoben werden und bei niedrigeroktanigem Tankstellenbenzin zum Klopfen führen. Die Boxster sind mit einem Klopfsensor ausgerüstet, der diese Klopfneigung verringert, wenn der Zündzeitpunkt zu weit vorverlegt wird, und zudem sind auch Kennfeldprogramme erhältlich, die speziell auf Regionen zugeschnitten sind, in denen nur Benzin mit niedrigeren Oktanzahlen erhältlich ist.

Ein Nachteil der Hochleistungs-Kennfeldsoftware ist also, dass Sie mit diesem leistungsfördernden Chip auf möglichst hochoktaniges Superbenzin umstellen sollten. Der serienmäßige Chip ist für gute Leistung bei unterschiedlichsten Betriebsbedingungen ausgelegt, bei den Hochleistungschips wird dagegen davon ausgegangen, dass der Motor hochoktanigen Sprit erhält. Bei Benzin mit niedrigerer Oktanzahl verhindert der Klopfsensor im Allgemeinen ein Klopfen des Motors, allerdings bleiben Ihnen dann auch die Leistungsoptimierungen, die mit diesen Chips möglich sind, teilweise versagt.

Leistungssteigernde Software für den Boxster wird von

zahlreichen Anbietern vertrieben. Eigene Wege geht dabei die US-Firma Softronic. Das Software-Optimierungskit von Softronic hat verschiedene innovative Besonderheiten zu bieten, die bei anderen DME-Programmierungspaketen nicht zu finden sind. Die Softwaremodifizierung erfolgt über ein an einen normalen Windows-PC angeschlossenes Softronic-Kabel (bei anderen Anbietern muss die DME zur Neuprogrammierung eingesandt werden).

Die DME wird über den OBD II-Port aktualisiert und neu programmiert (siehe Projekt 20). Die Software kann also modifiziert, bei Bedarf aber auch wieder auf den Serienzustand zurückgesetzt werden. In der Softronic-Software wird eine exakte Sicherungskopie der Software der DME angelegt, bevor die überarbeiteten Kennfelder aufgespielt werden.

Die Softwareinstallation ist ein Kinderspiel. Installieren Sie die Softronic-Software auf Ihrem PC und schließen Sie ihn über das mitgelieferte Kabel am OBD II-Port Ihres Boxster an. Die Software durchläuft vor der eigentlichen Neuprogrammierung verschiedene Kontrollläufe, erstellt eine komplette Sicherungskopie auf der Festplatte und installiert die Tuning-Software auf dem Bordcomputer. Sie können derweil einen Kaffee trinken und der PC erledigt die Arbeit. Die gesamte Programmierung dauert etwa 5 Minuten.

Diese Tuning-Software ist bei der Hubraumvergrößerung auf 3,4 Liter (siehe Projekt 11) unabdingbar. Mit der Softronic-Software kann auf dem serienmäßigen 3,4-Liter-Motor nach der Umrüstung sogar das Programm eines leistungsstärkeren 996 aufgespielt werden. Damit steigt die PS-Zahl von 300 auf 322 und das Drehmoment von 258 auf 271 Nm – ein deutlicher Leistungsschub. Softronic konnte unser Programm obendrein an das besondere Profil unseres Boxster-Motorenumbaus (Motor/Einlass/Auslass) anpassen.

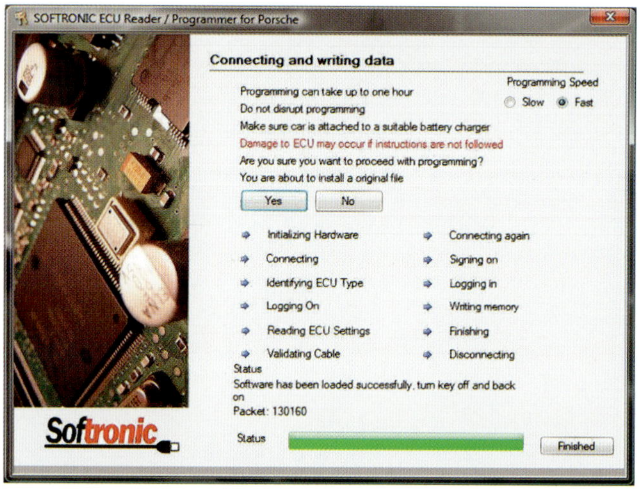

1 Die Softwareeinspielung ist denkbar einfach. Hier ein Screenshot der Softronic-Software. Schließen Sie das Kabel am OBD II-Port des Boxster an und starten Sie das Programm. Die vorhandene Konfiguration wird gesichert und das Tuning-Update wird schneller aufgespielt, als Sie Ihren Kaffee aufsetzen und trinken können.

2 So einfach läuft die Softwareeinspielung ab: Ein Laptop oder PC mit langem USB-Verlängerungskabel genügen. Stecken Sie den Stecker am OBD II-Port (grüner Pfeil) ein, starten Sie die Software, und nach rund 5 Minuten ist die Software Ihres Boxster auf dem leistungsmäßig neuesten Stand.

PROJEKT 25
Erneuern der Einspritzdüsen

Zeit/Kosten/Talent: 3 Stunden / ca. 20 bis 550 Euro /

Werkzeuge: 8- oder 9-mm-Gabelschlüssel

Relevante Baujahre: Alle

Erforderliche Teile: O-Ringe für Einspritzdüsen, neue Einspritzdüsen, weißes Lithiumfett

Tipp: Vorsicht bei den Kunststoffspitzen der Einspritzdüsen!

Arbeitsziel: Sauberer und präziser arbeitende Einspritzanlage.

Ergänzende Arbeitsgänge: Kraftstofffilter erneuern

In diesem Projekt erfahren Sie, wie neue Einspritzdüsen eingebaut werden. Um diese ranken sich mancherlei Legende und Missverständnisse. Erstens: „Größere Einspritzdüsen ergeben mehr Leistung“. Völlig falsch! Das entspräche ungefähr der Behauptung, dass Sie mit mehr Leuchten im bereits hell erleuchteten Zimmer noch besser sehen können.

Die Einspritzdüsen des Boxster sind für serienmäßige Motoren mehr als ausreichend und liefern mehr als genug Sprit für maximale Leistung und Volllastbetrieb. Damit der Motor seine Höchstleistung erreicht, wollen Kraftstoff und Luft in einem ganz bestimmten Verhältnis gemischt sein. Mehr Kraftstoff bedeutet ein fetteres Gemisch, aber nicht unbedingt bessere Leistung. Vielmehr tritt oft genau das Gegenteil ein: Ein fetteres Gemisch bringt die Kerzen zum Verrußen und verbrennt obendrein träger. Ziel jeder guten Kraftstoffanlage (egal ob Vergaser oder elektronische Einspritzung) ist, das ideale Kraftstoff-Luft-Gemisch (normalerweise 14,67 Teile Luft auf 1 Teil Kraftstoff) für idealen Verbrennungsverlauf und optimale Leistungsentwicklung aufrechtzuerhalten.

Höherer Durchsatz oder größere Einspritzdüsen würden lediglich die Motorabstimmung durcheinanderbringen, das Motormanagement arbeitet mit fetterer Einstellung und die Leistung verschlechtert sich. Um auf das Beispiel mit dem hell erleuchteten Zimmer zurückzukommen: Mit noch mehr Licht im bereits ausreichend ausgeleuchteten Raum sieht man nicht besser, sondern schlechter, weil die Augen die Blendung verkraften müssen.

Es gibt Ausnahmen von der Regel: Werden Hubraum oder Strömungsverhältnisse im Motor erheblich verändert, kann der Motor mit der bisherigen Einstellung zu mager laufen – etwa, wenn der Hubraum vergrößert oder die Nockenwellen geändert wurden oder ein Turbo oder ein mechanischer Lader eingebaut wurde. Aufladung verdichtet das Kraftstoff-Luft-Gemisch zusätzlich, so dass eine größere Gemischmenge in den Brennraum gefördert wird. Wurde die Ansaugluft mit einem Lader oder Turbo vorverdichtet, sollte idealerweise mehr Kraftstoff in den Brennraum eingespritzt werden, als es beim Einspritzvorgang in einem Saugmotor der Fall ist. Wer einen Lader nachrüstet, sollte sich also Gedanken über die richtige Kraftstoff-Luft-Gemischzusammensetzung machen: Aufgeladene Motoren laufen tendenziell zu mager, was zu für den Motor kritischen Problemen wie Klopfen oder Überhitzen führen kann (siehe Projekt 18).

Ein Umbau auf größere Einspritzdüsen ist im Allgemeinen nur angebracht, wenn der Motor andernfalls aufgrund tiefgreifender Eingriffe zu mager laufen würde. Wer also die Einspritzdüsen erneuern möchte, sollte solche mit Durchsatzmengen wie in der Serie einbauen – Düsen mit größeren Durchsätzen werden nicht für mehr PS sorgen.

Warum sollte man dann aber die Einspritzdüsen überhaupt auswechseln? Nun, mit höherem Motoralter mehren sich Defekte und Undichtigkeiten, was sich beim Auslesen der Fehlercodes zeigt (Einzelheiten dazu siehe Projekt 20). Möglicherweise sind Lecks an der einen oder anderen Einspritzdüse aber auch sichtbar oder am Benzingeruch wahrzunehmen. In diesen Fällen braucht aber vielleicht nicht die komplette Einspritzdüse erneuert zu werden, sondern nur ihre O-Ringe.

Als erstes muss das Fahrzeug vorbereitet werden. Es empfiehlt sich, die Sicherung der Benzinpumpe abzuziehen (siehe Projekt 4) und dann einen Startversuch zu unternehmen. Der Motor läuft kurz an und stirbt wieder ab. Wiederholen Sie dies zwei oder drei Mal; damit wird Kraftstoffüberschuss aus der Anlage abgeführt. Öffnen Sie dabei den Tankdeckel, damit der Innendruck besser abgebaut werden kann. Vor Beginn der Arbeiten muss der Wagen komplett abgekühlt sein, denn es ist nicht ratsam, bei heißem Motor an der Kraftstoffanlage zu arbeiten. Ein Feuerlöscher sollte immer bereitstehen, denn es kann noch

Kraftstoff austreten (dies zu verhindern, ist fast unmöglich). Tragen Sie chemikalienfeste Handschuhe und legen Sie reichlich Lappen bereit.

Die Einspritzdüsen sollten stets an einem sauberen, offenen und gut belüfteten Ort gewechselt werden und es kann auch nicht schaden, wenn ein Helfer bereitsteht.

Demontieren Sie als erstes die obere Motorabdeckung (siehe Projekt 3) und klemmen Sie die Batterie ab (Projekt 81). Sollen bei den Fahrzeugen ab Modell 2005 die Einspritzdüsen auf der linken Fahrzeugseite ausgebaut werden, muss in aller Regel der Luftfilter demontiert werden, um mehr Freiraum für die weiteren Arbeiten zu gewinnen (Projekt 23).

Lösen Sie jetzt die Schelle, mit der die Kraftstoffleitung oben mittig am Motor befestigt ist. Lösen Sie dann die Anschlüsse an allen Einspritzdüsen (siehe Abb. 1). Nachdem die Halteklammern entfernt wurden, müsste sich der Kabelstrang von der Oberseite des Kraftstoffsammelrohrs beiseite bewegen lassen. Jetzt dürften die Einspritzdüsen wesentlich besser zugänglich sein und wir bauen sie jetzt vom Kraftstoffsammelrohr ab. Das Sammelrohr ist übrigens das lange, runde Metallrohr entlang der Oberseite der Einspritzdüsen, das mit mehreren Schrauben am Ansaugstutzen befestigt ist (siehe Abb. 1). Je nach Ausführung in Ihrem Wagen und der Motorseite, an der Sie gerade arbeiten, müssen ggf. die Hauptbenzinleitungen zu den Sammelrohren gelöst werden, um ausreichend Platz zum Arbeiten zu schaffen. Auch der Ausbau des vorderen Blechs kann das Lösen dieser Leitungen erleichtern.

Jetzt müsste sich das Kraftstoffsammelrohr an der Oberseite der Einspritzdüsen abziehen lassen. Arbeiten Sie sich dabei vorsichtig von vorne nach hinten vor und ziehen Sie das Rohr an den Befestigungsstellen nach und nach ab. An den Einspritzdüsen sind dicke O-Ringe in ihre Sitze im Sammelrohr eingedrückt – die Klemmkraft dieser O-Ringe muss beim Anheben des Sammelrohrs also überwunden werden.

Wenn das Kraftstoffsammelrohr angehoben wurde (dabei tritt meistens etwas Kraftstoff aus), müsste es sich soweit beiseiteschieben lassen, dass die Einspritzdüsen herausgezogen werden können. Sobald die Einspritzdüsen nicht mehr am Sammelrohr befestigt sind, können sie aus dem Ansaugstutzen herausgezogen werden. Sie sind mit einem gleichartigen dicken O-Ring an der Düsenspitze befestigt. Ziehen Sie die Einspritzdüse senkrecht nach oben, dann müsste sie sich vom Stutzen lösen. Manchmal ist kräftiges Ziehen notwendig, aber ohne Gewalt. Leichtes Hin- und Herbewegen der Düsen erleichtert die Demontage häufig. Vorsicht bei den Düsenspitzen: Sie bestehen aus Kunststoff und dürfen keinesfalls beschädigt werden.

Nach dem Ausbau können die Einspritzdüsen gereinigt und kalibriert werden. Im Laufe der Jahre lagert sich an ihnen Schmutz ab, was den Kraftstoffdurchsatz behindert. Reinigen, Test und Prüfung aller sechs Düsen kosten gut 130 Euro. Die Preise für neue Düsen liegen bei etwa 130 bis 180 Euro pro Stück, der Austausch ist also nicht ganz billig.

Lecks können an den Einspritzdüsen in dreierlei Art auftreten: An der Düsenspitze kann Kraftstoff in den Ansaugstutzen tropfen, Kraftstoff kann am Sammelrohr in den Motorraum austreten oder es kann sich ein Luftleck (Unterdruckleck) am Ansaugstutzen bilden. Das erste Leck lässt sich mit den Möglichkeiten eines Hobby-Schraubers nicht beheben; die Einspritzdüse muss dann instandgesetzt oder besser erneuert werden (zumal sie meist ohnehin bereits recht betagt ist). Lecks am Sammelrohr sind leicht zu beheben: Einfach den alten, aufgequollenen O-Ring erneuern, der die Einspritzdüse zum Sammelrohr hin abdichtet (Teile-Nr.: 994 110 901 01). Diese O-Ringe sollten beim Ausbau der Einspritzdüsen sowieso grundsätzlich ersetzt werden.

Tückischer ist das Luftleck. Bei einigen der frühen Fahrzeuge (bis Bj. 2000) muss die Düsenspitze aus der Einspritzdüse ausgebaut werden. Dies scheint einfach – und der Ausbau ist auch einfach – doch kann die Düsenspitze beim Ausbau sehr leicht beschädigt werden. Vor allem besteht die Gefahr, dass die empfindliche grüne Kunststoffspitze der Düse eingedrückt und beschädigt wird (siehe Abb. 3). Die O-Ringe der Einspritzdüsen ab 2001 lassen sich dagegen ohne Beschädigungsgefahr sehr einfach ausbauen.

Werden alle Einspritzdüsen respektive die O-Ringe erneuert, sollten die Ränder, an denen sie gegen Sammelrohr und Ansaugstutzen gedrückt werden, eine hauchdünne Schicht weißes Lithiumfett (oder das von Porsche empfohlene Optimol MP3) erhalten. Dies hilft bei Einbau der Düse und Zusammenbau des Kraftstoffsammelrohrs. Außerdem werden so die O-Ringe nicht gequetscht und Leckagespuren wird vorgebeugt.

Der Einbau erfolgt im Prinzip in umgekehrter Reihenfolge des Ausbaus. Eventuell ist es leichter, die Einspritzdüsen zuerst in den Ansaugstutzen (und nicht zuerst in das Sammelrohr) einzusetzen, sofern genug Platz zum Arbeiten vorhanden ist. Kontrollieren Sie beim Wiederanbau des Sammelrohrs anschließend nochmals, ob die dicken O-Ringe richtig sitzen. Beim Probelauf sollte ein Helfer bereitstehen und auf etwaige Benzinlecks beim Anlassen achten. Der Helfer kontrolliert die Einspritzdüsen und Leitungen genau auf Anzeichen von Undichtigkeiten.

Porsche hat die Einspritzdüsen der frühen Modelle wiederholt geändert. Die frühen Düsen bis 1999 sind an einem blauen Oberteil zu erkennen (Teile-Nr. 996 606 120 00) und sind für den Ersatzteilbedarf noch einzeln lieferbar. Wer alle sechs Einspritzdüsen erneuern will, sollte jedoch auf die Version ab 2000 mit dem grünen Oberteil umrüsten (Teile-Nr. 996 606 120 01). Bei den Modellen 2001-2004 sollte die neuere Ausführung mit der weißen Spitze montiert werden (996 606 122 00).

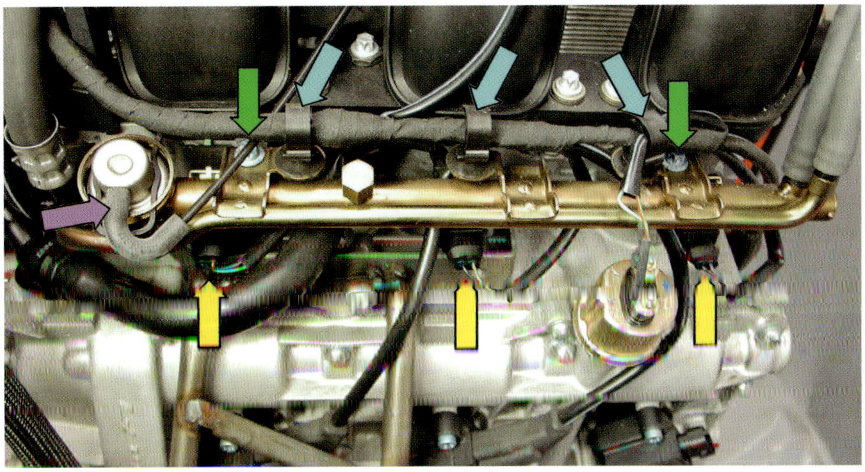

1 Ziehen Sie an jeder Einspritzdüse den Kabelstrang ab (gelber Pfeil). Klemmen Sie den Kabelstrang am Kraftstoffsammelrohr ab (blaue Pfeile) und legen Sie ihn beiseite. Danach das Kraftstoffsammelrohr vom Ansaugstutzen abschrauben (grüne Pfeile) und das Sammelrohr nach oben abheben. Auch der Gummi-U-Verbindungsschlauch zum Druckregler kann jetzt abgezogen werden. Hier sehen wir den 996-Carrera-Motor nach dem Einbau in den Boxster. Beim Hochziehen des Sammelrohrs kann etwas Kraftstoff am Ansaugstutzen stehenbleiben oder am Sammelrohr austreten – was von den individuellen Gegebenheiten am Motor abhängt.

2 Nehmen Sie mit einer Spitzzange die kleinen eckigen Halteklammern ab, mit denen die Einspritzdüsen am Kraftstoffsammelrohr befestigt sind, so dass das Sammelrohr von der Oberseite der Düsen getrennt werden kann (blauer Pfeil). Die C-förmige Klammer wird von vorne abgezogen und müsste sich mit mäßigem Kraftaufwand abziehen lassen. Die Klammern werden bei eingebautem Sammelrohr abgezogen, hier sind die Einzelteile jedoch zur Verdeutlichung bereits ausgebaut. Das kleine Bild oben links zeigt den aus seinem Gehäuse ausgebauten Kraftstoffdruckregler (dazu muss nur die Halteklammer abgeschoben werden). Das kleine Bild unten rechts zeigt die vom Sammelrohr abgebaute Einspritzdüse. Der dicke O-Ring zeigt sich oft widerspenstig (gelber Pfeil). Der O-Ring, mit dem die Düse zum Sammelrohr abgedichtet wird (roter Pfeil), ist mit dem der Düse am Ansaugstutzen identisch.

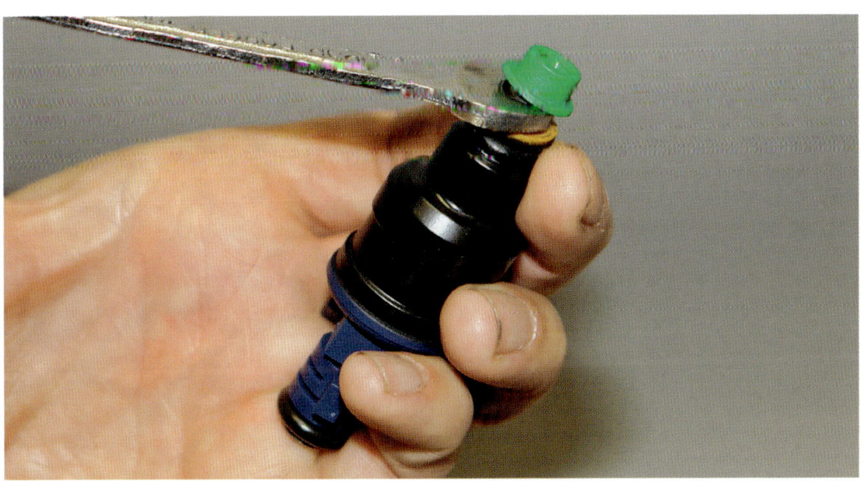

3 Zum Ausbau des O-Rings an der Düse wird der Ring mit einer Rasierklinge aufgeschnitten. Vorsicht, dass die grüne Kunststoffspitze beim Durchschneiden des O-Rings nicht beschädigt wird. Dann den O-Ring mit einer Nadel entfernen (auch hier auf die Spitze achten). Zum Aufsetzen des neuen O-Rings muss die Spitze nun demontiert werden. Dazu mit einem kleinen 8-9-mm-Gabelschlüssel gleichmäßig gegen die Spitze drücken. Auch dabei kann der Kunststoff an der Düsenspitze jedoch einige Kratzer abbekommen. Wird mit einiger Kraft mit dem Gabelschlüssel aufwärts gehebelt, springt die Spitze irgendwann von der Düse ab. Nun kann der neue O–Ring aufgesetzt und die Spitze wieder aufgedrückt werden.

PROJEKT 26

Erneuern der Sensoren, Fühler und Geber am Motor

Zeit/Kosten/Talent:
1-3 Stunden / ca. 250 bis 800 Euro /

Tipp: Vor dem Austausch der Sensoren die Codes auslesen!

Werkzeuge: –

Arbeitsziel: Optimaler Motorlauf

Relevante Baujahre: Alle

Ergänzende Arbeitsgänge: Lambdasonden erneuern

Erforderliche Teile: Sensoren, Fühler und Geber für den Motor.

1 Dieses Projekt gliedert sich in mehrere Fotos der Sensoren, Fühler und Geber und ihrer Einbauorte am Motor, um sie schneller lokalisieren zu können, wenn ein Austausch ansteht. Der Umgebungstemperaturfühler misst die Lufttemperatur im Motorraum. So weiß die DME, wie heiß es im Motorraum ist, und kann den Motorraumlüfter zu- oder abschalten. Dieser Sensor sitzt auf der rechten Motorraumseite in einer Gummitülle am Ansaugstutzen in Nähe der Sekundärluftpumpe.

2 Der Kühlmitteltemperaturfühler sitzt auf der Riemenscheibenseite des Motors an der linken Fahrzeugseite in Nähe des Zylinderkopfes. Er misst die Kühlmitteltemperatur als Parameter für die Korrektur der Gemischzusammensetzung, während der Motor sich in der Warmlaufphase befindet.

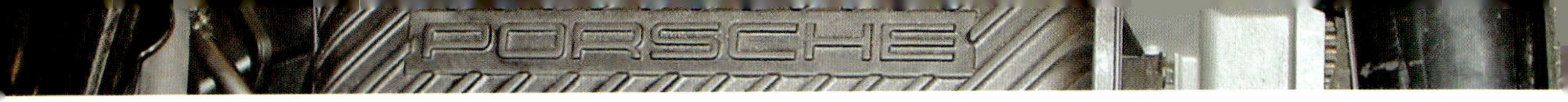

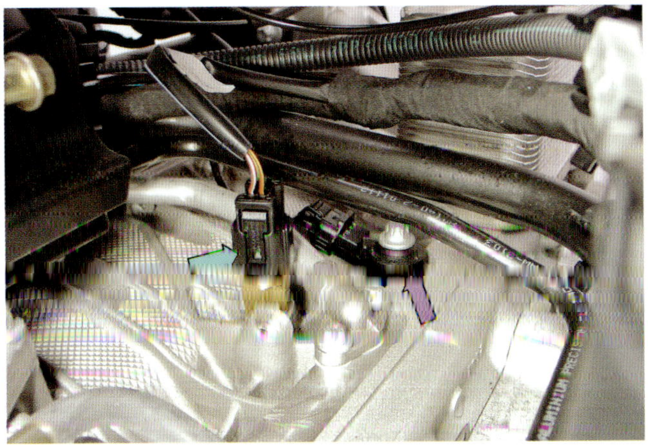

3 Der blaue Pfeil zeigt auf den Ölstandgeber, der gleichzeitig die Temperatur des Öls misst (Ölstandgeber- und Öltemperaturmessfunktion sind in einem einzigen Schalter kombiniert). Daneben ist der Klopfsensor (violetter Pfeil) zu sehen; auf der linken und der rechten Seite des Motorblocks ist je ein Klopfsensor montiert. Aufgrund ihrer Einbaulage unter dem Ansaugverteiler sind sie relativ schlecht zugänglich (die Ansaugrohre müssen dazu ausgebaut werden – siehe Projekt 83).

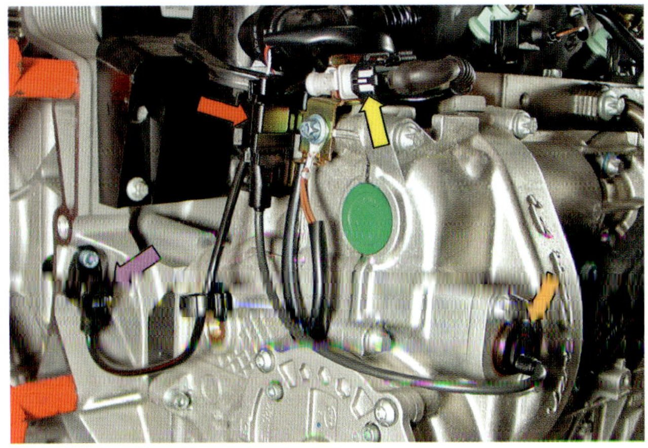

4 Hier sehen wir die Sensoren rechts hinten am Motor. Der violette Pfeil zeigt auf den Kurbelwellensensor, der die Momentanstellung des rotierenden Schwungrades abtastet (Kabelstrangstecker siehe gelber Pfeil). Der orangefarbene Pfeil markiert den Magnetschalter für die Nockenwellenverstellung (der rote Pfeil zeigt auf den Anschlussstecker). Der Magnetschalter ist von der Fahrzeugunterseite her zugänglich, die elektrischen Anschlüsse vom Motorraum aus.

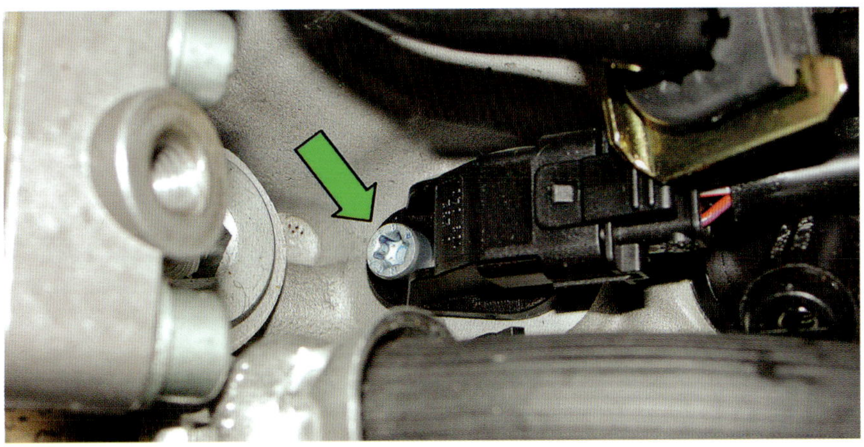

5 Dieses Bild zeigt den Nockenwellensensor (Hallgeber). Einer sitzt auf der Oberseite des linken Zylinderkopfes im vorderen Bereich, ein weiterer am rechten Zylinderkopf auf der Hinterseite der bis ca. 2001 verbauten Motoren mit 5 Steuerketten. Bei den 3-Ketten-Motoren ab 2003 sitzen die Sensoren im hinteren Bereich auf der Oberseite des linken Zylinderkopfes sowie im vorderen Bereich am rechten Zylinderkopf.

6 So sieht der Öldruckgeber/-schalter aus. Er sitzt am rechten Zylinderkopf, erfasst den Öldruck und wird bei der Umrüstung des Kombiinstruments auf die Ausführung des 996 Carrera mit eingebaut (siehe Projekt 90). Normalerweise ist an dieser Stelle ein einfacher Notschalter montiert (kleines Bild, oben links). Beim Erneuern stets einen neuen Dichtring montieren.

PROJEKT 27
Luftmassenmesser: Störungssuche und Auswechseln

Zeit/Kosten/Talent: 1 Stunde / ca. 250 Euro /

Werkzeuge: T20-Torx-Schraubendreher

Relevante Baujahre: Alle

Erforderliche Teile: Luftmassenmesser

Tipp: Zuerst versuchen, ob eine Reinigung des Luftmassenmessers Abhilfe schafft.

Arbeitsziel: Runderer Motorlauf

Ergänzende Arbeitsgänge: Luftfilter erneuern

Der Luftmassenmesser (LMM) sitzt im Motorraum und misst ständig Menge und Temperatur der dem Motor zugeführten Luft. Mit älteren LMM, wie sie in den 1980er Jahren bei Einspritzanlagen verwendet wurden, erfolgte eine Messung des Luftvolumenstroms, was soweit auch gut funktionierte, allerdings musste über einen zweiten Sensor erfasst werden, wie kalt oder dicht die Luft war. Der Luftmassenmesser misst die vorbeiströmende Gesamtmenge der Luft, so dass die Einspritzanlage das Kraftstoffgemisch je nach Temperatur oder Meereshöhe anpassen kann. Mit dem Luftmassenmesser ist außerdem ein Ansauglufttemperaturfühler kombiniert.

Erstes Anzeichen für Funktionsstörungen am Luftmassenmesser ist das Aufleuchten der Motorkontrollleuchte. Sie kann sich bei unterschiedlichsten Motorproblemen „zu Wort melden"; durch Auslesen des Codes aus dem Fehlerspeicher lässt sich die Störung genauer eingrenzen (Einzelheiten zum Auslesen des Codes siehe Projekt 20). Solange die Motorkontrollleuchte aufleuchtet, aber nicht blinkt, können Sie durchaus noch weiterfahren. Der Motor läuft dann allerdings nicht mehr optimal und sehr wahrscheinlich lässt die Motorleistung nach und der Verbrauch steigt. Abhilfe ist also notwendig, da Folgeschäden an weiteren Bauteilen wie den Katalysatoren auftreten können.

Der Bordcomputer merkt, dass mit dem Luftmassenmesser etwas nicht stimmt, weil er laufend die von ihm gemessenen Werte mit den zu erwartenden Eingangswerten vergleicht. So lassen sich Störungen an sämtlichen Baugruppen der Anlage diagnostizieren. Ist der LMM verschmutzt und signalisiert er dem Motor fälschlich, dass bei Vollgas zu wenig Luft zugeführt wird, meldet der Computer sehr wahrscheinlich einen Fehlercode.

Nähere Einzelheiten zur Störung lassen sich feststellen, indem Sie den LMM komplett abklemmen und eine Probefahrt machen. Kürzere Fahrten (höchstens 30 Minuten) mit abgeklemmtem LMM dürften keine nennenswerten Probleme am Fahrzeug verursachen. Das Motormanagement geht dann in eine Art „Notfallmodus" über, mit dem das Fehlen des LMM kompensiert wird. Zeigt der Motor nun spürbar bessere Leistung, liegt das Problem sehr wahrscheinlich am LMM.

Auch durch Unterdrucklecks und Falschluft an anderer Stelle kann es zu Störungen am Luftmassenmesser kommen. Bei Rissen oder Lecks im Ansaugtrakt erfasst er weniger Luft, als der Motor tatsächlich bekommt. Lockert sich die Schelle am Klappenstutzen und fällt sie ab, meldet der LMM, dass fast keine Luft angesaugt wird, obwohl der Motor die Luft direkt aus dem Motorraum in den Klappenstutzen ansaugt. Vor dem Tausch des Luftmassenmessers sollten also immer auch alle Schläuche, Schlauchschellen und Ansaugleitungen auf Falschluft überprüft werden (siehe Projekt 21).

Der LMM findet sich links im Motorraum direkt hinter dem Luftfilter (Projekt 3 zeigt, wie man an den Motorraum herankommt). Aus unerfindlichen Gründen erschwerte Porsche den Ausbau durch Verwendung einer T20-Torx-Schraube, für die Sie natürlich den entsprechenden Schraubendreher benötigen. Die Bohrungen am LMM muten symmetrisch an, sind es aber nicht, er lässt sich also nur in einer Richtung montieren (siehe Nahaufnahme in Abb. 1).

Mit dem passenden Werkzeug ist er im Handumdrehen ausgebaut. Einfach beide Schrauben herausdrehen und den LMM herausziehen. Beim Boxster ab 2005 ist der LMM in einem eigenen Gehäuse integriert: Zum Ausbau das Gehäuse vom Ansaugrohr lösen und abnehmen.

Der Luftmassenmesser muss jederzeit absolut sauber sein. Ein nicht voll funktionsfähiger Luftfilter kann Staub und Fremdkörper bis zum LMM durchlassen. Auch wer Probleme mit dem Ölabscheider hatte, könnte mit einem zugesetzten LMM zu tun bekommen. Über einen defekten Abscheider in den Motor gesaugtes Öl gelangt nur zu leicht in den Ansaugtrakt. Bei größeren Motorproblemen (wie dem Motordefekt unseres Projektfahrzeugs) ist oft auch der LMM hinüber. In unserem Fall war

er in Öl und Kühlmittelresten „ersoffen", die ihren Weg überall hin in den Motor gefunden hatten. Wer einen Zubehörluftfilter montiert hat, der sich auswaschen lässt, sollte auf die Reinigungs- und Filterölmenge auf dem Filtereinsatz achten. Überschüssiges Öl wird in den Ansaugtrakt angesaugt und kann auf dem LMM landen. Regelmäßige Reinigung und Wechsel des Luftfilters sind für die Lebensdauer des LMM auf jeden Fall hilfreich (siehe Projekt 3).

Beim Wechsel des LMM ist unbedingt auf die richtige Ausführung zu achten. Grundsätzlich gibt es zwei: einen für Modelle mit herkömmlichem Gaszug (bis 1999) und einen für Fahrzeuge mit dem (elektronischen) E-Gaspedal (2000 und Folgejahre). Obendrein wurde der spätere E-Gas-Luftmassenmesser bereits mindestens zwei Mal modifiziert. Mitte 2000 wurden die LMM im Boxster zeitgleich mit der Einführung einer neuen Version der DME-Software geändert, die unbedingt erforderlich ist, wenn der neue und optimierte LMM montiert werden soll (siehe Porsche Technisches Rundschreiben Boxster 1a/00 2445). Die Varianten des LMM sind in der untenstehenden Tabelle zusammengestellt.

Wer einen Boxster oder Boxster S Modell 2000 besitzt, sollte darauf achten, dass die richtige LMM-Version montiert wurde. Oft rührt die Verwirrung daher, dass die Besitzer nicht wissen, ob der LMM von Porsche nachgerüstet wurde oder nicht. Trägt der alte ausgebaute LMM die Teilenummer 996 606 124 00, sollte er durch ein Teil mit der gleichen Teile-Nr. ersetzt werden (oder Sie lassen bei Porsche die neue DME-Software für den neueren LMM aufspielen – siehe Technisches Rundschreiben 1/00 2445 Luftmassenmesser vom 18.4.2000). Endet die Teile-Nr. des alten LMM auf 125 00 oder 125 01, ist stattdessen die Teile-Nr. 986 606 125 01 einzubauen (die neueste lieferbare Ausführung).

Nach dem Wiedereinbau wird die Motorkontrollleuchte mit dem Codelesegerät zurückgesetzt (siehe Projekt 20). Zum Zurücksetzen können Sie auch die Batterie kurz abklemmen, allerdings ist das nicht wirklich zu empfehlen (siehe Projekt 20). Beim Boxster von 1997-2002 kann die Batterie mehr als 20, aber weniger als 50 Sekunden abgeklemmt werden, um die Fehlercodes aus dem Motorkontrollleuchtenspeicher zu löschen, ohne dass anschließend der Radiocode neu eingegeben werden muss (was notwendig würde, wenn die Batterie 50 Sekunden oder länger abgeklemmt wird).

Nachdem der Luftmassenmesser erneuert oder gereinigt und der Code gelöscht wurde, fahren Sie den Wagen eine gewisse Strecke, um zu prüfen, ob der Code erneut angezeigt wird. Wird derselbe Fehlercode wieder angezeigt, dürfte der Fehler woanders zu suchen sein. Meistens lassen sich Fehlercodes, die auf eine Störung am LMM hindeuten, durch Einbau eines neuen beheben. Es kommt allerdings vor, dass der Bordcomputer sich „verschluckt" und irreführende Fehlermeldungen produziert. Probleme am Kabelstrang, an der DME oder an der Sekundärlufteinblasung können zu falschen LMM-Fehlercodes führen. Dann hilft nur noch intensives Studium der Werkstatthandbücher und die Abarbeitung der darin beschriebenen langwierigen Prüfungen.

Porsche Teile-Nr.	Bosch-Teile-Nr.	Einsatzbereich	Anmerkungen
996 606 123 00	0 280 217 007	Alle Boxster 1997-1999	LMM für Fahrzeuge mit Gaszug
996 606 124 00	0 280 218 009	Frühe Versionen des Boxster/ Boxster S Modell 2000	Originalsensor für E-Gas-Modelle (bis Boxster 2,7l, Fg.-Nr. 98 6YS 62 0414 und 98 0YU 62 5099) (bis Boxster S 3,2l, Fg.-Nr. 98 0YS 66 0257 und 98 3YU 66 2413)
986 606 125 00	0 281 231 148	Boxster/Boxster S Mitte 2000 bis 2004	Erster überarbeiteter LMM für E-Gas-Modelle (nicht mehr lieferbar, durch Version 125.01 unten ersetzt)
986 606 125 01	0 280 218 055	Boxster/Boxster S Mitte 2000 bis 2004	Neueste überarbeitete LMM-Version
987 606 125 00	0 280 218 145	Alle Boxster/Cayman ab 2005	Ausführung mit integriertem Gehäuse

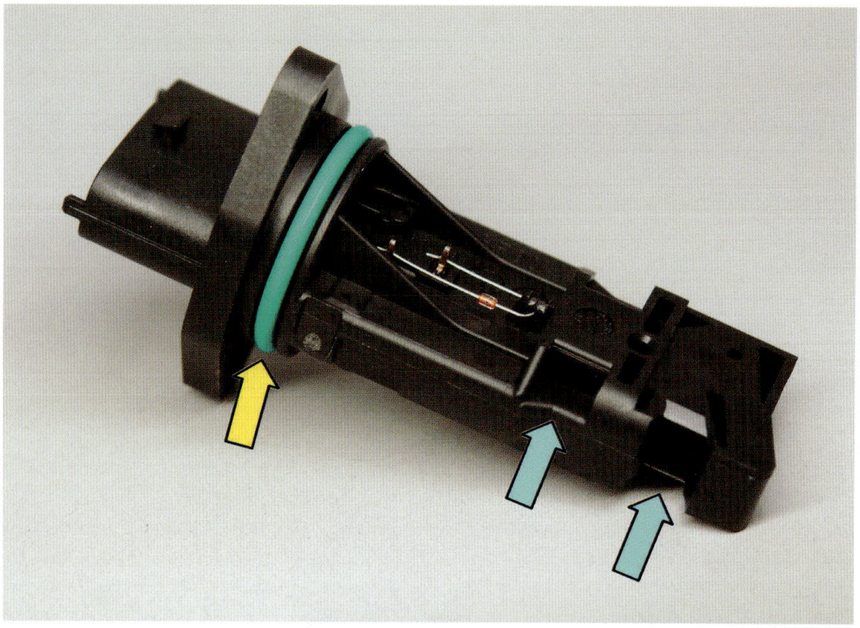

1 Dies ist der Luftmassenmesser (LMM). Der Hauptsensor sitzt in einer Bohrung im Luftansaugtrakt hinter dem Luftfilter. Der grüne O-Ring dichtet den LMM zum Ansaugrohr ab (gelber Pfeil). Störungen am LMM lassen sich manchmal bereits durch Reinigen beheben. Sprühen Sie die mit blauen Pfeilen markierten Bereiche vorsichtig mit Kontaktreinigungsspray ein. Schütteln Sie den LMM nach dem Einsprühen so, dass Schmutz herausgewaschen wird. Berühren Sie aber keine Sensorteile (weder mit dem Finger noch mit einer Bürste), da sie sonst unweigerlich Schaden nehmen. Vor dem Einbau muss der LMM komplett trocknen.

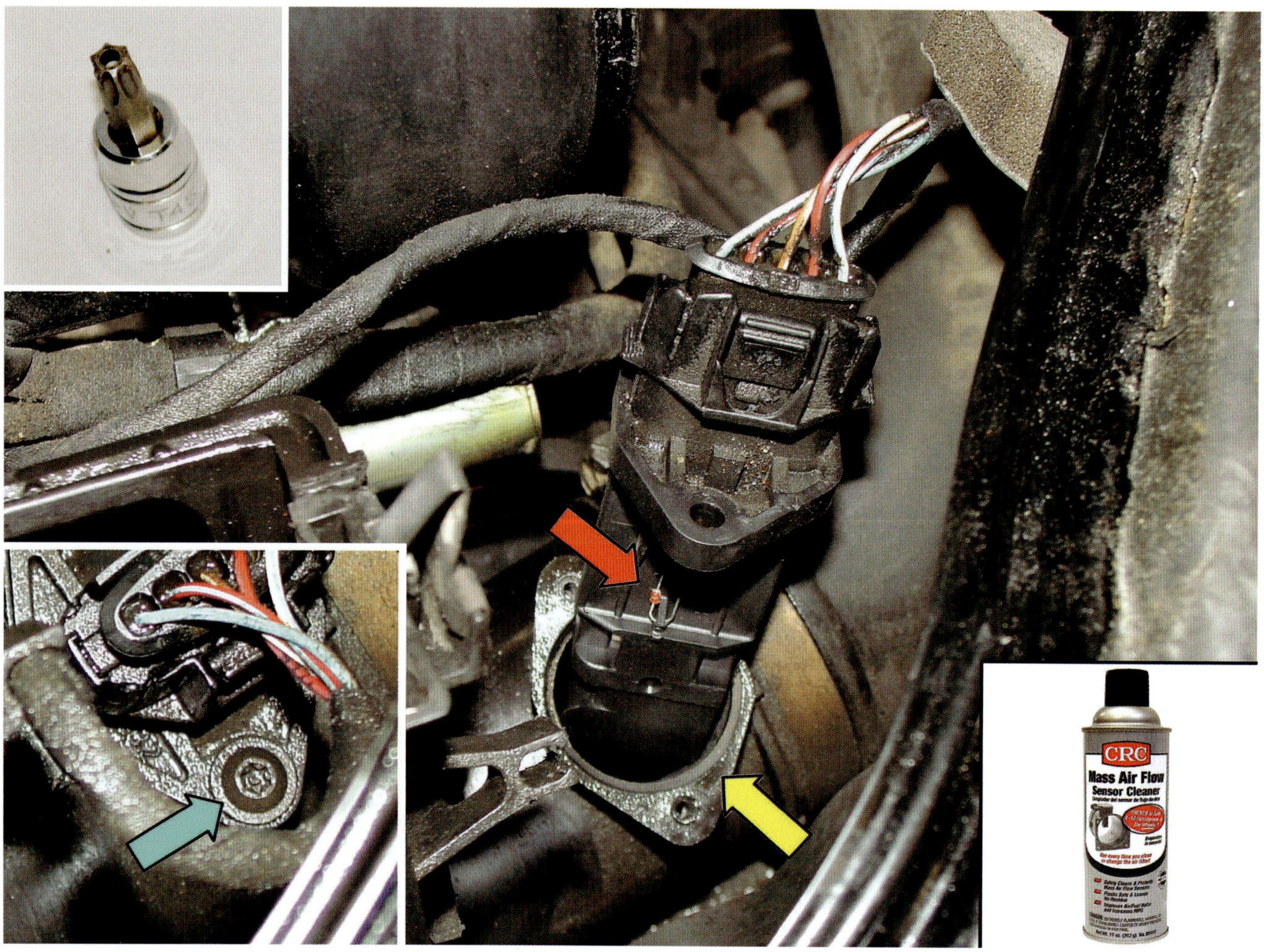

2 Zum Ausbau des LMM aus dem Ansaugrohr (gelber Pfeil) benötigen Sie einen T20-Torx-Einsatz (kleines Bild, oben links und unten links). In der Regel ist es einfacher, zuerst den LMM aus dem Ansaugrohr zu ziehen und dann den Kabelstrang abzuziehen. Dabei aber nicht die freiliegenden Sensorelemente berühren (roter Pfeil)! Vor dem Einbau des neuen LMM muss der gesamte Einbaubereich gereinigt werden.

PROJEKT 28

Reinigen des Drosselklappenstutzens/ Erneuern des Ansaugverteilers

Zeit/Kosten/Talent: 3 Stunden / ca. 10 Euro

Werkzeuge: Torx-Schraubendrehersatz

Relevante Baujahre: Alle

Erforderliche Teile: Neuer O-Ring oder Dichtung für Leerlaufsteller

Tipp: Klappenstutzen ausbauen und über Nacht in Vergaserreiniger einlegen.

Arbeitsziel: Runderer Motorlauf

Ergänzende Arbeitsgänge: Muffen für Ansaugverteiler erneuern

1 Der Boxster-Drosselklappenstutzen ist ein Präzisionsteil, das seinen Dienst in sehr rauer Umgebung verrichten muss. Nachdem er jahrelang unauffällig funktionierte, ist der Klappenstutzen oft verschmutzt oder zugesetzt und Leistungsmangel ist häufig die Folge. Mitunter haben sich erhebliche Schmutzmengen abgelagert, vor allem, wenn ein Vorbesitzer es mit dem Luftfilterwechsel (Projekt 3) nicht so genau nahm. Projekt 83 (Erneuern des Anlassers) zeigt, wie man an den Klappenstutzen herankommt. Bauen Sie den Klappenstutzen (gelber Pfeil) vom Ansaugverteiler ab (gelber Pfeil) und reinigen Sie ihn auf der Werkbank mit Vergaserreiniger. Alle Kanäle mit flusenfreien Lappen säubern, bis Schmutz und Fremdkörper komplett entfernt sind. Der blaue Pfeil zeigt die Hutzen am Ansaugverteiler, die auf Risse kontrolliert bzw. nach jahrelangem Betrieb routinemäßig erneuert werden sollten.

2 So sollte der Klappenstutzen nach der Reinigung aussehen. Hier ist die frühe Version mit Gaszug und Leerlaufsteller zu sehen (grüner Pfeil). Der Steller regelt den Luftdurchtritt an der Drosselklappe. Ist er zugesetzt, sind unrunder Leerlauf und Warmlaufprobleme die Folge. Beim Wiederanbau des Leerlaufstellers am Klappenstutzen stets eine neue Dichtung verwenden! Ist der Klappenstutzen tadellos sauber, wird er mit einer neuen Gummidichtung (gelber Pfeil, kleines Bild) am Ansaugverteiler montiert.

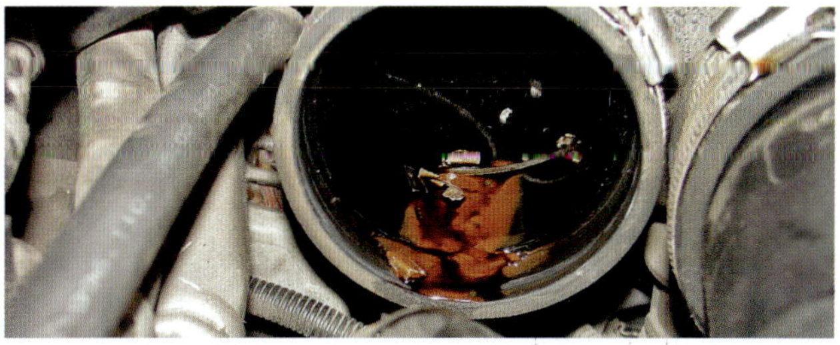

3 An der Innenseite des Ansaugverteilers müssen Öl und Fremdkörper vollständig entfernt werden. Erneuern Sie alle gealterten oder rissigen Hutzen. Hier ist die Innenseite des Ansaugverteilers unseres Projekt-Boxster zu sehen, dessen Motor mit Totalschaden ausgefallen war. Die kleinen Metallteile sind Reste der Kolbenringe! Normalerweise finden sich hier nur Öl- und Benzinablagerungen. Ist der Ölabscheider defekt, sammelt sich hier und auf den Oberflächen des Klappenstutzens reichlich überschüssiges Öl an.

ABSCHNITT 4
KÜHLWASSERKREISLAUF

Die Boxster-Motoren zählen zu den technisch eindrucksvollsten Entwicklungen von Porsche. Aufgrund der Mittelmotorkonstruktion ist die Verlegung der Kühlwasserschläuche allerdings nicht einfach, verschiedene Details mussten also auf recht kreative Weise gelöst werden. Bestimmte Probleme treten nur bei diesen Fahrzeugen auf. Defekte im Kühlkreislauf dürften zu den häufigsten Schäden gehören, aber erfreulicherweise lässt sich die Standfestigkeit des Motors durch sorgfältige Wartung der Kühlanlage erheblich steigern.

PROJEKT 29
Spülen/Wechseln des Kühlmittels

Zeit/Kosten/Talent: 2 Stunden / ca. 110 Euro / 2

Werkzeuge: Große Auffangwanne oder Eimer, Steckschlüsselsatz

Relevante Baujahre: Alle

Erforderliche Teile: 6 bis 12 l Kühlmittel

Tipp: Der Auffangbehälter muss groß und breit genug für die abgelassene Kühlmittelmenge sein.

Arbeitsziel: Elektrolyseprozessen im Motor vorbeugen

Ergänzende Arbeitsgänge: Wasserpumpe und Kühlerschläuche erneuern

Zu den häufig vernachlässigten Arbeiten zählt bei vielen Fahrzeugen die Wartung der Kühlanlage. Porsche empfiehlt grundsätzlich, das Kühlsystem alle drei Jahre durchzuspülen und zu reinigen. Gewissenhafte Schrauber erledigen diese Arbeiten jährlich oder allerspätestens alle zwei Jahre. Der Grund: Altes, verbrauchtes Kühlmittel kann an den Motorbauteilen irreversible Schäden anrichten – wie der Fall eines Kopfdichtungswechsels zeigt, den der Autor einmal erlebte: Anscheinend hatte der Vorbesitzer das Kühlmittel mindestens zehn Jahren lang nicht mehr gewechselt. Korrosion hatte sich bereits an zahlreichen Motorteilen eingenistet und schwere Schäden hinterlassen.

Eine ordnungsgemäß gewartete Kühlanlage zeichnet sich aus durch ausreichende Kühlmittelversorgung, einen Kühler, der als Wärmetauscher mit der Umgebungsluft funktioniert, einen Lüfter respektive eine Quelle für den Kühlluftstrom, eine Wasserpumpe, die das Kühlmittel permanent umwälzt, sowie einen Thermostaten, der den Motor auf optimaler Betriebstemperatur hält. Zudem muss die Zusammensetzung des Kühlmittels stimmen und die chemischen Zusätze müssen den wirksamen Wärmeübergang fördern, gegen Frost schützen und Korrosionsansätzen vorbeugen. Damit Ihr 911 richtig läuft, müssen Füllstand, Frostschutzgehalt und Gesamtzustand des Kühlmittels regelmäßig überprüft werden. Sie sollten das Kühlmittel wechseln, bevor es soweit altert, dass es seine Aufgabe nicht mehr richtig erfüllen kann.

Es werden immer wieder Untersuchungen zitiert, wonach Defekte an der Kühlanlage die häufigste Pannenursache sind – gerade im wichtigen Porsche-Exportland USA. Eine kaum verwunderliche Feststellung, wenn man bedenkt, dass die Wartung der Kühlanlage bei den meisten Pkw sträflich vernachlässigt wird.

Elektrolyse. Elektrolyse zählt zu den typischen Fehlersymptomen bei verschmutztem Kühlmittel. Zur Elektrolyse kommt es, wenn elektrische Ströme sich ihren (Irr-)Weg durch das Kühlmittel des Motors suchen. Der Strom sucht sich stets den kürzestmöglichen Weg, und durch Verunreinigungen im Kühlmittel entsteht häufig ein „Weg des geringsten Widerstands" für den Strom. Dieser fehlgeleitete Stromfluss hat seinen Ursprung häufig in elektrischen Motoranbauteilen ohne ordentliche Masseverbindung. Fehlt ein Motor- oder Getriebemasseband, kann das Kühlmittel ebenfalls gleichsam „unter Strom stehen". Kühler, Heizungsschlauch oder gar der Wärmetauscher können dann als Weg des geringsten Widerstands dienen. Diese Bauteile haben häufig guten Massenschluss, und durch die leidliche Leitfähigkeit des Kühlmittels entsteht eine Masseverbindung vom Motor zum Rahmen.

Durch Elektrolyse kann der Motor rasch Schaden nehmen. Es ist zwar fast normal, dass ein geringfügiges Spannungspotenzial im Kühlsystem anliegt, Werte von mehr als etwa einem Zehntelvolt können jedoch Reaktionen zwischen dem Kühlmittel und den Metallteilen des Motors auslösen. Durch die Elektrolysewirkung werden vor allem Motorteile aus Alu angegriffen, was zu Pitting und Lochkorrosion auf den Aluminiumoberflächen führt. Da das Metall regelrecht „weggefressen" wird, kann es zu Lecks in der Kühlanlage, insbesondere am Kühler im Bereich von Aluschweißnähten, kommen. Auch Grauguss-Motorenteile sind gefährdet, üblicherweise werden die Aluteile jedoch zuerst angegriffen. Besonders auffällig ist Elektrolysekorrosion vor allem an Aluminiumzylinderköpfen (siehe Abb. 1).

Wie können wir prüfen, ob in unserem Motor elektrolytische Prozesse ablaufen? Abgesehen von sichtbaren Erosionszeichen: durch die Prüfung des Stromflusses. Verbinden Sie die Minusklemme eines Voltmeters mit der Fahrzeugmasse. Berühren Sie dann einen anderen Punkt der Karosserie und prüfen Sie, ob Durchgang vorhanden ist. Der Widerstand müsste annähernd Null sein. Bei kaltem, laufendem Motor tauchen Sie

die Plus-Sonde in den Kühlmitteltank, allerdings darf die Sonde keine Metallteile berühren. Die Spannung muss nun weniger als 0,10 V betragen. Ist dies nicht der Fall, schalten Sie nacheinander alle elektrischen Verbraucher aus oder klemmen Sie sie ab, bis ein Wert unter 0,10 V angezeigt wird.

Ein Helfer schaltet nun die Verbraucher (also Klimakompressor, Heizgebläse usw.) durch, während Sie die Spannung messen.

Ist ein Verbraucher ohne Ein-/Aus-Schalter verbaut, verlegen Sie zur Prüfung provisorisch ein Massekabel vom Verbrauchergehäuse zum Rahmen. Legen Sie jeden Verbraucher an Masse und beobachten Sie die Voltmeteranzeige. Wird durch das Kabel eine fehlende Masseverbindung zum Verbraucher wiederhergestellt, haben Sie ein Bauteil mit schadhafter Masseverbindung gefunden.

Bei diesem Test muss auch der Anlasser überprüft werden. Ein Anlasser mit mangelhafter Masse quält sich nicht nur beim Durchdrehen des Motors, sondern greift auch das Metall in den Bestandteilen der Kühlanlage erheblich an. Beobachten Sie also das Messgerät beim Betätigen des Anlassers: Spannungsspitzen deuten auf eine schadhafte Masseverbindung hin.

Kühlmittelzusätze. Oft besteht begründete Skepsis gegenüber Zusätzen für das Kühlmittel, denn immerhin kursieren in der Autobranche manche Mythen über die Wirkung dieser Zaubermittel. An sich sind die Kühlmittelzusätze durchaus nützlich. Im Prinzip steht dahinter reine Chemie. Wie die heutigen Motoröle enthalten auch die Kühlmittel allerlei Chemikalien, die ihre Wirkung verbessern und die Wärmeabfuhr optimieren sollen. Mit der weiteren Verbreitung von Kfz-Bauteilen aus Alu und der immer kleineren Bauweise der Kühler bringt die Verwendung dieser Zusätze immer mehr Vorteile mit sich.

Die im Zubehörhandel erhältlichen Zusätze wirken als so genannte Tenside („oberflächenaktive Substanzen"). Ein Tensidmolekül hat ein hydrophiles (wasseranziehendes) und ein hydrophobes (wasserabstoßendes) Ende. Bei lokaler Hitzeentwicklung im Zylinderkopf können Schockwellen entstehen, die im Motor gewaltigen Schaden anrichten können, vor allem an Alubauteilen. Vereinfacht ausgedrückt, tragen die Tenside dazu bei, die Lufteinschlüsse im Kühlsystem zu verringern und die Schaumbildung in der Kühlanlage zu begrenzen.

Die Zusätze sind für die Kühlanlage vor allem aus drei Gründen vorteilhaft. Erstens verringern sie schädliche Kavitation und Aufschäumneigung, wie sie beim raschen Umwälzen des Kühlmittels durch die Wasserpumpe entstehen können. Verringerte Schaumbildung beugt auch Schäden an den Aluoberflächen vor. Zweitens unterstützen sie die Wärmeabfuhr aus dem Kühlmittel an die Abstrahlflächen des Kühlers. In Motoren, die von Haus aus sehr kühl laufen, bieten die Zusätze zusätzliche Sicherheit für den Fall, dass etwa der Thermostat ausfällt. Zudem enthalten sie Korrosionshemmer. Die meisten normal gefahrenen Fahrzeuge werden nicht mit einem 50:50-Verhältnis von Wasser und Frostschutzmittel bewegt, wie es die Hersteller der Korrosionsschutzmittel eigentlich vorgeben. Die Additive halten einen angemessenen pH-Wert aufrecht und tragen dazu bei, die Korrosionsneigung im Kühlsystem zu minimieren. Selbst bei Frostschutzmitteln mit Tensidzusatz bringen diese Zusätze Vorteile, da das Wasser-Frostschutz-Mischungsverhältnis von 50:50 meist nicht eingehalten wird.

Die Vorteile von Additiven sind also:

- geringere Korrosionsneigung als Folge von Rostbildung und Elektrolyse
- bessere „Benetzungsfähigkeit" des Wassers sowie besserer Wärmeübergang und dadurch niedrigere Zylinderkopftemperaturen
- Reinigung und Schmierung der Dichtringe des Kühlsystems, etwa in der Wasserpumpe
- geringere Schaumbildung und Kavitationsneigung, die zu Korrosion führen können
- Verringerung der Nebenwirkungen von „hartem Wasser" im Kühlsystem

Im Allgemeinen kosten die Zusätze nicht viel und sind in der Regel auch keine Zaubermittelchen. Selbst bei einwandfrei gewarteten Fahrzeugen können sie eine Sicherheitsreserve für den Fall sein, dass einmal etwas schief geht. Porsche-Fahrzeuge sind eigentlich nicht für Probleme mit der Kühlanlage bekannt, aber ein bisschen vorbeugende Pflege kann unter Umständen den kostspieligen Tausch der Kopfdichtung ersparen.

Genauso wichtig ist der richtige pH-Wert in der Kühlanlage. Der pH-Wert von Wasser liegt bei 7 und gilt als „neutral". Batteriesäure hat einen pH-Wert von 2 bis 3 und ist extrem ätzend, während Backpulver mit einem pH-Wert von 10-11 sehr alkalisch ist. Normalerweise sollte der pH-Wert des Kühlmittels oberhalb von 7 liegen. Bei einem niedrigeren Wert bildet sich ein säurehaltiges Gemisch, das Korrosionsbildung im Motor begünstigt. Die Korrosionsinhibitoren (Hemmer) in den Zusätzen und im Frostschutzmittel werden zugesetzt, um den pH-Wert höher als 7 zu halten. Ein 50:50-Mischungsverhältnis von Wasser und Frostschutz ergibt einen pH-Wert von etwa 8 bis 9. Im Laufe der Zeit zersetzt sich allerdings das Glykol (einer der Hauptbestandteile von Frostschutz), und es bilden sich saure Bestandteile. Die alkalischen Korrosionshemmer müssen in der Lage sein, diese sauren Abfallprodukte während der Lebensdauer des Kühlmittels zu neutralisieren. Durch Mineralstoffe im Wasser, Wärme, gelösten Sauerstoff und weitere Faktoren verliert das Kühlmittel jedoch im Laufe der Zeit diese Inhibitoren. Das Kühlmittelgemisch übersäuert und kann die Metalle im Motor angreifen.

Wartung des Kühlsystems – Kontrolle des Kühlmittelstands. Der Kühlmittelstand muss regelmäßig kontrolliert werden, um Wasserverlust frühzeitig zu erkennen, der letzten Endes zum Überhitzen des Motors führen könnte. Prüfen Sie also regelmäßig, ob und wie sich der Kühlmittelstand im Ausgleichsbehälter zwischen der MAX- und der MIN-Marke bewegt. Diese Marken sind seitlich am Ausgleichsbehälter zu erkennen. Der Behälter ist halbwegs durchsichtig, so dass sich der Füllstand ablesen lässt.

Durch Verdunstung oder auch geringfügige Lecks verliert Ihr Boxster nach und nach Kühlmittel. Deutliche Kühlmittelverluste innerhalb sehr kurzer Zeit sind allerdings fast immer ein Indiz für eine größere Undichtigkeit. Manchmal ist das Leck auch zu erkennen, wenn der Wagen über Nacht geparkt wird. Während der Fahrt austretendes Kühlmittel verdunstet leicht und hinterlässt keine charakteristischen Spuren. Bei Verdacht auf ein undichtes Kühlsystem kontrollieren Sie zuerst alle Schläuche, die Wasserpumpe, den Ausgleichsbehälter und den Kühler auf Spuren von Flüssigkeitsaustritt oder typische „Kühlmitteltränen" an

Nähten und Dichtflächen. Auch die Dichtung am Kühlerdeckel verdient eine Kontrolle. Der Kühlerdeckel muss fest schließen. Bei Verdacht auf ein nicht sichtbares Leck lassen Sie die Anlage von einem Fachmann auf Dichtheit testen. Sinkt der Kühlmittelfüllstand aufgrund von Lecks zu weit ab, spricht ein Warnkontakt im Füllstandsgeber im Ausgleichsbehälter an und die Kühlmitteltemperaturanzeige an der Instrumententafel blinkt.

Sind keinerlei Lecks zu erkennen und scheint das Kühlsystem den Druck zu halten, prüfen Sie, ob der Kühlerdeckel in Ordnung und für den Anlagendruck ausgelegt ist (der montierte Kühlerdeckel muss auf die Kühlanlage abgestimmt sein).

Ist das Kühlmittel im Ausgleichsbehälter verschlammt oder milchig-trüb, ist ein ernsteres Kopfdichtungsproblem zu vermuten. Möglicherweise sickert Öl an der Dichtung vorbei und vermischt sich mit dem Kühlmittel. Dann muss in aller Regel der Motor zerlegt und die Kopfdichtungen erneuert werden – wie unschwer vorstellbar, eine aufwändige und kostspielige Arbeit.

Hält das Kühlsystem den Druck nicht und ist immer noch nicht zu erkennen, wohin das Kühlmittel verschwindet, sollten Sie das Motoröl untersuchen. Eine defekte Kopfdichtung lässt Kühlmittel ins Motoröl durch. Wenn nach dem Abnehmen des Öleinfülldeckels eine gelblich-trübe Substanz zu sehen ist, ist wahrscheinlich die Kopfdichtung hinüber. Manchmal ist dann der Ölfüllstand gestiegen und es sind Kühlmitteltröpfchen an der Öleinfüllöffnung zu erkennen. Dringt das Kühlmittel an der Dichtung vorbei in einen Brennraum ein, ist dies auch an der Wasserdampfentwicklung am Auspuff zu erkennen und die entsprechende Kerze setzt sich rasch zu. Außerdem verunreinigen die im Kühlmittel enthaltenen Korrosionshemmer auf Silikatbasis die Auspuffanlage, wodurch irgendwann die Lambdasonde ausfällt. Eine neue Sonde sollte also bei derartigen Kopfdichtungsschäden gleich mit eingeplant werden.

Lässt sich nicht ermitteln, wo das Kühlmittel abgeblieben ist, hatte der Motor möglicherweise kurzzeitig überhitzt und das Kühlmittel begann zu kochen. Füllen Sie dann Kühlmittel nach und beobachten Sie den Füllstand sehr genau. Überhitzungsprobleme können sehr schnell zum Durchbrennen der Kopfdichtung führen.

Kontrolle von Frostschutzkonzentration und Zustand des Kühlmittels. Frostschutzkonzentration und Zustand des Kühlmittels sollten regelmäßig überprüft werden, damit Ihr Porsche stets mit optimaler Kühlmittelzusammensetzung läuft. Dies ist als Schutz gegen Überhitzen fast so wichtig wie als Gefrierschutz. Durch eine unausgewogene Wasser-Frostschutzmischung verschieben sich Siedepunkt und Gefrierpunkt des Gemischs. Eine 50:50-Zusammensetzung von Wasser und Ethylenglykol-Frostschutzmittel bietet bis etwa 125 °C Schutz gegen Kochen (bei Verwendung eines für 1 bar Druck ausgelegten Kühlerdeckels) und zugleich Gefrierschutz bis frostige -37 °C. Ein 50:50-Gemisch aus Propylenglykol und Wasser bietet Schutz von -32 °C bis +127 °C.

Je höher der Frostschutzmittelanteil im Kühlmittel, desto höher der Siedepunkt und umso tiefer der Gefrierpunkt. Oberflächlich betrachtet also durchaus vorteilhaft, doch bei einem Frostschutzmittelgehalt von mehr als 65-70 % sinkt die Wärmeübertragungs- und Wärmeabfuhrkapazität des Kühlmittels erheblich. Dadurch steigt wiederum die Überhitzungsgefahr. Ein gesundes Mittelmaß ist also angebracht.

Aber Vorsicht: Der Kühlmittelzustand lässt sich durch bloße Sichtkontrolle nicht exakt bestimmen. Die chemische Zusammensetzung und die Konzentration der Kühlmittelbestandteile sind sehr wichtig: Stimmt die chemische Zusammensetzung nicht, schadet das Kühlmittel unter Umständen dem Motor.

Wie erwähnt muss stets frisches Kühlmittel eingefüllt werden. Ethylenglykol, der wichtigste Bestandteil des Frostschutzmittels, macht rund 95 Gewichts-% des Frostschutzzusatzes aus. Er verbraucht sich normalerweise nicht, die Korrosionshemmer, die die übrigen 5% ausmachen, zersetzen sich jedoch in der Regel und verlieren im Laufe der Zeit ihre Wirkung. Besonders wichtig ist frisches Kühlmittel vor allem bei Motoren mit Aluzylinderköpfen und Grauguss-Motorblöcken.

Der Wechsel des Kühlmittels ist mindestens alle zwei Jahre oder nach etwa 40.000 km ratsam. Longlife-Frostschutzmittel ist daher nicht unbedingt die beste Lösung, denn wenn diese Longlife-Produkte mit herkömmlichem Frostschutzmittel gemischt werden (was versehentlich leicht passieren kann), reagieren die Korrosionsinhibitoren und die tatsächliche Schutzwirkung des Longlife-Frostschutzes verschlechtert sich. Wer also Longlife-Frostschutz eingefüllt hat, sollte auch nur gleichartige Longlife-Mittel nachfüllen und keinesfalls normales und Longlife-Frostschutzmittel miteinander mischen.

Leider lässt sich nicht ohne weiteres feststellen, ob der Longlife-Kühlmittelfüllung normales Frostschutzmittel beigemischt wurde. Bestimmte Kühlmittel weisen zwar eine typische Färbung auf, beim Mischen mit normalem Frostschutz ist der Farbunterschied aber nicht ausreichend, um sich gegen die typische Färbung normaler Frostschutzmittel durchzusetzen. Wer also nicht die gesamte Wartungsvorgeschichte seines Boxster kennt, sollte das Kühlmittel sicherheitshalber eher etwas häufiger wechseln.

Wie aber können wir das eingefüllte Kühlmittel überprüfen? Neben den handelsüblichen Frostschutzprüfern, die es bereits für um die 10 Euro im Autozubehör zu kaufen gibt, eignen sich Chemikalien-Teststreifen zur Messung der verbleibenden Alkalinität im Kühlmittel. Beim Eintauchen in das Kühlmittel verändern diese Teststreifen ihre Farbe. Die endgültige Farbänderung kann dann mit einer Referenztabelle verglichen und anhand dieser der Zustand des Kühlmittels festgestellt werden. Ist das Testergebnis eher schlecht oder allenfalls mäßig, ist es Zeit für einen baldigen Kühlmittelwechsel.

Noch ein ergänzender Hinweis: Das spezifische Gewicht von Ethylenglykol- und Propylenglykol-Frostschutzmitteln ist unterschiedlich, d.h. beim Kühlmitteltest muss auf jeden Fall der passende Teststreifen verwendet werden. Andernfalls ergeben sich möglicherweise falsche Ablesewerte. Frostschutzmittel auf Ethylenglykolbasis ist extrem toxisch für Haus- und Kleintiere, riecht und schmeckt ihnen allerdings anscheinend sehr gut, also sollte es auf jeden Fall von Tieren ferngehalten werden.

WECHSEL DES KÜHLMITTELS

Nun ist es also Zeit, das Kühlmittel zu wechseln. Erfreulicherweise geht dies beim Boxster relativ einfach. Zuerst stellen wir eine große Auffangwanne unter das Fahrzeug. Besonders geeignet sind Katzenklos, denn sie sind recht groß, bestehen aus Kunststoff und können reichlich Flüssigkeit aufnehmen. Die Boxster-Sechszylindermotoren fassen etwa 15 bis 23 l, der Auffangbehälter muss also entsprechend groß sein.

Sobald der Boxster abgekühlt ist, stellen wir ihn auf Unterstellböcke (siehe Projekt 1) und schrauben die Kunststoffverkleidungen unter den Kühlerschläuchen am Unterboden ab. Dann stellen wir die Heizung auf volle Leistung und das Innenraumgebläse auf die niedrigste Stufe ein. Motor aber nicht anlassen! Durch Einschalten der Heizung werden die Ventile zum Heizungswärmetauscher geöffnet, und das Kühlmittel kann aus dem Wärmetauscher abfließen. Danach am Heck langsam den Kühler-/Ausgleichsbehälterdeckel abschrauben, damit der Druck aus dem Kühlsystem entweichen kann.

Nun muss das Kühlmittel vollständig abgelassen werden (zur Lage der Schläuche, die getrennt werden müssen, siehe Abb. 2). Öffnen Sie an der Motorunterseite die Ablassschraube und lassen Sie das Kühlmittel in die Auffangwanne ablaufen. Sobald nichts mehr austritt, drehen Sie die Verschlussschraube mit neuem O-Ring wieder ein und ziehen sie mit 10-15 Nm an.

Dann die beiden großen Kühlerschläuche abziehen, die für die Kühlmittelzu- und -rücklaufleitungen zur Fahrzeugvorderseite vorgesehen sind. Zweckmäßigerweise sollten auch die unteren vorderen Schläuche an den Kühlern abgezogen werden, allerdings muss dazu die vordere Stoßfängerverkleidung abgebaut werden (siehe Projekt 68 und Projekt 32).

Sobald das Kühlmittel vollständig abgelaufen ist, ziehen wir die Schläuche mit neuen Schlauchschellen wieder fest. Eigentlich ist man ja versucht, die klassischen Schraubschellen zu empfehlen, die Federschellen, die ab Werk montiert wurden, bieten aber den Vorteil, dass sie gleichmäßige Anzugsspannung am Schlauch aufrechterhalten, wenn der Schlauch sich im Fahrbetrieb aufheizt und abkühlt.

Anschließend trennen wir die beiden Heizungsschläuche und lassen das Kühlmittel ablaufen. Dann befestigen wir sie mit neuen Schellen. Nun können das Kühlmittel eingefüllt und der Kühlkreislauf entlüftet werden. Der Ausgleichsbehälter (roter Pfeil in Abb. 3) befindet sich im Heck links im Motorraum. Nehmen Sie den Verschlussdeckel ab (Abb. 3) und befüllen Sie den Ausgleichsbehälter bis zur oberen Füllstandsmarke, dann klappen Sie die Metallklammer hoch, mit der das Entlüfterventil geöffnet wird (Abb. 4). Nun den Motor an- und im Leerlauf laufen lassen und Kühlmittel so lange bis zur MAX-Marke nachfüllen, bis nichts mehr hineingeht. Dann den Motor hochdrehen und wieder abtouren lassen und nochmals Kühlmittel nachfüllen, falls der Füllstand erneut absinkt. Vorsicht, dass die Motortemperatur während des Entlüftungsvorgangs 80 °C nicht überschreitet. Heizt sich der Motor zu sehr auf, erschwert dies das Nachfüllen des Kühlmittels auf den richtigen Füllstand und das Entlüften.

Befestigen Sie nun wieder den Behälterdeckel und lassen Sie den Motor bei 2500/min etwa 10 Minuten (bis das Thermostat für die vorderen Kühler öffnet) warmlaufen. Wenn das Thermostat öffnet und Kühlmittel nach vorn fließt, müssten die elektrischen Kühlerlüfter zuschalten. Lassen Sie den Motor noch eine Weile warmlaufen und beschleunigen Sie etwa alle 30 Sekunden auf rund 5000/min. Drehen Sie den Behälterdeckel vorsichtig ab, damit Druck entweichen kann. Es dürfte sich nicht viel Druck aufgebaut haben, denn das Entlüfterventil ist einstweilen noch offen. Füllen Sie Kühlmittel bis zum MAX-Stand nach, bringen Sie den Deckel wieder an und beschleunigen Sie den Motor erneut 5 Minuten lang immer wieder auf etwa 5000/min.

Danach darf der Motor einige Minuten im Leerlauf laufen, bis die Kühlerlüfter nochmals mindestens einmal zyklisch ein- und ausschalten. Stellen Sie den Motor ab und drehen Sie den Behälterdeckel nochmals langsam ab, damit aufgebauter Druck entweichen kann. Das Kühlmittel muss aufgefüllt werden, bis die MAX-Marke seitlich am Behälter erreicht ist. Legen Sie nun die Metallklammer zum Schließen des Entlüfterventils wieder nach unten um. Bei Automatikmodellen muss Sicherung B1 am Türeinstieg auf der Fahrerseite wieder montiert werden.

Nun steht noch die Frage nach der Kühlmittelsorte im Raum. Laut Porsche-Werksunterlagen gilt das Kühlmittel im Boxster-Motor als „Dauerfüllung", und vom Mischen mit normaler Kühlflüssigkeit wird abgeraten. Sicherheitshalber sollte also Porsche-Originalkühlmittel eingefüllt werden. Es ist zwar etwas teurer als die Mittel aus dem Zubehörhandel, das Porsche-Kühlmittel ist aber nicht vorgemischt, d.h. bei der Mischung mit (entionisiertem) Wasser werden aus einem Liter gleich zwei. Für Fahrzeuge ohne Mittelkühler (alle Boxster 1999-2004) sollten Sie etwa 19 Liter einplanen. Die Modelle 2005-2008 sowie der Boxster S fassen rund 22 l Kühlmittel. Ein zusätzlicher Liter ist bei Automatikmodellen notwendig. Und wenn Sie Kühlmittel für die Spülung des Kühlsystems ordern, sind 4 bis 5 Liter als Reserve empfehlenswert – denn möglicherweise müssen Sie bei der ersten längeren Fahrt nachfüllen, und unterwegs sind Porsche-Originalkühlmittel möglicherweise nicht überall aufzutreiben. Die Teilenummer eines 4-Liter-Gebindes lautet 000 043 301 05 M100.

1 Um den Thermostaten dieses BMW-Motors herum hat Elektrolyse bereits erhebliche Schäden am Zylinderkopf angerichtet. Durch die elektrochemischen Reaktionen wurde das Alu angefressen und ist wegerodiert. Dieser Vorgang läuft ähnlich wie bei einer Funkenerosionsmaschine ab, bei der starker elektrischer Strom durchs Metall fließt und regelrecht Stücke herausreißt, bis nichts mehr übrig ist. Ähnlich läuft leider auch die Elektrolyse ab. Je nach Stärke des Stromflusses im Kühlmittel werden mehr oder minder große Metallstücke herausgelöst. Ein Anlasser mit mangelhafter Masse kann innerhalb weniger Wochen Kühler oder Zylinderkopf ruinieren. Bei geringerem Stromfluss, etwa dem eines elektrischen Kühlerlüfters, kann ein Bauteil über Monate hinweg schleichend wegerodieren.

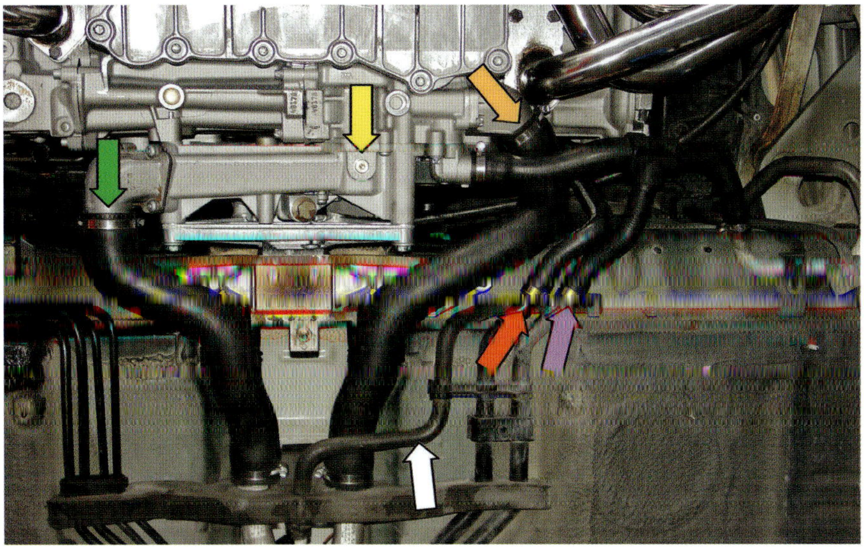

2 Dieses Bild zeigt die Kühlmittelablassschraube (gelber Pfeil) und die Schläuche, die zum Ablassen des Kühlmittels aus der Kühlanlage abgezogen werden müssen. Grüner Pfeil: Rücklaufleitung von den Frontkühlern. Orangefarbener Pfeil: Thermostatgehäuse und Schlauch für die Kühlmittelzuleitung zu den Frontkühlern. Rote und violette Pfeile: Heizungszulauf-/-rücklaufleitungen. Der weiße Pfeil zeigt auf den Kühlerentlüftungsschlauch (der normalerweise nicht getrennt werden muss).

3 Das Porsche-Originalkühlmittel ist zwar teurer, aber speziell auf diese Motoren abgestimmt. Kühlmittel aus dem Zubehörhandel, die die Werksspezifikationen erfüllen oder gar übertreffen, dürften sich aber ebenfalls eignen. Der rote Pfeil bezeichnet den Kühlmittel-Füllstandsanzeiger seitlich am Ausgleichsbehälter. Das kleine Bild zeigt die „Wartungsklappe“, hinter der sich das Entlüfterventil versteckt.

4 Das Kühlmittel-Entlüfterventil ist mit einer kleinen Metallklammer versehen. Klappen Sie diese Klammer hoch, so dass das Ventil geöffnet und die Kühlanlage entlüftet werden kann.

PROJEKT 30
Erneuern der Kühlmittelschläuche

Zeit/Kosten/Talent: 1-8 Stunden / ca. 20 bis 360 Euro / 3 Schraubenschlüssel

Werkzeuge: Messer, Sechskantschlüsselsatz, Zange

Relevante Baujahre: Alle

Erforderliche Teile: Kühlwasserschläuche, Kühlmittel

Tipp: Schläuche mit den qualitativ besseren Klemmschellen montieren

Arbeitsziel: Verhindert plötzliche Rissbildung in den Kühlmittelschläuchen

Ergänzende Arbeitsgänge: Kühler erneuern; Kühlsystem entlüften

Der Boxster ist im Vergleich zu vielen anderen gängigen Fahrzeugen mit einer Vielzahl von Kühler- und Kühlmittelschläuchen ausgerüstet. Bei der Konstruktion dieses Modells hatte die Verringerung der Zahl der verbauten Gummiteile ganz offensichtlich keinen Vorrang. Alle Kühlerschläuche zu erneuern, ist daher ein arbeitsintensives Unterfangen – wobei die Ermittlung der genauen Einbaulage mit am schwierigsten ist. Denken Sie daran, dass im Laufe der Bauzeit des Boxster einzelne Schläuche und ihre Einbaulage in Details verändert wurden.

Eine eingehende Kontrolle aller Gummischläuche alle zwei Jahre ist immer sinnvoll, denn infolge Alterung verhärten und verspröden sie im Lauf der Zeit. Jeder Schlauch sollte sich bei leichtem Druck auf die Oberfläche weich anfühlen und sich von Hand leicht eindrücken lassen. Er darf sich beim Zusammendrücken weder brüchig anfühlen noch „knirschen" und muss nach dem Loslassen relativ schnell wieder seine ursprüngliche Form annehmen.

Fühlt sich der Schlauch sehr hart an, dürfte es an der Zeit für Ersatz sein. Ausbeulungen oder Oberflächenrisse im Schlauch bedeuten ebenfalls umgehende Erneuerung. Achten Sie auch auf Feuchtigkeitsspuren oder Lecks in den Anschlussbereichen. Auch dies deutet darauf hin, dass der Schlauch erneuerungsreif ist. Manche Schläuche zeigen evtl. noch Spuren des im Werk aufgebrachten Konservierungsmittels, was nicht mit Schäden am Schlauch verwechselt werden sollte.

Feste Intervalle für die Erneuerung gibt es nicht. In der Kfz-Branche werden allgemein etwa alle vier Jahre oder 100.000 bis 130.000 km empfohlen. In manchen Fahrzeugen halten die Schläuche zehn Jahre oder länger – je nachdem, wie das Fahrzeug gefahren wird und ob es winters wie sommers vielleicht draußen steht.

VORDERE SCHLÄUCHE (an Kühlern angeschlossen):

- Untere Kühlerschläuche (links und rechts, gelber Pfeil, Projekt 32, Abb. 1)
- Obere Kühlerschläuche (links und rechts, grüner Pfeil in Projekt 32, Abb. 3) oder oberer Dreiwege-Kühlerschlauch (links und rechts), sofern Mittelkühler montiert ist (siehe Projekt 31, Abb. 2)
- Kühlerentlüftungsschläuche (klein, links und rechts, blaue Pfeile, Projekt 32, Abb. 3)

ZWISCHENSCHLÄUCHE (Anschluss an Metallrohren in den vorderen Radhäusern – siehe Projekt 31, Abb. 7):

- Obere „S"-Schläuche (links und rechts, orangefarbener Pfeil)
- Untere „S"-Schläuche (links und rechts, blauer Pfeil)
- Entlüftungsschläuche (links und rechts, violetter Pfeil)

HINTERE SCHLÄUCHE (siehe Projekt 29, Abb. 2):

- Vom Thermostatgehäuse zum Verbindungsrohr zu den Frontkühlern (roter Pfeil)
- Rücklaufschlauch für den Anschluss am Zuleitungsrohr zu den Frontkühlern (grüner Pfeil)
- Schlauch für den Anschluss am Rohr zur Fahrzeugmitte – Kühlerentlüftungsschlauch/-rohr (weißer Pfeil)
- Dreiwege-Kühlmittelschlauch nahe dem Thermostat (violetter Pfeil)
- Heizungsschläuche (roter Pfeil)

SCHLÄUCHE AM KÜHLMITTELAUSGLEICHSBEHÄLTER (Projekt 33, Abb. 2):

- Vom Ölkühler zum Kühlmittelausgleichsbehälter (grüner Pfeil)
- Kühlerentlüftungsschlauch (blauer Pfeil)
- Kühlmitteleinfüllschlauch (gelber Pfeil)
- Kühlmittelüberlaufschlauch (hier ausgebaut, schließt am durch den roten Pfeil markierten Stutzen an)
- Drei Winkelschläuche, auf der Fahrzeuginnenseite am Kühlmittelbehälter angeschlossen, vom Kofferraum aus zu sehen (siehe Projekt 33, Abb. 4)

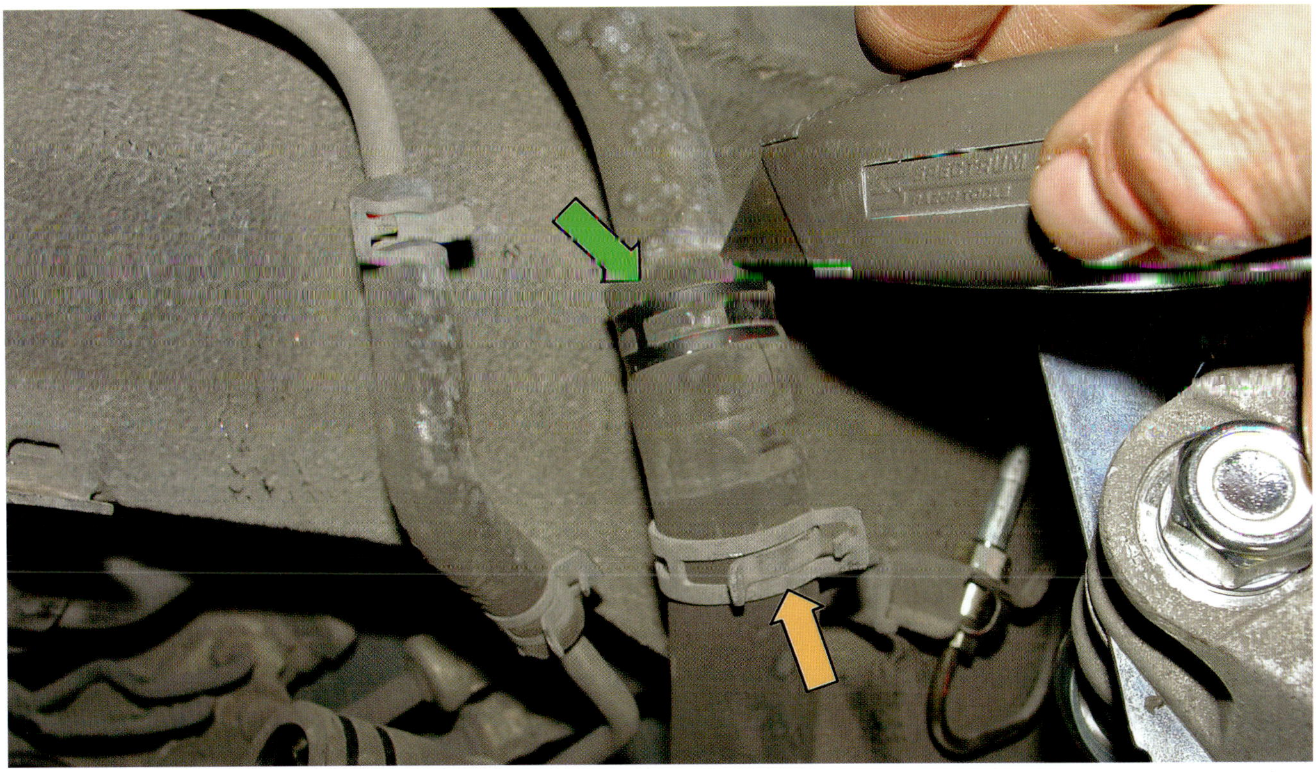

1 Lösen Sie die Schelle mit einer Zange und schieben Sie sie vom Schlauch ab (orangefarbener Pfeil). Dann mit einem Teppichmesser den Schlauch der Länge nach aufschneiden (grüner Pfeil). Nun lässt sich der Schlauch aufklappen und vom Rohr abziehen.

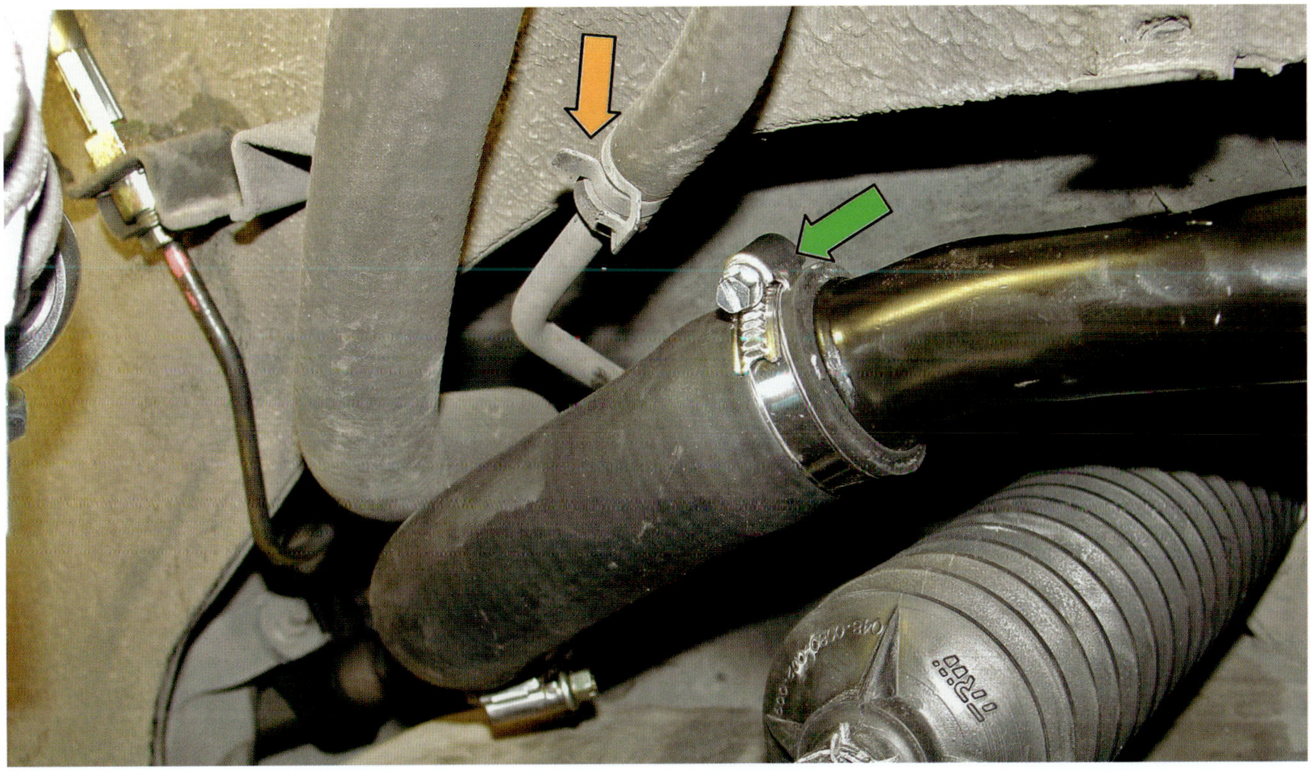

2 Die im Werk verbauten Serien-Schlauchschellen lassen sich nur mit Mühe ordentlich befestigen (orangefarbener Pfeil). Der Vorteil dieser Schellen ist allerdings, dass sie den Schlauch – selbst wenn dieser sich ausdehnt oder zusammenzieht – mit gleichmäßiger Spannung fixieren. Einfacher zu montieren sind die klassischen Erstausrüster-Schraubschellen (grüner Pfeil), die sich nicht im Lauf der Zeit lockern oder ihre Spannung verlieren.

PROJEKT 31
Einbau eines Mittelkühlers

Zeit/Kosten/Talent:
8 Stunden / ca. 500 Euro / 4

Werkzeuge: Keine

Relevante Baujahre: alle Modelle außer S

Erforderliche Teile: Mittelkühler, Halter, Schläuche

Tipp: Bringen Sie einen Ausschnitt im Frontstoßfänger an, dann brauchen Sie keinen neuen zu kaufen.

Arbeitsziel: Kühler laufender Motor

Ergänzende Arbeitsgänge: Seitenkühler reinigen und Schläuche ersetzen

Der Boxster S Modell 2000 verfügt über den Frontkühler, wie er auch im Porsche 996 und dem ehrwürdigen GT3 sowie in bestimmten Tiptronic-Versionen zum Einbau kam. Der größere und stärkere Motor machte einen Frontkühler zusätzlich zu den beiden seitlichen Kühlern erforderlich. Die Nachrüstung empfiehlt sich für alle Fahrzeuge, die viel in heißem Klima bewegt werden oder leistungssteigernde Maßnahmen hinter sich haben. Vor allem für alle Boxster, die im Motorsport eingesetzt werden sollen, ist diese Nachrüstung sehr zu empfehlen. Zudem bietet der Mittelkühler zusätzlichen Überhitzungsschutz, da nach dem Einbau die maximalen Betriebstemperaturen um etwa 7 bis 12 °C zurückgehen.

Als ersten Schritt stellen wir alle benötigten Teile zusammen und legen den Kühler auf der Werkbank bereit (siehe Abb. 2 und 3). Achten Sie auf die Ein- und Auslässe am Kühler sowie auf die Lage der Rahmenhalter, da es sehr leicht passieren kann, dass diese beim ersten Versuch verkehrt herum montiert werden. Legen Sie alle Teile aus und kontrollieren Sie sie vor den Zerlegearbeiten auf Vollständigkeit. Kernstück dieses Projekts ist die Umrüstung der Boxster von 1997 bis 2004, die Nachrüstätze für die Modelle ab 2005 sind jedoch weitgehend ähnlich (bis auf andere Teilenummern).

Wir bocken den Wagen hoch, nehmen die Vorderräder ab und demontieren die vordere Stoßfängerverkleidung sowie den unteren Teil der inneren Radhausschalen (Anleitung zum Ausbau der Stoßfängerverkleidung siehe Projekt 68). Anschließend bauen wir die Lufthutzen aus, demontieren die Klimakondensatoren, lassen das Kühlmittel ab und lösen den Kühler soweit, dass er nach unten abgelassen werden kann (Anweisungen zu diesen Arbeitsgängen siehe Projekt 32).

Nun ersetzen wir den unteren Schlauch auf der Beifahrerseite durch den neuen Dreiwegeschlauch, der den Zulauf zum Kühler herstellt. Montieren Sie dazu neue verstellbare Schlauchschellen (unten in Abb. 2). Drehen Sie den Schlauch soweit, dass der kleine Teil des Schlauches richtig auf die Oberseite des Mittelkühlerkanals ausgerichtet ist. Bringen Sie dann den oberen linken Schlauch wieder an und richten Sie den kleinen Teil des Schlauchs ebenfalls so aus, dass er mit der Oberseite des Mittelkühlers in der Einbaulage zusammenpasst. Dieser linke Schlauch verläuft in allerlei Windungen – Abb. 5 zeigt den richtigen Verlauf.

Möglicherweise stellen Sie beim Einbau der neuen Dreiwegeschläuche im Boxster fest, dass der Schlauchdurchmesser größer als der Durchmesser der Zulaufleitungen ist Dies liegt daran, dass die serienmäßigen Boxster-Leitungen, über die das Kühlmittel zur Fahrzeugfront gelangt, kleiner als die des Boxster S oder 996 (mit Mittelkühler) sind. Wir müssen also die serienmäßigen Leitungen gegen die Leitungen des Boxster S/996 für die linke obere und die rechte untere Fahrzeugseite austauschen (siehe Abb. 7). Um diese größeren Leitungen mit den kleineren Leitungen zusammenzufügen, die entlang der Fahrzeugmitte wegführen, wurden bei unserem Projekt ein Schlauch des Boxster S und ein Serienschlauch des Boxster durchgetrennt und mit einem Reduzierstück verbunden (siehe Abb. 6). Es gibt sicher noch andere Möglichkeiten, die Schläuche passend zu machen, die hier gezeigte Lösung dürfte aber eine der einfacheren sein.

Nun wird der Mittelkühler in seiner Einbauposition in der Wagenmitte montiert. Befestigen Sie den Kühler provisorisch mit den beiden oberen M8-Schrauben und den entsprechenden Blechmuttern am Rahmen (siehe Abb. 4). Montieren Sie die Schläuche links und rechts am Kühler und bringen Sie die Schellen an – falls mehr Freiraum zum Befestigen des Schlauchs notwendig ist, drehen Sie eine der M8-Schrauben wieder heraus. Sobald die Schläuche fest sitzen, bringen Sie die restlichen M8-Schrauben und Blechmuttern an und befestigen den Kühler am Rahmen.

Beim Einbau des Mittelkühlers im Boxster kann es passieren, dass die Klimaanlagenschläuche mit der Halterung für den Mittelkühler kollidieren. Dieses Problem muss nicht bei allen Fahrzeugen auftreten, da die Schläuche recht elastisch sind und auch nicht bei allen Fahrzeugen exakt gleich verlegt sind. Um die Klimaanlagenschläuche gegen Beschädigungen zu schützen, können Schlauchstücke als zusätzlicher Schutz um die Klimaanlagenschläuche gewickelt werden (siehe Abb. 4 und Abb. 8).

Zum Abschluss müssen Kühler und Klimakondensatoren wieder befestigt und sämtliche Befestigungsteile festgezogen werden. Füllen Sie das zuvor abgelassene Kühlmittel bzw. frisches Kühlmittel wieder ein. Lassen Sie den Motor an, lassen Sie ihn einige Minuten laufen und kontrollieren Sie Kühler und Schläuche auf Lecks.

Ist alles dicht, bringen Sie die Gummieinfassung am Mittelkühler an, montieren die Gummi-Luftführungen links und rechts und bauen die Radhäuser und die Stoßfängerverkleidung wieder ein. Bei der Abänderung der Stoßfängerverkleidung sind mehrere Methoden möglich. Sie können eine fertige Verkleidung mit Ausschnitt für den Mittelkühler kaufen – allerdings eine sehr kostspielige Lösung angesichts dessen, dass sie auch noch lackiert werden muss. Oder Sie können eine Stoßfängerverkleidung eines frühen 996 montieren – oder den Ausschnitt selbst anbringen (siehe Anleitung in Abb. 9).

Ist wieder alles richtig zusammengebaut, muss der Kühlkreislauf nach der Anleitung aus Projekt 29 entlüftet werden. Während der nächsten Tage sollten Sie den Kühlmittelstand regelmäßig kontrollieren und beim Parken des Wagens auf Kühlmittellecks achten.

Der Serien-Thermostat beginnt bei 86 °C zu öffnen und ist bei 99 °C voll geöffnet. Die Wirkung der vorderen Kühler ist also sehr begrenzt, solange der Motor nicht sehr warm wird. Daher ist bei der Nachrüstung des Mittelkühlers der Einbau eines früher öffnenden Thermostats zu empfehlen. Einzelheiten dazu siehe Projekt 34.

1 So sieht der Boxster S mit ab Werk montiertem Mittelkühler aus. Die Gummi-Luftführung schließt mit dem inneren Haltestück ab und leitet die Luft durch den Mittelkühler.

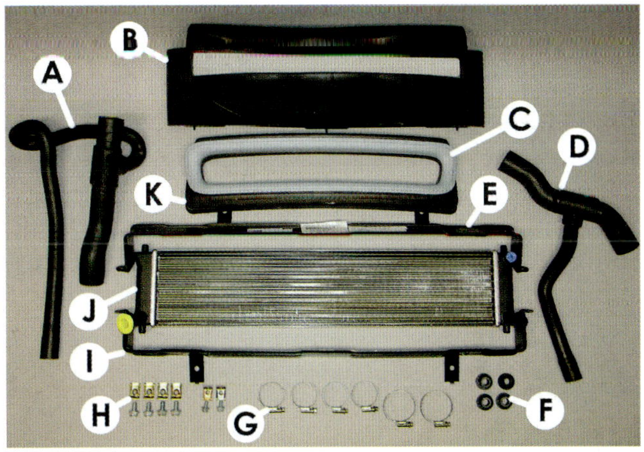

2 Für den Einbau des Mittelkühlers werden die nachstehenden Teile benötigt, die als vollständige Nachrüstsätze für den frühen (1997–2004) oder späten Boxster (2005–2008) lieferbar sind. **A:** Kühlerschlauch links (996 106 665 57). **B:** Vordere Gummiluftführung (996 575 141 02). **C:** Verkleidung Frontstoßfänger (986 505 551 00). **D:** Kühlerschlauch rechts (996 106 666 55). **E:** Oberer Kühlerhalterahmen (996 504 487 02). **F:** Kühlergummilager (4 Stück - 930 113 430 00). **G:** Schlauchschellen (2 Stück: 999 512 666 09, 4 Stück: 999 512 551 00). **H:** Befestigungsteile (4 Sechskantschrauben M6x12 – 900 378 036 09, 4 Blechmuttern M6 – 999 507 550 02, 2 Sechskantschrauben M8x16 – 900 378 074 09, 2 Blechmuttern M8 – 999 591 869 02). **I:** Unterer Kühlerhalterahmen (996 504 485 02). **J:** Mittelkühler (995 106 037 51). **K:** Innerer Halter für Frontstoßfängerverkleidung (986 505 555 00)

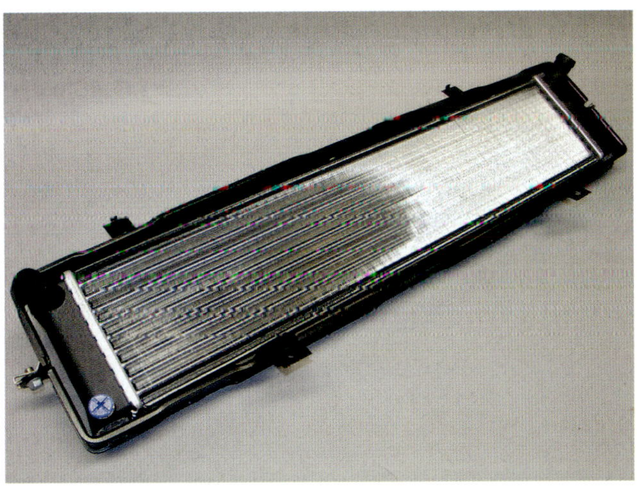

3 Der neue Mittelkühler mit oberem und unterem Halterahmen. Diese Kühlerseite zeigt zum Fahrzeugheck. Achten Sie auf die Haltelaschen an den Rahmen; die obere wird an der Vorderseite angebracht, die untere an der Rückseite des Halterahmens. Nach dem Einbau ist der Kühler leicht nach oben abgewinkelt.

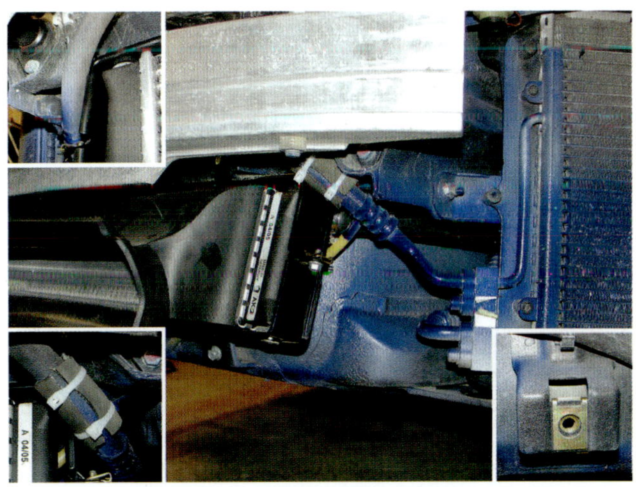

4 Hier einige Einbautipps für den Frontkühler. Oben links: Die Kühlerhalterung könnte am Klimaanlagenschlauch scheuern und diesen beschädigen. Daher wurde der Schlauch zum Schutz mit einem alten Kühlerschlauch umwickelt (unten links). Rechts unten ist die richtige Ausrichtung der Blechmuttern zu sehen – die Aufnahmen dafür müssten an der Karosserie bereits vorhanden sein.

5 So verlaufen die Schläuche für die Ausführung mit drei Kühlern. Der untere Kühlerschlauch auf der rechten Fahrzeugseite sowie der obere Kühlerschlauch auf der linken Fahrzeugseite müssen ersetzt werden. Der Mittelkühler „zapft" die Schläuche für die linken und rechten Kühler an und sorgt für zusätzliche Kühlung.

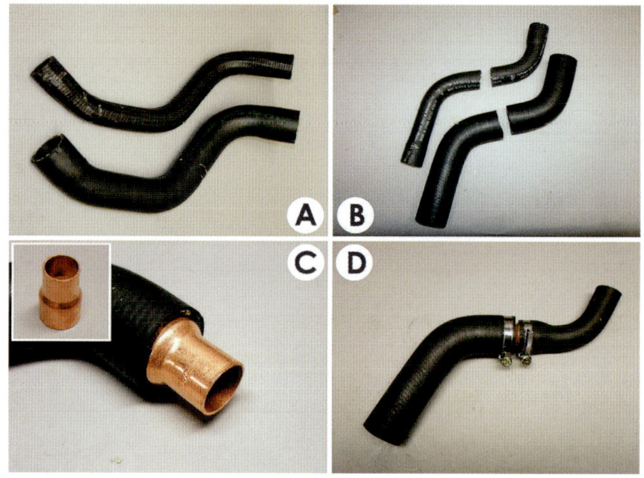

6 Eines der Probleme des Nachrüstsatzes besteht darin, dass die Rohre beim normalen Boxster einen geringeren Durchmesser aufweisen als beim Boxster S. Wir trennen also die Schläuche auf und montieren ein Kupferrohr-Reduzierstück, wie es in jedem Baumarkt zu bekommen sein müsste (Außendurchmesser 32 x 22 mm). **A:** Der Serienschlauch und der dickere Boxster-S-Schlauch im Vergleich. **B:** Beide Schläuche an ungefähr der gleichen Stelle durchtrennen. **C:** Reduzierstück in den dickeren Schlauch einschieben. **D:** Beide Schlauchstücke miteinander verbinden und mit Schlauchschellen befestigen.

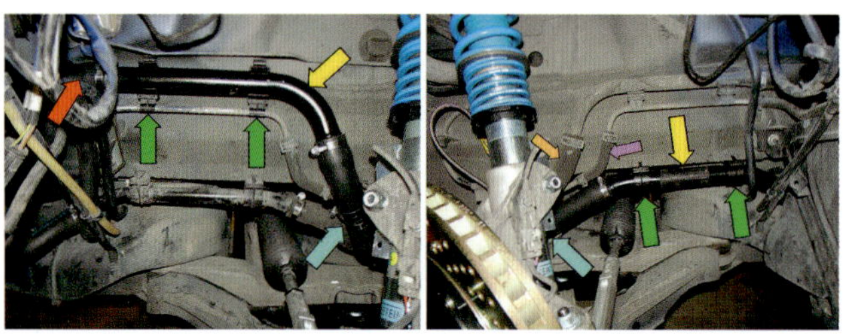

7 Diese beiden Abbildungen zeigen die linke und rechte Seite der Innenradhäuser nach dem Einbau der dickeren Kühlerrohre (gelbe Pfeile). Zusätzlich zu den dickeren Rohren müssen auch die Kunststoffhalter für die dickeren Rohre montiert werden (grüne Pfeile). Das eine Rohrende wird mit dem neuen Dreiwege-Kühlerschlauch verbunden (roter Pfeil), das andere Rohrende mit dem passend gemachten Schlauch mit dem Reduzierstück (blaue Pfeile).

8 Der eingebaute Mittelkühler, bevor die Stoßfängerverkleidung wieder montiert wird. Die Klimaanlagenschläuche wurden mit Gummi (alte Kühlerschläuche) ummantelt, da der obere Halter des Mittelkühlers an ihnen scheuern kann.

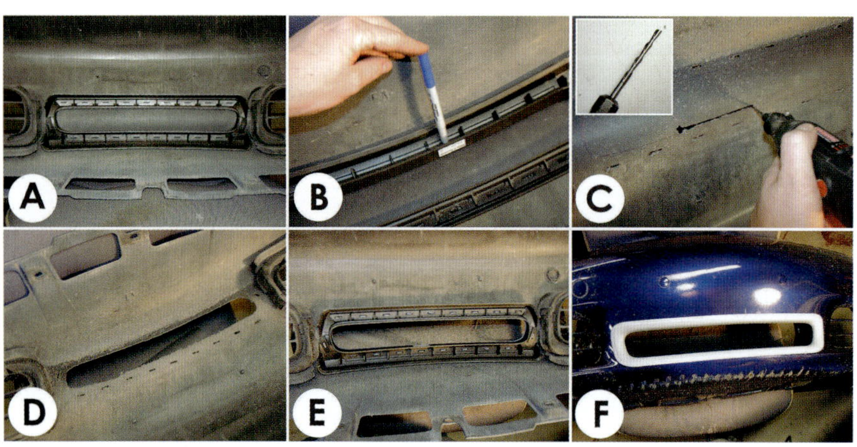

9 Sparsame Schrauber bringen die Öffnung für den Frontkühler selbst an und können dann die alte Stoßfängerverkleidung wieder montieren. **A:** Haltestück und Innenseite der Stoßfängerverkleidung aufeinander ausrichten. Das Haltestück sollte zwischen der linken und rechten Öffnung zentriert sein und bündig an der Wölbung auf der Verkleidungsunterseite anliegen. **B:** Umriss der Öffnung und der Schlitze für den Halter mit einem Marker anzeichnen. **C:** Verkleidung mit Dremel und Fräsereinsatz vorsichtig einschneiden. 100%ige Genauigkeit ist nicht notwendig, da die Öffnung von einer davorliegenden Verkleidung eingefasst wird. **D:** So sieht die ausgeschnittene Öffnung samt der Schlitze für den Halter aus. **E:** Außenverkleidung und inneren Halter probeweise montieren und auf Passung kontrollieren. **F:** So sieht das Endergebnis vor dem Lackieren aus.

PROJEKT 32

Austausch von Kühler und Kühlerlüfter

Zeit/Kosten/Talent: 4 Stunden / ca. 160 Euro /

Tipp: Zur besseren Kühlung Mittelkühler nachrüsten

Werkzeuge: Torx-Schraubendrehersatz

Arbeitsziel: Kühler laufender Motor

Relevante Baujahre: Alle

Ergänzende Arbeitsgänge: Schläuche ersetzen, vorderen Stoßfänger neu lackieren

Erforderliche Teile: Kühler, Schläuche, Kühlmittel

Die ordnungsgemäße Wartung des Kühlmittels trägt sehr dazu bei, die Lebensdauer des Kühlers zu verlängern. Die Kühlsysteme vieler Fahrzeuge werden meist ziemlich vernachlässigt – auch, weil die Besitzer nicht viel über den Aufbau der Kühlanlage wissen (siehe auch Projekt 29). Besonders gefährdet sind der Kühler und der Heizungswärmetauscher, die durch Korrosion und Elektrolyse Schaden nehmen können. Bei unzureichender Wartung können sich korrosive Elemente in Kühler und Wärmetauscher bilden, sie zusetzen oder Lecks verursachen. Überhitzt der Motor, können durch steigende Kühlmitteltemperaturen auch empfindliche Kunststoffbefestigungsteile und -bauteile beschädigt werden.

Beim Kühlerwechsel sollte grundsätzlich ein Originalersatzteil montiert werden. Defekte an Porsche-Kühlsystemen sind zwar die Ausnahme, Alterung und Mangel an Pflege können jedoch zum Überhitzen führen. Die Nachrüstung eines Mittelkühlers, der die Kühlwirkung gegenüber der Ausführung mit zwei Seitenkühlern verbessert, ist daher durchaus sinnvoll (siehe Projekt 31). Darüber hinaus empfiehlt es sich, Wasserpumpe, Schläuche, Thermostat und Schlauchschellen zu ersetzen. All diese Bauteile leiden, wenn die Kühlanlage überhitzt. Bei der Gelegenheit erneuern wir auch gleich den Keilriemen.

Im ersten Schritt lassen wir beim Kühlerwechsel das gesamte Kühlmittel ab (siehe Projekt 29). Dann muss der Kühler freigelegt werden. Demontieren Sie die Verkleidung des vorderen Stoßfängers und ziehen Sie das Vorderteil der inneren Radhausschalen zurück (siehe Projekt 68). Die Kühler lassen sich auch ohne Abbau der Frontstoßfängerverkleidung ausbauen, deren Ausbau dauert aber nur wenige Minuten und erleichtert die Arbeit sehr.

Die Ausbaureihenfolge von Kühler und Lüfter ist in den Bildern beschrieben. Die Abbildungen zeigen den Boxster Modell 1997–2004, die Modelle 2005 bis 2008 sind jedoch im Wesentlichen ähnlich aufgebaut.

Der Einbau erfolgt prinzipiell in umgekehrter Reihenfolge des Ausbaus. Den neuen Kühlerschläuchen spendieren wir neue Schlauchschellen. Die Kühlanlage wird gemäß Projekt 29 befüllt und entlüftet. Achten Sie ungefähr eine Woche lang nach dem Einbau auf Lecks an der Fahrzeugfront und ziehen Sie alle Schlauchverbindungen nach, an denen Undichtigkeiten zu erkennen sind.

Es ist nicht falsch, jedes Frühjahr die Kühler nach dieser Anleitung zu reinigen, denn die Rückstände, die sich in ihnen ablagern, können die Kühlleistung erheblich beeinträchtigen. Dann kann auch Kondensation zu vorzeitiger Korrosion führen.

Sind die Kühlerlüfter schon einmal bequem zugänglich, kontrollieren wir auch die Funktion, denn die Vorwiderstände, die für die Stromversorgung der Lüfter wichtig sind, geben gern einmal den Geist auf. Die Lüftergeschwindigkeit lässt sich nach dem Einschalten der Lüfter mit dem Porsche PST-2-Tool oder aber durch Einschalten der Klimaanlage prüfen. Die Lüfter müssten dann auf der höchsten Stufe anlaufen. Wenn Sie den Motor anlassen und warmlaufen lassen, sollten die Lüfter zunächst auf der langsamen Stufe anlaufen und erst danach auf volle Drehzahl hochfahren.

1 Nach dem Abbau des vorderen Stoßfängers (Projekt 68) müssten die rechten und linken Kühler bequem zugänglich sein. Bauen Sie zuerst die große Gummi-Luftführung vor den Kühlern aus – sie wird von 5 Schrauben gehalten (unten links). Schneiden Sie nun den unteren Kühlerschlauch ein und lassen Sie das Kühlmittel aus Kühler und Schläuchen ab (oben rechts).

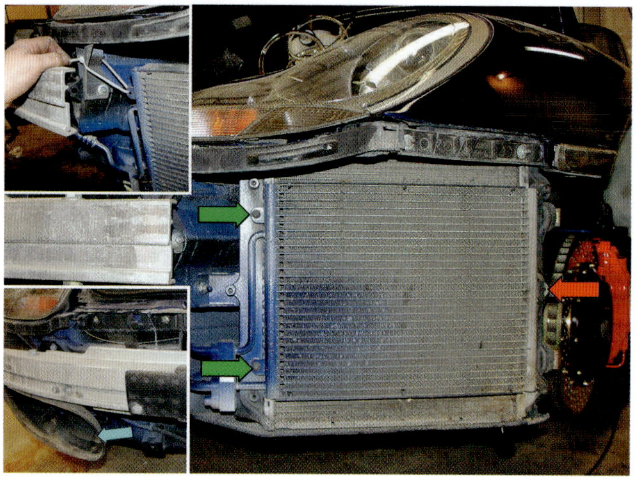

2 Lösen Sie die beiden Schrauben (grüne Pfeile) und schieben Sie den Klimakondensator aus seinem Halter an der Frontpartie heraus (roter Pfeil). Befestigen Sie den Klimakondensator mit einem Kabelbinder am Rahmen, damit die Kondensatorleitungen nicht beschädigt werden (kleines Bild oben links). Das Bild unten links zeigt die Gummi-Luftführung für die rechte Fahrzeugseite. Die Manschette für den Temperaturfühler muss beim Ausbau vorsichtig herausgenommen werden.

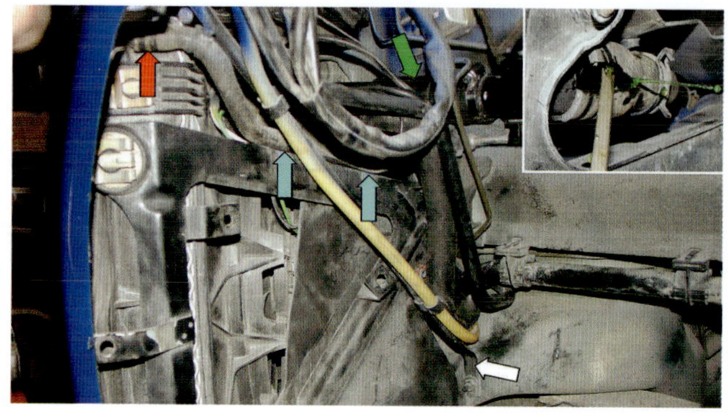

3 Die Rückseite von Kühler und Lüfter nach Abbau der Innenkotflügel (siehe Projekt 68). Um beides auszubauen, muss der kleine Kühlerentlüftungsschlauch (roter Pfeil) abgezogen werden. Er sollte erneuert werden, also können wir ihn auch gleich durchtrennen. Dann den Entlüfterschlauch am Kühlerhalter (blaue Pfeile) lösen. Der grüne Pfeil weist auf den oberen Kühlerschlauch. Auch ihn können wir durchtrennen, denn er wird ohnehin erneuert. Manchmal lässt sich der Schlauch fast nicht vom Kühler trennen und muss aufgeschnitten werden (kleines Bild). Wollen Sie die Verkleidung des Frontstoßfängers nicht abnehmen, müssen die Kotflügelstrebe (weißer Pfeil) abgeschraubt und der Entlüfterschlauch für den Scheinwerfer gelöst werden.

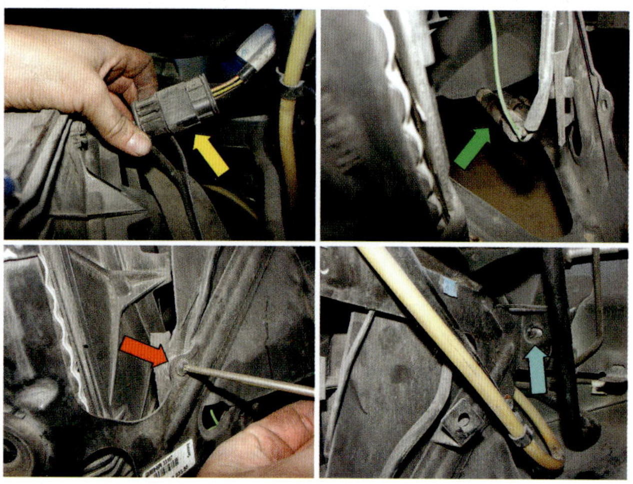

4 Der gelbe Pfeil zeigt auf den Lüfter-Elektrikanschluss, der abgezogen werden muss. Ziehen Sie den Vorwiderstand aus seinem Halter und lösen Sie den Kabelstrang (grüner Pfeil). Trennen Sie die hintere Kühlerluftführung vom Metall-Kühlerhalter (roter Pfeil). Dann die Haltemuttern lösen (blauer Pfeil) und den Kühlerhalter von der Karosserie trennen.

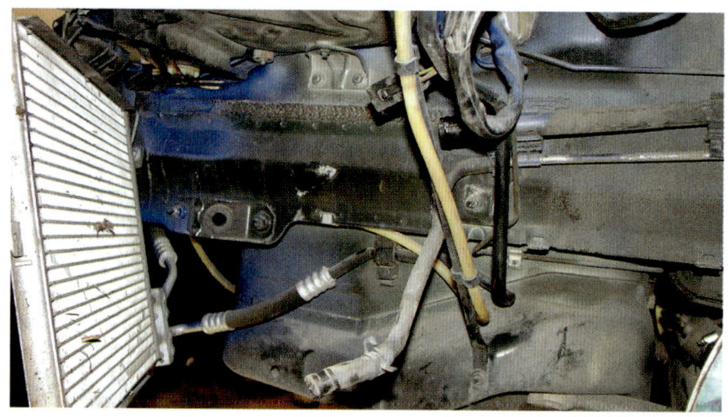

5 Hier ist der Kühlerbereich nach dem Ausbau des Kühlers zu sehen. Das kühlerähnliche Teil links ist der Klimakondensator.

6 Links ein nagelneuer Ersatzkühler. Soll nur der Kühlerlüfter ersetzt und der alte Kühler weiterverwendet werden, muss das Kühlernetz mit Druckluft von Schmutz und Fremdkörpern befreit werden (rechts).

7 Der Lüfter ist auf der Kühlerrückseite mit Metallklammern angeclipst (kleines Bild). Nach dem Entfernen dieser Klammern müsste sich der Lüfter direkt abheben lassen. Lüfter und Lüftergehäuse sind mit drei Schrauben auf der Rückseite miteinander verschraubt. Unten rechts ein neuer Lüfter.

PROJEKT 33

Erneuern des Kühlmittelausgleichsbehälters

Zeit/Kosten/Talent: 4 Stunden / ca. 000 Euro /

Tipp: Ausgleichsbehälter gleich mit erneuern, wenn das Getriebe ausgebaut ist

Werkzeuge: Keine

Arbeitsziel: Keine Kühlmittellecks im Kofferraum mehr

Relevante Baujahre: alle

Ergänzende Arbeitsgänge: Kühlmittel-Füllstandsgeber erneuern, Kupplung erneuern

Erforderliche Teile: Ausgleichsbehälter, Füllstandgeber, Behälterdeckel

Die Erneuerung des Kühlmittelausgleichsbehälters dürfte eine der zehn typischen Arbeiten sein, die an jedem älteren Boxster fällig werden. Der Boxster-Ausgleichsbehälter ist eine der komplexesten Konstruktionen, die man sich bei einem Serienhersteller vorstellen kann. Sechs separate Kühlmittelschläuche laufen in den Behälter, davon drei im Behältermechanismus selbst. Die Schläuche aus dem Behälter führen in einen Schlauchstutzenflansch an der Motorschottwand, der aus Kunststoff besteht und gerne einreißt. Obendrein neigt auch der Ausgleichsbehälter zu altersbedingter Rissbildung, wodurch es zu Kühlmittelverlust im Kofferraum kommt. Porsche hat den Behälter zwar wiederholt umkonstruiert, um diese Probleme in den Griff zu bekommen.

Wann sollte der Ausgleichsbehälter erneuert werden? Wenn er alt oder vergilbt aussieht oder Sie eine Kühlmittelpfütze im Kofferraum entdecken, dürfte Ersatz fällig sein. Heben Sie zur Kontrolle den Bodenteppich im hinteren Kofferraumbereich an. Wirklich betagte Ausgleichsbehälter sollten grundsätzlich erneuert werden, vor allem, wenn ohnehin das Getriebe zum Kupplungstausch ausgebaut wurde. Die Schläuche im Motorraum sind schlecht zugänglich, und wenn das Getriebe ausgebaut ist, geht diese Arbeit wesentlich leichter.

Verliert der Motor Kühlmittel und ist nicht auf Anhieb erkennbar, wo es austritt, lässt sich das relativ einfach kontrollieren. Besorgen Sie sich einen Druckluftadapter, mit dem Sie den Behälterdeckel mit einem Kompressor verbinden können. Dann wird die Kühlanlage mit 0,9 bis 1,1 bar Druck beaufschlagt. Der Druck darf eine Weile einwirken und nun prüfen wir, ob irgendwo hör- oder sichtbar Kühlmittel entweicht. Gelangt Kühlmittel an der Kopfdichtung vorbei ins Kurbelgehäuse, vermischt es sich mit dem Öl, was beim Ölwechsel leicht zu erkennen ist (Abb. 1). Lässt die Kopfdichtung Kühlmittel in die Zylinder durchtreten, sammelt sich das Kühlmittel in den Zylindern, was nach Entfernen der Zündkerzen ebenfalls zu erkennen ist.

Als erstes lassen wir vor dem Erneuern des Ausgleichsbehälters das Kühlmittel ab. Beim Behältertausch sollte die komplette Kühlmittelfüllung erneuert werden – Details zum Ablassen des Kühlmittels siehe Projekt 29.

Der schwierigste Teil der Arbeit ist, die Schläuche auf der Rückseite des Schlauchstutzenflansches für den Ausgleichsbehälter zu lösen. Ohne weitere Demontagen ist an diese Schläuche nur sehr schwer heranzukommen. Sie sind vom Motorraum aus zugänglich, allerdings können Sie dort womöglich die Werkzeuge zum Lösen der Schläuche nicht ansetzen. Auch von unten kommt man an die Schläuche heran, allerdings müssen dafür die unteren Querträger der Radaufhängung und die Getriebeabdeckung ausgebaut werden (siehe Projekt 35). Abb. 2 zeigt die Schläuche, die von der Motorraumseite des Ausgleichbehälters her demontiert werden müssen.

Sind die Schläuche gelöst, wenden wir uns dem Heckkofferraum zu und ziehen den Bodenteppich und die Bodenverkleidung rings um den Ausgleichsbehälter zurück. Entfernen Sie den Geber unten am Behälter und ziehen Sie das Messstabrohr vorsichtig nach oben aus dem Ausgleichsbehälter heraus. Der Behälter ist mit vier Schrauben mit der Karosserie verschraubt – Ausbau siehe Abb. 4. Nehmen Sie den Öleinfülldeckel und die Ausgleichsbehälterdeckel ab. Jetzt müsste sich der Behälter vollends aus dem Fahrzeug herausnehmen lassen.

Ist der Behälter ausgebaut, bauen wir den Füllstandsgeber, die große obere Behälterdichtung, den Schlauchstutzenflansch mit Öleinfüllrohr und die drei Winkelschläuche auf den neuen Ausgleichsbehälter um (bzw. ersetzen sie durch Neuteile, wenn alles erneuert werden soll). Verwenden Sie die Federschellen nicht wieder, sondern montieren Sie lieber neue Schellen oder Schraubschellen. Ansonsten erfolgt der Einbau in umgekehrter Reihenfolge des Ausbaus. Ist alles montiert, befüllen wir die Anlage und entlüften die Kühlanlage nach den Anweisungen in Projekt 29.

1 Hier ist der demontierte Motorölwannendeckel eines Motors zu sehen, bei dem größere Mengen Kühlmittel ins Motoröl gerieten. Das Öl verfärbt sich dadurch hellbraun und zeigt unregelmäßige bräunliche Schlieren. Fallen beim Ölwechsel diese oder ähnliche Verfärbungen auf, ist sehr wahrscheinlich die Kopfdichtung undicht oder es liegt ein anderer gravierender Motorschaden vor, der umgehend behoben werden sollte. Bei derartigen Durchmischungen von Kühlmittel und Öl büßt das Öl seine Schmierfähigkeit ein und Kurbelwelle und Pleuel und deren Lager können schweren Schaden nehmen.

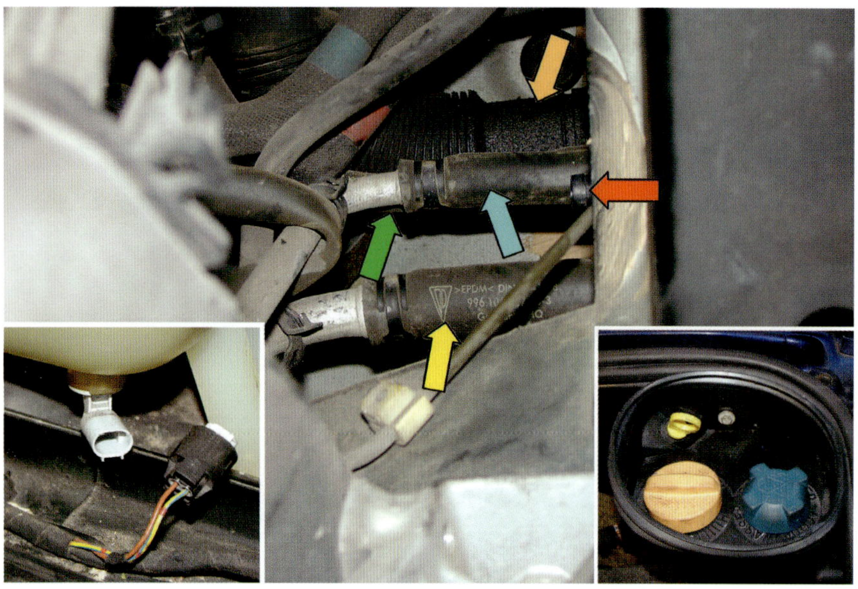

2 Besser lassen sich die Schläuche im Motorraum nicht fotografieren. Sie sind derart schwer zugänglich, dass sie auch mit der Kamera kaum zu erfassen sind. Bei dieser Aufnahme war das Getriebe ausgebaut – bei dieser Gelegenheit sollte man auch den Ausgleichsbehälter ersetzen. Die Pfeile zeigen auf die Schläuche, die gelöst werden müssen: Öleinfüllschlauch (orange), Ölkühlerschlauch (grün), Kühlerentlüfterschlauch (blau), Kühlmitteleinfüllschlauch (gelb) und Kühlmittelüberlaufschlauch (hier ausgebaut, wird an dem durch den roten Pfeil markierten Stutzen angeschlossen). Das kleine Bild unten links zeigt den abgezogenen Kühlmittelfüllstandsgeber. Unten rechts ist die Behälteroberseite zu sehen.

3 Falls Sie an bestimmte Schläuche von unten nicht recht herankommen, lässt sich mehr Ellenbogenfreiheit gewinnen, indem der Behälter herausgezogen und die Schlauchschellen vom Heckkofferraum her gelöst werden. Hier wurde zuerst der Einfüllschlauch abgezogen, so dass der Platz ausreichte, um den Behälter herauszuziehen und an die weiteren Schläuche heranzukommen. Auch die Tülle für den DME-Kabelstrang kann in den Motorraum durchgedrückt und damit mehr Freiraum geschaffen werden (siehe Projekt 15, Abb. 5).

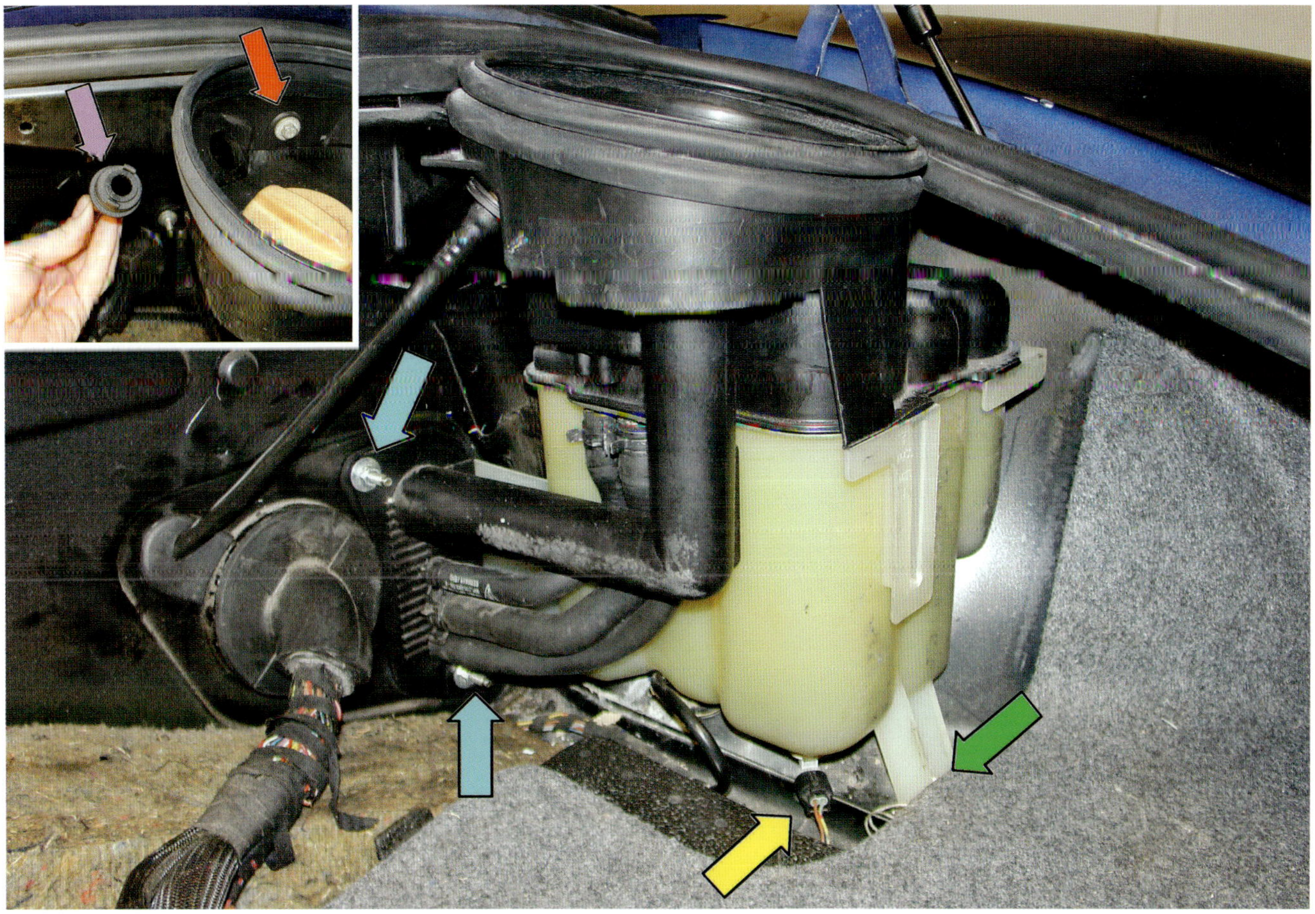

4 Hier sehen wir die Befestigungsschrauben des Ausgleichsbehälters an der Karosserie. Die blauen Pfeile zeigen auf die Haltemuttern des Kunststoff-Schlauchstutzenflansches an der Karosserie. Der gelbe Pfeil zeigt auf den Kühlmittelgeber. Der grüne Pfeil markiert einen weiteren Befestigungspunkt an der Behälterunterseite. Im kleinen Bild zeigt der rote Pfeil auf eine Schraube, die den Behälter an seiner Oberseite an der Karosserie hält, und der violette Pfeil weist auf das Öleinfüllrohr, das aus der Oberseite des Behältergehäuses herausgezogen wurde.

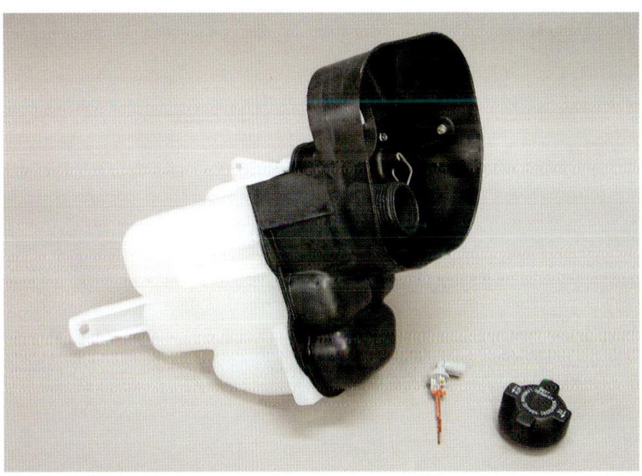

5 Der neue Ausgleichsbehälter mit neuem Kühlmittel-Füllstandsgeber und neuem Behälterdeckel.

6 Der Öleinfüllrohrträger/Schlauchstutzenflansch an der Schottwand ist eine der serviceunfreundlichsten Konstruktionen überhaupt. Bei unserem 3,4-Liter-Motor-Umbauprojekt trat an diesem Flansch Kühlmittel an einem rissigen Schlauchstutzen aus. Zur provisorischen Abhilfe „konstruierten" wir den Schlauchstutzenflansch um, indem ein Loch in diesem Flansch ausgeschnitten und ein Schlauch aus dem Motorraum bis zum Behälterboden verlegt wurde. Da diese nur als Notlösung gedachte Bastelei einwandfrei funktionierte, beließen wir es bei dieser Lösung, die noch heute ihren Dienst tut.

PROJEKT 34
Erneuern der Wasserpumpe und des Thermostats

Zeit/Kosten/Talent: 2 Stunden / ca. 400 Euro / 2 Schraubenschlüssel

Werkzeuge: Gelenksteckschlüssel oder flexibler Steckschlüsselsatz

Relevante Baujahre: Alle

Erforderliche Teile: Wasserpumpe, Thermostat und Dichtungen

Tipp: Zur Leistungssteigerung sollte der früher öffnende Thermostat eingebaut werden.

Arbeitsziel: Schutz des Motors gegen Überhitzen

Ergänzende Arbeitsgänge: Kühlerschläuche erneuern

Neben den bereits behandelten Problemen am Kühlwasserkreislauf moderner wassergekühlter Porsche gibt es noch zwei weitere Bauteile, die Schwierigkeiten machen können: das Thermostat und die Wasserpumpe.

Zum Austausch dieser Bauteile bocken wir zuerst den Wagen hoch (Projekt 1) und demontieren die Kunststoffverkleidung, die den vorderen Motorbereich und die Kühlmittelschläuche verdeckt. Lösen Sie dann den unteren Schlauch an der Wasserpumpe (siehe Abb. 4) und lassen Sie das Kühlmittel in einen Auffangbehälter (Volumen ca. 20 l oder mehr) auslaufen. Soll das Thermostat ebenfalls erneuert werden, ziehen wir auch gleich den Schlauch am Thermostat ab.

Nun legen wir die Wasserpumpe frei. Dazu muss der Rippenkeilriemen abgenommen werden (siehe Projekt 5). Um mehr Freiraum beim Arbeiten zu schaffen, sollte auch gleich der rechte Sitz (Beifahrersitz) ausgebaut werden. Danach müsste der Motor schon besser zugänglich sein. Die Wasserpumpe ist mit sieben Schrauben am Motor befestigt; manche davon sind nur von unten zugänglich. An engen Stellen kommt man am besten mit einem flexiblen 10-mm-Steckschlüssel an die Muttern heran.

Die Wasserpumpe teilt sich eine Dichtung mit dem Anschluss an den Kühlkreislauf. Wird also nur die Pumpe ausgebaut, muss ihr Teil der Dichtung vom Rest getrennt werden. Abb. 2 zeigt die Situation nach dem Ausbau der Dichtung, in Abb. 3 ist zu sehen, wo sie zum Ausbau durchgetrennt werden muss. Auch die neue Dichtung wird vor dem Wiedereinbau entsprechend präpariert (siehe Abb. 3).

Ist die Pumpe ausgebaut, kontrollieren wir die Innenbohrung an der Pumpenpassfläche auf Ablagerungen und Korrosion. Entfernen Sie alle Korrosionsrückstände und Ablagerungen mit einer Drahtbürste. Dann die Passfläche der Wasserpumpe am Motor gründlich reinigen und die Wasserpumpe mit einer neuen Dichtung montieren. Anzugsdrehmoment der Schrauben 10 Nm.

Bei dieser Gelegenheit sollte das Thermostatgehäuse (unter der Wasserpumpe) ausgebaut und das Thermostat gleich mit erneuert werden. Es ist relativ billig und kann durchaus einmal ausfallen, worauf sich Hitzestaus im Motor einstellen. Falls noch nicht geschehen, einfach den Schlauch am Thermostatgehäuse abziehen und das Thermostatgehäuse ausbauen. Früher wurden Thermostat und Gehäuse separat verkauft, heute liefern Porsche und die Zulieferer jedoch beides als Einheit.

Das werksseitige Thermostat beginnt bei ca. 86 °C zu öffnen und ist bei 99 °C voll geöffnet. Der Motor muss also erst ordentlich heiß werden, bevor das Kühlmittel zu den Frontkühlern durchströmt. Es empfiehlt sich daher, statt des Originalthermostats einen früher öffnenden aus dem Zubehörhandel zu montieren (Öffnungsbeginn 71 °C und volle Öffnung bei 82 °C). Niedrigere Kühlmitteltemperaturen bedeuten auch niedrige Öltemperaturen, und Prüfstandstests zeigten, dass Motoren mit dem früher öffnenden Thermostat für ca. 5 zusätzliche PS gut sind. Der spätere Öffnungsbeginn des Werks-Thermostats dürfte bezwecken, dass die Motoren etwas heißer laufen, da dies im Allgemeinen günstigere Abgaswerte ergibt. Außerdem könnten Wasserreste im Öl verbrennen und damit die Ölwechselintervalle verlängert werden. Der Einbau dieses früher öffnenden Thermostats ist also auch der Motorlebensdauer förderlich.

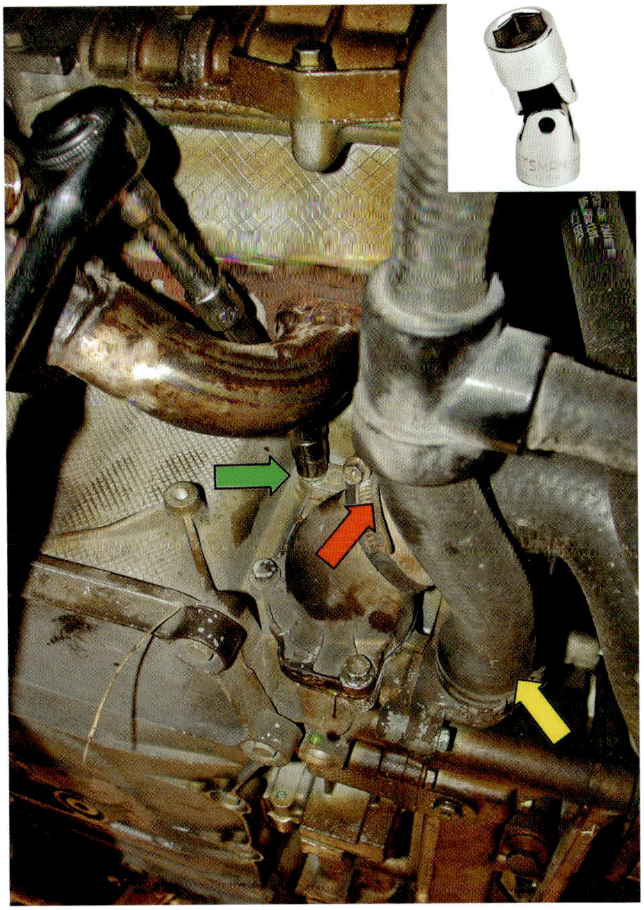

1 Lösen Sie den dicken Schlauch am Thermostat (roter Pfeil). Um genug Platz für die Ausbauarbeit zu schaffen, ist es manchmal hilfreich, den Wasserpumpenschlauch (gelber Pfeil) abzuziehen. Bei den beengten Platzverhältnissen rund um das Thermostat hilft ein Gelenksteckschlüssel (grüner Pfeil und kleines Bild oben rechts).

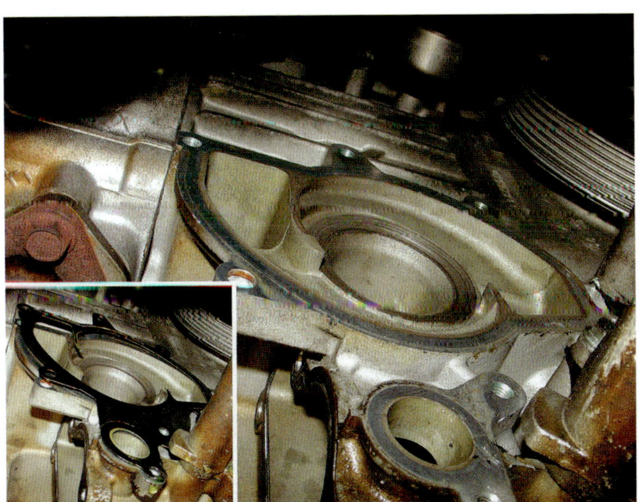

2 So sieht dieser Motorbereich nach dem Ausbau der Wasserpumpe aus. Beim Boxster Modell 1997-2004 muss die alte Metalldichtung zum Ausbau abgetrennt werden, da ein Teil als Dichtung für den Anschluss an den Kühlkreislauf dient (siehe Abb. 3). Die neue Dichtung wird entsprechend zugeschnitten und passgenau aufgelegt (unten links).

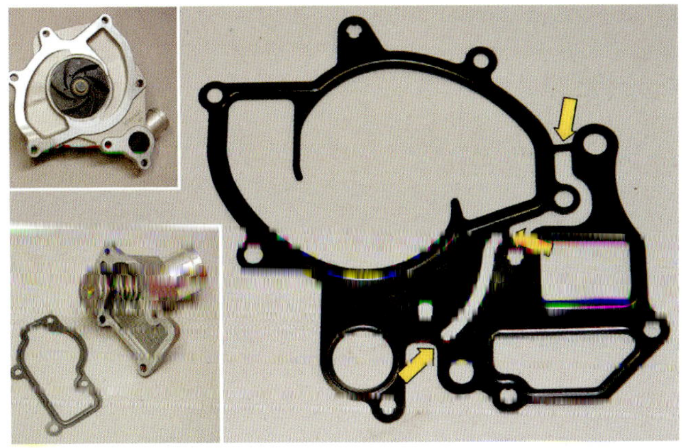

3 Die Wasserpumpendichtung muss vor dem Einbau zugeschnitten werden (nur Modelle 1997-2004). Der Teil rechts gehört nicht zur Wasserpumpe und wird meist nur bei einer Komplettüberholung des Motors benötigt. Schneiden Sie die Dichtung an den gelben Pfeilen durch und verwenden Sie nur den linken Teil. Oben links eine nagelneue Wasserpumpe, unten links ein neues Thermostat mit Dichtung. Jüngere Boxster-Thermostate werden als Einheit mit dem Alugehäuse geliefert

4 Die Wasserpumpe sitzt neben der Kurbelwelle auf der rechten Fahrzeugseite. Die Pumpe ist über die Wartungsöffnung hinter den Sitzen und von unten zugänglich.

5 Montieren Sie das neue Thermostat mit einer neuen Dichtung (unten links).

ABSCHNITT 5
KRAFTÜBERTRAGUNG

Die Projekte der drei Hauptbaugruppen Getriebe, Kupplung und Hinterachse sind hier in einem gemeinsamen Kapitel zusammengefasst, da sie eng miteinander zusammenhängen. Getriebe und Kupplung sind für viele Besitzer ein Buch mit sieben Siegeln, daher wird auch ihre Wartung leider allzu oft vernachlässigt, bis es zu spät ist. Dieses Kapitel soll daher mit einigen Mythen rund um Getriebe, Kupplung und Hinterachse aufräumen und Hinweise auf technische Verbesserungen geben.

PROJEKT 35
Wechsel der Automatikgetriebeflüssigkeit (ATF)

Zeit/Kosten/Talent: 3 Stunden / ca. 130 EUR /

Werkzeuge: Pumpe für Getriebeöl, 17-mm-Innensechskantschlüssel, 6-mm-, 8-mm-Sechskantschlüssel, T30-Torx-Schlüssel, Infrarotthermometer

Relevante Baujahre: Alle

Erforderliche Teile: Filter für Automatikgetriebe, Dichtungssatz

Tipp: Der ATF-Flüssigkeitswechsel darf nicht vernachlässigt werden – ein Getriebetausch läuft ins Geld!

Arbeitsziel: Verlängerung der Getriebelebensdauer

Ergänzende Arbeitsgänge: Ölwechsel

Der Motorölwechsel ist einfach: Bei Porsche weiß man, dass dies ca. alle 5000 bis 8000 km notwendig ist. Nicht ganz so einfach ist freilich der Wechsel des Getriebeöls, und Sie können fast wetten, dass der Vorbesitzer Ihres Porsche diese Arbeit nicht so oft wie eigentlich nötig erledigt hat.

Welche Symptome deuten auf zu niedrigen ATF-Getriebeflüssigkeitsstand hin? Dazu ein Fallbeispiel eines Wagens mit nachweislich schadhaftem Getriebe. Wurde der Wagen durch Herunterbremsen abrupt zum Stehen gebracht und danach sofort das Gaspedal durchgetreten, rutschte das Getriebe durch und erst danach schaltete der Gang zu, wodurch der Wagen sich in der Beschleunigungsphase nur extrem langsam vorwärtsbewegte. Der Verdacht, dass Getriebeflüssigkeit fehlte, lag nahe. Bei einer eingehenden Inspektion zeigten sich denn auch die Spuren eines größeren ATF-Lecks am Getriebe.

Wie kommen diese Symptome im Getriebe zustande? Beim abrupten Bremsen strömt die gesamte ATF-Flüssigkeit im Getriebe nach vorne und weg vom Flüssigkeitsansaugpunkt (der sich am hinteren Getriebeende befindet). Steht die gesamte Flüssigkeit vorne, ist die ATF-Zufuhr im Getriebe kurzzeitig unterbrochen. In Automatikgetrieben dient die ATF als Hydraulikmedium und zugleich als Kühlmittel; ohne Flüssigkeitszirkulation funktionieren diese Getriebe nicht. Kommt der Wagen zum Stillstand und ist die Flüssigkeit in den hinteren Getriebebereich zurückgeströmt, arbeitet das Getriebe wieder normal. Bei ausreichendem Füllstand wäre es gar nicht erst zu dieser momentanen „Trockenheit“ gekommen. Demzufolge verschwand dieses Problem auch, nachdem ATF nachgefüllt und der Füllstand kontrolliert worden war. Aufgrund mangelnder Wartung fehlten rund 2 Liter – die korrekte Füllmenge beträgt beim Boxster ca. 9 Liter, wovon beim Ölwechsel ca. 4 Liter erneuert werden. Wäre der Wagen noch längere Zeit mit dem Getriebe in diesem Zustand bewegt worden, wären erhebliche Schäden und ein ruiniertes Getriebe (dessen Ersatz schnell 2000 EUR oder mehr kosten kann) die Folge gewesen.

Zum Wechsel der ATF bocken wir auch hier wieder das Fahrzeug hoch, um an die Fahrzeugunterseite heranzukommen (siehe Projekt 1). Der Wagen muss absolut waagerecht (auch in angehobenem Zustand) stehen – also nicht einfach Vorder- oder Hinterachse anheben. Hintergrund: Die Getriebeflüssigkeit wird durch Entfernen der Ablassschraube und Kontrolle des Füllstands überprüft. Ist das Fahrzeug nicht genau waagerecht, ist kein aussagekräftiges Ableseergebnis möglich. Wenn Sie den Wagen anheben, sollte das Endrohr aus der Garage ins Freie zeigen, denn der Motor des aufgebockten Wagens wird beim Nachfüllen angelassen.

Nachdem der Wagen nun also aufgebockt ist, müsste die hintere Getriebeölwannenabdeckung zu sehen sein (siehe Abb. 1). Wir schrauben diese Verkleidung und die beiden Aluträger auf beiden Fahrzeugseiten ab.

Gegebenenfalls muss auch die Kunststoffverkleidung zur Fahrzeugfront hin abgebaut werden, um die beiden Aluträger ausbauen zu können. Bei der Arbeit unter dem Fahrzeug immer eine Schutzbrille tragen, denn es können nur zu leicht Schmutzkörnchen ins Auge geraten!

Danach muss die Altflüssigkeit aus der Getriebeölwanne abgelassen werden. Unten an der Ölwanne sitzt eine Ablassschraube, über die der Großteil der Flüssigkeitsfüllung abgelassen werden kann. Drehen Sie die Schraube heraus und lassen Sie die Flüssigkeit in eine Auffangwanne ablaufen. Dieser Behälter sollte mindestens 12 Liter fassen. Ist die ATF soweit abgelaufen, drehen Sie die Ablassschraube wieder ein und ziehen sie mit 40 Nm an.

Nun muss die Ölwanne von der Getriebeunterseite abgebaut werden, um den Getriebeölfilter wechseln, den Ölwannenmagneten reinigen und die restliche ATF aus dem Inneren

der Wanne ablassen zu können. Dazu drehen wir die kleinen Torx-Schrauben heraus, die die Wanne an der Getriebeunterseite halten. Danach müsste sich die Ölwanne durch Ziehen an der Abdeckung sofort lösen. Vorsicht: Im Wanneninneren stehen oft noch Flüssigkeitsreste, die jetzt auslaufen können!

Bei derartigen Arbeiten eignen sich Kunststoff-Katzenklos hervorragend als Auffangwanne. Sie sind breit und groß genug, um Ölflecken auf dem Garagenboden zu vermeiden. Nun reinigen wir die Ölwanne gründlich. Danach wird der Getriebeölfilter an der Getriebeunterseite demontiert.

Welches „Getriebeöl" wird für das Automatikgetriebe verwendet? Für das Boxster-Getriebe ist eine Spezial-Getriebeflüssigkeit notwendig, die nicht bei jedem Autoteilehändler zu finden ist. Die Porsche-Teilenummer lautet 999 917 545 00. Für den Boxster eignet sich auch Esso LT 71141 oder Pentosin ATF-1. Andere Getriebeflüssigkeitssorten sollten nicht eingefüllt werden. Außerdem sollte beim gesamten Ölwechsel derselbe Flüssigkeitstyp eingefüllt werden – Mixturen unterschiedlicher Getriebeflüssigkeiten können zu Defekten im Getriebe führen.

Nachdem der neue Filter eingebaut wurde, montieren wir das Ölwannenunterteil. Es braucht nicht befüllt zu werden, sondern wird lediglich festgeschraubt. Alle Schrauben werden über Kreuz (siehe Abb. 6) mit 11 Nm festgezogen. Anschließend können wir die Getriebeflüssigkeit einfüllen. Wir stecken eine Handpumpe auf die ATF-Flasche, führen den Schlauch erst in die Einfüllöffnung und dann durch eine der Zugangsöffnungen seitlich in den Einfüllstutzen ein (siehe Abb. 5). Die Ölwanne wird befüllt, bis die ATF an der Einfüllöffnung sichtbar überläuft. Ein paar Tropfen können ablaufen, wenn die Flüssigkeit seitlich am Schlauch entlangläuft; wenn der Füllstand aber die Einfüllöffnung erreicht, fließt die ATF schnell über. Nun die Einfüllschraube eindrehen und handfest anziehen.

Anschließend können wir den Motor anlassen. Die Getriebeflüssigkeit kann nur kontrolliert werden, wenn die Getriebetemperatur sich innerhalb eines recht schmalen Bereichs von 30 bis 40 °C bewegt. Daher muss vor der Füllstandskontrolle der Motor angelassen werden und warmlaufen. Je nach Außentemperatur kann dies bis zu 45 Minuten dauern. Die ATF-Temperatur kann mit einem Infrarot-Laserthermometer (ab ca. 40 EUR) überprüft werden.

Der Motor läuft bei hochgebocktem Fahrzeug – eine riskante Angelegenheit, wenn er nicht absolut kippsicher auf den Unterstellböcken ruht oder auf einer Hebebühne steht. Eine Nachkontrolle ist also sinnvoll. Zudem läuft der Motor während dieser Warmlaufphase recht lang, d.h. der Wagen muss entweder (auf ebenem Boden) im Freien stehen oder die Abgase werden am Endrohr ins Freie abgeleitet. Ein flexibler Baumarkt-Aluschlauch, wie er für Trocknungsanlagen verwendet wird (siehe Abb. 8), eignet sich hierfür gut. Er wird stramm auf dem Endrohr festgespannt und von dort aus bei offener Garagentür ins Freie verlegt, so dass der Motor in der Garage gefahrlos im Leerlauf vor sich hin laufen kann. Auch die CO-Konzentration in der Garage sollte sicherheitshalber mit einem geeigneten Messgerät überwacht werden.

Setzen Sie sich also in das Fahrzeug, treten Sie die Bremse und lassen Sie den Motor an. Er müsste normal anspringen und den Leerlauf halten. Sind merkwürdige Geräusche zu vernehmen oder treten anderweitige Probleme auf, stellen Sie den Motor sofort ab. Das Getriebe muss warmlaufen können, bis es den oben angegebenen Betriebstemperaturbereich erreicht. Die Ölwannenunterseite fühlt sich dann warm (nicht aber heiß) an. Kontrollieren Sie die Temperatur zwischendurch immer wieder mit dem Infrarotthermometer. Bei reinem Leerlaufbetrieb dauert diese Warmlaufphase je nach Außentemperatur 10 bis 45 Minuten.

Hat das Getriebe seine Betriebstemperatur erreicht, drehen Sie die Einfüllschraube wieder heraus und füllen nochmals ATF-Flüssigkeit ein. Der Schlauch auf der Pumpe kann mit dem Finger vorsichtig tiefer ins Getriebe eingeführt werden. Die Flüssigkeit müsste jetzt handwarm sein. Vorsicht: Katalysatoren und Krümmer sind heiß und das Auspuffrohr verläuft in unmittelbarer Nähe! Läuft die ATF an der Einfüllöffnung heraus, drehen Sie die Einfüllschraube wieder ein und ziehen sie handfest an.

Setzen Sie sich nun hinters Lenkrad, treten Sie das Bremspedal und schalten Sie das Getriebe langsam durch Rückwärtsgang, ersten und zweiten Gang durch. Bleiben Sie ca. 10 Sekunden in jedem Gang. Wiederholen Sie dies zweimal und drehen Sie die Einfüllschraube nochmals am Getriebe heraus. Füllen Sie bei laufendem Motor ATF nach, bis die Flüssigkeit an der Einfüllöffnung überläuft. Drehen Sie nun die Schraube mit einem neuen Dichtring wieder ein und ziehen Sie sie mit 80 Nm an.

Damit ist der ATF-Wechsel erledigt. Sobald der Füllstand endgültig stimmt, lassen Sie den Wagen von den Unterstellböcken ab und starten zu einer kurzen Probefahrt. Ist alles in Ordnung, dürfte in Leistung oder Funktion keinerlei Unterschied festzustellen sein. Schaltete das Getriebe vorher arg abrupt in die Vorwärtsgänge, müssten diese Probleme jetzt verschwunden sein. Nur eines noch: Das Automatikgetriebe ist mit einem Differenzial kombiniert, das mit normalem Getriebeöl befüllt wird. Siehe die Anleitung in Projekt 38 zu Kontrolle und Einfüllen des Getriebeöls.

1 Um an die Getriebeölwanne heranzukommen, müssen die hintere Getriebeölwannenverkleidung und die Aluquerträger auf beiden Seiten ausgebaut werden. Die Ölwannenverkleidung wird hinten von 2 Schrauben (grüne Pfeile) und vorne von 2 weiteren Schrauben gehalten; einige Befestigungsschrauben teilt sie sich mit den Aluträgern (rote Pfeile). Nachdem Verkleidung und Träger ausgebaut wurden, muss der Heckstabilisator abgesenkt werden. Dazu die Halteschrauben des Stabilisators und die Buchse am Rahmen (blaue Pfeile im kleinen Bild) lösen.

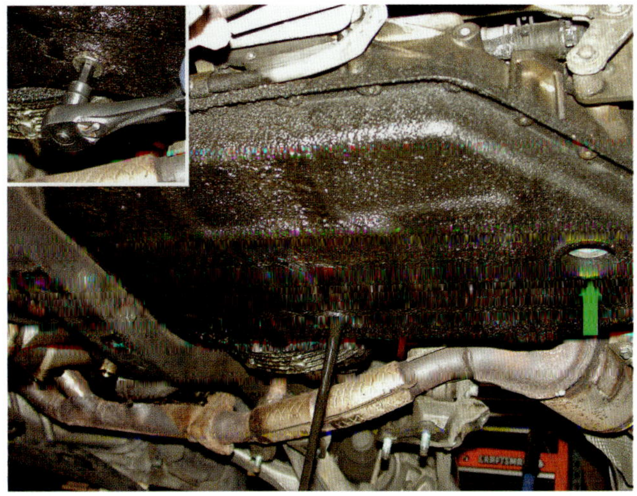

2 Die ATF sollte nur bei abgekühltem Fahrzeug abgelassen werden (roter Pfeil). Bei warmem Fahrzeug steht ein Großteil der ATF noch im Getriebeinneren. Bei kaltem Fahrzeug ist fast die gesamte Flüssigkeit in die untere Ölwanne zurückgelaufen. Hier gilt also das Gegenteil wie beim Motorölwechsel, der bei heißem Motor erfolgt (weil das Öl dann am dünnflüssigsten ist und am besten abfließt). Grund hierfür ist das völlig andere Viskositätsverhalten der Automatikgetriebeflüssigkeit. Außerdem drohen bei kaltem Fahrzeug keine Verbrennungen an heißen Auspuff-, Getriebe- oder Motorteilen. Der grüne Pfeil zeigt auf die Getriebeeinfüllschraube, das kleine Bild zeigt den 8-mm-Inbusschlüssel, der zum Lösen der Getriebeablassschraube benötigt wird.

3 Säubern Sie die Innenseite der Ölwanne gründlich mit einem fusselfreien Lappen. Fusselfrei deshalb, weil selbst kleinste Fasern und Fusseln, die in der Getriebeölwanne zurückbleiben, Getriebe und Filter zusetzen können. Die Ölwanne muss also makellos sauber sein und wie neu wirken (siehe rechts). Sämtliche Dichtungsreste müssen von der Passfläche des Ölwannendeckels entfernt werden. Hier wurde eine neue Dichtung aufgelegt und die Ölwanne kann nun montiert werden. Oben links ist der neue Getriebeölfilter zu sehen. Der O-Ring der Getriebeeinfüllschraube sollte stets erneuert werden (siehe Bild Mitte links). Vorsicht auch beim Magneten in der Ölwanne (unten links). Dieser Magnet müsste sich zur Reinigung ganz einfach aus dem Ölwannenboden herausziehen lassen.

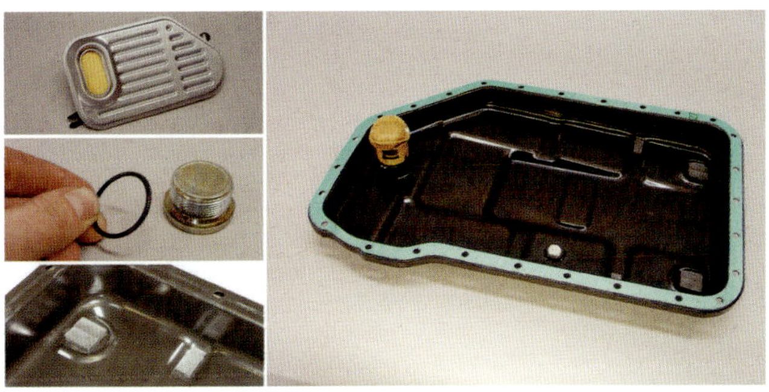

4 Als Getriebeölfilter sitzt unten im Getriebe ein großer Einsatz, der ausgebaut und erneuert werden muss. Lösen Sie die Befestigungsschrauben unten am Getriebe, ziehen Sie den Filter vorsichtig ab und entsorgen Sie ihn ordnungsgemäß. Dichtungsreste an den Passflächen zum Getriebegehäuse müssen restlos entfernt werden. Schrauben Sie den neuen Filter mit den zuvor gelösten Schrauben wieder am Getriebe fest (6 Nm). Das kleine Bild zeigt den montierten neuen Filter.

5 Manchmal ist es nicht ganz einfach, den Füllschlauch in die Ölwanne einzuführen, wenn man nicht weiß, wo der Schlauch hinmünden muss. Hier ist zu sehen, wie der Schlauch durch die Einfüllöffnung in das Innere der Ölwanne ragt. Bei am Getriebe angebauter Ölwanne muss der Schlauch durch die Einfüllöffnung nach oben und durch die seitlichen Öffnungen am Stutzen herausgeschoben werden.

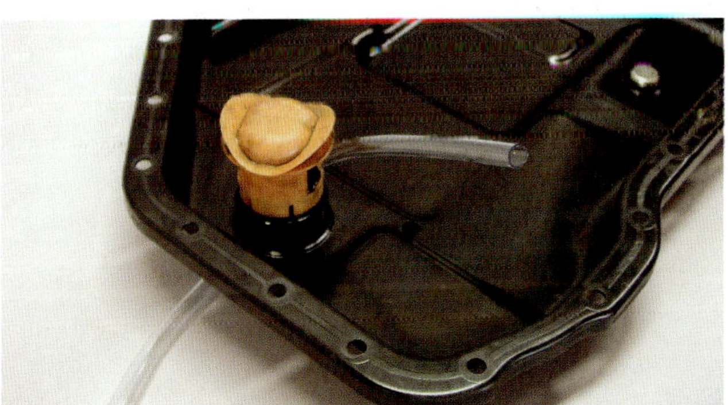

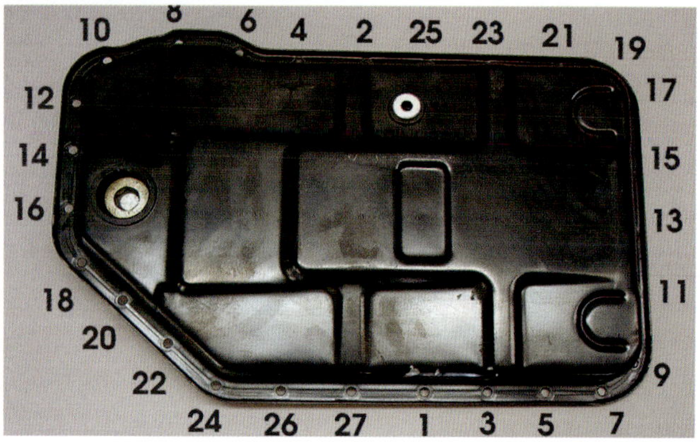

6 Die Ölwannenbefestigungsschrauben werden in der angegebenen Reihenfolge festgezogen (mit nur 11 Nm Anzugsmoment). Vor dem Eindrehen säubern wir die Gewindegänge aller Schrauben natürlich gründlichst.

7 Am besten geht das Einfüllen der ATF mit einer Getriebeölpumpe, wie sie viele Autoteilehändler führen. Die Pumpe funktioniert ähnlich wie ein Flüssigseifenspender. Durch die Einfüllöffnung im Getriebe wird die ATF in das Getriebeinnere hochgepumpt. Drehen Sie die Einfüllschraube heraus, stellen Sie das eine Pumpenende in eine Dose ATF und beginnen Sie den Pumpvorgang. Solange weiterpumpen, bis die ATF an der Einfüllöffnung überläuft. Ausgelaufene Reste aufwischen (vorher eine große Auffangwanne unterstellen!), dann die Einfüllschraube nur gut handfest eindrehen (sie muss bei der Füllstandskontrolle nochmals herausgedreht werden).

8 Kohlenmonoxid ist selbst in den bei Katalysatorfahrzeugen verbleibenden geringen Konzentrationen hochgiftig! Führen Sie also die Abgase vom Endrohr aus der Garage ins Freie oder erledigen Sie die Arbeiten gleich auf ebenem Untergrund im Freien. Schließen Sie zur Abgasabfuhr einen Trocknerabluftschlauch am Auspuffrohr an (undichte Stellen, an denen Abgas seitlich entweichen kann, müssen abgedichtet werden).

9 Infrarotthermometer (die preislich mittlerweile sehr erschwinglich sind) haben sich als Wunderwerkzeug bewährt. Zur Kontrolle der Getriebeölwannentemperatur zielen wir mit dem Thermometer auf die Mitte der Ölwannenunterseite. Messen Sie die Temperatur nicht seitlich an der Ölwanne, da Sie dabei in die Nähe des Katalysators geraten würden, der die Ölwanne zusätzlich aufheizt und damit das Ableseergebnis verfälscht.

PROJEKT 36

Erneuern der Getriebelager

Zeit/Kosten/Talent: 2 Stunden / ca. 270 EUR /

Werkzeuge: Torx-Schraubenschlüsselsatz

Relevante Baujahre: Alle

Erforderliche Teile: Satz Getriebelager

Tipp: Ein Plus für die Betriebssicherheit

Arbeitsziel: Fahrzeug ist wieder fahrbereit

Ergänzende Arbeitsgänge: Kupplung wechseln

Die Motor- und Getriebelager zählen zu den Bauteilen, die bei älteren Fahrzeugen am häufigsten verschlissen und unbrauchbar sind. Der Gummi in den Gummimetalllagern wird nach jahrelangem Fahrbetrieb alt und spröde und kann seine Funktion als Dämpfungselement zwischen Antriebsstrang und Rahmen nicht mehr recht erfüllen. Alte, ausgeschlagene Getriebelager können auch Schaltschwierigkeiten hervorrufen. Ein sichtbares Zeichen für gealterte Getriebelager sind Risse in den Gummielementen der Lager. Selbst bei relativ geringer Laufleistung muss der Gummi irgendwann infolge Materialalterung erneuert werden. Zudem sind diese Lager als Hydrauliklager aufgebaut, d.h. Flüssigkeitsaustritt ist ebenfalls ein sicheres Zeichen, dass das Lager unbrauchbar ist

Der Wechsel der Getriebelager ist vergleichsweise einfach. Wechseln Sie sie jeweils einzeln aus (erst auf einer Fahrzeugseite ausbauen und erneuern, dann auf der anderen Seite). Heben Sie als erstes das Fahrzeug an und stellen Sie es auf Unterstellböcke (Projekt 1). Dann die Getriebeverkleidung abbauen (Projekt 35). Anschließend unterbauen wir das Getriebe mit einem Wagenheber, der das Gewicht des Getriebes aufnimmt (Abb. 1). Nun nehmen wir die Muttern der Getriebelager vorsichtig von unten heraus (Abb. 2). Eventuell kommen Sie nur mit einer Gelenkverlängerung an die Muttern heran, da die Auspuffanlage etwas im Weg ist und die Schrauben auf der Oberseite der Motorlager gegengehalten werden müssen, um Mitdrehen zu verhindern.

Sind beide Schrauben von der Karosserie abgeschraubt, können wir die beiden Befestigungsschrauben des Halters am Getriebe lösen (Abb. 2). Diese Schrauben sind direkt in Gewindeaufnahmen am Getriebe eingeschraubt. Sobald diese Schrauben entfernt wurden, kann das Lager abgenommen werden. Der Einbau des neuen Getriebelagers erfolgt in umgekehrter Reihenfolge.

An den neuen Boxster-Getriebelagern ist die dreieckige Getriebekonsole bereits vorhanden. Diese Lager sind allerdings nicht ganz billig. Beim Einbau des Porsche-996-Motors in den Projekt-Boxster dieses Buchs (siehe Projekt 11) zeigte sich, dass die Lager des 993 von ihrer Funktion her identisch sind und ohne die Dreieckskonsolen für etwa die Hälfte des Preises der Boxster-Lager zu haben sind. Die alte Dreieckskonsole muss in diesem Fall vorsichtig vom alten Boxster-Lager entfernt und am neuen Lager angebaut werden. Die Teilenummer des serienmäßigen 993er Getriebelagers lautet 993 375 049 05.

Zusammen mit den Getriebelagern sollte auch das vordere Motorlager (Projekt 10) gewechselt werden. Dadurch ist gewährleistet, dass der gesamte Antriebsstrang jederzeit straff und fest geführt wird.

1 Unterbauen Sie am hochgebockten Fahrzeug das Getriebe von unten mit einem Rangierwagenheber. Der Wagenheber darf nur leicht am Getriebe anliegen, damit er das Gewicht des Antriebsstrangs aufnimmt, wenn eines der Getriebelager abgeschraubt wird.

2 Das Getriebe ruht auf dem Rangierwagenheber und wir können nun die Befestigungsmuttern der Getriebelager an der Karosserie lösen (grüne Pfeile). Zugleich muss der Schraubenkopf auf der gegenüberliegenden Seite/Oberseite des Lagers mit einem Schraubenschlüssel gegengehalten werden. Der gelbe Pfeil zeigt auf die Halteschrauben der Dreieckskonsole am Getriebe.

3 Seitenansicht der Dreieckskonsole. Die beiden orangeroten Pfeile markieren die beiden Befestigungsschrauben der Konsole am Getriebe.

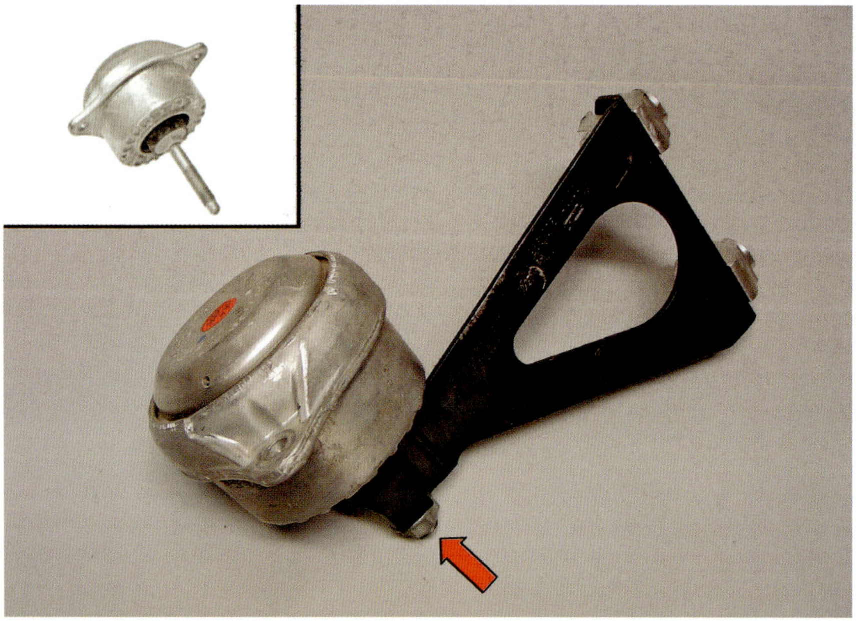

4 Das Serien-Getriebelager des Boxster. Das Getriebelager des Porsche 993 ist im Prinzip identisch, wird allerdings ohne die Dreieckskonsole geliefert. Wer die Lager des 993 montieren möchte, muss die Haltemutter der alten Lager an der Konsole lösen und die Konsole auf das neue Lager des 993 umbauen.

PROJEKT 37
Ausbau des Getriebes

Zeit/Kosten/Talent: 3 Stunden / 0 EUR /

Werkzeuge: Torx-Schraubenschlüsselsatz, Wagenheber und Unterstellböcke

Relevante Baujahre: Alle

Erforderliche Teile: Keine

Tipp: Beim Absenken des Getriebes sollte ein Helfer bereitstehen.

Arbeitsziel: Bessere Zugänglichkeit des Motors

Ergänzende Arbeitsgänge: Kupplungswechsel, Erneuern der Getriebelager

Einer der für Schrauber angenehmeren Aspekte des Boxster ist, dass das Getriebe sich ausbauen lässt, ohne den gesamten Motor mit ausbauen zu müssen. Damit lassen sich zahlreiche Projekte bewältigen, die andernfalls wesentlich zeitaufwendiger und schwieriger wären. Dank dieser Konstruktion ist auch der Kupplungswechsel beim Boxster relativ unkompliziert und verliert viel von seinem Schrecken. Zunächst muss aber das Getriebe ausgebaut werden. Die nachstehende Übersicht beschreibt die Abfolge der Arbeitsschritte.

- Fahrzeug hochbocken (Projekt 1).
- Die unteren Kunststoffverkleidungen abbauen, die den vorderen Motorbereich schützen.
- Die beiden diagonalen Alustreben unter dem Getriebe und die Alu-Getriebeverkleidung ausbauen (siehe Projekt 35).
- Heckstabilisator abschrauben und ausbauen (siehe Projekt 11).
- Versteifungsträger und Auspuffhalter ausbauen (siehe Abb. 2).
- Die Achswellen vom Getriebe trennen (siehe Projekt 41). Achswellen seitlich festbinden, damit sie beim weiteren Getriebeausbau nicht im Weg sind.
- Rückfahrlichtschalter am Getriebe abklemmen (siehe Projekt 45, Abb. 3).
- Kupplungsnehmerzylinder seitlich am Getriebe abschrauben (siehe Projekt 45).
- Halter für Hydraulikleitungen am Getriebe demontieren (sofern vorhanden). Nehmerzylinder provisorisch am Rahmen befestigen, damit er nicht alleine an der Hydraulikleitung hängt.
- Schaltseile lösen (siehe Abb. 3). Bei sehr frühen Exemplaren sind die Schaltseile etwas anders befestigt und es müssen mehrere Splinte entfernt werden.
- Unterstellbock unter dem Motor aufstellen (siehe Abb. 5 und 6).
- Der Rangierwagenheber nimmt jetzt das Gewicht des Getriebes auf (siehe Abb. 6).
- Getriebelager an Karosserie und Getriebe abschrauben und ausbauen (siehe Projekt 36).
- Alle Schrauben, mit denen Motor und Getriebe miteinander verschraubt sind, lösen, herausnehmen und kennzeichnen (Abb. 4 gibt eine Orientierungshilfe). Die Befestigungsteile und ihre Einbauplätze dürfen keinesfalls verwechselt werden; bewahren Sie die Schrauben in Plastiktüten auf und kennzeichnen Sie sie mit Buchstaben analog zu Abb. 4. Wer das Getriebe zum ersten Mal ausbaut, verwechselt womöglich die Schrauben beim Wiedereinbau – und die Bestimmung der richtigen Einbauposition der einzelnen Schrauben erfordert dann langwierige Sucherei in den Porsche-Werkstattunterlagen.
- Schieben Sie zusammen mit einem Helfer das Getriebe nach hinten und lassen Sie es auf den Boden ab.

Das Getriebe wiegt über 50 kg, also stellen Sie sich beim Ausbau und Absenken darauf ein. Das Getriebe sollte am besten auf einen Rollwagen abgelassen werden, um es zu den weiteren Arbeiten problemlos handhaben zu können.

Der Einbau erfolgt im Wesentlichen in umgekehrter Reihenfolge. Einbau des Nehmerzylinders siehe Projekt 45. Beim Anbau des Getriebes am Motor werden alle M12-Schrauben mit 85 Nm und alle M10-Schrauben mit 45 Nm angezogen.

Etwas schwieriger ist der Ausbau des Automatikgetriebes. Zur Sicherung des Drehmomentwandlers beim Abbau des Getriebes vom Motor sind verschiedene Spezialwerkzeuge erforderlich. Außerdem müssen vor dem Ausbau die Unterdruckleitungen, der Wählhebelmechanismus und die Kühlmittelleitungen getrennt werden. Aus Platzgründen können wir die Details hier nicht im Einzelnen abhandeln (zumal ein Automatikgetriebe in der Regel nur sehr selten ausgebaut werden muss), die Porsche-Werksunterlagen der entsprechenden Modelle enthalten jedoch ausführliche Arbeitsanweisungen.

1 Schrauben Sie den rechten Hitzeschutz vom Getriebeträger ab. Beim Wiedereinbau des Getriebes aber nicht vergessen, den Hitzeschutz wieder einzubauen, denn er schützt die Schaltseile und den Schaltmechanismus vor der extremen Wärmestrahlung der Auspuffanlage.

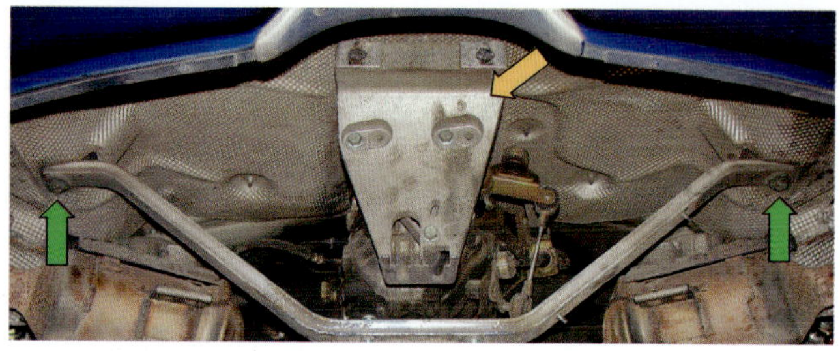

2 Nachdem der Auspuff ausgebaut wurde, demontieren wir die Alu-Versteifungsstrebe unter dem Fahrzeuge (Befestigungsschrauben siehe grüne Pfeile). Dann die Schalldämpferhalterung hinten am Getriebe abschrauben (oranger Pfeil).

3 Hier werden gerade die Schaltseile gelöst. Setzen Sie zwei Schraubendreher beiderseits der Kugelpfanne an, drücken Sie sie nach oben und rasten Sie die Schaltseilenden (orangener Pfeil) von ihrem Kugelkopf ab (gelbe Pfeile). Zum Abbau der Schaltseilhülle vom Halter die kleinen Federklammern lösen und von ihrem Halter abhebeln (kleines Bild, oben links). Schaltseilinneres genau kontrollieren, denn möglicherweise sind hier bereits Risse zu sehen (die Schaltseile sind dann erneuerungsreif – roter Pfeil). Der Austausch der Kugelbuchse alleine ist am Schaltseil nicht möglich, sondern es muss das gesamte Seil erneuert werden. Reparatursätze für diese Verschleißstelle sind aber in Planung – Näheres ist auf der Website von 101projects.com zu finden.

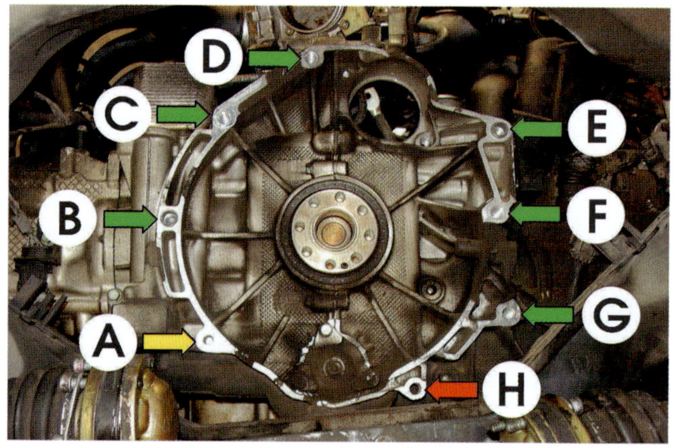

4 So sieht der Motor nach dem Abbau des Getriebes aus. Die einzelnen Befestigungsschrauben, ihre Einbaulage und Einbaurichtung sind hier zur besseren Übersichtlichkeit dargestellt (zumal die Porsche-Handbücher sich hierzu weitgehend ausschweigen). Nachstehend die Stücklisten und Teilenummern für alle Boxster-Modelle 1997-2008. **A:** M10x40 Vielzahn (999 073 118 09). **B:** M12x1,5x100 (999 072 010 09). **C:** M12x1,5x100 (999 072 010 09) mit Unterlegscheibe 15x28x3,5 (N 905 028 02). **D/G:** M12x1,5x70 (999 072 008 09). **E/F:** M12x1,5x90 (999 072 009 09). **H:** M10 Sechskant (900 377 011 09) auf M10x30-Stiftschraube im Getriebegehäuse (992 218 088 09).

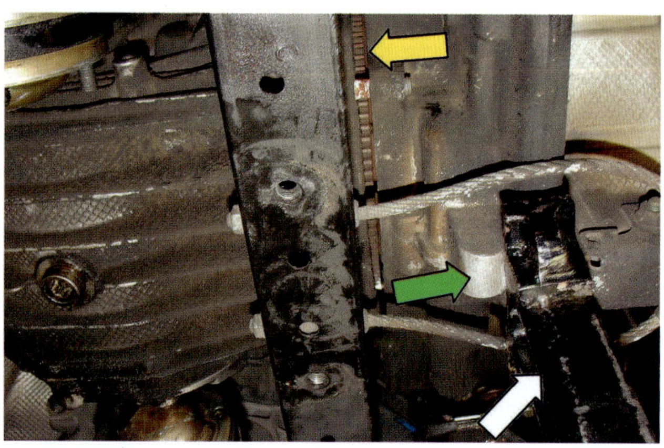

5 Hier ist die Unterseite des Getriebes zu sehen, das gerade vom Motor weggezogen wird. Der Motor ruht dabei auf einem Rangierwagenheber (weißer Pfeil). Der Wagenheber wird am Gussauge des Motorgehäuses angesetzt (grüner Pfeil). Beim Zurückziehen des Getriebes öffnet sich ein Spalt (gelber Pfeil). Daran erkennen wir, dass die Demontagerichtung stimmt und das Getriebe nach und nach vom Motor freikommt.

6 Der Getriebeausbau ist zwar theoretisch auch alleine zu bewerkstelligen, ein Helfer ist jedoch sehr nützlich. Das Getriebe wird mit dem Getriebewagenheber genau mittig unterbaut und ausgerichtet (siehe Bild) und richtig ausbalanciert. Bleiben Sie mit Armen, Beinen und Kopf aus dem Bereich unter dem Getriebe weg – sobald die Eingangswelle von der Kupplung freikommt, kann das Getriebe auf seinem Wagenheber schnell ins Kippen kommen. Lassen Sie es vorsichtig ab und ziehen Sie es unter dem Wagen heraus. Nützlich ist auch ein eigens für solche Aufgaben vorgesehener Getriebewagenheber.

PROJEKT 38
Wechsel des Getriebeöls

Zeit/Kosten/Talent: 1 Stunden / ca. 25 EUR /

Werkzeuge: 16-mm-Vielzahnschlüssel, 17 mm Innensechskantschlüssel (Fünfgang), 10-mm-Innensechskantschlüssel (Sechsgang)

Relevante Baujahre: Alle

Erforderliche Teile: Getriebeöl

Tipp: Eine 4-Liter-Ölwanne und reichlich Wischtücher/Lappen bereitlegen

Arbeitsziel: Längere Getriebelebensdauer

Ergänzende Arbeitsgänge: Heavy Duty-Getriebeöl (Swepco 201) verbessert das Schaltverhalten.

Eine der leichtesten Arbeiten an einem Boxster mit Schaltgetriebe ist der Wechsel des Getriebeöls. Das Boxster-Getriebe ist in der so genannten Transaxle-Bauweise aufgebaut und enthält alle Bauteile eines normalen Getriebes, zusätzlich aber noch ein integriertes Differenzial. Diese Konstruktion ist durch die Mittelmotorbauweise des Boxster bedingt. Transaxles sind kompakter und theoretisch auch leichter, da das separate Differenzial entfällt.

Differenzial und Getriebe teilen sich eine gemeinsame Ölfüllung. Der richtige Füllstand im Getriebe ist daher von besonderer Bedeutung, andernfalls nimmt der Verschleiß rapide zu. Synchronringe und Gleitelemente benötigen eine gut geölte Oberfläche, um die Zahnraddrehzahlen beim Schaltvorgang rasch einander angleichen zu können. Ist der Getriebeölstand zu weit abgesunken, nimmt der Verschleiß dieser Bauteile erheblich zu. Außerdem schaltet sich das Getriebe schwerer. Als erste Maßnahme sollte bei Schaltschwierigkeiten am Boxster daher der Getriebeölstand überprüft werden.

Eine weitere Funktion des Getriebeöls ist, die Betriebstemperaturen im Getriebe niedrig zu halten. Der Motor ist eine der Hauptwärmequellen, denen das Getriebe ausgesetzt ist – gerade durch die Wärmeabstrahlung und -ableitung am Motor-Getriebe-Flansch. Zusätzlich entsteht auch durch die rotierenden Getriebezahnräder und Synchronringe Wärme im Getriebeinneren. Ein ausreichender Ölstand ist daher die wirksamste Methode, um thermischen Problemen vorzubeugen. Der große Getriebeöltank sorgt für eine gute Wärmeverteilung im Getriebe und zugleich für niedrigere Gesamttemperaturen. Manche Schaltboxen leistungsstärkerer Porsche besitzen zusätzlich einen externen Getriebeölkühler.

Der Getriebeölwechsel ist ungefähr alle 50.000 km bzw. alle zwei Jahre zu empfehlen. Hierbei handelt es sich allerdings nur um einen Anhaltswert, der je nachdem variiert, wie Sie Ihren Boxster bewegen (auf der Straße oder im Motorsport?). Das Getriebe enthält eine Vielzahl beweglicher Teile, die laufend mikroskopisch kleine Partikel in das Getriebeöl freisetzen. Vor allem an den Synchronringen fällt im Lauf der Zeit Abrieb an – genau genommen bei jedem Schaltvorgang. Die Getriebelager sind gegenüber Verunreinigungen im Öl weniger empfindlich als Motorlager, auch sie können aber durch diesen Partikeleintrag verschleißen.

An den Boxster-Getrieben finden sich seitlich und an der Gehäuseunterseite zwei Schrauben zum Einfüllen und Ablassen des Getriebeöls. Für das Fünfganggetriebe ist ein SW17-Innensechskant zum Herausdrehen der Einfüllschraube und ein 16-mm-Innenvielzahnschlüssel (Hazet 2567-16) zum Ablassen des Getriebeöls notwendig. Für die Sechsganggetriebe genügen etwas normalere Schlüssel: Ablass- und Einfüllschraube werden mit einem 10-mm-Innensechskantschlüssel herausgedreht.

Zur Ölstandkontrolle bzw. zum Nachfüllen müssen wir zuerst an diese Schrauben herankommen, also bocken wir den Wagen an allen vier Rädern hoch (Projekt 1), so dass er genau waagerecht angehoben ist. Dann demontieren wir die vorderen Kunststoff-Motorverkleidungen, die unteren diagonalen Alustreben und die Blech-Getriebeverkleidung (Projekt 35).

Wer nur den Getriebeölstand kontrollieren will, dreht zuerst die Einfüllschraube seitlich am Getriebe heraus. Nehmen Sie beim Fünfganggetriebe eine große Büroklammer (oder ein Stück Schweißdraht), biegen Sie sie rechtwinklig ab und führen Sie sie mit dem abgewinkelten Teil nach unten in die Einfüllöffnung ein und messen Sie, wie weit das Öl an der Klammer steht. Bei diesem „Miniaturölmessstab“ müsste das Getriebeöl ca. 11 mm unter der Unterkante der Einfüllöffnung stehen.

Kontrollieren Sie den Füllstand bei abgekühltem Fahrzeug auf ebenem Untergrund. Liegt der Füllstand mehr als 11 mm unter der Öffnungsunterkante, muss Getriebeöl nachgefüllt werden. Beim Sechsganggetriebe ist die Kontrolle einfacher: Tasten Sie mit dem Zeigerfinger in die Einfüllöffnung und prüfen Sie, ob das Öl an der Öffnungsunterkante steht. Wenn ja, ist der Ölstand soweit in Ordnung bzw. es muss nur wenig nachgefüllt werden.

Lässt sich der Ölstand nicht ertasten, muss auf jeden Fall Öl nachgefüllt werden. Ist ein Ölwechsel vorgesehen, drehen Sie die Ablassschraube an der Gehäuseunterseite heraus. Sinnvollerweise sollte das Getriebeöl bei betriebswarmem Fahrzeug abgelassen werden, da das Öl dann dünnflüssiger ist und leichter abfließt. Die Auffangwanne muss mindestens 4 Liter Fassungsvermögen haben.

Kontrollieren Sie das abgelassene Öl auf auffällige Metallpartikel oder Abrieb. Das Fassungsvermögen des Fünfganggetriebes beträgt ca. 2,25 Liter, das des Sechsganggetriebes ca. 2,8 Liter.

Solange das Altöl abläuft, säubern wir Ablass- und Einfüllschraube. Die Ablassschraube müsste mit einem Magnetsplitterfänger kombiniert sein, an dem sich metallischer Abrieb ansammelt. Entfernen Sie allen Abrieb und Partikel vollständig mit einem Stoff- oder Wischtuch.

Nun drehen wir die Ablassschraube wieder in das Getriebe ein, ziehen sie aber nicht zu fest an (max. ca. 25 Nm). Lecks sind an diesen Schrauben eher die Ausnahme (Getriebeöl ist zähflüssiger als Motoröl). Falls später etwas Öl herausleckt, können Sie die Schraube immer noch nachziehen. Anschließend füllen wir frisches Getriebeöl ein. Am besten geht dies mit einer Handpumpe, wie sie im Autozubehörhandel erhältlich ist und auf die Getriebeölflasche aufgeschraubt wird. Sie funktioniert ähnlich wie die Flüssigseifenspender im heimischen Badezimmer. Pumpen Sie Getriebeöl ein, bis es gerade eben an der Einfüllöffnung herausläuft. Dann die Einfüllschraube eindrehen und vorhandene Ölspuren abwischen. Die Einfüllschraube wird ähnlich wie die Ablassschraube angezogen.

Auch die Automatikgetriebe sind als Transaxle mit integriertem Differenzial aufgebaut. Dieses Differenzial wird mit demselben Öl wie das Schaltgetriebe befüllt und muss zusätzlich zum Wechsel der ATF-Flüssigkeit überprüft und befüllt werden. Allerdings fehlt bei Automatikgetrieben die Ablassschraube, so dass das Öl durch Lösen des äußeren Differenzialdeckels (siehe Projekt 39 und Abb. 4) abgelassen werden muss. Geeignet wäre auch eine Absaugpumpe, die an der Einfüllöffnung angesetzt wird und die gesamte Ölfüllung absaugt. Das Einfüllen des frischen Öls erfolgt am Differenzial auf ähnliche Weise wie beim Sechsgang-Schaltgetriebe: Einfach die Einfüllschraube herausdrehen und Öl einfüllen, bis das Öl an der Öffnung überzulaufen beginnt. Die Getriebeöl-Füllmenge am Automatik-Differenzial beträgt ca. 0,8 Liter. Anzugsdrehmoment der Einfüllschraube 30 Nm.

In vielen Fällen genügt handelsübliches Getriebeöl, das die Anforderungen von SAE 75W90-Öl erfüllt, vollauf. Sehr leistungsfähig sind auch die Porsche-Öle (üblicherweise von Shell hergestellt) oder Mobil Delvac Synthetic Gear Oil 75W-90. Für Sperrdifferenziale muss das entsprechende Getriebeöl besorgt werden – ein zu dünnflüssiges Öl kann die Drehmomentwirkung des Sperrdifferenzials und damit die Drehmomentverteilung beeinträchtigen (siehe Projekt 39).

1 Ein typisches Fünfgang-Boxster-Getriebe. Die seitliche Einfüllschraube wird mit einem speziellen Innensechskantschlüsseleinsatz (17 mm beim Fünfgang, 10 mm beim Sechsgang) gelöst. Das kleine Bild zeigt den 17-mm-Innensechskantschlüssel sowie den 16-mm-Innenvielzahnschlüssel für die Ölablassschraube am Fünfganggetriebe. Für das Sechsganggetriebe genügt ein 10-mm-Innensechskantschlüssel. Das kleine Bild unten zeigt, wie das Getriebe mithilfe einer Handpumpe mit Öl befüllt wird.

2 Das Fünfganggetriebe des Boxster beim Wiedereinbau. Alle Auspuffkomponenten sind aus dem Weg und die Ablassschraube ist am Getriebe gut zu erkennen (gelber Pfeil). Das kleine Bild zeigt eine Nahaufnahme dieser Spezialschraube, die mit einem Innenvielzahnschlüssel gelöst werden muss. Der Grund für eine derartige Spezialschraube ist nicht ganz nachvollziehbar, aber immerhin ist das passende Hazet-Werkzeug im Werkzeughandel problemlos erhältlich

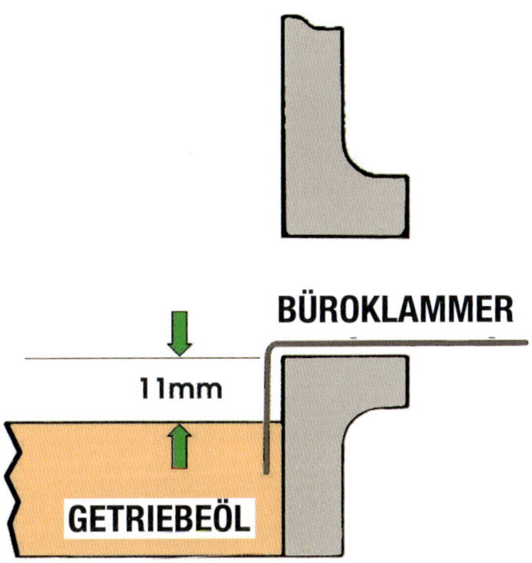

3 Das Getriebeöl muss im Fünfganggetriebe ca. 11 mm unter der Unterkante der seitlichen Einfüllöffnung stehen. Eine große Büroklammer, die rechtwinklig als Miniölmessstab zurechtgebogen wird (siehe Zeichnung), leistet bei der Füllstandskontrolle gute Dienste.

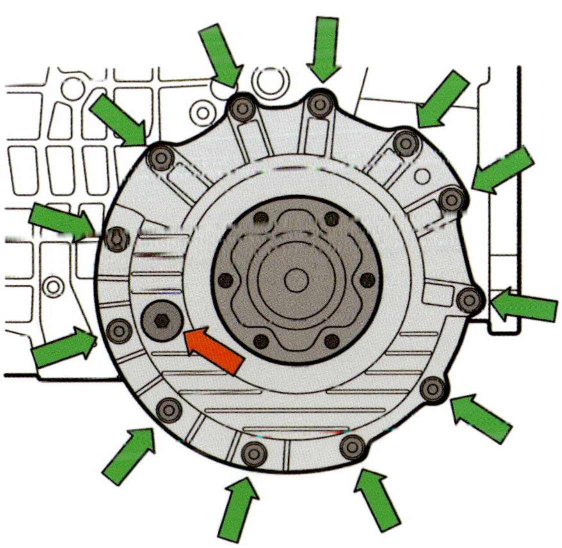

4 Seitenansicht des Tiptronic-Automatikgetriebes des Boxster: Die grünen Pfeile zeigen die Schrauben des Differenzialdeckels, die zum Ablassen des Differenzialöls gelöst werden müssen. Lassen sich die Deckelschrauben nicht lösen, muss die Zentralschraube gelöst und die Steckachse herausgezogen werden. Der rote Pfeil zeigt auf die Einfüllschraube. Das Öl muss bis an die Unterkante dieser Einfüllöffnung stehen – wie beim Sechsganggetriebe.

PROJEKT 39
Sperrdifferenzial/Differenzialträgerlager und Wellendichtringe

Zeit/Kosten/Talent:
8 Stunden / ca. 2200 EUR /

Werkzeuge: Torx-Schraubendrehersatz, Gleithammer, Zahnradabzieher

Relevante Baujahre: Alle

Erforderliche Teile: Sperrdifferenzial, Differenzialträgerlager, Wellendichtringe

Tipp: Der Einbau sollte bei ausgebautem Getriebe anlässlich eines Kupplungstauschs durchgeführt werden.

Arbeitsziel: Bessere Traktion und Leistung

Ergänzende Arbeitsgänge: Erneuern der Kupplung

Es würde den Rahmen dieses Buches sprengen, hier eine komplette Getriebeüberholung zu beschreiben, zumindest sollen aber einige Arbeiten zur Optimierung und Instandsetzung des Differenzialteils (Ausgleichsgetriebe) im Getriebe näher behandelt werden.

Das Innenleben des Getriebes. Sind Öllecks im Antriebswellenbereich des Getriebes zu erkennen, dürften die Wellendichtringe (Simmerringe) vermutlich hinüber sein. Die nachstehende Bildfolge zeigt die Arbeitsschritte zum Ausbau der Halbwellen und Austausch der Simmerringe. Bei dieser Gelegenheit können auch die Differenzialträgerlager erneuert werden. In diesen Lagern werden die Ausgangsflansche im Getriebe geführt. Manch mahlendes Geräusch oder hohes Heulen, das sich nicht lokalisieren lässt, kann auf die Differenzialträgerlager zurückzuführen sein. Wenn die alten Radlager (Projekt 40) und die Gleichlaufgelenke (Projekt 41) erneuert wurden und das Heulen immer noch zu vernehmen ist, liegt es am Verschleiß in den Differenzialträgerlagern.

Der beste Zeitpunkt für diese Arbeiten ist, wenn das Getriebe wegen Arbeiten an Kupplung oder Motor ohnehin ausgebaut ist. Es geht zwar auch bei eingebautem Getriebe, ist aber ungleich schwieriger.

Wenn ein neues Differenzial im Getriebe montiert wird, müssen unbedingt die Einstellscheiben in der richtigen Stärke bereitliegen. Im Jahr 1999 erfolgte die Umstellung von zwei Differenziallagern mit 46 mm Innendurchmesser auf ein Lager mit 46 mm und eines mit 50 mm. Beim Einbau des neuen Differenzials müssen Sie daher bei der Bestellung des Ersatzteils ein bestimmtes Kontrollmaß angeben, damit ein passender Einstellscheibensatz mitgeliefert werden kann.

Sperrdifferenziale. Die Zahnräder im Differenzial können mit unterschiedlichen Drehzahlen rotieren und zugleich das Drehmoment gleichmäßig auf beide Halbachsen verteilen. Steht das eine Rad auf vereistem Untergrund, das andere auf griffigem Asphalt, dreht das Rad auf dem Eis mit der doppelten Drehzahl des Tellerrades, das Rad auf festem Untergrund dagegen überhaupt nicht. Jedes Rad erhält das gleiche Drehmoment, und da das Rad auf Eis nur ein sehr geringes Drehmoment zum Durchdrehen benötigt, erhält das Rad auf festem Untergrund ebenfalls nur sehr wenig Drehmoment. Auch bei scharfer Fahrweise kann sich bei Kurvenfahrten durch die Gewichtsverlagerung infolge der Kurvenkräfte das Gewicht, das auf jedes einzelne Rad wirkt, erhöhen oder verringern. Verliert beispielsweise beim Kurvenfahren das kurveninnere Antriebsrad den Bodenkontakt (unwahrscheinlich, aber es sei zur Veranschaulichung angenommen), spielen sich ähnliche Vorgänge wie bei jener Achse ab, deren eines Rad auf Eis durchdrehte und deren anderes Rad auf festem Untergrund stand. Sobald das kurveninnere Rad durchzudrehen beginnt, überträgt das Differenzial auch weniger Kraft auf das äußere Rad. Hierin liegt auch das Hauptargument für ein Sperrdifferenzial im Motorsport. Im normalen Alltagsbetrieb kommen wir freilich so gut wie nie in derartige Fahrsituationen. Für Fahrzeuge, die ausschließlich auf der Straße bewegt werden, ist ein Sperrdifferenzial also meistens verzichtbar.

Ein Sperrdifferenzial enthält in seinem Inneren eine Vielzahl kleiner Scheibenkupplungen, die die Bewegung der Achswellenkegelräder begrenzen bzw. bremsen. Durch Federn bzw. Federscheiben im Sperrdifferenzial werden die Kegelräder gegen die Kupplungsscheiben nach außen gerückt, wodurch sie ihrerseits gegen das Ausgleichsgehäuse gedrückt werden. Durch die Reibung zwischen den Scheiben werden Achswellenräder und Gehäuse gezwungen, mit gleicher Drehzahl zu rotieren. Die Federn und Kupplungsscheiben sind allerdings nicht stark genug, um die normale Differenzialbewegung der Räder in Kurven zu verhindern. Wenn ein Rad seine Traktion verliert, begrenzen die Kupplungen jedoch den „Schlupf“ und bauen am nicht durchdrehenden Rad zusätzliches Drehmoment auf. Die Höhe des aufgebauten Drehmoments wird durch die Kupplungsscheiben und die Federn bestimmt und als „Torque Bias“ ausgedrückt.

Der Kennwert „Torque Bias Ratio/TBR“ (auch: Drehmomentverhältnis) gibt das Verhältnis der Drehmomente zwischen dem Rad mit guter Bodenhaftung (fester Untergrund) und dem Rad mit geringer Bodenhaftung (z.B. Eis) an. Bei einem normalen offenen Differenzial beträgt das fest eingebaute Drehmomentverhältnis (TBR) ca. 1 bis 1,3.

Ein Sperrdifferenzial kann je nach Anordnung der Kupplungsscheiben und der Stärke der eingebauten Federn fast jedes Drehmomentverhältnis aufbauen. Stärkere Federn bedeuten ein höheres Drehmomentverhältnis.

Ein TBR von 1,4 (40 %) ist für Straßenfahrzeuge mittleren Leistungsniveaus und für Motorsportfahrzeuge mit serienmäßigem Motor und Fahrwerk am besten geeignet. Ein aggressiveres TBR von 1,6 (60 %) eignet sich am besten für modifizierte Straßen-/Motorsportfahrzeuge mit steiferem Fahrwerk und evtl. einem getunten oder größeren Motor. Reine Rennfahrzeuge ohne Straßenzulassung werden häufig mit TBR von 1,8 (80%) bewegt.

Kupplungs-Sperrdifferenziale ermöglichen hervorragende Sperreigenschaften beim Beschleunigen und im Schiebelauf und können individuell abgestimmt werden, indem die Reihenfolge der internen Kupplungsscheiben und -federn verändert wird. Eine Differenzialsperrwirkung im Schiebelauf ermöglicht späteres Bremsen und eine aggressive Fahrweise in schnellen Kurven.

Wichtig ist außerdem die richtige Differenzialölsorte. Üblicherweise empfehlen die Hersteller bestimmte Getriebeöle, die sich bewährt haben. Ein zu dünnflüssiges Öl reduziert die TBR und damit die Sperrwirkung des Sperrdifferenzials. Wird ein zu zähflüssiges Öl verwendet, erhöht sich die TBR und die Kupplungsscheiben im Sperrdifferenzial können schneller verschleißen.

Wie bereits ausgeführt, sind Sperrdifferenziale im normalen Straßenbetrieb nicht unbedingt ideal. Die Kupplungen können das Heckdifferenzial im ungeeignetsten Moment zum Sperren bringen, z.B. bei Kurvenfahrten im Regen oder auf glatten, z.B. vereisten Fahrbahnflächen. Dies ist dadurch bedingt, dass diese Oberflächen mitunter nicht genug Reibung für die normale Differenzialwirkung liefern, die den Schlupf zwischen den beiden Rädern ermöglicht. Daneben sind noch weitere Nachteile der Sperrdifferenziale zu beachten. Sie sind lauter als offene Differenziale, die auf Reibung basierenden Kupplungsscheiben verschleißen, es sind spezielle Getriebeöle notwendig, der Reifenverschleiß nimmt zu und der Verbrauch steigt. Außerdem ist eine leichte zeitliche Verzögerung zwischen dem Moment, da die Kupplungsfedern komprimiert werden, und der Übertragung des Drehmoments festzustellen.

Wer nach einer Alternative zu diesen Sperrdifferenzialen sucht, für den könnte die Bauform der „Torque Biasing Differentials“ (Torsen-Sperren) interessant sein. Diese Differenziale ähneln herkömmlichen offenen Differenzialen, allerdings können sie bei Drehmomentungleichgewichten sperren. Mithilfe eines komplexen Rädersatzes erzeugen diese Torsen-Differenziale eine gewisse Drehmomentverlagerung hin zur unbelasteten Achse, allerdings nur, wenn diese Achse feste Bodenhaftung hat. Der Vorteil der Torsen-Differenziale für Straßenfahrzeuge ist, dass sie sich weitgehend wie ein offenes Differenzial verhalten, außer wenn es bei Kurvenfahrten zu einer Traktionsverschiebung zwischen beiden Rädern kommt. Torsen-Differenziale erzeugen jedoch nur beim Beschleunigen eine Sperrwirkung.

Getriebeübersetzungen. Nicht weniger wichtig ist die Wahl der Getriebeübersetzungen. Bei nahezu allen Boxstern und Carrera 996/997 liegt die Leistungskennlinie in relativ hohen Drehzahlbereichen (wie beim frühen 911 S). Daher empfiehlt sich ein eng abgestuftes Getriebe, mit dem der Motor im optimalen Leistungsbereich gehalten und die auf die Räder übertragene Leistung maximiert werden kann. Ideal ist hierfür das Sechsganggetriebe des Carrera und Porsche-Motorsportfahrzeuge, die für lange Pisten und rollende Starts optimiert wurden und daher einen „langen“ ersten Gang [illegible]. Auf diese Weise können die Fahrzeuge den ersten Gang auf der Rennpiste nutzen, so dass ihnen im Renneinsatz ein echtes Sechsganggetriebe zur Verfügung steht. Im normalen Straßenbetrieb wäre ein solches Fahrzeug relativ schwierig zu fahren, da der Start aus dem Stand recht schwerfällig geraten würde. Auf der Piste macht sich der schmale Leistungsbereich aber positiv bemerkbar, denn die Höchstleistung steht dann in einem Leistungsbereich zur Verfügung, der eng auf das Getriebe und die Charakteristik des Rennkurses abgestimmt ist.

Als Alternative käme der Einbau des Sechsganggetriebes des Boxster S in Betracht. Die entsprechenden Gängeabstufungen können hier einen Unterschied wie Tag und Nacht ausmachen; die Übersetzung des Fünfganggetriebes kann trotz gleichem Motor das subjektive Gefühl eines langsameren Fahrzeugs hervorrufen. Im direkten Vergleich des Fünfgang-Boxster mit 3,4-Liter-Motor mit dem Sechsgang-996 mit dem baugleichen 3,4-Liter-Triebwerk wirkt der Boxster aufgrund seiner Gängeabstufung langsamer. Wer also das Boxster-Sechsganggetriebe in einen Fünfgang-Boxster einbauen möchte, kann dies relativ unkompliziert bewerkstelligen, der Umbau ist aber dennoch zeitaufwendig und die Teilebeschaffung läuft ins Geld. Wir benötigen nicht nur das Sechsganggetriebe, sondern den Kupplungsnehmerzylinder für die Sechsgangversion, die 3,2-Liter-Kupplung samt Schwungrad, den Sechsgangschalthebel mit Schaltseilen, einen Satz 3,2-Liter-Achsen, die modernisierten Getriebelager mit ihren Haltern sowie diverse weitere Kleinteile.

1 Zunächst müssen die Halbwellen vom Getriebe abgebaut werden. Dazu lösen wir die Mittelschraube, mit der die Welle am Getriebe befestigt ist. Zum Herausziehen der Halbwelle eignet sich ein Gleithammer in Verbindung mit einem alten Gleichlaufgelenk (siehe Bild). Das Ende des Gleithammers wird am Halbwellenflansch angesetzt und mit zwei Schrauben des Gleichlaufgelenks befestigt. Mit ein paar Schlägen müsste sich die Welle aus dem Getriebe herausbewegen. Bei einer anderen Methode werden zwei Schrauben in den Halbwellenflansch eingeschraubt und damit die Welle aus dem Getriebe herausgehebelt (kleines Bild).

2 So präsentiert sich die Halbwelle, nachdem sie aus dem Getriebe herausgezogen wurde. Der Ausbau klappt auch bei eingebautem Getriebe, allerdings unter wesentlich beengteren Platzverhältnissen. Aus Gründen der Anschaulichkeit entstand diese Bilderserie an einem Getriebe auf der Werkbank.

3 Nach dem Ausbau der Halbwellen können die Differenzialwellendichtringe erneuert werden (je 1 pro Seite). Sie sitzen in den Achswellenflanschen am Getriebegehäuse. Alte, undichte Ringe sind an Getriebeölspuren rings um die Achswellen zu erkennen. Hebeln Sie den alten Dichtring heraus und klopfen Sie den neuen vorsichtig und ohne zu verkanten in seinen Sitz ein.

4 Nach dem Ausbau der Halbwellen können wir den Differenzialgehäusedeckel abnehmen. Drehen Sie die Schrauben auf der Deckelaußenseite heraus (kleines Bild). Danach liegt das Differenzial im Getriebeinneren offen. Das Getriebeöl muss bereits vorher abgelassen worden sein, andernfalls gibt es beim Lösen des Deckels eine Riesenpfütze. Dennoch kann jetzt noch ein letzter Ölrest auslaufen. Die Sechsganggetriebe sind mit einem großen O-Ring am Differenzialdeckel (hier nicht zu sehen) ausgerüstet, der beim Neuabdichten des Getriebes mit erneuert werden sollte.

5 Nach dem Abbau des Deckels müsste sich das Differenzial direkt herausziehen lassen. So sieht das Herzstück eines „offenen Differenzials" aus. Die Planetenräder verteilen das Drehmoment gleichmäßig auf beide Räder. Dabei können die beiden Räder mit unterschiedlichen Drehzahlen rotieren und durchdrehen, z.B. in Kurven.

6 Ein Blick in das Innere des Getriebegehäuses: Die Spiralverzahnung rechts (gelber Pfeil) gehört zum Kegelrad und steht mit dem Tellerrad im Eingriff, der Teil des Differenzialkäfigs ist. Einige Getriebe sind mit einem Magneten im Gehäuse ausgerüstet, der Schmutz und Metallabrieb zurückhält (blauer Pfeil). Dieser Magnet muss vor dem Wiedereinbau gründlichst gereinigt und sämtliche anhaftenden Fremdkörper entfernt werden.

7 Sollen die Differenzialträgerlager erneuert werden, ziehen wir die alten Lager mit einem Lagerabzieher ab. Lassen sie sich nur schwer abziehen, sollte das Lager mit einem Propanbrenner etwas angewärmt werden, damit es sich ausdehnt und lockert.

8 Die neuen Lager müssen auf gleiche Weise aufgepresst werden. Wenn sie vorher in einem Ofen oder auf einer Heizplatte erwärmt werden, gestaltet sich ihr Einbau oft viel einfacher (aber nicht – wie hier – mit den bloßen Händen anfassen, solange sie heiß sind!). Hier wurden bereits neue Trägerlager aufgepresst. Dabei die Distanzringe und Einstellscheiben nicht vergessen, die beim Ausbau abgenommen worden waren. Soll ein neues Differenzial montiert werden, benötigen wir neue Einstellscheiben, deren Stärke auf das Getriebe abgestimmt ist.

9 Dieses Sperrdifferenzial stammt von Guard Transmission (GT), einem der führenden Anbieter solcher Differenziale für Porsche. Die Firma hatte bereits Renngetriebekomponenten für die Fahrzeuge der GT-Klasse in der American-Le-Mans-Serie entwickelt. Zudem ist GT Zulieferer verschiedener Baugruppen für die Porsche-Werksrennwagen. Diese Ausführung mit TBR 60/40 ist für Straße und Piste gleichermaßen geeignet und ideal für einen Boxster mit härterem Fahrwerk und leistungsoptimiertem Motor.

10 Hier wurde das GT-Sperrdifferenzial mit neuen Lagern auf dem Tellerrad montiert. Beim Einbau des neuen Differenzials ist – wie gesagt – auf die Montage der Einstellscheiben in der richtigen Stärke zu achten, da sich diese im Laufe der Bauzeit änderten.

11 Seitenansicht des GT-Sperrdifferenzials nach dem Einbau in das Getriebe: Das kleine Bild zeigt die Halbwellen im Differenzial (der Seitendeckel ist hier noch nicht montiert).

12 Beim Einbau der Halbwellen muss der Sprengring (wie in den Porsche-Werkstatthandbüchern empfohlen) erneuert werden. Die Teilenummer lautet 012 409 413 (für alle Boxster – 1997 bis 2008).

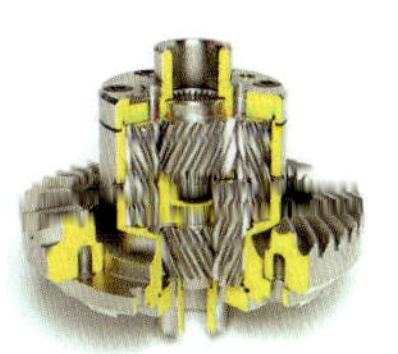

13 Das Quaife Automotive Torque Biasing Differenzial: Ein etwas anderes Sperrdifferenzial, das oft einen guten Kompromiss zwischen Straßen- und Motorsportbetrieb bietet. Differenziale wie dieses bauen Reibung über ihre Zahnräder und Stützflanken und nicht über die Kupplungsscheiben typischer Sperrdifferenziale auf. Um die richtige Drehmomentverteilung im Differenzial aufrechtzuerhalten, muss aber an beiden Ausgangswellen eine Last anliegen. Dreht eine Welle des Differenzials leer, wird auf diese Welle kein Drehmoment übertragen und das Differenzial verhält sich im Prinzip wie ein offenes Differenzial.

PROJEKT 40
Erneuern der Radlager

Zeit/Kosten/Talent: 4 Stunden / ca. 110 EUR /

Werkzeuge: Radlagerabzieher, Verlängerung oder Drehmomentschlüssel

Relevante Baujahre: Alle

Erforderliche Teile: Radlager

Tipp: Legen Sie das Lager vor dem Einbau in den Tiefkühlschrank.

Arbeitsziel: Ruhigeres Fahrverhalten, keine Radgeräusche

Ergänzende Arbeitsgänge: Gleichlaufgelenke und Manschetten erneuern

1 Der Wechsel der Radlager zählt zu den Arbeiten, die in Textform schwierig zu beschreiben sind. Daher sind die Arbeitsgänge hier durchgängig als Bildtexte beschrieben. Abb. 1 zeigt die Radnabe, nachdem das Fahrzeug angehoben (Projekt 1), der Bremssattel abgebaut und die Bremsscheibe abgenommen wurde (Projekt 55). Vor dem Anheben des Fahrzeugs muss die Radnabenkappe (siehe Projekt 100, Abb. 3) abgenommen und die Achsmutter mit einer sehr langen Verlängerung gelöst werden, solange das Rad noch auf dem Boden steht, ein Gang eingelegt und die Handbremse angezogen ist. Die Bilder dieses Projekts entstanden am Vorderradlager eines 996 Turbo Allrad, der Aufbau ähnelt den Boxster-Versionen jedoch weitgehend.

2 Hier wird der gesamte Radträger ausgebaut, also müssen sämtliche Befestigungsstellen getrennt werden. Schrauben Sie die Spurstange vom Radträger ab (kleines Bild; siehe auch Projekt 59), ebenso die Klemmmutter (grüner Pfeil) des Stoßdämpfers (siehe Projekt 63). Dann lösen Sie das Stabilisatorgehänge (Projekt 59) sowie den Raddrehzahlfühler an seinem Stecker.

3 Haben Sie die Achsmutter nicht bereits vor dem Hockbocken gelöst, kann sie nun mit einem Schlagschrauber gelöst werden (kleines Bild). Achtung: Diese Mutter ist sehr fest angezogen!

4 Um den Kugelkopf vom Radträger zu trennen, benötigen wir einen besonders robusten Kugelkopfausdrücker (gelber Pfeil). Sobald der Kugelkopf sich gelockert hat, drücken wir den Lenkhebel (grüner Pfeil) mit einem Stemmeisen (blauer Pfeil) nach unten und heben den Radträger gleichzeitig an. Dann den Lenker zur Seite drücken, und jetzt müsste sich der Radträger vom Stoßdämpfer trennen lassen. Lässt sich der Lenker nicht weit genug zur Seite schwenken, lösen wir die Schraube am anderen Ende des Lenkers, so dass er sich weiter nach unten bewegen kann. Ziehen Sie diese Schraube erst wieder an, wenn der Wagen in voll belasteter Stellung auf dem Boden steht. Dann noch den Raddrehzahlfühler aus dem demontierten Radträger ausbauen.

5 So sieht die Achse aus, nachdem der Radträger demontiert wurde. Diese Achse gehört zu einem 996 Turbo Allrad, d.h. dieser Radträger sitzt an einer Antriebsachse. Die Konstruktion ähnelt jedoch dem Vorder- und Hinterachs-Radträger des Boxster. Der verzahnte Teil der Achse erzeugt ein Signal, das der im Träger montierte Raddrehzahlfühler aufnimmt. Sind die Gleichlaufgelenke erneuerungsbedürftig oder ist die Manschette eingerissen oder schadhaft, sollten sie nun gleich mit erneuert werden (siehe Projekt 42).

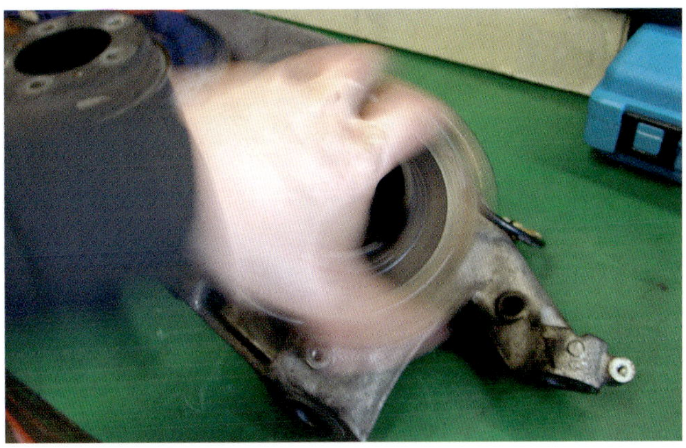

6 Dass an diesem Fahrzeug das Radlager die Ursache für den Defekt war, war nicht völlig sicher. Am ausgebauten Radträger wurde daher das Radlager in Drehung versetzt – Diagnose klar: Radlager Totalschaden. Es fühlte sich an, als seien Sand oder Fremdkörper im Lager, d.h. das Lager drehte spürbar rau.

7 Nun wird der Radträger in der Hydraulikpresse eingespannt und Druck auf die innere Nabe (das Teil, an dem Bremsscheibe und Rad befestigt sind) aufgebaut. Wie so oft beim Radlagerwechsel, zerfiel das Lager in seine Einzelteile und eine Hälfte blieb an der Radnabe zurück (kleines Bild).

8 Zum „Leeren“ der Radnabe dient ein normaler Lagerabzieher, mit dem die Fragmente des Radlagers von der Nabe abgezogen werden. Das kleine Bild zeigt die Radnabe, nachdem alle Reste des alten Radlagers beseitigt wurden.

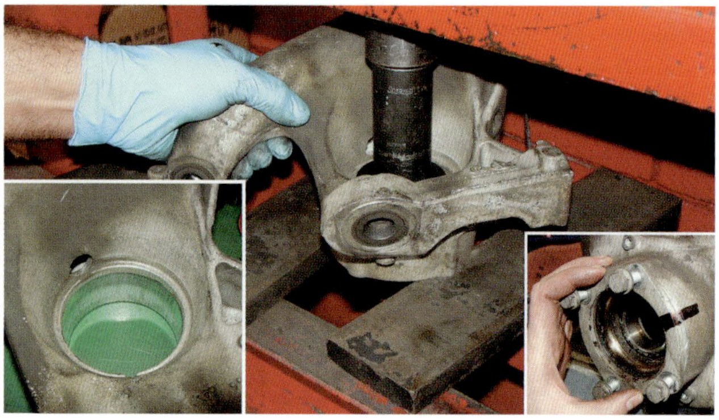

9 Beim Auspressen der Radnabe aus dem Radträger zerlegte sich das Radlager in zwei Teile: Ein Teil blieb auf der Radnabe sitzen, der Rest im Radträgerinneren. Also mussten diese Reste ebenfalls mit der Presse ausgepresst werden. Zuerst wird der Lagerdeckel abgenommen (kleines Bild, unten rechts). Sobald das Lager vollständig herausgepresst ist, müsste der Radträger wie auf dem Bild links unten aussehen.

10 Hier sind die Schäden an einem verschlissenen Radlager deutlich zu erkennen. Der blaue Pfeil zeigt auf Pitting an der Lagerlauffläche – hat das Pitting hier erst einmal begonnen, schreitet es unaufhaltsam fort. Das Lager müsste – wie im Bereich des violetten Pfeils – absolut glatt sein. Ähnlicher Verschleiß ist auch an der anderen Lagerhälfte zu erkennen. Der Dichtring des Lagers sah zwar noch intakt aus, allerdings lassen die Verschleißspuren eindeutig darauf schließen, dass hier Schmutzeintritt im Spiel war.

11 Mit einer Hydraulikpresse ist der Einbau des neuen Lagers ein Kinderspiel. Neue Lager werden bis unmittelbar vor dem Einbau im Tiefkühlschrank zwischengelagert (kleines Bild). Tiefgekühlte Lager schrumpfen ganz geringfügig, was das Einpressen in den Radträger deutlich erleichtert. Beim Einpressen darf der Pressendruck nur auf den Lageraußenring wirken – die Kräfte dürfen nie über die Lagerkörper übertragen werden (und hier dann auf den Innenring wirken), da sonst das Lager beschädigt würde. Das Lager muss so eingebaut werden, dass die Zahlen zur Radnabe zeigen. Der rot-orange Dichtring zeigt üblicherweise zum Fahrzeuginneren.

12 Hier sind beide Seiten des Radträgers zu sehen, nachdem das neue Lager eingebaut und der Lagerdeckel montiert wurde.

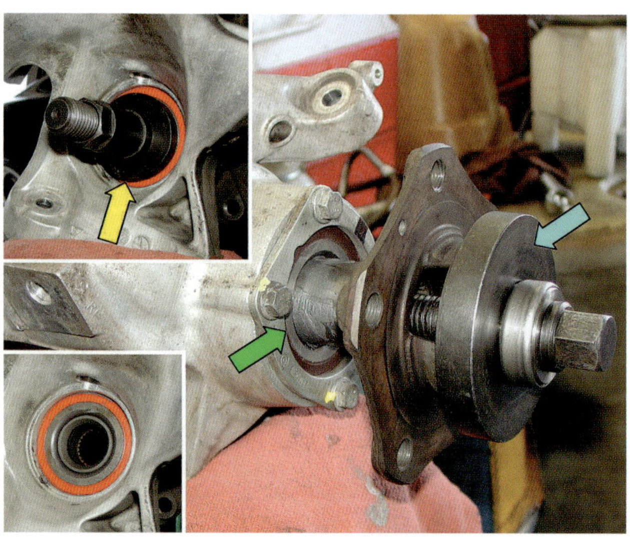

13 Das neue Lager sitzt nun im Radträger, also muss die Radnabe wieder mit dem Lagerinnenring zusammengebaut werden. Dazu verwenden wir ein spezielles Radlagereinbauwerkzeug (blauer Pfeil). Mit einer kreisrunden Stützplatte mit dem Durchmesser des Innenrings (gelber Pfeil) drückt das Werkzeug die Radnabe nach innen und überträgt den Einpressdruck auf den Innenring. Ziehen Sie das Lagereinbauwerkzeug an, bis die Innenfläche der Nabe auf der Anlagefläche des Lagerinnenrings anliegt (grüner Pfeil). Das kleine Bild unten links zeigt die Rückseite des eingebauten Lagers in der Radnabe, wie sie nach dem Einbau der Radnabe aussehen müsste. Lassen Sie die Radnabe zur Kontrolle einige Umdrehungen auf dem Lager rotieren. Keine Sorge, falls das Lager nicht ganz frei läuft – neue Lager wirken anfangs immer recht stramm.

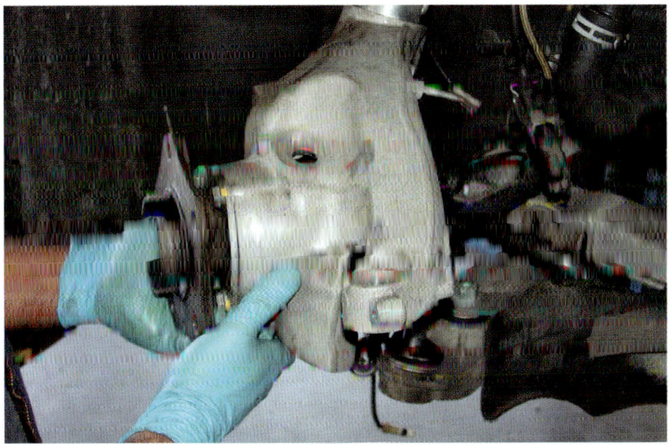

14 Beim Wiedereinbau des Radträgers im Fahrzeug müssen Kugelkopf, Stoßdämpferdom, Stabilisator, Spurstange, der Anschluss für den Raddrehzahlfühler, Bremsscheibe, Bremssattel sowie alle anderen zuvor abgebauten Baugruppen wieder befestigt werden. Die Achse wird mit einer neuen Mutter festgezogen.

15 Wenn der Wagen wieder auf allen vier Rädern steht, ziehen wir mit einem großen Drehmomentschlüssel mit Verlängerung die Achsmutter an. Ersatzweise lässt sich das Drehmoment auch mit einer extralangen Verlängerung und reichlich Muskelschmalz aufbringen. Das Anzugsdrehmoment beträgt 460 Nm, also ließe sich anhand des eigenen Körpergewichts sogar ausrechnen, wie lang die Verlängerung sein muss, damit Sie das nötige Drehmoment aufbringen, wenn Sie mit vollem Körpergewicht auf der Verlängerung stehen. Die Verlängerung muss beim Belasten genau parallel zur Bodenfläche stehen.

16 Zum Wechsel der Radlager muss der Radträger nicht immer ausgebaut werden. Beim Allrad-Turbo war dies notwendig, weil die Antriebswelle im Radträger saß und nicht ohne Ausbau des Radträgers demontiert werden konnte. Manchmal lässt sich das Radlager aber auch bei noch montiertem Radträger wechseln, so dass gar keine Hydraulikpresse notwendig ist. Hier (und in Abb. 17 und 18) wird der Radnabenausbau mit dem Abzieher auf der Werkbank demonstriert. Am Innenring wird eine Stützplatte untergelegt und die Nabe dann mit dem Werkzeug herausgezogen (das Lager zerlegt sich dabei in seine Einzelteile).

17 Teil 2 des Lagerausbaus mit dem Auszieher: Von hinten wird eine Stützplatte mit dem Durchmesser des Lageraußenrings untergelegt und dann mit der langen Schraubspindel des Werkzeugs der Lagerrest aus der Lagerbohrung herausgezogen.

18 Bei Teil 3 verwenden wir den Auszieher zum Einpressen des neuen Lagers. Auf der Rückseite des Alu-Radträgers wird eine große Stützplatte untergelegt und mit dem Vorderteil des Werkzeugs das Radlager eingepresst. Der Einbau der Radnabe in den Radträger erfolgt auf gleiche Weise wie in Abb. 12.

PROJEKT 41
Erneuern der Gleichlaufgelenke, Manschetten und Gelenkwellen

Zeit/Kosten/Talent: 4 Stunden / ca. 320 EUR /

Werkzeuge: Innensechskantschlüsselsatz

Relevante Baujahre: Alle

Erforderliche Teile: Gleichlaufgelenke oder komplette Achsen, Lagerfett für Gelenke, Dichtungen, Gelenkmanschetten

Tipp: Nutzen Sie das Fahrzeuggewicht, um die Achse beim Lösen der Achsmutter gegen Mitdrehen zu sichern.

Arbeitsziel: Ruhigeres Fahrverhalten

Ergänzende Arbeitsgänge: Radlager erneuern

Zu den Fahrwerksteilen, die beim Boxster am häufigsten getauscht werden müssen, zählen die Gleichlaufgelenke, die die Räder mit dem Getriebe verbinden. Diese Gelenke mit ihrer Fettfüllung sind im Laufe der Jahre immensen Beanspruchungen ausgesetzt und erreichen deshalb nach ca. 160.000 km meist ihre Verschleißgrenze. Ein untrügliches Zeichen, dass die Achsgelenke fällig sind, ist ein dumpfes Klackern aus dem Hinterachsbereich bei rollendem Fahrzeug.

Mitunter sind die Schutzmanschetten (Staubbälge) der Gleichlaufgelenke eingerissen und müssen getauscht werden. Das Verfahren zum Wechsel der Manschetten entspricht weitgehend dem Wechsel der kompletten Gelenke. Bei der Erneuerung eines Gelenks werden in der Regel die zugehörigen Manschetten gleich mit erneuert.

Für den Boxster liefert Porsche nur die inneren Gleichlaufgelenke oder aber die komplette einbaufertige Achse. Die neue Achse umfasst die inneren und äußeren Gelenke sowie deren Schutzmanschetten. Die inneren Boxster-Gelenke sind zwar separat lieferbar, im Regelfall ist aber die Erneuerung der kompletten Achse zu empfehlen. Die Achse kann direkt eingebaut werden, was Zerlegearbeiten und den Umgang mit Gelenkfett erspart.

Zum Erneuern der kompletten Achse muss zuerst die große Achsmutter gelöst werden. Solange das Rad noch auf dem Boden steht, wird bei eingelegtem Gang und angezogener Handbremse die Radnabenkappe (siehe Projekt 100, Abb. 3) abgenommen, dann lösen wir die Achsmutter mit einer sehr langen Verlängerung. Die Mutter ist mit 460 Nm angezogen, das Lösen erfordert also erheblichen Kraftaufwand. Soll nur das innere Achsgelenk erneuert werden, brauchen Sie die Achsmutter nicht anzurühren.

Anschließend wird der Wagen angehoben und die Räder abgenommen (siehe Projekt 1). Danach müssen die Diagonalstreben und die Alu-Getriebeverkleidung ausgebaut werden (siehe Projekt 35). Die Halteschrauben am inneren Gleichlaufgelenk lösen wir mit einem Innensechskantschlüssel (siehe Abb. 2). Um an diese Schrauben zu kommen, drehen wir das Rad immer ein Stück weiter, bis der Schlüssel gut auf den Schraubenkopf aufgesetzt werden kann. Dann Handbremse anziehen und ersten Gang einlegen. Nun kann die Schraube gelöst werden, ohne dass die Achse mitdreht. Sind alle in diesem Winkel zugänglichen Schrauben gelockert, lösen wir die Bremse, nehmen den Gang heraus und drehen das Rad weiter, bis die nächsten Schrauben zugänglich sind. Sobald alle Schrauben entfernt sind, wird das Ende der Achswelle mit Draht oder einem Seil gegen Herabfallen gesichert.

Am vom Getriebe abgebauten Achsgelenk können nun die Achsmanschetten oder das innere Gleichlaufgelenk erneuert werden. Soll die Achse komplett ersetzt werden, überspringen wir diesen Schritt, da die neue Achse ja einbaufertig geliefert wird. Entfernen Sie die sechs Schrauben und die Unterlegplatten am Gelenk und hebeln Sie den Verschlussdeckel ab (siehe Abb. 2, blauer Pfeil). Dann nehmen Sie den Sicherungsring ab, der das Gelenk auf der Achse fixiert (Abb. 3). Der Binder, der die Manschette auf der Welle hält, wird durchtrennt oder weggezogen, dann müsste sich das alte Gelenk samt Manschette von der Welle herunterschieben lassen. Im Allgemeinen ist es ein schlechtes Zeichen, wenn nun einzelne Lagerkugeln herausfallen. Das Gelenk ist dann eindeutig erneuerungsreif. Kann das Gelenk weiterverwendet werden, verpacken Sie es in einer Plastiktüte, ohne dass Schmutz oder Fremdkörper ins Gelenkinnere eindringen können. Selbst einzelne Sandkörnchen, die versehentlich ins Gelenk gelangen, können vorzeitigen Verschleiß bewirken. Kontrollieren Sie beide Gelenke vor dem Wiedereinbau auf Verschleiß. Sollen nur die Manschetten erneuert werden, hebeln Sie die alte Manschette vorsichtig vom Gelenk ab. Sie

ist ähnlich wie der Verschlussdeckel auf das Gelenk aufgepresst.

Wenn das innere Gelenk und seine Manschette ausgebaut sind, müsste die Achse dem kleinen Bild in Abb. 1 ähneln. Soll die Manschette des äußeren Gelenks erneuert werden, lösen wir den Binder und ziehen Manschette und Deckel ab. Die neuen Manschetten werden meist ohne Metallplatte geliefert, also muss die alte Manschette von der Platte getrennt und die neue Manschette aufgeschoben werden. Beim Einbau montieren wir einen neuen Klemmbinder, ziehen ihn aber noch nicht fest. Nun montieren wir das alte bzw. neue Gelenk auf der Achse. Die neue Manschette ist bereits montiert und das Gelenk wird nun über seinen gesamten Bewegungsweg gedreht, bevor der kleine innere Binder festgezogen wird – er darf aber nicht zu stramm sitzen.

Egal ob das alte Gelenk oder ein Neuteil montiert wird, das Gelenk sollte auf jeden Fall mit frischem Fett gefüllt werden, und auch die Manschette und ihr Einbaubereich werden mit einer reichlichen Fettfüllung versehen. Das Gelenk bewegen wir dabei nach innen und außen, damit das frische Fett überallhin gelangt, denn die als Ersatzteil gelieferten Gelenke sind nicht vorgeschmiert. Porsche liefert unter der Ersatzteilnummer 000 043 110 00 Tuben (100 g) mit Achsfett. Beim Eindrehen der Schrauben in den Getriebeflansch müssen die Schraubengewinde absolut fettfrei sein. Fett auf den Gewindegängen kann zum unbeabsichtigten Lösen führen und damit die Fahrzeugsicherheit akut gefährden. Nach ca. 800 km Fahrstrecke sollten alle Achsschrauben kontrolliert und ggf. nachgezogen werden.

Die Erneuerung der kompletten Achse ist auf zweierlei Weise möglich. Entweder wird der komplette Radträger ausgebaut (siehe Projekt 40) oder die Achse aus der Radnabe herausgezogen, sofern genug Spielraum vorhanden ist. Sehr oft steckt die Achse infolge Rostansatzes in der Radnabe fest und wir müssen zum Ausbau mit einem großen Hammer nachhelfen. Auspuff und Stabilisator müssen ebenfalls ausgebaut werden, sobald die Achsmutter gelöst wurde, denn nur so lässt sich genug Freiraum zum Absenken der Achse schaffen (siehe Abb. 6).

Ist alles wieder an seinem Platz, starten wir zur ersten Probefahrt und achten vor allem auf Geräusche aus dem Heck. Der Wagen müsste weich und ruhig laufen und die Manschetten müssen trocken bleiben.

1 Dieses Bild zeigt einen Teilesatz für ein inneres Gleichlaufgelenk. Er umfasst Gelenk, Manschette mitsamt einem neuen Klemmbinder, neue Schrauben, einen neuen Sicherungsring und ausreichend Achsfett zum Abschmieren des Gelenks. Falls die komplette Achse getauscht werden soll, bestellen Sie gleich eine neue Achsmutter mit (siehe Bild). Beim Boxster ist das äußere Gelenk nicht separat lieferbar, sondern nur als Teil der kompletten Achse – und zwar, weil das Gelenk Teil des Achsstumpfes ist und sich nicht trennen lässt. Sind die Manschetten eingerissen und undicht, müssen sie erneuert werden, andernfalls dringen Schmutz und Fremdkörper ein.

2 Hier wird das innere Gleichlaufgelenk vom Getriebe getrennt. Die sechs Schrauben am Getriebeflansch lösen wir mit einem Innensechskantschlüssel (kleines Bild). Nachdem das Gelenk getrennt wurde, nehmen wir Schrauben und Unterlegplatten heraus. Das Gelenk wird durch einen Verschlussdeckel (blauer Pfeil) geschützt, der vorsichtig abgehebelt werden muss, um an den Sicherungsring dahinter zu kommen.

3 Der Sicherungsring (in diesem Foto kaum zu erkennen) hält das Gelenk auf der Achse. Die beiden orangeroten Pfeile zeigen auf die Nasen des Rings; an diesen Nasen wird der Ring mit einer speziellen Sicherungsringzange (kleines Bild) gespreizt und abgehoben.

4 Die vier Gleichlaufgelenke sitzen an der Hinterachse – innen an den Getriebeflanschen bzw. außen an den Achsstümpfen in den Hinterachsschenkeln. Die Gelenke sollten immer paarweise erneuert werden – entweder beide inneren Gelenke oder beide Achswellen. Denn wenn eines der Gelenke Verschleiß und Alterung zeigt, werden die anderen vermutlich nicht viel besser sein. Hier ist das neue Gelenk mit neuer Manschette und Binder (violetter Pfeil) beim Einbau zu sehen. Das kleine Bild zeigt die Achswelle ohne Manschette und Gelenk. Um die neuen Manschetten für Innen- und Außengelenke aufschieben zu können, muss das innere Ende der Achswelle vollständig freigelegt werden.

5 Zum Erneuern der kompletten Achse muss zuerst die äußere Achsmutter gelöst werden (gelber Pfeil). Dazu sollte der Wagen auf dem Boden stehen, damit das Rad die Achse blockiert, und ein langer Knebel als Verlängerung auf der Mutter angesetzt werden. Um bei montiertem Rad an die Mutter zu gelangen, wird der Radnabendeckel abgenommen (siehe kleines Bild sowie Projekt 100, Abb. 2).

6 Die Achse kann auf zweierlei Weise ausgebaut werden. Sie können den Radträger entsprechend Projekt 40 abbauen oder den Hinterachsstabilisator und den Auspuff ausbauen, um genug Platz für den Ausbau der Achse zu schaffen. Außer bei größeren Arbeiten an den Bremssätteln oder Radlagern ist es meist zweckmäßiger, den Auspuff zu lösen, bis genug Freiraum vorhanden ist. Das Auspuffrohr (blauer Pfeil) ist, wie hier zu sehen, beim Ausbau der Achswelle (roter Pfeil) im Weg. Der Achsflansch am Getriebe ist hier durch den orangeroten Pfeil markiert.

PROJEKT 42

Einbau einer Schaltwegverkürzung/ Verbesserung des Schaltverhaltens

Zeit/Kosten/Talent: 3 Stunden / ca. 130 bis 320 EUR /

Werkzeuge: Schraubendreher, Innensechskantschlüssel

Relevante Baujahre: Alle

Erforderliche Teile: Schaltwegverkürzung (Short Shift Kit/SSK)

Tipp: Soll der Schalthebel ohne die Schaltwegverkürzung erneuert werden, montieren Sie nur die optimierten Buchsen.

Arbeitsziel: Kürzere Schaltwege

Ergänzende Arbeitsgänge: Schaltseile erneuern

Der Einbau eines „Short Shift Kit" (SSK – Schaltwegverkürzung) zählt zu den beliebtesten Umbauten beim Boxster. Dank der Verkürzung der Schaltwege am Schalthebel kann der Fahrer (theoretisch) schneller schalten. Der Einbau ist nicht besonders kompliziert und dürfte innerhalb eines Nachmittags zu erledigen sein.

Bei diesem Projekt wird der ab Werk angebotene SSK-Umbausatz montiert, der anderen erhältlichen Umbausätzen weitgehend entspricht (der Porsche-Satz wird von B&M produziert).

Abb. 2 zeigt den Umbausatz des Werks. Er enthält alle für den Tausch des Schalthebels und die Erneuerung der meisten Schaltbuchsen (die gerne einmal verschleißen) notwendigen Einzelteile. Insbesondere sind die Delrin-Buchsen für den Schaltarm und Schalthebel zu erwähnen. Der Umbausatz ist sehr sauber verarbeitet und alle Einzelteile passen mit minimalen Toleranzen.

Beim Einbau der Schaltwegverkürzung wird im Prinzip der neue Schalthebel unter Verwendung neuer Buchsen anstelle des Originalschalthebels montiert. Abb. 1 bis 10 zeigen die Schritte beim Ausbau des alten Schalthebels und Einbau des neuen. Nachdem der Kit eingebaut und die Schaltseile wieder angeschlossen wurden, schalten Sie alle Gänge probeweise durch. Erst wenn Sie sich von der einwandfreien Funktion überzeugt haben, sollte die Mittelkonsole wieder montiert werden.

Die Schaltwegverkürzung erfordert im Fahrbetrieb eine gewisse Eingewöhnung. Anfangs mutet sie möglicherweise befremdlich an, wer aber eine gewisse Zeit damit gefahren ist, wird sie nicht mehr missen wollen. Im Zweifelsfall sollten Sie also vor einer Kaufentscheidung probeweise einen Porsche fahren, der entsprechend umgerüstet wurde. Der Ausbau dauert genauso lang wie der Einbau, daher ist eine „Testfahrt" vorab sinnvoll.

Nebenbei bemerkt: Manch einer montiert einen SSK, weil er damit anderweitige Mucken am Getriebe zu kurieren hofft. Der SSK eignet sich allerdings nicht zur Behebung von Schaltproblemen; Getriebe, die sich schlecht schalten, schalten sich hinterher womöglich noch schlechter. Dies liegt daran, dass beim SSK der Druckhebel am Schalthebel wesentlich kürzer und damit der Schalthebel weit weniger „feinfühlig" anspricht – ungefähr so, als sei der Pedalweg des Gaspedals statt ca. 50-75 mm nur ca. 25 mm lang (siehe Projekt 94). Damit lässt sich die Gaspedalstellung weit weniger präzise dosieren. Ähnlich lässt sich beim SSK weniger präzise steuern, wohin die Schaltstange verschoben wird. Etwaige Getriebeprobleme (Synchronringe, Schaltbuchsen) sollten also vor dem Einbau des SSK behoben werden (siehe die übrigen Getriebeprojekte in diesem Buch).

Besseres Schaltgefühl: Irgendwann könnte sich bei Ihrem Boxster das Gefühl einstellen, dass er sich nicht mehr so gut schaltet, wie es einmal der Fall war. Neue Schaltbuchsen und Schaltseilendstücke (siehe Beschreibung in diesem Projekt) sind ein guter erster Schritt zurück zu präzisem Schaltgefühl. Auch das entgegengesetzte Ende des Schaltseils kann verschleißen (siehe Projekt 37, Abb. 3). Leider lassen sich die getriebeseitigen Buchsen derzeit nur durch Tausch des kompletten Schaltseils erneuern. Der Austausch ist recht einfach; das Schaltseil wird vom Schalthebel getrennt und durch den Motorraum zum Getriebe zurückgezogen. Bei manchen Fahrzeugen kann es durch übermäßige Ermüdung der Motor- oder Getriebelager zu Schaltungenauigkeiten kommen. Beim Boxster, der mit Schaltseilen arbeitet, ist dies ein geringeres Problem, feste, straffe Motor- und Getriebeaufhängungen sind aber auf jeden Fall ein Plus. Näheres zur Erneuerung der Motor- und Getriebelager siehe Projekte 10 und 36.

1 Zuerst wird die Schaltknaufmanschette am hinteren Ende gelöst und angehoben (kleines Bild). Der Schaltknauf ist bei manchen Fahrzeugen mit einer Madenschraube befestigt, manchmal muss der untere Bund um 90° gedreht und dann nach oben abgezogen werden. Der alte Knauf wird zum Abnehmen einfach kräftig nach oben gezogen.

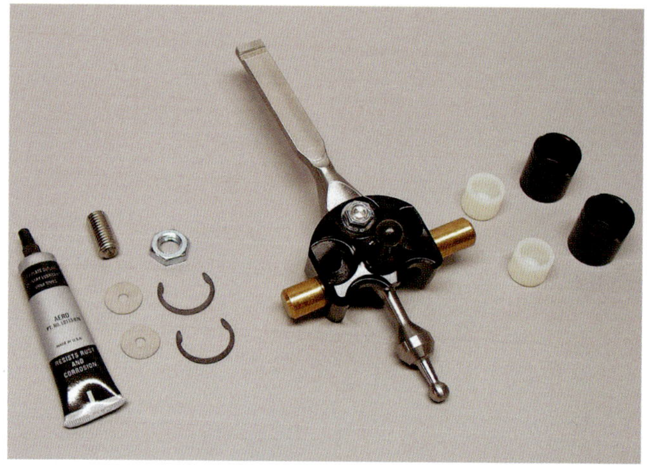

2 Die Einzelteile der vom Werk vertriebenen Schaltwegverkürzung (SSK): Zum Umbausatz gehören der Metallschalthebel, ein Buchsensatz in verbesserter Ausführung sowie Alu-Buchsenaufnahmen und diverse Befestigungsteile.

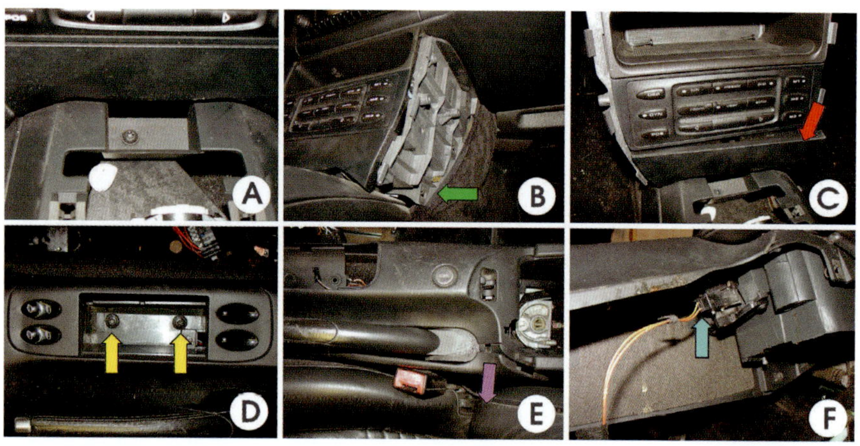

3 Die Mittelkonsole wird wie folgt ausgebaut. **A:** Vordere Halteschraube (unter der Schaltmanschette) herausdrehen. **B:** Seitliche Abdeckung abziehen (sie ist nur angeclipst) und untere Schraube entfernen (grüner Pfeil). **C:** Vordere untere Konsolenabdeckung (roter Pfeil) abziehen. **D:** Münzablage herausnehmen, die beiden Schrauben (gelbe Pfeile) entfernen, Stecker an Fensterschalter abziehen und Schalter ausbauen und zusätzliche Schraube darunter herausdrehen. **E:** Seitliche Handbremsverkleidung zurückziehen und ausbauen (in Richtung des violetten Pfeils abziehen). Außerdem hinteres Ablagefach ausbauen: Unter der kleinen Gummimatte im Fach versteckt sich eine weitere Schraube; noch eine Schraube sitzt unter dem kleinen Münzbehälter (insgesamt 3 Schrauben am hinteren Ende). **F:** Restliche Kabelstränge an der Konsole abziehen.

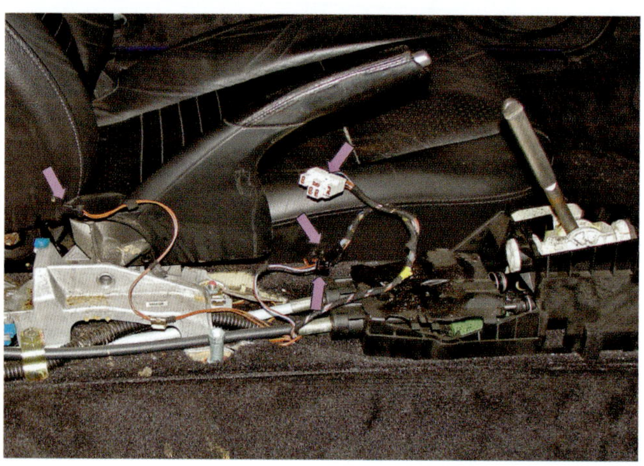

4 Hier ist die Mittelkonsole bereits ausgebaut. Die violetten Pfeile zeigen auf Kabelstränge, die vor dem Ausbau der Konsole getrennt werden müssen.

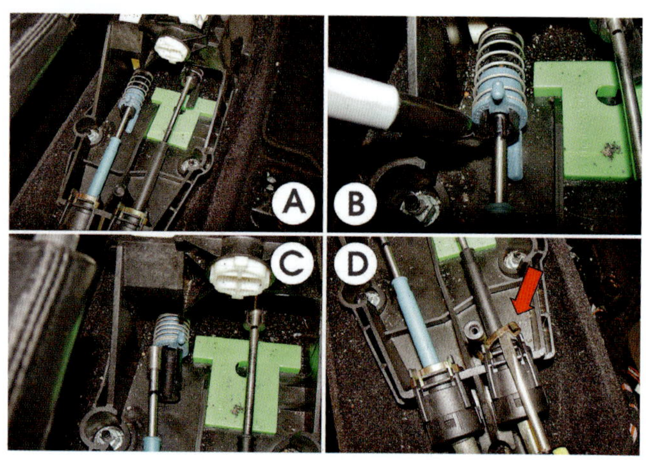

5 Nach dem Ausbau der Konsole können wir die Schaltseile vom Schalthebel trennen. **A:** Kunststoff-Schalthebelabdeckung entfernen; darunter liegen die Schaltseile. **B:** Einstellposition der Seile mit Marker anzeichnen, damit sie in gleicher Position wieder zusammengebaut werden können. **C:** Federklammern nach vorne schieben und Schaltseil vom Halter trennen. **D:** Schaltseile hinten am Schalthebelbock lösen und zur Seite legen. Zuletzt Schalthebelbock vom Bodenblech abschrauben und aus dem Wagen herausnehmen.

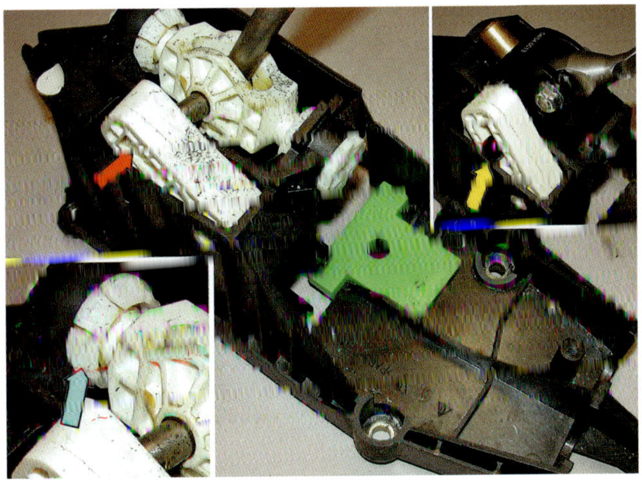

6 Der serienmäßige Schalthebel ist mit einer viereckigen Buchse bestückt, die im seitlichen Nocken (roter Pfeil) läuft. Der neue, kürzere Schalthebel besitzt hier eine Metallkugel; diese Kugel muss vor dem Einbau eingefettet werden (gelber Pfeil). Zum Ausbau der alten Originalbuchsen werden die Buchsenränder mit einer Rasierklinge weggeschnitten. Danach die Buchse aus der Bohrung drücken und den Originalschalthebel herausnehmen. Soll das Seilendstück wiederverwendet werden, drücken Sie es vom alten Schalthebel ab und montieren es auf dem neuen (siehe Abb. 9).

7 Die neuen Buchsen werden auf den Aluzylindern an beiden Seiten des Schalthebels montiert. Die Scheibe zwischen Buchse und Zylinderboden einlegen. Buchse auf die Schaltwelle aufschieben, in Richtung Schalthebel drücken (Richtung des violetten Pfeils) und mit dem Sprengring (gelber Pfeil, unten links) sichern. Der Sprengring sitzt auf der Innenseite des Schaltgehäuses und sichert das Metallgehäuse gegen Herausfallen in der Richtung entgegen dem violetten Pfeil (siehe Abb. 10). Buchse vor dem Zusammenbau einfetten (oben links).

8 Um das Axialspiel des Schalthebels zu verringern, drehen Sie die Madenschraube mit einem Inbusschlüssel. Schraube anziehen, bis sie festsitzt, und dann wieder ¼ bis ½ Umdrehung lösen. Mit der Kontermutter gegen Losdrehen sichern. Madenschraube und Kontermutter können auf beiden Seiten des Schalthebels montiert werden.

9 Bei der Erneuerung des Schalthebels sind neue Schaltseilendstücke zu empfehlen (gelber Pfeil); auch sie tragen zum präzisen Schaltgefühl bei. Vor der Montage des Endstücks den Kugelkopf des Schalthebels mit etwas Lithiumfett bestreichen. Manchmal lässt sich das Endstück nur mit erheblichem Nachdruck aufpressen. Notfalls mit leichten Hammerschlägen nachhelfen.

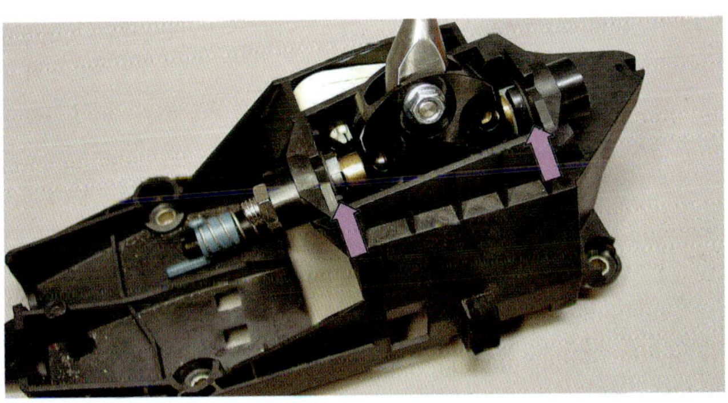

10 So sieht der Schaltbock mit der neuen Schaltwegverkürzung und den optimierten Buchsen aus. Die beiden violetten Pfeile zeigen die Einbaulage der beiden Sprengringe. Der Einbau der kompletten Einheit erfolgt in umgekehrter Reihenfolge des Ausbaus. Alle Buchsen und Gelenkpunkte beim Einbau mit reichlich Fett bestreichen.

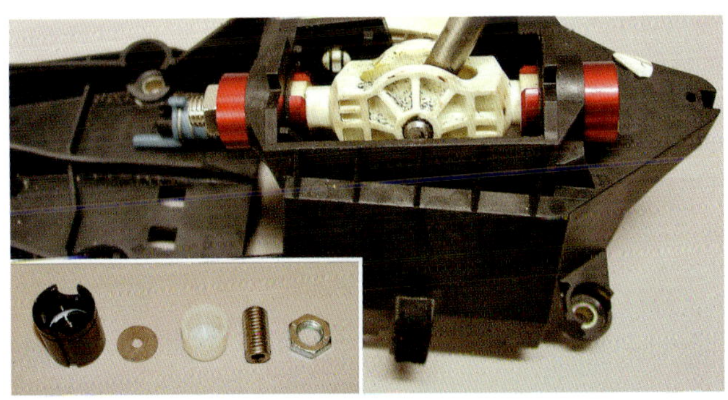

11 Ersatzbuchsen für den originalen Schalthebel sind anscheinend nicht separat lieferbar, d.h. es wäre ein kompletter neuer Schalthebelbock für teures Geld fällig! Der SSK wird dagegen mit optimierten Buchsen geliefert, die auch für den Serienschalthebel passen. Wer seinen Serienschalthebel beibehalten will, aber mehr Schaltpräzision verlangt, sollte sich einen Satz dieser verbesserten Buchsen besorgen. Das kleine Bild zeigt einen solchen Buchsensatz (pro Fahrzeug werden 2 Sätze benötigt).

PROJEKT 43
Einbau eines Zubehör-Schaltknaufs

Zeit/Kosten/Talent: 2 Stunden / ca. 50 bis 180 EUR / 2 Schraubenschlüssel

Werkzeuge: Doppelschleifer

Relevante Baujahre: Alle

Erforderliche Teile: Schaltknauf, Manschette, Zierring

Tipp: Vorsicht, dass Sie sich beim Abziehen des alten Schaltknaufs nicht verletzen.

Arbeitsziel: Lässigeres Schaltgefühl

Ergänzende Arbeitsgänge: Schaltwegverkürzung (SSK) einbauen

Zu den beliebten und besonders einfachen Umbauten am Wagen zählt der Einbau eines modifizierten Schaltknaufs aus dem Zubehörhandel. Lenkrad, Instrumente und Schaltknauf sind immerhin die Fahrzeugteile, mit denen der Fahrer am intensivsten zu tun hat. Warum sie also nicht optisch etwas aufwerten? Der originale Boxster-Schaltknauf kommt sicher manch einem sportlichen Fahrer langweilig vor. In unserem Beispiel wurde stattdessen der MOMO Shadow-Schaltknauf aus Kohlefaser verbaut, den es u.a. bei www.ezt-autoteile.de oder www.huber-fahrzeugtechnik.ch gibt. Außerdem wurden eine schwarze MOMO Endurance-Schaltmanschette und der Endurance-Zierring montiert, der unten am Schaltknauf angebracht wird. Der Einbau dauert ca. 2 Stunden, da der Schalthebel ausgebaut werden muss (sofern nicht bereits die Schaltwegverkürzung montiert ist). Ein paar kleinere Änderungen am Hebel sind notwendig, damit der Zubehör-Schaltknauf passt, allerdings sind diese relativ einfach zu erledigen.

Zuerst demontieren wir den vorhandenen Schaltknauf (siehe Projekt 42). Ist bereits die Werks-Schaltwegverkürzung verbaut, muss nur der Schalthebelgriff von der Innenseite des Schalthebelbocks abgebaut werden (siehe Abb. 3, kleines Bild). Ist noch der Serien-Schalthebel eingebaut, muss dieser demontiert werden (siehe Projekt 42).

Nach dem Ausbau des Schalthebels schleifen Sie die Seiten des Hebels geringfügig ab (siehe Abb. 1). Es muss nur minimal Material abgetragen werden. Messen Sie wiederholt nach und montieren Sie den Schaltknauf probeweise, bis er spielfrei sitzt, und montieren dann Schalthebel und Schaltbock. Der Schalthebel kann evtl. auch mit Schleifpapier oder Feile in eingebautem Zustand abgeändert werden, allerdings dauert dies garantiert wesentlich länger und hinterlässt reichlich Schmutz im Innenraum.

Die Manschette wird gemäß Abb. 2 am Halterahmen angebracht. Dann Manschette einbauen, Zierring auf die Manschette aufschieben und Schaltknauf mit den drei Madenschrauben am unteren Knaufende einbauen und befestigen. Zum Schluss den Zierring aufschrauben und das obere Manschettenende mit dem Zierring verbinden, indem das obere Manschettenende über das Ringunterteil gezogen wird. Das Endergebnis ist ein professionell wirkender Schaltknauf mit weitaus gefälligerer Optik als das Original.

1 Die Original-Schalthebelachse ist etwas zu breit für die meisten Zubehör-Schaltknäufe. Schleifen Sie den Hebel an einem Doppelschleifer beidseitig auf eine Breite von ca. 13,75 mm herunter. Die Seiten des Hebels werden so angefast, dass er leichtgängig in den Schaltknauf passt. Montieren Sie den Knauf probeweise auf dem Hebelende (das kleine Bild zeigt den verkürzten Schalthebel). Beim Schleifen des Hebels immer Augenschutz und Handschuhe tragen – der Hebel erwärmt sich sehr schnell.

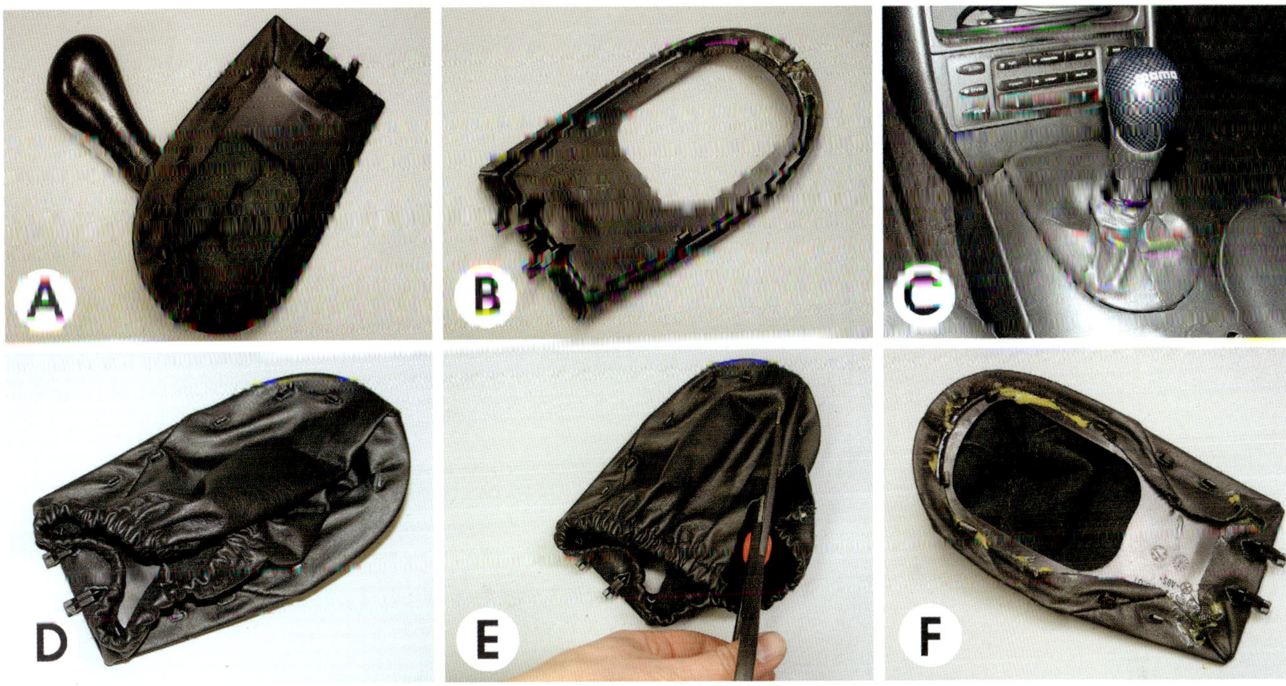

2 **A:** Schaltmanschettenrahmen vom Schalthebel abnehmen. **B:** Falls der originale Schalthebel nicht angerührt werden soll, können Sie den Halterahmen auch separat bestellen (Teile-Nr. 996 552 655 01). **C:** Neue Manschette um den Rahmen wickeln und probeweise auf dem Schalthebel montieren. Schalthebel durch alle Gangpositionen 1-2-3-4-5-R durchschalten und prüfen, ob die Manschette genug Spiel hat. **D:** In die Manschette Löcher für die Nasen auf der Rückseite des Halterahmens einstanzen. **E:** Überschüssiges Material an der Manschette mit einer Schere vorsichtig abschneiden. **F:** Mit 3M- oder Gummiprofilkleber die Lederränder mit dem Halterahmen verkleben.

3 So sieht das absolut professionelle Endergebnis aus. Der Manschettenzierring ist hier verchromt, er ist aber auch in Schwarz oder Silber lieferbar. Das kleine Bild zeigt eine Arbeitserleichterung, wenn bereits die Schaltwegverkürzung montiert ist: Schalthebelmittelteil vom Metallgehäuse abschrauben, so dass es auf der Werkbank abgeändert werden kann.

PROJEKT 44
Erneuern der Kupplung

Zeit/Kosten/Talent: 12 Stunden / ca. 700 EUR /

Werkzeuge: Torx-Steckschlüsselsatz, Kupplungszentrierdorn, Schwungradblockiervorrichtung, Drehmomentschlüssel

Relevante Baujahre: Alle

Erforderliche Teile: Kompletter Kupplungssatz

Tipp: Besorgen Sie sich einen Kupplungssatz, der alle Einzelteile enthält, nicht nur einen einfachen Teilesatz.

Arbeitsziel: Weiche Schaltvorgänge, kein Leistungsabfall beim Schalten

Ergänzende Arbeitsgänge: Zwischenwellenlager erneuern; erleichtertes Schwungrad einbauen

Eine der häufigsten Reparaturarbeiten bei der Schaltgetriebeversion des Boxster ist die Erneuerung der Kupplung. Leider ist diese Arbeit recht aufwändig, da dazu das Getriebe ausgebaut werden muss. Andererseits ist der Kupplungswechsel nicht besonders schwierig, sofern Sie mit gewissen Details vertraut sind und ein paar Tipps beherzigen.

Woran erkennt man, dass die Kupplung sich dem Ende ihrer Lebensdauer nähert? Rechnen Sie zunächst einmal nach, wie alt Ihre Kupplung ist. Wird Ihr Porsche überwiegend auf Langstrecke bewegt, kann eine Kupplung fast ewig halten. Wer aber vorwiegend im Stadtverkehr – und dort eher forsch – unterwegs ist, wird wahrscheinlich nach ca. 50.000 km an einen Kupplungswechsel denken müssen. Bei einer hydraulisch betätigten Kupplung wie im Boxster lässt sich die Ursache eines Defekts freilich nicht ganz so einfach wie bei einer klassischen Kupplung mit Seilzugbetätigung eingrenzen. Ein schwammiges Pedalgefühl, übermäßiger Leerweg und schleifende Geräusche deuten allesamt auf Probleme mit der Kupplung oder ihrer Hydraulik hin. Eigenartige Geräusche, die sich beim Tritt auf das Kupplungspedal verändern, können auf einen beginnenden Defekt am Ausrücklager oder Führungslager im Schwungrad hinweisen. Fängt die Kupplung zu rutschen an, wenn das Pedal nicht durchgetreten ist, dürfte die Kupplungsscheibe am Ende oder die Federn in der Druckplatte erlahmt sein.

Als erstes müssen wir das Getriebe ausbauen (siehe Projekt 37). Anschließend demontieren wir die Kupplungsdruckplatte. Manchmal drehen sich die Köpfe einzelner Druckplatten-Halteschrauben beim Löseversuch rund. Im Extremfall müssen sie dann mit dem Dremel abgetrennt werden; Löseversuche mit der Gripzange oder anderen Hilfsmitteln führen in der Regel zu nichts. Halten Sie beim Lösen der letzten Schraube mit der anderen Hand die Druckplatte, damit sie nicht plötzlich herunterfällt. Die Kupplungsscheibe sollte hinter der Druckplatte mit herausrutschen.

Druckplatte und Kupplungsscheibe sind nun ausgebaut und das Schwungrad liegt offen vor uns. Im Boxster ist ein Zweimassenschwungrad verbaut, das aus zwei miteinander verbundenen Schwungmassenteilen besteht. Dadurch werden die Eigenfrequenzen des Schwungrades im Motor verändert und die Motorvibrationen verringert. Ersatz für dieses Schwungrad kann allerdings sehr kostspielig werden. Zur Kontrolle des Zweimassenschwungrades gibt es ein Technisches Rundschreiben von Porsche (TSB 911 8/02 1360). Das Grundprinzip der Prüfung ist auf der folgenden Seite beschrieben. Eine Erneuerung des Zweimassenschwungrades ca. alle 160.000 km oder bei jedem zweiten Kupplungswechsel ist jedenfalls keine schlechte Idee.

Anschließend drehen wir die Schwungradschrauben heraus. Dazu wird das Schwungrad blockiert und die Schrauben mit Stecknuss und langem Drehgriff gelöst (Abb. 2). Danach können wir das Schwungrad vom Kurbelwellenende abnehmen.

Unser Augenmerk gilt nun dem Getriebe, denn Ausrücklager und Ausrückhebel sollten gleich mit erneuert werden. Wir beginnen mit der Führungshülse des Ausrücklagers (das Rohrstück, auf dem sich das Lager beim Ausrücken der Kupplung bewegt). Durch die Hin- und Herbewegung des Ausrücklagers auf der Hülse verschleißt auch diese Hülse. Schrauben Sie die Führungshülse vom Getriebe ab. Nach dem Abbau der Hülse ist dahinter der Wellendichtring für die Getriebeeingangswelle zugänglich. Stechen Sie mit einem kleinen Schraubendreher ein Loch in eine der Vertiefungen im alten Dichtring und hebeln Sie ihn heraus (siehe Abb. 5).

Reinigen Sie die Innenflächen der Bohrung, in der der Dichtring sitzt, und pressen Sie einen neuen Dichtring ein. Der Ring wird mit leichten Schlägen auf eine passende Stecknuss in seinen Sitz getrieben (Vorsicht: Der Ring darf sich beim Einpressen keinesfalls verkanten!). Drücken Sie den Dichtring soweit ein, dass er bündig mit dem Aufnahmeflansch abschließt. Dann kann die neue Führungshülse mit einem neuen O-Ring montiert werden. Laut Werkstatthandbuch soll die Führungshülse ohne Fett montiert werden, etwas weißes Lithiumfett kann bei der Montage jedoch nicht schaden. Kontrollieren Sie die kleine Halteklammer, die Kugelzapfen und das Zwischenstück (siehe Abb. 6). Die beiden Kugelzapfen erhalten etwas weißes Lithiumfett. Dann das neue Ausrücklager auf dem Ausrückhebel einrasten und den Hebel am Getriebe montieren. Nun kann der Ausrückhebel wieder im Fahrzeug eingebaut werden.

Jetzt ist auch der ideale Zeitpunkt für die Erneuerung des Kühlmittel-Ausgleichsbehälters, falls er irgendwie „verdächtig“ ist. Jetzt ist er relativ bequem zugänglich – bei eingebautem Getriebe ist der Ausbau dagegen erheblich erschwert (siehe Projekt 33). Außerdem empfiehlt sich jetzt der Wechsel des Zwischenwellenlagers. Auf das Konto dieses Lagers gehen mehr als genug Boxster-Motorschäden, und nach dem Ausbau der Kupplung ist dieser Lagerbereich ja optimal zugänglich (siehe Projekt 14).

Damit wenden wir uns wieder der Schwungradseite des Motors zu. Laut dem Technischen Rundschreiben 8/02 1360 soll das Zweimassenschwungrad zur Kontrolle um ca. 15 mm nach links und rechts verdreht werden und muss dabei jeweils wieder ungefähr in seine Ausgangslage zurückkehren. Lässt sich das Schwungrad gar nicht oder aber über die 15 mm hinaus verdrehen, ohne dass die Federkraft spürbar zunimmt, ist es wahrscheinlich erneuerungsreif. Fällt die Schwungradprüfung aber zufriedenstellend aus, erneuern wir das Führungslager und den Schwungraddichtring (siehe Abb. 9 und 10).

Nun können wir das Schwungrad wieder anbauen. Montieren Sie stets neue Schwungradschrauben (diese Schrauben dehnen sich beim Anziehen und dürfen nur einmal verwendet werden). Setzen Sie das neue oder überholte Schwungrad am Motor an, drehen Sie neue Schwungradschrauben ein und ziehen Sie diese mit dem vorgeschriebenen Drehmoment an. Beim Anziehen mit dem Drehmomentschlüssel muss das Schwungrad gegen Mitdrehen blockiert werden (siehe Abb. 11 und 12).

Anschließend stecken wir den Kupplungszentrierdorn in das Führungslager. Setzen Sie die Kupplungsscheibe auf das Schwungrad auf (siehe Abb. 13). Nun können Sie die Druckplatte auf dem Schwungrad montieren und damit die Kupplungsscheibe einspannen. Auch die Druckplatte erhält neue Schrauben. Sobald die Druckplatte auf das vorgeschriebene Drehmoment angezogen wurde, kann der Führungsdorn herausgezogen werden. Kupplungsscheibe, Führungslager und Druckplatte müssten nun exakt zentriert sein (Abb. 14).

Bauen Sie das Getriebe nach der Anleitung aus Projekt 37 ein. Montieren Sie Nehmerzylinder, Rückfahrlichtschalter und die Achswellen. Außerdem sollte die Kupplung jetzt entlüftet werden (siehe Projekt 45).

Ganz einfach ist ein solcher Kupplungswechsel allerdings nicht. Beim Ausbau und bei der Teilebeschaffung ist auf allerhand Kleinigkeiten zu achten. Es spart immens Zeit, wenn Sie sich vor Arbeitsbeginn nicht nur den normalen Kupplungsreparatursatz, sondern alle zusätzlich notwendigen Schrauben, Muttern, Buchsen usw. besorgen.

Leichteres Schwungrad. Ein leichteres Schwungrad setzt zwar keine zusätzlichen PS frei, der Motor dreht jedoch williger hoch, was auch der Beschleunigung nutzt. Dies liegt daran, dass die rotierenden Massen eines Motors immer etwas Zeit benötigen, um beim Beschleunigen „hochzudrehen“. Verringert man die rotierenden Massen, kommt der Motor agiler auf Touren, da mehr Motorenergie ins Beschleunigen des Fahrzeugs statt ins Hochbeschleunigen der Motorbestandteile fließen kann. Zudem wirkt sich die Verringerung der Massen der rotierenden Motorteile in zweierlei Hinsicht auf die Leistung aus: Der Motor wird nicht nur schneller, sondern auch das Fahrzeuggewicht sinkt. Mehr zur „Gewichtsreduzierung“ in Projekt 98. Das Schwungrad und weitere rotierende Teile dienen dazu, das Rotations- bzw. Winkelmoment des Motors zu vergrößern, so dass der Motor zwischen zwei Verdichtungshüben gleichmäßig durchläuft.

Mit einem leichteren Schwungrad bzw. weiteren gewichtsoptimierten Motorteilen kann das Triebwerk schneller auf eine geforderte Drehzahlsteigerung reagieren. Seine Drehzahl sackt allerdings auch viel schneller ab, wenn Sie vom Gas gehen. Durch dieses Absacken ist das Fahrverhalten eines solcherart präparierten Motors im normalen Straßenverkehr oft suboptimal. In Verbindung mit einem Schwungrad ohne Zweimassenkonstruktion darf außerdem nur eine federzentrierte Kupplungsscheibe montiert werden (siehe Abb. 5).

Wer eine bequeme Leistungsoptimierung für seinen Boxster der Modelljahre 1997-2004 sucht, kann statt der Serienversion das Kupplungsset des 987 Boxster/Cayman einbauen. Diese spätere Kupplung enthält eine optimierte Kupplungsscheibe und eine Druckplatte mit höherer Anpresskraft. Ordern Sie aber die 987er Boxster-/Cayman-Kupplung, die genau zu Ihrem Getriebe passt (d.h. die Kupplung des Fünfgang-987 passt zum Fünfgang-Boxster 986, die Kupplung des Sechsgang-987 S passt zum Sechsgang-Boxster 986 S).

1 So sieht die Motorrückseite nach dem Abbau des Getriebes aus. Der blaue Pfeil zeigt auf die Druckplatte. Der Wagenheber unter dem Motor trägt das Motorgewicht, das sonst vom Getriebe aufgenommen würde.

2 Montieren Sie die Schwungradblockiervorrichtung (siehe Abb. 11), damit das Schwungrad sich beim Lösen der Schwungradschrauben nicht mitdreht. Ist das Schwungrad aus dem Weg, kann der dahinterliegende Dichtring mit einem Schraubendreher durchstoßen und aus seinem Sitz gehebelt werden. Vorsicht, dass dabei die Anlage- und Dichtflächen am Motorgehäuse nicht verkratzt werden.

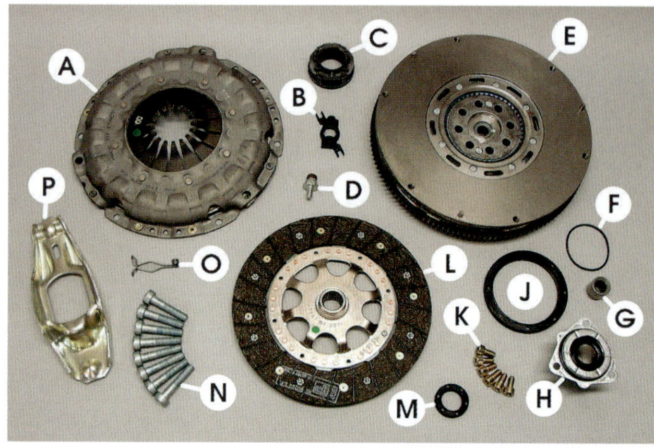

3 Vorab legen wir alle für den Kupplungstausch benötigten Teile bereit. **A:** Druckplatte. **B:** Zwischenstück für Ausrückarm. **C:** Ausrücklager. **D:** Kugelzapfen für Zwischenstück (B). **E:** Zweimassenschwungrad. **F:** O-Ring für Führungshülse. **G:** Führungslager (im Schwungrad bereits montiert). **H:** Führungshülse für Ausrücklager. **J:** Motor-Schwungraddichtring. **K:** Druckplattenschrauben. **L:** Kupplungsscheibe. **M:** Dichtring für Getriebeeingangswelle. **N:** Schwungradschrauben. **O:** Sicherungsfeder für Zwischenstück. **P:** Ausrückhebel.

4 So sieht ein erleichtertes Schwungrad aus. Hauptvorteil eines so optimierten Teils ist die Verringerung der rotierenden Massen im Motor. Durch den Einbau eines leichteren Schwungrades leidet jedoch oft das Fahrverhalten, vor allem im dichten Verkehr. Ein leichteres Schwungrad darf zudem nur in Verbindung mit einer federzentrierten Kupplungsscheibe (kleines Bild) und nicht mit der serienmäßigen Kupplungsscheibe montiert werden. Die Serien-Kupplungsscheibe kann die Stöße und Vibrationen aus dem Antriebsstrang nicht absorbieren – Motorschäden und/oder Zündaussetzer-Fehlermeldungen wären die mögliche Folge.

5 Hier wird der Dichtring der Getriebeeingangswelle erneuert. Hebeln Sie den alten Dichtring aus seinem Sitz heraus und pressen Sie einen neuen Ring ein. Der O-Ring wird ebenfalls erneuert und dann der Träger wieder am Getriebe montiert.

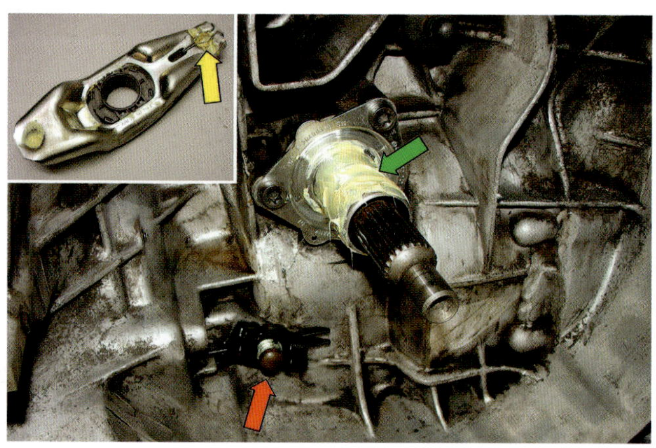

6 Die Ausrückgabel (kleines Bild) wird am einen Ende durch eine Sicherungsfeder gehalten (gelber Pfeil). Zum Abnehmen der Gabel vom Getriebe ziehen Sie die Gabel nach außen und rasten die Feder aus ihrem Halter aus. Ausrückgabel gründlich säubern und vor dem Zusammenbau mit weißem Lithiumfett bestreichen (auch die Führungshülse für das Ausrücklager – grüner Pfeil). Achten Sie auf die richtige Montage aller Einzelteile (siehe Bild). Das Ausrücklager wird am Ausrückhebel eingehängt (siehe kleines Bild). Vorsicht, dass Zwischenstück und Kugelzapfen (roter Pfeil) richtig ausgerichtet sind.

7 Falls der Rückfahrlichtschalter Ärger bereitet, kann er jetzt so einfach wie sonst nie ausgewechselt werden. Der Schalter sitzt auf der Getriebeoberseite (Boxster außer S) und braucht zum Auswechseln lediglich oben am Getriebegehäuse abgebaut zu werden. Das kleine Bild zeigt den Stecker zu diesem Schalter.

8 Das berüchtigte Zwischenwellenlager, das für viele Motordefekte am Boxster und 996 verantwortlich ist. Dank raffinierter Aftermarket-Entwicklungen sind heute Reparatursätze lieferbar, mit denen dieses Lager beim Kupplungswechsel gleich mit erneuert werden kann. Es wäre fahrlässig, dieses Lager beim Kupplungswechsel zu ignorieren – die meisten Motorschäden der jüngeren Vergangenheit hatten ihren Ursprung im Kollaps dieses Lagers. (Näheres siehe Projekt 14).

9 **A:** Das Führungslager dient zur Führung der Getriebeeingangswelle, damit diese mit der Kurbelwelle fluchtet. **B:** Zum Ausbau schlagen wir das Führungslager vorsichtig mit einer als Druckstück verwendeten passenden Stecknuss und einem Hammer heraus. **C:** Das neue Lager muss leichtgängig in die Bohrung in der Kurbelwelle passen. **D:** Mit einer langen Stecknuss klopfen wir das Lager in seinen Sitz, bis es bündig mit der Schwungradfläche sitzt.

10 Der neue Schwungraddichtring erhält eine dünne Schicht Curil-T. Dann wird er auf dem Motor angesetzt und mit leichten Schlägen am Umfang in seinen Sitz getrieben. Die neuere Ausführung der Wellendichtung soll ca. 14 mm tiefer als das Kurbelwellenende sitzen, d.h. sie sitzt ca. 3 mm unter der Gehäusekante (gelber Pfeil). Für den Einbau gibt es ein Porsche-Spezialwerkzeug; ein passendes Kunststoffrohr mit demselben Durchmesser wie der Dichtring eignet sich jedoch auch. Den Dichtring mit leichten Schlägen einbauen, wobei sich der Ring nicht verkanten darf. Überschüssige Dichtmassenreste sorgfältig entfernen.

11 Als Schwungradblockiervorrichtung eignet sich ein Flacheisen mit zwei großen Langlöchern (Pfeil, rechts). Die Vorrichtung kann damit an einer der Schrauben am Motorgehäuse und einer Schraube am Schwungrad (die sonst zur Befestigung der Druckplatte dient) verschraubt werden. Dieses einfache Werkzeug passt an fast jeden Motor. Blockiervorrichtung anschrauben und die Schrauben über Kreuz zunächst auf 50 % ihres Solldrehmoments anziehen, im zweiten Durchgang dann auf den Endwert. Dann nochmals um 120° nachziehen (siehe nächstes Bild).

12 Eine einfache Gradscheibe zum Anziehen der Schwungradschrauben. Sie kann von der Website 101Projects.com heruntergeladen und auf dickem Papier ausgedruckt werden. Dann die Rückseite mit 3M-Sprühkleber behandeln, damit sie wie ein „Post-it“ auf dem Schwungrad haftet. Nun können alle Schwungradschrauben um 120° angezogen werden, damit sie ihr Endanzugsmoment und ihre endgültige Dehnung erreichen.

13 Mit dem Kupplungszentrierdorn (grüner Pfeil) wird die Kupplungsscheibe (roter Pfeil) mit Führungslager, Druckplatte und Schwungrad (blauer Pfeil) in Fluchtung gebracht.

14 Ohne vorherige Zentrierung mit dem Zentrierdorn (blauer Pfeil) wäre es fast unmöglich, die Getriebeeingangswelle beim Zusammenbau von Motor und Getriebe mit dem Führungslager in Eingriff zu bringen. Nachdem alle Druckplattenschrauben angezogen wurden, müsste sich der Zentrierdorn problemlos herausziehen lassen und Druckplatte und Kupplungsscheibe müssen zum Führungslager zentriert sein (kleines Bild). Beim Kupplungswechsel sollten stets neue Druckplattenschrauben montiert werden.

PROJEKT 45

Erneuern der Kupplungshydraulik

Zeit/Kosten/Talent: 12 Stunden / ca. 130 EUR

Werkzeuge: Steckschlüsselsatz

Relevante Baujahre: Alle

Erforderliche Teile: Kupplungsnehmerzylinder

Tipp: Beim Kupplungswechsel gleich mit erneuern.

Arbeitsziel: Zuverlässiges Schalten und zuverlässige Kupplungsfunktion

Ergänzende Arbeitsgänge: Bremsanlage entlüften

Der Boxster ist mit einer an den Bremsflüssigkeits-Vorratsbehälter angeschlossenen hydraulischen Kupplungsbetätigung ausgerüstet, d.h. es werden keine defektanfälligen Kupplungsseile für die Kupplungsbetätigung benötigt. Die Kupplung kann aufgrund eines gealterten und undichten oder defekten Kupplungsnehmer- oder -geberzylinders aber dennoch ausfallen. Ein schwammiges Pedalgefühl, kratzende Gänge beim Schalten, übermäßiger Pedalleerweg und undichte Hydraulik deuten allesamt auf Probleme an einem oder mehreren Bauteilen der Kupplung hin. Ausgangspunkt der Fehlersuche ist der Kupplungsnehmerzylinder, da er sich leicht und kostengünstig wechseln lässt.

Der Nehmerzylinder ist von der Fahrzeugunterseite her leicht zugänglich, nachdem der Wagen hochgebockt wurde (Projekt 1). Er sitzt auf der linken Getriebeseite und ist dort mit einer einzelnen Mutter befestigt. Schrauben Sie zuerst die Hydraulikleitung vom Zylinder ab. Am besten eignet sich dafür ein offener Ringschlüssel, denn die Sechskante der Hydraulikverschraubungen neigen dazu, sich bei Löseversuchen mit normalen Gabelschlüsseln rundzudrehen. Kontrollieren Sie außerdem die Kupplungsnehmerleitung – falls sie Verformungen oder Risse im Gummi zeigt, muss sie erneuert werden. Vor der Demontage natürlich eine Auffangwanne für die auslaufende Hydraulikflüssigkeit unterstellen.

Danach können wir die 13-mm-Befestigungsschraube des Nehmerzylinders am Getriebe entfernen. Der Zylinder lässt sich nun problemlos abnehmen. Schrauben Sie den neuen Zylinder ein und schließen Sie die Kupplungsleitung wieder an. Hilfreich ist vor dem Einbau ein Hauch weißes Lithiumfett auf der äußersten Kontaktfläche des Nehmerzylinders.

Der Austausch des Kupplungsgeberzylinders ist recht unkompliziert. Zuerst nehmen wir die Kunststoffabdeckung links neben der Batterie im vorderen Gepäckraum ab. Dann saugen wir mit einer Saugpumpe Bremsflüssigkeit aus dem Behälter unter der Einfüllöffnung für den Kupplungsgeberzylinder ab. Nun werden die Zuleitung und die Leitung für den Nehmerzylinder abgeschraubt (siehe Abb. 1). Anschließend trennen wir unter der Armaturentafel den Geberzylinder vom Pedal und schrauben ihn vom Fahrzeug ab (siehe Abb. 2). Verschüttete Bremsflüssigkeit muss sofort mit Lappen aufgewischt werden – sie greift den Fahrzeuglack sehr schnell an.

Jetzt geht es ans Entlüften der Anlage. Ein Entlüftungsgerät wie z.B. der Motive Products Power Bleeder ist dafür sehr hilfreich (siehe auch Projekt 48 zum Entlüften der Bremsen). Füllen Sie den Vorratsbehälter bis zur MAX-Marke und schließen Sie den Entlüfter am Vorratsbehälter des Geberzylinders an. Treten Sie das Kupplungspedal durch. Pumpen Sie, bis der Druck im Entlüfter auf ca. 1,5 bar (22 psi) steigt. Schließen Sie unter dem Fahrzeug den Entlüfterschlauch am Entlüfternippel des Nehmerzylinders an. Öffnen Sie das Entlüfterventil (entgegen dem Uhrzeigersinn drehen) und lassen Sie die Luft aus der Anlage entweichen, bis keine Luftblasen mehr zu sehen sind.

Nach dem Entlüften den Entlüfter abbauen, das Fahrzeug absenken und die Kupplungsfunktion nochmals überprüfen. Das Pedal sollte sich fest anfühlen und die Kupplung normal einrücken. Bestehen die Probleme weiter, wäre als nächstes zur Erneuerung des Kupplungsgeberzylinders zu raten.

1 Im vorderen Gepäckraum sitzt unter der Kunststoffabdeckung der Kupplungsgeberzylinder. Der Tank unter der Kupplungseinfüllöffnung wird geleert und der Zulaufschlauch (roter Pfeil) sowie die Hydraulikleitung zum Nehmerzylinder gelöst (Sicherungsklammer abhebeln – gelber Pfeil).

2 Lösen Sie unter dem Armaturenbrett den Gabelkopfbolzen (gelber Pfeil) und den Sicherungsring für die Verbindung des Geberzylinders mit dem Kupplungspedal. Schrauben Sie die beiden Befestigungsschrauben (grüne Pfeile) ab und ziehen Sie den Geberzylinder heraus. Das kleine Bild zeigt einen neuen Kupplungsgeberzylinder.

3 Hier sind die Einzelteile rund um den Nehmerzylinder zu erkennen. Der gelbe Pfeil zeigt auf den Nehmerzylinder, der grüne Pfeil auf die Befestigungsschraube des Nehmerzylinders am Getriebe. Der blaue Pfeil zeigt den Rückfahrlichtschalter am Getriebe.

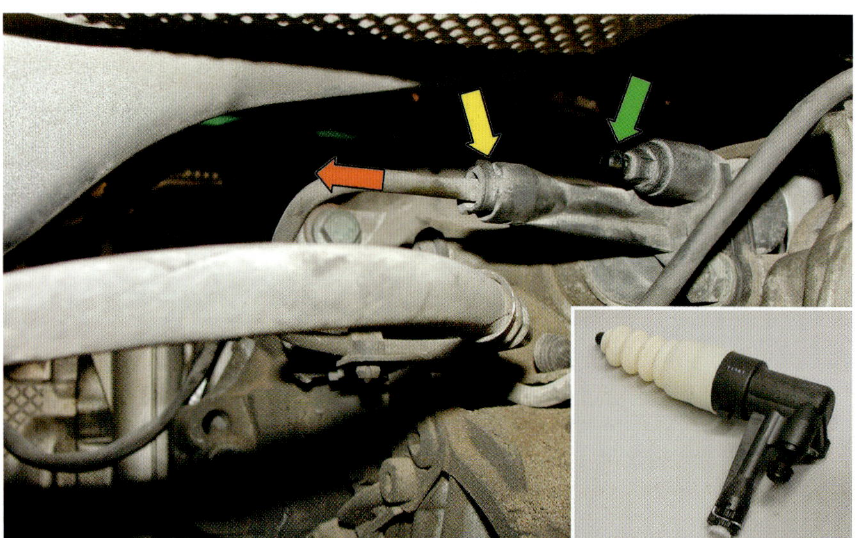

4 So präsentiert sich der eingebaute Nehmerzylinder. Um ihn von der Hydraulikleitung zu trennen, wird die Metallklammer (gelber Pfeil) gelöst und die rote Leitung aus ihrer Aufnahme gezogen. Der grüne Pfeil weist auf den Entlüfternippel, über den die Luft aus der Kupplung entweichen soll. Als Hydraulikflüssigkeit kommt Bremsflüssigkeit zum Einsatz, die aus dem Vorratsbehälter der Bremsanlage abgeleitet wird.

ABSCHNITT 6
AUSPUFFANLAGE

Die Auspuffanlagen des Boxster sind erfreulicherweise recht unkompliziert aufgebaut, so dass eine Erneuerung oder Optimierung relativ einfach möglich ist. In diesem Kapitel zeigen wir, wie die Schalldämpfer gewechselt werden und wie eine Sportauspuffanlage montiert wird

PROJEKT 46
Erneuern des Schalldämpfers

Zeit/Kosten/Talent:
2 Stunden / ca. 450-900 Euro /

Werkzeuge: Keine

Relevante Baujahre: Alle

Erforderliche Teile: Neue Schalldämpfer

Tipp: Ein Helfer sollte beim Absenken des Schalldämpfers helfen, damit er nicht plötzlich herunterfällt.

Arbeitsziel: Sportlicherer Sound

Ergänzende Arbeitsgänge: Katalysatoren erneuern

Zu den einfachsten und lohnendsten Tuningmaßnahmen am Boxster zählt der Einbau eines optimierten Schalldämpfers. Die Auspuffanlagen der heutigen Sportwagen verschleißen längst nicht so schnell wie in früheren Jahren, der Bedarf für eine „Aufrüstung“ auf einen sportlicheren Auspuffsound besteht jedoch wie eh und je. Im Rahmen der nach der Betriebserlaubnis zulässigen Grenzen ist der Einbau eines Sportschalldämpfers bei den Modellen 1997-2004 denkbar einfach.

Die Arbeitsgänge sind unkompliziert: Fahrzeug hochbocken, Schellen und Rohre losschrauben und Schalldämpfer nach unten ausbauen. Dabei sollte aber ein Helfer mit anpacken – diese Schalldämpfer sind recht schwer und unhandlich, vor allem, wenn man unter dem Fahrzeug arbeitet. Der Helfer hält den Schalldämpfer in seiner Einbaulage, während Sie alle Halter abschrauben. Außerdem geht der Ausbau einfacher, wenn zuerst der Heckstoßfänger demontiert wird, denn dann sind die Auspuffhalterungen bequemer zugänglich.

Der hier abgebildete Edelstahl-Sportschalldämpfer der Marke Dansk ist ein ideales Nachrüstteil für den Boxster. Die Dansk-Anlage ähnelt der als Option angebotenen Sportauspuffanlage des Boxster S und ergibt einen kernigeren Auspuffklang bei geringerem Staudruck und einem gewissen Leistungsplus. Auch ohne detaillierte Prüfstandergebnisse (siehe Projekt 101) sprechen der Sound und die einfache Montage jedoch auf jeden Fall für diese Anlage. Hochleistungs-Auspuffanlagen mit strömungsoptimierten Katalysatoren werden bei Projekt 47 beschrieben.

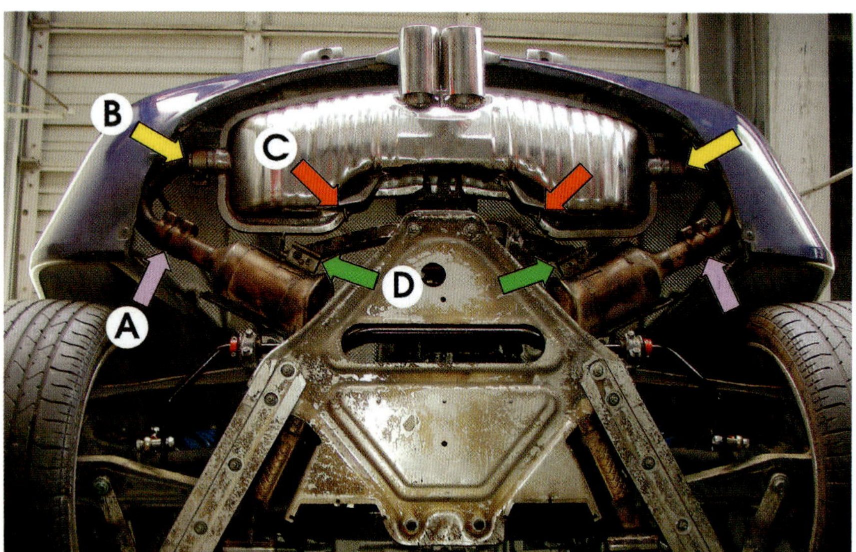

1 Beinahe futuristisch präsentiert sich der Boxster (Modelljahr 1997-2004) von unten. Zum Ausbau des Schalldämpfers müssen diverse Rohre, Halter und Halteschellen demontiert werden. Pos. **A/B/C/D** beziehen sich auf die Nahaufnahmen in Abb. 2.

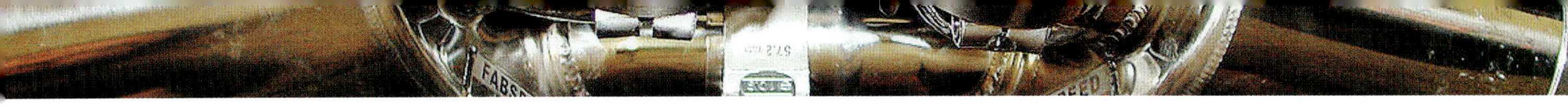

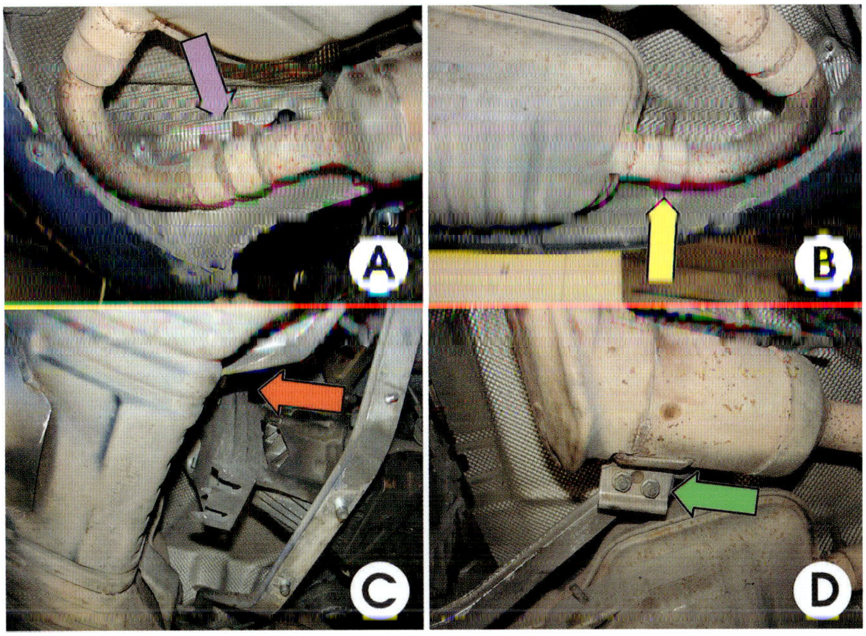

2 **A:** Die Katalysatorseite des U-förmigen Auspuffrohrs. Die Verbindung ist mit zwei Schellen fixiert. **B:** Das andere Ende des U-Rohrs ist mit einer Schelle am Schalldämpfer befestigt. **C:** Auf seiner Oberseite ist der Schalldämpfer am Halter an der Getrieberückseite angeschraubt. Einzelheiten der Befestigungsschrauben an diesem Halter sind durch die blauen Pfeile in Abb. 3 gekennzeichnet. **D:** Die hinteren Katalysatoren sind mit diesem kleinen Halter (der am Schalldämpfer angeschraubt ist) befestigt.

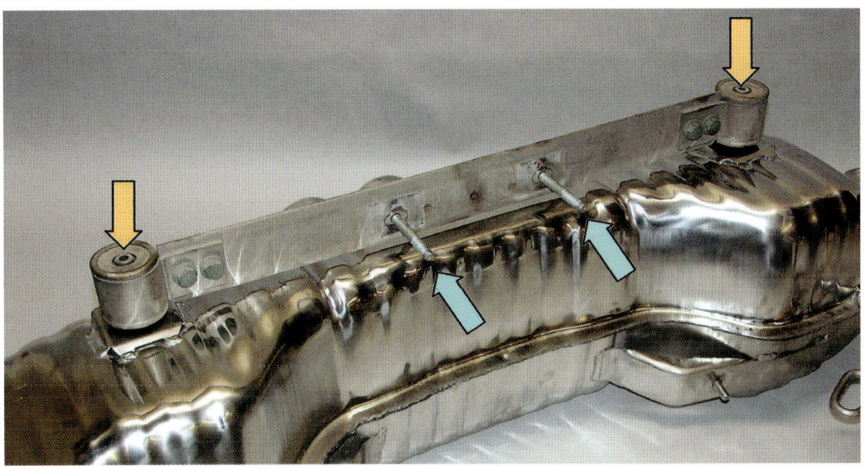

3 Ansicht eines Dansk-Sportauspuffs von oben. Der obere Schalldämpferhalter, der über die gesamte Länge des Dämpfers geht, ist mit am Dämpfer verschweißten Stiftschrauben verbunden (orangerote Pfeile). Die Stiftschrauben dieses Halters werden an dem am Getriebe montierten Halter befestigt. Eine ziemlich komplizierte Konstruktion, die ihren Zweck aber offenbar bestens erfüllt.

4 Im Jahr 2005 vereinfachte Porsche die Boxster-Auspuffanlage radikal. Im Schalldämpfer ist jetzt der Katalysator integriert; die Befestigungspunkte liegen am Fahrzeugheck (gelbe Pfeile). Zusätzlich wird der Dämpfer seitlich durch Schellen fixiert (rote Pfeile) und besitzt einen zusätzlichen mittigen Halter (grüner Pfeil). An den Auspuffkrümmern sind die Schalldämpfer jenseits der Achse angeschraubt (orangerote Pfeile).

PROJEKT 47

Einbau einer Hochleistungs-Auspuffanlage/ Erneuern des Katalysators

Zeit/Kosten/Talent: 6 Stunden / ca. 2700 Euro / 3 Schraubenschlüssel

Werkzeuge: Alle

Relevante Baujahre: Alle

Erforderliche Teile: Sport-Auspuffanlage

Tipp: Wenn die Katalysatoren hinüber sind, sollte gleich die komplette Auspuffanlage gegen eine Sportauspuffanlage getauscht werden.

Arbeitsziel: Mehr PS – kernigerer Auspuffsound

Ergänzende Arbeitsgänge: Motorsoftware aktualisieren

Eines der wichtigsten Bauteile der Abgasanlage ist der Katalysator. Er wandelt gesundheits- und umweltschädliche Auspuffgase in ökologisch weniger bedenkliche Abfallprodukte um. Frühe Katalysatoren waren mit einem platinbeschichteten Kern oder platinbeschichteten Aluminiumoxidpellets ausgerüstet, die HC und CO in Wasserdampf (H_2O) und Kohlendioxid (CO_2) umwandelten.

Ab ca. 1980 hielt mit den Dreiwegekatalysatoren eine neue Kat-Generation Einzug. Diese regeln den Gehalt der Schadstoffe HC, CO und NOx nur bei einem genau auf ein Verhältnis von 1:14,6 eingestellten Kraftstoff-Luft-Gemisch optimal ein. Vereinfacht ausgedrückt: Diese Gemischzusammensetzung ist für den Motorbetrieb ideal und wird bei fast allen Benzineinspritzanlagen als Gesamtziel angestrebt. Für diese Katalysatorgeneration wird eine so genannte Lambdasonde benötigt. Diese Sonde ist mit einem Steuergerät verbunden, das die Kraftstoffanlage überwacht und so einregelt, dass dieses Verhältnis von 1:14,6 – auch als stöchiometrische Gemischzusammensetzung bezeichnet – jederzeit möglichst exakt eingehalten wird. Bei dieser Einstellung erreicht der Motor seine optimale Wirtschaftlichkeit und Leistungsausbeute und auch der Katalysator arbeitet unter optimalen Bedingungen.

Störungen können unterschiedliche Ursachen haben. Ist der Lambdasonden-Anschluss unterbrochen oder arbeitet die Sonde nicht mehr, kann dies die Kraftstoffregelung durcheinanderbringen und die Kraftstoffdosierung stimmt nicht mehr. Meistens läuft der Motor dann fetter als eigentlich notwendig. Zu fetter Motorlauf kann dazu führen, dass sich der Katalysator durch Abgasruß zusetzt. Derart zugesetzte Kats können die Motorleistung erheblich beeinträchtigen.

Bei kapitalen Motorschäden können mitunter auch die Katalysatoren Schaden nehmen. Bei dem 2,7-Liter-Projektfahrzeug dieses Buches war der Motor regelrecht auseinandergeflogen, Kühlmittel geriet ins Motoröl und von dort in den Auspuff. Oft brennen diese Rückstände beim nächsten Anlassen des neuen Motors weg und der Kat erholt sich wieder. Bei diesem Projektfahrzeug, dessen extrem modifizierter 3,4-Liter-Motor die strengen kalifornischen Abgasgrenzwerte einhalten sollte, wurde sicherheitshalber vor der Abgasprüfung eine neue Sportauspuffanlage montiert. Manche Bestandteile der Kühlmittel und Motoröle beeinträchtigen die Wirkungsweise des Katalysators bzw. machen ihn vollkommen unbrauchbar, indem sie sich auf der Katalysatoroberfläche absetzen. Silikate und Phosphor, wie sie in Kühlmitteln zu finden sind, sowie Zinkadditive aus Motorölzusätzen sind grundsätzlich Gift für den Katalysator. Bei einer defekten Zylinderkopfdichtung kommt es vor, dass sich Kühlmittel mit dem Motoröl vermischt und in den Auspuff gelangt. Dadurch „vergiften" die Katalysatoren und tragen irreparable Schäden davon.

Die meisten Boxster sind mit insgesamt vier Kats ausgerüstet, so dass deren Erneuerung extrem kostspielig wird (frühe 2,5 Liter besaßen nur zwei). Die Primär-Kats werden vom Motronic-Motormanagement über die Signale der Lambdasonden überwacht. Ist einer der Primär-Kats nicht mehr intakt, erkennt dies das Motronic-Steuergerät (DME) und die Motor-Kontrollleuchte leuchtet auf. Die Porsche-Katalysatoren kosten über 1000 Euro, so dass ein Ersatz richtig ins Geld läuft. Aftermarket-Anlagen gibt es zwar, doch auch hier sind schnell einige hundert Euro fällig. Gebrauchtanlagen sind problemlos zu beschaffen, allerdings kann kein Verkäufer garantieren, dass die angebotene Anlage noch viel taugt. Der Einbau einer Sportauspuffanlage wie bei unserem Projekt-Boxster wäre also die sinnvollste Investition. Die Einbauanleitung ist in der Bildserie zu finden.

Für bestimmte Motorsportzwecke, die nicht den Abgasreinigungsvorschriften unterliegen, ist als leistungssteigernde Maßnahme der Ausbau der Katalysatoren denkbar. Damit entfällt zwar die Drosselwirkung des Katalysators, aber die DME wird eine Störung der Sekundär-Lambdasonden melden. Dies kommt daher, dass die Anlage keinen Unterschied zwischen den Messwerten der Primär- und Sekundär-Lambdasonden mehr erkennt. Eine derartige Lahmlegung der Katalysatoren kommt aber ohnehin nur für bestimmte Einsatzzwecke außerhalb des öffentlichen Straßenverkehrs in Betracht. Die Abgasbelastung eines seiner Kats beraubten Boxster liegt weit über den zulässigen Grenzwerten und die paar zusätzlichen PS sind die steigende Umweltbelastung nicht wert – vom Erlöschen der Betriebserlaubnis durch diesen Eingriff ganz zu schweigen.

Die Fehlersuche an Katalysatoranlagen ist mitunter etwas frustrierend. Indizien für eine Störung am Kat sind Leistungsverlust bei höheren Drehzahlen und Geschwindigkeiten, obwohl der Motor im Leerlauf tadellos rundläuft. Oft gilt bei der Störungssuche zuerst die Einspritzanlage als Verdächtiger (was durchaus plausibel ist), an einen zugesetzten Katalysator denken jedoch die wenigsten. Wenn wir den Kat ausbauen, müssten wir geradewegs durch das Innenrohr durchblicken können. Wer auf der einen Seite mit einer Taschenlampe hineinleuchtet, am anderen Ende aber keinen Lichtschein erkennen kann, hat einen zugesetzten Kat vor sich.

Der Kat des Boxster verläuft in einem rechtwinkligen Bogen, also kann man ohnehin nicht direkt durchblicken, ein reflektierter Lichtstrahl müsste aber dennoch zu erkennen sein. Fahrzeuge, bei denen erst vor kurzem die Lambdasonde erneuert wurde, sind ideale Kandidaten für Probleme am Kat. Wer bei seinem frisch erworbenen Gebrauchtfahrzeug Belege über eine erneuerte Lambdasonde vorfindet, sollte einkalkulieren, dass der Vorbesitzer den Wagen möglicherweise längere Zeit mit zu fetter Motoreinstellung fuhr und die Kats Schaden genommen haben könnte. Falls bei der Abgasuntersuchung Schwierigkeiten auftreten, könnte dies auf einen verbrauchten und erneuerungsbedürftigen Kat hindeuten. Demgegenüber wirkt sich ein neuer Kat auch positiv auf die Motorleistung aus. Ablagerungen im Kat machen sich unmittelbar durch Einbußen an Motorleistung und Verbrauch bemerkbar.

Die Schraubverbindungen sind bei älteren Fahrzeugen oft stark rostbefallen und vor allem die Auspuffkomponenten lassen sich nur sehr schwer demontieren. Entsprechende Probleme können auch beim Ausbau des Katalysators auftreten. Trennen Sie im Zweifelsfall die Muttern/Schraubenköpfe einfach mit der Flex durch. Selbst diese Arbeit ist aufgrund der beengten Platzverhältnisse unter dem Fahrzeug nicht einfach. Lässt sich der Auspuff absolut nicht lösen, wenden Sie sich bitte an eine Fachwerkstatt. Die Krümmerschrauben scheren durchaus gelegentlich ab, und wenn sie extrem festgerostet sind, sollten sie mit einem Autogenbrenner bis zur Rotglut erhitzt werden, um sie leichter lösen zu können.

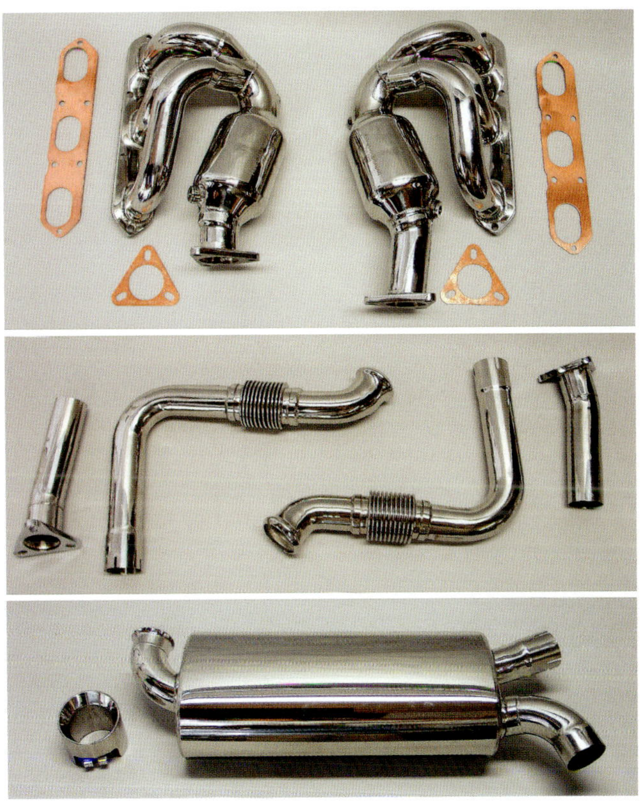

1 Die Maxflo-Auspuffanlage aus dem Fabspeed-Programm für den Boxster. Diese Anlage besteht aus T304-Edelstahl und wird auf CNC-Maschine präzisionsgebogen, so dass optimale Strömungsverhältnisse und eine geringere Drosselwirkung als bei den Porsche-Werksauspuffanlagen erreicht werden. Die 50-mm-Auspuffrohre der Maxflo-Fächerkrümmer münden in einer Doppelauspuffanlage (im Bild ist nur ein Schalldämpfer zu sehen). Die Doppelschalldämpfer sind betont platzsparend konzipiert und durch die Sekundär-Bypassrohre für den Katalysator wird eine Gewichtsersparnis von fast 15 kg gegenüber der Serienanlage erreicht. Auch das Klangbild hebt sich positiv vom Geräusch des Serienauspuffs ab.

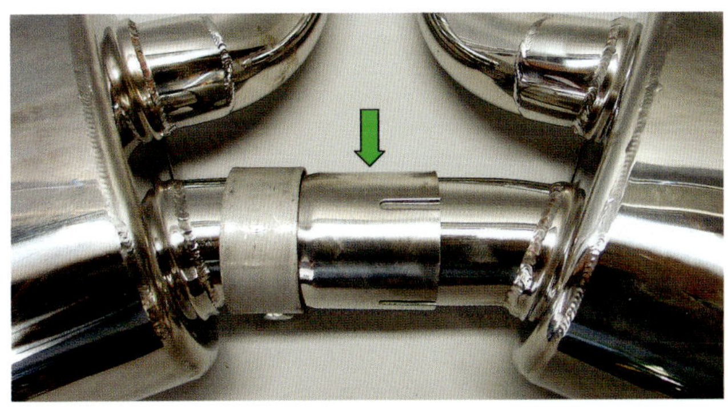

2 Die beiden Schalldämpfer sind zur Verringerung von Resonanzen und zur Abstimmung der Anlage miteinander durch Rohrflansche verbunden.

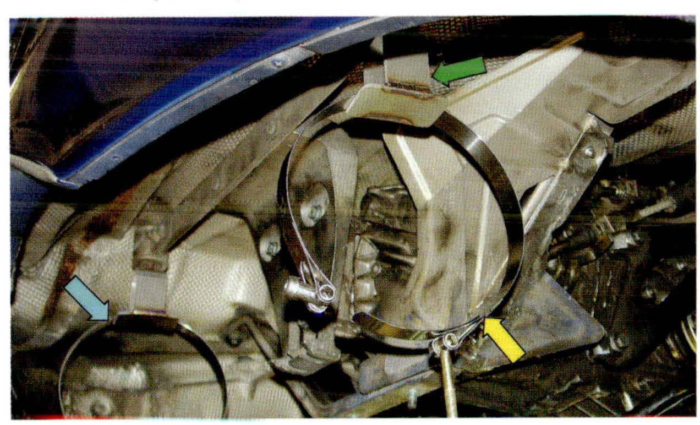

3 Für diese Anlage wird die normalerweise auf der Oberseite des Serienschalldämpfers montierte lange Halterung des Serienschalldämpfers weiterverwendet. An den vorhandenen Befestigungslöchern sind Spezialhalter angebracht (grüner Pfeil). Das Gewicht der Schalldämpfer wird an den Halterungen jeweils von einer großen Edelstahlschelle aufgenommen (gelber Pfeil). Auf der linken und rechten Seite sitzt jeweils ein entsprechender Halter (gegenüberliegende Seite: blauer Pfeil).

4 Ein Satz strömungsoptimierter Katalysatoren ist Teil des Einbausatzes. Wie beschrieben, sind diese Abgasreiniger leichter und wirksamer als die bereits vor weit über einem Jahrzehnt entwickelten Serien-Kats. Krümmer und Kat werden zusammen mit der mitgelieferten Kupferdichtung (kleines Bild) mit den serienmäßigen Befestigungsteilen (gelber Pfeil) montiert.

5 Seitenansicht des neuen Kat nach dem Einbau. Schade, dass sie mit all ihrem Hochglanz unter dem Motor versteckt sind. Die Verbindungsflansche werden mit den mitgelieferten dicken Kupferdichtungen und den selbstsichernden Kupfermuttern zusammengeschraubt.

6 Die Querrohre schrauben wir an den Enden der Kat-/Krümmer-Anlage an und verbinden sie mit einer Schelle (kleines Bild). Dadurch sind beim Zusammenbau der Anlage noch gewisse Korrekturen möglich. Jeder Wagen ist in Details wieder anders und mitunter erfordern starre Auspuffrohre etwas Nacharbeit, bis sie spiel- und spannungsfrei passen.

7 Die Sekundärrohre zu den Schalldämpfern verfügen über ein flexibles Zwischenstück. Vibrationen und Rahmenverwindungen können somit über die Auspuffanlage abgeleitet werden, ohne dass die Verbindungsstellen überbeansprucht werden und der Auspuff undicht wird. Das Sekundärrohr ist mit einer stabilen Schelle (gelber Pfeil) direkt mit dem Schalldämpfer verschraubt.

8 Bei der Maxflo-Anlage ist am unteren Teil des originalen Dämpferhalters am Getriebe ein zusätzlicher Halter vorhanden (gelber Pfeil). Dadurch werden die beiden Schalldämpfer mittels Zwischenhaltern mit den Edelstahl-Schalldämpferschellen (roter Pfeil) verbunden. Zusätzlich sind diese Schellen am originalen Schalldämpferträger (blauer Pfeil) befestigt.

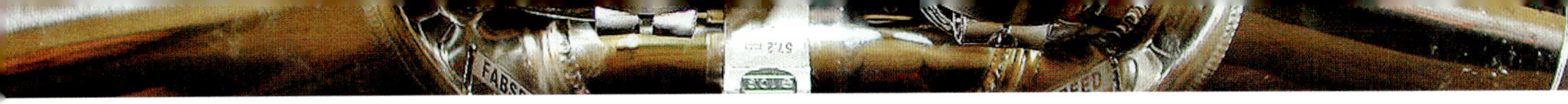

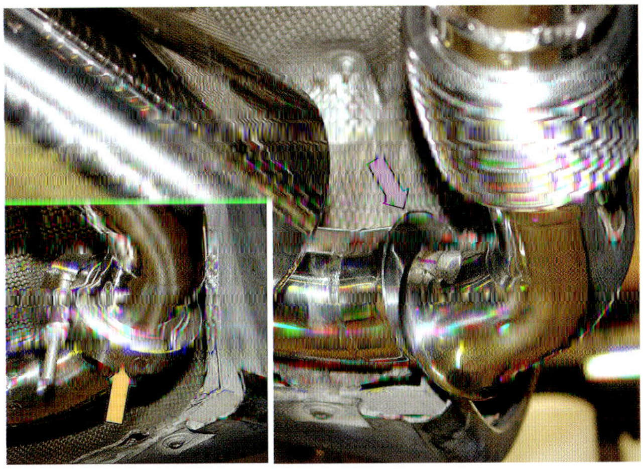

9 Undichtigkeiten an diesen Verbindungsstellen sind kaum zu erwarten. Fabspeed montiert hier statt einer normalen Dichtung eine besonders ausgeklügelte Schelle, die die Rohre nicht nur zusammenhält, sondern auch abdichtet. Durch die Federwirkung der Schelle bleibt die Verbindung bei allen Temperatur- und Vibrationseinwirkungen dicht.

10 Nachdem die Anlage komplett montiert wurde, bauen wir noch die Lambdasonden ein. Die Serien-Sonden müssten problemlos passen und auch die Länge der Kabel müsste stimmen – wie bei der Serienanlage.

11 So präsentiert sich die Anlage von hinten, nachdem alle Halter angebracht wurden.

12 Die Endrohre heben sich deutlich von der Serienversion ab – und der Auspuffklang nicht minder. Der tiefe, kernige Sound ist dabei keineswegs „aufdringlich laut“, sondern man fragt sich eher: „Warum kann der Serienauspuff nicht so klingen?“ Porsche hielt sich bei der Serienanlage wahrscheinlich zurück, um sensible Erstkäufer nicht zu verschrecken und nach dem Kauf stattdessen Anreize für eine Aufrüstung auf eine der Sportanlagen zu geben.

13 Unser Projekt-Boxster nebelte beim ersten Start des neuen Motors erst einmal die Umgebung ein. Wir hatten provisorisch die alte Auspuffanlage des 2,7-Liter-Motors montiert, und in allen vier Kats standen als Folge des Motorschadens noch Öl- und Kühlmittelrückstände, die sich beim ersten Motorlauf nun den Weg ins Freie suchten. Wahrscheinlich waren diese alten Kats damit ohnehin unbrauchbar.

ABSCHNITT 7
BREMSANLAGE

Die Bremsanlage ist die wahrscheinlich wichtigste Baugruppe Ihres Porsche. Egal wie schnell Sie unterwegs sind – Sie müssen jederzeit anhalten können, und manchmal sogar ziemlich abrupt. Einwandfreier Zustand der Bremsen ist daher ein absolutes Muss. Von Haus aus packt die serienmäßige Bremsanlage des Boxster – sorgfältige Pflege vorausgesetzt – aber außerordentlich kräftig zu. In den nachfolgenden Projekten widmen wir uns der Störungssuche, Restaurierung, Optimierung und Wartung dieser für die Verkehrssicherheit lebenswichtigen Komponenten.

PROJEKT 48

Entlüften der Bremsen

Zeit/Kosten/Talent: 2 Stunden / ca. 20 EUR /

Tipp: Verwenden Sie ein professionelles Entlüftungsgerät!

Werkzeuge: Entlüftungsgerät, 11-mm-Schraubenschlüssel, Rangierwagenheber, Unterstellböcke

Arbeitsziel: Gut ansprechende Bremsen

Ergänzende Arbeitsgänge: Überholung der Bremssättel

Relevante Baujahre: Alle

Erforderliche Teile: ca. 3 Liter Bremsflüssigkeit

Das Entlüften der Bremsen dürfte bei den wenigsten Hobby-Schraubern zu den Lieblingsarbeiten zählen. Manchmal klappt das Entlüften problemlos, manchmal scheint die Luft in der Bremsanlage endlos hin- und herzuwandern. Die beste Entlüftungsstrategie ist letzten Endes, den Vorgang mehrmals zu wiederholen, bis sämtliche Lufteinschlüsse zuverlässig beseitigt sind.

Die normale Bremsanlage des Boxster mit ABS 5.3 und 5.7 ohne Porsche Stabilitätsmanagement (PSM) kann auf herkömmliche Weise entlüftet werden. Bei Modellen mit PSM muss der Porsche System Tester 2 (PST-2) verwendet werden, um die Ventile der Hydraulikeinheit beim Entlüftungsvorgang zu aktivieren. Besitzt Ihr Wagen am Armaturenbrett einen Schalter zum Abschalten des PSM, wenden Sie sich an eine Werkstatt mit PST-2, um die Bremsanlage vollständig und gemäß Werksanweisung entlüften zu lassen.

Beim Entlüften mit Hilfsgerät sind zwei verschiedene Verfahren gebräuchlich: Druckentlüftung und Unterdruckentlüftung. Bei der Druckentlüftung wird Bremsflüssigkeit in einem Bremsflüssigkeitsbehälter mit Luftdruck beaufschlagt und damit in die Bremsanlage gedrückt. Beim Unterdruckentlüften wird der Vorratsbehälter gefüllt und die Bremsflüssigkeit dann durch Unterdruck am Entlüfternippel in die Anlage angesaugt.

Es ist allerdings auch möglich, die oben beschriebene Druckentlüftung mit noch einem dritten Verfahren zu kombinieren. Das Grundprinzip ist dabei, dass die Entlüftung mit dem Druckentlüfter erfolgt, zugleich aber ein Helfer das Bremspedal betätigt, um Lufteinschlüsse aus dem Kreislauf herauszupumpen.

Als erstes bocken wir zum Entlüften das Fahrzeug hoch (Projekt 1) und nehmen alle 4 Räder ab. Dann wird die Anlage mit Bremsflüssigkeit gefüllt. Dabei empfiehlt sich eingefärbte Flüssigkeit wie ATE SuperBlue, damit leichter erkennbar ist, wann die gesamte Anlage mit frischer Bremsflüssigkeit durchgespült ist. Als Entlüftungsgerät ist z.B. der Power Bleeder von Motive Products geeignet. Bei diesem Gerät kann der Bremskreis mit einer Handpumpe mit fast jedem gewünschten Druck beaufschlagt werden. An einer kleinen Anzeige auf der Vorderseite des Vorratsbehälters wird der Druck der Bremsflüssigkeit angezeigt. Dieser großvolumige Vorratsbehälter fasst ca. 2 Liter Bremsflüssigkeit – mehr als in der Regel zum Spülen und Entlüften der Bremsanlage notwendig ist. Dieses kostengünstige Gerät ist über zahlreiche Internet-Anbieter erhältlich (eine Lieferantenliste findet sich auch auf www.motiveproducts.com).

Zum Entlüften wird die mit Bremsflüssigkeit gefüllte Flasche mit Luft aus einer internen Handpumpe unter Druck gesetzt. Bei dieser Methode wird Bremsflüssigkeit nachgefüllt, dann der Entlüfter mit dem Behälterdeckel verbunden und das Innere der Entlüfterflasche mit der Handpumpe auf einen Druck von ca. 1,7 bar gebracht. Die Bremsanlage steht jetzt unter Druck. Kontrollieren Sie den Entlüfter und die Befestigung am Eingang des Hauptbremszylinder-Vorratsbehälters auf Undichtigkeiten.

Jetzt können Sie mit dem Entlüften der Anlage beginnen; und zwar mit dem rechten hinteren Bremssattel (der am weitesten vom Hauptbremszylinder entfernt ist). Zum Entlüften dieses Bremssattels schließen Sie einen Schlauch am Entlüfternippel an, führen diesen in einen mit etwas Bremsflüssigkeit gefüllten Behälter und öffnen dann das Ventil (dazu den Nippel mit einem SW11-Schlüssel entgegen dem Uhrzeigersinn drehen). Nun muss die Bremsflüssigkeit ausströmen, bis keine Luftblasen mehr in der ausströmenden Flüssigkeit zu erkennen sind. Die Boxster-Bremssättel besitzen zwei Entlüfternippel – entlüften Sie zuerst an den äußeren Nippeln.

Sobald keine weiteren Luftblasen mehr entweichen, geht es am nächsten Bremssattel weiter. Die Entlüftung erfolgt in dieser Reihenfolge: Bremssattel rechts hinten, Bremssattel links hinten, Bremssattel rechts vorne, Bremssattel links vorne. Mit dieser Reihenfolge lässt sich das Risiko minimieren, dass wieder Luft in den Bremskreislauf angesaugt wird.

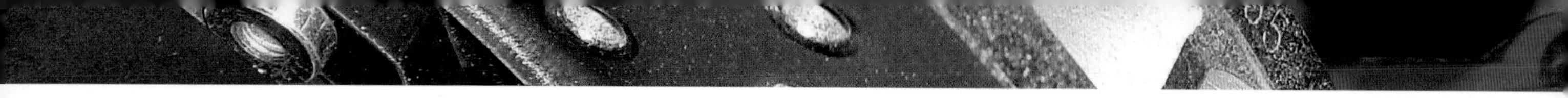

Wiederholen Sie diesen Vorgang, bis an keinem der Bremssättel mehr Luftblasen entweichen. Achten Sie darauf, dass der Vorratsbehälter dabei nicht leerläuft, sonst müssen Sie den gesamten Entlüftungsvorgang wiederholen. Anfangs sollten ca. 2 Liter Bremsflüssigkeit in den Druckentlüfter eingefüllt werden und weitere 2 Liter als Reserve bereitstehen. Je nach Fahrzeug und eventuellen Entlüftungsfehlern ist ein großzügiger Flüssigkeitsvorrat ratsam. Füllen Sie ausschließlich frische Bremsflüssigkeit aus einem noch verschlossenen Gebinde nach. Bremsflüssigkeit ist hygroskopisch und kann Wasser aufnehmen, wodurch die Gefahr der Dampfblasenbildung bei zunehmender Betriebstemperatur steigt. Kann Luft in das Bremsflüssigkeitsgebinde gelangen, altert die Bremsflüssigkeit bereits nach kurzer Zeit.

Ist der Hauptbremszylinder erneuert worden oder benötigt die Anlage sehr viel Bremsflüssigkeit, öffnen Sie zur Unterstützung des Entlüftungsvorgangs den Entlüfter rechts hinten und treten das Bremspedal zwei oder drei Mal durch. Das Bremspedal sollte dabei langsam zurückgenommen werden. Wiederholen Sie diesen Vorgang an den drei anderen Rädern.

Beim Entlüften vergisst man nur zu leicht, den Füllstand im Bremsflüssigkeitsbehälter am Hauptbremszylinder zu überwachen. Wenn Bremsflüssigkeit an den Bremssätteln austritt, sinkt natürlich der Behälterstand. Läuft dieser Behälter leer, dringt unweigerlich wieder Luft in die Bremsanlage ein und Sie müssen mit dem Entlüften nochmals von vorne anfangen. Füllen Sie also stets rechtzeitig Bremsflüssigkeit nach und drehen Sie den Behälterdeckel wieder auf. Bei abgenommenem Deckel kann beim Zurücknehmen des Bremspedals Bremsflüssigkeit aus dem Behälter herausspritzen und den Lack auf den angrenzenden Blechteilen angreifen. Auch wer mit einem Druckentlüfter arbeitet, sollte den Füllstand im Entlüfterbehälter überwachen und ein Leerlaufen des Behälters vermeiden (siehe oben).

Beim Einbau eines neuen Hauptbremszylinders kann es nicht schaden, ihn vor dem Einbau „vorzuentlüften". Dabei wird der Bremszylinder bereits vorab mit Bremsflüssigkeit gefüllt. Füllen Sie etwas Bremsflüssigkeit in beide Kammern des Hauptbremszylinders und pumpen Sie einige Male durch. Dies erspart einen Teil des späteren Entlüftungsvorgangs.

Prüfen Sie nun, ob alle Entlüfterventile fest geschlossen sind. Nehmen Sie den Druckentlüfter vom Vorratsbehälter ab. Ein Helfer tritt das Bremspedal mindestens fünf Mal durch und hält es danach in getretener Stellung. Öffnen Sie den Entlüfter am rechten hinteren Bremssattel. Jetzt müsste der Druck in der Bremsanlage entweichen und das Pedal zum Bodenblech durchsinken. Wenn keine Flüssigkeit mehr am Entlüfter austritt, kann der Helfer das Pedal loslassen. Der Helfer darf aber erst vom Pedal gehen, wenn Sie das Ventil ganz zugedreht haben. Wiederholen Sie diesen Vorgang an jedem Entlüfter jedes Bremssattels mindestens drei Mal, und zwar in der oben beschriebenen Entlüftungsreihenfolge.

Diese abschließende Kontrolle sollte immer durchgeführt werden, auch beim Entlüften mit Unterdruck- oder Druckentlüftern. Aufgrund der hohen Drücke beim Tritt auf das Bremspedal können sich Luft- und Schmutzeinschlüsse in den Bremsleitungen lösen. Strömt die Bremsflüssigkeit nicht zügig am Entlüfter aus, ist möglicherweise eine Leitung zugesetzt. Bremsflüssigkeit, die nur in einem dünnen Rinnsal austritt, ist ein eindeutiges Anzeichen für einen verstopften oder blockierten Bremsschlauch. Ignorieren Sie diese Warnsignale nicht – überprüfen Sie alle Bremsleitungen in diesem Bereich (siehe Projekt 54).

Der Wagen sollte nun ca. 10 Minuten stehenbleiben. Wiederholen Sie dann den Entlüftungsvorgang an allen Rädern. Das Bremspedal müsste jetzt recht hart ansprechen. Macht es dagegen immer noch einen schwammigen Eindruck, kann möglicherweise ein neuer Hauptbremszylinder fällig sein oder ein Bremssattel ist undicht, auch zu alte Bremsschläuche sind eine mögliche Ursache.

Bei Fahrzeugen mit dem serienmäßigen ABS 5.3 funktioniert diese Entlüftungsmethode sehr gut. Fällt Ihr ABS-Fahrzeug durch schwammiges Pedalgefühl auf, fahren Sie auf einen abgelegenen, leeren Parkplatz und bringen das ABS durch einige Gewaltbremsungen zum Ansprechen. Dann entlüften Sie die Anlage nochmals – das schwammige Pedalgefühl müsste nun verschwunden sein.

Ein weiterer wichtiger Punkt: Bremsflüssigkeit ist eine Gefahr für den Lack – bei Kontakt sind bleibende Spuren fast unvermeidlich. Achten Sie also auf Sauberkeit beim Arbeiten! Entlüften in einer engen Garage ist also nicht optimal, denn dort ist das Risiko größer, dass beim Arbeiten am Fahrzeug Bremsflüssigkeitsspritzer auf die Lackoberfläche gelangen. Ganz frische Spuren kann man mit einem weichen saugfähigen Tuch aufnehmen oder durch den Einsatz von Bremsenreiniger entfernen. Während der gesamten Arbeiten sollten Sie Ihre Hände mit Gummihandschuhen schützen.

1 Ein paar Kniffe für den Wechsel der Bremsflüssigkeit: ATE vertreibt die Bremsflüssigkeitssorte Super Blue in zwei verschiedenen Farben. Füllen Sie den Vorratsbehälter (grüner Pfeil) mit einer andersfarbigen Flüssigkeit und entlüften Sie die Bremsanlage. Sobald die andersfarbige Flüssigkeit am Bremssattel austritt, wissen Sie, dass die Anlage komplett mit frischer Bremsflüssigkeit befüllt ist. Verwenden Sie dabei stets nur DOT 4 Flüssigkeit. Von Silikonflüssigkeit (DOT 5) ist für den normalen Straßenbetrieb abzuraten und DOT 4 darf auch nicht mit DOT 5 vermischt werden, da andernfalls die Anlage innerlich korrodieren kann. Das Bild zeigt den sehr praktischen Power Bleeder von Motive Products (www.motiveproducts.com).

2 Öffnen Sie den Entlüfternippel am Bremssattel um etwa eine Viertelumdrehung. Günstig ist dafür ein offener Ringschlüssel, um möglichst zu vermeiden, dass der Entlüftersechskant rundgedreht wird. Die Bremsflüssigkeit darf ausströmen, bis keine Luftblasen mehr zu erkennen sind (kleines Bild). Ein Bremsflüssigkeitswechsel sollte alle zwei Jahre erfolgen. Dabei werden auch die Leitungen „durchgespült“. Durch Ablagerungen und Fremdkörper in den Leitungen kann die Bremswirkung im Laufe der Zeit nachlassen. Zudem lassen sich durch regelmäßiges Entlüften Bremsenprobleme frühzeitig erkennen, die im Fahrbetrieb nicht unbedingt auffallen. Bremsflüssigkeit darf keinesfalls wiederverwendet werden – stets frische Flüssigkeit nachfüllen! Verwenden Sie auch keine Bremsflüssigkeit aus angebrochenen oder abgestandenen Gebinden. Bremsflüssigkeit nimmt im Laufe der Zeit Luftfeuchtigkeit auf. Beim Bremsen kann diese Feuchtigkeit dann beginnen zu sieden und die entstehenden Dampfblasen sorgen für verminderte Bremsleistung.

Beachten Sie die Entsorgungsvorschriften für die alte Bremsflüssigkeit! Kontrollieren Sie nach den Arbeiten den korrekten Füllstand im Vorratsbehälter.

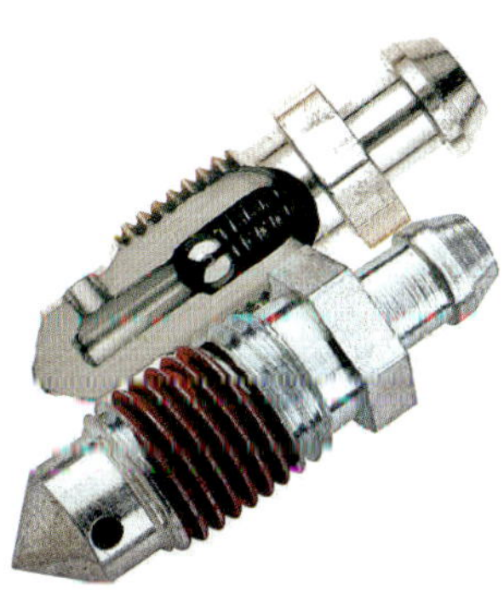

3 Relativ neu sind diese „Speed Bleeder“, die statt den serienmäßigen Entlüfterventilen montiert werden und ein integriertes Rückschlagventil aufweisen. Dadurch wird beim Entlüften der Bremsen mit dem Bremspedal kein Helfer mehr benötigt. Sie brauchen nur den Entlüfter am entsprechenden Bremssattel zu öffnen und das Bremspedal durchzutreten. Mit dem Speed Bleeder kann die Bremsflüssigkeit ungehindert ausströmen und beim Rückhub des Pedals kann keine Luft angesaugt werden. Mithilfe eines Druckentlüftergeräts lässt sich damit sogar im Alleingang ein recht fester Pedaldruck erreichen. Der letzte Entlüftungsdurchgang sollte aber dennoch nach der 2-Mann-Methode erfolgen, bei der sich durch den dabei aufgebauten hohen Entlüftungsdruck auch letzte Luftblaseneinschlüsse herauspumpen lassen.

PROJEKT 49
Erneuern der Scheibenbremsbeläge

Zeit/Kosten/Talent: 2 Stunden / ca. 150 EUR / 🔧🔧

Werkzeuge: Schraubendreher, 1 Dose Bremsenreiniger, Holzklotz

Relevante Baujahre: Alle

Erforderliche Teile: Bremsbeläge

Tipp: Kontrollieren Sie beim Erneuern der Beläge auch die Bremsscheiben auf Verschleiß und Restdicke.

Arbeitsziel: Bessere Bremswirkung

Ergänzende Arbeitsgänge: Überholung der Bremssättel, Erneuern der Bremsscheiben, Einbau von Edelstahl-Bremsleitungen

Der Wechsel der Scheibenbremsbeläge (Bremsklötze) zählt zu den einfachsten Arbeiten am Boxster. Grundsätzlich empfiehlt sich eine Kontrolle der Bremsbeläge ca. alle 15.000 km; neue Beläge sind fällig, wenn die Reibbeläge soweit abgenutzt sind, dass der Belagverschleiß-Warnkontakt anspricht. In der Praxis kontrollieren die meisten Fahrzeugbesitzer ihre Beläge nicht besonders oft und warten, bis die Warnleuchte am Armaturenbrett aufleuchtet. Es ist daher ratsam, diese Beläge zu ersetzen und die Bremsscheiben zu kontrollieren, sobald die Warnleuchte aufleuchtet.

Wenn die Warnleuchte ignoriert wird, könnte schnell der Punkt erreicht sein, an dem Metall auf Metall schleift, d.h. die Metallgrundplatte der Bremsbeläge liegt an der Bremsscheibe an. Dies verschlechtert nicht nur die Bremswirkung ganz erheblich, sondern hinterlässt auch Verschleißrillen in den Bremsscheiben. Derart riefige Bremsscheiben sind aber nicht mehr zu retten.

Bremsbeläge an Vorder- und Hinterachse werden stets paarweise erneuert; dasselbe gilt für die Bremsscheiben, die wir bei jedem Wechsel der Beläge ebenfalls kontrollieren.

Der Wechsel der Bremsbeläge erfolgt bei allen Rädern im Prinzip auf gleiche Weise. Zwischen Vorder- und Hinterradbremsen bestehen Detailunterschiede, der grundsätzliche Arbeitsablauf ist jedoch derselbe. Zunächst wird der Bremsflüssigkeitsvorratsbehälter geöffnet und mit einem sauberen Lappen abgedeckt, damit später beim Zurückdrücken der Bremskolben eventuell zu viel eingefüllte Bremsflüssigkeit notfalls entweichen kann. Dann heben wir das Fahrzeug an und nehmen die Räder ab (Radmuttern bereits vor dem Anheben des Fahrzeugs lockern). Nun sind die Bremssättel, in denen die Beläge sitzen, frei zugänglich. Die Feststellbremse muss bei Arbeiten an den Belägen gelöst sein.

Als erstes nehmen wir den Bremsbelagverschleiß-Warnkontakt mit einer Spitzzange ab (siehe Abb. 1). Die Beläge sind mit zwei Haltebolzen am Bremssattel befestigt. Diese Bolzen werden zusätzlich von kleinen Spreizfedern im Bremssattel gehalten. Nachdem diese Federn entfernt wurden, können wir die Bolzen mit einem schlanken Durchschlag und Hammer herausklopfen (siehe Abb. 2). Sind die Bolzen ausgebaut, löst sich auch der Sicherungsbügel, der die Bremsbeläge hält. Nun können wir die Bremsbeläge mit einem Schraubendreher vorsichtig heraushebeln (Abb. 3). Die Bohrungen für die Haltebolzen dienen dabei als Widerlager zum Herausziehen der Beläge. Manchmal sitzen sie besonders fest und lockern sich erst mit einigem Hin- und Herdrücken. Außerdem liegt der Kolben im Bremssattel an der Belagträgerplatte an, was den notwendigen Kraftaufwand beim Ausbau weiter erhöht.

Nach dem Ausbau der Beläge kontrollieren wir die Innenseite des Bremssattels. Der gesamte Einbaubereich wird mit Bremsenreiniger gesäubert. Hartnäckige Verschmutzungen auf den Gleitflächen für die Beläge können mit einer geeigneten Drahtbürste entfernt werden. Die Schutzkappen und Klemmringe im Sattel dürfen nicht eingerissen oder beschädigt sein – und wenn doch, muss der Bremssattel überholt werden (siehe Projekt 50).

Nun folgt eine eingehende Inspektion der Bremsscheiben. Messen Sie die Scheibendicke mit einer Bügelmessschraube oder Schieblehre. Ist die Scheibe über das erforderliche Mindestmaß hinaus verschlissen, muss sie – zusammen mit ihrem Gegenpart auf der anderen Fahrzeugseite – erneuert werden. Näheres dazu siehe Projekt 55.

Der Einbau neuer Bremsbeläge ist recht einfach. Da die neuen Beläge deutlich dicker sind als die alten, müssen Sie beide Kolben im Bremssattel (innen und außen) mit einem passenden Holz- oder Kunststoffklotz vorsichtig in ihre Bohrung zurückdrücken (siehe Abb. 4). Ein Schraubendreher ist als Hebelwerkzeug ungeeignet, da so die Schutzkappen und Dichtringe im Bremssattel beschädigt werden könnten.

Beim Zurückdrücken der Kolben in die Bremssättel steigt der Füllstand im Bremsflüssigkeitsbehälter. Der Behälter darf also nicht zu voll sein.

Steht der Pegel sehr hoch, muss ggf. etwas Flüssigkeit abgesaugt werden, damit der Behälter jetzt nicht überläuft. Im Notfall nimmt der saubere Lappen zwar noch etwas Flüssigkeit auf, er dient aber wirklich nur als Spritzschutz. Verunreinigte Lackflächen müssen sofort gereinigt werden.

Ist der Kolben ganz zurückgedrückt, müsste sich der Bremsbelag problemlos in den Sattel einsetzen lassen. Ist irgendwo Widerstand spürbar, kontrollieren wir, ob die Innenseite des Sattels sauber ist. Sobald die Beläge richtig sitzen, setzen wir die Haltefedern und die Sicherungsbügel ein. Bolzen und Bügel sollten beim Wechsel der Bremsbeläge am besten gleich mit erneuert werden. Denken Sie auch daran, die Spreizfedern in die Bohrungen in den Haltebolzen einzustecken.

Im Allgemeinen empfiehlt es sich, die Bremsbeläge immer erst auf einer Seite des Bremssattels komplett zu erneuern. Wenn der Kolben in seinen Sattel gedrückt wird, ist der Kolben auf der anderen Seite des Sattels versucht, aus seiner Bohrung herauszuwandern. Ist aber der alte Belag dort noch eingebaut, kann der Kolben nicht zu weit herauswandern.

Sinnvoll wäre auch, die Belagrückseite mit Paste gegen Belagquietschen zu versehen. Dies sorgt für eine gute Anlage der Kolben und Bremsklötze und verhindert geräuschvolle Vibrationen. Manche Belagsorten sind bereits herstellerseitig mit entsprechenden Beschichtungsauflagen versehen. Sie können aber auch nachträglich – auch als Folien zum Aufkleben auf der Belagrückseite – angebracht werden.

Nachdem die Beläge auf beiden Seiten gewechselt wurden, treten Sie das Bremspedal mehrmals durch, um Beläge und Kolben richtig zu zentrieren. Kontrollieren Sie auch gleich den Flüssigkeitsstand im Behälter. Normalerweise dauert es ca. 150 bis 300 km, bis die neuen Bremsbeläge ihre volle Bremswirkung entfalten. Am Anfang „ziehen" die Bremsen meist etwas schwächer, da die Beläge noch nicht optimal auf den Scheiben eingelaufen sind. Vermeiden Sie in dieser Zeit also Gewaltbremsungen.

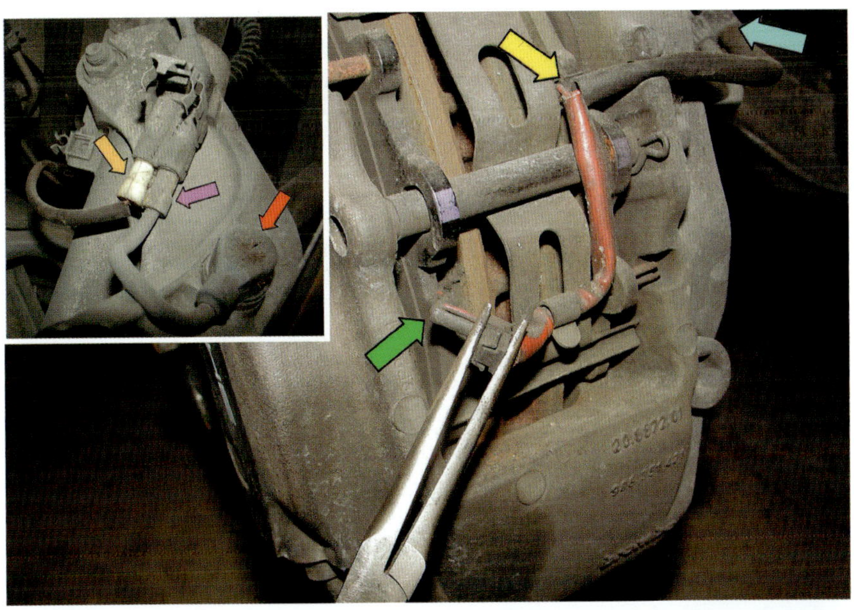

1 Ziehen Sie den Bremsbelagverschleiß-Warnkontakt (gelber und grüner Pfeil) mit einer Spitzzange ab. Falls die Warnkontakte die Warnleuchte am Armaturenbrett zum Aufleuchten brachten, müssen neue Warnkontakte montiert werden. Ziehen Sie den Kontakt ab und stecken Sie den neuen ein. Der Anschluss für den Kontakt sitzt oben im Radhaus (orangefarbener Pfeil). Hier sehen wir außerdem den Raddrehzahlgeber mit seinem Stecker (roter und violetter Pfeil) für das ABS.

2 Zum Ausbau der alten Bremsbeläge ziehen wir die Spreizfedern der Haltebolzen heraus (blauer Pfeil, kleines Bild) und schlagen die Bolzen mit einem Durchschlag und kleinen Hammer heraus. Sie müssten sich relativ leicht ausbauen lassen, da sie normalerweise nicht unter Spannung stehen. Der gelbe Pfeil zeigt auf die Kabelklemme für den Bremsbelag-Warnkontakt.

3 Die Bremsbeläge werden mit einem Schraubendreher vorsichtig herausgehebelt. Die Beläge sitzen lose im Bremssattel, allerdings mit sehr wenig Spiel, und meist ist dieser Bereich voller Staub und Abrieb. Wackeln Sie an den Belägen, um sie aus ihrem Sitz zu lockern. Die Befestigungsteile sollten generell bei jedem Belagwechsel erneuert werden. Die Reparatursätze enthalten vier Haltebolzen, vier Spreizfedern und vier Sicherungsbügel, die die Beläge im Sattel halten.

4 Vor dem Einbau der neuen Bremsbeläge drücken wir die Kolben mit einem Holz- oder Kunststoffhebel in den Sattel zurück. Schraubendreher sind dafür ungeeignet, weil damit eventuell die Kolbendichtmanschetten beschädigt werden könnten. Achten Sie auf den Füllstand im Bremsflüssigkeitsbehälter – beim Zurückdrücken der Kolben kann er überlaufen.

5 Beim Einbau die Spreizfedern für die Haltebolzen der Beläge nicht vergessen! Nun steht eine eingehende Funktionskontrolle der Bremsanlage auf dem Programm. Die Beläge benötigen ca. 150 bis 300 km, bis sie richtig eingelaufen sind. Neue Bremsbeläge sollten also nicht sofort voll belastet werden.

PROJEKT 50
Überholen der Bremssättel

Zeit/Kosten/Talent: 6 Stunden / ca. 60 EUR /

Werkzeuge: Offener Ringschlüssel zum Lösen der Bremsleitungen

Relevante Baujahre: Alle

Erforderliche Teile: Bremssattel-Überholsatz, Bremsflüssigkeit, Silikon-Montagepaste

Tipp: Lassen Sie am Bremssattel über Nacht Bremsenreiniger einwirken (soweit möglich).

Arbeitsziel: Wirksamere Bremsen – Schluss mit schwergängigen Bremssätteln

Ergänzende Arbeitsgänge: Erneuern der Bremsschläuche, Erneuern der Bremsbeläge und Bremsscheiben

Zieht Ihr Porsche beim Bremsen einseitig, stehen die Chancen gut, dass einer der Bremssättel festhängt und überholt werden muss. Das Überholen von Bremssätteln ist eigentlich viel einfacher, als man glauben möchte. Im Wesentlichen muss der Bremssattel ausgebaut, gereinigt und alle Einzelteile mit neuen Dichtringen wieder eingebaut werden. Am schwierigsten ist dabei meistens der Ausbau des Bremssattels.

Zunächst bocken wir den Wagen hoch und bauen den Bremssattel von der Bremsscheibe ab (siehe Projekt 55). Wie die Bremsleitung vom Bremssattel getrennt wird, ist in Projekt 54 beschrieben.

Sobald der Bremssattel ausgebaut ist, legen wir ihn auf die Werkbank und machen uns ans Zerlegen.

Zunächst müssen die vier Kolben aus den Sätteln ausgebaut werden. Die Kolben können beispielsweise mit Druckluft – vorsichtig – aus ihrem Sitz gedrückt werden. Nehmen Sie mit einem kleinen Schraubendreher die Schutzkappe um den Kolben ab. Dann wird in das Innere des Bremssattels ein passender Holzklotz eingelegt, damit die Kolben nicht schlagartig aus dem Sattel herausfliegen können. Nun blasen Sie mit der Druckluftpistole in die Bohrung des geöffneten Entlüfters, um den Kolben aus seinem Sitz herauszudrücken. Beginnen Sie langsam und steigern Sie den Druck, bis der Kolben am Holzklotz anliegt. Der Kolben darf sich allerdings nicht vollständig aus seinem Sitz herausbewegen. Ist er weit genug herausgewandert, müsste er sich mit den Fingern greifen lassen. Vorsicht bei der Arbeit mit Druckluft – dahinter steckt mehr Energie als man denken sollte und die Kolben können ohne Vorwarnung schlagartig aus ihrer Bohrung herausfliegen.

Legen Sie zum Schutz der Kolben auf beiden Seiten einen Lappen ein und ziehen Sie die Kolben mit den Fingern aus dem Bremssattel heraus. Dabei die Seitenflächen der Kolben keinesfalls mit einem Metallwerkzeug berühren, denn auf diesen Flächen dürfen keinerlei Kratzer zurückbleiben!

Sollten beim Zerlegen Probleme auftauchen, sind rustikale Ausbaumethoden erforderlich. Löst sich der Kolben ein Stück weit und steckt dann fest, drücken Sie ihn wieder ganz hinein und versuchen es nochmals. Irgendwann muss der Kolben sich aus seiner Sattelhälfte lösen. Eine andere Methode besteht darin, die Kolben mithilfe der Bremshydraulik des Fahrzeugs zu lockern: Schließen Sie den Bremssattel wieder an den Bremsleitungen an, bauen Sie die Bremsklötze provisorisch wieder ein und entlüften Sie das System. Dann werden die Klötze wieder ausgebaut und ein Helfer pumpt langsam am Bremspedal, um den Kolben herauszudrücken. Achtung: Auch hier mit entsprechenden Holzklötzen ein Herausschießen der Kolben verhindern!

Sind die Kolben ausgebaut, reinigen wir Innen- und Außenseite des Sattels gründlich mit Bremsenreiniger. Alle Bohrungen werden mit Druckluft durchgeblasen und die gesamte Baugruppe über Nacht in Bremsen-/Teilereiniger eingelegt. Sind Kolben oder Innenbohrung des Sattels stark ankorrodiert oder rostnarbig, sollte der Bremssattel erneuert werden. Geringfügiger Oberflächenrost ist tolerabel und lässt sich in der Regel mit feinem Polierleinen wegpolieren. Alle Innenflächen des Bremssattels sowie der Kolben müssen vor dem Einbau makellos sauber sein.

Sobald Sattel und Kolben gereinigt und getrocknet sind, tragen wir auf den Bohrungen im Sattel und auf den Kolben etwas Silikonmontagepaste auf. Ist keine Montagepaste zur Hand, werden alle Laufflächen mit sauberer Bremsflüssigkeit bestrichen. Montagepaste oder Bremsflüssigkeit dürfen aber nicht an die Schutzkappen gelangen.

Legen Sie den neuen Kolbendichtring in die Nut in der Kolbenbohrung im Bremssattel ein. Der Dichtring muss spielfrei in der Nut sitzen, darf aber nur minimal überstehen. Bestreichen Sie den Dichtring vor dem Einbau dünn mit Bremsflüssigkeit. Anschließend setzen Sie die Schutzkappe auf dem Kolben auf, so dass der Rand der Kappe in der Nut im Kolben liegt. Nun wird der Kolben mit leichtem Druck in den Bremssattel eingeschoben. Er muss leicht in seinen Sitz gleiten – Vorsicht: Nicht verkanten!

Drücken Sie den Kolben ganz in den Sattel hinein. Sobald der Kolben am inneren O-Ring anläuft, wird ein leichter Widerstand spürbar. Der Kolben darf beim Einbau keinesfalls verkanten. Lässt sich der Kolben nicht ohne weiteres in den Bremssattel einschieben, kann er gefühlvoll mit einem Holzklotz in seine Grundstellung im Sattelgehäuse gedrückt werden. Der äußere Abschluss des Dichtrings muss exakt in der Nut im Bremssattelgehäuse abschließen

Montieren Sie nun die Bremsbeläge (Projekt 49) und bauen Sie den Bremssattel wieder ein. Dann noch die Bremsanlage entlüften (Projekt 48) und der Wagen müsste wieder startklar für eine Probefahrt mit Funktionskontrolle sein.

1 Hebeln Sie den äußeren Dichtring vom Bremssattelgehäuse ab. Die neuen Dichtringe werden genau umgekehrt eingebaut, es ist allerdings etwas Feingefühl notwendig, bis sie richtig in ihrer Nut liegen.

2 Am einfachsten lassen sich die Kolben mit Druckluft aus dem Bremssattel herausdrücken. Aber Vorsicht: Beginnen Sie mit niedrigem Druck und steigern Sie den Druck, soweit nötig. Es passiert nur zu leicht, dass die Kolben unter dem hohen Luftdruck durch die halbe Werkstatt katapultiert werden! Denken Sie an das Einlegen des Holzklotzes.

3 Die Erneuerung des inneren Kolbendichtrings darf nicht vergessen werden. Dieser Dichtring verhindert, dass Bremsflüssigkeit aus dem Zylinder herausleckt. Die gesamte Zylinderbohrung muss von Schmutz, Fremdkörpern und Korrosionsspuren gereinigt werden. Dabei keinesfalls die Zylinderinnenfläche verkratzen, sonst können nach dem Zusammenbau Probleme durch undichte Bremssättel auftreten.

PROJEKT 51

Nachstellen der Feststellbremse

Zeit/Kosten/Talent: 1 Stunde

Werkzeuge: Langer Schraubendreher, 13-mm-Schraubenschlüssel, Taschenlampe

Relevante Baujahre: Alle

Erforderliche Teile: Keine

Tipp: Bei richtig eingestellter Handbremse schleifen die Räder nicht mehr.

Arbeitsziel: Bessere Handbremswirkung

Ergänzende Arbeitsgänge: Bremsbeläge oder Bremsscheiben erneuern

Im Laufe der Jahre kann sich die Feststellbremse Ihres Boxster verstellen und vermag den Wagen dann nicht mehr gegen Wegrollen zu sichern. Die Einstellung der Handbremsbacken ist relativ einfach und müsste sich innerhalb einer Stunde erledigen lassen.

Zunächst heben wir das Fahrzeugheck an (Unterstellböcke zur Absicherung!) und nehmen die beiden Räder ab. Der Hinterradbremssattel liegt jetzt offen. Die Handbremse muss ganz gelöst und der Leerlauf eingelegt sein. Drücken Sie die Beläge im Bremssattel mit einem Schraubendreher soweit zurück, dass die Bremsscheibe rotieren kann, ohne zu schleifen. Achten Sie auf den Füllstand im Bremsflüssigkeitsbehälter, denn durch das Zurückdrücken der Beläge steigt der Flüssigkeitsstand und kann möglicherweise etwas überlaufen.

Wenn die Bremsscheiben sich frei drehen lassen, wenden wir uns dem Innenraum zu. Unter der hinteren Abdeckung an der Mittelkonsole finden wir einen Gummieinsatz mit darunterliegender Kunststoffabdeckung. Nehmen Sie den Gummieinsatz heraus, lösen Sie die Torx-Schraube darunter und hebeln Sie die Kunststoffabdeckung ab. Lösen Sie dann die beiden Muttern, mit denen das Handbremseinstellstück befestigt ist, bis die Handbremsseile locker durchhängen. Stehen die Seile noch unter Spannung, wird die Nachstellung der Feststellbremse schwierig.

Zur Einstellung der Feststellbremsbacken muss die zahnradähnliche Einstellschraube mit einem Schraubendreher gedreht werden. Diese Schraube ist allerdings nur durch eines der Radbolzenlöcher in der Bremsscheibe zugänglich.

Drehen Sie also die Bremsscheibe, bis die Einstellschraube durch das Gewinde für den Radbolzen zu sehen ist (siehe Abb. 1); hier hilft eine Taschenlampe. Stecken Sie den Schraubendreher in das Loch und drehen Sie das Zahnrad auf der Schraube, bis die Feststellbremsbracke fest anliegt und die Schraube nicht weitergedreht werden kann. Sie werden am Einstellmechanismus etwas probieren müssen, um festzustellen, ob die Schraubenzahnräder zum Nachstellen aufwärts oder abwärts gedreht werden müssen. Wird die Bremsscheibe auch nach längerem Drehen des Zahnrades nicht schwergängiger, drehen Sie den Nachsteller wahrscheinlich in die falsche Richtung. Wiederholen Sie den Einstellvorgang auf der anderen Fahrzeugseite. Sind die Zahnräder so eingestellt, dass die Bremsbacken gerade eben an der Bremsscheibeninnenseite anliegen und die Bremsscheibe sich nicht mehr drehen lässt, stellen Sie die Zahnräder genau neun Zähne zurück, wobei sich die Bremsscheibe nach dem 9. Zahn wieder frei drehen können muss.

Nun geht es im Innenraum weiter. Ziehen Sie den Handbremshebel mehrfach an, damit die Bremsseile sich ihren Sitz suchen können. Ziehen Sie zum Schluss die Handbremse genau zwei Rasten weit an. Ziehen Sie die Handbremsseile dann an den Muttern auf der Hebelunterseite fest. Die Muttern werden dabei jeweils soweit angezogen, dass gerade eben ein leichter Widerstand an den beiden Hinterrädern spürbar wird. Lösen Sie die Handbremse dann komplett und überprüfen Sie, ob die Räder nun frei drehen. Die Räder müssen aber voll blockieren, wenn die Handbremse einige wenige Rasten über die beiden ersten Rasten hinaus angezogen wird.

Zum Abschluss kontrollieren wir nochmals den Füllstand im Vorratsbehälter des Hauptbremszylinders und treten das Bremspedal mehrmals durch, damit die Bremskolben wieder richtig an den Belägen anliegen. Die Handbremskontrollleuchte am Armaturenbrett muss aufleuchten, sobald die Handbremse angezogen wird (in Nähe des Griffsockels sitzt ein Schalter, der den Stromkreis für diese Anzeige schließt).

1 So präsentiert sich der Einstellmechanismus für die Feststellbremse, nachdem die Bremsscheibe abgenommen wurde. Beim Drehen des kleinen Zahnrades auf der Einstellschraube werden die Feststellbremsbacken nach außen gegen die Anlagefläche im Inneren der Bremsscheibe gedrückt. Die Backen sind richtig eingestellt, wenn sie gerade eben noch nicht an der in die Bremsscheibe integrierten Trommel anliegen. Das kleine Bild zeigt das Einstellzahnrad beim Blick durch die Radbolzenbohrung in der Bremsscheibe.

2 So liegen die Enden der beiden Handbremsseile auf der Seilwippe auf. Die beiden Sicherungsmuttern müssen vor dem Nachstellen gelöst werden (gelber Pfeil) und hinterher wieder angezogen werden. Die beiden violetten Pfeile zeigen auf die beiden Schrauben, die zum Ausbau der kompletten Konsole gelöst werden müssen (siehe Projekt 42). Das kleine Bild zeigt die Schraube, mit der die Abdeckblende für diesen Bereich angeschraubt ist.

PROJEKT 52

Umfassende Optimierung der Bremsanlage

Zeit/Kosten/Talent: 12 Stunden / ca. 2100–4600 EUR /

Werkzeuge: Offener Ringgabelschlüssel

Relevante Baujahre: Alle

Erforderliche Teile: Brembo-Bremsenkit, Bremsflüssigkeit

Tipp: Kontrollieren Sie nach dem Einbau der Bremssättel den Freigang der Räder

Arbeitsziel: Kürzere Bremswege und geringeres Bremsenfading

Ergänzende Arbeitsgänge: Hinterradbremsbeläge, Bremsscheiben und Feststellbremsbacken erneuern

Die serienmäßige Bremsanlage des Boxster war schon immer gut, für wirkliche Hochleistungseinsätze bleibt aber stets Spielraum für Verbesserungen. Wer seinen Porsche also betont sportlich bewegt, sollte auch in eine Optimierung seiner Bremsanlage investieren.

Hochleistungs-Bremsenkits sind nicht billig, wobei die Umrüstsätze von Brembo das qualitative Optimum bieten dürften, aber auch am oberen Ende der Preisskala angesiedelt sind. Die Preise der einschlägigen Anbieter muten gesalzen an, aber wenn man bedenkt, dass damit die Kosten für eine Generalüberholung der Bremssättel, neue Bremsscheiben und neue Bremsleitungen mit abgedeckt sind, klingt das Ganze etwas erträglicher. Zusätzlich bringt diese Optimierung der Bremsanlage vielfältige Vorteile mit sich:

- **Kürzere Bremswege.** Je nach Einsatzbereich und Straßenverhältnissen kann mit 20 bis 30 Prozent kürzeren Bremswegen gerechnet werden. Je höher die Geschwindigkeit, desto deutlicher die Verbesserung.
- **Gleichbleibende Verzögerungswerte.** Selbst einfachste Bremsanlagen bremsen beim ersten oder zweiten Mal sehr gut. Wenn sich Bremsflüssigkeit und Beläge aber aufheizen, lässt die Bremswirkung nach und mit jedem Bremsvorgang wird der Anhalteweg länger. Eine verstärkte Bremsanlage sorgt hier dauerhaft für wesentlich kürzere Bremswege.
- **Fadingbeständigkeit.** Die größeren Bremsscheiben der Hochleistungs-Bremsenkits können die Bremswärme (die Ursache von Fading und schwindender Bremswirkung ist) schneller abführen. Jedes Bauteil dieser Nachrüstsätze ist für härteste Bremsenbeanspruchung ausgelegt, also auch für eine angemessene Bremsenkühlung. Egal ob Sie eine steile Passabfahrt unter die Räder nehmen oder bei Rundstreckenrennen um die Kurven preschen, größere Bremsanlagen bieten gegenüber der Serienanlage bessere Reserven beim Schutz gegen Überhitzen.
- **Bessere Beherrschbarkeit und Dosierbarkeit.** Hochleistungsbremsen ermöglichen obendrein feinfühligeres Bremsen und bei unvermindert guter Beherrschbarkeit auch härtere Abbremsvorgänge.

Diese Nachrüstkits sind problemlos mit dem Antiblockiersystem (ABS) des Boxster kombinierbar und enthalten üblicherweise nur die notwendigen Teile für die Erneuerung der Vorderradbremsen. Dies liegt daran, dass die Vorderradbremsen in der Regel 70 bis 80 Prozent der Bremsleistung aufbringen. Die Nachrüstung einer Sportbremsanlage an der Hinterachse ist nicht zu empfehlen, da die hintere Bremse dann durch „Überbremsen" vorzeitig blockieren kann. Dies kann sogar zu längeren Bremswegen und zum Ausbrechen des Fahrzeugs führen – genau das, was wir ja verhindern wollen! Bereits an der Hinterachse montierte Sportbremssysteme sind oft mit Antiblockierregelungen oder speziellen Bremskraftreglern kombiniert, um ein Blockieren der Hinterräder zu verhindern.

Der bei diesem Projekt montierte Nachrüstsatz stammt von Brembo, einem der führenden Bremsanlagenhersteller und Erstausrüster zahlreicher führender Sportwagenhersteller wie Porsche und Ferrari. Dieser Brembo Big Red-Kit gilt in Porsche-Fankreisen weithin als eines der besten Zusatzpakete für den Boxster. Die hier gezeigte Anlage kam bei dem „Carrera-Umbau" eines Boxster Bj. 2000 zum Einbau, der bereits einen 3,4-Liter-Motor, ein Bilstein-PSS9-Fahrwerk und andere leistungsfördernde Zutaten erhalten hatte.

Einzige Voraussetzung für den Einbau dieses Kit ist, dass Ihr Porsche mit 17-Zoll-Rädern (oder größer) ausgerüstet ist. Die serienmäßigen Boxster-Räder sind für diese Nachrüstung geeignet und waren auch bei unserem Projektfahrzeug montiert. Allerdings passen die groß dimensionierten neuen Bremssättel nicht mit allen 17-Zoll-Rädern zusammen, also prüfen Sie besser vorab, ob Ihre Radkombination den Platzanforderungen ge-

nügt. Bei manchen Rädern sind möglicherweise dünne Distanzringe notwendig.

Als erstes lösen wir die Radbolzen und heben die Vorderachse an (siehe Projekt 1). Das Heck sollte ebenfalls angehoben werden, da sich bei dieser Gelegenheit eine Inspektion und Überholung der Hinterradbremsen empfiehlt.

Wenn der Wagen angehoben ist, nehmen wir die beiden Räder ab und ziehen den Bremsbelag-Warnkontakt ab. Dann schrauben wir den Bremssattel ab und trennen ihn vom Fahrzeug (siehe Projekt 55). Legen Sie den Bremssattel beiseite, lösen Sie den Bremsschlauch aber noch nicht. Der Bremsschlauch darf nicht unter Zugspannung geraten; er wird zwar später erneuert, es ist aber eine Unsitte, den Bremssattel am Schlauch aufzuhängen.

Nun drehen wir die kleine Schraube heraus, die die Bremsscheibe auf der Radnabe hält. Die Bremsscheibe sollte sich nun direkt abnehmen lassen. Falls nicht, helfen wir mit leichten Schlägen mit dem Gummihammer nach. Staub- oder Schmutzablagerungen müssen in diesem Bereich gründlichst entfernt werden (Bremsenreiniger).

Setzen Sie nun die neue Bremsscheibe auf dem Achsstumpf auf. Rechte und linke Bremsscheibe sind nicht identisch und entsprechend gekennzeichnet; der Unterschied ist aber auch an der Form der eingegossenen Rippen zu erkennen (siehe Abb. 2, kleines Bild). Mit der Führungs- und Befestigungsschraube der Bremsscheibe wird die neue Scheibe korrekt auf die Radnabe ausgerichtet. Mit einem Radbolzen kann die Scheibe provisorisch fixiert werden.

Die Bremsbeläge müssten bereits im Bremssattel vormontiert sein; falls nicht, setzen wir sie jetzt ein. Die Haltebolzen treiben wir mit einem kleinen Hammer und einem Durchschlag heraus. Dann die Beläge einsetzen und die Bolzen wieder einschieben. Den neuen Einbauadapter für den Brembo-Bremssattel setzen wir auf dem Achsträger auf (siehe Abb. 3). Der neue Bremssattel wird nun so auf dem Achsträger montiert, dass der Adapter zwischen Bremssattel und Träger sitzt. Die Befestigungsschrauben ziehen wir auf die in der Einbauanleitung angegebenen Werte an (Schraubengewinde zuvor mit einem Tropfen Loctite 271 gegen Losdrehen sichern). An der Vorderseite des Sattels müsste ein Pfeil eingeschlagen sein, der die Drehrichtung der Bremsscheibe angibt.

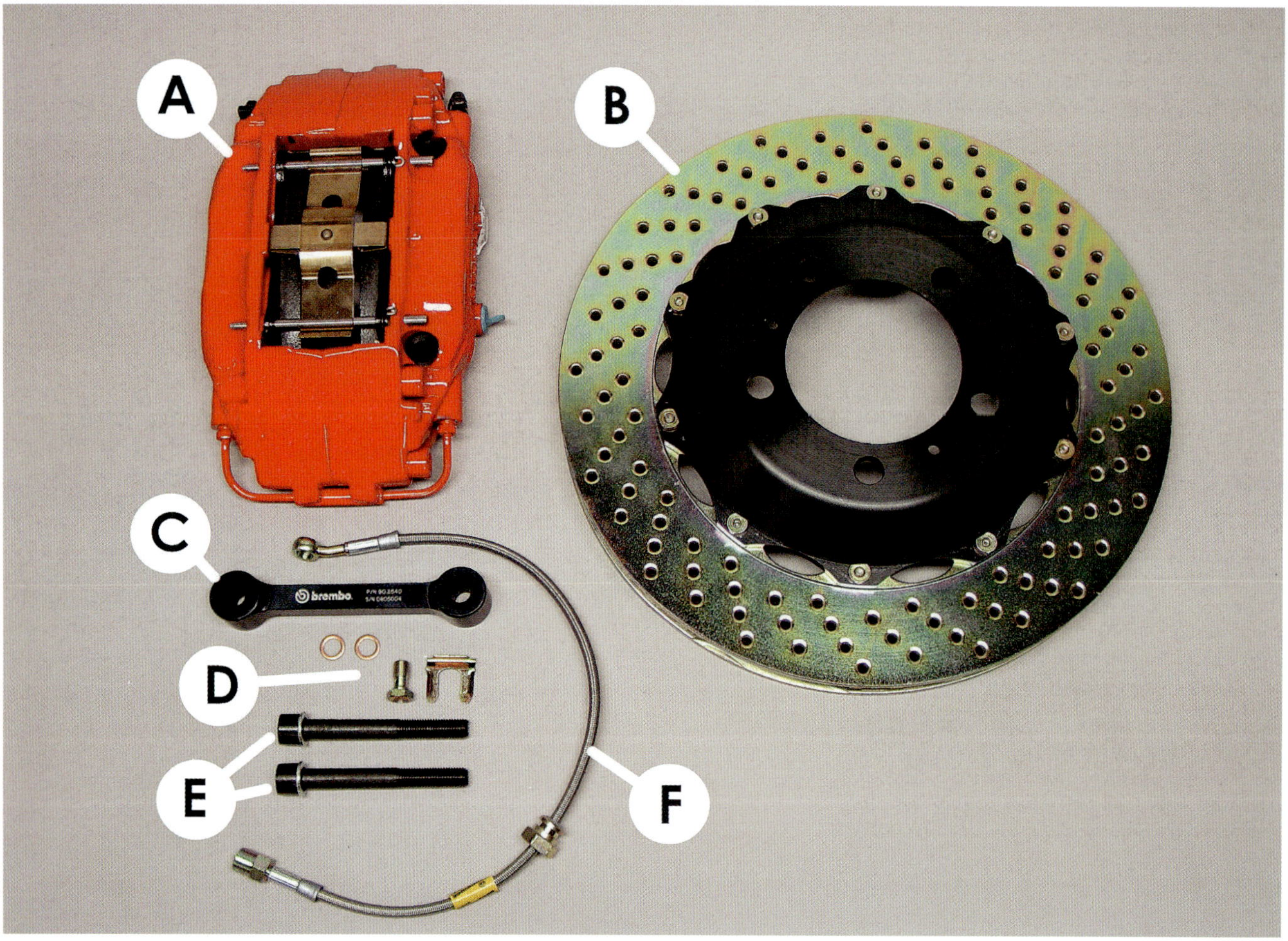

1 Der Brembo-Sportbremssatz enthält alle für den Einbau benötigten Teile: zwei Bremssättel, zwei Bremsscheiben, zwei Bremsschläuche, zwei Halter und zwei Sätze Bremsbeläge mit Sicherungsbügeln. Schade, dass diese imposanten roten Bremssättel unsichtbar hinter den Rädern verschwinden. **A:** Brembo-Bremssattel; **B:** Brembo-Bremsscheibe; **C:** Adapter für Bremssattel; **D:** Einbauteile für Bremsschlauch; **E:** Bremssattel-Befestigungsschrauben und Unterlegscheiben; **F:** Stahlflex-Bremsschlauch mit Metalldurchführung. **ACHTUNG:** Vor dem Einbau muss die fettartige Schutzbeschichtung auf den Scheiben mit Bremsenreiniger entfernt werden!

2 Montieren Sie die Bremsscheibe an der Radnabe und befestigen Sie sie provisorisch mit ihrer Führungsschraube (roter Pfeil). Die Bremsscheibe muss sich frei drehen und darf an keiner Stelle des Achsträgers oder der Radnabe schleifen. Linke und rechte Bremsscheibe sind unterschiedlich; kontrollieren Sie anhand der Skizze, dass Sie die seitenrichtige Bremsscheibe montiert haben.

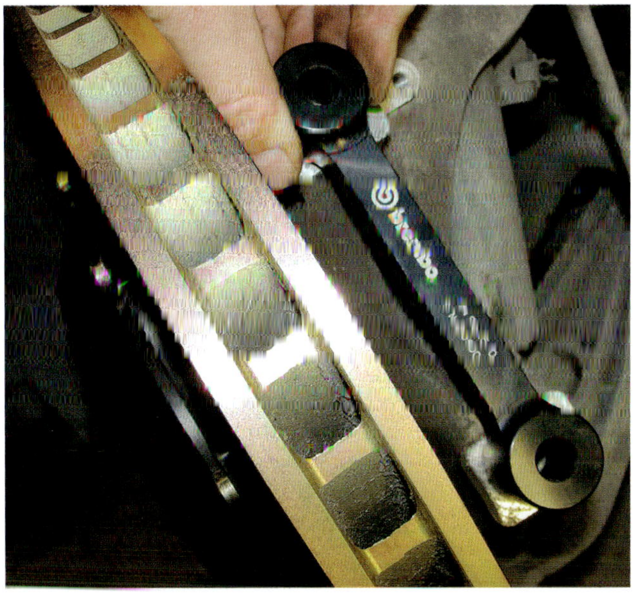

3 Der Bremssattel wird in ähnlicher Einbaulage wie der serienmäßige Sattel an denselben Befestigungsbohrungen montiert. Das Distanzstück sitzt zwischen Sattel und Montagefläche.

Dieser Pfeil muss beim Einbau der Bremssättel stets nach oben zeigen (siehe Bild 4).

Bevor der Bremsschlauch am alten Bremssattel abgeschraubt wird, sollte jetzt das Rad probeweise auf der Radnabe montiert werden. Am montierten Rad darf es nirgends zu Kontakt mit der neuen Bremsanlage kommen. Decken Sie den Bremssattel vorher vorsichtshalber mit einem Klebestreifen ab, falls das Rad doch irgendwo den Sattel streift. Setzen Sie das Rad auf die Achse auf und ziehen Sie es mit zwei Radbolzen fest. Dann drehen Sie das Rad durch und kontrollieren, ob es nirgends am Bremssattel oder an einem anderen Teil der Bremsanlage schleift. Ist der Abstand irgendwo doch zu gering, werden Sie wohl einen Distanzring und längere Radbolzen benötigen (siehe Abb. 6).

Steht fest, dass das Rad frei dreht, nehmen Sie es wieder ab und stellen es beiseite. Montieren Sie jetzt den neuen Stahlflex-Bremsschlauch am Bremssattel. Für die Abdichtung zwischen Schlauch und Sattel müsste ein Kupferring vorhanden sein. Verlegen Sie die Bremsleitung durch den kleinen Halter, der zur Befestigung am Achsträger dient (siehe Abb. 7).

Schrauben Sie nun den alten Bremsschlauch mit einem offenen Ringschlüssel zügig von der Bremsleitung ab, die den Schlauch mit der Bremsanlage verbindet (oben im Innenradkasten). Ein normaler Schraubenschlüssel ist für die Verschraubung an der starren Leitung nicht geeignet – ein offener Ringschlüssel schont den Sechskant (siehe Projekt 54). Schrauben Sie den neuen Schlauch schnell an, damit möglichst wenig Bremsflüssigkeit austritt.

Nachdem der Bremsschlauch angeschlossen ist, wischen wir ausgelaufene Bremsflüssigkeit sofort auf und wiederholen den Arbeitsgang auf der anderen Seite. Ist der Einbausatz komplett montiert, muss die Bremsanlage entlüftet werden (Näheres siehe Projekt 48). Nach dem Entlüften montieren wir die Räder, lassen den Wagen ab und ziehen die Radbolzen auf das endgültige Anzugsmoment von 100 Nm an.

Vor einem echten Leistungstest muss die Bremsanlage erst eingefahren werden. Als erstes vergewissern wir uns, dass die Feststellbremse einwandfrei arbeitet – nur für den Fall, dass etwas schiefgeht und der Wagen mit der Handbremse zum Stehen gebracht werden muss. Pumpen Sie, bevor Sie losfahren, das Pedal mehrfach durch – es muss fester Pedaldruck spürbar sein.

Fahren Sie zunächst langsam auf einen nahegelegenen leeren Parkplatz oder ein großes Freigelände. Bremsen Sie dann einige Mal mit leichtem Pedaldruck aus ca. 90 km/h auf 15 km/h herunter. Dadurch können sich die Reibflächen der Beläge und der Bremsscheibe aufeinander einlaufen.

Eine weitere Nachrüstmöglichkeit ist der Einbau der Bremsluftspoiler des GT3. Sie ersetzen die vorhandenen Kunststoffeinsätze an der Vorderachse und sollen den Bremsen zur besseren Kühlung mehr Luft zuführen. Die Teilenummern für die linke und rechte Seite lauten 996 341 117 91 und 996 341 118 91.

4 Hier ist der am Achsträger montierte Bremssattel zu sehen. Der eingeprägte Pfeil auf dem Sattel muss stets nach oben zeigen (grüner Pfeil). Die Bremsbeläge sollten bereits herstellerseitig im Bremssattel vormontiert sein.

5 Montieren Sie probeweise das Rad zur Kontrolle, dass es nirgends schleift. Kleben Sie die lackierten Flächen des Bremssattels ab, um unnötige Kratzer am Sattel zu vermeiden. Die hier gezeigten 18-Zoll-SportDesign-Räder (Porsche-Erstausrüstung) harmonieren sehr gut mit den Brembo-Kits. Es ist nur minimaler Freiraum vorhanden, mithilfe eines Distanzrings passen die Räder jedoch wie maßgeschneidert.

6 Beim Versuch, die SportDesign-Räder mit den Brembo-Bremssätteln zu kombinieren, zeigte sich, dass Bremssattel und Radinnenseite geringfügig aneinander schleifen. Daher musste ein Distanzring montiert werden. Diese 4-mm-Distanzringe mit zugehörigen 38 mm langen Radbolzen sind bei den einschlägigen Lieferanten erhältlich. Auf die längeren Radbolzen darf dabei auf keinen Fall verzichtet werden.

7 So werden die Stahlflex-Bremsschläuche befestigt. Der Halter am Rahmen passt gut mit dem neuen Schlauch zusammen (kleines Bild, oben links), der kleine Halter für Schlauch und Sicherungsblech (grüner Pfeil) am Achsträger musste jedoch mit einem Dremel etwas nachgearbeitet werden. Die Mittelbohrung musste etwas vergrößert werden, um das größere Anschlussstück des Bremsschlauchs montieren zu können (kleines Bild, unten rechts).

8 Bei den Brembo-Bremsen ist die Montage der Bremsbelagverschleiß-Warnkontakte nicht vorgesehen, also muss das System überlistet werden, damit es eine ausreichende Belagdicke „annimmt“. Trennen Sie an einem alten Warnkontakt die Kabel durch und verbinden Sie die beiden Kabelenden. Umwickeln Sie die Kabelenden mit Isolierband und stecken Sie den Stecker wieder in seine Aufnahme. Bei stillgelegter Verschleißanzeige sollten die Beläge natürlich regelmäßig auf Verschleiß kontrolliert werden. Das Foto oben links zeigt den Anschluss des Bremsschlauchs am Bremssattel (gelber Pfeil). Dieser Anschluss liegt im unteren Bereich des Bremssattels, der Entlüfternippel muss oben am Sattel sitzen.

PROJEKT 53

Erneuern der Feststellbremsbeläge

Zeit/Kosten/Talent: 3 Stunden / ca. 90 EUR /

Werkzeug: Gummihammer, Schraubendreher, kleine Zange

Relevante Baujahre: Alle

Erforderliche Teile: Neue Feststellbremsbeläge, Federn

Tipp: Bei der Arbeit an Baugruppen, die unter Federspannung stehen, stets eine Schutzbrille tragen

Arbeitsziel: Bessere Feststellbremswirkung

Ergänzende Arbeitsgänge: Bremsbeläge und Bremsscheiben erneuern

Hält Ihre Feststellbremse das Fahrzeug nicht mehr richtig, ist wahrscheinlich ein Wechsel der Bremsbacken (mit aufgeklebten Bremsbelägen) fällig. Als erstes vergewissern wir uns, dass Handbremsseile und Handbremshebel richtig eingestellt sind (Einzelheiten siehe Projekt 51).

Zur Prüfung der Feststellbremsbeläge und -backen müssen die Hinterachs-Bremsscheiben abgenommen werden (Ausbau siehe Projekt 55). Ist dies geschehen, können wir die Beläge auf Verschleiß prüfen. Der Belag sollte noch durchgehend vorhanden sein und keine übermäßigen Riefen aufweisen. Ein Vergleich der Beläge mit den Bildern dieses Projekts gibt einen Anhaltspunkt dafür, ob neue Beläge notwendig sind.

Nach dem Ausbau der Bremsscheibe hebeln wir den Nachsteller für die Feststellbremse zwischen der linken und rechten Bremsbacke heraus. Der Handbremsgriff muss dazu ganz unten stehen, die Bremse also ganz gelöst sein. Vorsicht beim Ausbau des Nachstellers – er steht unter Federspannung und die Federn können beim Heraushebeln wegspringen.

Nach dem Ausbau des Nachstellers hängen wir mit einer Spitzzange (oder besser noch mit einer speziellen Bremsfederzange) die lange Feder aus, die die linke und rechte Bremsbacke im Bereich des Nachstellers zusammenhält. Auch diese Feder kann plötzlich wegspringen, setzen Sie also beim Ausbau eine Schutzbrille auf!

Nun müssen die konischen Federhaken an der linken und rechten Bremsbacke ausgebaut werden. Drücken Sie die Feder nach innen und drehen Sie sie so, dass sie aus dem Langloch auf der Rückseite ausgehängt werden kann. Um zu erkennen, wie der Haken am Federende ausgehängt wird, hilft ein Blick auf die Rückseite des Achsträgers. Passen Sie gut auf, dass die Einzelteile nicht verlorengehen, falls sie herausspringen sollten.

Hängen Sie nun die lange Zugfeder unten an den beiden Bremsbacken mit einer Spitzzange (bzw. Bremsfederzange) aus. Passen Sie auf, dass Sie sich nicht die Finger einklemmen!

Sind die Federn an der Feststellbremse ausgehängt, müssten sich die Bremsbacken direkt abheben lassen. Die neuen Backen montieren wir in umgekehrter Reihenfolge des Ausbaus. Beim Zusammenbau der Feststellbremse hängen wir zuerst die untere Feder ein, danach die beiden konischen Haltefedern und dann die obere Feder. Der Zusammenbau ist nicht ganz einfach und gestaltet sich ohne die spezielle Bremsfederzange etwas fummelig – und wird vermutlich nicht ohne einige Flucherei vonstattengehen.

Ist alles montiert, betätigen wir die Feststellbremse zur Kontrolle einige Male. Überprüfen Sie die Federn eingehend auf richtigen Sitz in ihren Aufnahmebohrungen in den Bremsbacken. Lockern Sie die Handbremsseile vor dem Einbau der Bremsscheibe und kontrollieren Sie den Feststellbremsmechanismus und stellen ihn nochmals nach (Projekt 51), bevor Bremssattel und Bremsklötze montiert werden.

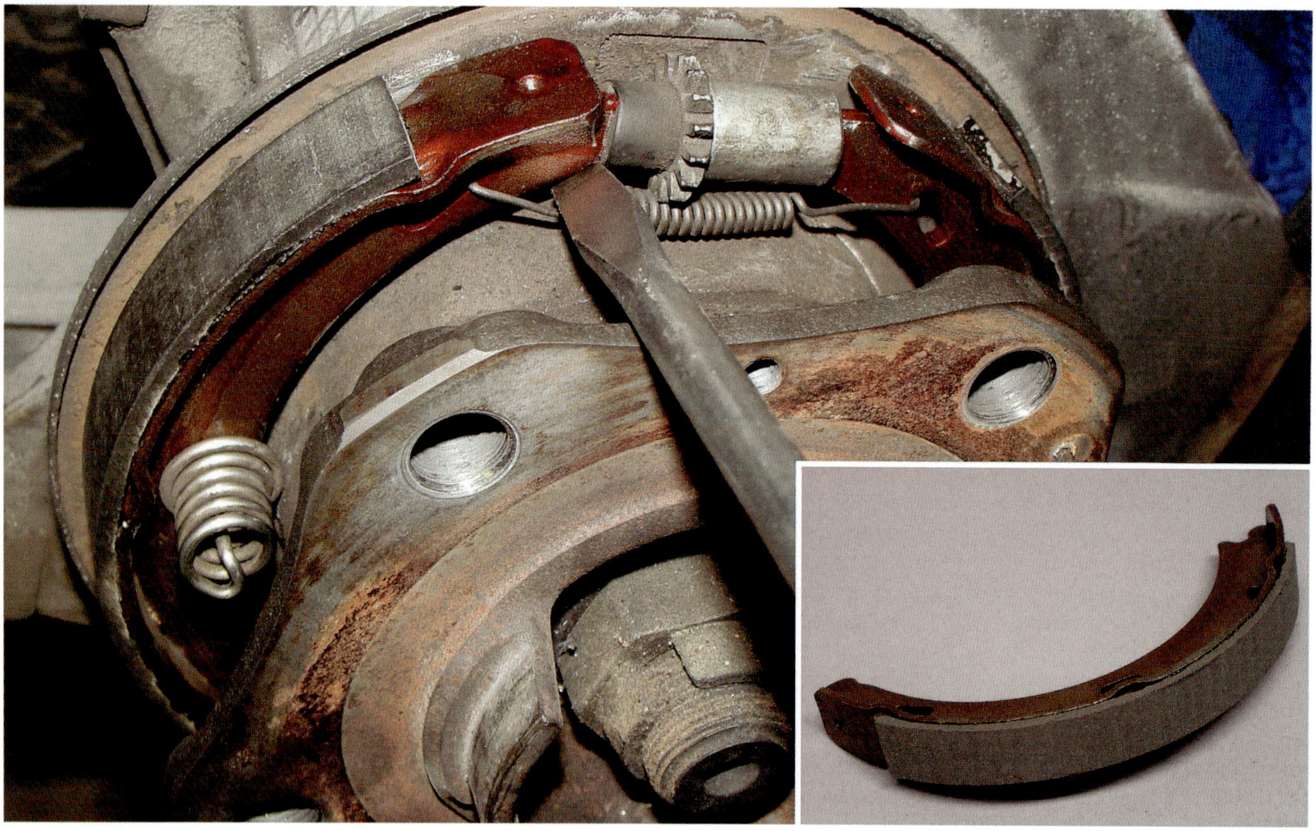

1 Hebeln Sie den Nachsteller mit einem großen Schraubendreher zwischen den beiden Feststellbremsbacken heraus. Wenn Sie mit einigem Nachdruck hebeln, müsste der Nachsteller herausspringen, worauf die Backen etwas lockerer sitzen. Vorsicht beim Einbau der neuen Backen, da die Haltefedern sehr leicht aus ihren Bohrungen herausfedern und wegspringen. Achten Sie auf Ihre Hände und tragen Sie beim Aus- und Einbau der Federn eine Schutzbrille. Das kleine Bild zeigt einen neuen Bremsbacken mit Belag. Ein Vergleich Ihrer alten Beläge mit diesem Bild dürfte rasch Aufschluss über den Verschleißzustand geben.

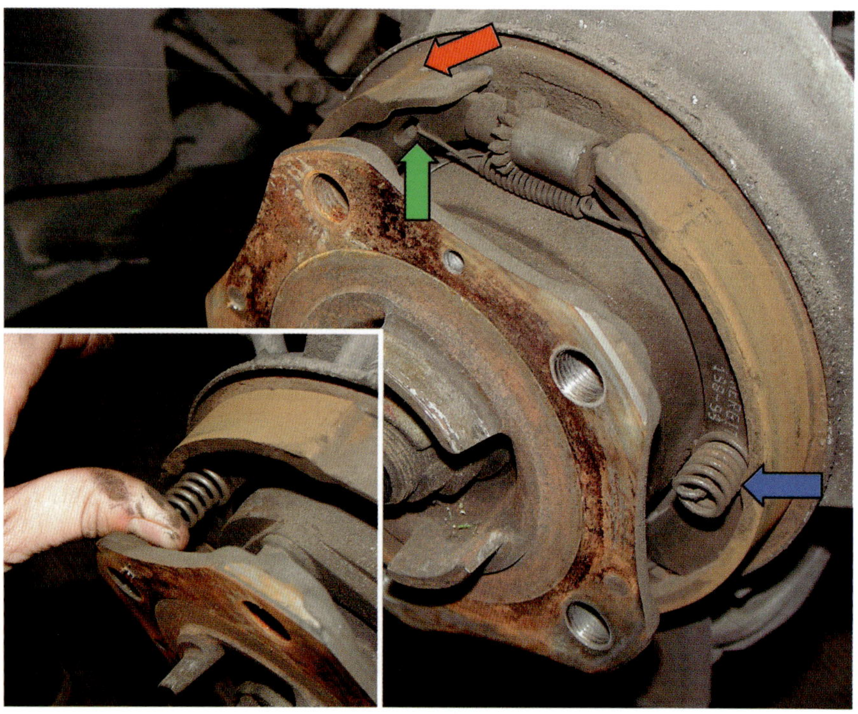

2 Hängen Sie die Rückholfeder an den Bremsbacken mit einer Zange aus (grüner Pfeil). Vorsicht – die Feder steht unter erheblicher Spannung. Am leichtesten lässt sich die Feder mit einer speziellen Bremsfederzange durch Drehen aus ihrer Aufnahmebohrung aushängen. Hängen Sie dann die konische Haltefeder (kleines Bild) aus, die den Bremsbacken am Achskörper hält. Wer sich nicht zutraut, den Verschleiß der eigenen Beläge zu beurteilen, vergleiche sie mit den hier abgebildeten Belägen (roter Pfeil). Bei dieser Belagdicke dürfte vermutlich noch kein neuer Belag fällig sein.

PROJEKT 54

Erneuern der Bremsschläuche

Zeit/Kosten/Talent: 4 Stunden / ca. 90 EUR / 🔧🔧

Werkzeuge: 10-mm-/11-mm-Bremsleitungsschlüssel (offener Ringschlüssel)

Relevante Baujahre: Alle

Erforderliche Teile: Neue Bremsschläuche bzw. Stahlflex-Bremsschläuche

Tipp: Vorsicht, dass sich die Reste des zersetzten Gummis der Bremsschläuche nicht in den Bremssätteln wiederfinden.

Arbeitsziel: Bessere Bremswirkung

Ergänzende Arbeitsgänge: Bremssättel überholen, Bremsbeläge erneuern, Bremsanlage durchspülen und Hauptbremszylinder erneuern

Eine sehr häufige Arbeit am Boxster ist der Ersatz der Bremsschläuche, die die Verbindung zwischen dem Karosserierahmen und den Bremssätteln herstellen. Diese Schläuche bestehen aus Gummi und können im Laufe der Jahre altern und aufquellen und sich zersetzen. Die Bremsschläuche sollten daher ca. alle 15.000 km eingehend überprüft werden. Bevor sie platzen, fallen sie mitunter bereits durch „Beulen" in der Oberfläche und verdickte Stellen auf. Defekte Bremsschläuche sind natürlich ein erhebliches Sicherheitsrisiko, da hierbei schlagartig der Bremsdruck in einer Hälfte der Bremsanlage ausfällt.

Schadhafte Bremsschläuche können zu allerhand Schwierigkeiten beim Bremsen führen. Häufig ziehen dabei die Fahrzeuge beim Betätigen der Bremsen abwechselnd nach links und rechts.

Zum Wechseln der Bremsschläuche bocken wir als erstes das Fahrzeug hoch. Dann nehmen wir die Räder ab, denn die Bremsschläuche sind nun viel bequemer zugänglich.

Nun können wir die Bremsschläuche losschrauben. Legen Sie Lappen bereit, denn jetzt wird etwas Bremsflüssigkeit austreten. Wie bereits erwähnt, greift Bremsflüssigkeit den Lack an. Gerät sie auf den Lack, sollte sie mit einer Küchenrolle aufgesaugt und nicht etwa abgewischt werden. Berühren Sie nach Möglichkeit auch keine lackierten oder an Lackflächen angrenzenden Teile mit Bremsflüssigkeit verschmutzten Händen. Tragen Sie außerdem Gummihandschuhe!

Der Ausbau der Bremsschläuche ist oft nicht ganz einfach. Das Ziel ist, die Schläuche zu demontieren, ohne andere Teile zu beschädigen. Die größte Gefahr (abgesehen von Lackschäden) ist, dass die mit den Bremsschläuchen verbundenen starren Bremsleitungen beschädigt werden. Ihre Verschraubungen bestehen aus relativ weichem Metall; beim Losschrauben können sie sich verziehen, ihr Sechskant rundgedreht oder ihr Gewinde beschädigt werden. Am besten geht die Demontage mit einem speziellen Bremsleitungsschlüssel in Form eines offenen Ringschlüssels. Dieser Schlüssel ist vor allem für diese Art von Verschraubungen geeignet, da er weit um den Sechskant greift und ein Rundrehen verhindert. Daher nach Möglichkeit stets diese Spezialschlüssel verwenden!

Ähnlich problematisch sind auf der Bremsleitung festsitzende Verschraubungen. Die Verschraubung soll sich auf dem Leitungsende frei drehen können, manchmal ist sie aber festkorrodiert. Verschraubung und Leitung drehen sich dann gemeinsam und die Leitung schert sehr schnell ab. Beim Lösen der Verschraubungen also genau darauf achten, dass die Leitung nicht in sich verdreht wird.

Wird die Bremsleitung oder ihre Verschraubung aber dennoch beschädigt, muss eine Ersatzleitung montiert werden – entweder als Original-Porsche-Ersatzteil oder als Universalteil in passender Länge und Gewindeausführung aus dem Teilehandel. Die Leitung muss aber vor dem Einbau in die passende Form gebogen werden, was einige Spezialwerkzeuge erfordert. Das passende Werkzeug für den jeweiligen Einsatzzweck hilft also auch hier (wie bei allen anderen Arbeiten am Auto), Folgeschäden zu vermeiden.

Nachdem die starre Bremsleitung gelöst wurde, können die Bremsschläuche ausgebaut werden. Die Schläuche sind an beiden Enden mit Sicherungsfedern befestigt.

Mit einer guten Gripzange können die Federn abgehebelt werden.

Der Einbau der neuen Schläuche ist nicht weiter kompliziert. Vergewissern Sie sich vor dem Einbau, dass die neuen Bremsschläuche exakt passen. Sie wurden bei den Porsche-Modellen in unterschiedlichen Ausführungen und Längen verbaut, d.h. die Neuteile müssen in Länge und Anschlussgewinde genau den Altteilen entsprechen. Ist der neue Schlauch zu kurz, kann er beim Überfahren von Bodenwellen überdehnt werden oder gar abreißen. Bei der Montage der neuen Bremsschläuche muss man unbedingt darauf achten, dass sie sich beim Festziehen nicht verdrehen.

Beim Erneuern der Bremsschläuche stellen viele Porsche-Besitzer auf Stahlflex-Bremsschläuche um. Diese Stahlarmierung soll ein Ausdehnen des Gummischlauches unter Druck verhindern und eine im Vergleich zu den normalen Schläuchen bessere Übertragung des Bremsdrucks ermöglichen. Ob dies so wirklich zutrifft, sei dahingestellt. Der Gummikern der Stahlflexschläuche ist oft mit dem der normalen Bremsschläuche identisch; neu ist nur die äußere Stahlummantelung. Selbst wenn diese Ummantelung so straff anliegen würde, dass ein Ausdehnen der Schläuche verhindert würde, wäre die Ansprechwirkung beim Bremsen trotzdem nicht anders.

Unabhängig davon ist der Einbau der Stahlflex-Leitungen aber trotzdem sinnvoll, denn die Ummantelung schützt den Schlauch gegen Schmutz, Splitt, kleine Tierchen und sonstige Fremdkörper.

Interessant beim Austausch der Bremsschläuche ist auch die „DOT"-(US-Department of Transportation)-Freigabe, die bei vielen als Nachrüstteil vertriebenen Stahlflex-Schläuchen fehlt. Auch wenn diese Schläuche für den normalen Fahrbetrieb mehr als ausreichend sind, so sollte man allerdings – schon alleine wegen der Hauptuntersuchung bzw. dem TÜV – auf Nummer Sicher gehen und die etwas teureren Ausführungen mit Freigabe anschaffen.

1 Gealterte Bremsschläuche sind oft Ursache mangelhafter Bremswirkung. Mit zunehmendem Fahrzeugalter zersetzt sich der Gummi und kann die Leitungsbohrungen zusetzen, so dass weniger Bremsdruck an den Bremssätteln ankommt. Gealterte Bremsschläuche müssen ersetzt werden. Der rote Pfeil zeigt auf den Schlauch an der Vorderachse, der erneuert werden soll. Die gelben Pfeile zeigen auf die Verschraubungen der starren Bremsleitungen, die mit einem Bremsleitungsschlüssel gelöst werden müssen.

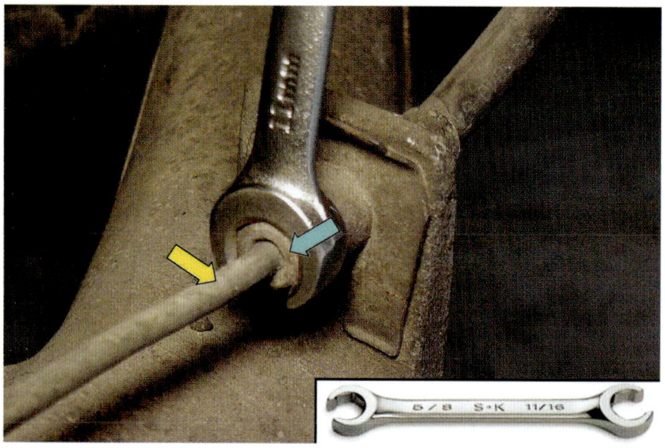

2 Ein Bremsleitungsschlüssel (offener Ringschlüssel) ist sehr nützlich, da er den Sechskant der Verschraubung weit umschließt. Mit einem normalen Gabelschlüssel dreht man den Sechskant nur allzu schnell rund, womit die Leitung dauerhaft beschädigt ist. Die Gefahr des Runddrehens dieser Sechskante ist aufgrund des weichen Materials der Verschraubungen recht groß. Ist die Verschraubung beschädigt, bleibt nur der Austausch der gesamten Bremsleitung. Außerdem muss sich die Verschraubung auf der Leitung drehen können (blauer Pfeil). Die Leitung (gelber Pfeil) darf sich nicht mitdrehen, da bei festsitzender Verschraubung die Leitung sehr schnell in sich verdreht wird und abschert.

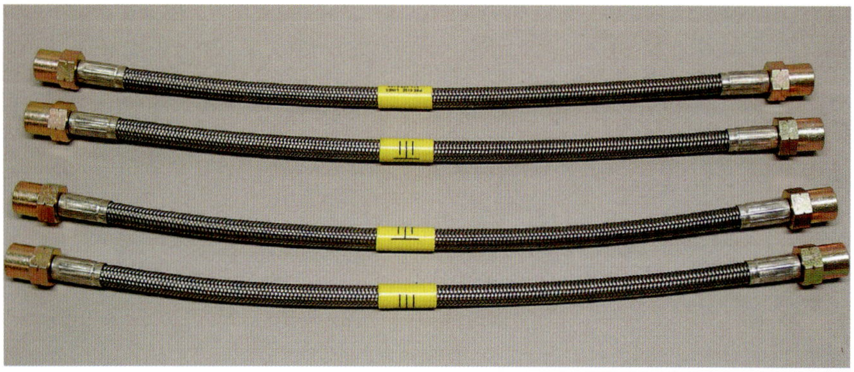

3 Die neuen Stahlflex-Schläuche entsprechen in Größe und Länge den Originalschläuchen. Die Ummantelung der Stahlflex-Schläuche bietet den Vorteil besseren Schutzes gegen Fremdkörper und Beschädigungen. Allerdings kann der unter dem Mantel sitzende Gummischlauch nicht auf Anzeichen von Alterung kontrolliert werden. Manche der Aftermarket-Schläuche bestehen aus Teflon oder sind mit Teflonkomponenten aufgebaut, was ihre Lebensdauer erhöhen soll.

PROJEKT 55

Erneuern der Bremsscheiben

Zeit/Kosten/Talent:
3 Stunden / ca. 550 EUR /

Werkzeuge: Kreuzschlitzschraubendreher, Gummihammer, Steckschlüsselsatz, Bügelmessschraube

Relevante Baujahre: Alle

Erforderliche Teile: Bremsscheiben, neue Bremsbeläge, falls notwendig neue Feststellbremsbacken

Tipp: Stellen Sie die Feststellbremse nach, solange sie bequem zugänglich ist.

Arbeitsziel: Bessere Bremswirkung

Ergänzende Arbeitsgänge: Bremsbeläge und Feststellbremsbacken erneuern, Stahlflex-Bremsleitungen einbauen und neue Radlager montieren

Die Bremsscheiben sind ein extrem wichtiger Teil der Bremsanlage. Werden die Bremsscheiben durch Abnutzung zu dünn oder haben sich Riefen in den Anlageflächen gebildet, nimmt auch ihre Fähigkeit ab, das Fahrzeug zu verzögern.

Beim Erneuern der Bremsbeläge sollte stets auch die Dicke der Bremsscheiben gemessen werden. Ist sie geringer als die vorgeschriebene Mindestdicke für Ihr Modell, sollten neue Bremsscheiben montiert werden. Kontrollieren Sie die Bremsscheiben auf Riefen und messen Sie die Scheibendicke an mehreren Stellen, damit sich ein exaktes Gesamtbild ergibt. Riefige Bremsscheiben sollten stets erneuert werden. Riefen verschlechtern den Bremswirkungsgrad und verursachen eine stärkere Erwärmung der Scheiben.

Die Messungen mit der Bügelmessschraube sollten stets an der Scheibenmitte erfolgen. An vielen Erstausrüsterscheiben ist die Mindestdicke auf der Scheibennabe eingeschlagen, beispielsweise bei den als Sonderausstattung lieferbaren PCCB-Keramikbremsscheiben (Porsche Ceramic Composite Brake). Falls diese Angaben nicht aufzufinden sind, gibt die nachstehende Tabelle Auskunft, wann die Verschleißgrenze erreicht ist.

Der Einbau neuer Bremsscheiben ist relativ einfach. Aus- und Einbau der vorderen und hinteren Bremsscheiben erfolgen im Wesentlichen auf die gleiche Weise, zur Veranschaulichung behandeln wir hier die Hinterradbremse, bei der die Montage aufgrund der Feststellbremse etwas komplizierter ist. Sind die Bremsbeläge der Feststellbremse stark abgenutzt, muss der Einsteller evtl. sehr weit zurückgedreht werden, um die hintere Bremsscheibe abnehmen zu können (Einzelheiten siehe Projekt 51).

Model	Mindestdicke
Innenbelüftete Bremsscheibe vorne (Boxster 1997-2004)	22,6 mm
Innenbelüftete Bremsscheibe hinten (Boxster 1997-2004)	18,6 mm
Innenbelüftete Bremsscheibe vorne (Boxster/Cayman ab 2005)	26,0 mm
Innenbelüftete Bremsscheibe hinten (Boxster/Cayman ab 2005)	22,0 mm

Zunächst bocken wir den Wagen auf und nehmen die Räder ab. Dann bauen wir die Bremsbeläge aus den Bremssätteln aus (Einzelheiten zum Bremsbelagwechsel siehe Projekt 49). Der Bremsschlauch ist mit einem großen Sicherungsblech am Hinterachslenker befestigt. Dieses Blech fixiert sowohl den Schlauch als auch die starre Bremsleitung am Bremssattel. Das Blech muss entfernt werden, um den Bremssattel abnehmen zu können, ohne die Bremsleitung zu verbiegen.

Anschließend schrauben wir den Bremssattel von seinem Befestigungspunkt am Achslenker ab. Der Sattel ist mit zwei Schrauben befestigt. Sind diese herausgedreht, lässt sich der Bremssattel vorsichtig von der Bremsscheibe wegbewegen. Vorsicht beim Bewegen des Bremssattels – vor allem darf der Sattel nicht am Bremsschlauch hängen. Dies würde den Schlauch beschädigen.

Ist der Bremssattel aus dem Weg, drehen wir die kleine Halteschraube der Bremsscheibe heraus. Dazu benötigen wir einen Kreuzschlitz-Steckschlüsseleinsatz (es geht vielleicht auch mit einem großen Schraubendreher, meistens ist die Schraube aber zu fest angezogen und mit dem Schraubendreher wird der Schraubenkopf nur zu leicht beschädigt). Auf jeden Fall muss die Feststellbremse gelöst sein.

Die Bremsscheibe müsste sich jetzt von der Radnabe abziehen lassen. Macht sich Widerstand bemerkbar, helfen Sie mit leichten Schlägen mit einem Gummihammer nach. Manchmal sind auch ein paar kräftige Schläge mit dem Gummihammer nötig, bis die Bremsscheibe sich löst.

Will sich die Bremsscheibe partout nicht lockern, liegen wahrscheinlich die Beläge der Feststellbremse in ihrer Trommel auf der Scheibenrückseite an. Die Feststellbremse muss dann soweit zurückgestellt werden, dass die Beläge nicht mehr schleifen (Einzelheiten siehe Projekt 51).

Der Einbau der neuen Bremsscheibe ist jetzt ein Kinderspiel. Prüfen Sie vor dem Einbau der Scheibe, ob die Feststellbremsbeläge gleich mit erneuert werden sollen. Ist auf den Belagflächen bereits Metall erkennbar oder hat der Vorbesitzer die Beläge nie gewechselt, wäre jetzt wahrscheinlich der ideale Zeitpunkt für eine Rundumerneuerung. Nachdem auf beiden Seiten neue Bremsscheiben montiert wurden, testen Sie die Feststellbremse und stellen sie erforderlichenfalls nach (weitere Einzelheiten siehe Projekte 51 und 53).

An der neu eingebauten Bremsscheibe müssen nun noch die Befestigungsschraube festgezogen, der Bremssattel montiert und – bei jedem Scheibenwechsel obligatorisch – neue Bremsklötze eingesetzt werden. Die Bremswirkung der neuen Scheiben wird sich nach einer gewissen Einlaufzeit der neuen Beläge noch weiter verbessern.

1 Die vorderen und hinteren Bremsscheiben sehen fast identisch aus, die hinteren besitzen aber noch eine integrierte „Trommel“ für die Feststellbremsbeläge. Die Boxster und Cayman besitzen ringsum Scheibenbremsen, die Feststellbremse an der Hinterachse ist jedoch im Prinzip eine Trommelbremse. Die erhabenen Bereiche der Bremsscheiben im Nabenbereich können mit Hochtemperaturlack lackiert werden, um Rostansatz nach dem Einbau vorzubeugen. **ACHTUNG:** Vor dem Einbau muss die fettartige Schutzbeschichtung auf den Scheiben mit Bremsenreiniger entfernt werden!

2 Die Bremsscheiben müssen vor dem Austausch mit einer Bügelmessschraube auf Verschleiß vermessen werden. Messen Sie an mehreren Stellen auf der Scheibe, um mögliche erhabene Stellen oder Vertiefungen zu erfassen.

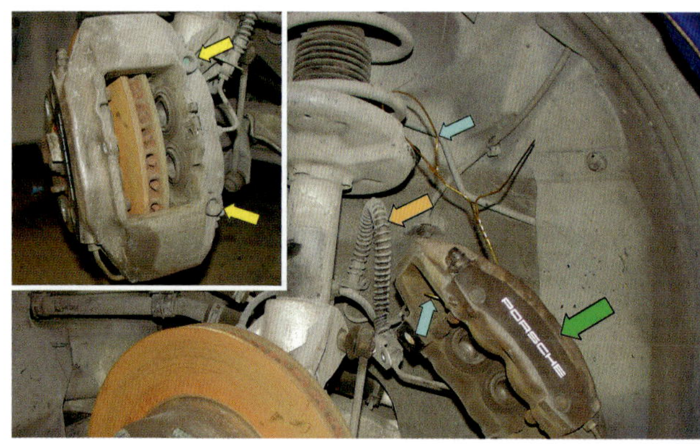

3 Zum Ausbau des Bremssattels müssen die beiden Sechskantschrauben am Achslenker (gelbe Pfeile) gelöst werden. Der Bremssattel (grüner Pfeil) kann nun beiseitegeschoben werden und braucht nicht vom Bremsschlauch getrennt zu werden. Hängen Sie den Bremssattel an einem Halteseil oder Drahtbügel auf (blauer Pfeil), damit der Bremsschlauch (oranger Pfeil) nicht unnötig auf Zug beansprucht wird.

4 Die Bremsscheibe ist mit zwei kleinen Halteschrauben befestigt. Diese Schrauben werden mit einem großen Kreuzschlitzschraubendreher oder einem Kreuzschlitz-Steckschlüsseleinsatz gelöst; die Scheibe müsste sich danach von der Radnabe herunterschieben lassen. Übrigens bringen nicht diese beiden kleinen Schrauben, sondern die Radbolzen den Großteil der Befestigungskraft der Bremsscheibe auf der Radnabe auf.

5 Die neue Bremsscheibe wird notfalls mit leichten Gummihammerschlägen auf ihren Sitz getrieben. An der Hinterachse müssen die Feststellbremsbeläge ganz von der Trommellauffläche weg zurückgestellt sein, sonst wird der Einbau der neuen Scheibe erschwert. Manche neue Bremsscheiben sind nicht hundertprozentig eben und benötigen eine gewisse Einlaufzeit, bis die optimale Bremswirkung erreicht ist.

PROJEKT 56

Erneuern des Hauptbremszylinders

Zeit/Kosten/Talent: 3 Stunden / ca. 90–270 EUR /

Werkzeuge: Bremsenentlüftungsgerät, Drehmomentschlüssel

Relevante Baujahre: Alle

Erforderliche Teile: Hauptbremszylinder, Bremsflüssigkeit

Tipp: Vorsicht, dass die Bremsflüssigkeit nicht an den Lack gerät

Arbeitsziel: Bessere Bremswirkung, keine Undichtigkeiten am Hauptbremszylinder mehr

Ergänzende Arbeitsgänge: Bremskraftverstärker erneuern und Stahlflex-Bremsleitungen einbauen

Die Bremsanlage ist zweifelsohne eine der wichtigsten Baugruppen des gesamten Fahrzeugs. Herzstück der Bremsanlage ist der Hauptbremszylinder, der den hydraulischen Druck in der gesamten Bremsanlage aufbaut. Leider neigt auch der Hauptbremszylinder im Laufe der Jahre zu Verschleiß und Undichtigkeiten. Diese Lecks können sowohl nach innen als auch nach außen auftreten und beeinträchtigen die Wirkung der Bremsen erheblich. Bei sämtlichen Problemen an der Bremsanlage, bei denen der Verdacht auf den Hauptbremszylinder fällt, ist Ersatz durch ein Neuteil unbedingt zu empfehlen.

Der Hauptbremszylinder ist im vorderen Kofferraum auf der Fahrerseite unter einer großen Kunststoffabdeckung eingebaut. Um an ihn heranzukommen, muss diese Abdeckung demontiert werden. Dazu ziehen wir zuerst die Haubendichtung ab und drehen die drei Kreuzschlitzschrauben im oberen Abdeckungsbereich heraus. Danach müssen wir die geschlitzte Verschlussschraube in der linken unteren Ecke der Verkleidung drehen und lösen und gleichzeitig den Kabelstrang zu den Kofferraumleuchten trennen. Nun wird das Sieb aus dem Bremsflüssigkeitsbehälter herausgenommen und die Bremsflüssigkeit mit einer Saugpumpe abgesaugt. Die Bremsflüssigkeit kann auch an einem der Entlüfter am Bremssattel aus der Anlage abgelassen werden (siehe Projekt 48). Etwas Bremsflüssigkeit (die sehr schnell den Lack angreift) bleibt allerdings immer im Zylinder stehen. Ziehen Sie auch den Füllstandskontakt am Behälter ab.

Nun muss der Vorratsbehälter ausgebaut werden. Lösen Sie die Zuleitung zum Kupplungsgeberzylinder; der eingepresste Stecker muss mit einem kleinen Schraubendreher und gleichzeitigem Ziehen an der Leitung vorsichtig einwärts gedrückt werden.

Soll der Behälter nicht erneuert werden, lassen wir die Behälteranschlüsse angeschlossen und legen ihn einstweilen beiseite. Ziehen Sie den Behälter nach oben, um ihn aus den O-Ringen zu lösen, die die Abdichtung zum Hauptbremszylinder herstellen.

Ist der Vorratsbehälter aus dem Weg, legen wir Lappen unter dem Hauptzylinder aus und schrauben die beiden Bremsleitungen ab. Vorsicht: Die Verschraubungen (wie bereits beim Einbau neuer Bremsschläuche erwähnt) dürfen dabei nicht beschädigt werden. Zum Lösen der Verschraubungen stets einen offenen Ringschlüssel verwenden (Einzelheiten siehe Projekt 54). Machen die Leitungen einen übermäßig korrodierten Eindruck, sollten sie mit WD-40 oder einem anderen Rostlöser eingesprüht werden. Die offenen Bremsleitungen werden mit Kappen verschlossen, damit möglichst wenig Bremsflüssigkeit ausläuft. Die beiden Muttern, mit denen der Hauptbremszylinder am Bremskraftverstärker befestigt ist, schrauben wir jetzt ab, so dass der Hauptzylinder abgenommen werden kann.

Der Einbau erfolgt im Prinzip in umgekehrter Reihenfolge. Soll die ABS-Steuerung oder der Bremskraftverstärker erneuert werden, finden Sie eine detailliertere Anleitung in Projekt 57.

Nach dem Einbau des Hauptzylinders muss die Bremsanlage entlüftet werden. Vorentlüften des Hauptzylinders vor dem Einbau ist hilfreich, damit er bereits vor dem Einbau vorgefüllt werden kann (nähere Einzelheiten zum Entlüften siehe Projekt 48). Nach dem Entlüften montieren wir wieder alle zuvor ausgebauten sonstigen Bauteile im Kofferraum und ziehen alles ordentlich fest. Auch die Bodenteppiche und alle Schrauben werden wieder eingesetzt.

Vor der Probefahrt testen wir die generelle Funktion der Bremsanlage bei einem langsamen Rolltest. Funktioniert die Bremse, begeben wir uns auf eine kurze Probefahrt, bevorzugt auf Nebenstraßen mit sehr wenig Verkehr. Halten Sie zunächst auf jeden Fall ausreichend Abstand zu anderen Autos und stellen Sie sich darauf ein, notfalls mit der Handbremse zu bremsen. Erneutes Entlüften ein paar Tage nach dem Einbau des neuen Hauptbremszylinders kann nicht schaden, damit auch wirklich sämtliche Luft aus der Bremsanlage entweicht.

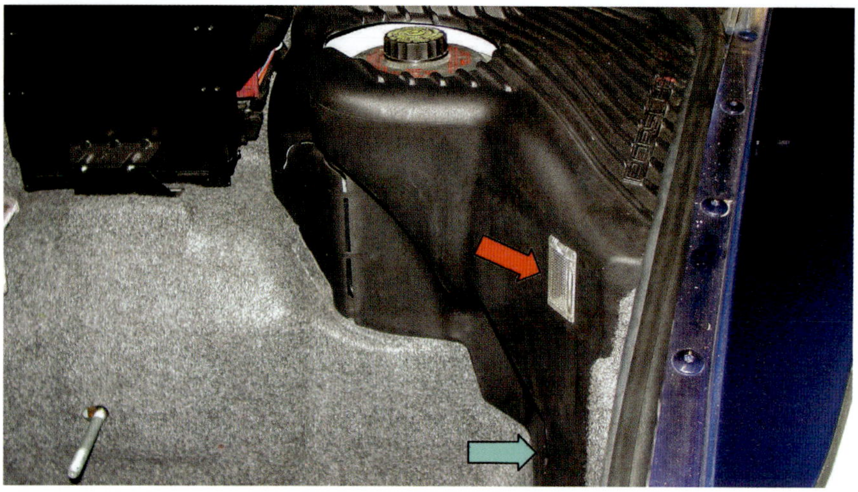

1 Der Hauptbremszylinder versteckt sich hinter einer Kunststoffverkleidung im vorderen Kofferraum. Drehen Sie die Kunststoff-Halteschrauben der Kofferraumverkleidung (blaue Pfeile) heraus und ziehen Sie die Verkleidung heraus. In die Verkleidung ist eine Kofferraumleuchte (roter Pfeil) integriert – Stecker abziehen nicht vergessen!

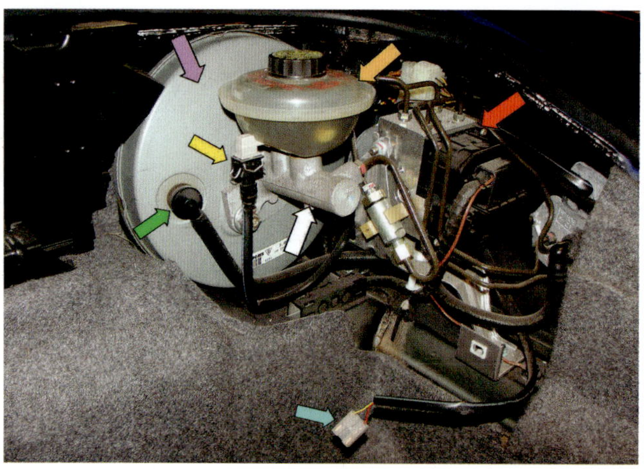

2 Dieser Anblick präsentiert sich nach dem Ausbau der Kofferraumverkleidung: Der violette Pfeil zeigt auf den Unterdruck-Bremskraftverstärker. Der orangefarbene Pfeil zeigt auf den Bremsflüssigkeitsbehälter für die Flüssigkeitsversorgung von Bremse und Kupplung. Der rote Pfeil weist auf die ABS-Hydrauliksteuereinheit. Der weiße Pfeil kennzeichnet den Hauptbremszylinder. Der gelbe Pfeil zeigt auf die Verbindung zum Füllstand-Warnkontakt im Behälter, der grüne Pfeil auf die Unterdruckzuleitung zum Bremskraftverstärker. Der hellblaue Pfeil markiert den Anschlussstecker an der Kofferraumbeleuchtung.

3 Nahaufnahme der Anschlüsse am Hauptbremszylinder: Entleeren Sie den Behälter und lösen Sie die Zuleitung zum Kupplungskreislauf (grüner Pfeil). Schrauben Sie dann die beiden seitlichen Bremsleitungen am Hauptzylinder ab. Dazu stets einen offenen Ringschlüssel (kleines Bild, blauer Pfeil) verwenden, da andernfalls die Sechskante der Verschraubungen Schaden nehmen könnten.

4 Nachdem die Bremsleitungen abgeschraubt und der Behälter des Hauptzylinders abgebaut wurde, lösen Sie die beiden Haltemuttern des Hauptzylinders am Bremskraftverstärker (gelbe Pfeile).

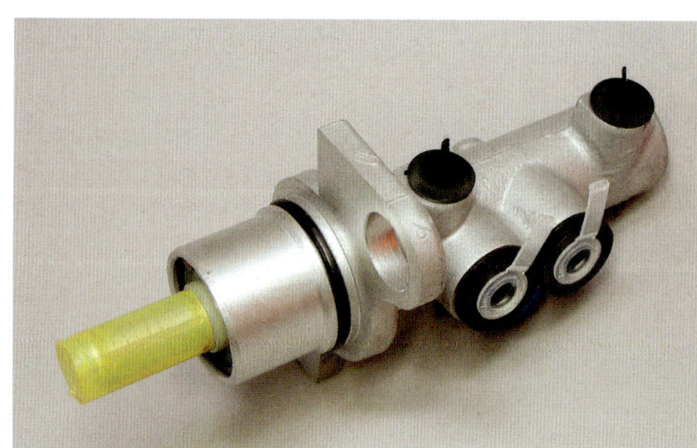

5 Ein neuer Hauptbremszylinder mit fünf Schutzkappen auf den Leitungsanschlüssen. Erst unmittelbar vor dem Einbau des Zylinders und dem Anschluss der Leitungen nehmen wir diese Schutzkappen vorsichtig ab.

PROJEKT 57

Erneuern des Bremskraftverstärkers und des ABS-Steuergeräts

Zeit/Kosten/Talent: 3 Stunden / ca. 200 EUR /

Werkzeuge: Bremsentlüftungsgerät, Drehmomentschlüssel

Relevante Baujahre: Alle

Erforderliche Teile: Bremskraftverstärker, ABS-Steuergerät

Tipp: Vorsicht, dass keine Bremsflüssigkeit an den Lack gerät.

Arbeitsziel: Wirksamere Bremskraftverstärkung

Ergänzende Arbeitsgänge: Hauptbremszylinder erneuern; Stahlflex-Bremsschläuche einbauen

Der Boxster ist serienmäßig mit einem Bremskraftverstärker ausgerüstet, in dem Unterdruck aus dem Motor zur Verstärkung des erforderlichen Betätigungsdrucks der Bremsen genutzt wird. Der Unterdruck wird über einen langen Kunststoffschlauch vom Motor seitlich im Fahrzeug bis in den vorderen Kofferraumbereich geleitet und gelangt in eine große runde Bremskraftverstärkerdose, die mit dem Hauptbremszylinder verbunden ist. Nach jahrelangem Alltagseinsatz kann die Gummimembran im Bremskraftverstärker undicht werden oder reißen, wodurch die Bremskraftverstärkungswirkung schwindet. Außerdem kann dadurch ein Motor-Unterdruckleck entstehen, das die Feineinstellung der Einspritzanlage durcheinanderbringt. Bevor der Verstärker ersetzt wird, überprüfen wir zuerst die Unterdruckschlauchanschlüsse bis zum Motor auf etwaige undichte Stellen (siehe Projekt 21).

Zum Ausbau des Bremskraftverstärkers demontieren wir als erstes den Hauptbremszylinder (siehe Projekt 56). Danach lösen wir die drei Verschraubungen am ABS-Steuergerät, die nicht am Hauptbremszylinder angeschlossen sind. Ziehen Sie nun den Stecker für den ABS-Steuerungskabelstrang ab – dazu die Kunststoffnase nach außen drücken, damit der Stecker nach oben abgezogen werden kann. Dann den Bremsleitungsdruckregler aus seiner Halterung ziehen. Lösen Sie nun noch die beiden Muttern auf beiden Seiten des ABS-Steuergeräts und heben Sie das Steuergerät aus seiner Halterung, ohne an den Bremsleitungen hängenzubleiben.

Nun begeben wir uns auf die andere Seite des Bremskraftverstärkers in Nähe der vorderen Spritzwand. Lösen Sie die Halteklammer der Verstärkerdruckstange an der Bremspedalstange und trennen Sie beide Stangen (siehe Abb. 2). Neuere Bremskraftverstärker wurden umgestaltet und weisen eine integrierte Manschette mit innenliegender Schraube auf. Diese Änderung setzte in der Fertigung am 13. September 1999 ein; um den neuen Bremskraftverstärker bei älteren Fahrzeugen einbauen zu können, müssen die Bremsdruckstange und die zugehörigen Befestigungsteile geändert werden. Die Nachrüstung der älteren Fahrzeuge ist nicht ganz einfach, das 16-seitige Technische Rundschreiben für den Boxster (6/01 4770 031 – Geänderte Abdichtung des Bremskraftverstärkers an der Spritzwand) enthält jedoch eine Anleitung (siehe auch www.101Projects.com).

Nachdem die Bremskraftverstärker-Druckstange abgebaut wurde, lösen wir die Unterdruckleitung auf der Vorderseite des Bremskraftverstärkers. Dann schrauben wir die beiden langen T45-Torx-Befestigungsschrauben des Verstärkers an der Spritzwand ab. An diesen Schrauben sind auch die Muttern des Hauptbremszylinders aufgeschraubt. Nach dem Lösen der Schrauben müsste sich der Bremskraftverstärker ganz einfach von der Spritzwand abheben lassen.

Den neuen Verstärker montieren wir in umgekehrter Reihenfolge. Sobald alle Einzelteile der Bremsanlage eingebaut sind, entlüften wir die Bremsen nach der Anleitung in Projekt 48.

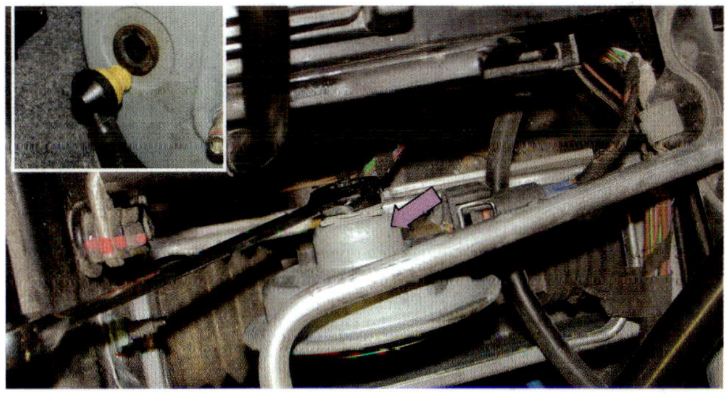

1 Um an das Verbindungsgestänge zwischen Bremspedal und Bremskraftverstärkersteller zu kommen, muss das Signalhorn (violetter Pfeil) abgeschraubt werden. Das kleine Bild zeigt den Anschlussstecker des Unterdruckschlauchs am Verstärker. Ziehen Sie vorsichtig an diesem Stecker, um ihn vom Verstärkergehäuse zu lösen.

2 Bremskraftverstärkerbetätigung und Pedaleriedruckstange werden mit einem Schraubenschlüsselpaar voneinander getrennt. Hier exemplarisch gezeigt an einem Boxster von Anfang 2000; bei späteren Modellen ist der Faltenbalg des Bremskraftverstärkers größer. Das Bild oben rechts zeigt den von der Pedalerie getrennten Verstärker. Die Pedaldruckstange (oben links) muss geändert werden, wenn der Bremskraftverstärker durch eine neuere Ausführung ersetzt werden soll.

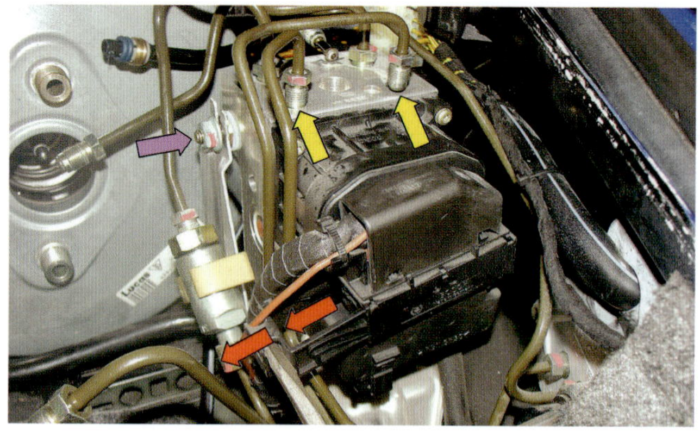

3 Hier sehen wir, was zum Ausbau des ABS-Steuergeräts abgeschraubt werden muss. Lösen Sie zuerst mit einem offenen Ringschlüssel die Hauptbremsleitungen (gelber Pfeil). Anschließend den Entriegelungsgriff der ABS-Kabelverbindung in Richtung der roten Pfeile ziehen und damit die Verbindung lösen. Zuletzt die ABS-Einheit von ihrem Halter abschrauben (der violette Pfeil zeigt auf einen der Befestigungspunkte).

4 Hier ist der vordere Kofferraum nach dem Ausbau von Hauptzylinder und ABS-Steuergerät zu sehen. Die Befestigungsschrauben des Bremskraftverstärkers an der Spritzwand wurden bereits gelöst und die Baugruppe kann herausgenommen werden. Das Bild unten rechts zeigt die Halterung des ABS-Steuergeräts, die ausgebaut werden muss, um den Bremskraftverstärker herausziehen zu können (Muttern lösen – gelbe Pfeile).

5 Hier sind der neue Bremskraftverstärker und der Hauptzylinder bereits wieder eingebaut. Entfernen Sie die Schutzkappen von allen Anschlussöffnungen, montieren Sie die ABS-Einheit und schließen Sie die Bremsleitungen wieder an. Entlüften der kompletten Brems- und Kupplungsanlage nicht vergessen (Projekt 48).

ABSCHNITT 8
FAHRWERK

Eines ist mit zunehmendem Fahrzeugalter praktisch unausweichlich: An den Fahrwerkskomponenten setzt unweigerlich der Verschleiß ein. Das Fahrgefühl wird zunehmend schwammiger – also das exakte Gegenteil dessen, was die Porsche-Konstrukteure ursprünglich beabsichtigten. Die Behebung dieser Alterserscheinungen ist relativ unkompliziert – meist müssen die Fahrwerkskomponenten ausgebaut, geprüft und je nach Bedarf als Ganzes erneuert werden. In diesem Kapitel befassen wir uns mit den Details der Fahrwerksüberholung beim Boxster sowie mit verschiedenen Projekten zur Fahrwerksoptimierung, die nebenbei mit erledigt werden können.

PROJEKT 58
Einstellen der Fahrwerksgeometrie

Zeit/Kosten/Talent: 2 Stunden / ca. 90 EUR / 🔧🔧🔧🔧🔧

Werkzeuge: Achsvermessungsgerät

Relevante Baujahre: Alle

Erforderliche Teile: –

Tipp: Diese Arbeiten sollten von einem Fachmann durchgeführt werden.

Arbeitsziel: Bessere Straßenlage und Spurtreue des Fahrzeugs

Ergänzende Arbeitsgänge: Erneuerung der Stoßdämpfer, Radlager, Spurstangenköpfe, Kugelgelenke und Reifen

Der Porsche Boxster ist weithin für seine gute Straßenlage und sein erstklassiges Fahrwerk bekannt. Präzises Handling und gutes Kurvenverhalten kommen allerdings nur zur Geltung, wenn die Achsgeometrie stimmt. Fünf verschiedene Einstellgrößen müssen bei einer ordnungsgemäßen Achseinstellung innerhalb der Sollgrenzen liegen: Sturz, Nachlauf und Spur (Vorspur) an den Vorderrädern sowie Sturz und Spur an den Hinterrädern. Beim Serien-Boxster können Spur und Nachlauf an der Vorder- und Hinterachse recht einfach geändert werden. Eine Einstellung des Nachlaufs ist möglich, wenn die Fahrwerkslenker gegen die bei den GT-Rennmodellen verwendeten Ausführungen getauscht werden. Anders als bei den älteren 911 ist zudem die Bodenfreiheit nicht mit den werkseitigen Fahrwerkskomponenten einstellbar. Um die Bodenfreiheit zu ändern, müssen Vorder- und Hinterachsfahrwerk auf ein voll einstellbares Coil-Over-Rennfahrwerk umgebaut oder ein Tieferlegungssatz montiert werden (siehe Projekt 60).

Eine falsche Fahrwerkseinstellung kann sich durch erheblichen Reifenverschleiß, unsichere Fahreigenschaften im Grenzbereich und erhöhten Verbrauch bemerkbar machen. Häufigstes Anzeichen einer verstellten Vorderachse ist die Tendenz des Fahrzeugs, beim Geradeausfahren zur Seite zu ziehen. Die Grundeinstellung der Vorspur kann zwar prinzipiell auch von Hobbyschraubern vorgenommen werden, generell sollten die Einstellungen jedoch vom Fachmann mithilfe von Achsvermessungsgeräten durchgeführt werden.

„Sturz“ beschreibt die Schrägstellung des Rades, gemessen in Grad Abweichung zwischen der Mittellinie des Reifens und der senkrechten Ebene des Fahrzeugs. Ist das Rad an seiner Oberkante nach innen geneigt, spricht man von negativem Sturz. Ist das Rad oben nach außen geneigt, handelt es sich um positiven Sturz. Beim Boxster sollte der Sturz bei den Europaversionen geringfügig negativ, bei den US-Versionen leicht positiv eingestellt sein. Bei älteren Exemplaren kann sich die Sturzgeometrie durch Verzug der tragenden Teile infolge Rost und Materialermüdung verändern und die Messwerte stimmen dann nicht mehr exakt. Bei Unfallfahrzeugen machen sich daraus resultierende Rahmenschäden an Achseinstellwerten bemerkbar, die außerhalb des Sollbereichs liegen.

An der serienmäßigen Vorderachse des Boxster kann der Sturz innerhalb enger Grenzen nachgestellt werden. Wer negativeren Sturz anstrebt (wie es zumeist im Motorsport nützlich ist), kann obere Federbeinstützlager aus dem Tuningzubehörhandel montieren, mit denen ein komplettes Grad mehr negativer Sturz eingestellt werden kann (Einzelheiten siehe Projekt 60). Ebenfalls überlegenswert ist der Einbau der unteren Diagonallenker des 996 GT3 – ein zweiteiliger Lenker, bei dem mithilfe von Einstellscheiben eine zusätzliche Sturzeinstellung möglich ist (siehe Abb. 8).

Auch ausgeschlagene Fahrwerksbuchsen können die Ursache von Abweichungen in der Achsgeometrie sein. Durch Alterung bzw. Verschleiß der Buchsen und Fahrwerkslager macht sich eine gewisse Weichheit im Fahrwerk bemerkbar, die Sollabweichungen bei den Achsvermessungswerten verursacht. Auch beim Tieferlegen des Boxster (z.B. durch Einbau von Aftermarket-Federbeinen) ändert sich die Achsgeometrie gegenüber den Werksvorgaben. Stellt der Achsvermesser fest, dass die eingestellten Werte außerhalb der Werkssollbereiche liegen und ist dies auch nicht auf einen Unfallschaden zurückzuführen, sind wahrscheinlich die einen oder anderen Fahrwerkskomponenten verschlissen und erneuerungsbedürftig (siehe Projekt 59). Wird ein Boxster mehr als ca. 25 mm tiefer gelegt, lässt sich die Hinterachsspur oft nicht mehr auf die Sollwerte einstellen, es sei denn, es werden einstellbare Spurstangen nachgerüstet. Die Serienversion bietet keine ausreichende Flexibilität für die erforderlichen Spur- und Sturzwerte, wenn sich die Bodenfreiheit um mehr als ca. 25 mm ändert.

Die Hinterräder sollten ab Werk auf geringfügig negativen Sturz (ca. 1,5°) eingestellt werden, da die Achslenker sich beim Beschleunigen unter Last etwas nach außen verwinden. Da eine Radhälfte fest auf dem Boden aufsteht, neigt das obere Ende des Rades dazu, sich nach außen zu verdrehen, sobald Kräfte angreifen. Eine leicht negative Hinterradsturzeinstellung bedeutet also, dass sie unter Last annähernd auf Sturz Null stehen.

Der Nachlauf bezeichnet den Winkel, um den die Lenkachse gegenüber der Senkrechten versetzt ist. Beim Boxster ist das Federbein nach hinten geneigt, so dass sich ein positiver Nachlauf ergibt. Der werksseitige Nachlauf sollte ca. 5° betragen. Die Größe des Nachlaufwinkels im Fahrwerk beeinflusst unmittelbar die Laufeigenschaften und Stabilität der Räder bei Geradeausfahrt. Da die Porsche-Hinterradaufhängung als Mehrlenkerkonstruktion mit großem eingebautem Nachlauf konzipiert ist, existiert zum Hinterachsnachlauf kein Sollwert. Nachlauf an der Vorderachse ist für die Stabilität bei hohen Geschwindigkeiten besonders vorteilhaft, da die Räder in ihre Spur und in Geradeausrichtung gezwungen werden. Soll der Nachlauf an der Vorderachse verringert werden, müssen die Vorderachslenker des GT3 eingebaut werden, die ein Variieren des Nachlaufwinkels ermöglichen (siehe Abb. 9).

Der Spurwinkel bezieht sich auf den Winkel der beiden Räder zueinander. „Vorspur" bedeutet, dass die Vorderkanten der Räder enger beieinander stehen als die Hinterkanten. Die Vorspur kann durch Änderung der Länge der Spurstangen eingestellt werden (siehe Projekt 59). Bei heckgetriebenen Fahrzeugen wie dem Boxster gehen die Räder unter Last mitunter in eine Nachspurstellung über. Durch die Einstellung der Räder auf eine geringfügige Vorspur lässt sich dieser Effekt ausgleichen. Nachspur entsteht, wenn die Vorderkanten der Räder weiter auseinander liegen als die Hinterkanten. Eine gewisse Nachspur ist beim Kurvenfahren notwendig, da der Einlenkwinkel des kurveninneren Rades größer als der des kurvenäußeren Rades sein muss. Die Hinterachsspur sollte möglichst genau auf Null eingestellt werden.

Auf welche Werte sollte Ihr Porsche also eingestellt werden? Wer Motorsportambitionen hegt, wird auf nicht serienmäßige Fahrwerkskomponenten zurückgreifen müssen und wahrscheinlich den größtmöglichen nach dem Rennreglement zulässigen negativen Sturz einstellen. Dies rührt daher, dass das Fahrzeug in Kurven eine Geradeauslauftendenz zeigt, und zudem ist in Kurven eine möglichst große Reifenaufstandsfläche wünschenswert. Bei einer negativen Sturzeinstellung wird durch diese negative Grundeinstellung die Tendenz neutralisiert, dass der Sturz in Kurven in eine leicht positive Einstellung übergeht. Weit verbreitet ist auch der Glaube, dass extremer Nachlauf für den Rennsport vorteilhaft ist. Größerer Nachlauf kann das Handling zwar durchaus verbessern, wird der Nachlauf aber zu groß, verschlechtern sich die Rundenzeiten wiederum. Wird bei einem heckgetriebenen Fahrzeug mit einwandfreier Radlastenabstimmung der Nachlauf zu groß gewählt, verlagern sich die Lasten zu den äußeren Vorder- und inneren Hinterrädern auf die entgegengesetzten Ecken des Fahrzeugs. Bei der Fahrwerkseinstellung ist also der Fachmann gefragt, und das typische „Schrauberlatein" über die Fahrwerksgeometrie ist mit Vorsicht zu genießen. Eigene Recherchen sind hier unverzichtbar.

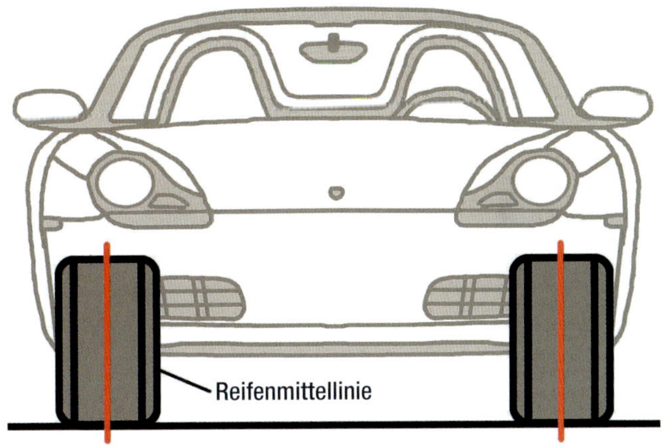

1 Sturz Null. Ist das Fahrzeug auf Sturz Null eingestellt, stehen die Räder exakt im rechten Winkel zum Boden. Die Reifen haben gleichmäßigen Fahrbahnkontakt und Verschleiß und Reibung beim Kurvenfahren sind minimiert. Das Fahrzeuggewicht verteilt sich gleichmäßig auf das Reifenprofil, die Lenkkräfte können jedoch zunehmen. Die Reifengrößen sind zur Veranschaulichung maßstäblich verkleinert und die Sturzwinkel übertrieben dargestellt.

2 Negativer Sturz. Die Reifen sind an ihrem unteren Ende nach außen geneigt, was erhöhten Verschleiß an der Profilinnenkante bedeutet. Der Boxster hat eine Einzelradaufhängung, wodurch beim Überfahren von Bodenunebenheiten ein leicht negativer Sturz entsteht. Beim Einfedern der Federung neigt sich das Rad leicht nach innen und eine Änderung der Spurweite (Abstand zwischen linkem und rechtem Rad) wird damit vermieden. Dadurch verändert sich kurzzeitig der Sturz, dies verhindert beim Überfahren von Bodenunebenheiten aber Radieren und Abrieb der Reifen.

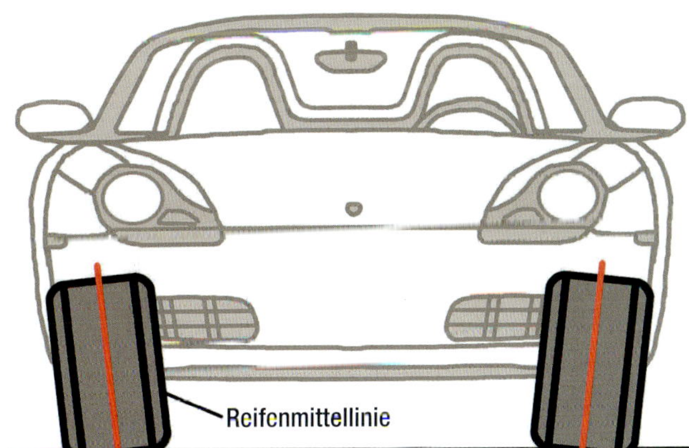

3 Positiver Sturz. Dabei können die äußeren Reifenprofilkanten stärker verschleißen als die inneren. Ein werksseitig eingestellter positiver Sturz soll höhere Stabilität beim Überfahren von Fahrbahnunebenheiten oder in Kurven auf den typischerweise zur Fahrbahnmitte hin leicht überhöhten Straßenoberflächen bieten.

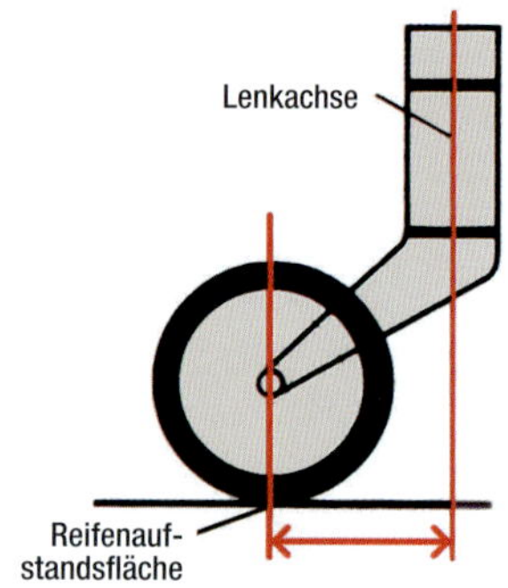

4 **Positiver Nachlauf.** Das Prinzip des positiven Nachlaufs lässt sich an den Rädern eines Einkaufswagens veranschaulichen. Die Lenkachse der Räder befindet sich vor dem Reifenaufstandspunkt. Die Last des Einkaufswagens greift vor den Rädern an und bei der Vorwärtsbewegung des Wagens drehen sich die Räder auf ihrer Achse und folgen der Richtung des Einkaufswagens. Dieser Eigenstabilisierungseffekt hält die Räder in der Geradeausrichtung, solange sie nicht durch entsprechenden Kraftaufwand in eine andere Richtung gelenkt werden.

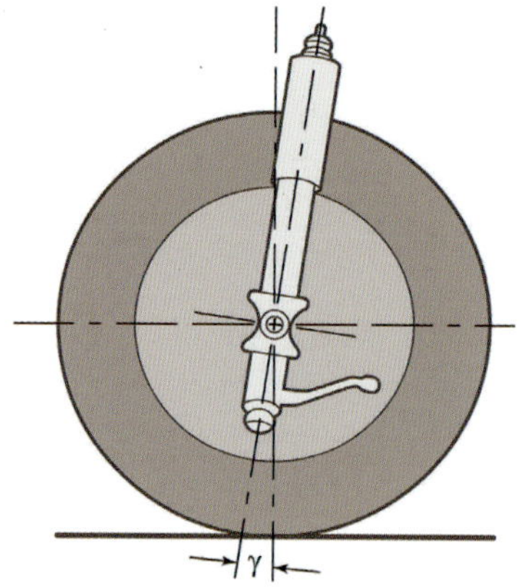

5 **Positiver Nachlauf.** Alle Boxster sind auf leicht positiven Nachlauf eingestellt. wodurch das Fahrzeug bei Geradeausfahrt eine gewisse Eigenstabilität erhält. Durch die Neigung des Federbeins nach hinten werden die Lenkachse und die Radlast vor die eigentliche Reifenaufstandsfläche verlagert. Wie beim Beispiel des Einkaufswagens bewegt sich das Fahrzeug stabil und geradlinig vorwärts, bis die Räder in eine andere Richtung gelenkt werden. Die Mehrlenker-Hinterachse des Boxster weist konstruktiv bedingt einen großen positiven Nachlauf auf.

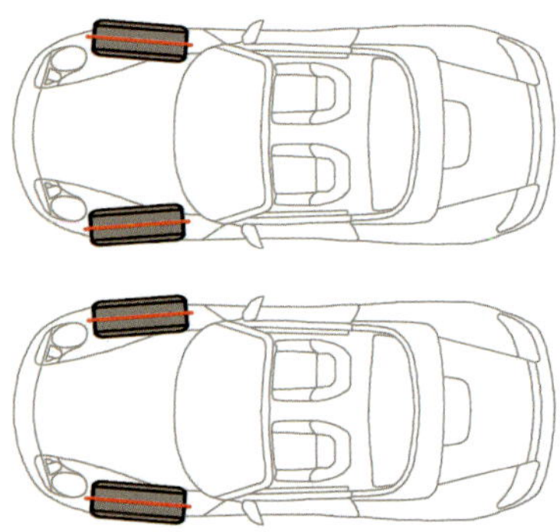

6 **Vorspur und Nachspur.** Die Spureinstellung der Vorderachse beschreibt den Winkel, in dem die beiden Räder zueinander stehen. Hohe Vor- oder Nachspurwerte führen zu extremem Reifenverschleiß, da die Reifen sich permanent zueinander hin (Vorspur) oder voneinander weg (Nachspur) bewegen wollen. Dies verursacht erhebliche Reibung an den Reifen, außerdem steigt der Verbrauch deutlich.

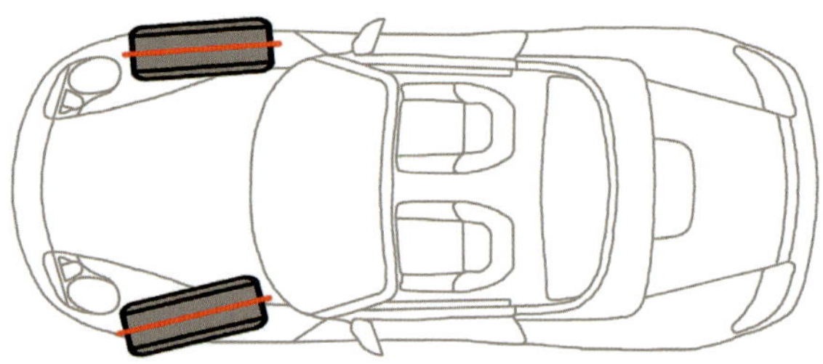

7 **Nachspur beim Kurvenfahren (Spurdifferenzwinkel).** Beim Kurvenfahren beschreiben die inneren Räder einen engeren Lenkradius als die äußeren. Dies ist notwendig, damit die Räder um denselben gedachten Punkt gelenkt werden können, ohne dass es zu Reifenverschleiß kommt. Das äußere Rad wird in einem weniger scharfen Winkel eingelenkt als das innere Rad. Dadurch minimiert sich das Radieren der Reifen beim Kurvenfahren.

8 Eine präzise Achsvermessung und Einstellung der Achsgeometrie ist nur auf einem Achsprüfstand in einer Fachwerkstatt möglich. Do-it-yourself führt bei einem Porsche nicht zuverlässig zum Ziel. Gerade beim Boxster müssen sehr viele Werte vermessen und präzise eingestellt werden, daher sollten Sie einen Fachmann hinzuziehen, der sich mit diesen Modellen auskennt. Das kleine Bild zeigt die Radlastenabstimmung an unserem Projekt-Boxster auf einer Wiegevorrichtung. Dabei wird das Fahrzeuggewicht zwischen den Ecken des Fahrzeugs hin- und herverlagert, bis die optimale Abstimmung ermittelt ist. Eine Veränderung dieser Abstimmung lässt sich üblicherweise erreichen, indem die Federhöhe um minimale Beträge vergrößert bzw. verringert wird.

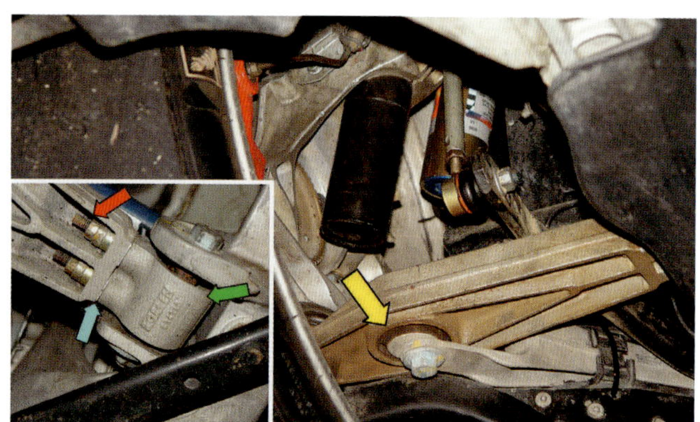

9 Das Bild zeigt die Unterseite eines Porsche-Cup-Rennwagens mit voll verstellbarem Fahrwerk, insbesondere die verstellbaren GT3-Diagonallenker. Der Nachlauf wird an einer Exzenterschraube am Diagonallenker (gelber Pfeil) eingestellt. Das kleine Bild zeigt das entgegengesetzte Ende des Lenkers, der zweiteilig ist und je nach gewünschtem zusätzlichem Sturz mithilfe von Einstellscheiben verkürzt oder verlängert werden kann (blauer Pfeil). Der grüne Pfeil zeigt auf den kleineren inneren Teil des Lenkers, der rote Pfeil zeigt die in den äußeren Lenkerteil eingeschraubten Stiftschrauben. Durch Hinzufügen oder Wegnehmen von Einstellscheiben zwischen beiden Schrauben kann der Sturz vergrößert oder verringert werden.

PROJEKT 59
Überholen der Radaufhängung

Zeit/Kosten/Talent: 20 Stunden / ca. 180 bis 2700 EUR /

Werkzeuge: Schlanke Schraubenschlüssel, Spurstangenkopfabdrücker, Torx-Schraubendrehersatz

Relevante Baujahre: Alle

Erforderliche Teile: Diagonallenker, Querlenkeraufnahmen und Buchsen, Spurstangen und Faltenbälge, Stabilisatorbuchsen und Gehänge (Koppelstangen)

Tipp: Bei einer vollständigen Überholung der Radaufhängung sollte alles erneuert werden, was verschleißen oder ausschlagen kann.

Arbeitsziel: Straffes, agiles Handling

Ergänzende Arbeitsgänge: Erneuerung der Stoßdämpfer und Federn

Verschleiß kann sich an zahlreichen Buchsen an der Radaufhängung des Boxster einnisten, die bei hoher Kilometerleistung durch zunehmendes Spiel auffallen. Vibriert die Lenkung beim Fahren, sind mit größter Wahrscheinlichkeit etliche Vorderachskomponenten erneuerungsbedürftig. Die verschleißgefährdeten Teile sollten ca. alle 120.000 bis 160.000 km erneuert werden. Durch diese vorbeugenden Maßnahmen erhalten Sie sich das präzise, agile Fahrverhalten Ihres Porsche. Das Augenmerk sollte bei der Achsüberholung insbesondere vier Bauteilen gelten: Achslenker bzw. Diagonallenker, Kugelgelenke, Stabilisatorbuchsen und Spurstangen. Beim Boxster ist die Hinterachsaufhängung ähnlich wie die Vorderachsaufhängung aufgebaut; die Arbeitsgänge beim Erneuern sind nahezu identisch. Reparatursätze werden nicht nur von Porsche, sondern auch von verschiedenen freien Anbietern vertrieben.

Spurstangen. Mit am häufigsten steht die Erneuerung der Spurstangen an. Sie sind an beiden Enden mit je einem Kugelkopf bestückt. Sind die Kugelköpfe ausgeschlagen, wird das präzise Lenken unmöglich und die Vorderräder fangen an zu flattern; auch die Achseinstellung stimmt dann häufig nicht mehr. Vibrationen im Lenkrad sind mitunter ebenfalls auf ausgeschlagene Spurstangenköpfe zurückzuführen.

Die Erneuerung der Spurstange ist relativ einfach – mit den richtigen Werkzeugen. Jede Spurstange ist im Radnabenträger in einem Konussitz montiert. Die Spurstange ist also im Achsträgerarm eingepresst und lässt sich nicht ohne Spezialwerkzeug ausbauen. Am besten eignet sich hierfür ein Spurstangenausdrücker (Ausdrückgabel). Widerstehen Sie der Versuchung, das Spurstangenende mit Hammerschlägen zu bearbeiten, da sich bei einer solchen Behandlung lediglich die Spurstange oder der Achsträger verzieht oder Schaden nimmt.

Drehen Sie zuerst die selbstsichernde Mutter mit einem Torx-Steckschlüssel los (Abb. 2). Setzen Sie die Gabel des Ausdrückers zwischen Achsträgerauge und Spurstangenkopf an und schlagen Sie mit einem kräftigen Hammer mehrmals auf den Kopf des Ausdrückers (Abb. 3). Die keilförmige Gabel des Ausdrückers drückt dann den Kugelkopf aus seinem Sitz.

Nachdem die Spurstangenköpfe getrennt wurden, nehmen Sie die Halteschellen der Faltenbälge an Spurstangen und Lenk-

1 Ein Großteil der Vorderradaufhängung verbirgt sich unter einer Kunststoff-Unterbodenwanne. Bauen Sie diese Wanne vor Arbeiten an der Vorderachse ab. Die Wanne ist mit Metallklammern (die abgehebelt werden müssen) und Kunststoffmuttern (die herausgedreht werden – siehe unten rechts) befestigt. Unten links sind die beiden Querstreben zu sehen, die zum Ausbau des Stabilisators gelöst und zur Seite geschwenkt werden müssen.

2 Zum Ausbau/Einbau der Spurstange muss der innere Kugelkopf mit einem Torx-T30-Schraubendreher gegengehalten und die Mutter losgedreht werden. Danach kann der Spurstangenkopf mit einem Ausdrücker vom Radträger getrennt werden (siehe Abb. 3).

3 Die Lenkspurstangen werden ähnlich wie die Spurstangenköpfe demontiert. Mit dem Ausdrücker lassen sich die Spurstangenköpfe aus dem Federbein heraushebeln. Aber Vorsicht beim Ausbau: Der Gummifaltenbalg kann sehr leicht einreißen. Soll die Spurstange sowieso komplett getauscht werden, spielt dies freilich keine Rolle. Auch ein Kugelkopfabzieher (siehe Projekt 40, Abb. 4) eignet sich für den Ausbau.

zahnstange ab. Nun liegt die offene Lenkzahnstange vor Ihnen. Achten Sie sehr sorgfältig darauf, dass bei den weiteren Arbeiten kein Schmutz oder Fremdkörper an die Zahnstange gelangen. Jetzt müssen wir die alte Spurstange vom Lenkgetriebe abschrauben – was allerdings einfacher klingt, als es ist. Die alte Spurstange sitzt oft extrem fest am Lenkgetriebe und lässt sich nur mit erheblichem Kraftaufwand lösen. Es gibt dafür Spezialschlüssel, manch einer schafft es aber sogar mit „Engländer" oder Rohrzange zerstörungsfrei.

Vor dem Einbau der neuen Spurstange legen wir Alt- und Neuteil nebeneinander auf der Werkbank aus und stellen die neue Spurstange so ein, dass die Länge vom Spurstangenkopf bis zum Befestigungspunkt am Lenkgetriebe der des Altteils entspricht. Die Länge der Spurstangen sollte beim Tausch möglichst identisch sein, damit sich die Achseinstellung möglichst wenig verändert (Abb. 4). Die Vorderachse muss zwar trotzdem neu vermessen werden, es ist aber sinnvoll, wenn die Einstellung von vornherein möglichst näherungsweise stimmt, damit die Fahrt zur Einstellwerkstatt verkehrssicher erfolgen kann. Zeichnen Sie die Einbaulage des Spurstangenkopfes auf der neuen Spurstange an (weiße Tipp-ex-Flüssigkeit hat sich dafür bewährt) und montieren Sie ihn dann wieder ab. Vorläufig bauen wir den neuen Spurstangenkopf noch nicht ein.

Bevor die neue Spurstange am Lenkgetriebe eingeschraubt wird, bestreichen wir die Gewinde mit einigen Tropfen Gewindesicherungsflüssigkeit (z.B. Loctite). Nach dem Einschrauben ziehen wir den Spurstangenkopf mit einer großen Gripzange oder Rohrzange fest. Ein normaler Schraubenschlüssel findet kaum richtig Halt, und der dünne Spezialschlüssel zum Festziehen des Spurstangenkopfes fehlt wahrscheinlich in der Werkzeugkiste. Das Anzugsmoment beträgt 80 Nm.

Ist die Spurstange richtig festgeschraubt, schieben wir den Gummifaltenbalg über die Spurstange und auf die Lenkzahnstange auf. Der Spurstangenkopf muss zum Aufziehen des Faltenbalgs abgeschraubt werden. Mit Zange und Schraubendreher wird der Faltenbalg an beiden Enden aufgeschoben. Nachdem der Faltenbalg korrekt sitzt, bringen wir an beiden Enden des Faltenbalgs eine Schelle an und befestigen ihn am Lenkgetriebegehäuse.

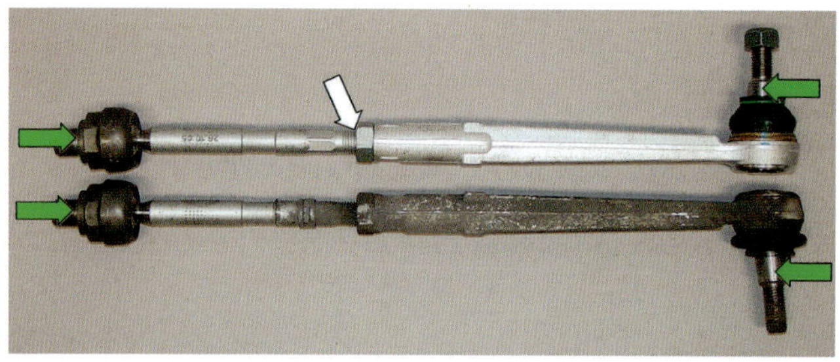

4 Vor dem Einbau der neuen Spurstangen sollte ihre Länge möglichst exakt auf die Länge der Altteile voreingestellt werden (der Abstand zwischen den grünen Pfeilen sollte identisch sein). Vergleichen Sie die Länge der Teile auf der Werkbank und markieren Sie die Einschraubposition des Spurstangenkopfes mit Tipp-ex-Flüssigkeit (kleiner weißer Pfeil). Schrauben Sie die neuen dann möglichst genau gleich weit ein wie die alten Teile. Damit stimmt die Spureinstellung zumindest näherungsweise. Eine genaue Achsvermessung ist trotzdem notwendig, die Fahrt zur Werkstatt kann aber zumindest sicher erfolgen.

Der Faltenbalg ist nun montiert und wir können den Spurstangenkopf endgültig einbauen. Die Länge des Kopfes muss dem am alten Kopf gemessenen Maß entsprechen. Stellen Sie den Spurstangenkopf auf der Spurstange anhand der zuvor durch Vergleich mit dem alten Spurstangenkopf angebrachten Markierung ein. Beim Festziehen des Spurstangenkopfes am Radträger ist ein Anzugsmoment von 50 Nm einzuhalten.

Zuletzt wird die neue Spurstange am Diagonallenker befestigt. Dann wiederholen wir den kompletten Vorgang auf der anderen Fahrzeugseite.

Danach geht es sofort zu einer Achsvermessungswerkstatt, denn die Spureinstellung kann sich beim Wechsel der Spurstangen sehr leicht verstellt haben. Sind noch andere Arbeiten an der Vorderachse geplant, die sich auf die Achsgeometrie auswirken, wäre jetzt der beste Zeitpunkt dafür, da die Achse hinterher ja ohnehin neu vermessen werden muss.

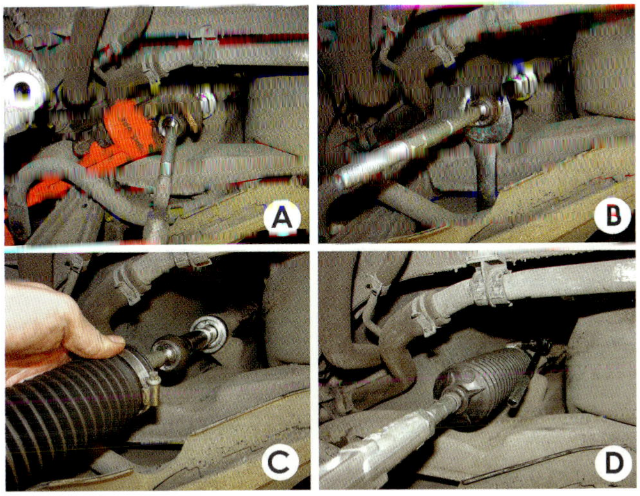

5 Diese Bilderfolge zeigt die Einzelschritte beim Wechsel der Spurstangen. **A:** Mit einer Rohrzange lassen sich die Spurstangen sehr gut lösen, vor allem bei beengten Platzverhältnissen wie im Boxster. **B:** Die neuen Spurstangen werden in die Lenkzahnstange eingeschraubt. Das vorgeschriebene Anzugsdrehmoment lässt sich ohne das spezielle Einbauwerkzeug allerdings kaum exakt einhalten. Etwas Gewindesicherungsflüssigkeit auf die Gewindegänge (siehe Abb. 6) und mit der Rohrzange so fest wie möglich anziehen. **C:** Faltenbalg und Schellen vormontieren und auf die Spurstange aufschieben. **D:** Die Originalschellen sind schwierig zu montieren und anscheinend wohl für die Montage im Werk gedacht, wenn alle Bereiche bequem zugänglich sind. Für Reparaturfälle empfehlen sich daher normale Schlauchschellen, die sich praktischer und bequemer festziehen lassen.

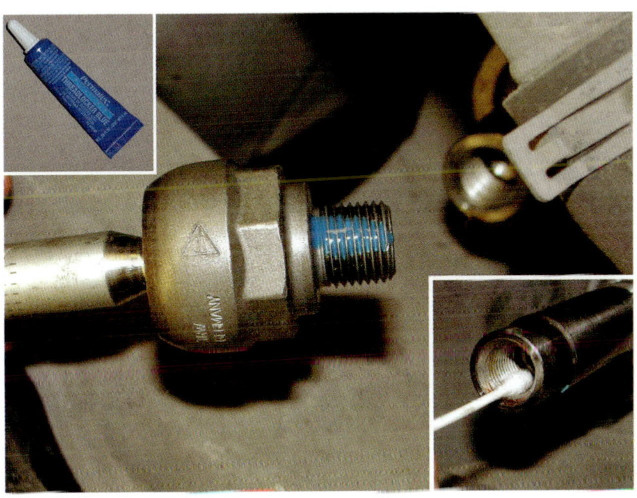

6 Bei vielen Fahrzeugen sollen Sicherungsbleche ein Losdrehen der Spurstange aus der Lenkzahnstange verhindern. Beim Boxster fehlen diese, weshalb etwas flüssige Gewindesicherung (z.B. Loctite) auf den Gewindegängen der Spurstangen ratsam ist. Innenflächen der Lenkzahnstange gründlich reinigen (Bremsenreiniger), bevor die mit Gewindesicherung bestrichenen Spurstangen eingeschraubt werden.

Querlenker/Diagonallenker. Beim Boxster bilden zwei separate Bauteile eine Art Dreieckslenker, der vier Gelenke besitzt: zwei Kugelgelenke, einen mittigen Verbindungspunkt und eine Gummibuchse. Viele Fahrwerksprobleme lassen sich auf ausgeschlagene Gelenke oder Buchsen an den Diagonallenkern/Querlenkern zurückführen. „Rütteln" im Lenkrad bei höheren Geschwindigkeiten ist ein sicheres Indiz für Verschleiß in den Lenkerbuchsen, verschlissene Kugelgelenke oder gar für einen verzogenen Lenker.

Die Kugelgelenke am unteren Ende des Federbeins und am rahmenseitigen Ende des Diagonallenkers ermöglichen die Schwenk- und Drehbewegung der Vorderachskonstruktion, wenn der Diagonallenker Dreh- und Schwenkbewegungen ausführt und die Radaufhängung sich auf- und abbewegt. Natürlich setzt hier unweigerlich Verschleiß ein und eine Erneuerung ca. alle 160.000 km (bzw. sobald sich das Fahrwerk etwas schwammig anfühlt) ist durchaus sinnvoll.

Beide Kugelgelenke sind Teil der Lenker und nicht separat auswechselbar (es muss jeweils der komplette Lenker erneuert werden). Zum Ausbau des Diagonallenkers muss das innere Kugelgelenk gelöst und dann der Befestigungspunkt am Querlenker getrennt werden (siehe Bilder).

Zum Ausbau des Querlenkers muss der Radträger vom Querlenker (der mit dem äußeren Kugelgelenk befestigt ist) und vom Diagonallenker getrennt werden. Die Mutter am äußeren Kugelgelenk ist am unteren Teil des Federbeins bequem zugänglich. Das Kugelgelenk sitzt in einem Konus (ähnlich wie die Spurstangenköpfe). Das Kugelgelenk ist also fest im Träger eingepresst und lässt sich nicht ohne Spezialwerkzeug ausbauen. Am besten eignet sich für die Demontage die bereits erwähnte Ausdrückgabel. Der Einbau des neuen Kugelgelenks am Querlenker ist einfach – setzen Sie ihn in seine Aufnahmebohrung ein und ziehen Sie die Mutter von oben her an. Die Bilderfolge zeigt im Detail, welche Bauteile beim Teiletausch demontiert werden müssen.

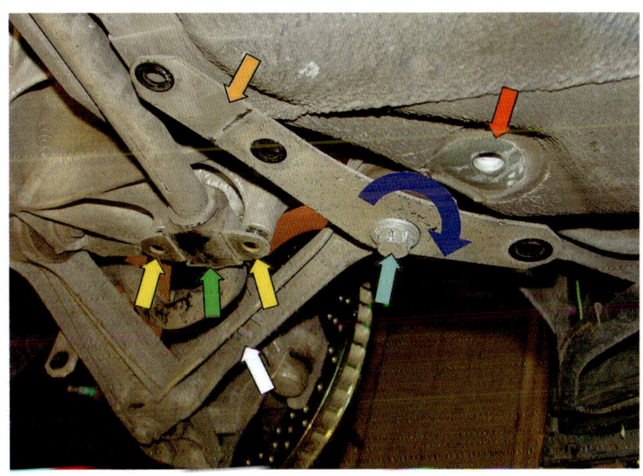

7 Der vordere Diagonallenker (weißer Pfeil) ist an der bogenförmigen Platte (oranger Pfeil) befestigt, die mit der Rahmenunterseite verschraubt ist. Zum Lösen des Diagonallenkers und Ausbau der Stabilisatorbuchse (grüner Pfeil) drehen wir die beiden Schrauben beidseits der Stabibuchse (gelbe Pfeile) und die große hintere Schraube (roter Pfeil) heraus. Die durch den hellblauen Pfeil markierte Schraube braucht nicht gelöst zu werden. Anschließend kann die Bogenplatte beiseitegedreht werden (dunkelblauer Pfeil)

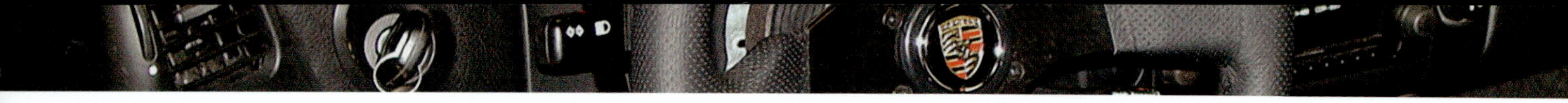

Stabilisatorbuchsen. Mit zunehmendem Alter macht sich Verschleiß in den Fahrwerksbuchsen des Boxster bemerkbar, vor allem in den Stabilisatorbuchsen.

Erste Aufgabe beim Ausbau der Buchsen ist die Kontrolle, ob sie wirklich erneuerungsreif sind. Prüfen Sie sie eingehend auf Risse und darauf, ob sie am Innendurchmesser stramm am Stabilisator anliegen. Ist kein Verschleiß erkennbar, bestreichen wir das Buchseninnere mit etwas Lithiumfett. Verschleiß bedeutet unweigerlich eine neue Buchse!

Der Austausch der Buchsen ist unkompliziert. Am angehobenen Fahrzeug (Vorderräder sind abgenommen) lösen wir den Halter der Stabilisatorbuchse (siehe Abb. 7). Stabi und Buchse müssten sich dann etwas absenken lassen, wenn Sie beide Seiten zugleich losschrauben.

Die neuen Ersatzbuchsen sind mittig geteilt, lassen sich also problemlos auf den Stabi und in den Halter schieben (siehe Abb. 9). Nehmen Sie die alten Buchsen heraus und schieben Sie die neuen ein (Innenflächen vor dem Einbau mit etwas Lithiumfett bestreichen).

Auch die Stabilisatorgehänge sind häufig ein Kandidat für eine Erneuerung. In den Gehängen sitzen oben und unten kleine Kugelgelenke, die am Federbeindom und Stabi angelenkt sind. Drehen Sie die Muttern an den beiden Kugelgelenken ab. Aufgrund der geringen Größe der Kugelgelenke ist meist ein besonders dünner Gabelschlüssel zum Lösen der Haltemutter notwendig (siehe Abb. 8). Zum Einbau müssen die neuen Gehänge lediglich angeschraubt und dabei der Kugelkopf mit dem dünnen Schlüssel gegen Mitdrehen gesichert werden. Die Erneuerung der Hinterachs-Stabibuchsen erfolgt auf praktisch gleiche Weise wie an der Vorderachse.

Beim Wechsel von Fahrwerksteilen sollten stets werksoriginale neue Befestigungsteile verwendet werden. Die meisten Schrauben und Muttern rund um die Vorderradaufhängung sind mit Sicherungsflüssigkeit auf den Gewinden vorbehandelt. Werden die Altteile weiterverwendet, könnten diese sich später im Fahrbetrieb lösen (mit allen potenziell verheerenden Konsequenzen).

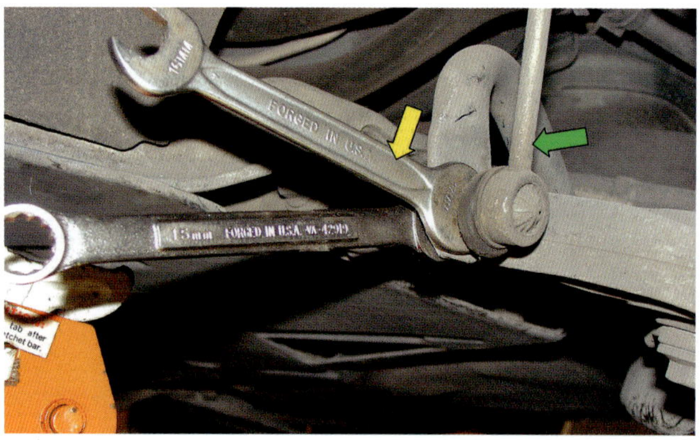

8 Der Ausbau der Gehänge (grüner Pfeil) ist nicht ganz einfach, da sich das Kugelgelenk oben am Gehänge mitdrehen kann, wenn die äußere Mutter losgedreht wird. In diesem Fall muss das Kugelgelenk beim Losdrehen der Mutter mit einem dünnen Schraubenschlüssel (gelber Pfeil) blockiert werden. Derartige Gabelschlüsselsätze gibt es speziell für Einsatzbereiche, bei denen die normalen Schlüssel zu dick sind.

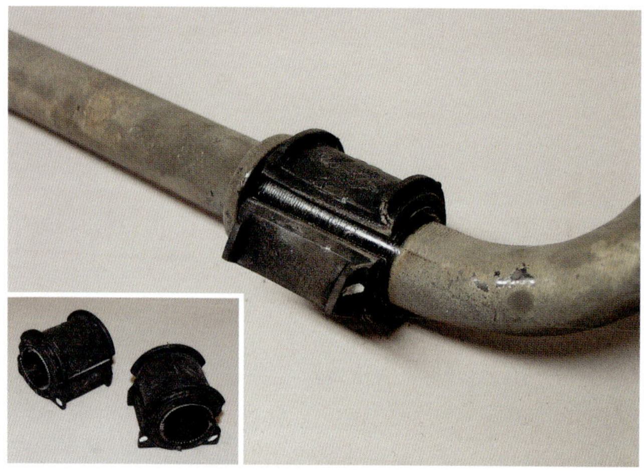

9 Guter Zustand der Stabilisatorbuchsen ist eine Grundvoraussetzung für gute Straßenlage. Bei einer Generalüberholung der Vorderradaufhängung sollten alle Stabibuchsen sowie die Gehänge erneuert werden. Die Buchsen sind mittig geschlitzt, so dass sie problemlos vom Stabi abgehebelt bzw. auf ihn aufgeschoben werden können.

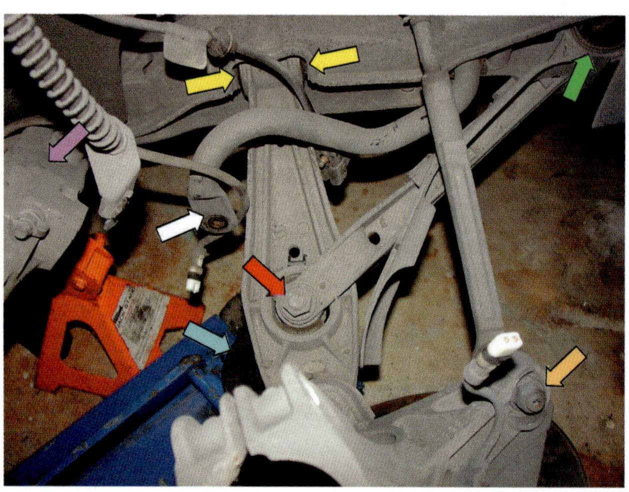

10 So sieht die Vorderradaufhängung von oben aus. Der Frontstoßdämpfer wurde ausgebaut, also trägt der Rangierwagenheber (blauer Pfeil) die Last der Achse. Der Bremssattel ist am Draht links beiseitegehängt (violetter Pfeil). Der orange Pfeil zeigt auf den Befestigungspunkt der Spurstange am Radträger. Beim Ausbau der Stoßdämpfer muss die Hauptbefestigungsschraube des Querlenkers am Rahmen (gelber Pfeil) gelöst werden. Aber nicht ganz herausdrehen – es ist nur genug Spiel nötig, um die Konstruktion absenken und die Stoßdämpfer herausziehen zu können. Der Diagonallenker ist mittig am Querlenker (roter Pfeil) und an der Bogenplatte aus Abb. 7 (grüner Pfeil) befestigt. Außerdem ist hier der Stabilisator (weiß) zu sehen, der bereits von seinen Gehängen (nicht abgebildet) getrennt wurde. Und denken Sie daran: Querlenkerschraube (gelbe Pfeile) erst festziehen, wenn der Wagen wieder auf dem Boden steht. Wird sie schon vorher festgezogen, steht die Buchse im Fahrbetrieb ständig unter Spannung und verschleißt vorzeitig.

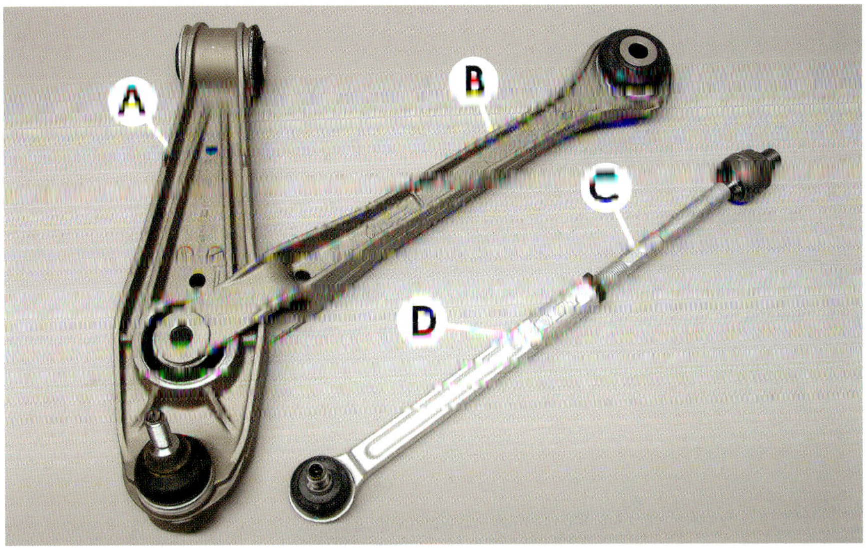

11 Die Hauptbestandteile der Vorderradaufhängung am Boxster. **A:** Der Querlenker stützt den Radträger ab, der den Stoßdämpfer umschließt und das Radlager aufnimmt. **B:** Der Diagonallenker begrenzt die Querlenkerbewegung, so dass dieser überwiegend Auf- und Abbewegungen ausführt. **C:** Die innere Spurstange ist am Lenkgetriebe befestigt und mit der äußeren Spurstange (D) verbunden. Durch die Änderung der Länge der kompletten Spurstange (C und D zusammen) ändert sich die Spureinstellung auf der entsprechenden Fahrzeugseite (siehe Projekt 68). **D:** Die äußere Spurstange ist mit dem Radträger verbunden und überträgt die Lenkbewegung vom Lenkgetriebe auf den Radträger.

12 Beim Boxster zwar selten, aber auch die Hardyscheibe der Lenksäule kann altern und verschleißen. Derzeit (2015) lässt sich diese Gelenkscheibe nur durch Tausch der kompletten Lenksäule erneuern (sehr teuer). Sobald sich bei entsprechendem Fahrzeugalter Ersatzbedarf einstellt, dürften aber sicher passende Aftermarket-Reparaturteile im Handel auftauchen.

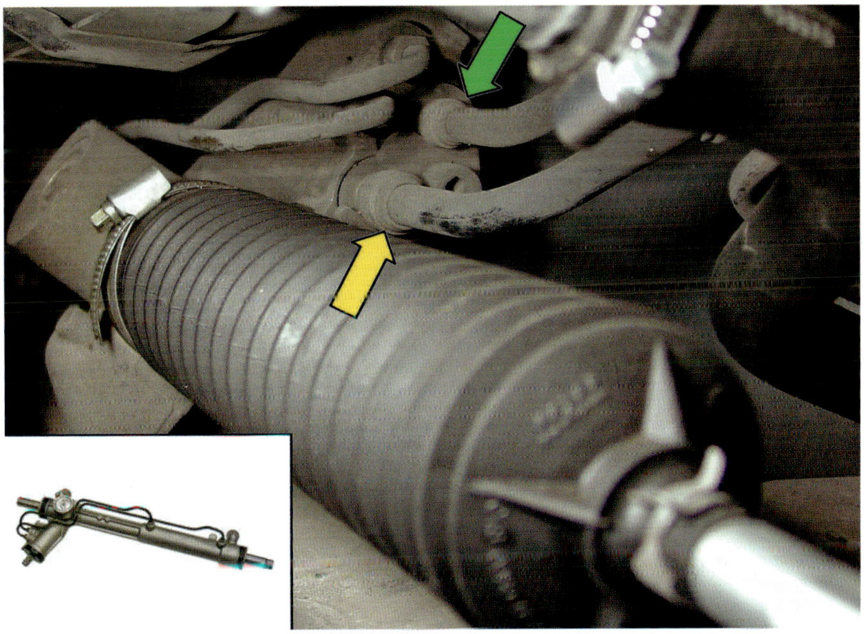

13 Der Unterschied zwischen einem neuen und einem alten Lenkgetriebe ist fast wie Tag und Nacht. Das kleine Bild zeigt ein originales Porsche-Tauschlenkgetriebe. Verschleißt das Lenkgetriebe, wird das Lenkgefühl zunehmend unpräzise. Auch undichte Lenkgetriebe, deren Servolenkflüssigkeit sich in Flecken auf dem Garagenboden wiederfindet, sind keine Seltenheit. Manchmal sind allerdings nur die Lenkservoleitungen undicht und erneuerungsbedürftig, nicht das teure Lenkgetriebe (grüner Pfeil = Druckleitung; gelber Pfeil = Rücklaufleitung). Kontrollieren Sie Lenkgetriebe und Leitungen sorgfältig, bevor Sie in ein überholtes Lenkgetriebe investieren. Vor allem an den Zahnstangenenden kann es zu Undichtigkeiten kommen. Fließt nach dem Auftrennen des Faltenbalgs viel Lenköl aus, dürften die Dichtringe an den Zahnstangenenden verschlissen sein und das Getriebe muss aufgearbeitet oder erneuert werden. Allerdings werden keine Reparaturteile für das Lenkgetriebe angeboten, sondern es muss an den Hersteller eingesandt werden.

PROJEKT 60
Sportfahrwerk/Tieferlegen des Boxster

Zeit/Kosten/Talent: 25 Stunden / ca. 3000 EUR / 4 Schraubenschlüssel

Werkzeuge: Bilstein-Höheneinstellwerkzeug

Relevante Baujahre: Alle

Erforderliche Teile: Sportfahrwerk PSS oder PSS9

Tipp: Der PSS-Umbausatz bietet ein hervorragendes Preis-Leistungs-Verhältnis für alle, die auf ein sportliches und tiefergelegtes Fahrwerk Wert legen.

Arbeitsziel: Härteres Fahrwerk, straffere Straßenlage

Ergänzende Arbeitsgänge: Erneuerung der Fahrwerksbuchsen

Stoßdämpfer und Federn. Der PSS-Fahrwerkssatz von Bilstein zählt zu den besten für den Boxster erhältlichen Gewindefahrwerkssätzen. Dieser Satz besteht aus zwei Stoßdämpfer-/Federbeinpaketen für die Vorderachse und zwei Stoßdämpfer-/Federbeinpaketen für die Hinterachse. Vorder- und Hinterradfedern können problemlos auf die gewünschte Fahrwerkshöhe verstellt werden. Der PSS-Kit lässt sich ohne weitere Umbauten direkt in allen Boxstern nachrüsten und ist in zwei Varianten lieferbar. Der PSS-Kit wird mit verstellbaren Federaufnahmen für die Höhenverstellung an Vorder- und Hinterachse geliefert. Der PSS9-Kit entspricht dem PSS, enthält zusätzlich aber vier Stoßdämpfer mit einfach verstellbarer Dämpfungskennung. Der Einbau ist nicht komplizierter als der Einbau der Serienstoßdämpfer und neuer Federn (siehe Projekt 63). Dieser Einbausatz wird von Bilstein laufend weiterentwickelt; in diesem Zuge wird der PSS9 durch den PSS10-Kit abgelöst, der dem PSS9 aber in Lieferumfang und Leistungsniveau weitgehend entspricht. Außerdem liefert Bilstein für den Boxster den Damptronic-Kit mit elektronisch regulierter Dämpfungseinstellung.

Nach dem Einbau des PSS-Kit ist eine komplette Achsvermessung notwendig. Aufgrund der Konstruktion der Vorderradaufhängung ändern sich die Einstellwerte, wenn das Fahrzeug gegenüber der Werkseinstellung tiefergelegt wird (Einzelheiten siehe Projekt 58). Außerdem kann es beim Tieferlegen des Boxster bei der Montage breiterer Räder und Reifen zu Komplikationen mit dem Freigang im Radhaus kommen. Bevor Sie also Ihr Fahrwerk bis an die Grenzen belasten, sollten Sie sich vergewissern, dass für Reifen und Räder noch genug Freiraum bleibt.

Stabilisatoren. Das Projektfahrzeug wurde mit verstärkten Stabilisatoren und Federbeinaufnahmen von Tarrett Engineering nachgerüstet. Die Leichtbau-Stabilisatoren sind in Hohlbauweise ausgeführt; ihr Durchmesser beträgt 26,8 mm und sie sind nur etwa halb so schwer wie ein massiver Serienstabi vergleichbarer Steifigkeit. Außerdem sind diese Stabis sehr weit verstellbar, da das Gehänge an mehreren Befestigungsbohrungen nach innen oder außen versetzt und damit die Fahrwerkssteifigkeit erhöht oder verringert werden kann.

Viele Besitzer möchten ihre Stabis auf dickere und verwindungssteifere Ausführungen umrüsten. Wer einen größeren Motor einbauen oder ein reines Rundstreckenfahrzeug aufbauen möchte, gewinnt dadurch eine straffere Straßenlage und mehr Führung in Kurven. Allerdings läuft dies wie immer auf einen Kompromiss hinaus. Steifere Stabilisatoren können im Stadtverkehr zu einem wesentlich härteren Ansprechen der Federn führen, vor allem auf unebener Fahrbahn. Ein zu steifer Stabilisator kann die Fahrleistungen sogar verschlechtern, wenn eines der Vorderräder bei scharfer Kurvenfahrt die Bodenhaftung verliert. Am besten erkundigen Sie sich also vorab bei anderen Porsche-Fahrern, die eine entsprechende Umrüstung bereits durchexerziert haben und ihre Eindrücke auf der Straße und Piste schildern können.

Verstellbare Stabilisatorgehänge. Die Vorspannung der Stabilisatorgehänge lässt sich am besten einstellen, wenn der Wagen nach erfolgter Achseinstellung und Abstimmung aller Radlasten auf einer ebenen Fläche steht. Nach der Radlastenabstimmung liegt an jedem Rad das theoretisch richtige Gewicht an, so dass das Handling in Links- und Rechtskurven exakt identisch ist. Auch die Gefahr, dass ein Rad bei scharfem Bremsen blockiert, wird dadurch minimiert. Die Gehänge sollten so eingestellt werden, dass diese Balance durch keine am Stabilisator wirkende Vorspannung beeinflusst werden kann. Die Vorspannung lässt sich bei aufgebocktem Fahrzeug und durchhängender Federung näherungsweise hinbekommen, wesentlich genauer ist dies allerdings bei belastetem Fahrwerk möglich (wenn der Wagen auf dem Boden steht).

Um die Vorspannung der Stabis aufzuheben, braucht nur ein Gehänge an jedem Stabilisator nachgestellt zu werden. Sind die Gehänge an beiden Enden befestigt und die Mittelmuttern lose, drehen Sie das Mittelglied in einer der beiden Richtungen, um das Gehänge zu verlängern oder zu verkürzen. Stimmt die Drehrichtung (bei der die Vorspannung verringert wird), lässt sich das Gehänge spürbar leichter drehen. Umgekehrt dreht sich das Gehänge schwerer, wenn es in die falsche Richtung verdreht wird.

Sobald der Punkt der neutralen Vorspannung erreicht ist, dreht sich das Gehänge sehr leicht und wird, sobald dieses Optimum überschritten ist, wieder schwergängiger. Drehen Sie das Gehänge dann wieder bis zum Neutralpunkt zurück und ziehen Sie die Muttern am Mittelteil an.

Beim Boxster wird die Vorspannung an der Vorderachse in Geradeausstellung der Räder eingestellt – bei eingeschlagener Lenkung steht der Stabilisator bereits unter leichter Vorspannung. Auch beim Einstellen des Hinterachsstabilisators müssen die Vorderräder geradeaus stehen – beim Einlenken der Räder neigt sich der Wagen leicht nach vorne und der Hinterachsstabilisator gerät unter Vorspannung. Da die Vorderachsgehänge auch mit dem Federbein verbunden ist, muss es die Drehbewegung des Federbeins aufnehmen, wenn die Räder beim Lenken eingeschlagen werden. Die Gehängeenden müssen zueinander also so versetzt werden, dass sie sich beim Radeinschlag nicht verwinden. Die Spezialbeilagscheiben auf beiden Seiten des Gehänges sind so gestaltet, dass sie sich in die Aufnahme hineinbewegen und ausreichend Spiel lassen, welches die Radbewegung von Volleinschlag zu Volleinschlag kompensiert.

Trotz dieser Spezialbeilagscheiben ist eine präzise Einstellung der Gehängeenden zueinander notwendig. Dazu stellen Sie zuerst die Vorspannung nach der obigen Methode ein. Dann ziehen Sie an jedem Gehänge nur eine der Mittelteilmuttern an. Danach schlagen Sie die Räder in einer Richtung bis zum Anschlag ein. Drehen Sie dann auf jeweils einer Seite die oberen und unteren Gehängeenden in gleicher Richtung, bis sie schwergängig werden und sich nicht mehr weiter drehen lassen. Dann ziehen Sie die lose Mittelteilmutter an. Die Gehängeenden müssten nun richtig zueinander eingestellt sein. In diesem Fall darf keine Schwergängigkeit spürbar sein und das vollständige Gehänge müsste sich zwischen den Punkten, ab dem eine Schwergängigkeit spürbar wird, etwas verdrehen lassen. Nun schlagen Sie die Lenkung in die andere Richtung bis zum Vollanschlag ein und kontrollieren, ob sich das Gehänge auf dieser Seite noch etwas drehen lässt. Ist der freie Verdrehbereich eines Gehänges bei vollem Lenkeinschlag auf einer Seite größer, stellen Sie die Koppelstangen nach, bis der Drehweg auf beiden Seiten annähernd gleich ist. Wiederholen Sie dies dann am anderen Gehänge.

Vorderachs-Federbeinaufnahmen/Sturzplatten. Die Sturzplatten sind ein Nachrüstteil für die Original-Federbeinaufnahmen. Dabei werden die nachgiebigen Gummibuchsen der Originalversion durch teflonbeschichtete Uniball-Lager ersetzt, die eine straffere Vorderradaufhängung und rascheres Ansprechen der Lenkung bewirken. Durch diese präzisere Führung verringern sich die Sturzänderungen an den Vorderrädern bei scharfen Kurvenfahren und es bleibt die optimale Radaufstandsfläche für bessere Traktion und besseres Handling erhalten. Durch zwei Satz Befestigungsbohrungen kann ein zusätzlicher negativer Sturz von mehr als 1,1 Grad eingestellt werden.

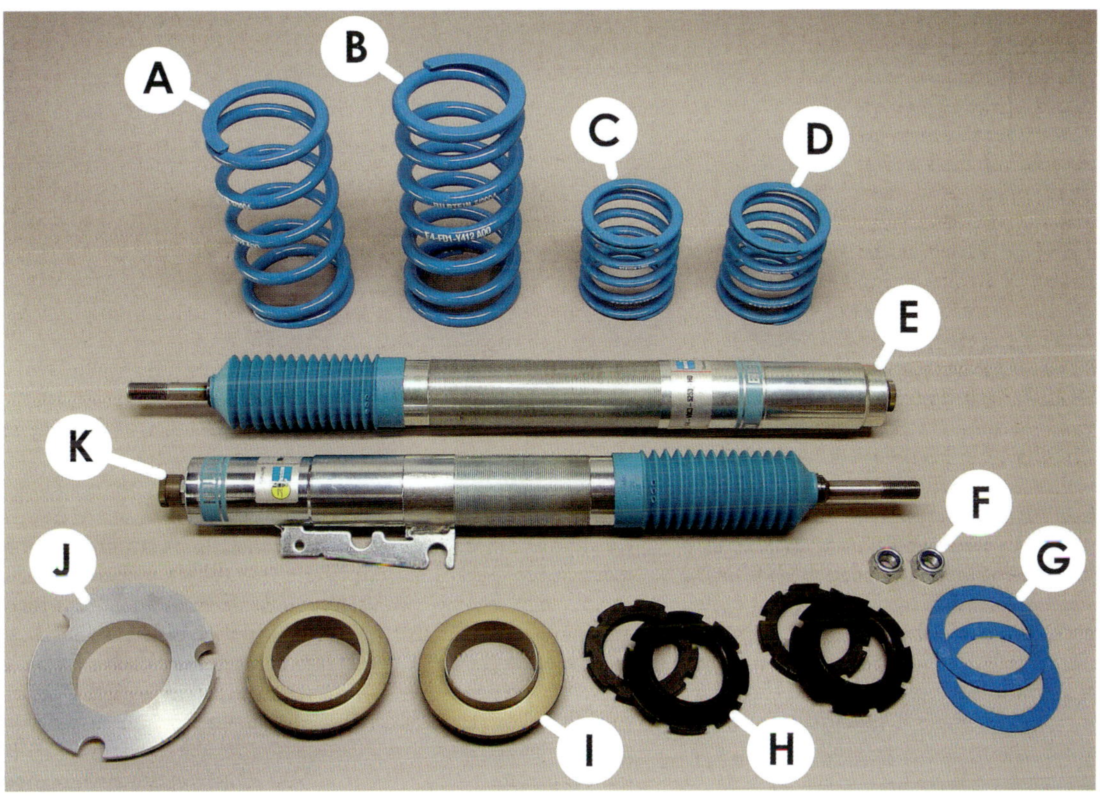

1 Eine Hälfte des Bilstein PSS9-Kits: **A:** Obere Feder vorne; **B:** Obere Feder hinten; **C:** Untere Feder vorne; **D:** Untere Feder hinten; **E:** Voll einstellbarer Hinterachsstoßdämpfer; **F:** Kontermuttern für Stoßdämpfer; **G:** Gleiteinsätze für vordere Federauflage; **H:** Federaufnahmen; **I:** Obere/untere Federauflage; **J:** Obere Federplatte für hintere Feder; **K:** Einstellknopf für Vorderachsstoßdämpfer

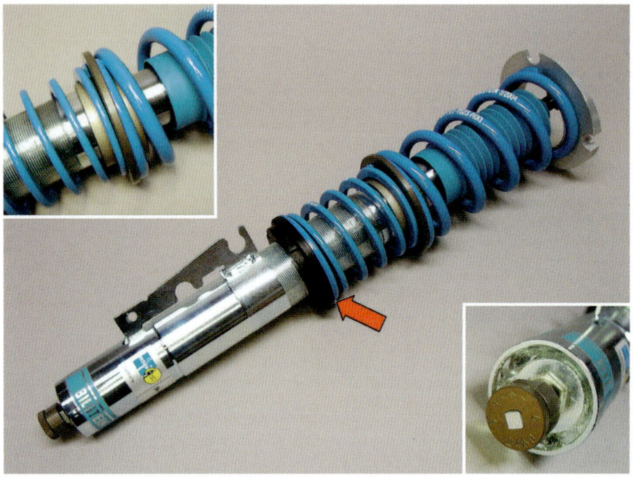

2 Nahaufnahme des vorderen PSS9-Stoßdämpfers: Die oberen und unteren Federn werden durch die Federauflage und zwei blaue Kunststoff-Gleiteinsätze (kleines Bild, oben links) voneinander getrennt. Der Einstellknopf sitzt gut zugänglich unten am Stoßdämpfer (kleines Bild, unten rechts). Drehen auf 9 ergibt eine weichere Straßenlage, 1 eine steifere, sportbetonte Abstimmung. Die Einstellung der Bodenfreiheit erfolgt durch Auf- oder Abwärtsdrehen des Federträgers und seiner Aufnahme (roter Pfeil) in Stoßdämpferlängsrichtung.

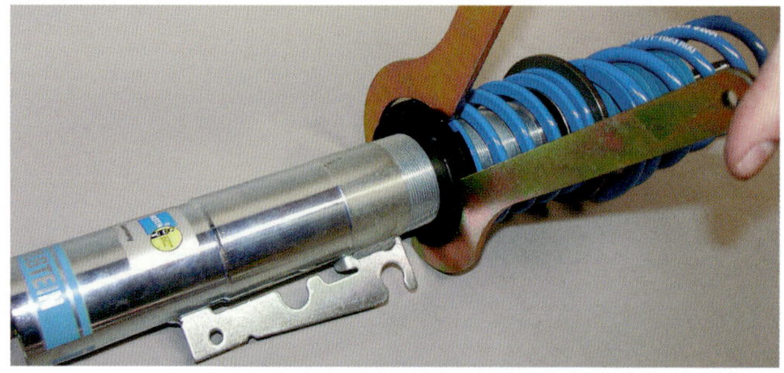

3 Die Bodenfreiheit wird verstellt, indem die Position der unteren Federaufnahmen am Stoßdämpfergehäuse geändert wird. Die Aufnahmen können mithilfe der beiden Bilstein-Einstellwerkzeuge höher oder tiefer eingestellt werden. Ist die gewünschte Höhe erreicht, werden sie gegeneinander blockiert.

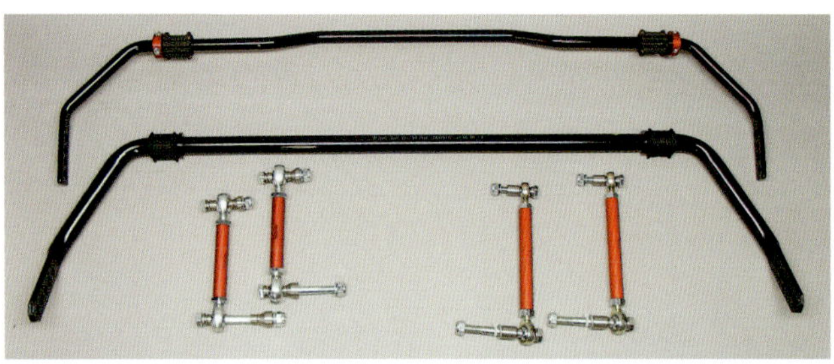

4 Diese Stabilisatorsätze wurden in den USA von Tarrett Engineering speziell für den Boxster entwickelt und beinhalten neue Buchsen und Gehänge. Am Stabilisator sind mehrere Einstellpositionen vorhanden. Werden die Koppelstangen in den äußeren Bohrungen verschraubt, ergibt sich eine weichere Straßenlage, in den inneren Bohrungen ein härteres Fahrwerk.

5 Hier ist nicht nur der komplette montierte PSS9-Kit zu sehen, sondern auch die Gehänge von Tarrett, die einstellbaren Stabilisatoren, die obere Sturzplatte am Federbein sowie der Brembo-Sportbremsen-Kit (Projekt 52). Der gelbe Pfeil zeigt auf die einstellbaren Gehänge, deren Justierung auf die übrigen Fahrwerkskomponenten abgestimmt werden muss.

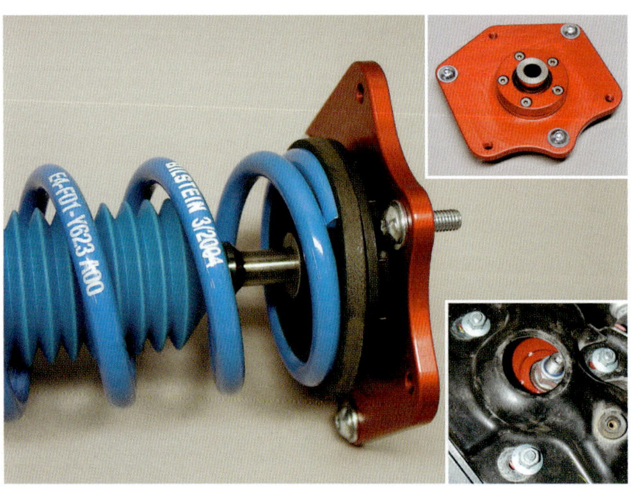

6 So sieht das obere Federbeinlager von Tarrett Engineering am PSS9-Kit aus. Das Bild oben rechts zeigt die Unterseite des Lagers. Rechts unten ist zu sehen, wie die Stoßdämpfer durch das Federbeinlager nach innen bewegt werden, um maximalen negativen Sturz zu erreichen.

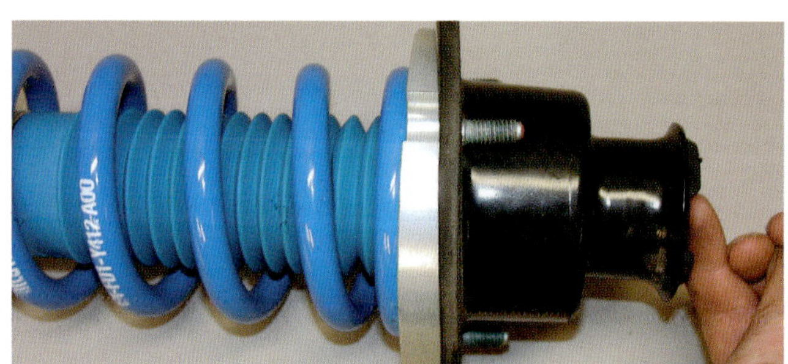

7 Die Stoßdämpfer der Hinterachse sind ähnlich wie die vorderen Stoßdämpfer aufgebaut, außer dass das obere Stoßdämpferlager mit einer Alu-Winkelplatte verbunden ist. Dadurch erhält der Stoßdämpfer seinen richtigen Einbauwinkel zur Bodengruppe.

PROJEKT 61

Einbau einer Domstrebe

Zeit/Kosten/Talent: 30 Stunden / ca. 10 bis 450 EUR /

Werkzeuge: Steckschlüsselsatz

Relevante Baujahre: Alle

Erforderliche Teile: Domstrebe

Tipp: Geben Sie Ihr Geld für etwas anderes aus

Arbeitsziel: Steiferes Fahrwerk

Ergänzende Arbeitsgänge: Pollenfilter erneuern

„Der Porsche Boxster ist für sein agiles und überlegenes Handling bekannt. Bedingt durch die Konstruktion der Bodengruppe, macht sich bei diesen Fahrzeugen jedoch eine Schwachstelle beim Handling bemerkbar. Die Vorderachs-Federdome werden bei modernen Boxster-Bodengruppen nicht sehr gut geführt, sondern stehen einzeln und ohne Abstützung. Dadurch können die Dome bei scharfer Kurvenfahrt nachgeben und sich verwinden. Diese Verwindungsneigung kann die Handling-Eigenschaften beeinträchtigen, denn generell gilt: je steifer die Bodengruppe, desto besser das Handling des Fahrzeugs. Die Domstrebe soll den Abstand zwischen beiden Stoßdämpfern auch bei scharfen Kurvenfahrten aufrechterhalten. Die Strebe, die die Oberseite der beiden Stoßdämpfer miteinander verbindet, verhindert jedes Verwinden der Dome bei Verwindungen in der Bodengruppe.“

Soweit die Marketingexperten, die diese Domstreben verkaufen. Domstreben sind nicht unumstritten, gelten bei vielen Besitzern aber als unverzichtbares Nachrüstteil. Bei bestimmten Modellen, z.B. den frühen Porsche 911, ist eine Domstrebe ein wichtiges Hilfsmittel zur Rahmenversteifung. Aufgrund der Heckmotorkonstruktion können sich am vorderen Rahmenteil eindeutige Schwächen zeigen, vor allem, wenn die Steifigkeit der Bodengruppe bereits durch Rost beeinträchtigt ist. Bei der Mittelmotor-Bodengruppe des Boxster verhält es sich dagegen anders; hier sitzt unter der Karosserie ein wesentlich stabilerer Rahmen mit sehr stabiler Blechstruktur über die gesamte Fahrzeugbreite. Zu dieser Struktur gehören auch zwei verschweißte Federbeinverstrebungen (siehe Abb. 1).

Welche Domstreben sind nun die wirkungsvollsten? Wenig vertrauenerweckend wirken jedenfalls Streben aus Aluminium. Aluminium ist je nach Fertigungsverfahren kein besonders fester Werkstoff. Dazu kommt, dass die meisten Domstreben an irgendeiner Stelle abgewinkelt sind, damit sie um den Motor und unter die Motorhaube passen (eine geradlinige Verlegung quer durch den Motorraum ist nicht möglich). Diese Kombination führt zu einer angesichts der Kräfte, die hier aufgenommen werden sollen, recht schwachen Stützkonstruktion. Letzten Endes sind Alu-Domstreben mehr als Motorraumkosmetik zu betrachten.

Wenig überzeugend sind auch Streben, die als Scharnierkonstruktion an den Federbeinaufnahmen befestigt sind. Wenn die Stoßdämpferdome sich überhaupt bewegen, sind sie Bewegungen ausgesetzt, durch die die Domstrebe Zug- und Druckspannungen zugleich ausgesetzt ist. Eine steife Verbindung zwischen den Federbeindomen ist also für die Funktion jeder Domstrebe unabdingbar. Verschraubungsteile verursachen in mindestens einer Richtung (Druck oder Zug) eine Gegenbewegung oder etwas Spiel. Zumindest in einer dieser beiden Richtungen (Druck oder Zug) büßt die Strebe dann ihre Wirksamkeit ein.

Die besten Domstreben sind einteilige Konstruktionen aus verschweißten dicken Stahlrohren. Sie bieten den besten Schutz gegen Verwinden des Rahmens, wenn sie direkt zwischen beiden Domen montiert werden. In kaum einem Boxster dürften allerdings Ausführungen zu finden sein, die eine eindeutige Verbesserung der Steifigkeit bewirken.

Überraschend ist dabei auch, dass selbst erfahrene Motorsportler ihre Boxster auf der Rennstrecke meist ohne Domstreben bewegen und selbst bei hohen Seitenlasten (1,4G) in Kurven keinen Unterschied wahrnehmen. Bei Rundstrecken-Rennfahrzeugen werden die Federdome oft durch diagonal verschweißte Stahlrohre versteift. Beim Boxster kommt das Problem hinzu, dass dort zwischen Stoßdämpferdomen und Rahmen bereits Versteifungsstreben vorhanden sind. Bereits diese Streben bewirken eine wesentliche konstruktive Versteifung der Dome.

Das Fazit? Wer den Platz unter der Fronthaube mit einer Domstrebe optisch aufpeppen möchte, für den ist der Einbau einer solchen Strebe relativ einfach machbar. Die Strebe braucht nur auf den Domoberseiten verschraubt zu werden. Wer auf echte Verbesserungen Wert legt, sollte sein Geld lieber in andere Maßnahmen investieren.

1 Diese Kohlefaser-Querstrebe über der Batterierückseite sieht zwar gut aus, macht sich jedoch eigentlich nur für die Optik gut. Die Aluhalter dieser Streben sind relativ weich, werden an mehreren Einzelbefestigungspunkten verschraubt und ihre Winkelkonstruktion bedeutet zusätzliche Schwachstellen. Zudem werden die Streben ohnehin durch die Kunststoffabdeckungen verdeckt und von ihrem optischen Appeal bleibt somit nicht viel.

2 Dieses Bild des Motorraums eines BMW M3 E30 zeigt, wie eine gute Domstrebe eigentlich aussehen sollte. Sie wirkt zwar weniger elegant, erfüllt dafür aber ihren Zweck denkbar gut. Das dicke, groß dimensionierte Stahlrohr versteift die Stoßdämpferdome direkt und würde nur unter erheblicher Krafteinwirkung nachgeben und sich verbiegen. Die beiden ausgeprägten Abwinkelungen in der Strebe dürften durch die Stabilität des Stahlrohrs mehr als ausgeglichen werden. Nur Streben nach diesem Konstruktionsprinzip bringen einen echten praktischen Nutzen. Allerdings lassen sie sich unter der Fronthaube des Boxster aus Platzgründen kaum unterbringen.

PROJEKT 62
Austausch des Lenkrads

Zeit/Kosten/Talent:
1 Stunde / ca. 250 bis 1500 EUR /

Werkzeuge: Torx-Schlüsselsatz

Relevante Baujahre: Alle

Erforderliche Teile: Lenkrad und Lenkradnabenadapter

Tipp: Zum Lösen des Lenkrads empfiehlt sich eine Lenkradkralle als Hilfsmittel.

Arbeitsziel: Deutliche Verbesserung des Fahrgefühls – wesentlich gefälligere Optik

Ergänzende Arbeitsgänge: Bordcomputer am Armaturenbrett aktualisieren

Zu den auffälligsten und lohnendsten Umbauprojekten am Boxster zählt der Tausch des serienmäßigen Vierspeichenlenkrades. Neben dem attraktiven Dreispeichenlenkrad aus dem Werkszubehörprogramm finden Interessenten im freien Zubehörhandel noch zahlreiche weitere Lenkradvarianten. Das Serienlenkrad des Boxster dürfte jedenfalls nur wenige Porsche-Fans zu Begeisterungsstürmen hinreißen. Der Einbau eines individuellen Zubehörlenkrades schafft da Abhilfe.

Vorweg ein Wort zur Sicherheit. Alle neueren Boxster sind ab Werk mit einem Fahrerairbag in der Lenkradnabe ausgerüstet. Airbags sind ein wichtiges Sicherheitsbauteil und dürfen nicht entfernt werden. Das speziell für den Boxster entwickelte Zubehörlenkrad Ihrer Wahl sollte mit integriertem Airbag geliefert werden (ein Hersteller derartiger Lenkräder ist Atiwe). Eigentlich ist der Einbau eines Zubehörlenkrades ohne Airbag also nur dann ratsam, wenn Sie für Ihren Boxster ohnehin einen Umbau zu einem reinen Rennfahrzeug planen. Für die Umrüstung eines straßenzugelassenen Fahrzeugs kommen nur eintragungsfähige Lenkräder mit Allgemeiner Betriebserlaubnis (ABE) in Betracht. Die Abstimmung auf den vorhandenen Airbag ist hierbei ein entscheidender Faktor.

Unbedenklich ist dagegen die Umrüstung auf das vom Werk angebotene Dreispeichenlenkrad mit integriertem Airbag. Dieses Teil kann ohne weitere Eingriffe direkt angeschraubt werden und ist zudem optisch auch noch sehr ansprechend.

Im ersten Arbeitsschritt wird die Batterie abgeklemmt (Einzelheiten siehe Projekt 81). Anschließend mindestens 15 Minuten warten! Ein wichtiger Schritt, denn ein Airbag kann durch unterschiedlichste Faktoren versehentlich ausgelöst werden. Außerdem ist der Airbag-Zündmechanismus konstruktiv noch bis zu 15 Minuten nach Abklemmen der Batterie funktionsfähig. Anschließend lösen wir die beiden T27-Torx-Befestigungsschrauben des Airbag an der Lenkradvorderseite und nehmen den Airbag vom Lenkrad ab (siehe Abb. 2, kleine Bilder). Ziehen Sie das Lenkrad so weit wie möglich nach hinten, um den Torx-Schlüssel ansetzen zu können. Sobald die Schrauben gelockert sind (sie brauchen nicht ganz herausgeschraubt zu werden) und der Airbag vom Lenkrad gelöst ist, ziehen wir den kleinen Kabelstrang ab, nehmen ihn heraus und legen ihn ab.

Achtung: Generell bedarf es für Arbeiten mit Airbags einer speziellen Schulung, wie sie die Werkstattmitarbeiter im Porsche-Zentrum auf jeden Fall nachweisen können. Überlassen Sie also im Zweifelsfall diese Arbeiten einem Fachbetrieb.

Nun geht es an den Ausbau des Lenkrades. Wer keinen Schlagschrauber besitzt, kann sich mit einem Trick behelfen. Besorgen Sie sich eine der großen, farbigen Lenkradkrallen und spannen Sie sie auf dem Lenkrad fest. Der lange Arm dieser Kralle verschafft Ihnen einen großen Hebelarm am Lenkrad. Setzen Sie dann eine lange Stecknuss auf der Mutter der Lenkradnabe an. Nun lässt sich die Lenkradmutter lösen. Kommen Sie aber nicht auf die Idee, das Lenkrad bis zum Endanschlag einzuschlagen und den Endanschlag des Lenkgetriebes beim Lösen der Mutter als Widerlager für das Lenkrad zu nutzen. Der Hebelarm des Lenkrades ist beträchtlich und bei übermäßigem Losdrehmoment, das auf das Lenkrad einwirkt, könnte das Lenkgetriebe beschädigt werden.

Ist die Mutter abgeschraubt, markieren wir die Lenkradstellung auf der Lenksäule mit etwas Tipp-ex-Flüssigkeit, damit wir hinterher wissen, in welcher Stellung das Lenkrad auf der Vielkeilverzahnung aufgesetzt werden muss. Nun kann das Lenkrad von der Lenksäule abgezogen werden. Rührt es sich auf der Keilverzahnung absolut nicht, klopfen Sie mit einem Gummihammer sanft auf das Lenkrad, bis es sich zu lösen beginnt. Soll ein Zubehörlenkrad montiert werden, setzen Sie das neue Lenkrad auf die mitgelieferte Nabe auf und dann im Fahrzeug an. Bevor das Lenkrad endgültig angeschraubt wird, schließen wir das Signalhorn an und prüfen es auf Funktion. Beim Porsche-Dreispeichenlenkrad erfolgt der Einbau im Prinzip in umgekehrter Reihenfolge des Ausbaus des alten Lenkrads.

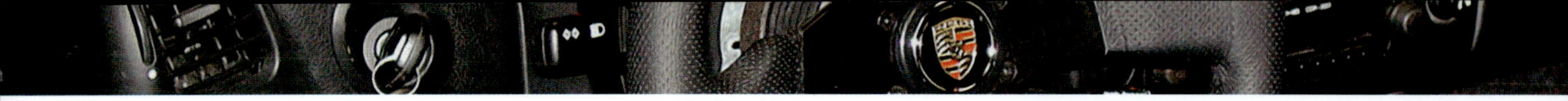

1 Einer der beliebtesten Nachrüstartikel ist das Dreispeichenlenkrad von Porsche. Es war bereits bei den Neufahrzeugen als Sonderzubehör lieferbar und ist inkl. Airbag nicht ganz billig, aber sicher jeden Cent wert. Die Teilenummer für das schwarze Lenkrad lautet 996 347 804 54 A28, die Teilenummer für den Airbag mit goldenem Markenlogo 996 803 089 02 A28.

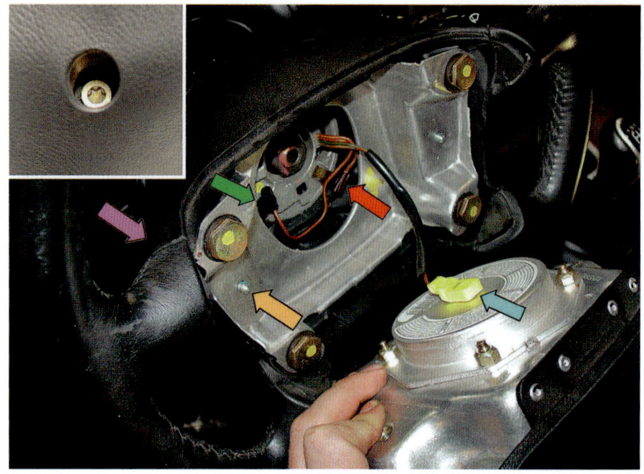

2 Der Ausbau des Airbags ist relativ einfach. Drehen Sie die beiden Schrauben auf beiden Seiten der Lenksäulenrückseite mit einem T27-Torx-Schraubendreher ab (Bild oben links). Diese Schrauben liegen recht versteckt und sind nur über kleine Zugangsöffnungen auf der Lenkradrückseite zu erreichen. Der violette Pfeil zeigt den Ansatzpunkt für den Torx-Schrauber, der orangefarbene Pfeil das Ende der Torx-Schraube. Sind diese beiden Schrauben entfernt, lässt sich der Airbag direkt von der Lenkradnabe abheben. Ziehen Sie den Kabelstrang zum Airbag (der blaue Pfeil zeigt den Anschluss an der Airbagrückseite) ab und legen Sie ihn beiseite. Auch die Hupenkabel (grüne und rote Pfeile) müssen getrennt werden. **ACHTUNG:** Vor dem Airbagausbau auf jeden Fall die Batterie abklemmen und 15 Minuten warten! Im Zweifelsfall die Fachwerkstatt aufsuchen!

3 Als hilfreich beim Lenkradausbau erweist sich, das Lenkrad mit einer Lenkradkralle gegen Mitdrehen zu blockieren. Das Lenkrad sollte weder gegen das eingerastete Lenkradschloss noch gegen den Endeinschlag des Lenkgetriebes als Widerlager blockiert werden. Durch Drehen der Verlängerung und der Lenkradkralle gegeneinander (siehe Bild) lässt sich die Lenkradnabenmutter recht einfach lösen.

4 Zeichnen Sie vor dem Ausbau die Stellung des Lenkrades auf der Lenksäule mit einem Marker an (kleines Bild). Ist die Lenkradmutter gelöst und die Kabelstränge abgezogen, müsste sich das Lenkrad von der Keilverzahnung abziehen lassen. Führen Sie die Kabel beim Abziehen des Lenkrades durch die Öffnung in der Lenkradnabe durch.

5 Sportlenkräder wie dieses sehen zwar flott aus, sind in Deutschland allerdings nicht eintragungsfähig, da dabei der Airbag ausgebaut werden muss. Wer einen solchen Umbau z.B. für ein Rennfahrzeug vornimmt, muss den Airbagcomputer überlisten und ihm suggerieren, dass der Airbag noch angeschlossen ist: Zwischen den beiden Anschlussklemmen wird ein 0,3-Ohm-Widerstand zwischengeschaltet, der signalisiert, dass der Airbag noch vorhanden ist; die Airbag-Warnleuchte bleibt dann aus. Der Beifahrerairbag müsste damit noch einwandfrei angesteuert werden und funktionieren.

Für dieses MOMO-Zubehörlenkrad muss unter der Lenkradmutter eine 12-mm-Scheibe untergelegt werden, da das Gewinde auf der Lenksäulenwelle für diese Zubehörlenkräder nicht lang genug ist.

PROJEKT 63

Erneuern der Stoßdämpfer und Federn

Zeit/Kosten/Talent: 8 Stunden / ca. 1100 EUR / 🔧🔧🔧🔧

Werkzeuge: Federspanner, Rangierwagenheber, Unterstellböcke

Relevante Baujahre: Alle

Erforderliche Teile: Stoßdämpfer, Federn und Befestigungsteile.

Tipp: Die Anschaffung eines Elektro- oder Druckluft-Schlagschraubers lohnt sich für diese Arbeiten.

Arbeitsziel: Komfortablere, präzisere Straßenlage

Ergänzende Arbeitsgänge: Einbau von Hochleistungsfedern und Tieferlegen des Fahrwerks

Ein weiteres lohnendes Projekt für Boxster-Schrauber ist die Erneuerung der Stoßdämpfer. Die vorderen und hinteren Dämpfer sollten stets gemeinsam erneuert werden, da sie im Laufe ihres Lebens ungefähr ähnlichen Beanspruchungen ausgesetzt sind und deshalb kaum zu völlig unterschiedlichen Zeitpunkten ihre Verschleißgrenze erreichen werden. Natürlich werden die Stoßdämpfer immer paarweise (rechts und links) erneuert. Aus- und Einbau der vorderen und hinteren Dämpfer erfolgt im Wesentlichen auf gleiche Weise.

Gönnen Sie Ihrem Porsche ca. alle 80.000 km – oder bei spürbar nachlassender Dämpfungswirkung oder Undichtigkeiten – neue Stoßdämpfer. Drücken Sie zur Kontrolle das Fahrzeug an einer Ecke nach unten – es sollte beim Loslassen sofort (und fast ohne nachzuschwingen) in seine Ausgangslage zurückfedern. Federt der Wagen mehrmals nach, sind die Stoßdämpfer wahrscheinlich am Ende. Die Lebensdauer der Stoßdämpfer kann auch je nach Fahrgewohnheiten variieren. Wer seinen Porsche oft sehr sportlich oder auf extrem kurvigen Straßen bewegt, wird häufiger als bei normaler Nutzung neue Stoßdämpfer benötigen. Wichtig ist zudem beim Einbau von Sportstoßdämpfern, die eine Tieferlegung des Fahrwerks zur Folge haben, die Achsen neu vermessen und einstellen zu lassen. Eine Tieferlegung hat immer auch eine Veränderung der Achseinstellwerte zur Folge.

Nachdem der Wagen hochgebockt und die Räder abgenommen wurden, bauen wir zuerst an nur einem Federbein den Bremssattel ab (siehe Projekt 55). Die Belagverschleiß-Warnkontakte klemmen wir am Bremssattel ab und können jetzt die Kontakte vom Federbein trennen (siehe Abb. 1). Binden Sie den Bremssattel mit einer Schnur seitlich fest, damit er nicht am Bremsschlauch hängt. Anschließend lösen wir das Stabilisatorgehänge am Radträger (siehe Abb. 2). Im vorderen Kofferraum zeichnen wir die Lage der drei Muttern an, die den Stoßdämpfer an seinem Dom halten, und drehen die Muttern heraus (Abb. 3). Danach wird noch die Befestigungsmutter des Querlenkers am Rahmen gelöst, aber noch nicht herausgedreht (siehe Abb. 4). Das Federbein kann nun bis an den tiefsten Punkt abgesenkt und aus dem Fahrzeug herausgezogen werden, nachdem Stoßdämpfereinsatz und Feder ausgebaut wurden.

Federbein und Radträger sind jetzt gelöst, also müsste sich durch Druck auf den Querlenker der Stoßdämpfer nach unten bewegen lassen. Wurde Ihr Porsche tiefergelegt oder das Fahrwerk gegenüber der Serie anderweitig modifiziert, muss vielleicht erst weiterer Platz zum Manövrieren geschaffen werden. Dann hilft beim Ausbau der Feder ein Federspanner; die Feder wird ausgebaut, solange sich das Federbein noch unter dem Kotflügel befindet. Der Stoßdämpfer müsste sich dann weiter zusammendrücken und von der Kotflügelunterseite her ausbauen lassen. Vorsicht bei der Arbeit in Kotflügelnähe, damit der Lack nicht verkratzt wird – decken Sie den Lack mit einer Umzugsdecke oder einem Kotflügelschutz ab.

Auf der Werkbank montieren wir am ausgebauten Federbein den Federspanner an der Feder und spannen sie soweit zusammen, bis sie nicht mehr stramm im Federbein sitzt. Tragen Sie beim Spannen der Feder eine Schutzbrille; diese Federn stehen unter immenser Spannung und der Federspanner könnte plötzlich abrutschen. Die beiden Spannerhälften müssen an zwei einander genau gegenüberliegenden Seiten der Feder angesetzt werden. Um die Feder auf beiden Seiten gleich spannen zu können, empfiehlt sich die Verwendung von zwei Ratschenschlüsseln. Werden die Federn beim Spannen nicht gleichmäßig zusammengedrückt, kann der Federspanner abrutschen.

Sobald das Federbein nicht mehr unter Federspannung steht und die Federn lose in ihren Aufnahmen ruhen, lösen wir die mittige Mutter oben auf dem Stoßdämpfer (siehe Abb. 6). Für den Zusammenbau ist beim Boxster nicht unbedingt ein Schlagschrauber notwendig, er kann die Arbeit aber erleichtern. Wer also noch keinen besitzt, sollte sich jetzt einen anschaffen. Elektroschlagschrauber sind praktischer, da kein Druckluftkompressor notwendig ist (siehe auch Werkzeugkapitel).

Nach dem Ausbau des oberen Federbeinstützlagers sollte sich

die alte Feder einfach von der unteren Federaufnahme abnehmen lassen. Sollen die alten Federn weiterverwendet werden, setzen Sie sie gleich wieder auf die unteren Federaufnahmen auf. Werden neue Federn montiert, legen Sie die Feder auf der Werkbank bereit und lösen den Federspanner langsam von den alten Federn. Dann spannen Sie die neuen Federn in gleicher Weise zusammen. Bei dieser Gelegenheit könnten auch härtere Federn (z.B. Eibach Performance) eingebaut werden, die das Fahrwerk vorne und hinten um gut 25 mm tieferlegen.

Montieren Sie das komprimierte Federpaket wieder auf der unteren Federaufnahme und bauen Sie alles zusammen (siehe Abb. 8). Montieren Sie Staubmanschette und Anschlagpuffer über dem Stoßdämpfer als Schutz gegen Straßenstaub und -schmutz. Bauen Sie den oberen Federteller und die Federauflage ein, wobei der Teller richtig an der Federoberseite anliegen muss. Kontrollieren Sie das obere Federbeinstützlager und das Kugellager vor dem Zusammenbau eingehend. Das Stützlager besteht im Kern aus Gummi und sowohl Stützlager als auch Kugellager verschleißen im Laufe der Zeit. Machen sie einen betagten Eindruck oder wurden sie noch nie erneuert, sollten sie jetzt gewechselt werden. Montieren Sie das obere Stützlager wieder über dem Federteller und ziehen Sie die Haltemutter fest. Verwenden Sie beim Stoßdämpferwechsel stets neue Befestigungsteile – bei den Muttern handelt es sich um Stoppmuttern, die bei Wiederverwendung einen Teil ihrer selbstsichernden Eigenschaften verlieren.

Bauen Sie nun den kompletten Stoßdämpfer wieder am Radträger an und schrauben Sie das untere Stabilisatorgehänge fest (das gleichzeitig als Klemmschraube für den Stoßdämpfer dient). Dann montieren Sie das Ganze im Stoßdämpferdom. Das obere Federbeinstützlager muss evtl. einige Umdrehungen gedreht werden, bis die Stiftschrauben des Lagers richtig auf die Bohrungen im Dom an der Karosserie ausgerichtet sind. Bringen Sie die drei Muttern an der Domoberseite wieder an und richten Sie sie auf die beim Ausbau angebrachten Markierungen aus. Montieren Sie den Bremssattel (Projekt 55) und alle sonstigen zuvor ausgebauten Teile. Dann schließen Sie noch die Warnkontaktstecker an und verlegen die Kabel und Schläuche wieder durch ihre Haltelaschen im Federbein.

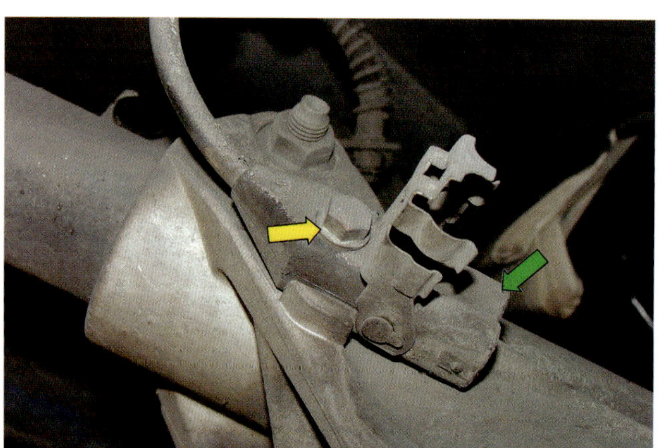

1 Nachdem das Kabel am Halter ausgehängt wurde, werden Raddrehzahlfühler und Bremsbelag-Warnkontakte am Stecker abgezogen (grüner Pfeil). Dann schrauben wir den Halter ab (gelber Pfeil).

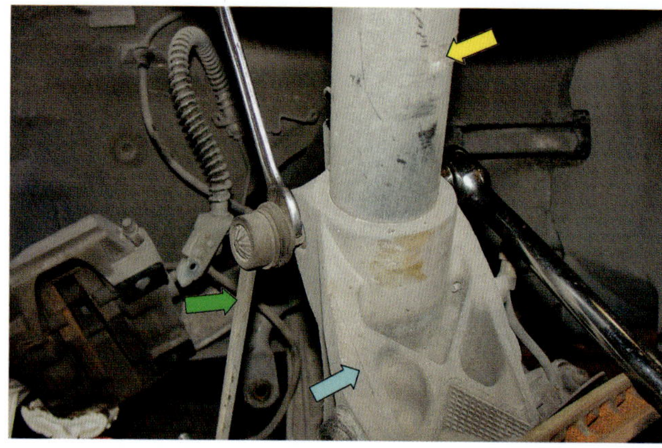

2 Der Stoßdämpfer ist im Radträger (blauer Pfeil) mit einer langen Schraube befestigt, die Teil des Stabigehänges (grüner Pfeil) ist. Bauen Sie Schraube und Gehänge ab, dann müsste sich der Stoßdämpfer aus dem Radträger herausziehen lassen.

3 Ein elektrischer Schlagschrauber ist ein sehr praktischer Helfer für Aus- und Einbau der Stoßdämpfer. Damit können die Muttern angezogen werden, ohne dass sich die Stoßdämpferachse mitdreht. Die gelben Pfeile zeigen auf die drei Haltemuttern des vorderen Stoßdämpfers im Federbeindom. Die drei Haltemuttern der hinteren Stoßdämpferaufnahmen am Rahmen sind nicht zu sehen – zwei sitzen im hinteren Bereich des Motorraums, die dritte ist nur durch eine Öffnung im Blech zwischen Kofferraum und Motorraum zugänglich (kleines Bild). Kennzeichnen Sie die Einbaulage dieser Muttern vor dem Ausbau; sie müssen beim Wiedereinbau in genau derselben Stellung angeschraubt werden.

4 Die gelben Pfeile zeigen auf die Schraube, die gelöst werden muss, um genug Spielraum zum Absenken des Stoßdämpfers um die Kotflügelkante zu schaffen. Die Schraube braucht nicht ganz herausgedreht zu werden; es genügt, sie soweit zu lösen, dass der Lenker etwas weiter gedreht werden kann, als es durch die Elastizität der Gummibuchse möglich wäre. Die Schraube darf erst wieder angezogen werden, wenn der Wagen auf den Rädern steht und das Fahrwerk belastet ist. Unten rechts ein neues Wälzlager in einem neuen vorderen Federbeinstützlager.

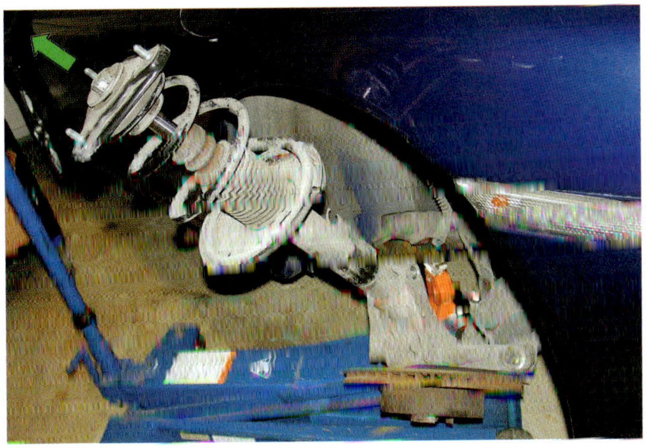

5 Der Radträger wird durch einen Wagenheber abgestützt und kann jetzt soweit abgesenkt werden, dass die gesamte Baugruppe unter dem Kotflügel hervorgeschwenkt werden kann. Ziehen Sie dann am Stoßdämpfer, um ihn vom Radträger freizubekommen (grüner Pfeil). Achtung: Lackbeschädigungen vermeiden!

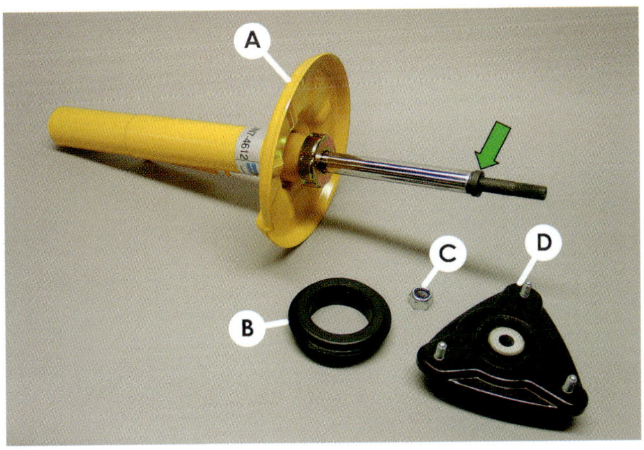

7 Beim Stoßdämpferwechsel ist die Erneuerung aller Befestigungsteile empfehlenswert. Hier sehen wir einen neuen vorderen Stoßdämpfer **(A),** ein neues Federbein-Kugellager **(B),** eine neue Sicherungsmutter **(C)** und ein neues vorderes Stützlager **(D).** An den Bilstein-Stoßdämpfern müsste bereits eine Konusscheibe auf der Dämpferachse vormontiert sein (grüner Pfeil).

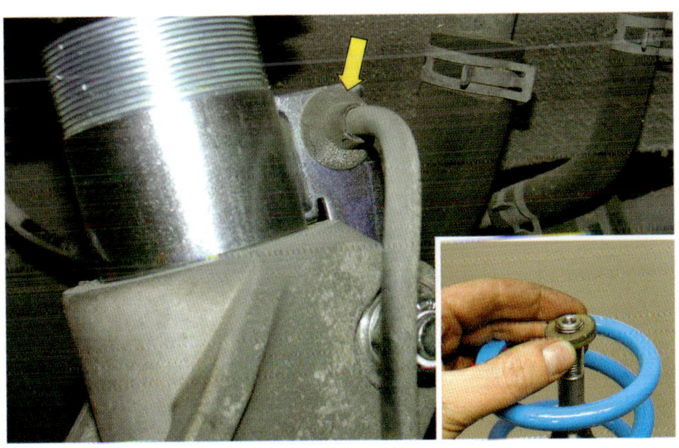

9 Beim Aus- oder Einbau des Stoßdämpfers muss der Kabelstrang für den Bremsbelagstärken-Warnkontakt und den Raddrehzahlgeber abgenommen bzw. wieder angeschlossen werden. Die Konusscheibe darf beim Einbau der neuen Stoßdämpfer keinesfalls vergessen werden (kleines Bild)

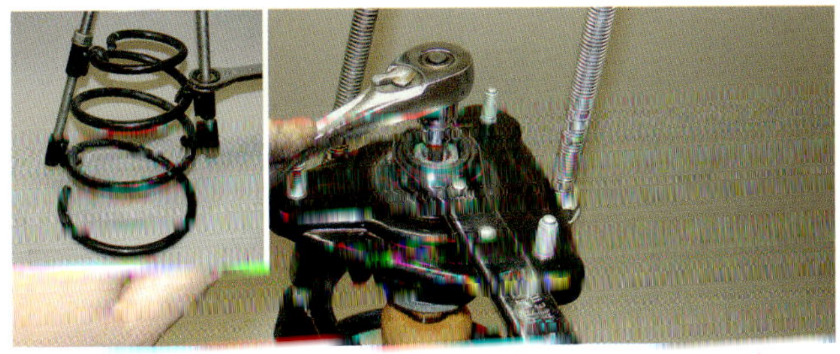

6 Mit einem Innensechskantschlüssel wird die Achse des Stoßdämpfers gegengehalten und die Mutter festgedreht und damit die komplette Einheit festgespannt. Um die Federn soweit zusammenzudrücken, dass die auf dem Stoßdämpfer Platz finden, ist ein Federspanner (siehe kleines Bild links oben) notwendig. Ist alles mit der Sicherungsmutter zusammengeschraubt, können Sie die Spannung am Federspanner vorsichtig wieder lösen und den Spanner abnehmen.

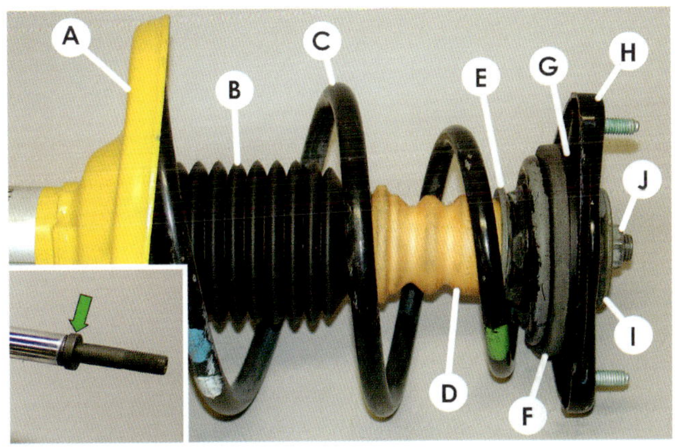

8 Hier ist die Einbaureihenfolge der Einzelteile eines neuen vorderen Stoßdämpfers dargestellt. An den Bilstein-Stoßdämpfern war vor dem Zusammenbau auf der Achse bereits eine Konusscheibe vormontiert (siehe Abb. 7). **A:** Stoßdämpfer; **B:** Faltenbalg; **C:** Feder; **D:** Zusatzfeder (Anschlag); **E:** Tellerscheibe; **F:** Anschlagteller; **G:** Oberes Federbeinlager; **H:** Oberes Stützlager; **I:** Anschlagteller; **J:** Mutter

10 Deutlich komplizierter ist die Erneuerung der Hinterachsstoßdämpfer, denn dort müssen weitere Fahrwerksteile demontiert werden. Zum Wechsel dieser Dämpfer muss die Achsmutter gelöst werden (schwierig) oder aber die Gleichlaufgelenke am Getriebe getrennt werden (einfacher). Der grüne Pfeil deutet auf das Gleichlaufgelenk der Achse, das bereits vom Getriebe getrennt wurde. Nachdem die Achsen gelöst wurden, können die Stoßdämpfer unter dem Radträger herausgeschwenkt werden. Der gelbe Pfeil zeigt auf die am Radträger abgeschraubte Spurstange, der violette Pfeil auf den vom Rahmen getrennten Querlenker. Der orangerote Pfeil weist auf den vom Querlenker abgebauten Diagonallenker. Der Stoßdämpfer wurde in diesem Bild bereits vom Radträger (weißer Pfeil) abgebaut. Weitere Informationen zu den Gleichlaufgelenken siehe Projekt 41.

PROJEKT 64

Einbau einer Hinterachs-Querstrebe

Zeit/Kosten/Talent: 1 Stunde / ca. 100 EUR /

Werkzeuge: Hammer

Relevante Baujahre: Alle

Erforderliche Teile: TechnoBrace-Einbaukit.

Tipp: Achten Sie darauf, die für Ihr Baujahr richtige Ausführung der Strebe zu bestellen.

Arbeitsziel: Steifere Hinterradaufhängung

Ergänzende Arbeitsgänge: Erneuern der Fahrwerksbuchsen

Die TechnoBrace ist eine präzisionsgefertigte Strebe, die quer zwischen den Alu-Hinterachs-Fahrwerksdomen montiert wird und eine stabilere, kastenartige Versteifung des Hinterachsfahrwerks bewirkt, die die Verwindungen unter Last reduziert. Diese Strebe besteht aus einer hochfesten und zugleich leichten Alu 6061-Legierung und verringert etwaige Verwindungsneigungen an den unteren Hinterradaufhängungspunkten, so dass die statische Sturzeinstellung auch in scharfen Kurven und Kehren erhalten bleibt. Der Einbau ist kinderleicht und erfordert nur rund eine Stunde.

Achten Sie bei der Bestellung auf die richtige Strebe für Ihr Modell. Es gibt eine Version für Boxster mit Schaltgetriebe und eine weitere für Automatikmodelle (Tiptronic). Außerdem sind beide Streben in einer etwas längeren Ausführung für Fahrzeuge lieferbar, bei denen der Motor tiefer montiert wurde (wie es beim Einbau eines Motors aus dem 996 notwendig ist – siehe Projekt 11).

Zunächst heben wir den Wagen an (siehe Projekt 1) und lösen die beiden Muttern, mit denen die Aluquerträger verschraubt sind (siehe Abb. 1 und 2). Die beiden Stiftschrauben klopfen wir mit einem Hammer heraus. Dann setzen wir die Querstrebe mit den mitgelieferten Befestigungsteilen ein. Alle Schrauben bekommen eine neue Mutter (Teile-Nr. 999 076 053 09). Es kann vorkommen, dass die Querstrebe sich erst in ihre Einbaulage bugsieren lässt, wenn die Stabilisatorlager auf einer oder beiden Seiten demontiert wurden (siehe Abb. 1).

1 Die TechnoBrace-Strebe wird an der Hinterradaufhängung des Boxster montiert. Als ersten Einbauschritt müssen die Muttern am letzten Verschraubungspunkt der Alu-Diagonalstrebe (grüne Pfeile) herausgedreht werden. Das kleine Bild unten rechts zeigt die Hinterachsstabilisatorlager. Wenn diese gelöst werden, geht der Einbau einfacher.

2 Lösen Sie die Mutter, lassen Sie sie aber auf der eingepressten Stiftschraube aufgedreht (siehe kleines Bild oben links). Dann die Stiftschraube durch Hammerschläge auf die Mutter aus ihrer Bohrung treiben (kleines Bild unten links). Das kleine Bild rechts unten zeigt die Stiftschraube, die ausgebaut wird. Im Hauptbild wurde die TechnoBrace mit der Spezialschraube bereits wieder eingebaut. Diese Schraube wird in der Aussparung in der Querstrebe fixiert – ein Schraubenschlüssel zum Gegenhalten ist beim Festziehen der Mutter nicht erforderlich. Die neue Mutter wird mit 65 Nm angezogen.

3 So präsentiert sich die TechnoBrace-Strebe im Boxster, solange das Alu-Trägerblech noch ausgebaut ist. Außer diesem dünnen Alublech ist keine Längsabstützung der Fahrwerkskomponenten vorhanden, die an den hinteren Fahrwerkslagerpunkten angreifen. Mit der TechnoBrace entsteht eine kastenförmig versteifte Struktur, die verhindert, dass sich die Fahrwerkslager unter Last verwinden.

ABSCHNITT 9
KAROSSERIE

Als Fahrer verbringen Sie viel Zeit in Ihrem Fahrzeug, also sollte der Innenraum genauso ansprechend wirken wie das äußere Erscheinungsbild. Ein gepflegter Innenraum wertet nicht nur das Gesamterscheinungsbild Ihres Boxster auf, sondern erhöht auch das Fahrvergnügen. Und mit etwas Nacharbeit an all den kleinen äußeren Details lassen sich auch die Abnutzungsspuren beseitigen, die bei zunehmendem Fahrzeugalter nicht ausbleiben können. In diesem Kapitel finden Sie ein Spektrum unterschiedlichster Projekte – von Optimierungen der Scheinwerfer bis zur Reparatur diverser Türeinbauten. Egal ob Sie die Haubenstützen erneuern oder einen neuen Heckspoiler montieren wollen – mit den hier beschriebenen Projekten erhält Ihr Boxster den letzten Schliff hinsichtlich Leistungspotenzial und äußerem Erscheinungsbild.

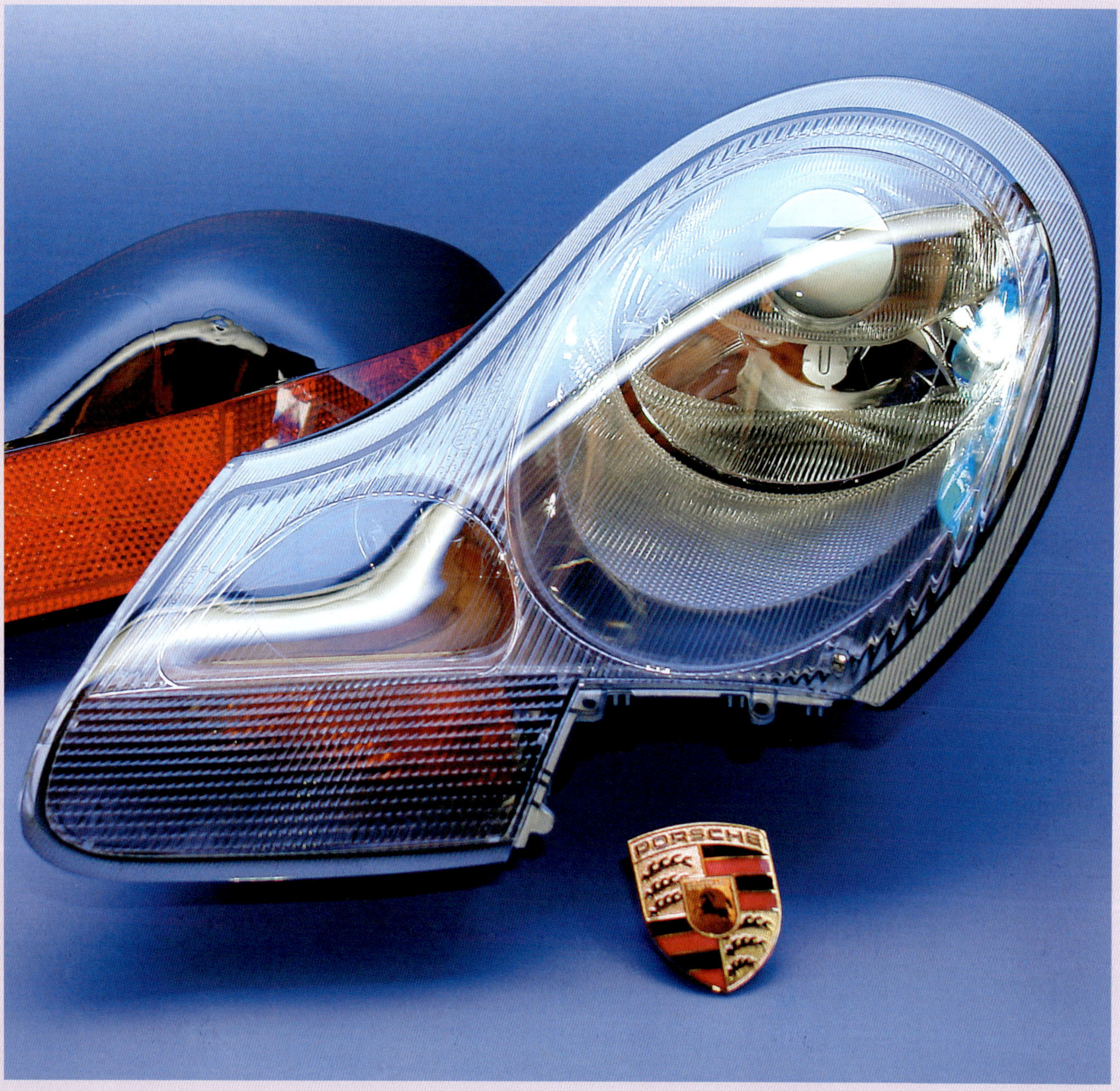

PROJEKT 65

Erneuern von Scheinwerfer-, Leuchtengläsern und Glühlampen

Zeit/Kosten/Talent: 30 Minuten / ca. 15 bis 230 EUR /

Werkzeuge: Keine

Relevante Baujahre: Alle

Erforderliche Teile: Neue Leuchtengläser, neue Glühlampen

Tipp: Ziehen Sie beim Ausbau nicht zu kräftig an den Streuscheiben – sie könnten brechen.

Arbeitsziel: Ansprechenderes Fahrzeugäußeres, sauberere Leuchten

Ergänzende Arbeitsgänge: Umrüstung auf transparente Blinklichtgläser und transparente/getönte Heckleuchten

Kaum ein Projekt ist so einfach wie der Austausch der Leuchtengläser und wertet gleichzeitig die Fahrzeugoptik derart nachhaltig auf. Die Erneuerung alter, ausgeblichener Leuchtengläser bedeutet nicht nur einen besseren optischen Gesamteindruck, sondern auch mehr Sicherheit. Ausgeblichene Gläser erschweren die Lichtwahrnehmung für andere Verkehrsteilnehmer, da sie weniger Licht durchlassen als neue Gläser. Die vorderen Seitenblinkleuchten des Boxster können einfach aus ihrer Aufnahmebohrung (in der sie mit einer Schnappfeder befestigt sind) herausgezogen werden.

Auch der Ausbau der Heckleuchtengläser ist einfach – ihre Befestigungsschrauben sind von der Innenseite des Heckkofferraums her zugänglich. Ziehen Sie die Kofferraumverkleidung beiseite, dann müssten die Schrauben und Glühlampen frei vor Ihnen liegen. Die dritte Bremsleuchte ist vom Heckkofferraum bequem zugänglich, nachdem das Verdeck in die Wartungsstellung abgesenkt wurde (siehe Abb. 6 und Projekt 3).

Beim Erneuern der Glühlampen muss stets die entsprechende Ausführung mit derselben Wattzahl montiert werden. Beim Einbau stärkerer Glühlampen könnte der Kabelstrang Schaden nehmen oder Streuscheibe und Lampenfassung anschmelzen.

Die Bilder zeigen die Arbeiten am Boxster, Modelljahr 1997-2004; bei den Modellen 2005-2008 laufen die Arbeiten im Wesentlichen genauso ab.

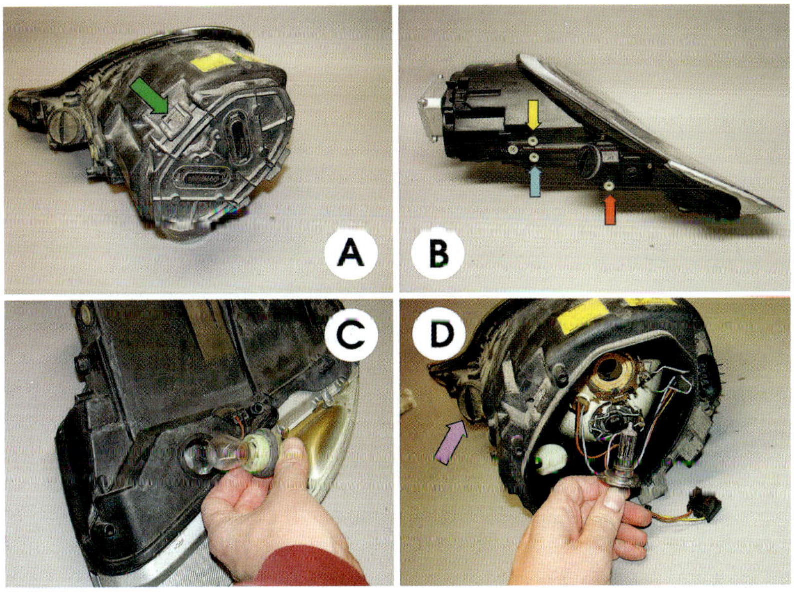

1 Der Boxster-Scheinwerfer ist recht kompliziert aufgebaut. **A:** Zum Wechseln der Glühlampen im Scheinwerfer nehmen wir die Schutzhaube ab (Laschen auf beiden Seiten zusammendrücken – der grüne Pfeil zeigt auf eine der beiden Seiten). **B:** Zum Drehen dieser Einstellräder wird ein 5-mm-Innensechskant durch Zugangsbohrungen in der Karosserie eingesteckt. Rot = Einstellung der Nebelleuchten, gelb = Einstellung links/rechts, blau = Einstellung aufwärts/abwärts. **C:** Die Blinker-/ Parkleuchtenbirne ist von unten zugänglich. **D:** Die beiden Halogenleuchten werden von hinten in das Scheinwerfergehäuse eingeclipst und sind nach Entfernen der Schutzhaube zugänglich. Kolben der Glühlampe nicht mit den Fingern berühren, da der Fettschweiß der Finger zur Eintrübung des Glaskolbens führen kann. Der violette Pfeil zeigt auf die Zugangsbohrung für den Wechsel der Nebelleuchtenlampe.

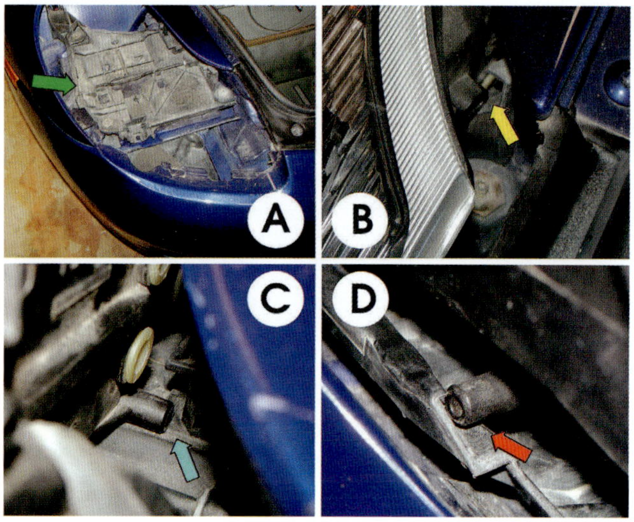

2 Der Wiedereinbau des Scheinwerfers kann zum Geduldsspiel geraten. **A:** Der Scheinwerfer passt mit der Aufnahmeplatte (grüner Pfeil) und dem Kabelstrangstecker zusammen. Durch einen Bügel in der Aufnahme wird der Scheinwerfer festgeklemmt. **B/C/D:** Drei runde Nasen am Scheinwerfer greifen in drei Aussparungen in der Aufnahme ein. Beim Einsetzen des Scheinwerfers müssen diese Nasen exakt in ihren Aussparungen ausgerichtet sein.

3 Nachdem die Leuchteneinheit in den Kotflügel gedrückt wurde, verriegeln wir sie mit dem Scheinwerfer-Spezialwerkzeug aus dem Boxster-Bordwerkzeug (ersatzweise geht es auch mit einem 5-mm-Inbusschlüssel). Das Werkzeug muss nach oben zeigen und wird zum Verriegeln der Leuchte in Richtung Fahrzeugheck gedreht, zum Entriegeln in Richtung Fahrzeugfront.

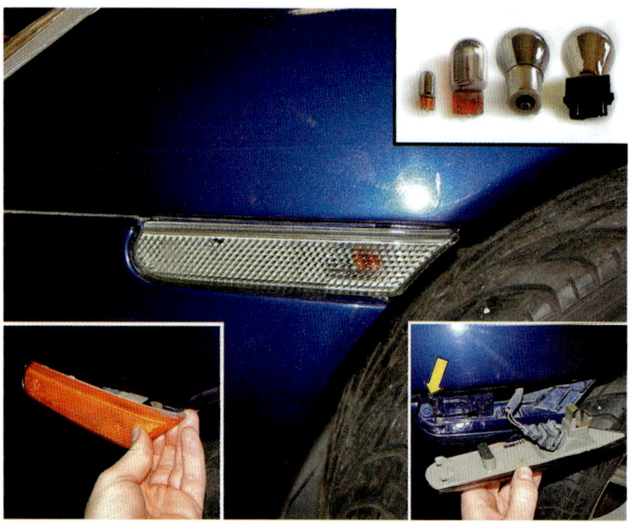

4 Neue Seitenblinkleuchten lassen sich im Handumdrehen einbauen. Die Blinker können einfach abgezogen werden, und der Kabelstrang wird durch Entriegeln der dünnen Metallklammer gelöst. Manch einer bevorzugt transparente Blinkergläser gegenüber den orangefarbenen, wobei allerdings auch bei transparenten Gläsern orangefarbene Glühlampen verwendet werden müssen, denn für den Straßenverkehr ist grundsätzlich orangefarbenes bzw. „gelbes" Blinklicht vorgeschrieben.

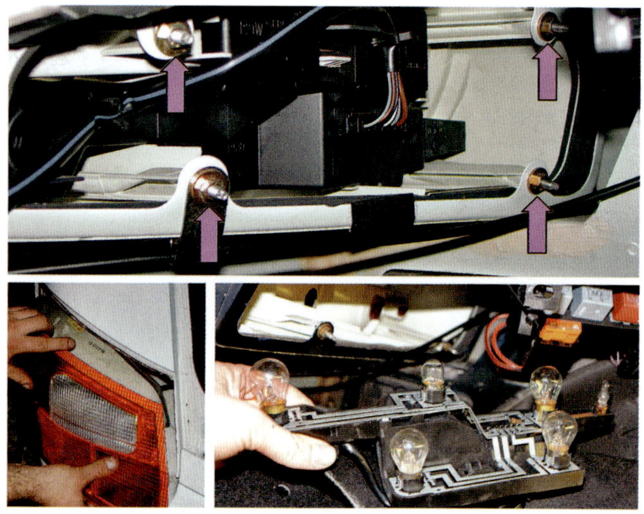

5 Der Ausbau der Heckleuchten ist einfach: Drehen Sie die vier Muttern der Leuchteneinheit heraus (violette Pfeile). Dann drücken Sie auf die Leuchte und ziehen gleichzeitig von der anderen Seite (unten links). Müssen nur die Glühlampen gewechselt werden, lösen Sie durch Druck auf die Haltenase den Lampenträger von der Rückseite der Heckleuchte (unten rechts).

6 Um die Glühlampe in der dritten Bremsleuchte zu wechseln, bringen wir das Verdeck in die Wartungsstellung (siehe Projekt 3) und lösen die beiden Schrauben beidseits der Leuchte. Dann den Kabelstrangstecker abziehen, und nun müsste sich der Lampenträger an der Leuchtenrückseite entriegeln lassen. Vorsicht, dass die empfindlichen Rastzungen am Lampenträger dabei nicht abbrechen. Beim Einbau der Leuchte auf die beiden Schrauben achten – sie halten die Leuchte auf spezielle Weise an der Karosserie. Drücken Sie die Schrauben mit ihren Gummischeiben in die Bohrungen in der Karosserie und ziehen Sie sie nur leicht an, so dass die Schrauben den Gummi aufweiten und stramm in ihren Bohrungen sitzen.

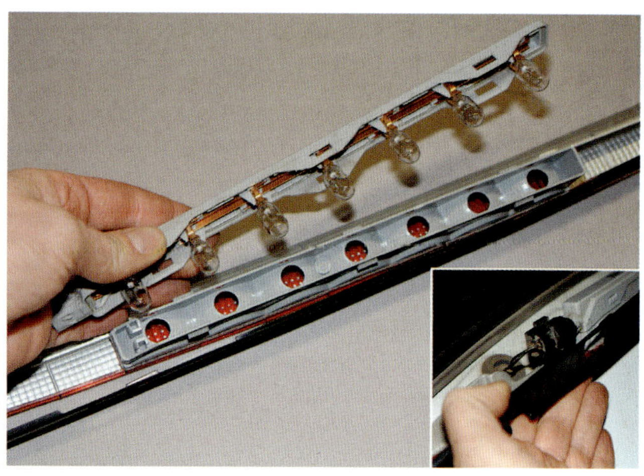

PROJEKT 66

Erneuern des Haubenemblems und der Schriftzüge

Zeit/Kosten/Talent: 30 Minuten / ca. 50 EUR /

Werkzeuge: Keine

Relevante Baujahre: Alle

Erforderliche Teile: Haubenemblem, Dichtung, zwei Selbstschneidemuttern

Tipp: Ziehen Sie die Haubenemblemmuttern nicht zu fest an, sonst kann die Beschichtung auf der Vorderseite einreißen.

Arbeitsziel: Elegantere Optik der Motorhaube

Ergänzende Arbeitsgänge: Erneuern des Heckschriftzugs

Das Porsche-Wappen auf der Fronthaube bekommt im Laufe der Jahre einiges ab: Straßensplitt, Ruß, Regen, Schnee, Matsch und sonstiger Schmutz hinterlassen Kratzer auf dem Emblem, das im Lauf der Zeit immer matter wirkt und jeden Glanz verliert. Die Erneuerung dieses Emblems ist freilich kinderleicht – und wertet die Optik Ihres Fahrzeugs sofort erheblich auf.

Montieren Sie sicherheitshalber stets die Original-Porsche-Wappen. Für etwa den halben Preis angebotene Plagiate reichen qualitativ nicht an das originale Ersatzteil ran.

Das Porsche-Wappen wurde im Laufe der Jahre in verschiedenen Varianten aufgelegt, wer also auf hundertprozentige Originalität Wert legt, wird nach einem Neuteil aus Porsche-Lagerbeständen („NOS" – New Old Stock) suchen müssen. Auch die Gummidichtung zwischen Emblem und Haubenblech muss mit erneuert werden.

Das Porsche-Wappen ist an der Haubeninnenseite mit zwei so genannten Selbstschneidemuttern befestigt – kleinen Aluscheiben mit kittähnlichem Einsatz, die das Emblem stramm fixieren, ohne dass an der Haube Dellen oder sonstige Schäden entstehen. Diese Selbstschneidemuttern verhindern auch Wassereintritt auf die Blechinnenseite.

Zum Ausbau des alten Wappens öffnen wir die Haube und schrauben die Muttern mit einer kleinen 8-mm-Stecknuss mit Verlängerung ab. Achten Sie darauf, dass die Muttern nicht in die Innenseite dieses doppelwandigen Blechs abrutschen. Beim Einbau des neuen Emblems legen wir die Gummidichtung auf das Emblem auf und setzen es zur Probe auf der Haube an. Manchmal müssen kleinen Haltestifte am Emblem etwas nachgebogen werden, damit sie richtig in den Bohrungen zu liegen kommen. Aber nicht mit zu viel Nachdruck biegen, sonst brechen sie ab!

Es empfiehlt sich auch, Emblem und Dichtung vor dem Einbau mit einem Streifen Abklebeband auf der Haube anzukleben. Die Selbstschneidemuttern sind zur einmaligen Verwendung bestimmt; werden sie ein- und wieder ausgebaut, können die Haltestifte am Emblem beschädigt werden. Bringen Sie die Dichtung mit einem Zahnstocher am gesamten Umfang des Emblems in ihre richtige Lage, bevor Sie die Muttern festziehen. Das Ankleben des Emblems soll verhindern, dass die Gummidichtung beim Anziehen der Muttern verrutscht. Überprüfen Sie die Dichtung also vor dem Anziehen der Muttern ruhig nochmals. So einfach der Einbau auch ist, ein unsauberer Sitz der Dichtung würde nach Pfusch aussehen.

1 Dieser Vergleich „vorher"(rechts)/„nachher" (links) zeigt, welchen Unterschied ein neues Haubenemblem ausmachen kann. Wie ausgeblichen das alte Emblem wirkt, ist erst beim Vergleich mit einem Neuteil erkennbar – der Glanz des neuen Porsche-Wappens lässt sich mit der Kamera kaum adäquat einfangen. Dank des wirklich sehr simplen Austausches ist eine einfachere optische Aufhübschung des Boxster eigentlich nicht möglich

2 An der Haubeninnenseite sind Zugangsbohrungen zum Aus- und Einbau des Haubenemblems vorhanden. Die beiden Selbstschneidemuttern dürfen nicht zu fest angezogen werden, sonst kann die Beschichtung des Emblems einreißen oder die Haube Schaden nehmen. Das kleine Bild zeigt ein Porsche-Originalemblem mit seiner Dichtung und zwei Selbstschneidemuttern.

3 Die Erneuerung des Heckschriftzugs ist relativ einfach. Die neuen Schriftzüge sind mit einer Klebeschicht versehen, die ähnlich wie doppelseitiges Klebeband aufgebaut ist. Beim Ausbau des alten Schriftzugs ist ungewachste Zahnseide hilfreich. Lassen Sie den Wagen eine Stunde lang in der prallen Sonne stehen und ziehen Sie die Zahnseide dann unter dem Schriftzug durch, so dass die Klebeschicht durchtrennt wird. Danach entfernen wir die Klebstoffreste mit Isopropylalkohol und bringen den neuen Schriftzug an.

PROJEKT 67
Einbau der Haubenschutzverkleidung „Das Schild“

Zeit/Kosten/Talent: 30 Minuten / ca. 270 EUR /

Werkzeuge: Keine

Relevante Baujahre: Alle

Erforderliche Teile: Haubenschutzverkleidung „Das Schild“

Tipp: Montieren Sie die Schutzverkleidungen am besten gleich an Front- und Heckklappe.

Arbeitsziel: Schutz der Kofferraumhaube

Ergänzende Arbeitsgänge: Erneuern des Haubenemblems

Die Schutzverkleidung „Das Schild“ wurde in den USA entwickelt und soll die Kofferraum- und Motorhaube gegen Schäden durch im Kofferraum umherfliegende Objekte schützen. Derartige Schäden mögen zwar unwahrscheinlich anmuten, ungesicherte oder zu große Gegenstände, die im Kofferraum verstaut werden, können jedoch unschöne und schwer zu beseitigende Druckstellen oder Dellen im Kofferraumhaubenblech hinterlassen. Der Hersteller behauptet außerdem, dass diese Verkleidung Dellen von außen (z.B. durch einen Fußball auf Abwegen oder kleinere Hagelkörner) verhindern hilft.

Die Verkleidung besteht aus leichtem, warmgeformtem ABS-Kunststoff und macht einen wirklich soliden Eindruck. Der US-Hersteller bietet für den Boxster einen zweiteiligen Satz (vorn, hinten) für $ 280 (Stand Sommer 2015) an (http://lidliner.myshopify.com/collections/porsche-lid-liners). Der Einbau ist denkbar einfach: Verkleidung in die Aussparungen in der jeweiligen Haubeninnenseite einlegen und mit den mitgelieferten Kunststoffhaltern an den werksseitigen Haubenversteifungen befestigen.

1 So sieht die Fronthaube nach dem Einbau der „Schild“-Verkleidung aus. Die Verkleidung besteht aus leichtem ABS-Kunststoff und lässt sich in wenigen Minuten einbauen. Dank der Passgenauigkeit mutet sie wie ein Porsche-Originalzubehörteil an.

2 Der Einbau ist im Handumdrehen erledigt. Einfach die Verkleidung an der Haube anlegen und mit Kunststoffklammern befestigen, die in die im Haubenversteifungsblech vorhandenen Ausschnitte eingedrückt werden (kleines Bild).

PROJEKT 68

Ausbau/Erneuern des vorderen Stoßfängers und der Radhausschalen

Zeit/Kosten/Talent: 30 Minuten / ca. 750 EUR /

Werkzeuge: Keine

Relevante Baujahre: Alle

Erforderliche Teile: Vordere Stoßfängerverkleidung

Tipp: In einigen Fällen kann eine gute Karosseriewerkstatt die vordere Stoßfängerverkleidung reparieren.

Arbeitsziel: Sauberere Fahrzeugoptik

Ergänzende Arbeitsgänge: Stoßdämpfer erneuern; Einbau eines Mittelkühlers

Sofern Ihr Boxster die Jahre seit seiner Werksauslieferung nicht gerade in einer Zeitkapsel verbracht hat, sind gewisse optische Schäden an der vorderen Stoßfängerverkleidung nahezu unvermeidlich. Umfang und Tiefe der Beschädigungen hängen natürlich nicht zuletzt davon ab, wie der Besitzer es mit der Fahrzeugpflege hielt. Der Projekt-Boxster für dieses Buch war preisgünstig, hatte aber ein hartes Leben hinter sich, und der Frontstoßfänger war mit reichlich Kampfspuren gesegnet. Die Radhausschalen waren sogar derart ramponiert, dass zwar die Stoßfängerverkleidung noch zu retten war, für die Radhausschalen aber nur der Komplettaustausch übrig blieb.

Als erstes bocken wir den Wagen auf und lockern vor dem Hochbocken die Radmuttern, sofern die Radhausschalen erneuert werden sollen. Zum Ausbau der vorderen Stoßfängerverkleidung müssen anschließend die Befestigungsschrauben an der Rahmenoberseite abgeschraubt werden (siehe Abb. 1 und Abb. 2). Um die Frontblende abzunehmen und die Stoßfängerschrauben am Rahmen freizulegen, drehen wir die Kunststoffschrauben eine halbe Umdrehung (Abb. 1) und nehmen sie dann heraus. Nach dem Abnehmen der Kunststoffblende kommen darunter die Stoßfängerbefestigungsschrauben zum Vorschein (Abb. 2). Nun müssen die Seitenblinkleuchten ausgebaut werden. Hinter den Seitenblinkern finden wir eine kleine Schraube, die herausgedreht werden muss (siehe gelber Pfeil, kleines Bild in Abb. 5). Direkt daneben befindet sich eine zweite Schraube, die entfernt werden muss: Sie sitzt am Rande des Radhauses und zeigt nach oben (Abb. 5, roter Pfeil). Anschließend klemmen wir den Temperaturfühler in seiner Aufnahmebohrung nahe dem Frontgrill auf der rechten Fahrzeugseite ab. Der Temperaturfühler ist über ein Kabel angeschlossen und ähnelt einem kurzen Bleistift (siehe Abb. 1). Danach müssen noch die Halteschrauben der Unterseite der Stoßfängerverkleidung am Fahrzeug gelöst werden (Abb. 3 und 4). Nachdem nun alle Befestigungsteile abgebaut sind, müsste sich die Verkleidung durch kräftiges Ziehen abnehmen lassen.

Die Frontstoßfängerverkleidung ist extrem teuer (je nach Version – Boxster oder Boxster S – rund 700 bis 900 EUR). Übrigens ist der Stoßfänger des Boxster S mit dem des normalen Boxster bis auf den Ausschnitt für den Mittelkühler annähernd identisch. Wer also Geld sparen möchte, suche sich die Version für den „Nicht-S"-Boxster und bringt den Ausschnitt selbst an (siehe Projekt 31).

Der Ausbau der Radhauschalen ist nicht ganz so einfach wie die Demontage der Frontstoßfängerverkleidung. Als erstes nehmen wir die beiden Räder ab. Die Radhausschalen sind mit Kunststoffnieten befestigt, die nacheinander herausgehebelt werden müssen. Die Einbaulage dieser Niete ist aus Abb. 4 und 5 ersichtlich. Das Federbein muss zum Wechsel der Radhausschalen nicht ausgebaut zu werden, wer aber ohnehin die Stoßdämpfer erneuern möchte, sollte dies bei dieser Gelegenheit mit erledigen.

Beim Einbau der neuen Radhausschalen besorgen Sie sich am besten gleich die vorne montierten kleinen Spritzlappen (Modell 1997-2004: Teile-Nr. 996 504 503 00). Sie gehen im Laufe der Jahre schon einmal verloren. Ab Modell 2005 wurden die Radhausschalen des Boxster umkonstruiert und bestehen nun aus drei statt zwei Teilen, die sich wesentlich leichter austauschen lassen.

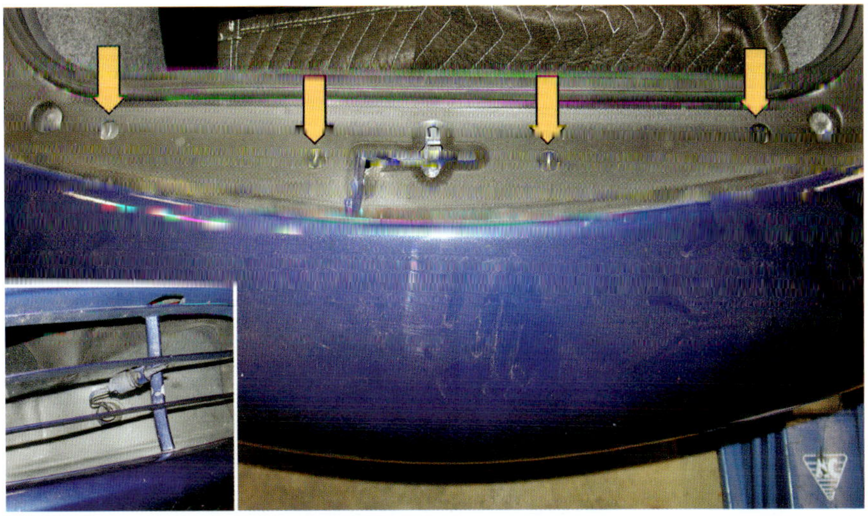

1 Zunächst bauen wir im Frontkofferraum die schwarze Kunststoffblende am Haubenschloss aus. Sie wird von vier kleinen Befestigungselementen gehalten. Drehen Sie sie eine halbe Umdrehung nach links und dann heraus. Das kleine Bild zeigt den Temperaturfühler; er muss vom Gitter abgebaut werden.

2 Nachdem die vordere Kunststoffabdeckung ausgebaut ist, liegen einige der Halteschrauben der vorderen Stoßfängerverkleidung am Rahmen frei.

3 Unter dem Fahrzeug müssen noch einige weitere Schrauben für die Befestigung der Stoßfängerverkleidung am Rahmen herausgedreht werden.

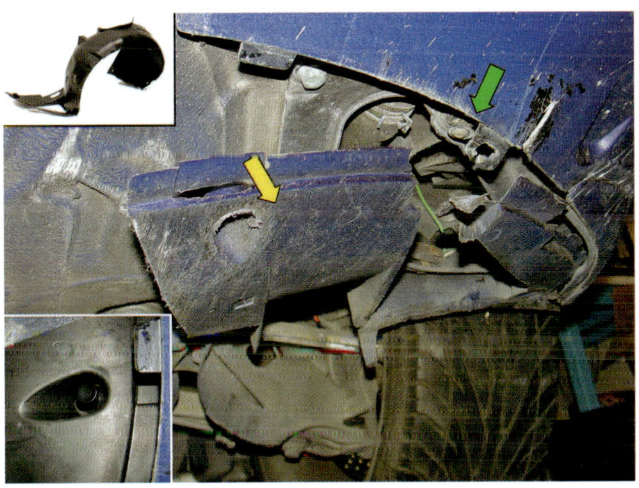

4 An unserem Projektfahrzeug sah dieser Bereich sehr unschön aus. Was aus diesem Bild nicht recht deutlich wird: Das herunterhängende beschädigte Teil (gelber Pfeil) ist Teil der Radhausschale (siehe nächstes Bild). Bei einer schlampigen Nachlackierung wurde auch die normalerweise schwarze Radhauschale in Wagenfarbe mitlackiert. Im Bild unten links ist einer der Kunststoffnieten zu sehen, mit denen die Radhausschale an der Karosserie befestigt ist. Oben links ist die neue Radhausschale mit dem schmalen Gummispritzlappen dargestellt. Diese Spritzlappen werden hart beansprucht und häufig gehen sie irgendwann ganz verloren.

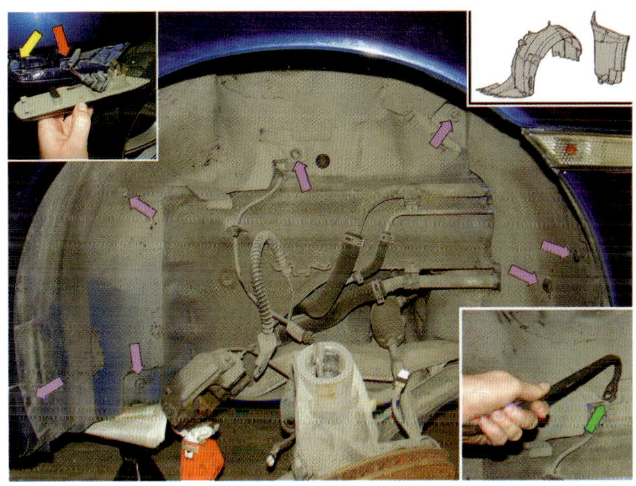

5 Hier sind die verschiedenen Befestigungsteile der Radhausschale zu erkennen. Bremsen und Stoßdämpfer wurden der Übersichtlichkeit halber ausgebaut, sie müssen zum Austausch der Radhausschale aber nicht demontiert werden. Die Kunststoffnieten lassen sich sehr einfach abhebeln (grüner Pfeil, unten rechts). Die Kunststoffmuttern müssen dagegen mit einem Steckschlüssel gelöst werden. Oben rechts sind die beiden Teile der Radhausschale und ihre Form zu erkennen. Oben links sind die Mutter hinter der Seitenblinkleuchte, die zum Lösen der Frontstoßfängerverkleidung herausgedreht werden muss (gelber Pfeil), sowie die Aufnahme der Schraube, die von der Radhausinnenseite aus gelöst werden muss (roter Pfeil), zu sehen.

PROJEKT 69
Einbau eines Hardtop

Zeit/Kosten/Talent: 1 Stunde / ca. 1000 EUR /

Werkzeuge: Inbusschlüsselsatz

Relevante Baujahre: Alle

Erforderliche Teile: Hardtop und Einbausatz

Tipp: Gute gebrauchte Hardtops sind öfter in den Kleinanzeigen der einschlägigen Autozeitschriften oder Internetplattformen zu finden.

Arbeitsziel: Geringere Fahrgeräusche im Innenraum

Ergänzende Arbeitsgänge: Die Halteklammern des Speedster sind identisch

Zu den besonders attraktiven Zubehörteilen des Boxster zählt das Hardtop. Dieses Verdeck wird direkt auf der Karosserie montiert und schützt den Innenraum gegen Fahrgeräusche und Kälte. Wer noch nie ein Exemplar mit Hardtop gefahren ist, darf sich auf eine Überraschung gefasst machen – die Fahrgeräusche sind in der Hardtopversion wirklich deutlich geringer. Das Hardtop erfüllt also seinen Zweck vollauf, nicht zuletzt dank der großzügigen Dämmung seiner Innenflächen. Auch die große Heckscheibe ist ein willkommenes Plus gegenüber der lästig kleinen Kunststoffheckscheibe der Cabrioversion.

Als Neuteil von Porsche ist das Hardtop extrem kostspielig, so dass ein gut erhaltenes Gebrauchtteil, nach dem man die einschlägigen Anzeigenseiten durchforstet, eine lohnende Alternative wäre. Zumal der Verkäufer auf einen Käufer hoffen muss, der ausgerechnet ein Hardtop in der von ihm angebotenen Wagenfarbe sucht. Es ist also oftmals möglich, gut erhaltene Gebraucht-Hardtops zu einem günstigen Preis zu erwerben.

An den auf diese Weise erstandenen Hardtops fehlen allerdings häufig die vorderen und seitlichen Abdeckungen, hinter denen sich der Verschlussmechanismus versteckt. Für die obere Abdeckung benötigen wir Teile-Nr. 986 563 551 00 (1997-2004) bzw. 987 563 551 00 (2005-2008). Die Teilenummern für die beiden seitlichen Deckel lauten 986 563 553 00 und 986 563 554 00 (1997-2004) bzw. 987 563 553 00 A03 und 986 563 554 00 A03 (2005-2008).

Soll ihr Boxster im Motorsport eingesetzt werden, schreiben viele Veranstalter und Rennstrecken ein Hardtop sowie Überrollbügelverlängerungen vor. Die Überrollbügelverlängerungen sind notwendig, weil der Fahrer, wenn er einen Helm trägt, mit dem Kopf über die Oberkante des serienmäßigen Überrollbügels hinausragt (siehe Projekt 98).

Die Vorbereitung des Boxster für den Hardtop-Einbau ist überschaubar: Einfach den Teilesatz gemäß Abb. 2 montieren. Der eigentliche Verdeckeinbau ist zusammen mit einem Helfer ebenfalls recht einfach zu bewerkstelligen. Senken Sie das Verdeck auf die Befestigungslöcher ab und legen Sie die Hebel um, so dass das Verdeck verriegelt und zur Karosserie abgedichtet wird. Das Hardtop montiert und demontiert man ja nicht jeden Tag, wer dies aber im Alleingang durchführen möchte, sollte sich eine der an der Decke befestigten Winden besorgen, die speziell für das Anheben und Absenken des Hardtops entwickelt wurden.

1 So sieht der Boxster mit Hardtop aus – auf jeden Fall eine optisch sehr gefällige Sache. Wer ein Gebraucht-Hardtop im passenden Farbton findet, kann sich glücklich schätzen. Je nach Farbkombination kann aber auch eine Zweifarben-Version gut aussehen. Eine Montage des Hardtops ohne Helfer ist wirklich nicht zu empfehlen – zu leicht rutscht man ab und zerkratzt den Lack.

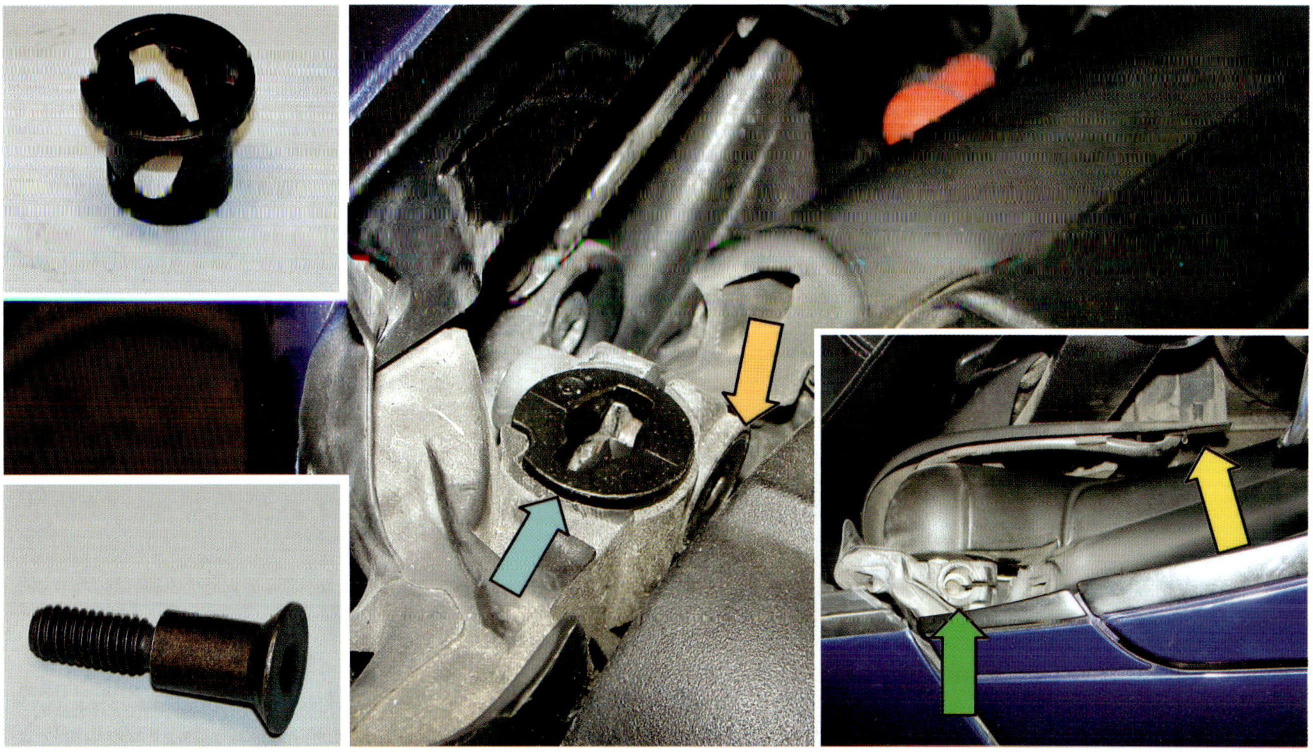

2 Falls Ihr Boxster ohne Hardtop ausgeliefert wurde, benötigen Sie wahrscheinlich den extrem teuren Montagesatz. Benötigt werden (Bild oben links) die Dreheinsätze (lt. Teilekatalog; links: 986 563 713 02, rechts: 986 563 714 02) sowie die beiden Bundschrauben (unten links). Sie werden in eine Aufnahme (grüner Pfeil) eingedreht, die normalerweise mit einem Kunststoffstopfen verschlossen ist. Entfernen Sie den Stopfen und kontrollieren Sie, ob die Einsätze bereits montiert sind. Wenn nicht, drücken Sie links und rechts je einen in seinen Sitz und ziehen Sie die Klemme mit der Bundschraube fest (orangeroter Pfeil). Nach der Montage des Hardtop kann die Heckscheibenheizung an der Stelle nahe dem gelben Pfeil angeschlossen werden.

3 Nicht unerwähnt bleiben soll beim Thema „Hardtop" das Zeintop. Diese Entwicklung aus Südafrika soll als Alternative zum Boxster-Hardtop die Optik und das Feeling des Cayman (Boxster-Coupé ab 2006) bieten. Dieses Hardtop wird ähnlich wie die Serienversion montiert, allerdings mit ein paar zusätzlichen Zwischenschritten. Die Heckklappe muss ausgebaut und eine separate Bremsleuchte angeschlossen werden. Dieses Hardtop mit einer ganz individuellen Optik wird am besten für den Winterbetrieb montiert und im Frühjahr wieder abgenommen.

PROJEKT 70
Erneuern des Verdecks

Zeit/Kosten/Talent: 16 Stunden / ca. 600 EUR / 5

Werkzeuge: Torx-Schraubendrehersatz

Relevante Baujahre: Alle

Erforderliche Teile: Neuer Dachhimmel, Dichtprofile

Tipp: Neues Verdeck mit Glas-Heckscheibe einbauen

Arbeitsziel: Endlich wieder freie Sicht nach hinten

Ergänzende Arbeitsgänge: Dichtprofile am Verdeck mit erneuern

Eine der häufigsten Klagen der Boxster-Besitzer betrifft den Zustand der Heckscheibe. Sie besteht aus transparentem Kunststoff und hält daher längst nicht so lange wie eine Glas-Heckscheibe. Im Laufe der Zeit und aufgrund der Witterungseinwirkung verkratzt die Heckscheibe und wird milchigtrüb. Unglücklicherweise ist die Heckscheibe in das Verdeck eingenäht, und ein Austausch ist ohne Heraustrennen und Einnähen eines Neuteils oder ohne Erneuern des gesamten Verdecks unmöglich. An einer Methode, dieses Problem zu umgehen, wird derzeit getüftelt – auf der Website 101Projects.com finden Sie zu gegebener Zeit nähere Einzelheiten.

Die ursprünglichen Boxster wurden mit Kunststoff-Verdeckscheibe ausgeliefert, spätere Baureihen erhielten dagegen eine richtige Glasscheibe. Als Ersatz für die Kunststoffscheibe können wir uns also ein neues Verdeck mit Glasscheibe besorgen. Die Glasscheibe bedeutet da einen qualitativen Quantensprung, schafft endlich klaren Durchblick, ermöglicht auch den Anschluss einer Heckscheibenheizung und verkratzt auch nicht so leicht wie die Kunststoffscheibe. Nachteilig ist nur, dass die Fensterfläche etwas kleiner ist und die Glasscheibe den Zugang zum Motorraum (wenn sich das Verdeck in der Wartungsstellung befindet) etwas erschwert. Die meisten Boxster-Fahrer dürften mit diesen beiden Einschränkungen aber leben können.

Die Erneuerung des Verdecks ist nicht einfach – viele Verdeckhersteller verkaufen ihre kompletten Verdecke nicht an Hobby-Schrauber. Für dieses Projekt werden die einzelnen Arbeitsgänge in der Bildfolge dargestellt, um die Einzelschritte besser zu veranschaulichen. Dabei sind diese Aufnahmen nur eine Auswahl der rund 500 Fotos, die für dieses Projekt gemacht wurden (weitere Fotos siehe 101Projects.com). Das Projektfahrzeug ist ein Modell 1999, andere Baujahre sind weitgehend identisch, können aber in Details abweichen.

1 Ein früher Boxster (den es ab Werk nur mit Kunststoff-Verdeckfenster gab) mit nachgerüsteter Glas-Heckscheibe. Die Glasscheibe ist etwas kleiner als die Kunststoffausführung.

2 Als erstes bringen wir das Verdeck in die Wartungsstellung (Anleitung siehe Projekt 3).

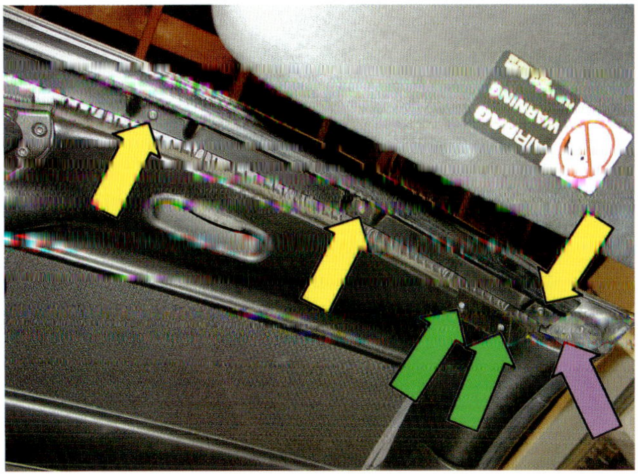

3 Nehmen Sie die beiden vorderen Riegel ab (grüne Pfeile), ferner die Halteschraube der Seitendichtung (violetter Pfeil) und die vordere Halteleiste (gelbe Pfeile).

4 Die Befestigungsschrauben sind entfernt, und nun ziehen wir das vordere Verdeckdichtprofil ab. Kontrollieren Sie das Dichtprofil genau – alte oder schadhafte Profile werden am besten gleich erneuert.

5 Zum Ausbau der Halteleiste für das Dichtprofil lösen wir die vier hier gezeigten Schrauben.

6 Wenn die Dichtprofil-Halteleiste aus dem Weg ist, können wir uns dem darunterliegenden Rahmen zuwenden. Drehen Sie die kleinen Kreuzschlitzschrauben heraus.

7 Nachdem diese Schrauben entfernt wurden, müsste sich das Vorderteil des Stoffverdecks anheben lassen. Es wird an vielen Stellen mit einem doppelseitigen Klebestreifen am Verdeckrahmen haften und muss daher vorsichtig abgezogen werden, damit der Rahmen nicht beschädigt wird.

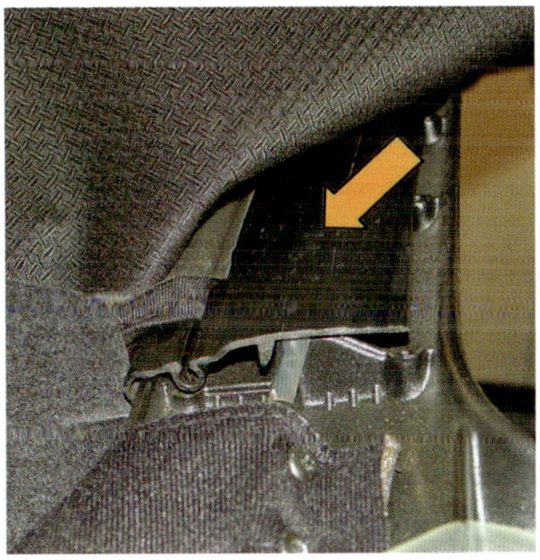

8 Das Verdeck ist an einer Kunststoff-Klemmleiste befestigt, die auf Höhe der B-Säule verläuft. Nehmen Sie die Metallklammer in der Mitte heraus, mit der die Leiste am Verdeck befestigt ist.

9 Ziehen Sie das Verdeck zurück, und nun müsste sich die Klemmleiste vom Verdeck (in Richtung des roten Pfeils) abziehen lassen.

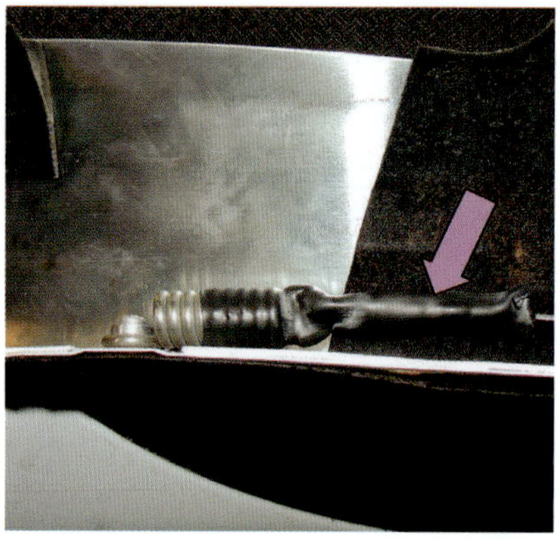

10 Auf der Verdeckoberseite sitzen zwei Alustücke mit Seilzug und Feder. Trennen Sie die Kabelisolation durch und hängen Sie den Seilzug an der Feder aus.

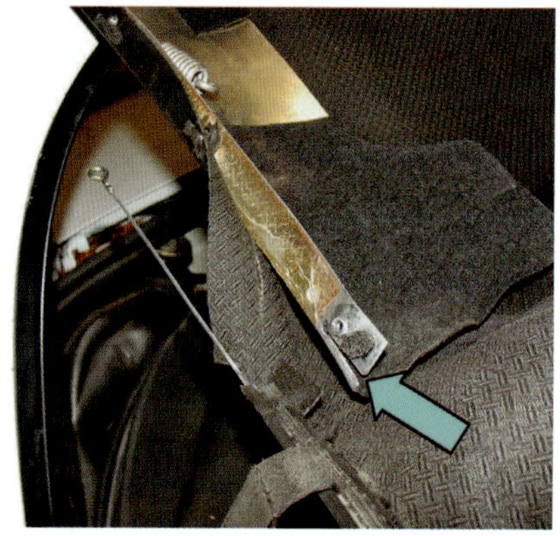

11 Das von der Feder getrennte Seil lösen wir vom Ende der Aluleiste. Dieses Seil soll das Verdeck um die Scheibenrahmen führen, wenn das Verdeck geschlossen bzw. abgesenkt wird, und ist in den Verdeckhimmel integriert/eingenäht.

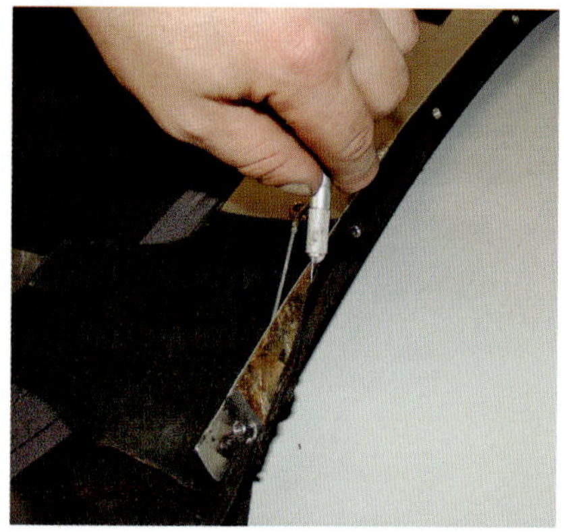

12 Nun lösen wir die Aluteile (Vorsicht: Nicht beschädigen!) vom Verdeck und legen sie auf die Werkbank. Sie werden am neuen Verdeck wieder angebracht.

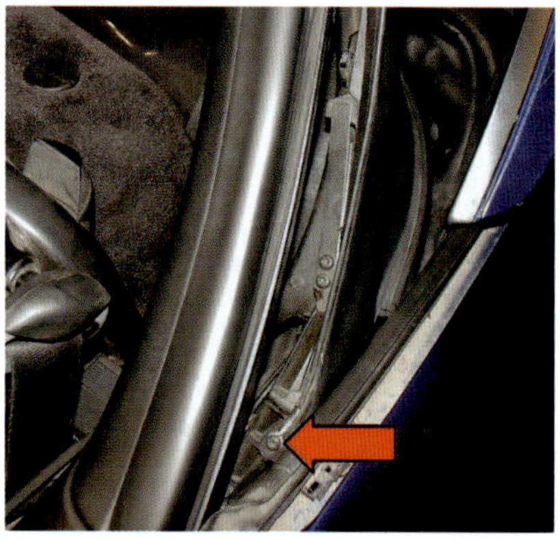

13 Schalten Sie nun die Zündung ein und senken Sie das Verdeck soweit ab, dass es ungefähr zu 75 % zusammengelegt ist. Drehen Sie die Schraube heraus, die das andere Ende des Spannseils hält. Diese Schraube fixiert zugleich eine Lasche am Verdeck sowie den Kunststoffschieber. Vorsicht, dass sie nicht in die Untiefen des Verdeckkastens fällt, denn von dort lässt sie sich kaum mehr zutage fördern.

14 Am Verdeckhimmel sitzt ein Kunststoffschieber, der mit zwei Kunststoffnieten am Rahmen befestigt ist. Lösen Sie die Niete vorsichtig, drücken Sie die Zapfen von hinten zusammen und ziehen Sie das Teil aus dem Rahmen heraus.

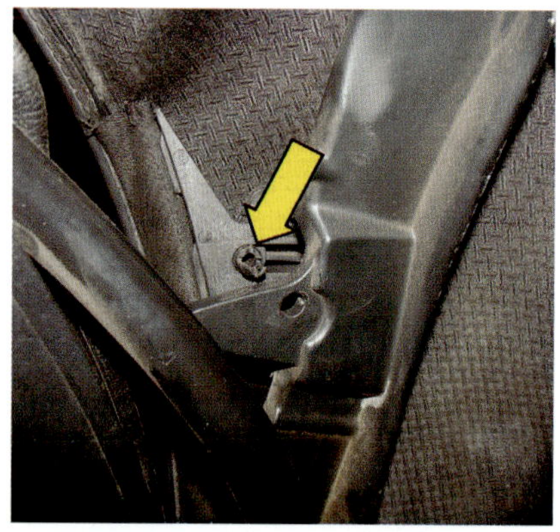

15 Hier ist der Schieber von hinten zu sehen; der Kunststoffniet ist abgebrochen. Diese Nieten gehen beim Ausbau sehr leicht kaputt, Neuteile sind allerdings nicht allzu teuer.

16 Wenn alle Nietverbindungen vom Rahmen gelöst sind, kann der Verdeckstoff (gelber Pfeil) zurückgeschlagen und damit der Schieber vom Verdeck getrennt und das genutete Teil aus dem Kunststoffhalter herausgezogen werden, der am Verdeckhimmel eingenäht ist (grüner Pfeil).

17 So sieht der Verdeckrahmen aus, nachdem der Kunststoffschieber herausgezogen wurde (die Pfeile zeigen auf die beiden Bohrungen für das Drehstück).

18 Diese beiden Klettstreifen (je einer pro Seite) müssen ebenfalls gelöst werden.

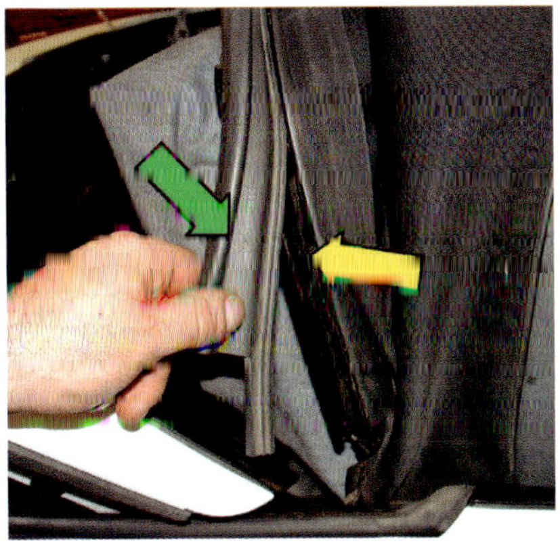

19 Nun bringen wir das Verdeck wieder in seine ursprüngliche Stellung (ca. 45 cm geöffnet). Das Seil mit dem Kugelgelenk muss ausgehängt sein (siehe Projekt 3, Abb. 28). Heben Sie das Verdeck hinten an, so dass das dicke Dichtprofil freiliegt, welches das Verdeck zum Kofferraum abdichtet. Ziehen Sie dieses Dichtprofil vorsichtig heraus, ohne dass es einreißt.

20 Heben Sie das Dichtprofil in der Mitte der Führungsschiene an und ziehen Sie es ab.

21 Jetzt schlagen wir den Verdeckstoff von der Führungsschiene zurück. Manchmal geht dies einfacher, wenn der Haltestreifen zuerst entfernt wird (siehe nächstes Bild).

22 Der gelbe Pfeil zeigt auf den Haltestreifen, mit dem der Verdeckstoff an der Schiene fixiert wird. Diesen Streifen ebenfalls entfernen.

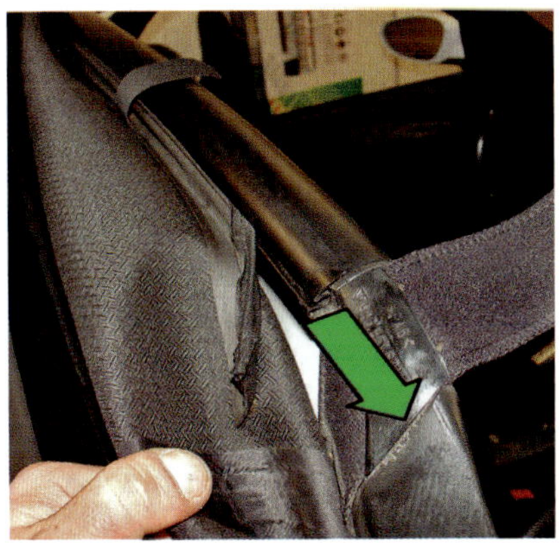

23 Als letzten Schritt beim Verdeckausbau lösen wir das Verdeck aus der Führungsschiene, die am Mittelspriegel des Verdeckrahmens befestigt ist.

24 Kontrollieren Sie den Boxster-Verdeckrahmen sorgfältig und entfernen Sie mit mildem Entfetter und Isopropanol alle Reste der doppelseitigen Klebebänder und Klebstoffreste. Auch die beiden Alustücke, die wir am alten Verdeck abgebaut haben, werden jetzt gereinigt.

25 Nun kleben wir das neue Klebeband auf den Alustücken an (3M 06384 eignet sich hierfür gut).

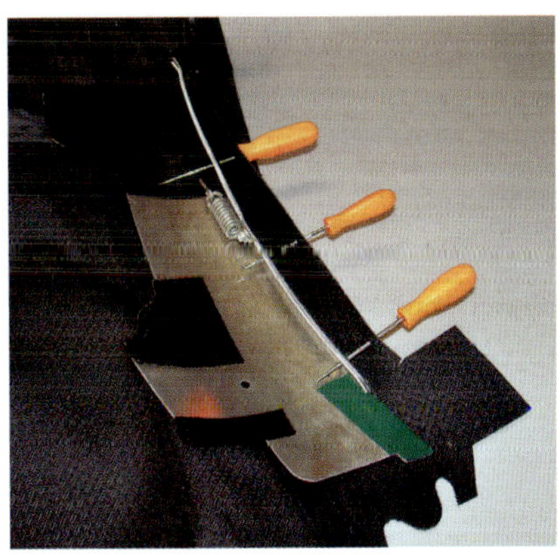

26 Dann stechen wir Schraublöcher in den neuen Verdeckstoff und befestigen ihn mit dem doppelseitigen Klebeband. Das Seil wird an der Feder eingehängt und mit Isolierband oder Schrumpfschlauch umwickelt.

27 Die Stofflaschen schneiden wir zu und legen sie wie hier gezeigt um und befestigen sie mit doppelseitigem Klebeband (Pfeil).

28 Bringen Sie die beiden in Abb. 16 ausgebauten Kunststoffschieber am neuen Verdeckhimmel an. Drücken Sie die Schieber in Pfeilrichtung in den Verdeckhimmel ein.

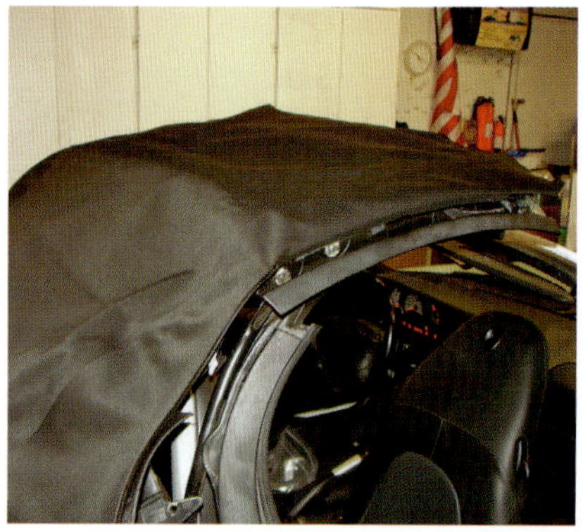

29 Befestigen Sie das neue Verdeck am Rahmen. Dazu zuerst das Mittelteil in die hintere Führung einschieben (siehe Abb. 23). Heckscheibe mit Papier und Klebeband abkleben, um Kratzer beim Einbau zu vermeiden

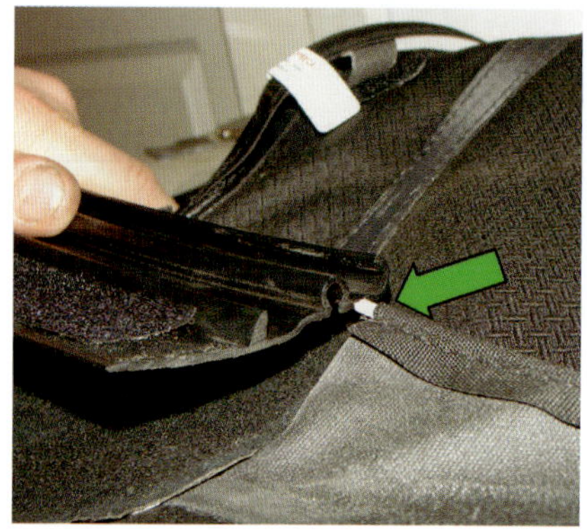

30 Schieben Sie dann die mittlere Kunststoffführung in den neuen Verdeckhimmel ein. Für besseres Einschieben kann das Kunststoffteil mit etwas Silikonspray gleitfähiger gemacht werden.

31 Befestigen Sie die mittlere Kunststoffführung mit der Metallklammer am Rahmen.

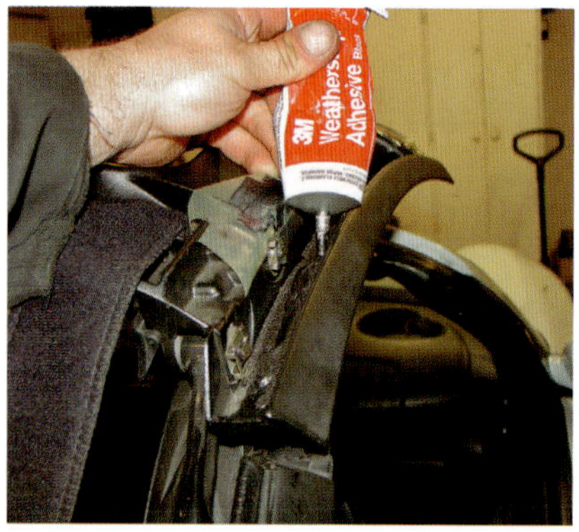

32 Dann sprühen wir die Führung mit 3M-Dichtprofilkleber ein und schrauben den Verdeckhimmel mit den Blechschrauben fest.

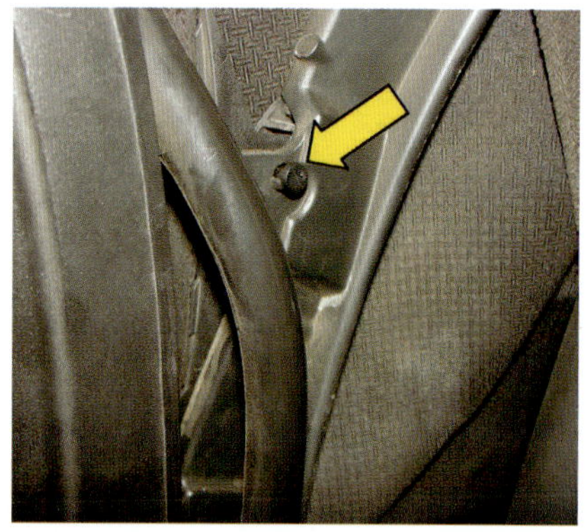

33 Nun muss das Verdeck zu ca. 75 % geöffnet sein. Drücken Sie die Schiebestücke links und rechts in ihren Sitz und bringen Sie den Kunststoffniet wieder an. Bei unserem Verdeckeinbau ist mit dem neuen Verdeckhimmel ein Satz „Hilfsbänder" mitgeliefert worden, die mit diesem Niet verbunden werden müssen. Nach dem Einbau der Schieber, bringen wir das Verdeckseil mit der in Abb. 13 ausgebauten Schraube wieder an.

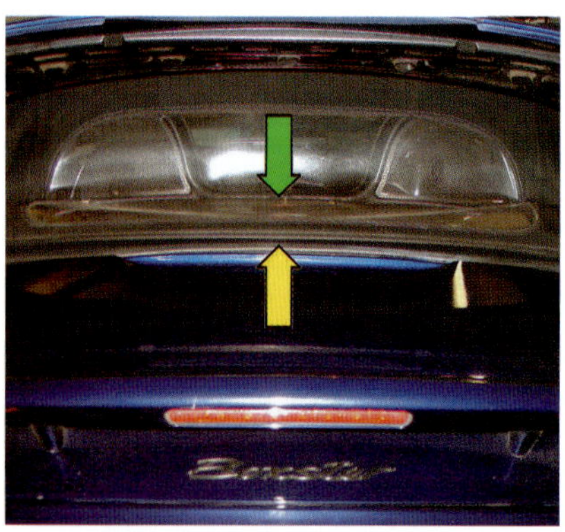

34 Stellen Sie das Verdeck nun so, dass es noch ca. 45 cm geöffnet ist. Vermessen Sie am Wagenheck die Scheibenmitte und die Mitte der hinteren Führung und zeichnen Sie Verdeck und Führung so an, dass die Teile bei den nächsten Schritten exakt aufeinander ausgerichtet werden können.

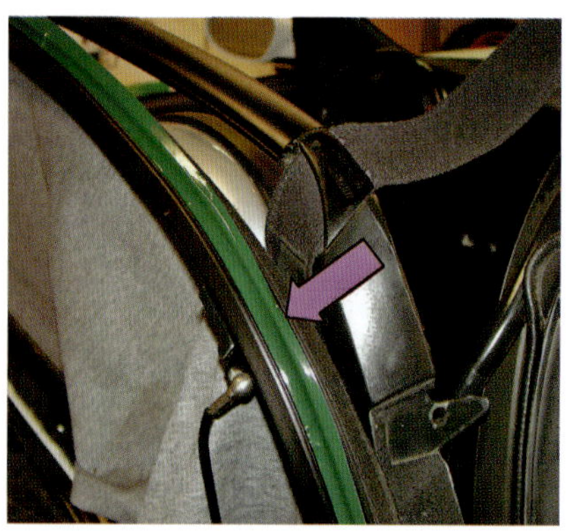

35 Bringen Sie an der hinteren Führung ein doppelseitiges Klebeband auf gleiche Weise wie am alten Verdeck an.

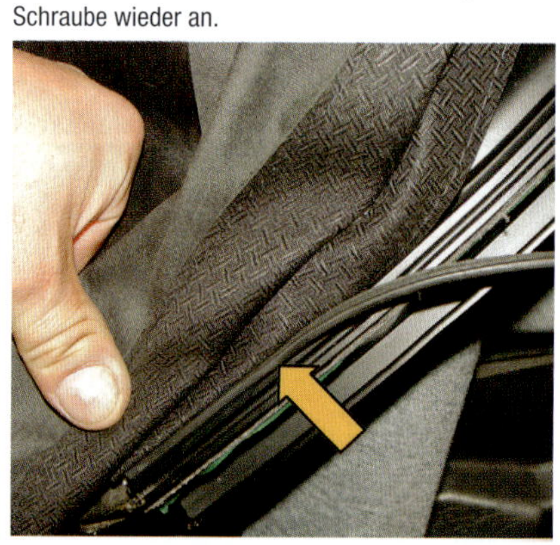

36 Nun wird das hintere Ende zentriert und sauber ausgerichtet und der Verdeckstoff in die Oberseite der hinteren Führung eingedrückt. Die Naht muss geringfügig unterhalb der Schienenkante verlaufen, andernfalls ist die Naht bei geschlossenem Verdeck möglicherweise zu sehen. Der Haltestreifen wird mit einem kleinen Gummihammer in seine Einbaulage gebracht (siehe orangeroter Pfeil).

37 Montieren Sie das Dichtprofil in der mittleren Führungsschiene.

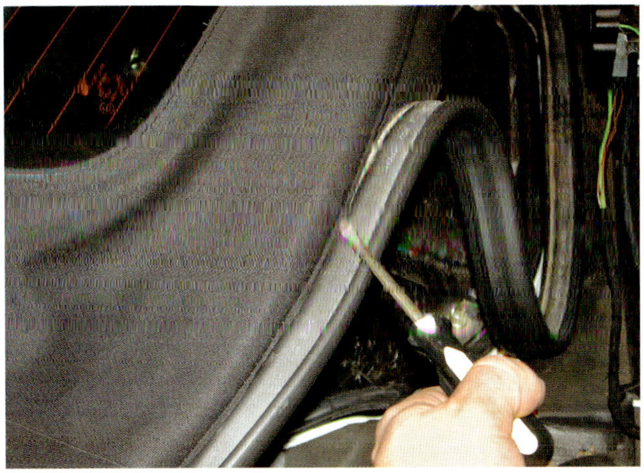

38 Setzen Sie dann das dickere Dichtprofil wieder in der unteren Schiene ein. Wir verwendeten hierfür doppelseitiges Klebeband, das Profil löste sich beim Öffnen und Schließen des Verdecks jedoch immer wieder. In derartigen Fällen wäre 3M-Superdichtungskleber eine überlegenswerte Alternative.

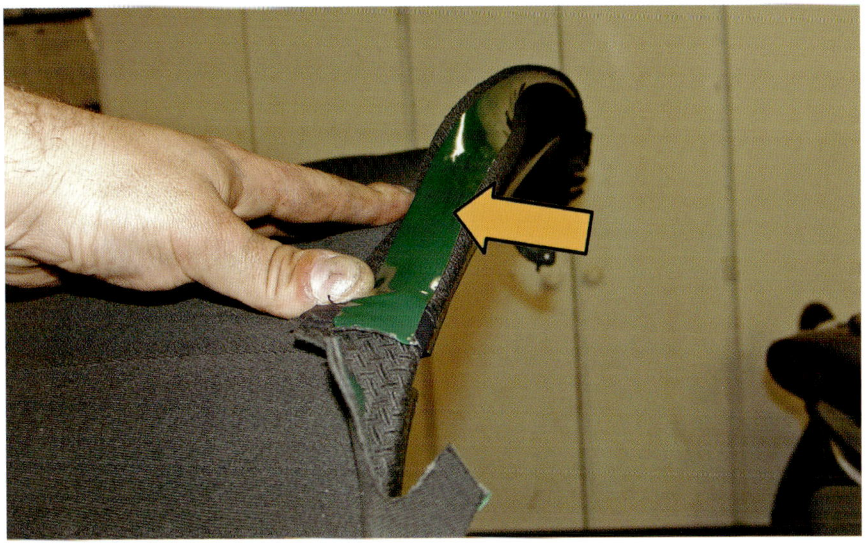

39 Auch an der vorderen Verdeckkante verlegen wir einen Klebestreifen an gleicher Stelle wie am alten Verdeck.

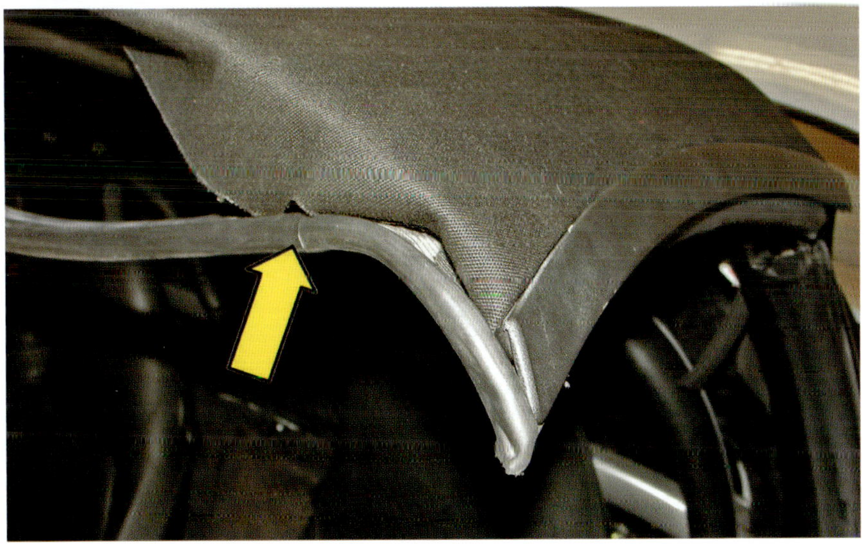

40 Nun ziehen wir das Verdeckmaterial straff und bringen die vordere Führungsschiene und das Dichtprofil an. Ziehen Sie das Verdeck ringsum gleichmäßig straff, damit sich keine Falten im Verdeckstoff bilden. Wird ein Verdeck mit Defrosterfunktion montiert, erfolgt der Anschluss wie bei Projekt 69, Abb. 2, beschrieben. Etwaige Falten verschwinden oft erst nach einigen Tagen. Meist besser funktioniert die faltenfreie Montage des Verdecks im Verdeckrahmen, wenn der Wagen einige Zeit in der prallen Sonne steht.

PROJEKT 71

Reparatur des Verdeckmechanismus

Zeit/Kosten/Talent:
8 Stunden / ca. 90-900 EUR /

Werkzeuge: Bohrmaschine

Relevante Baujahre: Alle

Erforderliche Teile: Verschiedene Bauteile (je nach Schadensfall)

Tipp: Kontrollieren Sie alle Baugruppen eingehend – versteckte Schäden sind keine Seltenheit.

Arbeitsziel: Einwandfrei funktionierendes Verdeck

Ergänzende Arbeitsgänge: Verdeck ersetzen, Umrüstung auf Heckscheibe aus Glas

Der Verdeckmechanismus des Boxster wird besonders häufig betätigt und ist damit in besonderem Maße mechanischen und anderen Beanspruchungen ausgesetzt. Irgendwann machen sich sicher auch bei Ihrem Boxster gewisse Störungen beim Öffnen und Schließen des Verdecks bemerkbar. Einige Fingerzeige für Reparatur und Austausch der gefährdetsten Bauteile können also nicht schaden.

Lohnend ist auf jeden Fall die Nachrüstung des SmartTOP-Verdecksteuermoduls (siehe Projekt 72). Trotz seiner praktischen Grundkonzeption ist es allerdings weniger schön, dass dieses Modul über keine Sicherheitsfunktion verfügt. Ist die Verdeckverriegelung nicht ganz entriegelt und bleibt das Verdeck beim automatischen Absenken versehentlich daran hängen, kann dies zu schweren Schäden am Verdeck führen. Dabei kommen schnell 20 Stunden Arbeitszeit und Teile für über 1000 EUR zusammen (siehe Bildfolge bei diesem Projekt). Wer also dieses Steuermodul in seinem Boxster montiert, sollte zumindest an die Schadensrisiken denken, die die „Betätigung auf Knopfdruck“ mit sich bringen kann.

Im Vergleich zu anderen Cabrios (z.B. dem BMW 3er) ist das Boxster-Verdeck relativ einfach aufgebaut. Ein einzelner Stellmotor ist mit zwei biegsamen Wellen kombiniert und treibt einen entsprechend übersetzten Zahnrädersatz an, der das Verdeck und den Verdeckkastendeckel anhebt und das Verdeck zusammenlegt und im Verdeckkasten versenkt. Öffnet oder schließt Ihr Verdeck nicht richtig, liegt wahrscheinlich eine Funktionsstörung oder Verschleiß in einem oder mehreren Bauteilen des Verdeckmechanismus vor. In der nachfolgenden Bilderserie beschreiben wir die einzelnen Komponenten und zeigen, wie sie ausgetauscht werden.

In der Serie wurde der ursprüngliche Verdeckmechanismus später durch eine zuverlässigere Ausführung ersetzt. Diese neuere Version kann anstelle der alten montiert werden, allerdings müssen dann auch die drei Distanzbolzen/Abstandshalter durch die geänderte Ausführung der späteren Version ersetzt werden (siehe Abb. 1, Bauteil F).

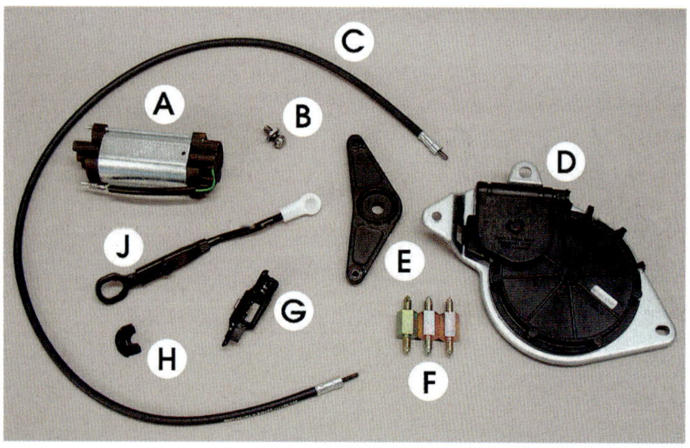

1 Dieses Bild zeigt einige der üblicherweise für die Überholung des Cabrioverdecks benötigten Teile. **A:** Verdeckmotor (treibt linke und rechte Seite gleichzeitig an); **B:** Kugelzapfen (2 pro Fahrzeug); **C:** biegsame Welle; **D:** optimierte Getriebeversion (verstärkt die Hebelwirkung des Motors beim Anheben des Verdecks), je 1 links und rechts; **E:** Antriebshebel (wird auf der zum Getriebe entgegengesetzten Seite montiert, je 2 pro Fahrzeug); **F:** optimierte Distanzbolzen für Getriebe (zur Verschraubung des Getriebes in der gleichen Einbaulage wie die alte Version erforderlich; je 2 pro Fahrzeug); **G:** Schalter zur Erfassung der geschlossenen Stellung des Verdeckgriffs; **H:** Buchse für Verdeckschubstange (Teil J; je 2 pro Fahrzeug); **J:** Verdeckschubstange (zieht bzw. drückt das Verdeck in die offene bzw. geschlossene Stellung; je 2 pro Fahrzeug).

2 Hier sind die Schäden auf der linken Seite des Verdeckmotors erkennbar. Der blaue Pfeil zeigt auf die weggebrochene Kunststoffkugelpfanne des Verdecks. Hier ist normalerweise ein Kugelkopf angelenkt (der unsichtbar in Nähe des grünen Pfeils sitzt). Auch der Mechanismus zum Anheben des Verdeckkastendeckels war komplett abgeschert. Der Kugelkopf (kleines Bild) wäre normalerweise am Ende des Antriebshebels (gelber Pfeil), befestigt, er riss aber beim Blockieren des Verdecks ab. Das Verdeckgetriebe, der Hebel und die Verdeckschubstange mussten also erneuert werden.

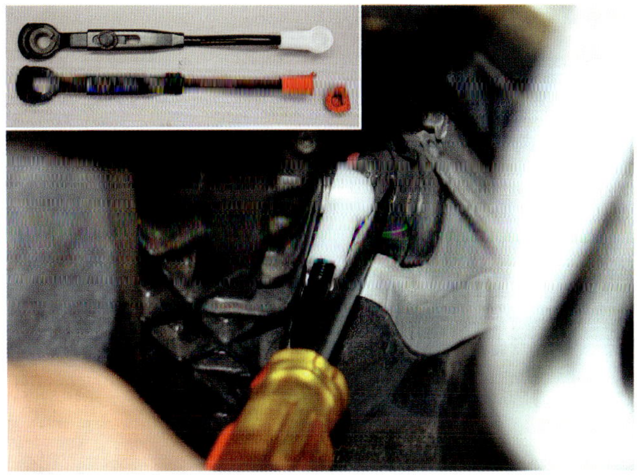

3 Ist die Verdeckschubstange abgeschert, muss die komplette Stange erneuert werden. Neue Kunststoffkugelköpfe sind bisher nur in Form einer kompletten neuen Schubstange lieferbar. Zum Einbau richten wir die neue Schubstange auf das Altteil aus und stellen die neue Stange auf exakt dieselbe Länge wie das Altteil ein. Erforderlichenfalls müssen die beiden Einstellpunkte an der Schubstange nachgestellt werden. Um die Stange wieder am Verdeckgestänge anzubauen, hebeln wir sie mit einem Schraubendreher im Mechanismus soweit nach, bis die Kugelpfanne in ihren Sitz einfedern kann.

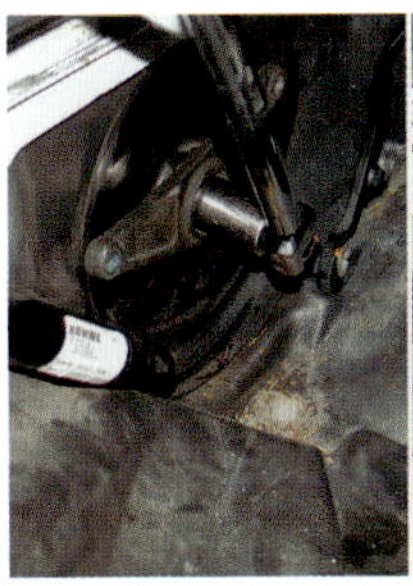

4 Zum Ausbau des Verdeckgetriebes nehmen wir zuerst den bumerangförmigen Hebel ab (linkes Bild). Mit einer 19-mm-Stecknuss und Verlängerung müsste sich die Schraube lösen und vom Getriebe abnehmen lassen. In unserem Fall war der Hebel verbogen und auch das Getriebe war defekt. Ziehen Sie die Dämmschaumschicht zurück, so dass das Verdeckgetriebe freiliegt (rechtes Bild). Das Getriebe ist mit drei Muttern an den Distanzbolzen befestigt.

5 Diese Bildreihe zeigt die Einzelschritte und Ausbau des Getriebes und Lösen der biegsamen Welle. **A:** Nachdem die drei Muttern abgenommen wurden, ziehen wir das Getriebe zurück und trennen es vom Fahrzeug. **B:** Die vier Muttern auf der Rückseite des Getriebegehäuses losdrehen, aber nicht ganz abdrehen. **C:** Wenn der Mechanismus genug Spiel hat, ziehen wir die Welle vorsichtig heraus. **D:** Der grüne Pfeil weist auf die drei Distanzbolzen, die beim Umbau auf das spätere Verdeckgetriebe mit erneuert werden müssen. **E:** Beim späteren Getriebe kann die Welle einfach eingehängt werden, ohne dass Schrauben gelöst werden müssen. **F:** Hier sehen wir die neuere Getriebeversion, die mit den neuen (längeren) Distanzbolzen eingebaut wurde.

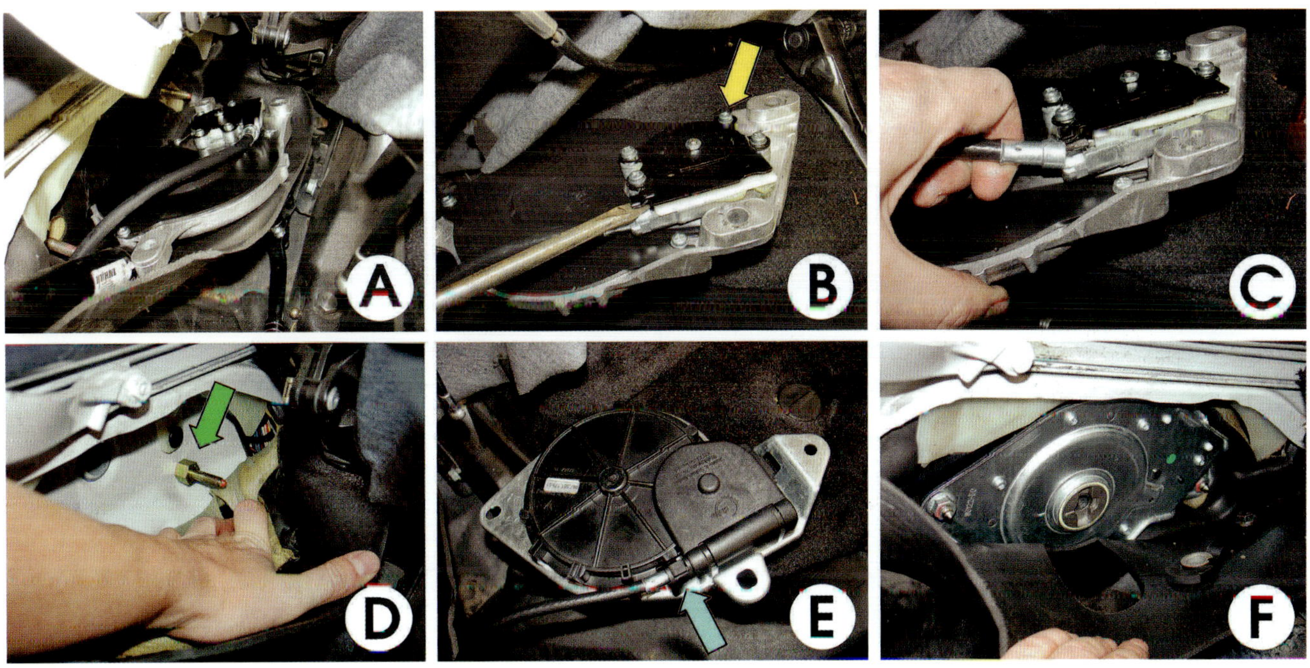

6 Um die biegsame Welle hinten im Verdeckkasten am Motor auszuhängen, nehmen wir den Sprengring (gelber Pfeil) ab und ziehen die Welle heraus. Motor und Schalter lassen sich sehr leicht auswechseln – beide Wellen herausziehen, Stecker abziehen und Motor abschrauben. Der Mikroschalter ist bisher allerdings nur als Teil des kompletten (nicht ganz billigen) Halters lieferbar.

7 Im Werkstatthandbuch wird empfohlen, die Wellen bei der Einstellung der linken und rechten Seite mithilfe einer Bohrmaschine zu drehen, es geht allerdings auch einfacher: Wenn Sie die Welle auf der einen Seite zum Motor aushängen, können Sie die Hebe-/Senk-Taste für das Verdeck kurz intervallartig betätigen. Dadurch bewegt sich eine Seite des Gestängemechanismus, die andere Seite aber nicht, und dadurch können die beiden Seiten aufeinander ausgerichtet werden. Um das Verdeckgetriebe über größere Verstellwege zu bewegen, empfiehlt sich ein Akkubohrer als Antriebsquelle.

8 Nachdem alles wieder zusammengebaut ist, müssen das linke und rechte Verdeckteil zueinander eingestellt werden. Falls zuvor ein Einzelteil am Verdeckgestänge gebrochen war, können sich dabei die Laufschienen für den Deckel oder andere wichtige Teile des Mechanismus verbogen oder verzogen haben. Das Verdeck ließe sich dann nicht exakt justieren. Unser Ziel ist, die Hebelarme auf beiden Fahrzeugseiten so einzustellen, dass sie gleichzeitig in der gleichen Stellung stehen. Messen Sie die Länge des Hebelarms zu einem festen Bezugspunkt am Fahrzeugverdeck und vergleichen Sie diesen Wert mit dem entsprechenden Wert auf der anderen Fahrzeugseite. Der Mechanismus kann auf einer der beiden Fahrzeugseiten nach dem in Abb. 7 beschriebenen Verfahren nachgestellt werden, bis die Werte für die linke und rechte Seite übereinstimmen.

PROJEKT 72

Das SmartTOP-Override-Verdecksteuermodul

Zeit/Kosten/Talent: 15 Minuten / ca. 220 EUR /

Werkzeuge: Keine

Relevante Baujahre: 1997-2004

Erforderliche Teile: SmartTop-Verdecksteuermodul

Tipp: Die automatische Betätigung sollte nur mit größter Vorsicht benutzt werden.

Arbeitsziel: Das Verdeck kann nun auch während der Fahrt (unter 40 km/h) geöffnet werden.

Ergänzende Arbeitsgänge: Sicherungskasten auf defekte Sicherungen kontrollieren.

Die Verdecksteuerung des Boxster ist insofern etwas unpraktisch, als Sie anhalten und die Handbremse anziehen müssen, um das Verdeck öffnen oder schließen zu können. Diese Einschränkung soll gewährleisten, dass das Verdeck nicht während der Fahrt übermäßigen Windkräften ausgesetzt und beschädigt wird.

Allerdings lässt sich dieses Handicap umgehen. Auf dem Zubehörmarkt gibt es Nachrüstmodule, die sich ohne weitere Umbauten direkt anschließen lassen. Das von Mods4Cars entwickelte SmartTOP ist eines dieser Relais/Steuermodule für den Boxster. Mit diesem Steuermodul kann das Verdeck auch während der Fahrt bei Geschwindigkeiten bis 40 km/h geöffnet und geschlossen werden. Außerdem öffnet und schließt sich das Verdeck mit einem einzigen Knopfdruck, ohne dass Sie den Knopf während dieses Vorgangs gedrückt halten müssen. Aber Vorsicht: Bleibt das Verdeck irgendwo hängen oder hat jemand seine Hände bei diesem Hebe- und Senkvorgang im Verdeckbereich, kann dies unschöne Konsequenzen nach sich ziehen (siehe Projekt 71)!

Der Einbau ist im Handumdrehen erledigt. Das Verdeck wird dazu zusammengelegt, die Zündung ausgeschaltet und das alte Steuerrelais vom Relaisträger abgezogen und stattdessen das SmartTOP-Relais eingesetzt (siehe Abb. 1).

Sogar eine Sparversion dieser Verdecksteuerung wäre möglich: Wenn wir einen der Pins des serienmäßigen Verdecksteuerrelais abziehen, können wir den Geschwindigkeitsbegrenzer umgehen und das Verdeck während der Fahrt öffnen. Außerdem muss dabei die Feststellbremse einen Zahn angezogen werden, damit der Schalter anspricht. Natürlich könnte man das Verdeck dann auch bei 100 km/h öffnen – ein gefährliches Unterfangen, bei dem das Verdeck mit ziemlicher Sicherheit Schaden nimmt! Bei dieser Trickschaltung ist also äußerste Vorsicht hat geboten!

Dieser Umbau ist ein Kinderspiel. Bauen Sie das Relais aus und biegen Sie Pin Nr. 18 so zur Relaismitte ab, dass er beim Einbau keinen Kontakt mehr mit der Relaissteckdose hat. Die Pinnummern stehen auf der Relaisrückseite. Auch der Feststellbremsschalter kann lahmgelegt werden, indem Pin 15 umgebogen und ein Kabel angelötet und mit der Fahrzeugmasse verbunden wird. Oder wir ziehen das Kabel zu Pin 15 an der Relaissteckdose ab, legen es beiseite und schließen stattdessen ein Massekabel an.

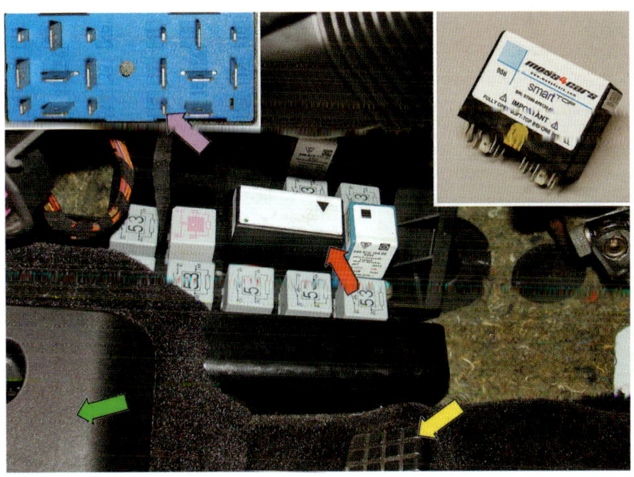

1 Hier ist der Einbauort des SmartTOP-Moduls zu sehen. Dieser Relaisträger sitzt in der Nähe der linken Fußstütze des Fahrers. Der gelbe Pfeil zeigt auf die Fußablage, der grüne Pfeil auf die Verkleidung des Sicherungskastens. Das SmartTOP-Modul wird anstelle des serienmäßigen Steuermoduls in der Mitte des Relaisträgers (roter Pfeil) eingesetzt. Das kleine Bild oben rechts zeigt die Relaisrückseite mit den nummerierten Pins (der violette Pfeil weist auf Pin 18).

PROJEKT 73
Einbau von Sportsitzen

Zeit/Kosten/Talent: 1 Stunde / ca. 2300 EUR / 2 Schraubenschlüssel

Werkzeuge: Keine

Relevante Baujahre: Alle

Erforderliche Teile: GT3-Sportsitze

Tipp: Gut erhaltene Sitzpaare sind auf eBay relativ leicht zu finden.

Arbeitsziel: Straffe, körpergerecht profilierte Sitze für besseren Fahrkomfort

Ergänzende Arbeitsgänge: Einbau von Mehrpunktsicherheitsgurten und Überrollbügel

Die richtigen Sitze machen in jedem Fahrzeug den entscheidenden Unterschied aus. Erfreulicherweise lassen sich die Sitze aus dem legendären GT3 oder sogar Sportsitze aus einem serienmäßigen 996 problemlos in den Boxster einbauen. Die GT3-Sitze sind sportlicher, bieten besseren Seitenhalt und besitzen die erforderlichen Ausschnitte für die Montage von Mehrpunktsicherheitsgurten. Die Seriensitze, vor allem die mit Sitzautomatik, bringen rund 15 kg mehr Gewicht auf die Waage als die GT3-Sitze. Mit ca. 2500 EUR je Stück sind die Porsche-Originalsitze (mit eingeprägtem Porsche-Emblem) auch nicht gerade billig. Aftermarket-Sitze und OEM-Sitze von Recaro sind günstiger zu haben (ab ca. 1200 EUR pro Paar).

Für den Sitzeinbau benötigen wir zuallererst einen Satz Sitzhalterungen. Brey-Krause liefert eine große Vielfalt von Haltern und Adaptern für Rennsitze und ist damit erste Wahl für die Anpassung der Sitzhalterungen. Die notwendigen Montageteile variieren je nach Sitz, Baujahr des Boxster sowie je nachdem, ob die Sitze am Bodenblech oder auf Sitzschienen montiert werden sollen. Grundsätzlich empfehlen sich die Adapter, mit denen der Sitz auf den serienmäßigen manuell verstellbaren Sitzschienen montiert werden kann. In den GT3-Sitzen sitzt man außerdem tiefer als in den Seriensitzen oder Aftermarket-Rennsitzen, d.h. wer groß gewachsen ist und Platz für seinen Rennhelm braucht, profitiert davon besonders. Beim Boxster 1997-2004 müssten sich die GT3-Sitze ohne Neuprogrammierung der Airbag-Computer einbauen lassen.

Beim Einbau eines Aftermarket-Sitzes tritt zunächst das Problem auf, dass der Airbag-Computer Fehlermeldungen anzeigt. Der Computer muss dann (mithilfe des Porsche-PST-2 oder des PIWIS) so umprogrammiert werden, dass er die Fehlersignale ignoriert. Bei späteren Modellen müssen zudem die Seitenairbags deaktiviert werden. Wer die Sitze mit einem Fünfpunktgurt kombiniert, muss die Gurtsensoren deaktivieren. Außerdem muss der Automatische Gewichtssensor (AWS) für den Beifahrersitz abgeschaltet werden. Beim Porsche-Händler oder einer freien Werkstatt, die über das PIWIS verfügt, müsste die Neuprogrammierung der Airbagsteuerung innerhalb von ca. 20 bis 30 Minuten erledigt sein.

1 So sehen die originalen Porsche-GT3-Sitze in einem extrem umgebauten Boxster aus. Für den Kunden, der diesen Boxster-Speedster-Umbau gestaltete, war das Nonplusultra an Sportsitzen gerade gut genug.

2 Detailaufnahme der GT3-Sitze im Boxster: Diese Sitze ruhen auf manuellen Sitzverstellern, so dass sie einerseits kinderleicht eingebaut werden können und andererseits den vollen Verstellweg bieten.

PROJEKT 74
Scheinwerferschutzfolie

Zeit/Kosten/Talent: 1 Stunde / ca. 60 EUR /

Werkzeuge: Rakel, Fön

Relevante Baujahre: Alle

Erforderliche Teile: Scheinwerfer-Schutzfoliensatz

Tipp: Gehen Sie beim Anbringen der Folie besonders sorgfältig vor.

Arbeitsziel: Schutz der Scheinwerfergläser

Ergänzende Arbeitsgänge: Litronic-Scheinwerfersatz

Wer neue Scheinwerfer an seinem Boxster montieren muss, macht sich bestimmt spätestens jetzt Gedanken, wie er Beschädigungen durch Steinschlag oder andere Fremdkörper vorbeugen kann. Ersatz für einen gesprungenen Scheinwerfereinsatz kann extrem teuer werden, vor allem bei den Litronic-Scheinwerfern (ca. 700 EUR pro Stück). Abhilfe bieten hier die wenige mm dicken Scheinwerferschutzfolien, wie sie von 3M produziert werden. Diese Folien sind für den Boxster als fertig zugeschnittene Sätze lieferbar, ihre Montage ist also denkbar einfach. Zudem sind die Folien in unterschiedlichen Farben, z.B. Gelb, erhältlich und bieten sich somit für Motorsportzwecke an. Der Foliensatz unseres Projekts stammt von Xpel und basiert auf 3M-Folien. Allerdings sind diese Folien in Deutschland nicht für die Verwendung im öffentlichen Straßenverkehr zugelassen.

Die Folien können trocken oder nass montiert werden. Die nasse Montage funktioniert meist etwas besser, mit etwas Sorgfalt liefern beide Verfahren aber vergleichbare Ergebnisse. Bei der trockenen Montage muss die Scheinwerferfläche gründlich von Schmutz, Teerflecken, Insekten usw. gereinigt werden. Am besten geht dies mit Glasreiniger, anschließend mit Entfetter und dann nochmals mit Glasreiniger. Der letzte Reinigungsgang erfolgt mit Isopropylalkohol und anschließend mit flusenfreien Reinigungstüchern. Hauptsache, der Scheinwerfer ist absolut trocken. Die Folie sollte montiert werden, wenn das Fahrzeug Raumtemperatur hat; auf keinen Fall darf es zu stark ausgekühlt sein. Bei kälterer Witterung können Sie die Scheinwerfer einschalten, um die Streuscheiben vor der Montage vorzuwärmen.

Bevor wir das Schutzpapier von der Folienrückseite abziehen, legen wir die Folie probeweise am Scheinwerfer an. Manchmal verwechselt man die linke und rechte Seite, denn sie sind zwar anders zugeschnitten, sehen aber ähnlich aus, wenn man sie versehentlich kopfüber anlegt. Ist die Montagerichtung geklärt, ziehen wir das Schutzpapier ab (ohne die Klebeschicht zu berühren). Sehr praktisch ist dabei, wenn ein Helfer das Schutzpapier abzieht, während Sie die Folie festhalten. Die Folie ist nicht ganz billig, daher sollten wir sie weder falsch montieren noch beim Abziehen des Schutzpapiers verunreinigen.

Wenn die Klebeschicht freiliegt, richten wir die Folie sauber auf dem Scheinwerfer aus und beginnen an der unteren inneren Ecke mit dem Ankleben (auch jetzt auf korrekte Ausrichtung der übrigen Folie achten!). Drücken Sie die Folie von unten nach oben auf dem Scheinwerferglas an. Zum Glattstreichen kann der mitgelieferte Rakel verwendet werden. Bleiben in nennenswertem Maße Blasen auf der Folie zurück, ziehen Sie die Folie nochmals ab und verkleben sie neu. Da die Folie transparent ist, fallen kleinere Blasen erst bei sehr sorgfältiger Kontrolle des Scheinwerfers auf. Der Kleber ist nach ca. 2 Tagen komplett durchgetrocknet, d.h. während dieser Zeit sollte der Wagen weder gewaschen noch Feuchtigkeit ausgesetzt werden.

Zur Feuchtmontage benötigen wir eine Sprühflasche, einen Fön, hochprozentigen Isopropylalkohol sowie etwas Leitungswasser. Reinigen Sie den Scheinwerfer gründlich (siehe oben). Mischen Sie eine Lösung aus ca. 25 % Alkohol und 75 % Wasser an und füllen Sie die Sprühflasche damit. Bei der Feuchtmontage sollte die Temperatur höher als die Raumtemperatur sein. Schalten Sie Fernlicht ein, damit die Scheinwerfergehäuse handwarm werden. Auch die Folien sollten mit einer Heißluftpistole oder einem Fön vorsichtig angewärmt werden. Legen Sie vor dem Entfernen des Schutzpapiers alle Folienteile zur Probe auf dem Scheinwerfer auf. Feuchten Sie Ihre Finger mit der Alkohol-Wasser-Lösung gut an, und dann zieht der Helfer das Schutzpapier von der Folie ab. Halten Sie die Folie hoch und der Helfer sprüht die Klebeseite der Folie ein. Berühren Sie die Folie keinesfalls mit trockenen Fingern, da dies Spuren hinterlässt, die nach dem Anbringen der Folie nicht mehr verschwinden. Sprühen Sie dann den vorgewärmten Scheinwerfer mit der Lösung ein, bringen Sie die Folie an und streichen Sie sie mit der Hand von innen nach außen auf dem Scheinwerfer glatt. Drücken Sie die Folie mit dem mitgelieferten Rakel fest an und streichen Sie die Wasser-Alkohol-Lösung von der Mitte zu den Scheinwerferseiten heraus.

Am besten funktioniert dies mit festen, gleichmäßigen Spatelbewegungen.

Die Boxster-Scheinwerfer sind leicht profiliert, d.h. der Kleber haftet möglicherweise nicht sofort auf der Streuscheibe. Wärmen Sie in diesem Fall die Folie mit dem Fön an und streichen sie glatt. Die Wärme weicht die Folie an und die Lösung kann außerdem besser verdunsten, so dass die Folie passgenauer sitzt. Die Folie darf aber keinesfalls zu stark erwärmt werden – sie soll nur warm und geschmeidiger werden. Die Folie wirkt nach der Montage zunächst evtl. eingetrübt. Dieser ganz normale Effekt ist auf die zwischen Scheinwerfer und Folie eingeschlossene Feuchtigkeit zurückzuführen und müsste innerhalb ca. einer Woche verschwinden. Durch Wärme lässt sich die Feuchtigkeit ebenfalls vertreiben, fahren Sie also in der ersten Woche ständig mit eingeschalteten Scheinwerfern. Wie bei der Trockenmontage sollte das Fahrzeug auch hier während der ersten 48 Stunden nach der Montage nicht nass werden.

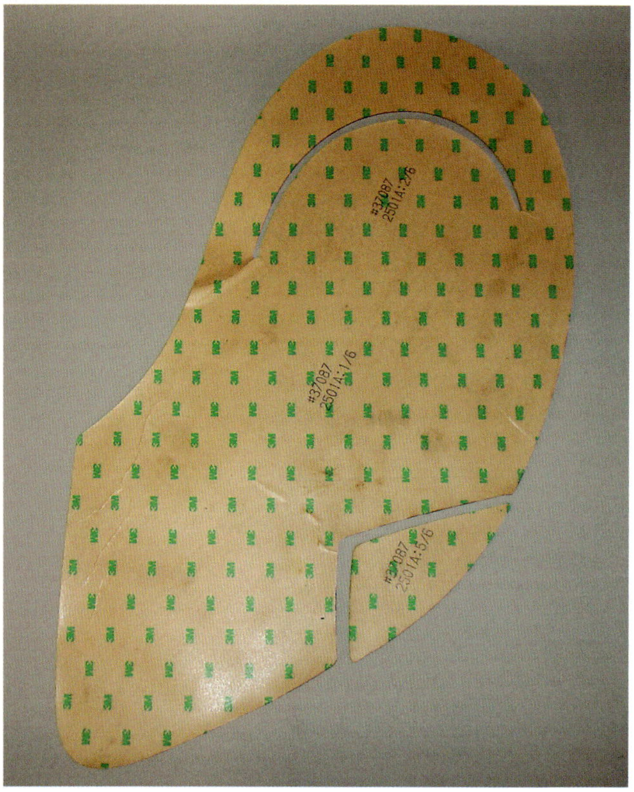

1 Hier ist eine Seite der Xpel-Scheinwerferschutzfolie zu sehen. Dieser zweiteilige Foliensatz wird aus 3M-Folien speziell für die Boxster-Scheinwerfer zugeschnitten. Die Folie ist in unterschiedlichen Farben erhältlich (siehe Abb. 3).

2 Bei der Feuchtmontage wird die Folie von der Scheinwerfermitte aus fest angedrückt und nach außen glattgestrichen. Streichen Sie die Restfeuchtigkeit der Wasser-Alkohol-Lösung möglichst vollständig heraus. Haftet die Folie nicht durchgängig auf dem Scheinwerfer, wärmen Sie die Folie mit einem Fön vorsichtig an (kleines Bild).

3 Mit dieser Folie kann sogar der Scheinwerferfarbton variiert werden (Scheinwerfer und Nebelleuchten sind gelb eingefärbt). Allerdings besitzen die Scheinwerferfolien für den Bereich der StVZO keine ABE und sind in Deutschland nicht für die Verwendung auf öffentlichen Straßen zugelassen.

PROJEKT 75

Umbau auf GT3-Mittelkonsole

Zeit/Kosten/Talent: 2 Stunden / ca. 160 EUR /

Werkzeuge: Torx-Schraubendreher

Relevante Baujahre: 1997-2004

Erforderliche Teile: GT3-Konsole und Verkleidung

Tipp: Eine sehr praktische Umrüstung für großgewachsene Fahrer.

Arbeitsziel: Komfortablere Fahrposition

Ergänzende Arbeitsgänge: Short-Shift-Nachrüstsatz einbauen

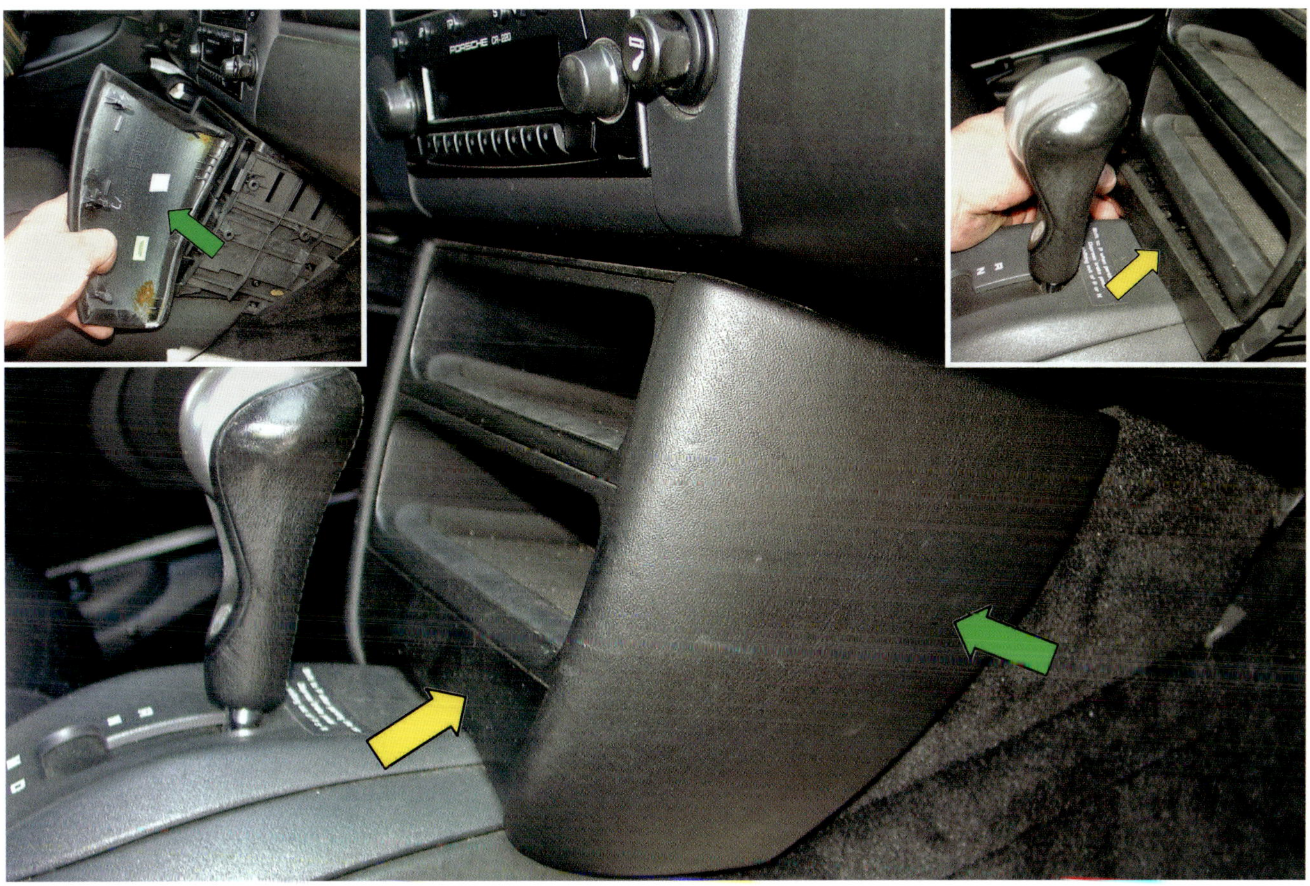

1 Im Boxster ist das Fahren für überdurchschnittlich große Fahrer ziemlich unbequem. Wer etwas zu lange Beine hat, kann die ohnehin nicht sonderlich praktischen Mittelkonsolen-Ablagefächer ausbauen und stattdessen die GT3-Verkleidung montieren. Für den Umbau benötigt werden die Teile-Nr. 986 552 113 02 A10 (A10 ist schwarz, es gibt aber zahlreiche weitere Farben) und 986 552 241 02 A03 (schwarze Kunststoffverkleidung). Sie sind nicht ganz billig, als Investition in ein angenehmer zu fahrendes Fahrzeug ist das Geld aber gut angelegt. Als erstes nehmen wir die beiden Seitenverkleidungen ab. Sie lassen sich mit etwas Nachdruck abziehen (grüne Pfeile). Dann hebeln wir die Kunststoffverkleidung unter der Konsolenablage ab (gelber Pfeil)

2 **A:** Nun die Teppichverkleidung auf beiden Seiten der Konsole entfernen (grüner Pfeil). Die Befestigungsschrauben der Mittelkonsole herausdrehen (roter und gelber Pfeil, je zwei Schrauben auf beiden Seiten der Konsole). **B:** Danach die Konsole anheben. Um genügend Freiraum zu schaffen, muss der 2. Gang oder (bei Tiptronic) „Drive" eingelegt sein. **C:** Nun den Halter ausbauen, mit dem die Konsole am Bodenblech befestigt ist. Schaltknauf abziehen und die gesamte Konsole ausbauen bzw. nach oben ziehen (Einzelheiten siehe Projekt 42). Die Mittelkonsole baucht nicht komplett ausgebaut zu werden; es muss nur ausreichend Freiraum geschaffen werden, um das GT3-Teil einbauen zu können. Nach dem Ausbau der Konsole die vier Muttern entfernen, mit denen der Halter am Mitteltunnel befestigt ist. **D:** GT3-Mittelkonsolenabdeckung mit zwei der Stiftschrauben montieren, mit denen vorher der Konsolenhalter befestigt war. Die Mittelkonsole danach wieder einbauen.

3 So sieht der Einbauplatz hinterher aus. Die Beinfreiheit ist jetzt wesentlich größer. Nun muss nur noch die Kunststoffverkleidung am hinteren Teil der Mittelkonsole angeclipst werden (blauer Pfeil).

PROJEKT 76

Ausbau der Türverkleidungen

Zeit/Kosten/Talent: 1-5 Stunden / 0 EUR /

Werkzeuge: Torx-Schraubendrehersatz

Relevante Baujahre: Alle

Erforderliche Teile: Türgriff, Türfeststeller, Spiegelschalter, Lautsprecher

Tipp: Ziehen Sie nicht zu kräftig an der Schaumstoff-Feuchtigkeitssperre

Arbeitsziel: Funktionsfähige Türeinbauten

Ergänzende Arbeitsgänge: Fensterheber instandsetzen

Falls Sie nicht der Erstbesitzer Ihres Boxster sind, kann es gut sein, dass manches an Ihrem Fahrzeug defekt ist und man sich auf die Suche nach der Fehlerquelle machen muss. Am dichtesten drängen sich die technischen Einbauten und Spielereien, die defektanfällig sind, wohl in und an der Tür. Dort können nicht nur die Türscheiben und Scheibendichtungen undicht werden, sondern außerdem finden sich hier Türgriffe, Spiegelschalter, Fensterheber, Türfeststeller und Türverkleidungen. Selbst wer nur sporadisch an seinem Fahrzeug arbeitet, wird früher oder später ins Türinnere abtauchen müssen, um dort einen Defekt zu beheben. Bei diesem Projekt erfahren Sie, wie die Türverkleidung ausgebaut wird, vor allem, um an das Türschloss und den Fensterheber zu kommen (siehe Projekte 77 und 78), aber auch auf die zahlreichen weiteren Türeinbauten gehen wir nachstehend näher ein.

Zunächst müssen wir die Türverkleidung ausbauen. Abb. 1, 2 und 3 zeigen diese Arbeitsschritte im Einzelnen. Am schwierigsten ist dabei, die Türverkleidung von der Tür abzuziehen – sie wird von neun Kunststoffklammern gehalten, die sich mitunter nur schwer aus ihren Bohrungen im Türblech lösen lassen. Wenn die Verkleidung dann gelöst ist, müsste auf der Türrückseite ein „aufgeklebter" Schaumstoffbezug zu sehen sein. Er wird von einer klebrigen schwarzen Masse an der Tür gehalten und kann abgezogen und wiederverwendet werden, sofern die schwarze Masse noch elastisch ist. Achten Sie darauf, dass der Schaumstoffbezug beim Entfernen nicht einreißt!

Hinter der ausgebauten Türverkleidung ist eine Menge an Türeinbauten zugänglich. Der Türfeststeller kann vom Türrahmen abgeschraubt und herausgenommen werden. Der Austausch des Kunststoff-Türgriffs ist unkompliziert. Der Fensterheber kann nun ausgebaut oder instandgesetzt werden (siehe Projekt 77). Auch erneuerungsreife Türprofile oder Türschachtdichtungen sind nun frei zugänglich. Ist einer der Türlautsprecher defekt, sollte er bei dieser Gelegenheit ebenfalls erneuert werden.

Auch das Einpassen der Türverkleidung ist unproblematisch. Sinnvollerweise sollten neue Türklammern montiert werden, denn erstens sind sie nicht teuer und zweitens verspröden und brechen diese Klammern im Laufe der Zeit, was hässliche Klappergeräusche verursachen kann. Auch der Schaumstoffbezug darf beim Zusammenbau nicht vergessen werden!

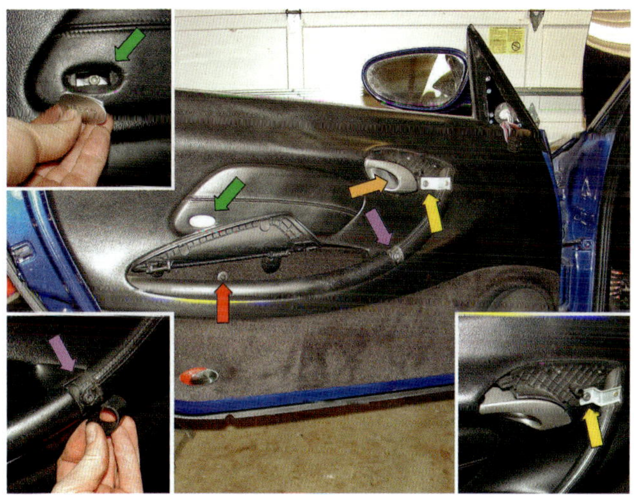

1 Diese Befestigungselemente halten die Türverkleidung an ihrem Platz. Ziehen Sie das kleine Airbagemblem ab und lösen Sie die Schraube dahinter (grüner Pfeil). Lösen Sie die kleine Schraube unter der Blende am Zuziehgriff (violetter Pfeil). Unter der Kunststoffverkleidung um den Türgriff muss eine weitere Schraube entfernt werden (gelber Pfeil). Dann die Schraube in der Türtasche (roter Pfeil) und die Schraube hinter der Innenseite des Zuziehgriffs (orangefarbener Pfeil) lösen.

2 Die Türverkleidung des Boxster ist mit Kunststoffklammern (grüner Pfeil) befestigt. Zum Lösen der Verkleidung einfach in Nähe der Klammern an der Verkleidung ziehen – die Klammern müssten dann aus den Bohrungen im Türblech springen (gelber Pfeil). Abb. 3 zeigt, wo die Klammern am Umfang der Verkleidung sitzen. Ist die Türverkleidung gelöst, ziehen wir sie unten leicht ab und nehmen die Glühlampe der Türbeleuchtung aus ihrem Halter (roter Pfeil). Dann die Verkleidung von der Tür abheben und hinter die Verkleidung greifen, um den Seilzug für den Türgriff zu lösen (violetter Pfeil).

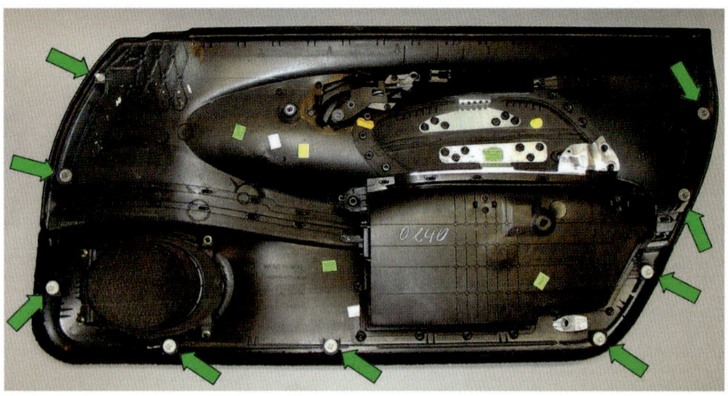

3 So sieht die Rückseite der linken Türverkleidung aus. Die Türverkleidung ist mit 9 Kunststoffklammern am Türblech befestigt. Die Verkleidung kann erst abgehoben werden, nachdem alle 9 Klammern aus ihren Bohrungen gezogen wurden. Es scheint dabei, als bricht die Türverkleidung gleich durch, denn die Klammern erfordern beim Lösen erheblichen Kraftaufwand. Mit einem stabilen Kunststoffspachtel kann die Verkleidung abgehebelt werden, ohne den Lack am Türblech zu verkratzen.

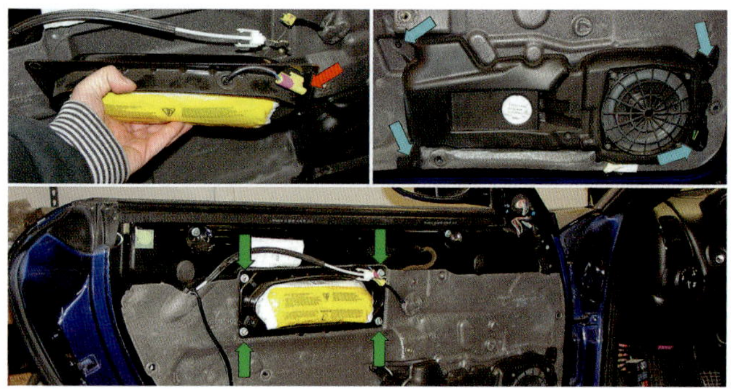

4 Ist die Türverkleidung aus dem Weg, ziehen wir den Airbagstecker ab und entfernen den Airbag. Die Batterie muss mindestens 15 Minuten vor dem Abziehen des Airbagsteckers abgeklemmt werden. **Achtung:** Beachten Sie die Hinweise für Arbeiten am Airbag auf Seite 211. Der Airbag ist mit 4 Schrauben befestigt (grüne Pfeile). Der Lautsprecher in der unteren Türecke wird ebenfalls von 4 Schrauben gehalten (blaue Pfeile). Drehen Sie die Schrauben heraus und ziehen Sie die Lautsprecherstecker ab. Dann bleibt nur noch die Schaumstoff-Feuchtigkeitssperre.

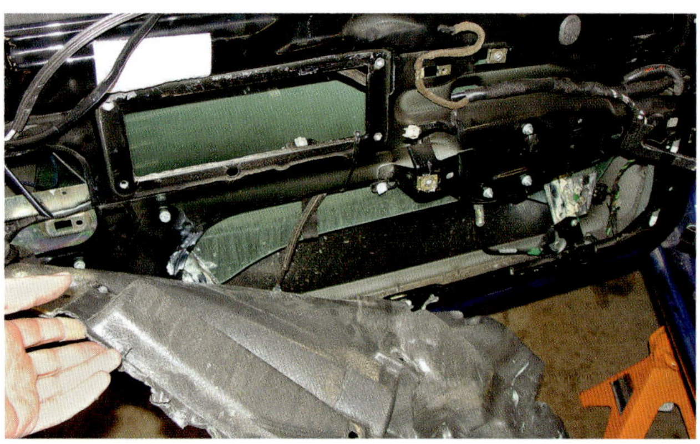

5 Die vorgeformte Schaumstoff-Feuchtigkeitssperre ist mit gummiähnlichem Kleber auf der Tür aufgeklebt und müsste sich mit einem Kunststoffspachtel beschädigungsfrei abziehen lassen. Arbeiten Sie sich langsam vor, denn sie reißt leicht ein und Ersatz ist nicht ganz billig. Hinter dieser Feuchtigkeitssperre sitzen alle nachstehend beschriebenen Türeinbauten (Türschlösser siehe Projekt 78, Fensterheber siehe Projekt 77).

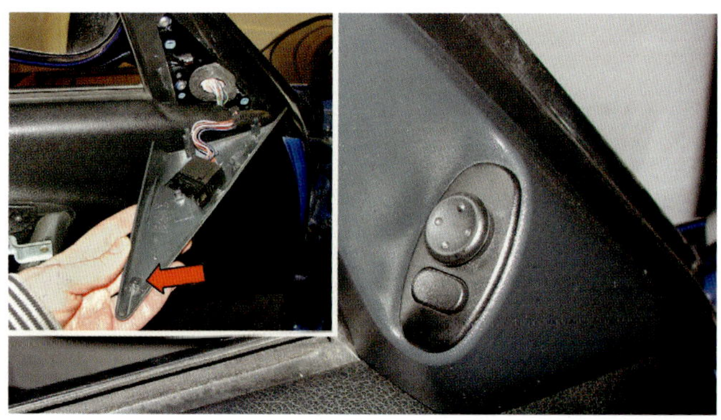

6 Der Spiegelschalter lässt sich aus der Kunststoffblende in der Türverkleidung herausdrücken. Muss er erneuert werden, hebeln wir ihn heraus und ziehen den Stecker ab. Der Links-/rechts-Schalter muss beim Einbau unten liegen; es sind schon Schalter über Kopf montiert worden. Den Dreieckseinsatz beim Ausbau durch Zug von unten lösen und nach oben abschieben. Die Nase an der Oberkante (roter Pfeil) bricht sehr leicht. Allerdings kostet ein Neuteil nicht viel.

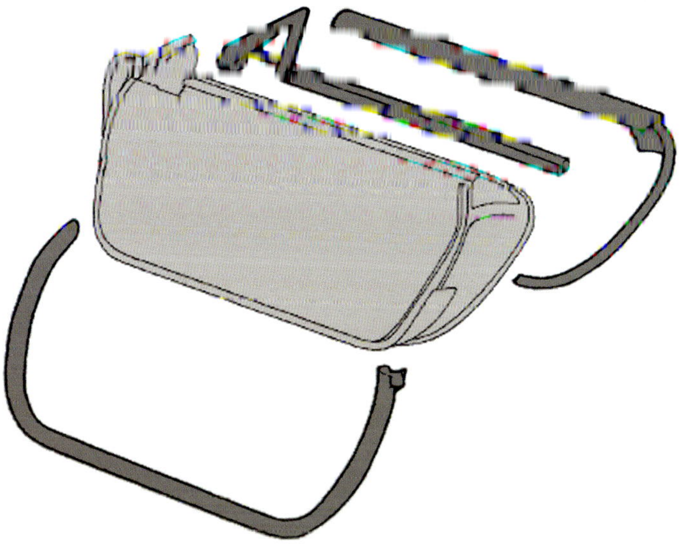

7 Ist die Tür zerlegt, können wir auch die Türdichtprofile erneuern. Diese Gummiprofile sind ziemlich kostspielig; preisgünstigere Quellen dürften zu erwarten sein, wenn im Laufe der Jahre der Ersatzbedarf steigt und Aftermarket-Lieferanten auf den Markt drängen.

8 Auch der Türfeststeller kann nach dem Ausbau der Türverkleidung ersetzt werden. Ziehen Sie zum Ausbau den Haltestift des Feststellers an der Karosserie ab (roter Pfeil). Dann die beiden Schrauben des Feststellers an der Tür lösen. Nun in die vordere Wartungsöffnung in der Tür greifen und den Feststeller aus dem Türinneren herausnehmen.

9 Der Ausbau der späteren Versionen der Türverkleidungen erfolgt auf weitgehend andere Weise. Zuerst hebeln wir die Dreiecksblende am Türspiegel ab, ziehen den Kabelstrang ab (gelber Pfeil) und drehen die hier sitzende Türverkleidungsschraube heraus. Dann entfernen wir die Schraube auf der Innenseite des Türzuziehgriffs und den Griffeinsatz (grüner Pfeil). Hinter dem Türgriff sitzt eine ovale Zierverkleidung. Wir hebeln sie vorsichtig ab und drehen die dahinter sitzende Schraube heraus. Der rote Pfeil zeigt auf die Griffverkleidung – sie muss vorsichtig abgehebelt und die beiden Schrauben dahinter entfernt werden. Der rote Pfeil markiert das ebenfalls vorsichtig abzuhebelnde Abschlussstück, das abgebaut werden muss. Dann die Schraube dahinter entfernen. Nachdem alle 6 Schrauben entfernt wurden (auch die Halteschraube des Türgriffs), müsste sich die Verkleidung vom Türblech abheben lassen.

PROJEKT 77

Erneuern des Fensterhebers und Fensterhebermotors

Zeit/Kosten/Talent: 1 Stunde / ca. 210 EUR /

Werkzeuge: Torx-Schraubendrehersatz

Relevante Baujahre: Alle

Erforderliche Teile: Neuer Fensterheber und Fensterhebermotor

Tipp: Türscheibe und Führungsschienen vor dem Zusammenbau gründlich reinigen.

Arbeitsziel: Leichtgängige, zuverlässige Türscheibenbetätigung

Ergänzende Arbeitsgänge: Türschloss und Spiegelschalter erneuern

Bleibt Ihr Cabrio zwangsweise geschlossen, weil der Fensterheber defekt ist, das Verdeck sich aber nur bei gleichzeitigem Absenken der Seitenscheiben öffnen lässt? Oder haben Sie sonstige Probleme mit der Fensterbetätigung? Vielleicht muss dann der Fensterheber erneuert oder gereinigt oder ein neuer Betätigungsmotor eingebaut werden.

Zum Erneuern des Fensterhebers oder seines Betätigungsmotors muss zuerst die Türverkleidung ausgebaut werden (siehe Projekt 76). Bevor die Tür zerlegt wird, sollten Sie sich allerdings vergewissern, dass der Fensterheberschalter nicht der Schuldige ist (siehe Abb. 1). Überprüfen Sie alle Sicherungen für die elektrischen Fensterheber und tauschen Sie die Relais gegeneinander aus, um sicherzugehen, dass dort kein Defekt vorliegt. Funktioniert nur eine der beiden Scheiben, ist wahrscheinlich der Fensterhebermotor oder Fensterschalter schadhaft. Defekte an den Schaltern sind keine Seltenheit, so dass der Fehler schnell eingegrenzt ist. Testen Sie den Schalter, indem Sie ihn aus der Mittelkonsole ausbauen und gegen den Schalter der intakten Seite tauschen. Sind Geräusche (Klicken oder Jaulen) aus der Tür zu vernehmen und bewegt die Türscheibe sich nicht, ist der Motor offensichtlich in Ordnung, der Fensterheber aber reparaturbedürftig. Senkt sich die Türscheibe nicht, wenn Sie am Türgriff ziehen, liegt das Problem vermutlich im Elektroschalter im Türgriff (Einzelheiten zum Austausch des Griffs und Schalters siehe Projekt 78).

Einzelheiten zum Ausbau der Türverkleidung siehe Projekt 76. Ist die Türverkleidung ausgebaut, liegt der Fensterheber offen vor uns. Bewegen Sie die Scheibe ca. 75 % nach unten (Aufpassen, dass die Finger nicht dazwischenkommen!). Beobachten Sie dabei, was sich wo bewegt: Es gilt festzustellen, ob der Betätigungsmotor oder der Fensterheber erneuerungsreif ist. Bewegt sich nichts, dürfte der Motor hinüber sein. Bewegt sich der Motor oder klickt er hörbar, ist wohl der Fensterheber der Schuldige. Bauen Sie den Motor (Abb. 4) und danach den Fensterheber (Abb. 5) aus.

Ist der Fensterheber von Türrahmen und Türscheibe abgebaut, testen wir den Motor. Finger aus dem Weg, und dann vorsichtig den Fensterheberschalter betätigen und prüfen, ob der Motor sich normal bewegt. Bewegt der Motor sich überhaupt nicht, ist er vermutlich verschlissen (sofern der Fensterheberschalter geprüft und für gut befunden wurde). Danach noch die Spannung am Motor prüfen. Beim Betätigen des Schalters müssen 12 V anliegen.

Vor dem Einbau der Türscheibe sollte die vordere Scheibenführung auf Abnutzung kontrolliert und ggf. erneuert werden. In dieser Führung läuft die Scheibenvorderkante beim Öffnen und Schließen. Auch die Fensterschachtdichtungen sollten bei Verschleiß erneuert werden. Diese inneren und äußeren „Scheibenabstreifer“ halten Wasser von den Innereien der Tür fern. Alle beweglichen Teile des Fensterhebers erhalten etwas Fett: Gleitstücke, Motor, Zahnräder usw.

Noch bevor die Tür wieder zusammengebaut wird, sollte die Fensterheberfunktion überprüft werden. Kabelanschlüsse am Motor wieder anschließen und die Scheibe probeweise hochfahren und senken. Kontrollieren Sie außerdem die Endstellungen der Scheibe, nachdem der Fensterheber wieder eingebaut wurde (siehe Abb. 6). Diese Endstellungen werden durch Schrauben am Fensterheber festgelegt. Wurde die Stromversorgung abgeklemmt, verlieren die elektrischen Fensterheber ihre Bezugspunkte für die geschlossene Stellung und müssen neu initialisiert werden. Bei geschlossenem Verdeck und geschlossenen Türscheiben drücken Sie die „Schließen“-Taste an jeder Scheibe und halten sie ca. 5 Sekunden lang gedrückt.

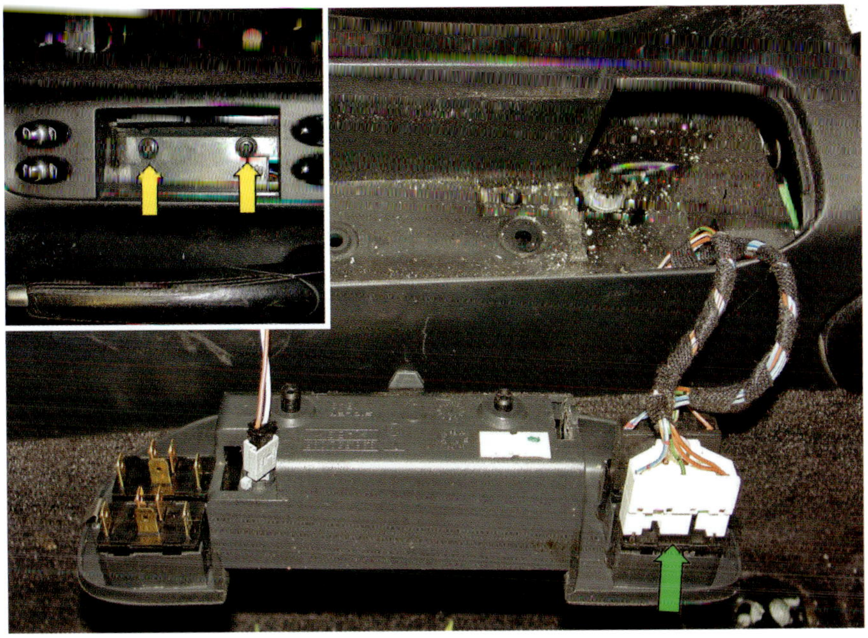

1 Der erste Schritt bei der Funktionskontrolle der Fensterheber ist die Kontrolle der Schalterfunktion. Entfernen Sie die beiden Schrauben in der Münzschale (kleines Bild) und ziehen Sie den Einsatz heraus. Funktioniert nur eine der beiden Türscheiben, tauschen Sie die Schalter gegeneinander aus: Sie lösen sich nach hinten (in Richtung des grünen Pfeils), nachdem die Lasche auf der Innenseite mit einem kleinen Schraubendreher ausgerastet wird.

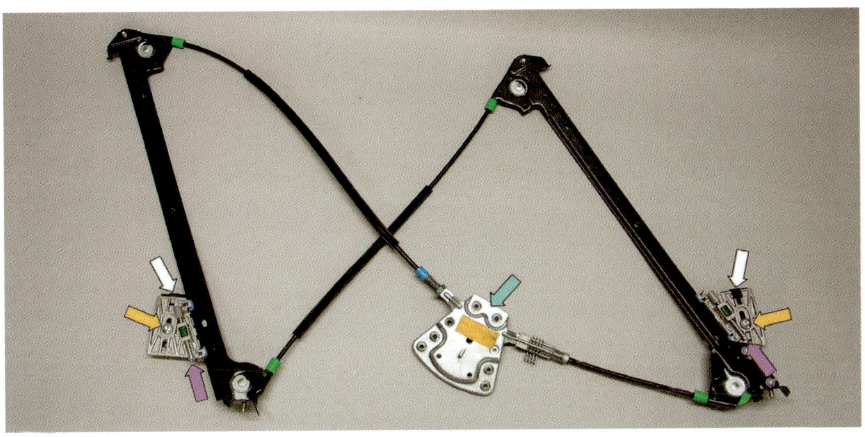

2 So sieht ein neuer Fensterheber aus. Im Vergleich zur „guten alten Zeit" sind moderne Fensterheber hochkomplex und weisen eine Vielzahl von Seilzügen, Zahnrädern und Schienen auf. Der blaue Pfeil zeigt den Befestigungspunkt des Motors am Fensterheber. Der weiße Peil zeigt auf die Befestigungsstelle der Scheibenunterkante am Fensterheber. Der orangefarbene Pfeil zeigt auf die Einstell-/Befestigungsschrauben der Scheibenklemmen. Der violette Pfeil markiert die Höheneinstellpunkte der Scheibe (siehe Abb. 6).

3 So wird die Türscheibe ausgebaut: Scheibe ganz nach oben fahren und einen Schraubendreher in den Türschlossmechanismus schieben, so dass die Elektronik glaubt, die Tür sei ganz geschlossen. Damit bleibt die Scheibe in der geschlossenen Stellung (siehe Abb. 6, Bild A). Die Gummistopfen an den Zugangsbohrungen heraushebeln (grüner Pfeil). Die beiden Fensterklemmschrauben (gelber Pfeil) lösen, aber nicht ganz herausdrehen. Dann die Scheibe nach oben aus der Tür ziehen (violetter Pfeil).

4 Der Ausbau des Fensterhebermotors ist relativ einfach: Kabelstrangstecker (blauer Pfeil) abziehen. Dann die drei Befestigungsmuttern des Motors an der Tür herausdrehen. Motor in die Tür schieben und nach unten ziehen, so dass die Stiftschrauben zugänglich sind, von denen wir zuvor die Muttern abgeschraubt hatten. Die drei Stiftschrauben (der violette Pfeil zeigt eine davon) entfernen. Sie verbinden Motor und Fensterheber. Zum Schluss den Motor vom Fensterheber abziehen (kleines Bild, oben links)

5 Ist der Motor abgeklemmt und ausgebaut, geht der Ausbau des Fensterhebers schnell. Die vier Befestigungspunkte des Fensterhebers (grüne Pfeile) lösen, dann müsste der Fensterheber sich nach unten aus der Tür herausziehen lassen. Ganz unten an der Tür müssen die beiden inneren Verschlussstopfen entfernt werden, hinter denen die Haltemuttern sitzen (orangefarbener Pfeil).

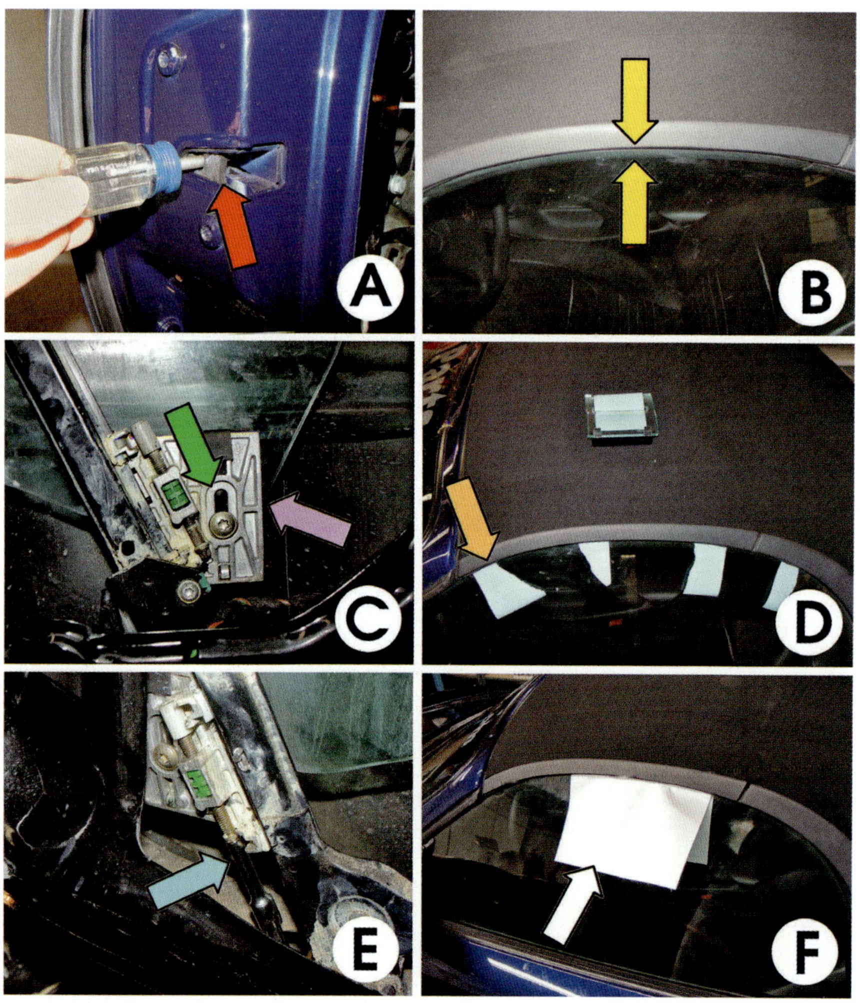

6 Die Einstellung der Türscheiben kann zu einem ziemlichen Gefummel ausarten. **A:** Kurzen Schraubendreher in den Türschlossmechanismus stecken, damit das Bordsystem glaubt, die Tür sei geschlossen. Die Scheibe müsste ca. 12 mm hochfahren. **B:** Bei geschlossenem Verdeck die Tür in die annähernd geschlossene Stellung drücken und den Betrag messen, um den die Scheibenoberkante über der Dichtungsunterkante steht (Überstand ca. 2 mm). **C:** Die Scheibe muss in den Halteklammern links und rechts sauber justiert sein. Die Scheibenkante muss sauber mit dem Rand der Aluklemme fluchten (violetter Pfeil). Zur Justierung des Links-/Rechts-Winkels der Scheibe verwenden wir den Schlitz, auf den der grüne Pfeil zeigt (nur am hinteren Schlitz ist eine Einstellung möglich). **D:** Mithilfe kleiner Post-it-Zettel kontrollieren, wie weit die Scheibe in der Dichtung sitzt. Tür öffnen und die Distanz zwischen Oberkante der Post-its und Scheibenoberkante messen. Sie sollte ca. 4 mm betragen. **E:** Zur Einstellung der Scheibenhöhe die äußeren Verschlussstopfen unten in der Tür entfernen und mit einem E6-Torx-Steckschlüssel den Anschlag drehen (nach links drehen = höhere Scheibenstellung). **F:** Zur Kontrolle des Scheibenneigungswinkels ein Blatt Papier an der Scheibe anlegen und Scheibe hochfahren. Das Papier darf sich nicht mehr herausziehen lassen. Zum Einstellen des Neigungswinkels die Position der beiden unteren Befestigungsbolzen für den Fensterheber (in den Langlöchern in der Tür) verändern (sie sind nach Entfernen der unteren Verschlussstopfen in der Tür zugänglich).

PROJEKT 78
Türschlösser und Türgriffe

Zeit/Kosten/Talent: 1-5 Stunden / ca. 30 bis 270 EUR /

Werkzeuge: Torx-Schraubendrehersatz

Relevante Baujahre: Alle

Erforderliche Teile: Türschlossmechanismus

Tipp: Im Türinneren sitzen zahlreiche kleine Kunststoffteile, die leicht brechen können.

Arbeitsziel: Türen lassen sich störungsfrei öffnen und schließen.

Ergänzende Arbeitsgänge: Fensterheber erneuern

Auch beim Boxster können die Türschlösser und Türgriffe im Laufe der Jahre aufgrund der hohen Beanspruchung unterschiedlichste Defekte entwickeln. Erster Schritt zur Behebung von Funktionsstörungen an diesen Bauteilen ist der Ausbau der Türverkleidung (siehe Projekt 76). Der Austausch der Türgriffteile und des Türschlosses ist in der Bildserie in diesem Projekt detailliert beschrieben.

Eine der Achillesfersen neuzeitlicher Fahrzeuge sind die winzigen Schalter in den elektrischen Schlössern. Diese Schalter können vielfältige Probleme verursachen: In geöffneter Stellung festhängende Schalter signalisieren dem Bordsystem, dass die Tür nicht geschlossen ist. Dann ertönt am Armaturenbrett permanent das Warnsignal oder das Kombiinstrument verhält sich sehr merkwürdig. Hängt der Schalter in geschlossener Stellung, gerät das Öffnen und Schließen der Türen zum Kunststück, da die Scheibe dann nicht die 6 bis 7 mm nach unten fährt, die notwendig sind, um die Tür öffnen zu können. Das integrierte Türschloss enthält außerdem die Motoren für die elektrische Betätigung, und auch diese Bauteile geben irgendwann den Geist auf.

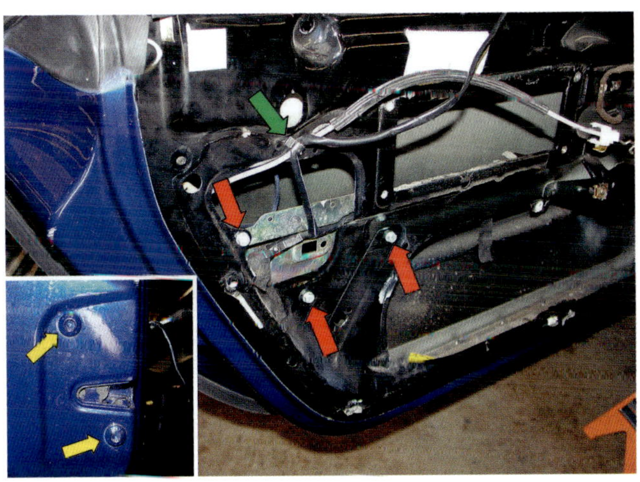

1 Nach dem Ausbau der Türverkleidung ist das Türschloss frei zugänglich. Bauen Sie zuerst die Metall-Innenverkleidung aus (drei Schrauben lösen – rote Pfeile). Dann die Halteklammer des Türgriffseils aus ihrer Bohrung ziehen (grüner Pfeil). Anschließend das Türschloss seitlich vom Türblech abschrauben (gelbe Pfeile).

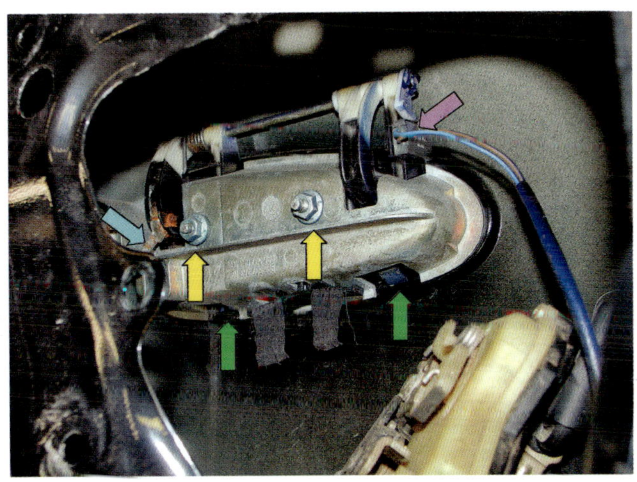

2 So sieht die Rückseite des Türgriffs aus. Der blaue Pfeil zeigt auf den Anschluss des Türgriffs am Türschlossmechanismus. Trennen Sie diesen, um den Türschlossmechanismus ausbauen zu können (siehe Abb. 5, kleines Bild). Der violette Pfeil zeigt auf den Elektroschalter, der signalisiert, dass die Scheibe zum Öffnen der Tür etwas nach unten gefahren werden soll, wenn der Türgriff betätigt wird. Die beiden gelben Pfeile deuten auf die Haltemuttern des Türgriffs, die grünen Pfeile zeigen die beiden Halteklammern dieses Einsatzes in der Tür.

3 Nachdem der Türschlossmechanismus ringsum gelöst wurde, lässt er sich aus der Tür herausziehen. Der rote Pfeil zeigt auf den vorher mit dem Türgriff verbundenen Seilzug. Ziehen Sie den Kabelstrang vom Schlossmechanismus ab, um diesen aus der Tür ausbauen zu können.

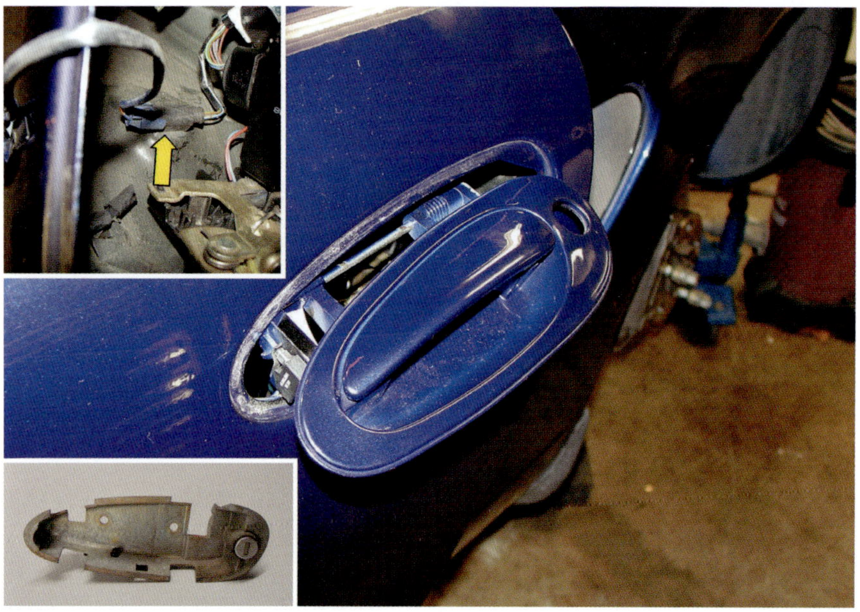

4 Ausbau des Türgriffs: Die beiden Muttern aus Abb. 2 sind ausgebaut, und nun drücken wir die Clips nach außen, damit der Türgriff ausrastet (gelbe und grüne Pfeile in Abb. 2). Der Türgriffschalter ist mit einem Stecker in Nähe des Türschlossmechanismus verbunden (gelber Pfeil). Das innere Türgriffgehäuse, das den Schließzylinder aufnimmt, ist im kleinen Bild unten links zu sehen.

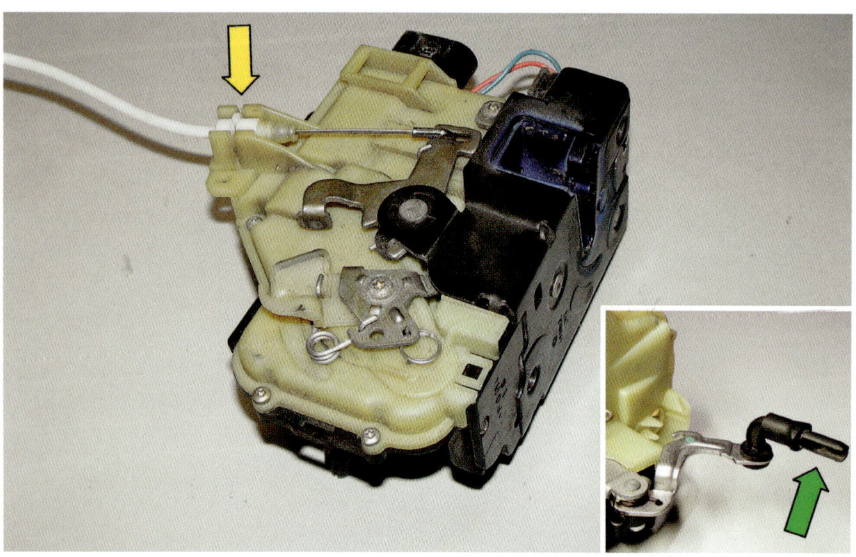

5 Der ausgebaute originale Türschlossmechanismus: Der gelbe Pfeil zeigt auf den Seilzuganschluss für den Innentürgriff. Der Kunststoffstecker für den Außentürgriff (grüner Pfeil) kann leicht brechen. Bei der Aufarbeitung der Türeinbauten sollte dieses Teil erneuert werden. An dieser Stelle noch mal die Fehlerdiagnose für ein defektes Türschloss:

- Innenbeleuchtung schaltet sich nicht automatisch ein
- Zentralverrieglung öffnet und/oder schließt von selbst
- Fernbedienung funktioniert nicht
- Alarmanlage wird ohne Grund ausgelöst

Lässt sich der Wagen nicht mehr abschließen und hupt dabei einmal, dann ist noch eine Klappe offen (Haube vorn/hinten oder Handschuhfach in der Mitte). Zweimaliges Hupen deutet auf einen Fehler der Zentralverriegelung oder der Alarmanlage hin.

PROJEKT 79

Auswechseln der Gasdruckfedern für Frontdeckel und Heckklappe

Zeit/Kosten/Talent: 30 Minuten / ca. 60 EUR /

Werkzeuge: Spitzzange, kleiner Schraubendreher

Relevante Baujahre: Alle

Erforderliche Teile: Gasdruckfedern, je zwei pro Klappe

Tipp: Vorsicht, dass die kleinen Clips nicht verlorengehen.

Arbeitsziel: Gefahr beseitigen, dass sich die Klappen im ungünstigsten Moment selbsttätig absenken

Ergänzende Arbeitsgänge: „Das Schild"-Haubeneinsatz einbauen

Sind Sie es leid, dass Ihnen Frontdeckel oder Heckklappe immer wieder ins Genick fallen? Dann ist es wohl Zeit für neue Gasdruckfedern. Diese Haubenaufsteller zählen zu den typischen Verschleißteilen am Boxster. Der Austausch ist einfach, leichter tut sich dabei aber, wer kleine Hände hat, vor allem beim Umgang mit den Kleinteilen. Mit etwas Geduld lassen sich die Druckfedern von Frontdeckel und Heckklappe in rund 30 Minuten erneuern.

Das Gewicht des Frontdeckels wird von zwei Gasdruckfedern gehalten. Wir öffnen also als erstes den Frontdeckel und sichern ihn mit einer langen, stabilen Stange. Diese Stütze muss sicher fixiert sein, denn wenn der Deckel trotzdem herabfällt, besteht Verletzungsgefahr! Hebeln Sie zuerst auf der rechten Seite mit einem kleinen Schraubendreher den Halteclip der Feder an der Haube ab. Drücken Sie dann mit einem Schraubendreher die Gasdruckfeder von dem Gelenkkopf ab, an dem sie an der Karosserie befestigt ist. Lösen Sie das andere Federende auf gleiche Weise.

Die neue Gasfeder wird auf gleiche Weise und in gleicher Ausrichtung wie das Altteil montiert und auf ihren Aufnahmen eingerastet. Lässt sie sich nicht ohne weiteres auf den Kugelkopf aufschieben, nehmen Sie den Clip ab, drücken die Feder auf den Kugelkopf auf und bringen den Clip wieder an.

Der Austausch der Gasdruckfedern der Heckklappe erfolgt auf ähnliche Weise.

1 Die Gasdruckfedern sind an beiden Enden in Kugelköpfen gelagert. Zum Ausbau hebeln wir den Halteclip mit einem kleinen Schraubendreher vorsichtig ab (kleines Bild). Dann kann die Gasdruckfeder abgehebelt werden. Wer Angst vor Lackkratzern hat, umwickelt die Schraubendreherklinge für diese Arbeiten mit Isolierband. Die neuen Gasdruckfedern dürften mehrere Jahre halten, bevor sie unweigerlich wieder nachgeben.

PROJEKT 80
Einbau eines Heckspoilers

Zeit/Kosten/Talent: 30 Minuten / ca. 370 EUR / 2 Schraubenschlüssel

Werkzeuge: Bohrmaschine, Markerstift, Bandmaß

Relevante Baujahre: Alle

Erforderliche Teile: Spoiler und Befestigungsteile

Tipp: Lackfarbton an den Farbton des Tankdeckels angleichen.

Arbeitsziel: Sportlichere Karosserieoptik

Ergänzende Arbeitsgänge: Rücklichtgläser erneuern

Als optische Aufwertung für den Boxster empfiehlt sich die Montage eines starren Heckspoilers, der den serienmäßigen ausfahrbaren Spoiler ersetzt. Diese Spoiler sind in zahlreichen Varianten lieferbar – einige werden mit einer völlig neuen Heckklappe geliefert, bei der die dritte Bremsleuchte in den Spoiler integriert wird. Der Einbau ist denkbar einfach; die nachstehende Bilderserie enthält die Anleitung zum Anzeichnen und Verkabeln der Leuchte. Der neue Spoiler sollte beim Einbau bereits in Wagenfarbe lackiert sein. Am besten geht dies, wenn Sie den Tankdeckel abbauen und den Farbton des Spoilers auf den Farbton des Tankdeckels abstimmen lassen. Falls beim Spoiler keine Dichtungen im Einbausatz enthalten waren, tragen Sie eine dünne Schicht Gummidichtmasse am Spoiler auf, um zu verhindern, dass an den Bohrlöchern für den Spoiler auf der Heckklappe Wasser eindringen kann. Auch die Gasdruckfedern der Heckklappe sollten bei dieser Gelegenheit erneuert werden, denn das Mehrgewicht des Spoilers bedeutet eine entsprechend höhere Belastung der Druckfedern.

1 Eine kleine Auswahl der Spoiler, die als Zubehör für den Boxster – in einer fast unbegrenzten Zahl von Variationen – geliefert werden. Die beiden oberen Bilder zeigen den Aerokit I und Aerokit II, bei denen auch die Heckklappe ausgewechselt wird (Dritte Bremsleuchte im Spoiler).

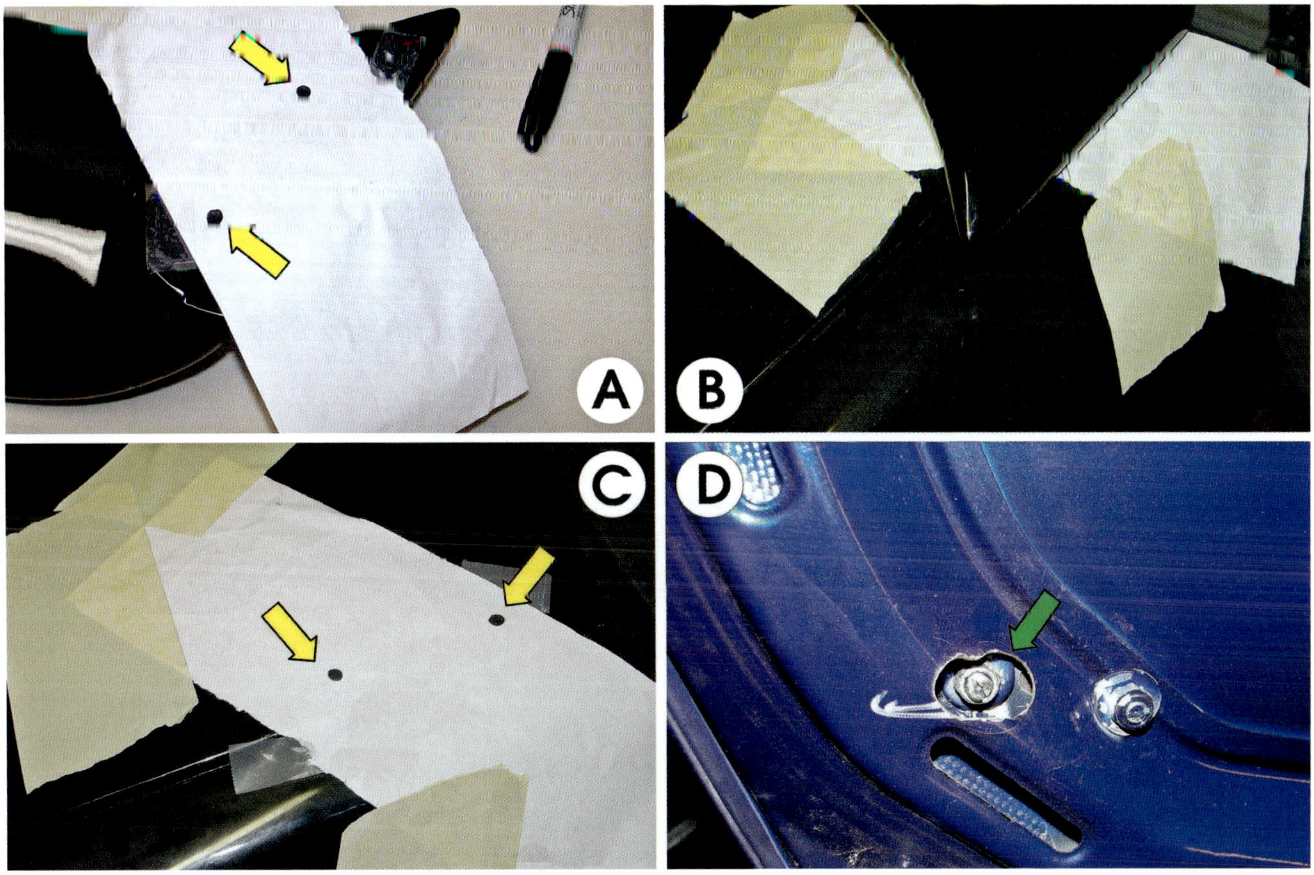

2 Hier sind die wichtigsten Schritte beim Einbau des Spoilers zusammengefasst. **A:** Als erstes kleben wir mit Klebeband einen Papierstreifen am Spoiler an. Dann ertasten wir die Löcher im Spoiler und zeichnen sie mit einem Marker, der durch das Papier durchzeichnet, auf dem Papier an. **B:** Nun wird der Spoiler in genau der gewünschten Montageposition auf dem Fahrzeug aufgesetzt. Der Papierstreifen, der noch am Spoiler anhaftet, wird nun mit Klebeband auf dem Fahrzeug angeklebt. **C:** Jetzt heben wir den Spoiler ab, und auf dem Papierstreifen müsste nun genau zu sehen sein, wo die Befestigungslöcher gebohrt werden müssen. Messen Sie alle Bohrpunkte nochmals nach, um sicherzugehen, dass sie auch wirklich an der gewünschten Stelle sitzen. **D:** Der Heckklappenrahmen des Boxster ist derart dickwandig und verwinkelt, dass die Schraube nicht direkt durchgesteckt werden kann. Mit einer kleinen Lochsäge sägen wir daher ein kleines Zugangsloch aus (grüner Pfeil), so dass Schraube und Gelenkeinsatz für die Stecknuss durchgesteckt werden können. Nachdem alle Löcher gebohrt sind, bestreichen wir die Bohrkanten mit Lack, um Rostansatz an den blanken Metallkanten vorzubeugen.

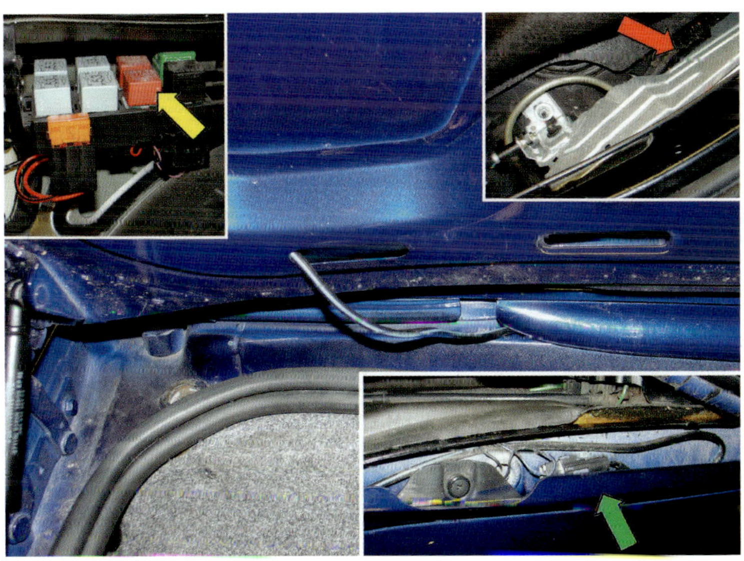

3 Falls der Heckspoiler eine integrierte dritte Bremsleuchte besitzt, ziehen wir nun das Anschlusskabel auf der Heckklappeninnenseite zum Kofferraum. Ziehen Sie den Stecker an der Bremsleuchte ab und schließen sie stattdessen das neue Kabel an. Dann bauen Sie die Bremsleuchtenblende ein (grüner Pfeil – auch dieses Teil sollte zusammen mit dem Spoiler in Wagenfarbe lackiert werden). Falls der neue Heckspoiler nicht auf den ausfahrbaren Serienspoiler Ihres Boxster abgestimmt ist, schlagen wir den Teppich zurück und ziehen die Stromversorgung zum Serienspoiler ab oder ziehen die beiden braunen Relais (gelber Pfeil) links hinten im Kofferraum ab. Bei Modellen vor 2001 kann die Spoilerwarnleuchte lahmgelegt werden, indem die Glühlampe im Kombiinstrument ausgebaut wird (siehe Projekt 90). Bei den Modellen 2001–2004, die im Kombiinstrument keine konventionellen Glühlampen mehr besitzen, lässt sich durch einen Trick simulieren, dass der Spoiler noch angeschlossen ist: Ziehen Sie die beiden braunen Relais ab und trennen Sie den Anschluss zum Serienspoiler (roter Pfeil) unter dem Kofferraumteppich ab. Dann Pin 1 (blau/grünes Kabel) von diesem Stecker abziehen und mit Isolierband isolieren. Anschließend Pin 2 (grau/braunes Kabel) und Pin 4 (grau/grünes Kabel) vertauschen und wieder anschließen. Damit müsste verhindert werden, dass die Warnleuchte am Kombiinstrument aufleuchtet. Falls das Kombiinstrument des 996 nachgerüstet wurde (siehe Projekt 90), kann die Spoilerleuchte auch mit dem PST-2 deaktiviert werden, denn einige 996 besaßen ab Werk einen starren Heckspoiler.

ABSCHNITT 10
ELEKTRISCHE ANLAGE

Die vielfältigen Projekte in diesem Abschnitt sollen dazu beitragen, die Probleme an der Elektrik und den Instrumenten, die in Ihrem Porsche auftreten können, zu reduzieren. Einzelne Projekte sind außerdem verschiedenen Optimierungsmöglichkeiten am Boxster gewidmet. Und auch wer mit einem defekten Lichtschalter oder Anlasser zu kämpfen hat, findet hier Hilfestellung bei der Fehlersuche und Reparatur.

PROJEKT 81
Wechsel der Batterie/ Anschluss eines Erhaltungsladegeräts

Zeit/Kosten/Talent: 8 Stunden / ca. 130 EUR /

Werkzeuge: –

Relevante Baujahre: Alle

Erforderliche Teile: Neue Batterie, Batterieladegerät

Tipp: Kontrollieren Sie die Batterie beizeiten, bevor sie den Geist aufgibt.

Arbeitsziel: Zuverlässiges Anspringen

Ergänzende Arbeitsgänge: Erhaltungsladegerät anschließen

Früher oder später entwickelt auch ein Boxster einmal Probleme beim Anlassen. Der erste Verdächtige im Anlassstromkreis ist dann die Batterie – sie ist überhaupt das wichtigste Bauteil der gesamten Fahrzeugelektrik, aber wohl auch das störanfälligste. Bevor wir zu teuren Maßnahmen wie dem Tausch des Anlassers oder der Abfrage des Einspritzsteuergeräts (ECU) greifen, vergewissern wir uns daher zuerst, dass die Batterie in Ordnung ist.

Als ersten Schritt prüfen wir die an den Polen (fester Sitz) anliegende Spannung mit einem Voltmeter. Um die Spannung in der Batterie möglichst genau ablesen zu können, müssen die Messkontakte aber an den Polen, nicht an den Polklemmen anliegen. Im Normalzustand müsste die angezeigte Spannung bei stehendem Fahrzeug (ohne eingeschaltete Verbraucher) etwas mehr als 12 V betragen (bei vollständig geladener Batterie 12,6 V). Liegt der Anzeigewert bei 12 V oder darunter, muss die Batterie nachgeladen oder ersetzt werden. Im Zweifelsfall die Batterie in einer nahegelegenen Werkstatt testen lassen.

Bei laufendem Motor müsste der Drehstromgenerator ca. 12,5 bis 14,5 V liefern. Ändert sich die Spannung nach dem Anspringen nicht nennenswert, liegt evtl. eine Störung am Generator vor. Ist die Spannung an der Batterie besonders hoch (rund 17 V oder mehr), ist wahrscheinlich der Regler defekt. Eine derart überladene Batterie kann „überlaufen“ und Batteriesäure austreten (Austausch des Generators siehe Projekt 82).

Nehmen Sie auf keinen Fall das Batteriemasseband bei laufendem Motor ab. Die Batterie fungiert als elektrischer Speicher und Puffer für die gesamte Bordelektrik, und die Elektrikbauteile des Fahrzeugs benötigen die Batterie, selbst wenn sie den Ladestrom nicht mehr hält. Wird sie bei laufendem Motor abgeklemmt, können die Bordcomputer und andere Elektronikkomponenten ernsthaft beschädigt werden.

Mitunter müssen die Bordcomputer zurückgesetzt werden, z.B. zum Löschen von Fehlercodes. Manche Fachbücher empfehlen hierfür, beide Batterieklemmen abzunehmen und die nicht angeschlossenen Klemmen kurz miteinander zu verbinden, um die Kondensatoren und die in der Anlage gespeicherte Elektrizität zu entladen. Das funktioniert zwar, kann jedoch Belastungsspitzen in der Bordelektrik verursachen. Besser ist es, zwischen den beiden Klemmen einen Widerstand zwischenzuschalten oder eine Prüflampe anzuschließen, die als Widerstand fungiert. Auf diese Weise wird die Elektrizität über mehrere Sekunden und nicht schlagartig abgeleitet.

Ist die Batterie nachweislich in Ordnung, kontrollieren wir das Motormasseband auf richtigen Sitz. Motor und Getriebe sind in Gummilagern im Rahmen montiert. Für das Fahrwerk ist dies gut, als elektrische Leiter sind die Gummilager aber denkbar ungeeignet. Zum Ausgleich verbindet ein Motormasseband Getriebe und Motor mit dem Rahmen. Es sitzt im Motorraum (siehe Abb. 1). Überprüfen Sie dieses Band auf Korrosion oder Beschädigungen. Beide Enden des Massebandes und seine Befestigungsstellen am Rahmen müssen gründlich gereinigt werden. Im Interesse einer guten Masseverbindung empfiehlt sich eine Reinigung mit Verdünner und Anschleifen der Anschlussbleche mit feinem Schleifpapier oder Drahtbürste, um Straßenschmutz, Oberflächenrost oder andere Hindernisse für eine gut leitende Verbindung zu beseitigen. Bei dieser Gelegenheit erhalten auch die Batteriepole eine entsprechende Reinigung.

Ist die Batterie bereits altersschwach und erneuerungsreif, dann warten Sie nicht länger. Die Bildfolge zeigt die einzelnen Arbeitsschritte. Beim Kauf einer neuen Batterie empfiehlt sich eine wartungsfreie Ausführung. Die Kapazität (Ah) der Batterie sollte den Angaben auf der Originalbatterie entsprechen. Auch das Herstellungs- bzw. Lagerdatum der Batterie verdient eine

Kontrolle – ist die neue Batterie älter als 6 Monate, dann lieber Finger weg!

Beim Abklemmen der Batterie grundsätzlich zuerst das Minuskabel lösen. Wird zuerst das Pluskabel gelöst, kann durch Unachtsamkeit ein gefährlicher Kurzschluss entstehen. Im schlimmsten Fall gerät der Schraubenschlüssel an die Karosserie, verschweißt sich dort schlagartig durch den fließenden Strom und die Batterie überhitzt. Also grundsätzlich das Massekabel zuerst lösen!

Ist das Originalradio eingebaut, denken Sie vor dem Abklemmen der Batterie daran, dass Sie den Radiocode kennen müssen, der üblicherweise in den Bordhandbüchern des Fahrzeugs angegeben ist. Sie können ihn auch – meist gebührenpflichtig – beim Porsche-Händler ermitteln lassen.

Bleiben die Scheinwerfer versehentlich eingeschaltet, kann die Batterie schweren Schaden nehmen. Autobatterien sind meist nicht für Tiefentladung ausgelegt. Ist Starthilfe notwendig, lesen Sie die Einzelheiten in der Betriebsanleitung nach. Das Grundprinzip ist unkompliziert und ähnlich wie bei anderen Fahrzeugmarken.

Beim Boxster gehen verschiedene Teile der Elektrik nach einer gewissen Zeit in stromsparenden Standby-Modus über. Wird der Zündschlüssel abgezogen, schalten sich Verbraucher wie Kofferraumbeleuchtung, Innenbeleuchtung, Radio usw. nach ca. 2 Stunden automatisch ab. Wird der Wagen verriegelt, schalten sie sich nach 10 Minuten ab. Wird der Wagen mehr als 5 Tage (bei den Modellen ab 2005: mehr als 7 Tage) lang nicht angelassen oder entriegelt, wird die Fernbedienungs-Standby-Funktion deaktiviert und der Wagen muss mit dem Türschlüssel geöffnet werden.

Wurde die Batterie abgeklemmt, gehen bestimmte Speicherinhalte für die Abstimmung der Einspritzanlage im Computer der DME verloren. Der Leerlauf kann dann schwanken und das Einspritzgemisch ist möglicherweise etwas verstellt, während der Motor seine Einstellsollwerte erst wieder neu lernt.

Am besten lässt sich die Batterie durch den Einbau eines Erhaltungsentladegeräts gegen Entladung und Beschädigung schützen. Wenn der Wagen längere Zeit nicht benutzt wird, wird dieses Ladegerät an eine Steckdose angeschlossen und kann dann den Batteriezustand kontinuierlich überwachen und lädt bei sinkender Spannung die Batterie nach. Wie jeder andere Akku, so ist auch die Fahrzeugbatterie von einer gewissen Selbstentladung betroffen. Mit einem Erhaltungsladegerät behält die Batterie das ganze Jahr ihre Ladespannung, selbst wenn der Wagen monatelang nicht bewegt wird. Vorsicht vor billigen Ladegeräten, die zum Überladen führen können und damit mehr schaden als nutzen. Sehr praktisch ist der Battery Tender, der von verschiedenen Motorradzubehörhändlern (auch online) vertrieben wird.

1 Das berüchtigte Masseband für den Antriebsstrang wird nur allzu leicht übersehen, kann aber unzählige Elektrikprobleme verursachen. Da Getriebe und Motor durch Gummilager von der Karosserie isoliert sind, bleibt dieses Kupferband als einzige Masseverbindung. Ist das Masseband lose oder fehlt es, muss der Strom zur Betätigung des Anlassers sich seinen Weg durch den Motorkabelstrang und andere kleinflächige Kontaktstellen suchen.

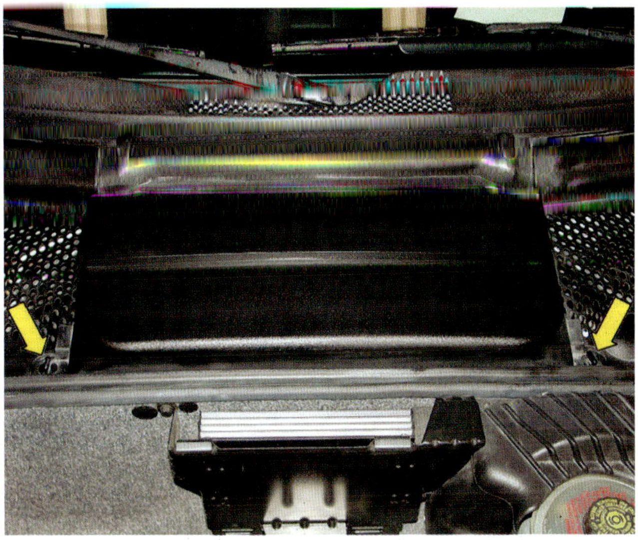

2 Die Batterie sitzt beim Boxster im vorderen Kofferraum. Die schwarze Kunststoffabdeckung kann nach Drehen der Kunststoffhalter (gelbe Pfeile) abgenommen werden.

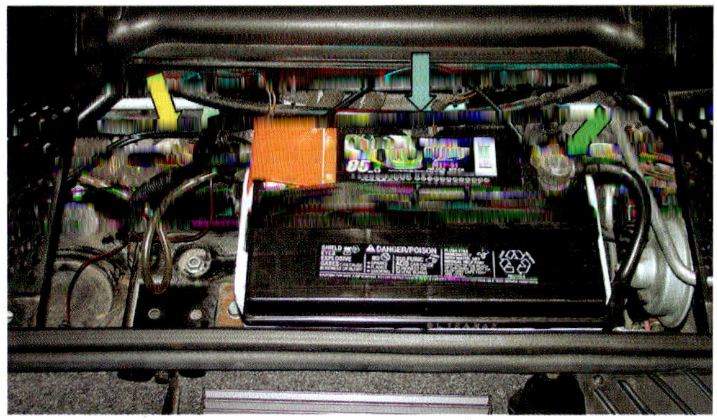

3 Klemmen Sie an der Batterie grundsätzlich die schwarze Minusklemme zuerst ab (grüner Pfeil). Soll die Batterie nicht ausgebaut werden, genügt es, diese Klemme abzunehmen; das Pluskabel kann angeschlossen bleiben. Die abgenommene Minusklemme sollte aber beiseitegelegt und fixiert oder abgeklebt werden, denn sie soll ja nicht versehentlich wieder mit dem Minuspol in Kontakt kommen. Beim Batterietausch muss der Entlüfterschlauch nach dem Einbau wieder richtig verlegt werden (blauer Pfeil). Der gelbe Pfeil zeigt auf das Kabel für den Battery Tender-Kabelstrang. Es kann durch die Spritzwand verlegt (siehe Projekt 85, Abb. 3) oder mit einem Kabelbinder rechts am Kunststoffgitter befestigt werden.

4 Zum Ausbau entfernen wir den Haltewinkel der Batterie an der Karosserie (gelber Pfeil). Dann kann die (schwere) Batterie heraus gehoben werden. Das kleine Bild oben links zeigt den Daueranschluss des Battery Tender-Kabels an der Minusklemme. Nützlich ist auch ein Batteriehauptschalter (kleines Bild unten). Er wird auf dem Minuspol montiert, so dass durch Abnehmen des grünen Knopfes der gesamte Batteriestrom zur Fahrzeugelektrik unterbrochen wird.

5 Der Battery Tender ist ein außerordentlich praktisches Nachrüstteil für alle, die ihr Fahrzeug nicht täglich bewegen. Bei stehendem Fahrzeug wird er an eine Netzsteckdose angeschlossen, so dass die Batterie laufend nachgeladen und damit gegen Entladen geschützt wird. Die Krokodilklemmen gehören zum Lieferumfang, wobei alternativ der Battery Tender mit der Batterie fest verkabelt werden kann und er dann einfach in einer Ecke des Kofferraums befestigt wird.

PROJEKT 82
Störungssuche und Erneuern des Drehstromgenerators

Zeit/Kosten/Talent: 4 Stunden / ca. 370 EUR / 2 Schraubenschlüssel

Werkzeuge: Steckschlüsselsatz

Relevante Baujahre: Alle

Erforderliche Teile: Neuer Generator, neuer Antriebsriemen

Tipp: Innere Buchse durch leichte Schläge auf den Halter lösen.

Arbeitsziel: Gleichbleibender Ladestrom

Ergänzende Arbeitsgänge: Antriebsriemen erneuern

Zu den angenehmeren Aspekten der Arbeiten am Boxster-Motor zählt, dass der Generator relativ bequem getauscht werden kann. Der Generator ist rechts im Motorraum montiert und sehr leicht zugänglich. Erneuern und Instandsetzen sind unkompliziert. Vorab müssen wir aber prüfen, ob der Generator wirklich die Ursache der Störungen im Ladestromkreis ist. Manch mysteriös erscheinendes Elektrikproblem hat ganz andere Ursachen, sodass eine gründliche Störungssuche unabdingbar ist.

Deutet alles auf den Generator als Schuldigen hin, prüfen wir zuerst den Antriebsriemen. Sitzt er straff und dreht er die Generatorriemenscheibe problemlos durch? Ist er verschlissen oder gar rissig, sollte er sofort erneuert und der Generator nochmals überprüft werden (siehe Projekt 5). Moderne Riemen reißen nur selten, sie verspröden und verglasen jedoch im Laufe der Zeit und können dann auf der Riemenscheibe durchrutschen.

Anschließend kontrollieren wir die an der Batterie anliegende Spannung. Sie sollte bei stehendem Motor knapp über 12 V betragen. Bei 2000/min sollte die Spannung zwischen 13 und 14,5 V liegen. Scheint die Batterie undicht zu sein, ist wahrscheinlich der Generatorregler defekt. Es tritt in der Regel nur dann Säure aus, wenn eine deutlich zu hohe Spannung geflossen ist. Eine bei laufendem Motor gemessene Batteriespannung von mehr als 16 oder 17 V deutet auf einen defekten Regler hin. Hat die Batterie gekocht und ist Säure ausgelaufen, beseitigen Sie alle Säurereste umgehend. Eine Behandlung des gesamten Bereichs mit Wasser

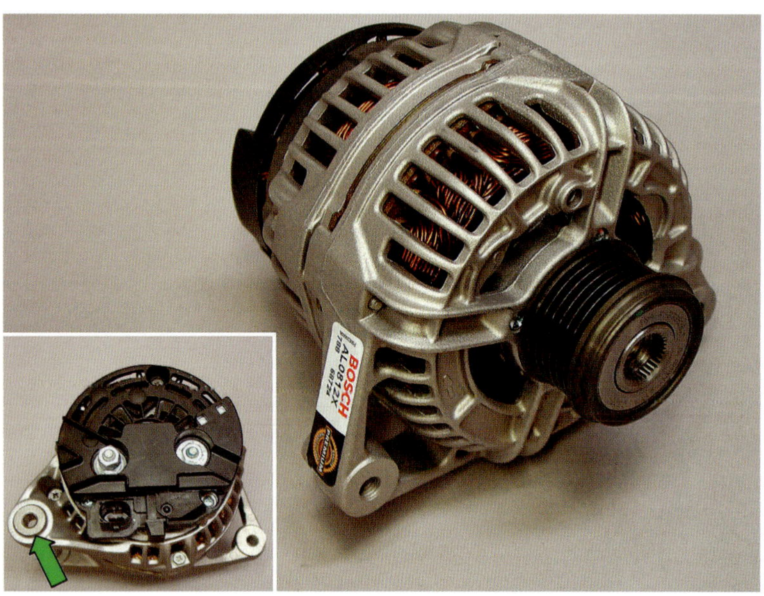

1 So sieht ein neuer Tauschgenerator aus. Anders als ältere Porsche-Generatoren ist diese Version inklusive Regler und Riemenscheibe sofort einbau- und einsatzfertig. Der grüne Pfeil im kleinen Bild zeigt auf die Metallbuchse, die beim Ausbau mitunter etwas widerspenstig ist. Sie muss durch Schläge gelockert werden, damit der Generator sich zum Ausbau lösen lässt.

und Backpulver hilft zur Neutralisierung der Säure ebenfalls und verhindert, dass das Metall angegriffen wird. Dabei außerdem stets Schutzhandschuhe und Schutzbrille tragen.

Wichtig ist auch die Kontrolle des Motormassebandes. Getriebe und Motor sind durch Gummilager von der Karosserie isoliert. Fehlt das Motormasseband oder ist es nicht angeschlossen, kann dies zahlreiche Probleme zur Folge haben, u. a. Funktionsstörungen an der Elektrik oder ungenügende Anlassdrehzahl. Die Einbaulage des Massebandes ist in Projekt 81 beschrieben.

Vor allen weiteren Arbeiten klemmen wir aber die Batterie ab. Die Batterie-Plusklemme ist direkt mit dem Generator verbunden, und Arbeiten am Generator bei stromführender Plusklemme sind nicht ungefährlich (siehe Projekt 81).

Als erstes nehmen wir den Antriebsriemen des Generators ab (siehe Projekt 5). Der Abbau des Generators von seinem Halter ist relativ unkompliziert. Zuerst lösen wir das B+-Kabel innen im oberen Motorraumbereich. Wie man an den Motorraum herankommt, ist bei Projekt 3 beschrieben.

Nun lockern wir die untere Generatorhalteschraube, ohne sie ganz herauszudrehen (Abb. 3, grüner Pfeil), und danach die Laufrolle neben dem Generator. Drehen Sie die Schraube 3 bis 4 Umdrehungen los. Dann geben Sie mit Hammer und Dorn einige gezielte Schläge auf den Kopf der unteren Halteschraube. Dadurch lockert sich die Metallbuchse im hinteren Generatorflansch. Ist die Buchse lose, heben Sie die Laufrolle an, worauf sich der Generator gegen dem Uhrzeigersinn schwenken lassen müsste. Drehen Sie die untere Schraube heraus – nun kann der Generator komplett herausgehoben werden.

Bei unserem Projektfahrzeug saß die Buchse sehr fest: Vor allem musste mit einem sehr langen Dorn direkt auf die hintere Buchse geschlagen werden, bis sich die festsitzenden Teile lockerten.

Ist der Generator abgeschraubt, trennen wir die Elektrikanschlüsse auf der Rückseite. Denken Sie daran: Diese Anschlüsse bei angeschlossener Batterie keinesfalls berühren (siehe Projekt 81)! Der Einbau des neuen Generators erfolgt in umgekehrter Reihenfolge. Achten Sie auf den richtigen Anschluss aller Generatorkabel.

Vor einem Austausch kann man den alten Generator gegen eine mäßige Gebühr in jeder guten Autoelektrikwerkstatt testen lassen.

2 Der Motorraumdeckel ist geöffnet und die Batterie abgeklemmt. Nun nehmen wir das am Drehstromgenerator angeschlossene Kabel ab. Der Generator kann dann aus dem Motorraum herausgehoben werden.

3 Der Generator ist über die Motorraum-Wartungsklappe hinter den Sitzen zugänglich. Lösen Sie die beiden Befestigungsschrauben (Pfeile). Drehen Sie die Schraube der Laufrolle 3 bis 4 Umdrehungen los.

4 Nun geben wir einige gezielte Schläge mit einem Metalldorn oder Durchtreiber auf die Schraube, um die Metallbuchse herauszutreiben. Manchmal sind hier etliche kräftige Schläge nötig. Falls die Buchse festsitzt, besteht aber die Gefahr, dass durch die Schläge die Laufrollenschraube beschädigt wird. Eine neue Schraube kostet allerdings nur einige Euro.

5 Nachdem der Generator von seinem Halter gelöst wurde, kann er aus dem Motorraum herausgehoben werden. Dabei noch die beiden Kabelanschlüsse auf der Rückseite (blaue und rote Pfeile) lösen.

PROJEKT 83
Erneuern des Anlassers

Zeit/Kosten/Talent: 4 Stunden / ca. 250 EUR / 3 Schraubenschlüssel

Werkzeuge: Steckschlüsselsatz

Relevante Baujahre: Alle

Erforderliche Teile: Neuer Anlasser

Tipp: Mit einer Kombination aus Verlängerungen und Kreuzgelenken arbeitet es sich bequemer.

Arbeitsziel: Motor springt zuverlässig an

Ergänzende Arbeitsgänge: Klopfsensor und Ölkühler erneuern

Ein tadellos funktionierender Anlasser kann durchaus von einem Tag auf den anderen „tot" sein. Oder aber der Anlasser schwächelt zusehends und dreht den Motor immer müder durch. Prüfen Sie vor dem Anlassertausch aber zuerst die Batterie und den richtigen Sitz des Massebandes (siehe Projekt 81). Prüfen Sie außerdem den Kupplungspedalschalter (siehe Projekt 93) und die ordnungsgemäße Funktion der elektronischen Wegfahrsperre. Stecken Sie probeweise Ihren Zweitzündschlüssel ein; die Schlüssel besitzen alle einen RFID-Funkerkennungschip und dieser kann unter Umständen schadhaft sein. Lassen Sie die Anlage möglichst auch mit den Porsche-Testtools (PST-2 oder PIWIS) durchchecken.

Der Anlasser sitzt im Motorraum unter dem Cabrioverdeck. Zum Ausbau schließen wir als erstes das Verdeck und öffnen den Zugang zum Motorraum (siehe Projekt 3). Dann muss vor allen weiteren Arbeiten die Batterie abgeklemmt werden. Der Anlasser ist direkt mit dem Pluspol der Batterie verbunden, d.h. bei einem Kurzschluss der Pole kann es zu Verletzungen oder zu Schäden am Fahrzeug kommen (siehe Projekt 81). Wenn die Motoroberseite frei zugänglich ist, lösen wir den Ansaugluftschnorchel am Klappenstutzen (siehe Projekt 23, Abb. 4). Danach die Schellen am Rohr des Ansaugstutzens lösen (siehe Abb. 1). Anschließend die Anschlussschläuche und Befestigungsschrauben des Klappenstutzens am Motor ausbauen. Bei den Modellen 1997-1999 muss eventuell auch die Halteschelle des Gaspedalzugs gelöst werden.

Alle Anschlüsse am Klappenstutzen sind nun abgebaut und wir können den Stutzen nach oben drehen und beiseite legen. Nun müssten der Anlasser und seine beiden Halteschrauben am Motor sowie die drei Anschlusskabel an der Rückseite frei zugänglich sein. Für mehr Platz beim Arbeiten kann man die Rohrschellen am Ansaugstutzen-Saugrohr weiter lockern, beiseiteschieben und das gesamte Ansaugrohr von der Motoroberseite abziehen. Der Einbau erfolgt in umgekehrter Reihenfolge. Die weiteren Details sind den nachfolgenden Fotos zu entnehmen.

Wenn der Ansaugstutzen bereits teilweise zerlegt ist, kommen wir auch besser an viele andere Bauteile auf der Motorseite heran. Daher wäre jetzt der geeignete Zeitpunkt, um Klopfsensor oder Klappenstutzen zu erneuern, den Ölkühler neu abzudichten oder zu wechseln oder den Ölabscheider zu erneuern.

1 Lösen Sie auf der Motoroberseite die Halteschellen des Ansaugrohrs am Klappenstutzen. Sie müssen soweit gelöst werden, dass der Klappenstutzen nach oben und zur Seite geschwenkt werden kann.

2 Wenn der Ansaugluftschnorchel gelöst wurde und aus dem Weg ist (siehe Projekt 23), drehen wir die Halteschrauben des Klappenstutzens am Motor (violetter Pfeil) los. Die Befestigung wurde im Laufe der Jahre etwas geändert, also müssen wir ggf. improvisieren. Der Ölabscheiderschlauch wird seitlich am Ansaugrohr gelöst (orangeroter Pfeil).

3 Hier ist der abgeschraubte Klappenstutzen zu sehen, der nach oben geschwenkt und seitlich abgelegt wurde. Der Ölabscheiderschlauch kann am Klappenstutzen (orangeroter Pfeil) oder am Ölabscheider selbst (wie hier zu sehen) gelöst werden. Der Anlasser sitzt unter dem Klappenstutzen und kann nun ausgebaut werden (gelber Pfeil). Wer mehr Freiraum benötigt, baut zusätzlich das Ansaugrohr mit angeschlossenem Klappenstutzen aus.

4 Oft lassen sich die unteren Anlasserschrauben nur sehr schwer von der Motoroberseite her erreichen. In diesem Fall entfernen wir die Verkleidung hinter den Sitzen (siehe Projekt 5) und lösen die Schraube mithilfe einer sehr langen Verlängerung.

5 Hier sind der Anlasser und eine der beiden Befestigungsschrauben am Motorblock zu sehen. Der Ansaugstutzen wurde hier demontiert, um die Einbaulage der Schrauben zu zeigen. Bei der Arbeit im Motorraum ist kein derart freier Blick möglich. Der rote Pfeil zeigt auf die beiden Kabelanschlüsse (für Klemme 30 und 50) am Anlasser. Der grüne Pfeil markiert die Schraube, deren Ausbau normalerweise am leichtesten ist. Das kleine Bild zeigt die drei Anschlusskabel am Anlasser.

6 Dieses Bild entstand bei der Vorbereitung des Umbaus des neuen 996er Motors in den Boxster (Projekt 11). Der gelbe Pfeil zeigt einen der beiden Klopfsensoren, der bequem zugänglich ist, wenn der Ansaugstutzen zum Anlasserwechsel teilweise zerlegt wurde. Ist der Klopfsensor (erkennt Klopfneigung in der entsprechenden Zylinderreihe) defekt, kann es zu Leistungsabfall oder gar zu Motorschäden kommen.

7 Wenn der Ansaugstutzen aus dem Weg ist, kann auch gleich der Ölkühler neu abgedichtet oder erneuert werden. Der Kühler ist mit vier Schrauben auf der Motoroberseite befestigt und ist leicht zugänglich, nachdem der vordere Teil des Ansaugrohrs demontiert wurde. Beim Einbau des neuen Ölkühlers montieren wir vier neue Dichtungen und reinigen die Anlageflächen sorgfältig. Der Schlauch, der aus der Kühleroberseite wegführt, ist ein Kühlwasserschlauch und an einem der Stutzen am Kühlmittelbehälter angeschlossen (siehe Projekt 33).

PROJEKT 84
Einbau einer HID-Scheinwerferanlage

Zeit/Kosten/Talent: 3 Stunden / ca. 180 EUR

Werkzeuge: Scheinwerferausbauwerkzeug

Relevante Baujahre: Alle

Erforderliche Teile: HID-Scheinwerfereinbausatz

Tipp: Im Zuge der Nachrüstung sollten eingetrübte Streuscheiben gründlich aufpoliert werden.

Arbeitsziel: Hellere Scheinwerfer

Ergänzende Arbeitsgänge: Neue Scheinwerfer/ Weißglas-Blinkleuchten

Zu den technisch interessantesten Nachrüstungen am Boxster zählt der Umbau der Hauptscheinwerfer auf HID-Gasentladungsscheinwerfer (auch als Xenon- oder unter dem Bosch-Markennamen Litronic-Scheinwerfer bekannt). Bei diesen Scheinwerfern erzeugt der durch ein Xenon-Gasgemisch fließende elektrische Strom das Scheinwerferlicht – ähnlich wie bei einer Leuchtstoffröhre. Zur Erzeugung der Leuchtwirkung muss das Gasgemisch auf eine Startspannung von ca. 28.000 V gebracht werden. Zwei kleine Vorwiderstände erzeugen diese Hochspannung beim Zuschalten der Leuchten und wandeln sie dann auf ca. 40 V für das Scheinwerferlicht um.

Diese Nachrüstung ist auf zweierlei Weise möglich. Am teuersten ist der Einbau eines originalen Bosch-Litronic-Einbausatzes (siehe Projekt 85). Als billigere Lösung werden Nachrüstungen praktiziert, bei denen die serienmäßigen H7-Glühlampen aus dem normalen Carrera-Leuchtengehäuse ausgetauscht werden (dabei aber unbedingt Bauartgenehmigung bzw. Eintragungsfähigkeit der Umbausätze für die Verwendung im Bereich der StVZO beachten!).

Sinnvoll ist die Verwendung von Hella-Originalteilen, da diese über einen integrierten Sicherheitsstromkreis verfügen, der eine Entladung der 28.000 V verhindert, falls im Stromkreis Störungen auftreten.

Ersatzglühlampen sind recht teuer, diese Kosten dürften mit der zunehmenden Verbreitung serienmäßiger Xenonscheinwerfer allerdings sinken. Anders als die herkömmlichen Halogenglühlampen brennen HID-Lampen jedoch seltener durch – sie besitzen keine integrierten mechanischen Bauteile und bleiben im Betrieb relativ kühl (ähnlich wie Leuchtstofflampen).

In den Nachrüstsätzen kommen meist 35 W-Glühlampen zum Einbau, die Stromaufnahme nach dem Einschalten beträgt also ca. 2-3 Ampere. Die Vorwiderstände erreichen beim Einschalten der Glühlampen oft 15 A (allerdings kaum eine Sekunde lang). Der Einschaltvorgang dieser Lampen dauert meist weniger als eine Sekunde – gegenüber den Serienleuchten ein kaum wahrnehmbarer Unterschied. Bei herkömmlichen Halogenscheinwerfern geht ein erheblicher Teil der Energie in Form von Wärmeabstrahlung der Glühlampe verloren. HID-Anlagen sind wesentlich effizienter – eine 35-W-HID-Lampe ist ca. dreimal so hell wie eine 100-W-Halogenglühlampe.

Der Einbau ist nicht weiter schwierig: Es muss lediglich der Vorwiderstand montiert, die Glühlampen in die Scheinwerfergehäuse eingebaut und die Anlage verkabelt werden. An den großen Kunststoffabdeckungen an der Scheinwerferrückseite sind geringfügige Änderungen notwendig. Bei den meisten HID-Nachrüstsätzen ist der Kabelstrang mit einer großen Gummi-Kabeltülle bestückt (siehe Abb. 1, Teil A). Mit einer kleinen Lochsäge oder dem Dremel muss auf der Rückseite des Kunststoffgehäuses ein Loch für diese Tülle angebracht werden. An der HID-Glühlampe sind zwei Kabel angeschlossen; die beiden anderen Kabel sind für die Anschlüsse der alten Halogenscheinwerfer vorgesehen. Der mit dem Umrüstsatz mitgelieferte Kabelstrang stellt die Stromversorgung der HID-Lampe über die

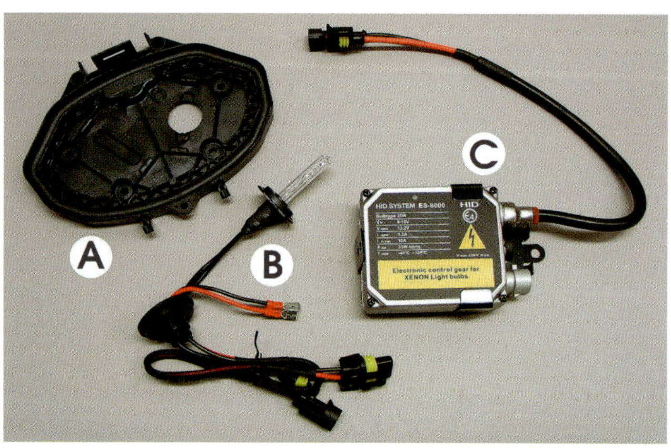

1 Dieses Bild zeigt einen HID-Nachrüstsatz für US-Sealed-Beam-Scheinwerfer. **A:** Modifizierte hintere Abdeckung für die Sealed-Beam-Scheinwerfer. **B:** Glühlampe mit Kabelstrang. **C:** HID-Vorwiderstand/Steuereinheit für die HID-Glühlampen.

Stromversorgung der originalen Glühlampe im Scheinwerfergehäuse her.

Der Einbau des Vorwiderstands ist recht einfach. Die Einbaupositionen änderten sich im Lauf der Jahre, suchen Sie sich also einen sicheren Einbauplatz in Scheinwerfernähe und befestigen Sie den Vorwiderstand mit den Haltern, die im HID-Kit mitgeliefert werden (siehe Abb. 3). Beim Boxster Modell 1999 bietet sich die ebene Fläche direkt außerhalb des Scheinwerferhalters als Einbauplatz an.

HID-Einbausätze können für Abblend- und Fernlicht oder auch für Nebelleuchten montiert werden. Es könnten also Haupt- und Nebelscheinwerfer zugleich eingeschaltet werden. Nach dem Einbau müssen die Scheinwerfer aber so eingestellt werden, dass eine Blendung des Gegenverkehrs ausgeschlossen ist. Deshalb sind derartige Kits auch nur in Verbindung mit einer Leuchtweitenregulierung zulässig und dürfen nur in einer für die Verwendung auf öffentlichen Straßen zugelassenen Bauart montiert werden.

Bei eventuell gestörtem Radioempfang kann als Abhilfe ein 12-V-Entstörfilter für Rundfunkfrequenzen in der Zuleitung zu den Vorwiderständen montiert werden.

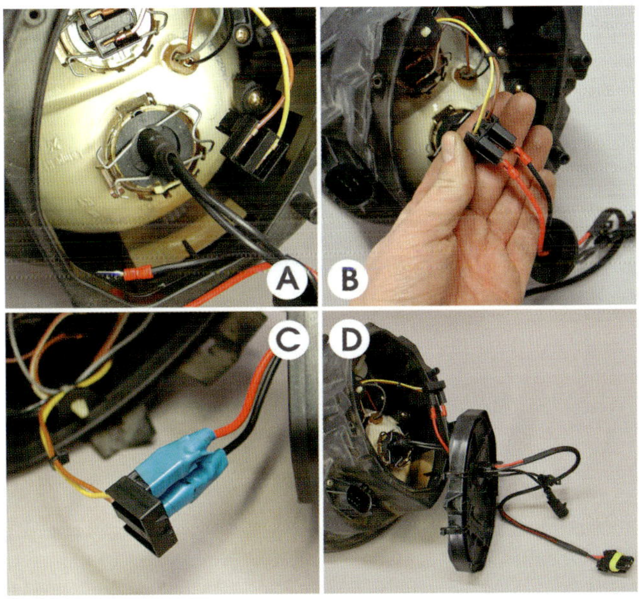

2 Diese Bildfolge zeigt die Montageschritte auf der Scheinwerferrückseite. **A:** Unten ist die Serien-Halogen-Abblendlichtbirne zu sehen, die meistens benutzt wird. Setzen Sie statt dieser Glühlampe die HID-Lampe ein. Der Kabelhaltering muss für den Einbau der neuen Glühlampe evtl. komplett entfernt werden. **B:** HID-Kabel am vorhandenen Kabelstecker anschließen. Braun steht für Masse und wird üblicherweise mit dem schwarzen Kabel am Kabelstrang verbunden. **C:** Stecker sorgfältig mit Isolierband umwickeln, damit bei Bewegungen des Steckers kein Kurzschluss im Scheinwerfer verursacht wird. **D:** Kabel durch den Halter in der rückwärtigen Scheinwerferabdeckung durchführen.

3 Der Vorwiderstand lässt sich sehr praktisch direkt neben der Scheinwerferaufnahme einbauen. Die dortige ebene Fläche bietet sich ideal für die Aufnahme des HID-Vorwiderstands an. Reinigen Sie den Bereich gründlich mit Isopropylalkohol oder Glasreiniger und fixieren Sie den Widerstand mit doppelseitigem Klebeband auf dem Blech. Zusätzlich bohren wir ein Loch ins Blech (etwas Lack als Korrosionsschutz am Lochrand auftragen!), an dem wir den Halter mit einer Blechschraube befestigen (grüner Pfeil).

4 Das Endergebnis sieht sehr gut aus und ist gegenüber den neu oder als Nachrüstsatz beim Boxster lieferbaren Litronic-Scheinwerfern (siehe Projekt 85) sehr kostengünstig.

PROJEKT 85

Einbau von Litronic-Scheinwerfern

Zeit/Kosten/Talent: 4 Stunden / ca. 2500 EUR /

Werkzeuge: 20-mm-Metall-Lochsäge und Bohrmaschine

Relevante Baujahre: 1997-2004

Erforderliche Teile: Litronic-Scheinwerfersatz mit Kabelstrang

Tipp: Eine ideale Gelegenheit zur Umrüstung auf Weißglas-Blinkleuchten.

Arbeitsziel: Hellere Scheinwerfer

Ergänzende Arbeitsgänge: Weißglas-Blinkleuchten und Lichtschutzfolie einbauen

Projekt 84 zeigt die einfache Version einer Umrüstung der Hauptscheinwerfer auf HID-/Xenon-Scheinwerfer, hier wenden wir uns jedoch dem Einbau des originalen Bosch-Litronic-Nachrüstsatzes zu. Für den Einbau eines Litronic-Nachrüstsatzes anstelle eines der einfacheren Kits aus Projekt 84 spricht einiges. Zum einen werden bei diesem Nachrüstsatz die kompletten, vielleicht schon mit Spuren der Jahre gezeichneten Scheinwerfer erneuert. Neue Scheinwerfer mit neuen Streuscheiben bedeuten dann eine erhebliche optische Aufwertung. Bei den Litronic-Kits werden zudem die Weißglas-Eckblinkleuchten statt der orangefarbigen Leuchtengläser verwendet.

Der Litronic-Nachrüstsatz ist allerdings nicht mit den ab Werk verbauten Litronic-Scheinwerfern identisch. Die werksseitige Litronic-Version ist eng in die übrigen Fahrzeug-Teilsysteme integriert und verfügt daher über zusätzliche Features, die beim Nachrüstsatz fehlen. In der Werksversion werden die Scheinwerfer beim Beschleunigungen und Abbremsen nach unten bzw. oben verstellt, damit der Lichtkegel auf der Straße stets in konstanter Höhe gehalten wird. Außerdem ist die Anlage in den zentralen Computerbus integriert und kann bei Störungen Fehlercodes weitermelden. Diese Funktionen sind zwar nützlich, ihr Fehlen sollte jedoch niemand vom Einbau eines Nachrüstsatzes abhalten.

Der Einbau ist ähnlich einfach wie der Wechsel eines Scheinwerfers (siehe Projekt 65). Zusätzlich kann jedoch ein Steuermodul installiert werden, das die Ausrichtung der Scheinwerfer beim Einschalten des Fernlichts automatisch um 1,5° dreht. Diese Änderung der Scheinwerferausrichtung bewirkt eine bessere Lichtstreuung bei Betätigung des Fernlichts. Der Einbau dieses Steuermoduls ist Schwerpunkt dieses Projekts und ist für alle, die im Umgang mit Fahrzeugkabeln einigermaßen versiert sind, relativ leicht zu bewältigen. Die Porsche-Einbauanleitung für den Boxster ist im Technischen Rundschreiben 9415 zu finden.

Als erstes nehmen wir die Batterieabdeckung ab und klemmen die Batterie ab (siehe Projekt 81). Dann bauen wir die alten Scheinwerfer aus. Sofern vorhanden, klemmen wir den CD-Wechsler und/oder Verstärker ab und bauen ihn aus dem vorderen Kofferraum aus. Dann wird die Kofferraumauskleidung herausgenommen. Sie ist mit Kunststoffnieten befestigt, die beim Ausbau fast unweigerlich abbrechen. Besorgen Sie sich also vor Arbeitsbeginn besser gleich neue: Teile-Nr. 999 703 456 40 (1 St.), 999 703 432 40 (8 St.) und 999 703 455 40 (2 St.).

Nun nehmen wir die Abdeckungen am Bremskraftverstärker (siehe Projekt 56, Abb. 1) sowie die rechte Abdeckung für den Innenraumfilter (Projekt 3, Abb. 6) ab. Bohren Sie die Kabelstrangdurchführungen gemäß Abb. 3 und 4 und führen Sie den Kabelstrang zur Innenseite des linken und rechten Kotflügels durch. Der längere Teil des Kabelstrangs verläuft zum linken Kotflügel. An den Durchführungen wird der Kabelstrang mit den mitgelieferten Gummitüllen befestigt und abgedichtet. Danach die Steckerkontakte gemäß Abb. 5 an den Steckern anbringen. Schließen Sie die Stecker an der Scheinwerferrückseite an und montieren Sie die Scheinwerfer.

Montieren Sie die Steuereinheit seitlich im vorderen Kofferraum (siehe Abb. 3: unter der Teppichverkleidung). Schließen Sie die drei Kabel für Stromversorgung und Ansteuerung des Moduls an. Das braune Kabel wird mit Masse verbunden. Das weiße Kabel zweigt von dem vorhandenen weißen Kabel am Stecker ab (siehe Abb. 3); das Modul erhält darüber das Signal, dass das Fernlicht eingeschaltet ist. Das rote Kabel wird in Batterienähe an Dauerplus angeschlossen (siehe Abb. 4).

Nach dem Einbau des Litronic-Kit kontrollieren wir die Sicherungen; möglicherweise müssen an einigen Plätzen stärkere Sicherungen eingesetzt werden. Für Sicherung A9 und A10 sind 15 A notwendig. Schwächere Sicherungen sind zu ersetzen. Die serienmäßigen 7,5-A-Sicherungen würden aufgrund des höheren Stromflusses vermutlich durchschlagen (Einbauort des Sicherungskastens siehe Projekt 95, Abb. 5).

Zu beachten ist, dass die kleinen Eckblinkleuchten nicht im Teilesatz enthalten sind – sie müssen separat erworben werden. Die Blinkleuchten variieren je nachdem, ob eine Scheinwerferwaschanlage vorhanden ist. Statt der orangefarbigen Streuscheiben bieten sich die weißen Gläser als attraktive Alternative an.

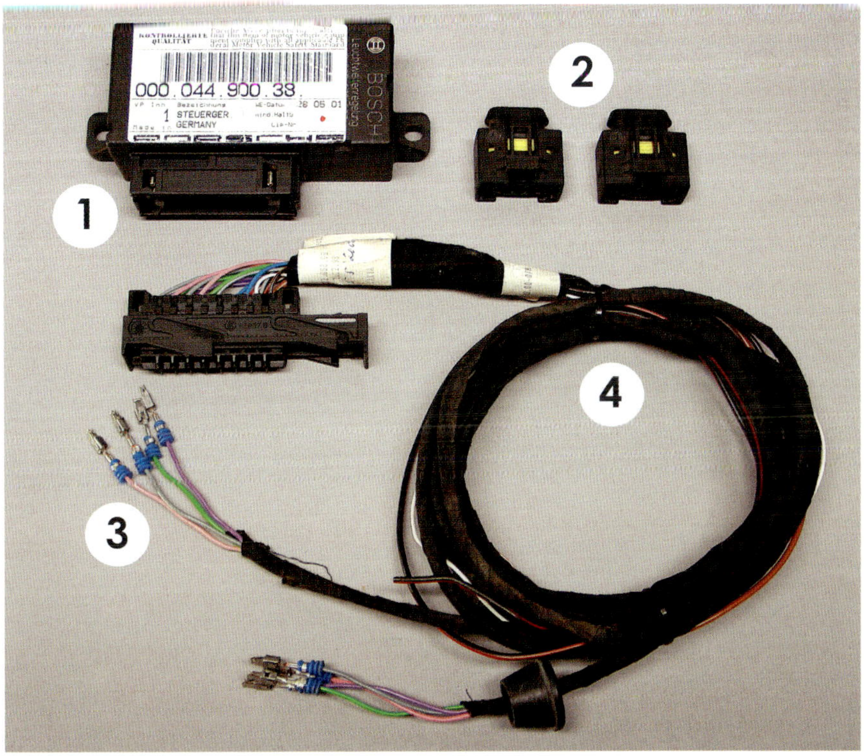

1 So sieht der Verkabelungssatz für die Werks-Litronic-Scheinwerfer aus. **1:** Elektronische Steuereinheit. **2:** Kabelstrangstecker. **3:** Kabelstrang-Endkontakte. **4:** Vollständiger Kabelstrang.

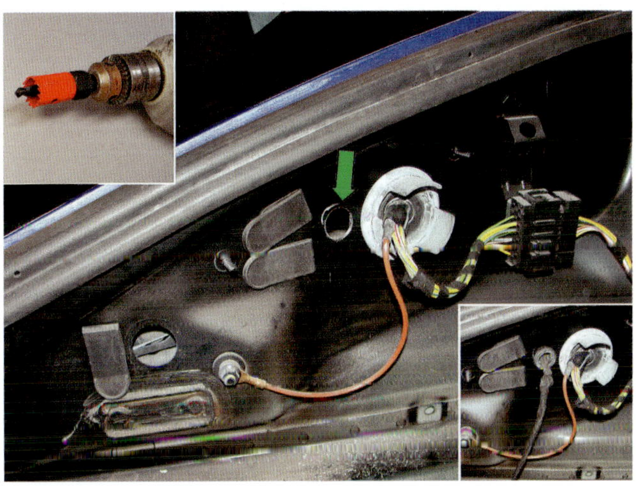

2 Zunächst bohren wir im Kofferraum links und rechts mit einer Lochsäge ein 20-mm-Loch für die Durchführung der Scheinwerferkabel. Bei der Kabelverlegung die Gummitülle anbringen (unten rechts).

3 Die Steuereinheit kann links im vorderen Kofferraum montiert und mit Klettband oder doppelseitigem Klebeband seitlich an der ebenen Anlagefläche befestigt werden (grüner Pfeil). Der kürzere der beiden Scheinwerferkabelstränge wird durch die neue Bohrung im Blech durchgeführt und die Gummitülle angebracht (gelber Pfeil). Dann das braune Kabel aus dem Kabelstrang mit Masse verbinden (roter Pfeil). Mit einem Abzweigverbinder das weiße Kabel des neuen Litronic-Kabelstrangs vorne am weißen Kabel anklemmen, das aus dem Stecker führt (blaue Pfeile). Zum Schluss das rote Kabel am vorhandenen Kabelstrang entlang verlegen und ein kleines Loch im Gummistopfen an der Spritzwand durchstechen (orangeroter Pfeil).

4 Der rote Pfeil zeigt auf die Lage der 20-mm-Durchführung auf der linken Fahrzeugseite. Oben links ist der Gummistopfen in der Spritzwand zu sehen (mit Blick von der Spritzwand neben der Batterie – grüner Pfeil). Das rot-schwarze Kabel muss am schwarz-gelben Kabel angeklemmt werden, das am Stecker für die rechte Scheibenwaschdüse angeschlossen ist (gelber Pfeil).

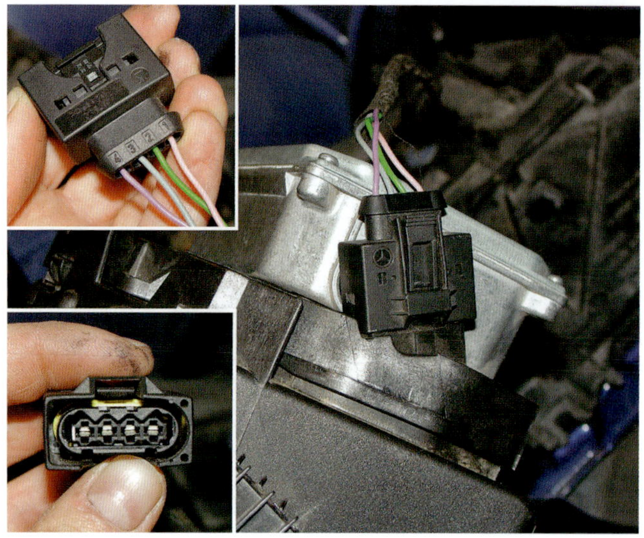

5 Nachdem der Kabelstrang durch die in die Seitenbleche gebohrte 20-mm-Öffnung durchgeführt wurde, schließen wir die Steckkontakte an den Steckern an. 1: Rosa. 2: Grün. 3: Grau. 4: Violett (oben links). Sie müssen im Steckergehäuse (unten links) fest sitzen. Zum Schluss die Stecker auf der Rückseite der Litronic-Scheinwerfer anschließen.

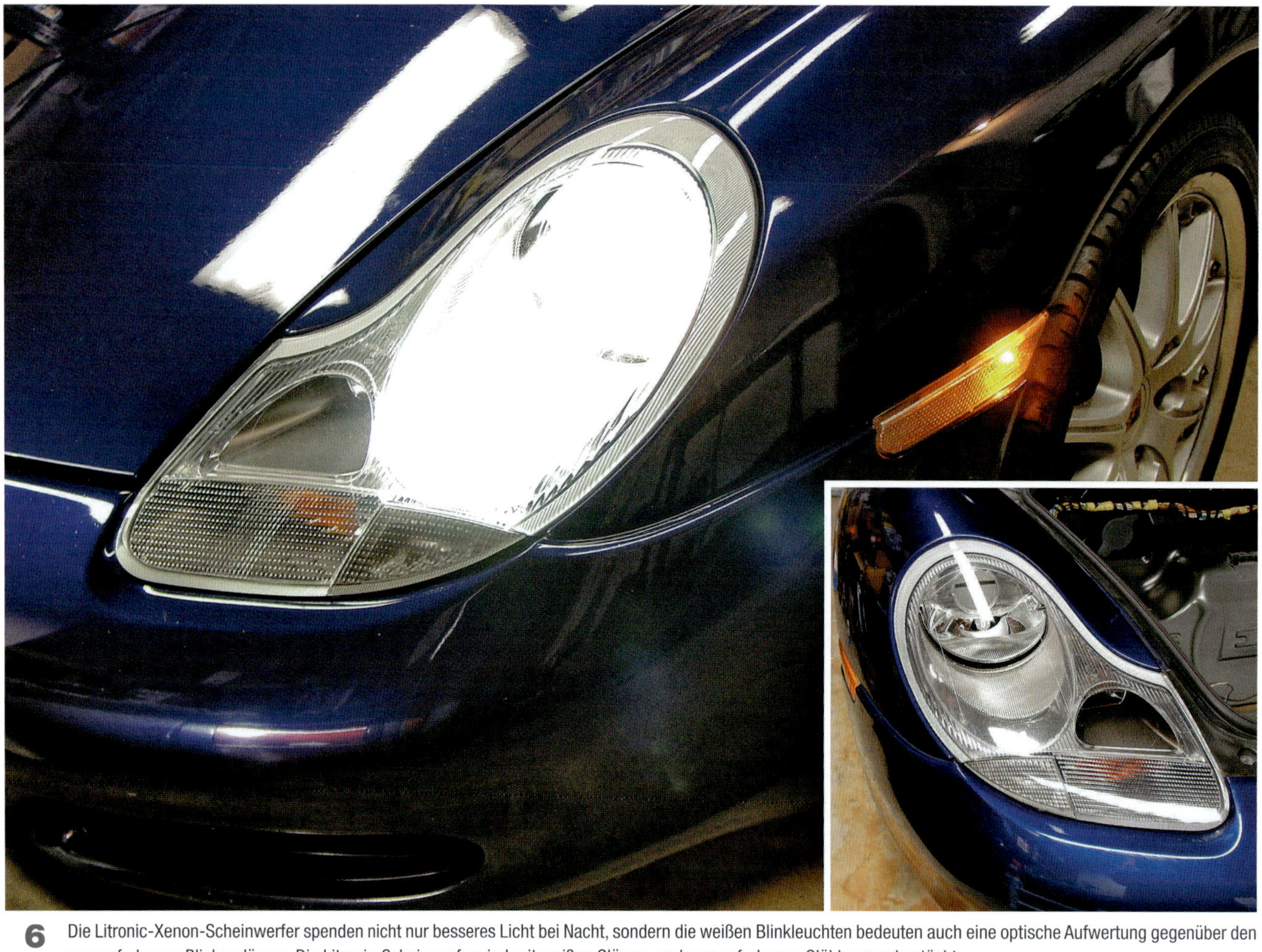

6 Die Litronic-Xenon-Scheinwerfer spenden nicht nur besseres Licht bei Nacht, sondern die weißen Blinkleuchten bedeuten auch eine optische Aufwertung gegenüber den orangefarbenen Blinkergläsern. Die Litronic-Scheinwerfer sind mit weißen Gläsern und orangefarbenen Glühlampen bestückt.

PROJEKT 86

Erneuern des Lenkzündschlosses

Zeit/Kosten/Talent: 4 Stunden / ca. 160 EUR /

Werkzeuge: Torx-Schraubendrehersatz, Minischraubendreher

Relevante Baujahre: Alle

Erforderliche Teile: Neue Ausführung des Lenkschlosses

Tipp: Das Lenkschloss wurde modifiziert; es empfiehlt sich der Einbau der neuesten Version.

Arbeitsziel: Zuverlässiges Anspringen

Ergänzende Arbeitsgänge: Lichtschalter und Glühlampen der Anzeigeinstrumente erneuern

Zu den häufigsten Defekten an der Elektrik älterer Porsche zählen Zündschlossdefekte. Passende Symptome: Manchmal springt der Wagen einfach nicht an, der Zündschlüssel lässt sich nicht leichtgängig im Schloss drehen oder die Elektrik fällt plötzlich durch weitere eigenartige Störungen auf. Abhilfe bringt in derartigen Fällen die Erneuerung der betroffenen Einzelteile des Zündschlosses oder des kompletten Schlosses.

Der eigentliche Schalter besteht aus zwei Teilen: einer Aufnahme für Schlüssel und Schlossmechanismus sowie einem komplizierteren Elektroschalter für Anlasser und andere Elektriksysteme im Fahrzeug. Erfreulicherweise ist der Austausch des Elektrikteils unproblematisch und Ersatz ist je nach Herstellermarke nicht übermäßig teuer. Dreht sich der Zündschlüssel nicht leichtgängig im Zündschloss, sind wahrscheinlich die Zuhaltungen im Schloss verschlissen. Die Aufarbeitung der Zuhaltungen ist auch in Eigenregie möglich, aber oft sehr kompliziert. Zur Demontage muss ein Stift im Gehäuse ausgebohrt werden. Geht dies schief, kann das gesamte Schloss ruiniert werden. Kurz, das Zündschloss ist nicht dafür ausgelegt, zerlegt zu werden.

Bei frühen Boxstern kam es gelegentlich zu Problemen mit dem Zünd-/Lenkschloss, weshalb Porsche eine Konstruktionsänderung vornahm. Bei Zündschlossproblemen sollte daher der gesamte Mechanismus getauscht werden. Der elektrische Teil des Schlosses ist bei dieser modifizierten Version anders, es muss also unbedingt der zum Fahrzeug passende Elektrikteil besorgt werden. In Zweifelsfall sollten Sie das eigene Schloss anhand einiger Fotos mit Internetquellen vergleichen, um festzustellen, ob in Ihrem Boxster bereits die neue Schlossversion verbaut ist. Bei einem vollständigen neuen Schloss ist der Elektrikteil bereits mit enthalten.

Soll nur der Elektrikteil eines der frühen Lenkschlösser (Teile-Nr. 996 347 017 03 bis 996 347 017 06) ersetzt werden, ist Teile-Nr. 4B0 905 849 zu verwenden. Für das spätere Lenkschloss, das erstmals 2004 zum Einbau kam (996 347 017 07), ist Teile-Nr. 4A0 905 849B für den Tausch des Elektrikteils vorgesehen. Bei Unklarheiten, um welche Ausführung es sich handelt, bauen Sie es zuerst aus – die Teilenummer müsste aufgedruckt sein.

Bei den Modellen ab 2005 verschwand das gesamte Lenkzündschloss aus dem Wagen und machte einem elektromechanischen Magnetschalter Platz, der stattdessen die Lenkzahnstange blockiert. Ein Ausbau des Sperrmechanismus ist nur nach Zerlegen der gesamten Lenkung möglich. Bis in jüngste Zeit sind keine Anfälligkeitsprobleme mit diesen Magneten bekannt geworden, allerdings haben diese Fahrzeuge auch noch nicht das kritische Alter erreicht.

Obendrein ist auch der Elektrikschalter anders (einfacher) konstruiert und lässt sich leicht ausbauen. Ziehen Sie die Gummieinfassung ab (siehe Abb. 2) und schrauben Sie die darunterliegende große Mutter ab. Ziehen Sie dann die Kabel am Schalter ab und den Schalter unter der Armaturentafel heraus.

Soll nur der Elektrikteil des Schlosses (Modelle 1997-2004) ersetzt werden, ist dies relativ einfach. Bauen Sie die in Abb. 1 gezeigten Heizungskanäle aus (sie müssten sich mit kräftigem Ziehen von der Armaturenbrettunterseite her lösen lassen). Ziehen Sie den Stecker auf der Schalterrückseite ab. Dann drehen Sie die Madenschrauben heraus, die das Elektrikteil auf der Schlossrückseite fixieren, und setzen ein neues ein. Im Schaltergehäuse ist ein Führungsstift eingegossen, d.h. der Zusammenbau ist nur auf eine einzige Weise möglich.

Der Austausch des Elektrikteils löst mit Sicherheit etliche Zünd- und Anlassprobleme. Beim Drehen des Zündschlüssels flackernde Elektrikkomponenten deuten ziemlich klar auf ein verschlissenes Schloss hin. Defekte im Zündschloss verursachen manchmal auch unerklärliche Anlassprobleme, wobei nicht einmal der Magnetschalter klickt.

Es kann im Extremfall sogar passieren, dass der Anlasser nach

dem Anspringen des Motors nicht ausspurt – und sogar nach dem Abziehen des Zündschlosses Motor und Anlasser weiterlaufen.

Beim Auswechseln des Zündschlosses halten Sie sich an Abb. 2 und 3. Der Lichtschalter (siehe Projekt 87) und das Kombiinstrument (siehe Projekt 90) müssen ausgebaut werden, um an das Zündschloss zu kommen.

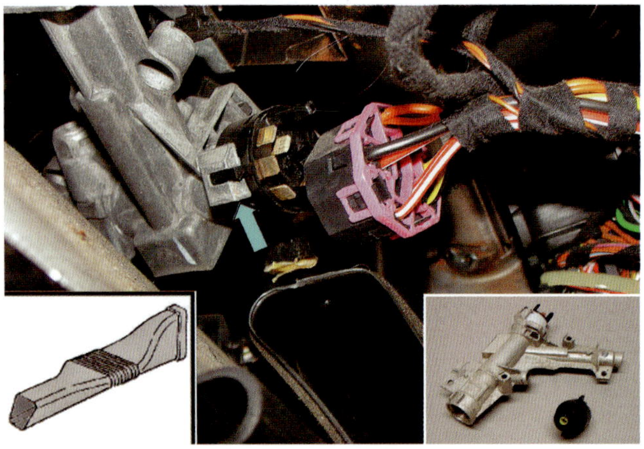

1 Das Elektrikteil des Zündschlosses ist unter der Armaturentafel zugänglich. Dazu zuerst die Heizungsführung (kleines Bild) ausbauen, die den Zugang versperrt. Stecker abziehen und die Madenschrauben hinter der roten Markierfarbe (blauer Pfeil) losdrehen. Am besten lassen sich die Schrauben an dieser beengten Stelle mit einem Minischraubendreher lösen. Das kleine Bild rechts unten zeigt das modernisierte Lenk-/Zündschloss. Zum Schloss gehört üblicherweise der Zündschalter (auf der Rückseite des Schlosses und im Bild unten rechts separat zu sehen).

2 Zum Ausbau des Schlosszylinders zuerst die Zündschloss-Gummieinfassung abziehen (oben links). Dann den Zündschlüssel in Stellung 1 drehen (Zündung ein) und eine große Büroklammer in die Entriegelungsöffnung im Zylinder einschieben (orangefarbener Pfeil). Die Klammer so weit wie möglich einschieben und den Schlüssel einstecken, der jetzt den Mechanismus entriegeln müsste, so dass der Einsatz herausgezogen werden kann. Dann den kleinen Stecker abziehen, der an der Induktionsspule der Wegfahrsperre angeschlossen ist (roter Pfeil).

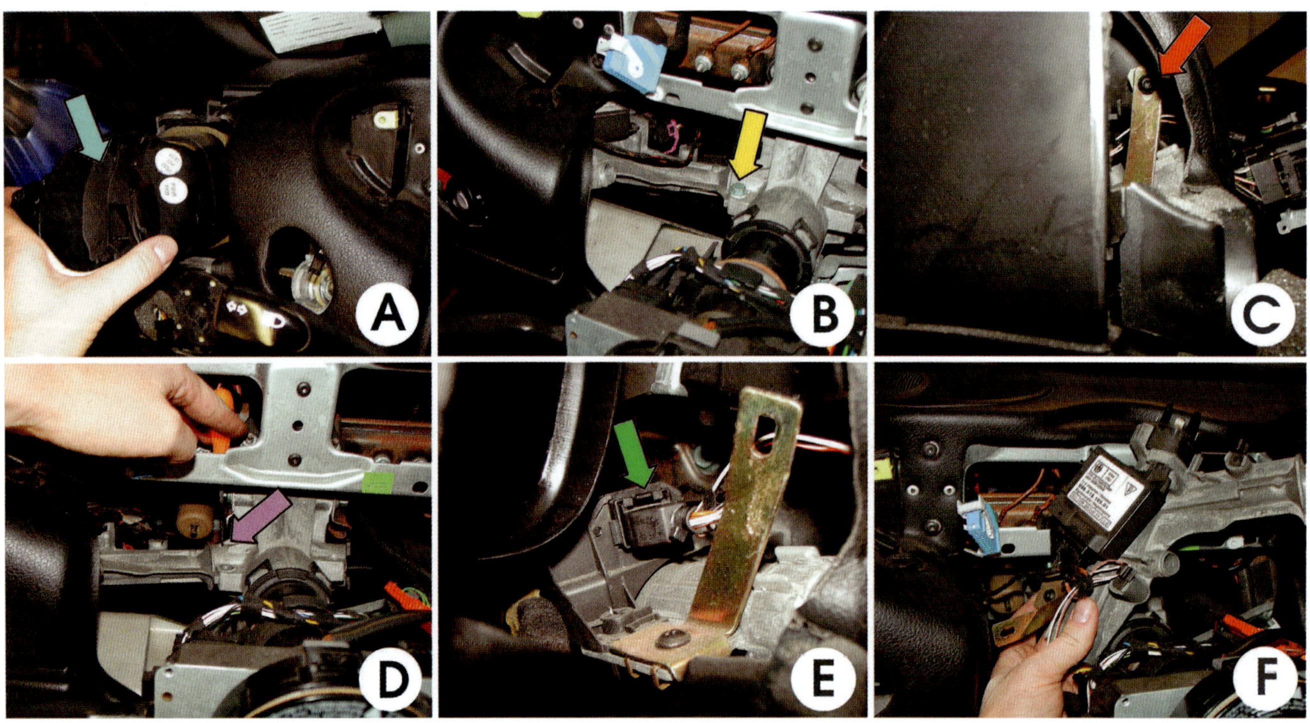

3 Ausbau des Zündschlosses: **A:** Lichtschalter und seitliche Armaturentafelverkleidung sind ausgebaut; nun die Heizungsführung herausziehen (blauer Pfeil). **B:** Haltemutter des Schlosses an der Lenksäule herausdrehen (gelber Pfeil). **C:** Von der linken Armaturentafelseite die Torx-Befestigungsschraube des kleinen Halters an der Armaturentafel lösen (roter Pfeil). **D:** Mit einem kleinen Schraubendreher den Raststift eindrücken, damit sich das Schloss aus der Lenksäule löst (violetter Pfeil). **E:** Kabelstrang für Wegfahrsperre abziehen (grüner Pfeil). **F:** Komplettes Schloss hinter der Lenksäule herausziehen.

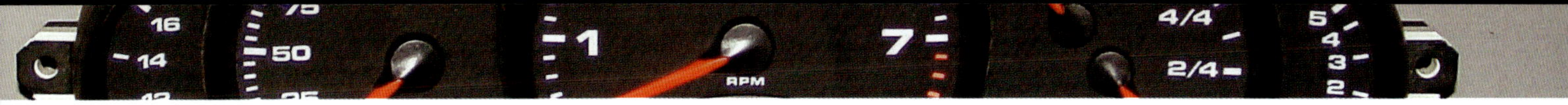

PROJEKT 87

Erneuern des Lichtschalters

Zeit/Kosten/Talent: 1 Stunde / ca. 30 EUR

Werkzeuge: Torx-Schraubendrehersatz, tiefer 24-mm-Steckeinsatz

Relevante Baujahre: Alle

Erforderliche Teile: Neuer Lichtschalter

Tipp: Miniaturglühlampen im Schaltergehäuse ebenfalls erneuern

Arbeitsziel: Zuverlässige Ausleuchtung bei Nachtfahrten

Ergänzende Arbeitsgänge: Glühlampen in den Anzeigeinstrumenten ersetzen

Es passiert gar nicht so selten, dass der Lichtschalter ausfällt. Symptome eines schwächelnden Schalters sind u.a. Scheinwerfer, die sich nicht einschalten lassen, oder funktionsunfähige Nebelleuchten. Auch diverse kleine Glühlampen im Schaltergehäuse können durchbrennen.

Die Erneuerung des Schalters ist recht einfach (siehe Arbeitsschritte in nachstehender Bildfolge). Knifflig ist lediglich der Ausbau der großen Mutter, mit der der Schalter am Lüftungsgehäuse befestigt ist. Mit einer tiefen 24er Stecknuss, lässt sich die Mutter von Hand drehen. Notfalls funktioniert der Ausbau der Mutter aber auch mit einer Spitzzange.

Bei den Modellen ab 2005 ist der Ablauf denkbar einfach: Drehknopf am Lichtschalter drücken (aber nicht bis zum Anschlag) und Schalter nach rechts drehen. Dann den kompletten Schalter herausziehen.

Die Ersatzteilnummern für die neuen Schalter lauten 996 613 535 00 (bis 2004) bzw. 997 613 535 01 (ab 2005).

1 Als erstes drehen wir die beiden Schrauben ganz links an der Armaturentafel mit einem Torx-Schrauber heraus. Unten rechts ist ein neuer Lichtschalter abgebildet.

2 Rastnase am Lichtschalterknopf eindrücken und Knopf abziehen (oben links, roter Pfeil). Ist der Knopf aus dem Weg, ist dahinter die Torx-Schraube im Innenring zugänglich (gelber Pfeil).

3 Seitendüse und Lichtschalter zusammen abziehen (unten rechts). Den großen Rundstecker sowie die kleineren 4-Pol-Kabelstränge abziehen (gelber Pfeil). Zum Ausbau des Schalters die große Mutter auf der Stirnseite der Einfassung abschrauben (tiefe 24-mm-Stecknuss).

PROJEKT 88

Einbau eines Radiogeräts

Zeit/Kosten/Talent:
3 Stunden / ca. 270 EUR /

Tipp: Besorgen Sie sich die für Ihr Fahrzeug passenden Adapter, damit keine Kabel durchgetrennt werden müssen.

Werkzeuge: Radioausbauwerkzeuge

Arbeitsziel: Erstklassiger Sound im Fahrzeug

Relevante Baujahre: Alle

Ergänzende Arbeitsgänge: Optimierung der Lautsprecher

Erforderliche Teile: Radio, Antennenadapter, Kabelstrangadapter

Viele frischgebackene Besitzer eines Boxster tauschen als erstes das Stereoradio aus, da sie mit dem eingebaute Radio soundtechnisch nicht zufrieden sind. Die Porsche-Serienradios (Hersteller: Becker) gelten nach Ansicht vieler als gerade einmal ausreichend – ihre Technologie ist in den meisten Fällen über 10 Jahre alt und die Bedienelemente sind alles andere als anwenderfreundlich. Die Verkabelungsangaben in diesem Projekt gelten speziell für den Boxster von 1997 bis 2004, sind aber auch auf die Modelle ab 2005 übertragbar.

Glücklicherweise ist der Tausch des Radios recht einfach. Zuerst klemmen wir die Batterie ab (Projekt 81). Am Radiokabelstrang liegt Dauerplus an, und es sollen bei den Arbeiten ja keine Sicherungen durchschlagen oder andere Elektrikteile beschädigt werden. Ziehen Sie das Radio mithilfe des originalen Radioausbauwerkzeugsatzes (Marke Becker, Teile-Nr. BNA-1184-989) gemäß Projekt 89, Abb. 4, aus seinem Schacht. Auf der Rückseite sind noch diverse Kabel und ein Antennenstecker (abziehen) angeschlossen.

Für den Einbau eines neuen Radios benötigen wir diverse Kabeladapter zum Anschluss an den Kabelstrang des Boxster. Diese Adapter werden mit den Originalsteckern verbunden, und an ihren Anschlusskabeln kann das neue Radio angeschlossen werden. Praktischer (und nicht teuer) sind die Adapterkabel. Je nach Ausführung müssen zwischen Kabelstrangadapter und Stecker am neuen Radio Flachstecker angebracht werden. An unserem Boxster Baujahr 2000 verwendeten wir den Metra-Kit (Teile-Nr. 70-1787, VW/Bose-AMP-Integration) und den Euro-Antennenadaptersatz von Scosche (Teile-Nr. VWA-KB, VW-Antennenadapterkit). Dieser Kit enthält zwei Adapter für den Einbau eines Stereoradios und/oder einer Inline-FM-Modulator-iPod-Schnittstelle (siehe unten). Diese Teilenummern sollten sich für alle Boxster bis 2004 eignen. Bei den Modellen ab 2005 sollten Sie vor der Bestellung der Adapter prüfen, welches Radio eingebaut ist.

Der schwierigste Arbeitsschritt bei der Montage eines neuen Radios ist die Frage, wie es richtig verdrahtet wird. Die nachstehende Anschlusstabelle (für die Modelle 1997-2004) enthält hierfür bereits die notwendigen Vorarbeiten. Der grüne und der blaue Stecker auf der Geräterückseite sind für den Betrieb des CD-Wechslers (sofern vorhanden) vorgesehen (er wird meist vorn im Kofferraum montiert – Pinbelegung der Anschlussstecker siehe Website 101projects.com).

Ist in Ihrem Porsche kein externer Verstärker montiert, werden die Lautsprecher des Boxster direkt am braunen Stecker B auf der Radiorückseite angeschlossen. Ist ein externer Verstärker eingebaut, ist auch ein kleinerer gelber Stecker vorhanden, der die Signale vom Radio zum Verstärker leitet. Ist ab Werk ein Verstärker eingebaut, braucht nur das Signal vom neuen Radio in die Leitungen des gelben Steckers eingespeist zu werden (wie in unserem Beispiel). Wenn nicht, verbinden Sie die Lautsprecherleitungen des neuen Radios mit dem Adapter, der am braunen Stecker eingesteckt wird.

Der Kabelstrangadapter wird nach der Verkabelungstabelle und der mit dem neuen Radio mitgelieferten Anleitung verdrahtet. Stecken Sie den Kabelstrangadapter am werksseitig vorgesehenen Stecker ein, schließen Sie den Kabelstrang auf der Geräterückseite an und schließen Sie dann alle Flachstecker an. Bei unserem Radio passte die Antennenbuchse auf der Geräterückseite nicht mit dem Antennenstecker im werksseitigen Kabelbaum zusammen, also benötigten wir den bereits erwähnten Antennenadapter.

Stecken Sie den Adapter an der Geräterückseite ein, dann müsste sich das Antennenkabel problemlos mit dem Gerät verbinden lassen. Ist das neue Gerät komplett verkabelt, schließen

Farbe	Zweck	Stecker und Pin
Grau/Rosa	Geschwindigkeitsabhängige Lautstärkeregelung	Schwarzer Stecker A – Pin 1
	Nicht belegt	Schwarzer Stecker A – Pin 2
Gelb/Schwarz	Stummschaltung für Telekommunikationsschnittstelle	Schwarzer Stecker A – Pin 3
Rot/Schwarz (dick)	Konstantstromversorgung 12 V (Sicherung D8)	Schwarzer Stecker A – Pin 4
Weiß	Stromversorgung Antennensteuerung	Schwarzer Stecker A – Pin 5
Grau/Blau	Beleuchtung (Scheinwerfer ein)	Schwarzer Stecker A – Pin 6
Orange	12 V geschaltete Stromversorgung (Sicherung E1)	Schwarzer Stecker A – Pin 7
Braun (dick)	Karosseriemasse	Schwarzer Stecker A – Pin 8
Blau	Rechter Hecklautsprecher Plus	Brauner Stecker B – Pin 1
Braun/Blau	Rechter Hecklautsprecher Minus	Brauner Stecker B – Pin 2
Rot	Rechter Frontlautsprecher Plus	Brauner Stecker B – Pin 3
Rot/Braun	Rechter Frontlautsprecher Minus	Brauner Stecker B – Pin 4
Gelb	Linker Frontlautsprecher Plus	Brauner Stecker B – Pin 5
Gelb/Braun	Linker Frontlautsprecher Minus	Brauner Stecker B – Pin 6
Weiß	Linker Hecklautsprecher Plus	Brauner Stecker B – Pin 7
Braun/Weiß	Linker Hecklautsprecher Minus	Brauner Stecker B – Pin 8
Gelb/Rot	Linker hinterer Line-Ausgang Plus	Gelber Stecker C – Pin 1
Rot/Blau	Rechter hinterer Line-Ausgang Plus	Gelber Stecker C – Pin 2
Braun/Blau	Gemeinsame Audio-Masse	Gelber Stecker – Pin 3
Grün/Rot	Linker vorderer Line-Ausgang Plus	Gelber Stecker C – Pin 3
Violett/Rot	Rechter vorderer Line-Ausgang Plus	Gelber Stecker C – Pin 4
Schwarz/Rot	12 V geschaltete Stromversorgung	Gelber Stecker C – Pin 6
Blau	CD-Wechsler – BUS On	Grüner Stecker C – Pin 7
Rot	CD-Wechsler – Batterie	Grüner Stecker C – Pin 8
Schwarz	CD-Wechsler – Masse	Grüner Stecker C – Pin 9
Grün	CD-Wechsler – Daten	Grüner Stecker C – Pin 10
Gelb	CD-Wechsler – Uhr	Grüner Stecker C – Pin 11
Violett	CD-Wechsler – Reset	Grüner Stecker C – Pin 12
Blau/Grün	Telefon Audio	Blauer Stecker C – Pin 13
Blau/Gelb	Telefon Audio Common	Blauer Stecker C – Pin 14
	Nicht belegt	Blauer Stecker C – Pin 15
	Nicht belegt	Blauer Stecker C – Pin 16
	Nicht belegt	Blauer Stecker C – Pin 17
Braun	CD-Wechsler – gemeinsame Audio-Masse	Blauer Stecker C – Pin 18
Gelb	CD-Wechsler – links	Blauer Stecker C – Pin 19
Rot	CD-Wechsler – rechts	Blauer Stecker C – Pin 20

Sie die Batterie wieder an und schalten das Radio zum Test ein. Funktionieren alle Lautsprecher, das Radio und die Beleuchtung, können Sie den Radiohalter im Mittelteil der Armaturentafel montieren.

An diesem mit dem neuen Gerät mitgelieferten Halter müssen üblicherweise bestimmte Befestigungslaschen beim Positionieren des Halters zurechtgebogen werden. Sitzt der Halter richtig, schieben Sie das Radio in seinen Einbauplatz in der Armaturentafel ein. Vorsicht: Die meisten Geräte sind so konzipiert, dass sie leicht montiert, aber nur schwierig wieder ausgebaut werden können, also ist eine Funktionskontrolle vor dem Einbau besonders wichtig.

Bei unserem Projektfahrzeug wurde ein Pioneer-Radio mit integriertem CD-Player und iPod-Interface eingebaut. Bei diesen Geräten kann ein iPod am Radio angeschlossen werden. Außerdem lädt das Radio den iPod während der Wiedergabe auf – eine raffinierte Technik, die allerdings für iPhones nicht zu empfehlen ist. Für iPhone-Benutzer empfiehlt sich die Installation einer FM-Modulator-Schnittstelle, über die Musik aus dem iPhone durch Emulation eines Radiosenders auf dem Radio wiedergegeben werden kann. Auf diese Weise können Sie beliebig Musik von Ihrem iPhone oder Musik, die von einem Streamingdienst über das Mobilfunknetz bereitgestellt wird, hören. Mit dem in Abb. 3 gezeigten FM-Adapter von DICE Electronics können Sie beispielsweise Musik, die vom eigenen PC gestreamt wird, über das Mobiltelefon im Fahrzeug anhören. Mit einem Bluetooth-Anschluss können Sie drahtlos Audioinformationen vom Telefon auf das Radio streamen.

Musikwiedergabe über das serienmäßige Radio ist praktisch ohne Mehrkosten auch über den AUX-Eingang möglich. Das Originalradio CDR-220 kann Eingangssignale einer externen Quelle verarbeiten. Dazu können wir uns einen blauen Anschlussstecker von Becker (Teile-Nr. 1319.116-276) besorgen, der auf der Rückseite des Radiogeräts angeschlossen und die Schnittstelle zur externen Quelle darstellt. Alternativ kann der Anschluss über den blauen Stecker erfolgen, der Teil der CD-Wechsler-Schnittstelle ist. Schließen Sie die Quelle auf der Eingangsseite (iPod usw.) über die drei Kabel an, die am blauen Stecker abzweigen (Pins 18, 19, 20). Schalten Sie dann das Radio ein, halten Sie die Taste TP gedrückt, bis die Meldung BECKER 1 angezeigt wird. Drehen Sie dann den Sendereinstellknopf, bis die Meldung AUX OFF angezeigt wird. Drücken Sie die Abwärtspfeiltaste, so dass die Meldung AUX ON angezeigt wird. Schalten Sie jetzt das Radio aus und wieder ein, und nun ist der AUX-Eingang aktiviert.

Die unkomfortablen kleinen Radiobedienknöpfe an den serienmäßigen Radios altern relativ schnell. Neue sind bei Porsche erhältlich (Teile-Nr. 996 645 901 00); alternativ enthält die Website 101Projects.com (englischsprachige) Hinweise zum Aufarbeiten der Bedienknöpfe.

Die Boxster-Alarmanlage ist mit einem kleinen Kontaktschalter auf der linken Seite des Radiofachs ausgerüstet, der Ausbauversuche am Radio erkennt. Um zu verhindern, dass der Alarm immer wieder ausgelöst wird, muss das braun/blaue Kabel an Masse gelegt werden.

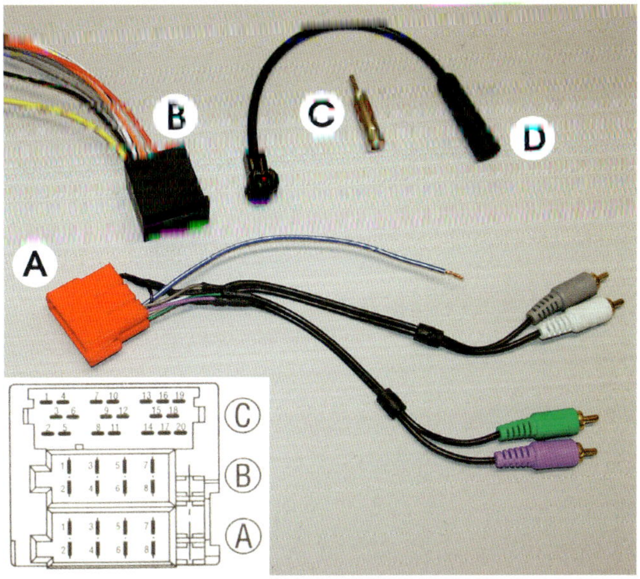

1 Dieses Bild zeigt die bei dem Projekt-Boxster dieses Buches verwendeten Adapterkabelstränge. **A:** Dieser Kabelstrang emuliert Stecker C am Radio und teilt das Signal auf RCA-Klinken auf, die an der Rückseite des neuen Radios angeschlossen werden können. Das blaue Kabel (Stromversorgungssignal für den Verstärker) muss ebenfalls richtig angeschlossen werden. **B:** Hauptstecker für die Stromversorgung des Radios. **C:** Antennenadapter für die Rückseite des neuen Radios. Mit ihm können die langen zylindrischen Stecker an der kleinen (in Europa gängigen) Buchse angeschlossen werden. **D:** Dieser umgekehrte Antennenadapter wird zusätzlich zu einem anderen (hier nicht gezeigtem) Adapter bei Verwendung einer FM-Modulator-Schnittstelle für den iPod benötigt. Beim Anschluss der Kabelstrangadapter empfiehlt sich eine Verbindung mit einfachen Flachsteckern.

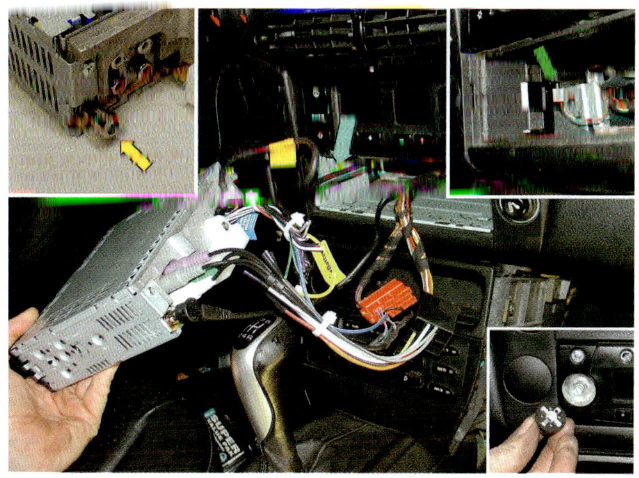

2 Das einbaufertige neue Radio: Der gelbe Pfeil zeigt auf den angeschlossenen Antennenadapter. Der Radiohalter wurde im Mittelteil der Armaturentafel befestigt (blauer Pfeil). Der Originalkabelstrang ist mit dem Adapter verbunden und der Radiostecker ist auf der Rückseite des neuen Radios eingesteckt. Ein oder zwei unbelegte Kabel sind normal. Hier sind alle Steckverbindungen angeschlossen worden; dann wurde zur Funktionskontrolle des Radios die Zündung eingeschaltet. Ein Test vor dem endgültigen Einbau ist sehr ratsam, da diese Radios sich konstruktionsbedingt nur schwer ausbauen lassen. Die Montage neuer Knöpfe für das serienmäßige Radio ist einfach – es genügt, die alten Knöpfe abzuziehen und die neuen aufzuschieben (kleines Bild, unten rechts). Der grüne Pfeil zeigt den Alarmanlagen-Radioerkennungsschalter, der beim Einbau eines neuen Radios mit Masse verbunden werden muss.

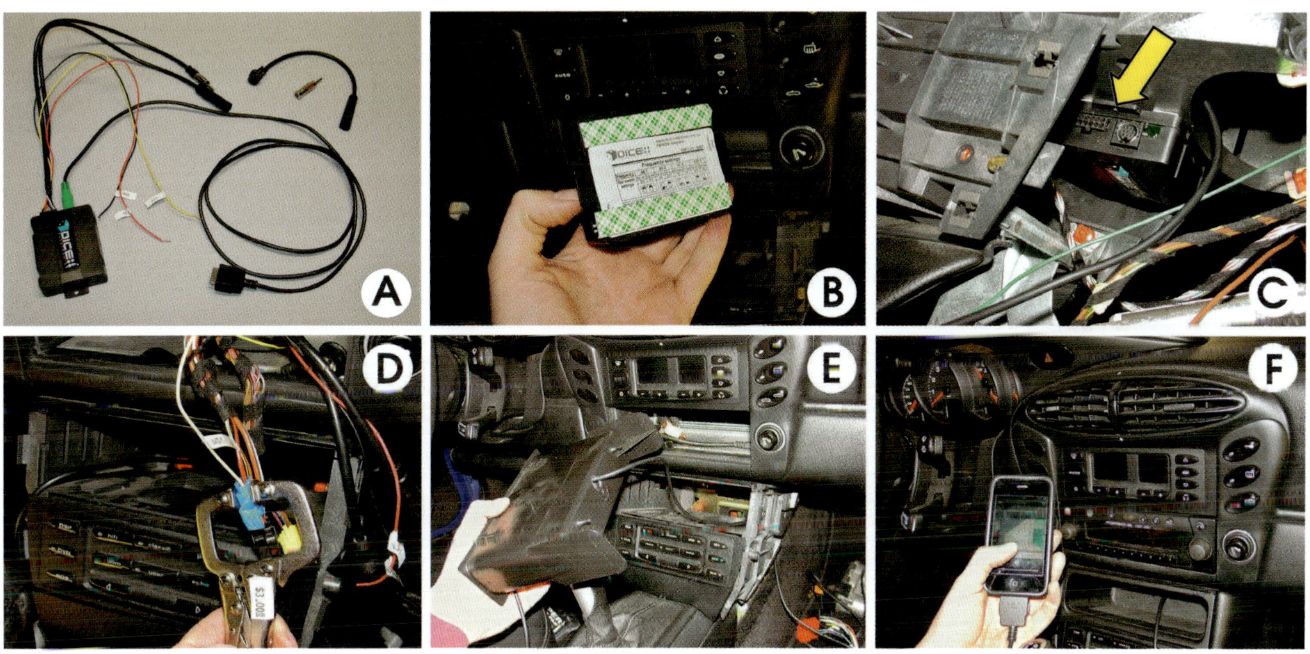

3 Diese Bildfolge zeigt den Einbau des DICE iPod-Universaladapters. **A:** Der FM Modulator-Kit. Außerdem benötigen wir den VWAKB-Antennenadapter-Kit von Scosche (oben rechts) für den Betrieb mit dem Originalradio und den in Europa üblichen Steckern. **B:** DICE-Modulator mit doppelseitigem Klebeband montieren. **C:** Beim Einbau an der Unterseite der Mittelkonsole ausreichend Spielraum lassen, um an die Stecker zu kommen (gelber Pfeil). **D:** DICE-Modulator mit drei Abzweigverbindern an 12-V-Stromversorgung, 12-V-Zündschloss-Stromversorgung und Masse anschließen. Antennenadapter und Antennenkabel anschließen. **E:** Loch auf der Rückseite des Ablagefachs bohren und Kabel durchführen. **F:** Anlage testen und Radio wieder einbauen. Es gibt zwar sehr viele verschiedene iPod-Adapter, bei diesem Adaptor können über das FM-RDS-Protokoll jedoch Song und Künstler vom iPod am Radio angezeigt werden. Beim Vergleich der Soundqualität mit dem CD-Eingang war kein Unterschied festzustellen. Der einzige (allerdings vernachlässigbare) Nachteil ist, dass die Lautstärke der iPod-Schnittstelle etwas schwächer als bei der Wiedergabe von CDs ist.

PROJEKT 89
Einbau des Nachrüst-Hecklautsprechers

Zeit/Kosten/Talent:
4 Stunden / ca. 360 EUR / 🔧🔧🔧

Werkzeuge: Torx-Schraubendreher

Relevante Baujahre: Alle

Erforderliche Teile: Bauteile für Hecklautsprecher

Tipp: Dieser Einbausatz ist mit den Werks-Stereoboxen oder Nachrüstboxen verwendbar.

Arbeitsziel: Erstklassiger Stereoklang

Ergänzende Arbeitsgänge: Einbau eines neuen Stereoradios

Fast alle offenen Zweisitzer haben mit mangelnder Klangqualität der HiFi-Anlage im Fahrzeug zu kämpfen. Der Boxster bildet da keine Ausnahme, denn er ist lediglich mit Lautsprechern in den Türen und in der Instrumententafel ausgerüstet, die sich gegen die lauten Windgeräusche beim Offenfahren durchsetzen müssen. Als Ausgleich entwickelte Porsche einen Hecklautsprecher-Nachrüstsatz, bei dem vier kompakte Lautsprecher links und rechts in der als Sonderausstattung lieferbaren Heckablagebox eingebaut werden. Die Ergebnisse können durchaus überzeugen – diese Zusatzlautsprecher liefern einen hervorragenden Stereoklang und sind eine echte Alternative zu der extrem teuren, werksseitig angebotenen Premium-HiFi-Anlage.

Leider ist der einbaufertige Nachrüstsatz, den Porsche jahrelang anbot, inzwischen gestrichen worden. Boxster-Besitzer können sich diesen Satz allerdings aus den Einzelteilen nach wie vor selbst zusammenstellen:

Natürlich können wir auch Werks- und Aftermarket-Teile zu einem eigenen Lautsprechersatz kombinieren. Die beiden Lautsprecherblenden sind die wichtigsten Teile für den gesamten Einbau – sind sie erst einmal eingebaut, können wir beliebige 3-Zoll-Lautsprecher nach unseren eigenen Wünschen montieren. Die Modelle ab 2005 wurden mit einem anderen Lautsprecher-/Subwoofer-Paket ausgeliefert, das die Heckablagebox belegt, die älteren Lautsprecher (für die Modelle vor 2005) können mit gewissen Änderungen aber auch in die späteren Modelle eingebaut werden.

Teile-Nr.	Bezeichnung	Menge
986 551 431 00 01C OEM	Lautsprecheraufnahme, links	1
986 551 432 00 01C OEM	Lautsprecheraufnahme, rechts	1
986 551 433 00 01C OEM	Lautsprecherblende, links	1
986 551 434 00 01C OEM	Lautsprecherblende, rechts	1
986 612 085 00 00 OEM	Lautsprecherkabelsatz	1
986 645 513 00 OEM	Auto-Stereolautsprecher	4
999 651 286 02 OEM	Kabelklemme	9

Außerdem benötigen wir das Verbindungskabel zwischen Radiorückseite und Lautsprechern. Je nach installiertem Radiomodell variiert dieses Kabel – beim werksseitig montierten Radio können wir den Kabelstrang von Becker (Teile-Nr. 5001.211-276) verwenden. Wer ein anderes Radio nachgerüstet hat, sollte sich den Kabelstrang für die Verbindung zwischen Radio und Lautsprecherstecker (am Ausgang aus der Ablagebox – siehe Abb. 5, kleines Bild A) selbst passend ablängen.

Bei Boxster ohne Heckablagebox müssen die für den Einbau benötigten Teile gesondert beschafft werden. Im Einzelnen sind dies:

Teile-Nr.	Bezeichung
986 551 223 00 EMY (1997-2004) 987 551 223 01 FNF (ab 2005)	Ablagebox mit schwarzem Teppich (in verschiedenen Farben passend zur Innenausstattung lieferbar)
986 551 427 00 01C	Rosette
986 551 429 00 01C	Verschluss (2 St.)
986 551 543 00 01C	Druckscheibe (2 St.)

Die Porsche-Teilenummer für diesen Einbausatz lautete PNA 986 KIT. Mit diesem Kit wurden eine knapp gehaltene Anleiung sowie ein Auszug aus dem Inhalt der Technischen Informationen 0001 9142 für den Porsche Boxster mitgeliefert.

Als erstes bauen wir die Ablagebox aus. Nähere Einzelheiten hierzu siehe Projekt 3. Die ausgebaute Ablagebox legen wir auf die Werkbank und drehen die drei Torx-Schrauben an den beiden seitlichen Ablagefächern heraus. Dann muss mit einem Dremel die Kleberschicht entfernt werden, mit der die Ablagefächer fixiert sind. Vorsicht bei der Arbeit mit dem Dremel – die Stirnseite der Ablagebox darf keinesfalls eingeschnitten oder beschädigt werden. Die letzten Kleberreste entfernen wir mit einem Teppichmesser, dann drücken wir die Laschen der Ablagefächer ein und nehmen die Fächer heraus. Vorsicht bei diesen Arbeitsschritten, denn die Kunststoff-Ablagebox ist sehr dünnwandig und nimmt leicht Schaden.

Anschließend drücken wir die Lautsprecherblenden in der Ablagebox in ihren Einbauplatz, so dass die Oberkante der Blende sauber in der Aufnahmenut der Box zu liegen kommt. Dann werden die Blenden entlang ihren Rädern mit einer Heißklebepistole oder Kunststoffkleber verklebt. Auf diese Weise wird späteren Klappergeräuschen vorgebeugt.

Nachdem die Lautsprecherblenden montiert sind, bauen wir die Lautsprecher entsprechend Abb. 2 mit den zuvor am linken und rechten Ablagefach entfernten Torx-Schrauben ein. Die Kabel zu den Lautsprechern werden mithilfe der Kabelschellen verlegt. Verlegung und Befestigung der Kabel siehe Abb. 3. Ist der Klebstoff an den Lautsprecherblenden komplett durchgetrocknet, kann die Ablagebox wieder eingebaut werden.

Nun muss das Kabel vom Radio zu den Lautsprechern verlegt werden (siehe Abb. 5). Ist der originale Becker-Kabelstrang nicht zur Hand, verlegen wir einfach zwei Lautsprecher-Kabelpaare. Bauen Sie zuerst die rechte Fondverkleidung aus, die Gurt und Überrollbügelbefestigung verdeckt. Befestigen Sie den Radio-Kabelhalter an der Querstrebe des Überrollbügels und drehen Sie ihn um 90°, damit er einrastet. Ist der originale Kabelstrang nicht vorhanden, müssen Sie sich beim örtlichen Elektronikhändler einen vierpoligen Stecker mit Steckbuchse beschaffen.

Als nächstes bauen wir die Regenschirmablage und die beifahrerseitige untere Spritzwandverkleidung aus, die von zwei großen Kunststoffschrauben gehalten wird. Nun können wir auch das Radio ausbauen. Verlegen Sie das Kabel vom Hecklautsprecherstecker entlang der Fahrzeugseite, dann im beifahrerseitigen Fußraum bis zur Rückseite des Radioeinbaufachs (in Projekt 75 erfahren Sie, wie die Seitenteile der Mittelkonsole gelöst werden). Stecken Sie die Pins in den Stecker und schließen Sie den Stecker am Radio an. Je nach Radiomodell benötigen wir nun noch den passenden Stecker für den Anschluss der Hecklautsprecher. Bei fast allen Aftermarket-Radios sind bereits Kabel für den Anschluss der Hecklautsprecher vorhanden. Falls das Radio einen externen Verstärker aufweist, muss der Anschluss hier statt am Radioempfangsteil erfolgen. Danach nur noch die Batterie anklemmen, den Radiocode eingeben und die neuen Lautsprecher testen!

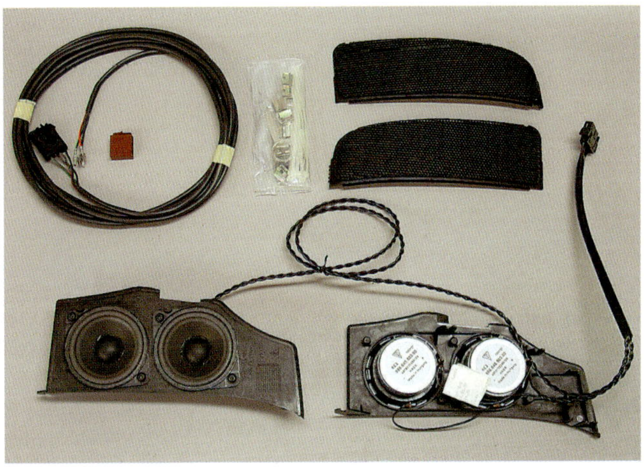

1 Hier sehen wir die Bestandteile des originalen Boxster-Hecklautsprechersatzes, der allerdings mittlerweile nicht mehr lieferbar ist. Die Einzelteile sind aber noch erhältlich, wichtigste Bestandteile sind die maßgeschneiderten Lautsprecherblenden, die in der Ablagebox montiert werden.

2 Die Hecklautsprecher finden in der Ablagebox Platz. Ab Werk gab es diesen Nachrüstsatz als Sonderausstattung (in Verbindung mit dem erweiterten Stereopaket), d.h. die Ablagebox ist auf den Platzbedarf der Lautsprechergehäuse und der Blenden abgestimmt. Das kleine Bild oben links zeigt den Anschraubpunkt des Lautsprechers an der Box. Verlegen Sie die Kabel mit den mitgelieferten Klammern entsprechend dem kleinen Bild unten links. Das Hauptkabel zum Radio wird seitlich aus der rechten Fahrzeugecke herausgeführt (grüner Pfeil).

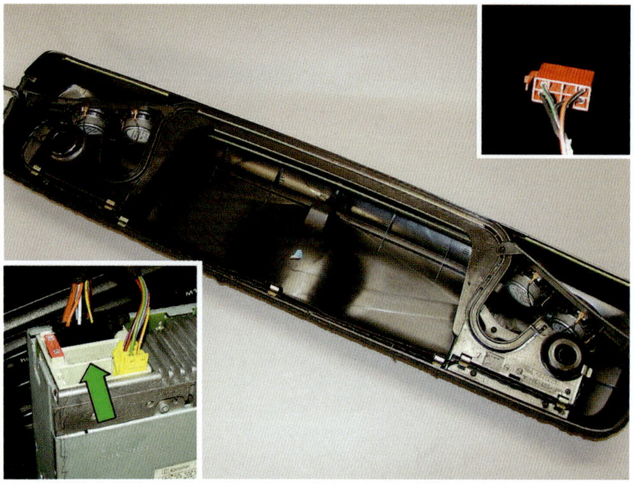

3 So sehen die in der Ablagebox montierten Lautsprecher aus. Der grüne Pfeil zeigt an die Stelle auf der Radiorückseite, an der der Stecker angeschlossen wird. Dieser Stecker ist ein Audi-Serienteil (siehe kleines Bild oben rechts).

4 Um den Stecker für die Hecklautsprecher anschließen zu können, müssen wir das Radio ausbauen. Mithilfe der Radioausbauschlüssel (die es direkt von Becker gibt und die auch im Werksnachrüstsatz enthalten sind, grüner Pfeil) ziehen wir das Radio heraus (Schlüssel am Radio einstecken und das Radio mit zwei Schraubendrehern an den Schlüsseln herausziehen – roter Pfeil). Das Radio müsste sich dann problemlos lösen. Mit diesen Schlüsseln werden die Federrasten seitlich am Radio ausgerastet (gelber Pfeil). Vor dem Radioausbau aber die Batterie abklemmen (siehe Projekt 81)! Außerdem sollte der Radiosicherheitscode zur Hand sein, wann immer das Radio abgeklemmt wird.

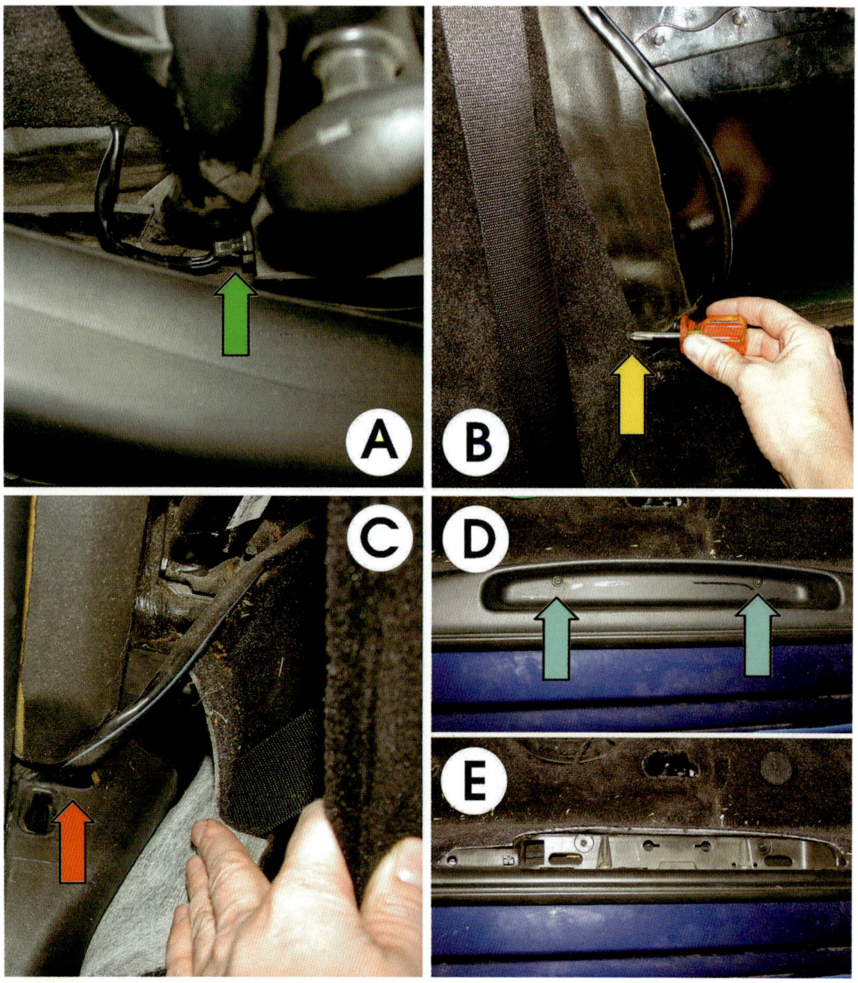

5 So werden die Kabel von den Lautsprechern zum Radio verlegt: **A:** Das Kabel von den Lautsprechern in der Ablagebox wird an dem Kabelstrang angeschlossen, der seitlich am Fahrzeug entlangläuft. Diese beiden Stecker sitzen in einem Halter auf der linken Fahrzeugseite. **B:** Drehen Sie hinter dem Beifahrersitz die Befestigungsschrauben der teppichbezogenen Verkleidung heraus (bei dunklen Innenausstattungen nicht sofort zu erkennen). Auch die obere Schraube entfernen (siehe Projekt 92, Abb. 2E). **C:** Unten an der Türsäule das Kabel unter der Kunststoffverkleidung verlegen, die entlang der Tür verläuft. **D:** Hinter der „Regenschirmablage" sitzen zwei Schrauben, die gelöst werden müssen, um an den darunterliegenden Bereich zu kommen. **E:** Kabel unter dieser Verkleidung entlang der Fahrzeugseite verlegen. Vorsicht: In unmittelbarer Nähe sitzen die Seitenairbags!

PROJEKT 90

Umbau auf das Kombiinstrument des 996

Zeit/Kosten/Talent:
4 Stunden / ca. 550 EUR /

Werkzeuge: Torx-Schraubendreher

Relevante Baujahre: 1997-2004

Erforderliche Teile: 996-Kombiinstrument, Öldruckgeber, VW Minikabelstrang

Tipp: Beschaffen Sie sich das Kombiinstrument bei einem seriösen Gebrauchtteilehändler.

Arbeitsziel: Nachrüstung von Voltmeter und Öldruckanzeige

Ergänzende Arbeitsgänge: Bordcomputer

Eine der besonders cleveren Nachrüstarbeiten im Boxster ist der Einbau des Kombiinstruments des Porsche 911 (996). Das Instrument des 996 verfügt mit dem Voltmeter und der Öldruckanzeige über zwei zusätzliche praktische Instrumente, die sehr einfach angeschlossen werden können. Zudem bedeuten die Punktmatrix-Anzeigeskalen der Instrumente des späteren 996 ein stilistisches Plus gegenüber dem Original. Der Tausch des Kombiinstruments ist nicht weiter kompliziert, gewisse Details dieses Umbaus erfordern aber genaues Nachdenken.

WELCHES KOMBIINSTRUMENT IST AM GEEIGNETSTEN?

Unsere erste Überlegung ist, aus welcher Version des 996 wir das Kombiinstrument für unseren Boxster übernehmen. Boxster und 996 wurden mit unterschiedlichen Instrumentenvarianten ausgeliefert, die nur teilweise untereinander austauschbar sind. Grundsätzlich sind zwei Ausführungen zu unterscheiden: die früheren sowie die späteren mit Punktmatrixanzeige. Im Boxster der Modelljahre 1997-2000 kann nur die frühere Ausführung eingebaut werden, in den Boxstern von 2001-2004 nur die spätere. Zu unterscheiden sind diese beiden Versionen an der Farbe und Form der Anschlussstecker auf der Instrumentenrückseite. Die älteren Instrumente besitzen einen blauen, weißen und schwarzen Stecker, bei den späteren Instrumenten sind die Stecker grau, blau und grün. Diese beiden Ausführungen sind nicht gegeneinander austauschbar.

Es empfiehlt sich, das Kombiinstrument bei einem seriösen Gebrauchtteilehändler zu kaufen. Bei den in Kleinanzeigen und auf Internet-Verkaufsplattformen angebotenen Instrumenten besteht ein gewisses Restrisiko, dass es sich um Altteile von Garantiefällen handelt, d.h. das Teil hat möglicherweise bereits einen Defekt. Da diese Kombiinstrumente selbst als Gebrauchtteile nicht billig sind, ist es besonders wichtig, sich ein Teil aus einer seriösen Quelle zu sichern.

Obendrein ist darauf zu achten, dass das Kombiinstrument auch die nach Getriebe und Region richtige Ausführung ist. US-Fahrzeuge haben Meilentachos, kontinentaleuropäische Fahrzeuge Anzeigen in km/h. Bei den Getriebeversionen ist zu beachten, dass die Tiptronic-Instrumente nicht mit denen der Schaltgetriebeversionen identisch sind, denn bei ihnen ist zusätzlich rechts im Instrument eine Wählhebelanzeige vorhanden.

Für den **Boxster Modell 1997-2000** benötigen wir ein Kombiinstrument des C2, nicht des C4. Die frühen C4 besaßen einen anderen Benzintank und einen anders aufgebauten Tankgeber, der mit der Boxster-Version nicht kompatibel ist. Wird das Instrument eines frühen C4 in einen Boxster eingebaut, funktioniert die Tankanzeige nicht richtig. Auch die allerersten C2 besaßen einen anderen Tankgeber als der Boxster. Beim Einbau eines Kombiinstruments eines solchen frühen C2 in den Boxster kann eine relativ ungenaue Füllstandsanzeige die Folge sein. Auch der Bordcomputer (siehe Projekt 91) war bei den frühen Carrera nicht immer Teil der Serienausstattung: Wer ein Instrument aus einem 911 ohne Bordcomputer erwischt, muss ihn über das PST-2 aktivieren lassen. Deshalb empfiehlt sich der Einbau eines Instruments aus einem Carrera 2 Modell 2000-2001. Die Teilenummern haben sich im Laufe der Jahre geändert, zwei Beispielnummern dieser Baureihe sind 996 641 105 02 (Schaltgetriebe) und 996 641 106 02 (Tiptronic). Möglicherweise folgt am Ende der Teilenummer noch ein zusätzlicher Code als Farbcode, z.B. 70C = schwarz.

Im **Boxster Modell 2001-2004** kann jedes Kombiinstrument des 996 (außer des Turbo) der Jahre 2002-2004 eingebaut werden – egal ob C2 oder C4. Bei diesen neueren späteren Kombiinstrumenten wurden durch Detailänderungen die Probleme der frühen C4-Instrumente beseitigt. Ideal wäre ein Kombiinstrument aus einem Cabrio, damit das Instrument nach dem Einbau nicht neu codiert werden muss, um die Verdeckleuchte zu aktivieren (Coupé-Kombiinstrumente können für diese Funktion mit dem Porsche-Gerät PST-2 umcodiert werden).

Wie bei den älteren Baujahren muss auch hier das Instrument zum Getriebe (Schalter bzw. Tiptronic) passen. Bei allen Carrera von 2002-2004 war der Bordcomputer Teil der Serienausstattung,

d.h. ein Instrument aus einem Cabrio Modell 2002-2004 wäre die ideale Wahl. Auch die Bedienschalter für den Bordcomputer sollten eingebaut werden (siehe Projekt 91). Ein Kombiinstrument eines Carrera Modell 2001 passt für den Boxster 2001 nicht – verwenden Sie stattdessen eines aus einem Modell 2002 oder später. Die Teilenummern haben sich im Laufe der Jahre geändert, zwei Beispielnummern dieser Baureihe sind 996 641 980 20 (Schaltgetriebe) und 996 642 980 21 (Tiptronic).

WELCHE INSTRUMENTENAUFNAHME PASST?

Das Kombiinstrument kann auf zweierlei Weise im Boxster eingebaut werden. Die normale Boxster-Instrumentenaufnahme besitzt eine Brücke über den Instrumenten, so dass zwischen den Instrumenten und der Oberkante der Aufnahme ein Spalt bleibt. Bei der Instrumentenaufnahme des 996 entfällt diese Brücke. Sie können zum 996er Kombiinstrument also gleich die entsprechende Instrumenteneinfassung des 996 mit erwerben, allerdings fällt dann diese elegante Brücke über den Instrumenten und der Oberkante der Instrumentenaufnahme weg (denn beim 996 ist sie nicht vorhanden). Zudem sind die Instrumentenaufnahmen des 996 ziemlich teuer. Besorgen Sie sich auf jeden Fall eine Aufnahme, die zur Farbe Ihrer Innenausstattung passt, sowie den Warnblinkschalter mit seiner Einfassung, denn diese sind beim 996er anders gestaltet.

Praktischer ist es mitunter, die eigene Instrumentenaufnahme abzuändern. An der Aufnahme des Boxster wird dazu so viel vom Kunststoff abgetrennt, dass das Kombiinstrument des 996 genau passt. Damit erhalten Sie sich die optische „Brücke" des Boxster, und zudem ist diese Lösung deutlich billiger als der Kauf einer Instrumentenaufnahme aus einem 996. Das Zuschneiden ist unkompliziert, allerdings ist genaues Arbeiten und etwas Geduld notwendig, um eine saubere Optik hinzubekommen (Einzelheiten siehe Abb. 4).

EINBAU

Vor dem Einbau sollte der Tank des Fahrzeugs mehr als halbvoll sein. Es kam schon vor, dass beim Reset nach dem Einbau des Kombiinstruments die Anzeigen zu spinnen anfingen, wenn der Tank nicht noch mindestens halb voll war. Sicherheitshalber tanken wir den Wagen vorher dreiviertel voll. Vor dem Einbau vergewissern wir uns, dass in der Fassung für die Verdeckleuchte eine Glühlampe eingebaut ist (bei den Kombiinstrumenten des 996 bis Modell 2001). Stammt das Instrument aus einem Coupé, fehlt die Lampe hier wahrscheinlich.

Als ersten Einbauschritt klemmen wir die Batterie ab (siehe Projekt 81). Dann wird das Boxster-Kombiinstrument ausgebaut (siehe Abb. 2 und 3). Danach demontieren wir die Zugangsklappe zum Motorraum hinter den Sitzen (siehe Projekt 5) sowie die Motorraumabdeckung unter dem Verdeck (siehe Projekt 3). Die Boxster-Motoren besitzen lediglich einen Öldruckschalter, der bei kritischem Abfall des Öldrucks eine Warnleuchte am Armaturenbrett zum Aufleuchten bringt.

Die Öldruckanzeige am Kombiinstrument des 996 funktioniert nur dann, wenn statt des Öldruckschalters des Boxster der Öldruckgeber aus dem 996 montiert wird. Der Öldruckschalter

1 Das Boxster-Kombiinstrument (oben) und das entsprechende Instrument des 996 (unten) im Vergleich. Die Einzelinstrumente sind nahezu identisch, nur fehlen beim Boxster das Voltmeter und die Öldruckanzeige.

2 So wird das Instrument ausgebaut: **A:** Mikrofonabdeckung abziehen und die Torx-Schraube darunter herausdrehen. **B:** Warnblinkschalter herausziehen und die darunterliegende Torx-Schraube herausdrehen. **C:** Mit einer langen Zange den weißen Kunststoffteil des Warnblinkschalters (siehe B) greifen und aus seiner Aufnahme ziehen (die beiden schwarzen Nasen beidseits des weißen Kunststoffschalters eindrücken und in Richtung des roten Pfeils ziehen). Dann den schwarzen Stecker in Richtung des grünen Pfeils schieben **D:** Kombiinstrument soweit anheben, dass die Kabelstränge auf der Rückseite gelöst werden können (siehe Abb. 3).

3 Diese Aufnahme durch die Windschutzscheibe zeigt die drei Stecker auf der Instrumentenrückseite, die zum Ausbau des Instruments abgezogen werden müssen. Drücken Sie die kleine Nase an den Steckern ein (grüner Pfeil) und ziehen Sie die Halteklammer (gelber Pfeil) ab, so dass sich der Stecker automatisch vom Instrument löst.

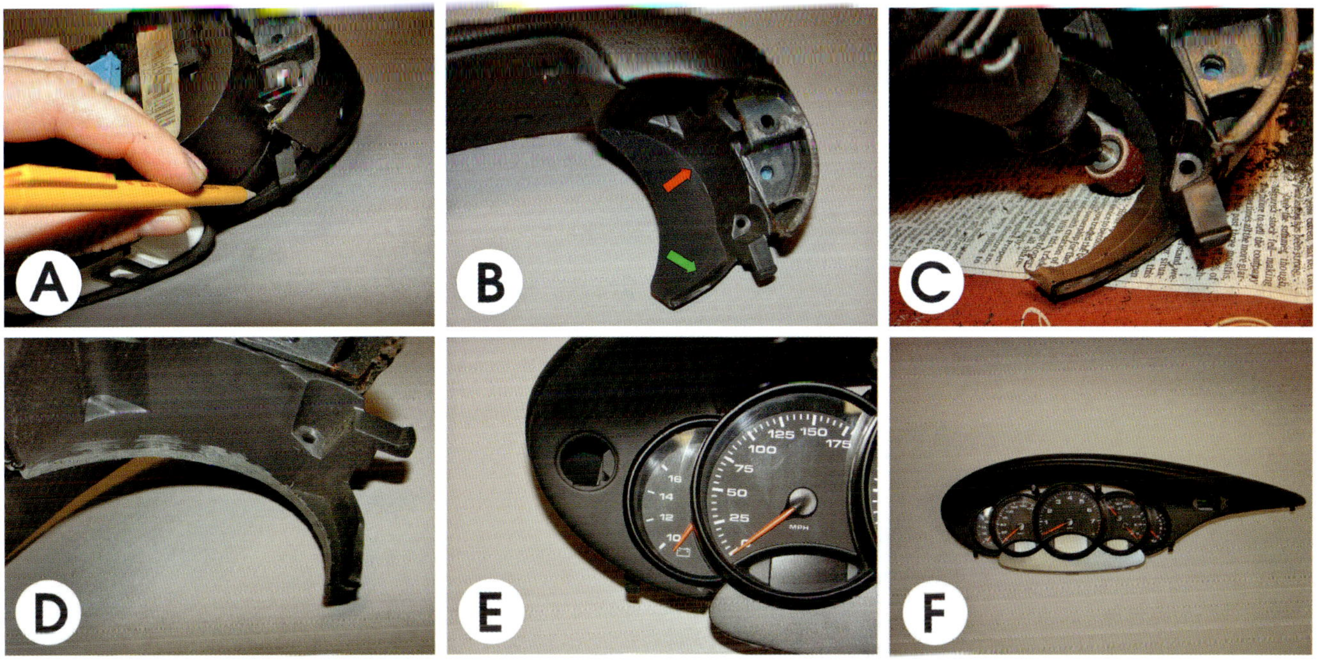

4 So wird die Boxster-Instrumentenaufnahme für das Kombiinstrument des 996 passend gemacht: **A:** Neues Instrument auf die alte Kunststoffeinfassung ausrichten und den Bereich, der herausgetrennt werden muss, mit einem Bleistift anzeichnen. **B:** Die Bleistiftlinie (grüner Pfeil) ist hier gut zu erkennen. Die Einfassung muss bis zur Wandung des Kunststoffrahmens entfernt werden. **C:** Mit einem Dremel wird der Kunststoff sorgfältig abgeschliffen, bis die gewünschte Kontur erreicht ist. **D:** So sieht die Rückseite der Einfassung aus, nachdem der Kunststoff weit genug entfernt wurde. **E:** Nahaufnahme des endgültigen Zuschnitts. **F:** Das komplette Kombiinstrument des 996 in der modifizierten Instrumentenaufnahme des Boxster.

5 So sieht das Kombiinstrument des 996 nach dem Einbau im Boxster aus. Beim 996er Instrument ist links das Voltmeter und rechts die Öldruckanzeige zu erkennen (die Ölstandsanzeige steht auf Vollausschlag, weil der Geber noch nicht eingebaut ist).

6 Beim Blick in den Boxster-Motorraum sind der Öldruckschalter (grüner Pfeil) und der noch nicht am Geberkontakt angeschlossene Stecker (gelber Pfeil) zu erkennen. Das kleine Bild zeigt den Öldruckgeber des 996, der einen Warnkontakt für den Öldruckschalter sowie einen Öldrucksensor für die Ansteuerung der Öldruckanzeige im 996 enthält. Klemme G (= Geber) liefert das Signal für die Öldruckanzeige, Klemme WK (= Warnkontakt) das Signal für den Öldruckschalter.

wird mit einem tiefen 24er Steckschlüssel herausgeschraubt (siehe Abb. 6). Schrauben Sie an seiner Stelle den neuen Öldruckgeber (Teile-Nr. 996 606 203 01) mit einem 24-mm-Krähenfußschlüssel ein. Drehen Sie den Geber keinesfalls am äußeren Gehäuse (der Geber könnte dabei beschädigt werden). Das vorhandene Kabel wird am WK-Kontakt des Öldruckgebers angeschlossen. Dieses Kabel liefert das Signal für den Öldruckschalter.

Nun muss ein zusätzliches Kabel von der Instrumentenrückseite zum neuen Öldruckgeber im Motorraum verlegt werden. Nehmen Sie die Schalthebelabdeckung und die Armlehne ab. Drücken Sie ein Loch in die Gummimanschette für das Schaltseil, durch die die Kabel in den Motorraum verlegt sind. Das Signalkabel wird nun ebenfalls durch diese Öffnung verlegt und in seinem Verlauf an geeigneten Punkten mit Kabelbindern fixiert (siehe Abb. 7): Führen Sie das Signalkabel bis zur Spritzwand nach vorne und weiter durch die Mittelkonsole. Einzelheiten zum Ausbau der Mittelkonsole siehe Projekt 75. Ist das Kabel fertig verlegt, bauen wir den Schalthebel, die Mittelkonsole und die Armlehne wieder ein. Vorsicht, dass das Kabel beim Einbau von Schalthebel und Armlehne nicht unter diesen eingeklemmt wird. Im Motorraum bringen wir nun einen Flachstecker am Kabelende an und schließen das Kabel an der Klemme G des Öldruckgebers an. Das Kabel des Öldruckgebers muss nun am entsprechenden Pin des Kombiinstruments angeschlossen werden.

Dazu wird es mit einem Kabelbinder an dem Kabelstrang angeklemmt, der zum blauen Stecker führt. Der Anschluss des Kabels am Stecker auf der Instrumentenrückseite ist bei Projekt 91 (Einbau des Bordcomputers) genau beschrieben. Dazu

7 Die Verlegung des Signalkabels für den Öldruckgeber entlang dem Mitteltunnel ist relativ einfach. Stechen Sie im Motorraum ein Loch in die Gummimanschette der Schaltseile (gelber Pfeil). Im unteren kleinen Bild sind Armlehne und Schaltkonsolenabdeckung ausgebaut. Verlegen Sie das Kabel hier entlang und fixieren Sie es mit Kabelbindern an den Schaltseilen. Das obere kleine Bild zeigt das Unterteil der Mittelkonsole, die zum Durchführen des Kabels bis zur Instrumententafel ausgebaut werden kann.

verwenden wir den gleichen VW-Minikabelstrang (Teile-Nr. 000 979 010) und achten darauf, das richtige Ende am Stecker anzuschließen. Beim Boxster Modell 1997-2000 muss das Kabel des Öldruckgebers an Pin 9 des blauen Steckers angeklemmt werden. Bei den späteren Modellen (2001-2004) wird das Kabel an Pin 5 des blauen Steckers angeklemmt.

Nachdem der Stecker am Kombiinstrument ordnungsgemäß angeschlossen ist, setzen wir das 996er Instrument provisorisch im Boxster ein und schalten die Zündung ein. Dabei sollten allerdings nicht das Lenkrad und der Airbag ausgebaut sein, denn sonst leuchtet die Airbagleuchte auf (ein Reset ist nur beim Händler oder mit Aftermarket-Software möglich). Bei eingeschalteter Zündung müssten das Voltmeter und die Öldruckanzeige (die auf Null steht) ordnungsgemäß funktionieren. Schlägt die Öldruckanzeige zum Skalenende aus, ist die Kabelzuleitung unterbrochen und es liegt eine Störung am Signalkabel vor. Dann hilft nur die Störungssuche mit dem Vielfachmessgerät. Beim Anlassen müsste die Öldruckanzeige auf 4 oder 5 (bar) hochgehen. Stimmt die Anzeige nicht so recht, hilft vielleicht ein Abziehen und Wiederanstecken der Stecker. Beim ersten Test in unserem Projektfahrzeug sorgte ein nicht angeschlossenes Masseband (siehe Projekt 81, Abb. 1) für den Vollausschlag der Öldruckanzeige.

Funktioniert das neue Kombiinstrument, wie es soll, machen wir uns an die Modifikation der Instrumentenaufnahme. Es wäre aber wenig sinnvoll, die Aufnahme abzuändern, bevor Sie sich von der einwandfreien Funktion des 996er Instruments überzeugt haben.

NEUPROGRAMMIERUNG DES KOMBIINSTRUMENTS UND RADIOS

Je nach eingebautem Kombiinstrument ist eventuell eine Neuprogrammierung mit dem Programmiergerät Porsche PST-2 oder PIWIS notwendig (siehe Projekt 91). Natürlich verfügt kaum ein Hobby-Schrauber über diese Geräte, also helfen nur gute Kontakte zum örtlichen Porsche-Händler oder eine freie Werkstätte, die sich Ihres Boxster annimmt.

Von Porsche-Markenfans wurde das folgende Programmierverfahren für die Neuprogrammierung des Kombiinstruments im Boxster entwickelt:

1. PST-2 oder PIWIS-Tester anschließen und Modell 996 und DME-Modul auswählen.
2. Als einzige Option wird die Neuprogrammierung der DME angezeigt.
3. DME mit den Programmiercodes für Wegfahrsperre und DME neu programmieren. Dazu die vom Händler angegebenen Codes verwenden und beim alten und neuen Code, wenn die PST-2 diese abfragt, die gleichen Werte eingeben.
4. Nach der Neuprogrammierung die Fahrzeugdaten eingeben.
5. Modell als 911 C2 Cabrio neu codieren; für Nordamerika 911310 und für den „Rest der Welt" (RoW) 911311 verwenden.
6. Am Originalbildschirm einen kompletten Suchlauf im Steuermodul durchführen.
7. Daten des Kombiinstruments eingeben und gewünschte Codierungen (Tempomat, Bordcomputer, Cabrioleteinstellung usw.) ändern.
8. Zurück zur ursprünglichen Bildschirmanzeige.
9. Codierung wieder auf den ursprünglichen 986 mit den zuvor verwendeten aktuellen DME- und Wegfahrsperrencodes einstellen.

Mithilfe dieses Verfahrens müssten sich alle Einstellungen am 996-Kombiinstrument so einstellen lassen, dass sie im Boxster funktionieren. Funktionieren diese Arbeitsschritte aber aus irgendwelchen Gründen nicht, könnte das Kombiinstrument auch in einen 996 eingebaut und dort neu programmiert werden. Allerdings dürfte es nicht leicht sein, jemanden zu finden, der Sie dazu das Armaturenbrett seines 996 zerlegen lässt.

Natürlich zeigt das Kombiinstrument den Kilometerstand des Spenderfahrzeugs an (sofern Sie nicht ein originalverpacktes Neuteil beim Porsche-Händler erstanden haben). Eine Rückstellung des Kilometerstands ist nur bei Tacho-Spezialbetrieben möglich, die sich mit der Neuprogrammierung dieser Kombiinstrumente auskennen. Dies kann allerdings mehrere hundert Euro verschlingen. Bei einem neuen Kombiinstrument kann mit dem PST-2 der aktuelle Kilometerstand einprogrammiert werden. Nach ca. 50 bis 100 km Fahrstrecke wird das Kombiinstrument gesperrt; eine nochmalige Umprogrammierung ist dann nicht mehr möglich.

Beim Radio muss bei den Boxster-Modellen 1997-2002 lediglich der vierstellige Radiocode am Radio eingegeben werden, damit es wieder funktioniert. Beim Boxster Modell 2003-2004 ist das Multimedia-Bussystem MOST (Media Oriented Systems Transport) integriert. In der Porsche-Version dieses Systems entfiel der Radiocode, das Radio holt sich die VIN-Informationen aus dem Kombiinstrument. Stimmen diese Nummern überein, schaltet das Radio ein. Wird ein neues Kombiinstrument in ein Fahrzeug mit MOST eingebaut, erscheint am Radio die Anzeige „PORSCHE PROTECTED". Dieses Problem lässt sich beheben, indem im Kombiinstrument die Angaben zur neuen VIN einprogrammiert werden. Bei der Neuprogrammierung der DME nach dem obigen Verfahren kann zur Behebung dieses Problems die Routine „Sports Car Handover" im PST-2 ausgeführt werden.

PROJEKT 91

Einbau eines Bordcomputers/ Lenkstock-Blinkerschalters

Zeit/Kosten/Talent: 4 Stunden / ca. 270 EUR /

Werkzeuge: Torx-Schraubendrehersatz

Relevante Baujahre: 1997-2004

Erforderliche Teile: Blinkerschalter und Einbauteile

Tipp: Kaufen Sie den Tempomatschalter – das ist billiger.

Arbeitsziel: Aktivierung des Bordcomputers und Tempomat

Ergänzende Arbeitsgänge: Einbau des Tempomat

Zu den praktischeren Zubehörteilen des Boxster zählt der Bordcomputer (OBC), der dem Kombiinstrument zahlreiche Zusatzfunktionen beschert: Reichweite der Tankfüllung, Außentemperatur, Geschwindigkeitswarnsignal/Gong, Kraftstoff-Durchschnittsverbrauch und Berechnung der Durchschnittsgeschwindigkeit. In vielen Fahrzeugen fehlte diese Option, Programmierung und Schaltkreise sind jedoch in den Kombiinstrumenten bereits vorinstalliert. Zur Aktivierung des OBC müssen Sie nur den Lenkstockschalter mit dem Betätigungshebel installieren und die OBC-Funktionalität über das Porsche-Programmierwerkzeug (PST-2 oder PIWIS) aktivieren lassen.

Die Tabelle rechts zeigt die für die OBC-Nachrüstung benötigten Teile (Hilfe bei Teilebeschaffung 101Projects.com oder PelicanParts.com).

Selbst bei Fahrzeugen ohne Tempomat, die auch nicht nachgerüstet werden sollen, ist der Einbau des Schalters mit Tempomatfunktion als Ersatzteil überlegenswert, da er wesentlich kostengünstiger als die Ausführung ohne Tempomat ist. Besorgen Sie sich den neuen Lenkstockschalter, bauen Sie den Teil für den neuen OBC ab und montieren Sie ihn an Ihrem vorhandenen Lenkstockschalter. Die beiden Anschlusskabel sind ziemlich gängige VW-Teile, die offenbar nur über den Volkswagen-Händler bezogen werden können.

Der Lenkstockhebel mit 4 Betätigungshebeln trägt die Teile-Nr. 996 613 219 10 EWC und ist derzeit nur in der Ausführung Mattschwarz/Satinschwarz erhältlich. Die älteren Lenkstockschalter waren Glanzschwarz. Die kleinen seitlichen Symbolkappen an den Schaltern können auf den neuen Hebel übernommen werden, die glanzschwarzen Ausführungen harmonisieren allerdings nicht besonders gut. Bestellen Sie also am besten vier mattschwarz/satinierte Symbolkappen anhand der Teilenummern aus der Tabelle.

Als ersten Schritt montieren wir den Minikabelstrang an den erworbenen Steckern und Pins. Schneiden Sie zwei der drei An-

Anzahl	Teile-Nr.	Bezeichnung
1	999 650 056 40	Steckbuchsengehäuse
1	999 650 057 40	Abdeckkappe
3	000 979 009	Steckerkabel und Pins für Lenkstockschalter (VW-Teil)
2	000 979 010	Steckerkabel und Pins für Kombiinstrument (VW-Teil)
1	996 613 219 10 EWC	Lenkstockschalter mit Tempomat
1	996 613 215 10 EWC	Lenkstockschalter ohne Tempomat
1	996 613 509 10 A05	Symbolkappe Blinkleuchte
1	996 613 507 10 A05	Symbolkappe Wischer
1	996 613 503 10 A05	Symbolkappe Bordcomputer
1	996 613 504 10 A05	Symbolkappe Tempomat

schlusskabel (000-979-009) durch. Dann schließen Sie die vier Kabel mit ihren Pins an Platz 2 bis 5 am Fünfpolstecker 999 650 05640 an. Nehmen Sie das verbliebene Anschlusskabel (000 979 009) und trennen Sie einen der Pins dicht am Pin ab. Bringen Sie einen Massekabelschuh am Ende dieses Kabels an und stecken Sie es in Platz 1 des Fünfpolsteckers ein. Dann befestigen Sie die Steckerkappe wieder. Anschließend schneiden Sie die beiden anderen Anschlusskabel (000 979 010) durch und verbinden jedes einzelne Kabel mit den Kabeln, die aus Platz 2 bis 5 des Steckers herausführen. Kennzeichnen Sie alle Kabel mit der jeweiligen Pinnummer und binden Sie sie mit kleinen Kabelbindern zusammen (detaillierte Anweisungen für den „Eigenbau“ dieses Kabelstrangs siehe Abb. 5). Die fünf Anschlusskabel

dürfen keinesfalls verwechselt werden; mit bloßen Auge sehen sie praktisch identisch aus, werden aber an völlig unterschiedlichen Steckern angeschlossen.

Jetzt klemmen wir die Batterie ab (siehe Projekt 81), dann ziehen wir das Lenkrad mit dem Hebel am unteren Ende der Lenksäule möglichst weit heraus und ziehen das Lenkrad ab (Projekt 62). **Achtung:** Beachten Sie die Hinweise für Arbeiten am Airbag auf Seite 211.

Bauen Sie nun das Kombiinstrument (wie in Projekt 90 beschrieben) und danach die Lenkradverkleidungen aus (siehe Abb. 1). Dann die Airbagfeder gegen Mitdrehen festkleben und ausbauen (siehe Abb. 2). Ziehen Sie die linken und rechten hinteren Stecker vom Lenkstockschalter ab, zeichnen Sie ihre Lage mit Marker an der Lenksäule an, lösen Sie die Halteschelle und nehmen Sie sie von der Lenksäule ab (Abb. 3). Führen Sie den neuen Kabelstrangstecker an den anderen Kabeln entlang zu dem großen Stecker links an der Lenksäule.

Nun müssen die Kabel an einem der Stecker angeschlossen werden, der auf der Rückseite des Kombiinstruments angeschlossen wird (Anleitung siehe Abb. 6). Bringen Sie den Rundkabelschuh an einer der Masseschrauben an der Karosserie an (siehe Abb. 3, kleines Bild). Weitere Einzelheiten sind je nach Baujahr aus der nebenstehenden Tabelle zu entnehmen.

Falls die Anschlussstecker an der Rückseite des Kombiinstruments kaputtgehen sollten, können sie durch Anschlussteile von Porsche ersetzt werden. Für die Instrumente von 2001-2004 sind im Nachrüstsatz drei Stecker sowie alle drei schwarzen Einsatzstecker enthalten. Die Teilenummer lautet PNA 721 04 300 020. Für die älteren Instrumente (1997-2000) sind diese Stecker für kleines Geld als Universal-Teilesatz von Porsche erhältlich. Der Porsche-Steckerreparatursatz trägt die Teilenummer CARTOOL-Nr.96-0-000 oder PNA 721 043 600.

Boxster 1997–2000		
Steckerpin 2	Kombiinstrument-Pin 20	Select Mode Down
Steckerpin 3	Kombiinstrument-Pin 21	Speed Alert/Gong
Steckerpin 4	Kombiinstrument-Pin 22	Select Mode Forward
Steckerpin 5	Kombiinstrument-Pin 25	Select Mode Backward
Boxster 2001–2004		
Steckerpin 2	Kombiinstrument-Pin 23	Select Mode Down
Steckerpin 3	Kombiinstrument-Pin 22	Speed Alert/Gong
Steckerpin 4	Kombiinstrument-Pin 21	Select Mode Forward
Steckerpin 5	Kombiinstrument-Pin 24	Select Mode Backward

Nachdem Sie alle neuen Pins an den Instrumentensteckern angeschlossen haben, bauen Sie das Kombiinstrument wieder ein. Montieren Sie den neuen Lenkstockschalter und ziehen Sie seine Halteschelle an der Lenksäule fest. Beim Einbau des Schalters sollte die obere Metallfläche ca. 55 mm vom Ende der Lenkwelle entfernt liegen. Schieben Sie ihn nicht ganz auf die Welle auf, sonst kann es zu Schwierigkeiten bei der ordnungsgemäßen Funktion der Blinkerrückstellung geben. Richten Sie die Metallschelle beim Festziehen auf den gerändelten Teil der Lenksäule aus. Eine genauere Ausrichtung ist notfalls auch später noch möglich.

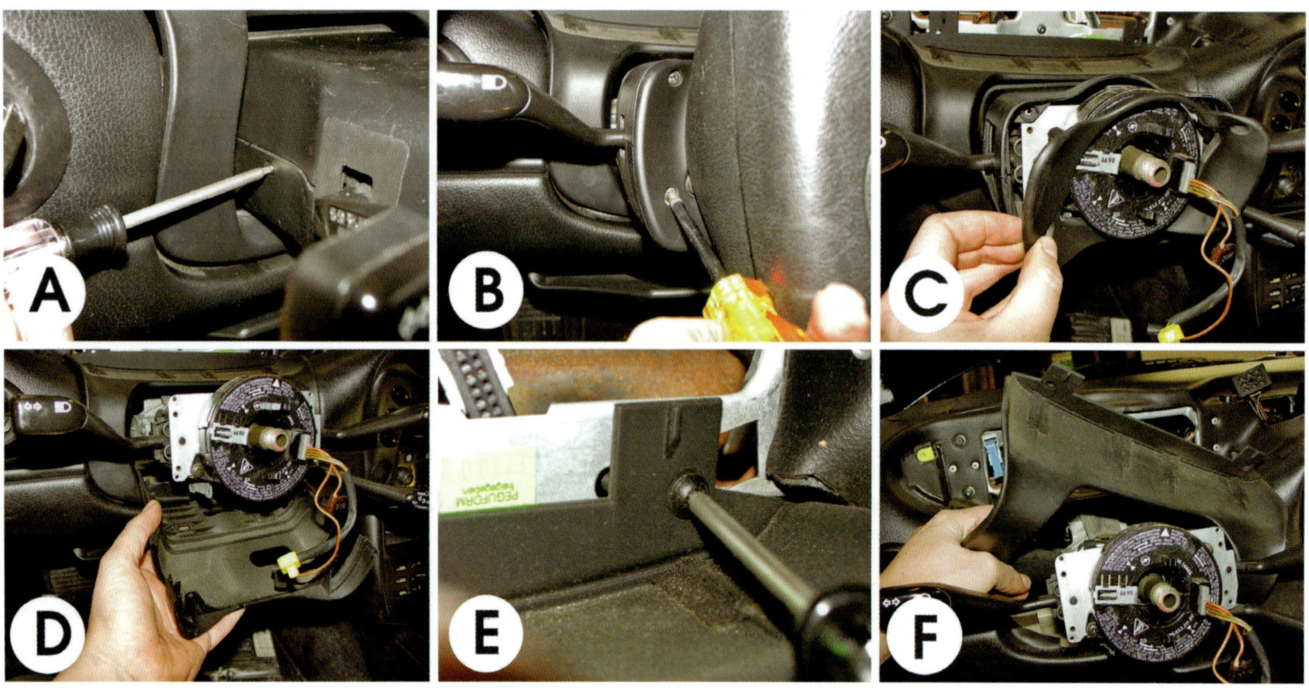

1 Nach dem Ausbau des Lenkrades werden die übrigen Elemente an der Lenksäule demontiert. **A:** Die Seitenverkleidungen werden von zwei kleinen Schrauben gehalten. **B:** Die Frontverkleidung ist mit vier Schrauben befestigt. Ist das Lenkrad noch montiert, drehen wir es, bis die Schrauben zugänglich sind. **C:** Frontverkleidung abziehen. **D:** Obere und untere Lenksäulenverkleidung abbauen. **E:** Das Oberteil der Instrumentenverkleidung ist mit mehreren Schrauben am Metallteil der Instrumententafel befestigt. **F:** Instrumentenverkleidung abnehmen, die Lenksäule liegt damit frei.

2 Hier sind die wichtigen Einzelheiten beim Ausbau des Airbag-Kontaktrings zu sehen. Vorsicht bei den filigranen Kunststoffnasen am Kontaktring; sie brechen sehr leicht, ein neuer Kontaktring ist teuer. Der rote Pfeil zeigt auf das filigrane Kunststoffteil (hier bereits zerbrochen). Die blauen Pfeile zeigen die Airbag- und Signalhornstecker, die abgezogen werden müssen, der orangefarbene Pfeil zeigt auf die Stecker des Blinkerschalters. Es wäre möglich, den Airbag-Kontaktring nur zu lockern und auf der Lenksäule eingebaut zu lassen, er sollte allerdings besser komplett ausgebaut und beiseite gelegt werden, denn bei Arbeiten in diesem Bereich ist die Gefahr einer Beschädigung viel zu groß.

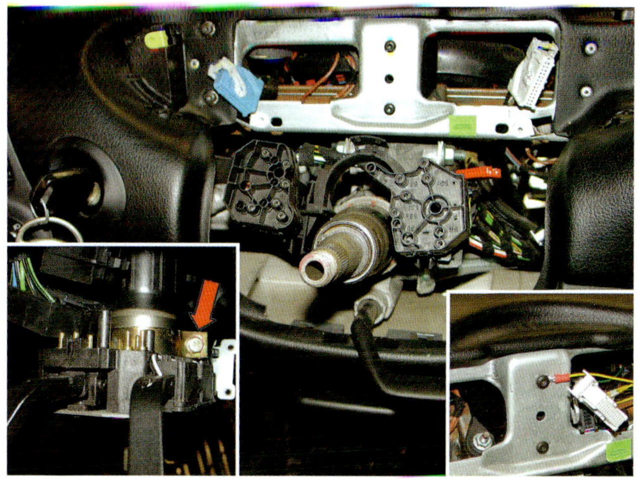

3 So sieht die Lenksäule nach dem Ausbau des Schalters aus. Der neue Schalter muss beim Einbau mit der Klemmschraube (roter Pfeil) stramm festgezogen werden. Das kleine Bild unten rechts zeigt den Anschraubpunkt für das Massekabel des neuen Lenkstockschalters.

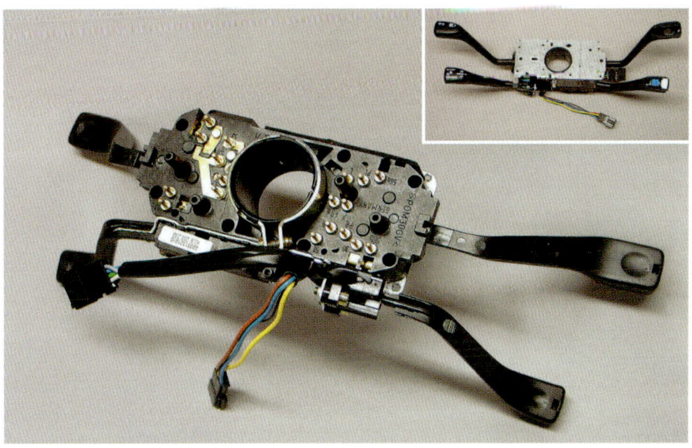

4 Die überarbeitete Version des Lenkstockschalters mit allen Schaltern und Schalterhebeln für Bordcomputer und Tempomat. Falls im Boxster ab 2000 ein Tempomat nachgerüstet werden soll, muss diese Ausführung montiert werden. Hier die mattschwarze Version des Vierhebelschalters (Teile-Nr. 996 613 219 10). Die kleinen Symbolkappen auf den einzelnen Schalterhebeln können auf den neuen Lenkstockschalter umgebaut werden.

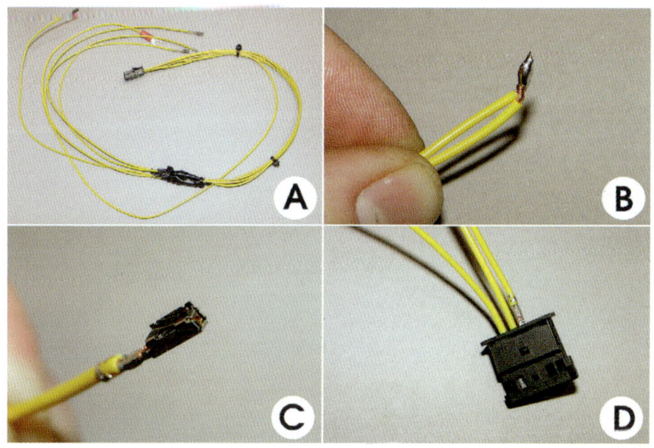

5 So werden die kleinen Kabelstränge für den Anschluss des OBC-Lenksäulenschalters am Kombiinstrument hergestellt. **A:** Der vollständige Kabelstrang mit Massekabel und den 3 Pins, die mit dem am Kombiinstrument angeschlossenen Gegenstecker verbunden werden müssen. Der Kabelstrang wird mit kleinen Kabelbindern zusammengehalten. Außerdem sollten die einzelnen Kabel gekennzeichnet werden (fehlt hier noch). **B:** Verlöten der Anschlüsse schützt zuverlässig dagegen, dass sich später ein Kabel löst. Alle Kontaktstellen werden mit selbstvulkanisierendem Isolierband oder vorher positioniertem Schrumpfschlauch isoliert. **C:** Nahaufnahme des winzigen schwarzen Pins, der am schwarzen Stecker angeschlossen wird. Wir haben es hier mit zwei verschiedenen Pin-Ausführungen zu tun, die aber beide gleich aussehen. **D:** Die Pins müssen am Stecker ohne Schwergängigkeit einrasten. Falls nicht, ist es wohl der falsche Pin. Probieren Sie es dann mit dem anderen. Vor dem Verlöten der Anschlüsse sollten die Kabel und Pins in den Stecker eingesteckt werden – nicht dass der gesamte Kabelstrang zerlegt werden muss, falls Sie hinterher einen Montagefehler feststellen.

6 Durch Druck auf den Steckersockel kann die Verbindung getrennt und der innere Steckerteil herausgezogen werden. Der Innenteil, der alle Kabel und Pins enthält, gleitet seitlich aus dem Stecker heraus. Setzen Sie den neuen Pin in die entsprechende Aufnahme ein. An diesen Kabeln werden allerdings zwei verschiedene Pins verwendet: ein größerer und ein kleinerer. Der kleine Pin lässt sich sehr leicht einstecken, der größere dagegen nur mit sehr viel Nachdruck. Stellen Sie die Kabelstränge auf jeden Fall mit den richtigen Pins für den jeweiligen Stecker zusammen. Wie hier zu sehen, ist es hilfreich, die gleichfarbigen (hier: gelben) Kabel mit Markierungsfähnchen zu kennzeichnen.

Bauen Sie die Kontaktfeder für den Airbag und die Seitenabdeckungen der Lenksäule wieder ein. Dann noch das Lenkrad montieren und die Batterie wieder anschließen. Waren Tempomat und OBC in Ihrem Fahrzeug nicht aktiviert, steht jetzt ein Gang zum Porsche-Händler an, um dort diese Funktionen mit dem Porsche PST-2 oder PIWIS aktivieren zu lassen (siehe Abb. 7). Ist der Hauptcomputer neu programmiert, müsste der OBC ganz normal funktionieren.

Installation in der Sparversion. Wer auf die Installation des Lenkstockschalters und den damit verbundenen Aufwand verzichten will, montiert stattdessen zusätzliche Kippschalter an der Armaturentafel und verdrahtet sie so mit dem Kombiinstrument, dass die Computerfunktion ohne den teuren Lenkstockschalter genutzt werden kann.

Dafür werden dieselben Kabel wie in der obigen Beschreibung verwendet, statt des Lenkstockschalters aber zwei Kippschalter (Teile-Nr. 996 613 980 00), die in den freien Plätzen im Mittelteil der Armaturentafel (links von den Lüfterdüsen, Details siehe Abb. 8) eingebaut werden.

Die extreme Sparversion: Wer sich selbst den Einbau der Schalter sparen will und einen Boxster der Jahre 1997-2000 besitzt, kann ganz einfach beim Händler die OBC-Funktion aktivieren lassen. Dabei erscheint die Temperaturanzeige, allerdings ist der zyklische Durchlauf durch die anderen Optionen damit nicht möglich. Ab dem Modell 2001 funktioniert dies aber nicht mehr.

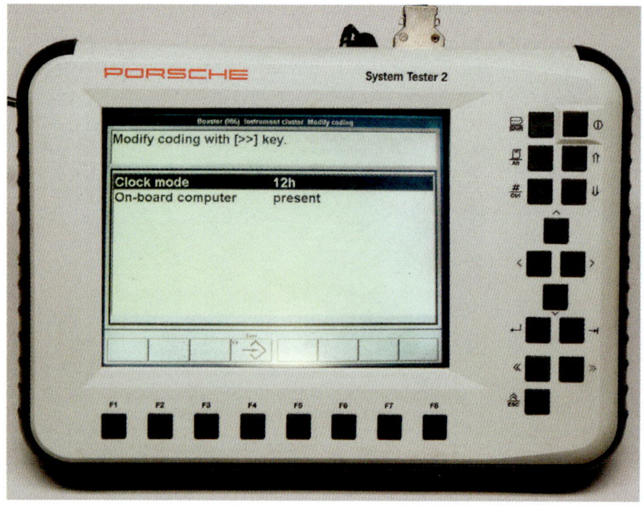

7 Nach der Installation funktioniert der Computer erst, nachdem die Codierung mit den Porsche-Tools PST-2 oder PIWIS im Kombiinstrument geändert wurde, entweder in der Porsche-Vertragswerkstatt oder einer freien Werkstatt. Bei der (hier englischen) Auswahl „Instrument Cluster" ändern Sie die Codierung so, dass der Computer als „Present" („vorhanden") angezeigt wird, und speichern die Änderungen. Danach müsste der OBC ganz normal funktionieren. Im Fahrzeug darf die „Option Code"-Spezifikation jedoch nicht fehlen, da sonst beim Versuch, den Inhalt mit dem Tool zu aktualisieren, Fehlermeldungen erzeugt werden.

8 Die Computerfunktion lässt sich in einer abgespeckten Installation auch ohne Lenkstockschalter herstellen. Montieren Sie zwei Kippschalter in die Leerplätze auf der linken Seite der Mittelkonsole und verkabeln Sie sie mit den Pins auf der Rückseite des Kombiinstruments. Verkabeln Sie einen der beiden Schalter mit den Pins für die Steuerung von „Mode Forwards" und „Mode Backwards", den anderen Schalter mit „Select Mode Down" und „Speed Gong/Alert" (siehe Tabelle im Text S. 282). Der hier gezeigte Schalter (für die Fußraumbeleuchtung, Teile-Nr. 996 613 980 00) enthält zwei Schalter (links und rechts), eine interne LED und eine interne Glühlampe für die Nachtbeleuchtung. **1:** Schalter links. **2:** Schalter rechts. **3:** Nachtbeleuchtung. **4:** Common. **5:** LED-Lampe. Zur Verwendung dieses Schalters mit dem Bordcomputer werden Pins 2, 3, 4 und 5 gemäß obiger Tabelle mit Pins 1 und 2 von zwei verschiedenen Schaltern verkabelt und dann das grüne Massekabel mit Pin 4 beider Schalter verbunden.

PROJEKT 92

Einbau eines Tempomat

Zeit/Kosten/Talent: 6 Stunden / ca. 270 EUR /

Werkzeuge: Torx-Schraubendrehersatz

Relevante Baujahre: 2000-2008

Erforderliche Teile: Tempomatschalter, Anschlussstecker und Kabel

Tipp: Der Einbau in Verbindung mit dem Bordcomputer ist einfach.

Arbeitsziel: Entspannteres Fahren

Ergänzende Arbeitsgänge: Einbau des Bordcomputers

Im Jahr 2000 wurde das Motormanagementsystem des Boxster um ein neues System mit elektronischem Klappenstutzen (E-Gas) erweitert. Damit entfielen die Gaszüge, und am Gaspedal war stattdessen ein Sensor montiert, der einen elektronischen Schrittmotor am Drosselklappenstutzen im Motorraum ansteuerte. Durch diese rein elektronische Schaltung entfiel auch der komplizierte gesonderte Tempomat. Wer also einen Boxster ab 2000 ohne werksseitigen Tempomat besitzt, kann den Lenkstockschalter mit Tempomat-Schalterhebel nachrüsten, verkabeln und im Bordcomputer elektronisch aktivieren.

Dieses Projekt ähnelt grundsätzlich dem Einbau des Bordcomputers (OBS) (Projekt 91). Auch hier müssen Kombiinstrument, Lenkrad und Lenkstockschalter für die Nachrüstung ausgebaut werden. Hier befassen wir uns vor allem mit den weiteren Schritten zum Verkabeln und Aktivieren der Tempomatfunktion.

Für den Einbau benötigen Sie mehrere Bauteile: erstens den Lenkstock-Blinkerschalter mit integrierter Tempomatfunktion (Teile-Nr. siehe Projekt 91) sowie den Stecker, der an diesem Schalter angeschlossen wird (999 652 972 40), einen VW-Kabelstecker (000 979 010, siehe Projekt 91) und acht Steckerbuchsen für den Anschluss in den beiden Steckern (999 652 901 22). Außerdem benötigen Sie eine ausreichende Länge 2,5-mm^2-Autokabel für vier separate Leitungen von der Armaturentafel zum Motronic-Computer hinter den Rücksitzen. Hierfür sollten Sie Kabel in vier verschiedenen Farben verwenden.

Klemmen Sie die Pins an den fünf Kabeln an (fünf von der Motronic-Steuereinheit im Heck und eine vom Tempomatstecker am Sicherungskasten) und verlegen Sie sie nach untenstehender Tabelle sowie anhand der Bilder dieses Projekts. Die Pins am VW-Kabel 000 979 010 werden auf der Rückseite des Kombiinstruments angeschlossen (siehe Projekt 91). Bei Instrumenten ohne LED-Beleuchtung muss außerdem die Glühlampe in der Tempomatanzeige des Kombiinstruments funktionsfähig sein.

Tempomatstecker Boxster 2000–2002

Tempomatstecker Pin 1	Motronic-Stecker IV – Pin 27 (Schwarz)
Tempomatstecker Pin 2	Sicherung B7 (Schwarz)
Tempomatstecker Pin 3	Motronic-Stecker IV – Pin 25 (Gelb)
Tempomatstecker Pin 4	Motronic-Stecker IV – Pin 19 (Braun/Gelb)
Boxster 2000-2002 – Kombiinstrument, blauer Stecker I – Pin 16	Motronic-Stecker IV – Pin 18
Boxster 2000-2002 – Kombiinstrument, schwarzer Stecker III – Pin 17	Motronic-Stecker IV – Pin 18

Bei den Modellen 2003-2004 ist all dies wesentlich einfacher. Die Tempomatfunktionen sind im Kombiinstrument integriert und es muss lediglich der Tempomat-Lenkstockschalter mit den entsprechenden Pins am Kombiinstrument verkabelt werden. Diese Anordnung entspricht annähernd der Verkabelung des OBC (siehe Projekt 91). Schließen Sie den Tempomatstecker nach der nachstehenden Tabelle am Kombiinstrument an.Bei allen Modellen 2000-2004 muss nach der Verkabelung die Tempomatfunktion mithilfe des Tools PST-2 oder PIWIS in

Tempomatstecker Boxster 2003–2004

Tempomatstecker Pin 1	Stecker C an Kombiinstrument (Grau) – Pin 17
Tempomatstecker Pin 2	Sicherung B7 (Schwarz)
Tempomatstecker Pin 3	Stecker C an Kombiinstrument (Grau) – Pin 4
Tempomatstecker Pin 4	Stecker C an Kombiinstrument – Pin 1

der Werkstatt aktiviert werden. Der Bereich für die Programmierung dieser Informationen im Tool befindet sich in der Digitalen Motorelektronik (DME) im Codierabschnitt. Außerdem muss das Kombiinstrument für den Tempomat aktiviert werden. Dies ist im Porsche-Programmiertool im Bereich für die Codierung des Kombiinstruments zu finden. Der „Ordercode" muss am Fahrzeug richtig eingestellt sein, andernfalls können Probleme beim Programmieren des Kombiinstruments auftreten. Beim Boxster 2.7 mit Schaltgetriebe lautet der Ordercode 986310, beim Boxster S 3.2 mit Schaltgetriebe 986320. Mit der Eingabe eines dieser Codes müsste sich das Kombiinstrument ordnungsgemäß programmieren lassen.

Der Boxster von 1997-1999 besaß noch kein elektronisches Gaspedal, sondern einen speziellen, mit dem Gaspedal gekoppelten Servomotor, der über ein separates Tempomatmodul gesteuert wird. Die Nachrüstung der Komponenten an Modellen, die werksseitig ohne Tempomat auskommen mussten, ist möglich, allerdings deutlich komplizierter. Dazu müssen das Tempomat-Gaspedal und Steuermodul/Servomotor (siehe Abb. 4) zugekauft werden und dann im Fahrzeug verkabelt werden.

Wesentlich einfacher ist der Einbau beim Boxster von 2005-2008. Wir benötigen hier einen Tempomatschalter (997 613 261 00), einen kleinen Kabelstrang (997 622 674 00), eine neue untere Lenksäulenverkleidung (997 552 475 03) sowie zwei Torx-Schrauben für die Befestigung des neuen Schalters (N 909 068 01). Alle diese Teile sowie eine Anleitung sind im Werks-Nachrüstsatz enthalten (997 044 903 00). Sie können diese Teile allerdings auch einzeln kaufen (eine Einbauanleitung – in Englisch – ist auf der Website 101projects.com zu finden). Bauen Sie die untere Verkleidung aus, montieren Sie den neuen Schalter und Kabelstrang, schließen Sie den Kabelstrang am Stecker an dem darüberliegenden Schalter an und montieren Sie die neue untere Verkleidung. Anschließend muss die Tempomatfunktion bei einem Porsche-Händler oder einer freien Werkstatt mit einem PIWIS-Tool aktiviert werden.

Störungssuche am Tempomat. Falls Ihr neuer Tempomat nicht funktioniert, überprüfen Sie als erstes die Verkabelung. Vergewissern Sie sich außerdem, dass bei der Programmierung des Carrera-Computers die Tempomatfunktion in der DME und im Kombiinstrumententeil richtig eingestellt wurde. Funktioniert der Tempomat immer noch nicht oder tritt das Problem an einem werksseitig installierten Tempomat auf, probieren Sie folgende Fehlersuchsystematik:

Überprüfen Sie die Lenkstockschalter. Ziehen Sie den Steckverbinder ab und prüfen Sie die Schalterfunktion mit einem Vielfachmessgerät.

Überprüfen Sie die Bremspedal- und Kupplungsschalter (siehe Projekt 93). Durch beide wird der Tempomat deaktiviert, und wenn diese Schalter defekt sind, kann der Computer das System nicht aktivieren. Sie können nicht nur ausfallen, sondern auch aus ihrer Halterung rutschen, und funktionieren dann ebenfalls nicht mehr.

Die Glühlampe im Kombiinstrument darf nicht durchgebrannt sein und muss beim Einschalten der Zündung ca. 1 Sekunde lang aufleuchten.

Kontrollieren Sie Sicherungsplatz B7 im Sicherungskasten; die Sicherung für die Stromversorgung darf nicht durchgeschlagen sein (nur Modelle 1997-1999).

1 Das Kabel von Pin 2 des Tempomatsteckers muss mit dem schwarzen Kabel zu Sicherung B7 auf der Rückseite des Sicherungskastens verbunden werden. Nehmen Sie die Abdeckungen im Beifahrerfußraum heraus, dahinter ist der Sicherungskasten zu sehen. Zuerst Batterie abklemmen und zum Ausbau des Sicherungskastens dann die vier Kreuzschlitzschrauben herausdrehen und die seitlichen Nasen zusammendrücken (gelber Pfeil). Kabel mit Abzweigverbinder an der schwarzen Sicherung B7 anschließen (grüner Pfeil). Auf diesem Weg erhält der Tempomatstromkreis das Bremspedalsignal, mit dem die Tempomatfunktion abgeschaltet wird.

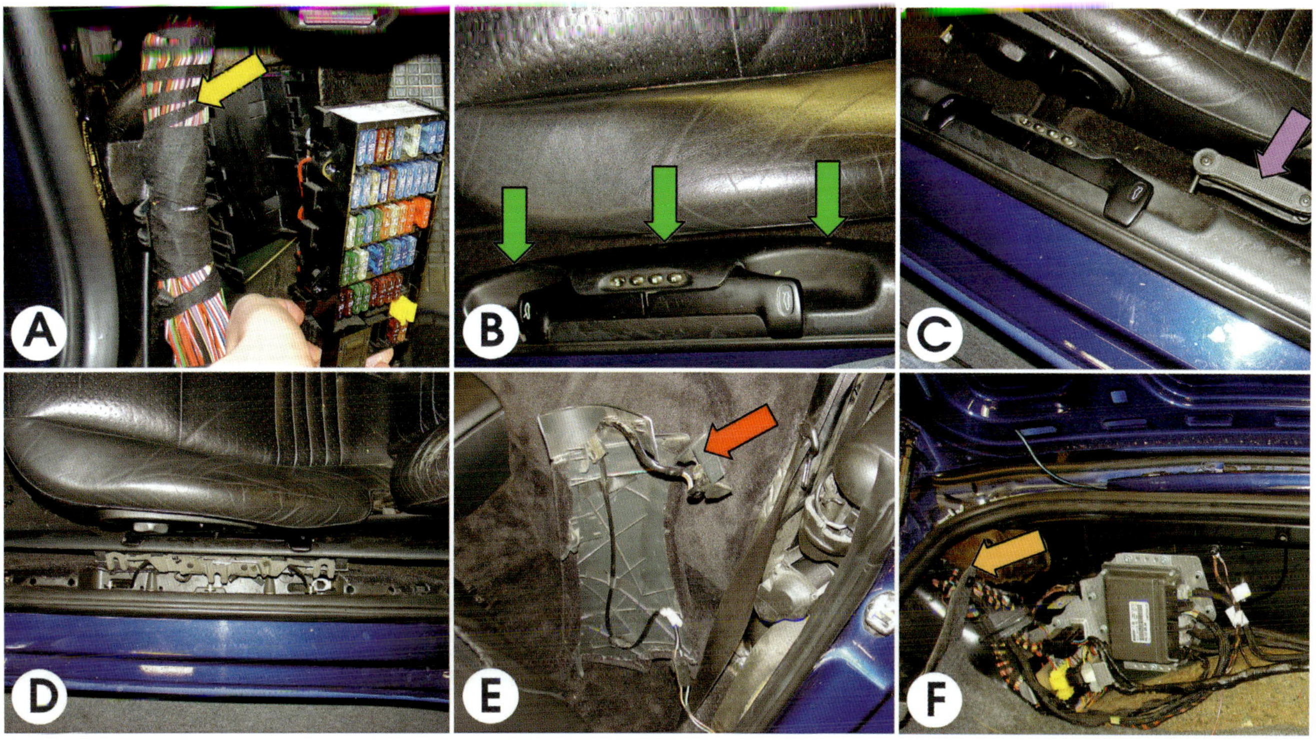

2 Vier Kabel müssen entlang der linken Fahrzeugseite und in den Heckbereich verlegt werden, um die Steuersignale von der Motronic (DME) bis zum Kombiinstrument und zum Tempomat-Lenkstockhebel zu übermitteln. Zuerst binden wir die 4 Kabel zusammen, damit sie leichter an den Kabeldurchgängen durchgeführt werden können. **A:** Die neu am Tempomatstecker angeschlossenen Kabel entlang dem linken Kabelstrang zum Sicherungskasten verlegen. **B:** Die drei Kunststoffnieten lösen, mit denen die Verkleidungen für Motorhauben- und Kofferraumentriegelung befestigt sind. **C:** Halteschrauben der Entriegelung lockern, aber nicht herausdrehen. Hier bietet sich ein Torx-Satz mit Gelenk an (bei manchen Fahrzeugen sitzt hier allerdings eine Sechskantschraube). **D:** Kunststoffverkleidung nach oben ziehen, so dass der gesamte Bereich nach oben weggelegt werden kann. Seilzüge nicht aushängen. Neue Kabel entlang dem vorhandenen Kabelstrang verlegen. **E:** Seitenverkleidung hinter dem Sitz, die den Gurtmechanismus abdeckt, herausnehmen. Hier sitzt ziemlich versteckt eine Kreuzschlitzschraube im unteren Bodenteppichbereich sowie eine 8-mm-Sechskantschraube in Verdecknähe, die ebenfalls gelöst werden müssen (diese Schrauben nicht vergessen, sonst bricht das Teil beim Ausbau). Teppicheinlage mit kräftigem Zug herausnehmen. **F:** Heckkofferraumverkleidung herausnehmen – die Kunststoffbefestigungsteile müssten sich leicht lösen. Kabel am vorhandenen Kabelbaum entlang verlegen. Falls die Kabel durch die Zugangsöffnung für den Hauptkabelstrang hindurchpassen, verlegen wir sie unter der Schaumstoffverkleidung im Verdeckfach und weiter durch eine der Öffnungen im Heckkofferraum. Vorsicht, dass das Ablaufloch nicht versehentlich blockiert wird. Einzelheiten dazu, wie Sie an das Verdeckfach herankommen, siehe Projekt 3.

3 Hier sitzt die Motronic-DME im Heckkofferraum. Ziehen Sie den Stecker IV (40-Pin-Stecker) an der Geräterückseite ab (gelber Pfeil) und bringen Sie die Pins nach der Tabelle im Haupttext an den freien Kontakten an.

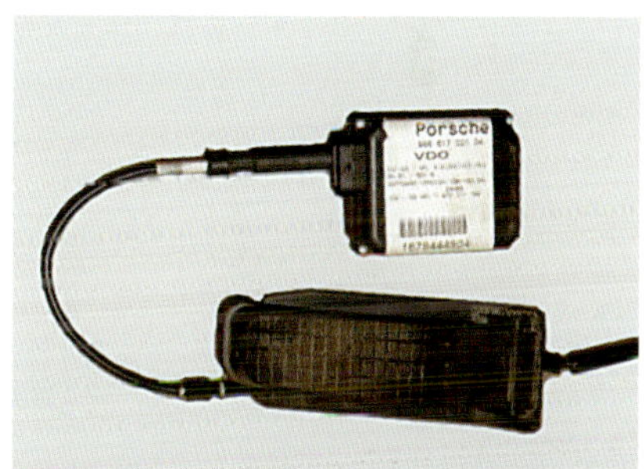

4 So sehen das Tempomat-Servomodul und das Gaspedal des Boxster Modell 1997-1999 mit Gaspedal mit Seilzug aus.

PROJEKT 93

Erneuern der Brems-, Kupplungs- und Tempomatschalter

Zeit/Kosten/Talent: 30 Minuten / ca. 20 bis 45 EUR /

Werkzeuge: Schraubendreher

Relevante Baujahre: Alle

Erforderliche Teile: Neue Pedalschalter

Tipp: Alten Schalter zum Ausbau verdrehen

Arbeitsziel: Funktionierende Bremsleuchten und Tempomat

Ergänzende Arbeitsgänge: Einbau von Aftermarket-Pedalen

Der Boxster ist mit drei Pedalschaltern bestückt: zwei am Kupplungspedal, einer am Bremspedal. Sie werden hart beansprucht und gelegentlich gibt einer von ihnen den Geist auf. Der einfache Austausch ist jedoch in ca. 30 Minuten erledigt.

Beim Bremsschalter überprüfen wir zuerst, ob die Bremsleuchten funktionieren. Ist kein Helfer zur Stelle, warten Sie die Dunkelheit ab und stellen den Wagen mit dem Heck vor eine Wand. Beim Tritt auf die Bremse müsste der Schein der Bremsleuchten an der Wand zu sehen sein. Falls nicht, dürfte der Schalter defekt sein. In diesen Schalter ist allerdings eine Notfunktion integriert und bei defektem Schalter müsste ein Warnsignal ausgelöst werden, allerdings funktioniert dies auch nicht immer.

Am Kupplungspedal sitzen zwei Schalter: ein Schalter steuert den Tempomat (beim Tritt auf die Kupplung schaltet der Tempomat ab), der andere verhindert das Anlassen des Motors, solange die Kupplung nicht getreten ist. Kommt es zu sporadisch auftretenden Problemen beim Anlassen des Motors, überprüfen Sie zuerst den Mikroschalter.

Erstaunlicherweise ist der Tempomatschalter baugleich mit dem Bremspedalschalter, nur ist der Tempomatschalter rot und der Bremspedalschalter braun-transparent. Auf beiden ist die gleiche Teilenummer aufgedruckt.

Die Schalter sitzen über den Pedalen und sind daher recht gut zugänglich. Öffnen Sie die Beifahrertür und inspizieren Sie den Fußraum von unten. Mehr Freiraum erhält man nach Ausbau der Knieverkleidung. Der Austausch ist kinderleicht: Kabelstrang am Schalterende abziehen und Schalter durch Drehen ausbauen. Lässt sich der Schalter nur mit roher Gewalt ausbauen oder zerbricht er beim Ausbau, stört uns dies nicht weiter, denn es wird ja sowieso demnächst ein neuer Schalter montiert. Der Kupplungspedalschalter, der das Anlassen verhindert, ist ein handelsüblicher Mikroschalter und ist mit Schrauben befestigt. Zum Abschluss montieren wir den neuen Schalter und schließen den Kabelstrang wieder an. Dann die Bremsleuchten auf Funktion prüfen und die Knieverkleidung wieder einbauen.

1 Die beiden Schalter am Kupplungspedal: Der gelbe Pfeil zeigt auf den Mikroschalter, der bei nicht getretenem Pedal das Anspringen des Motors verhindert. Der rote Schalter deaktiviert den Tempomat beim Treten des Kupplungspedals.

2 Ein Bild des Bremspedalschalters (grüner Pfeil). Kabelstrang abziehen, Schalter durch Drehen lösen und abnehmen. Links unten sind Brems- und Tempomatschalter zu sehen. Ihr einziger Unterschied ist die Gehäusefarbe.

PROJEKT 94

Einbau eines Sprint Booster für das Gaspedal

Zeit/Kosten/Talent: 30 Minuten / ca. 300 EUR /

Werkzeuge: Keine

Relevante Baujahre: 2000-2008

Erforderliche Teile: Sprint Booster-Modul

Tipp: Bei Nichtgefallen bieten manche Anbieter eine Geld-Zurück-Garantie an.

Arbeitsziel: Schnelleres Ansprechen beim Betätigen des Gaspedals

Ergänzende Arbeitsgänge: Erneuern der Pedalschalter

Der Sprint Booster zählt zu den Bauteilen, die sich mit Worten kaum beschreiben lassen. Im Jahr 2000 stellte Porsche vom althergebrachten Gaszug zwischen Gaspedal und Klappenstutzen auf „Drive-by-wire"-Technik um. Dabei signalisiert ein elektronischer Sensor am Gaspedal dem DME-Hauptcomputer, wie weit der Fahrer das Gaspedal durchtritt, und die DME öffnet dann dementsprechend die Drosselklappe des Klappenstutzens am Motor. Manche Fahrer empfinden – wenn auch eher subjektiv – das Ansprechverhalten des elektronischen Gaspedals (auch als E-Gas bekannt) als träger im Vergleich zum normalen Gaszug.

Am Gaspedal ist ein variabler Sensor angeordnet, der beim Tritt auf das Gaspedal die genaue Pedalstellung erfasst. Diese Position wird vom Computer ausgelesen und für die Öffnung der Drosselklappe im Klappenstutzen verarbeitet. Bei ganz durchgetretenem Gaspedal ist auch der Klappenstutzen bis zum Anschlag geöffnet. Ist das Gaspedal geschlossen, ist auch der Klappenstutzen fast völlig geschlossen (bis auf 6 % Restöffnungswinkel für den Motorleerlauf). Beim Tritt auf das Gaspedal öffnet der Computer den Klappenstutzen in proportionalem Verhältnis dazu, wie viel „Gas" Sie geben – Halbgas bedeutet also, dass der Computer den Klappenstutzen soweit öffnet, dass der Luftdurchsatz der halben Motorvolllast entspricht. Die Korrelation zwischen Gaspedalstellung und Drosselklappenstellung im Klappenstutzen ist freilich nicht linear – bei 50 % durchgetretenem Gaspedal ist der Klappenstutzen nur 27 % geöffnet. Bei 85 % durchgetretenem Pedal ist der Klappenstutzen zu 74 % offen, und bei 100 % durchgetretenem Pedal ist auch der Klappenstutzen zu 100 % offen.

Wie funktioniert nun aber dieser Sprint Booster? Im Prinzip ist er eine Art „Short-Shift"-Kit für das Gaspedal. Die Signale des Gaspedals werden so umgewandelt, dass der Computer glaubt, Sie haben das Gaspedal durchgetreten, noch bevor Sie soweit sind. Vollgas ist damit bereits ungefähr bei der Halbgasstellung des Pedals erreicht. Dies zaubert weder mehr PS herbei noch steigert es die Leistung sonstwie, nur „fühlt" der Wagen sich „spritziger" an.

Dieser Effekt lässt sich kaum erklären, wenn man nicht selbst ein Fahrzeug mit diesem Booster gefahren hat. Kurz gesagt, der Wagen fühlt sich „schneller" an. Nach der Umrüstung ist eine gewisse Eingewöhnung nötig, nach ein paar Tagen kommt einem das neue Fahrgefühl aber völlig natürlich vor.

Ein paar Haken hat der Sprint Booster allerdings. Zum einen der Preis: Mit ca. 210 EUR (www.sprintbooster-online.de) ist er nicht gerade billig. Wer dann trotzdem nicht zufrieden ist (zumal die Funktionsweise des Sprint Booster nicht ganz einfach nachzuvollziehen ist), kann von seinem gesetzlichen Widerrufsrecht Gebrauch machen. Ein weiterer Nachteil ist der drohende Mehrverbrauch. An sich ist es nur folgerichtig, dass ein „elektronischer Bleifuß" mit höherem Verbrauch bestraft wird. Erfahrungsberichte im Internet zeigen allerdings, dass in den meisten Fällen kein nennenswerter Mehrverbrauch beobachtet wurde.

Da es sich hier um eine rein elektronische Modifikation handelt, sei noch erwähnt, dass auch durch die Neuprogrammierung der Kennfelder in der DME (siehe Projekt 24) der gleiche Effekt wie mit dem Sprint Booster erzielt werden kann. Wer sich hierfür interessiert, könnte also vor der Neuprogrammierung den Anbieter des modifizierten Kennfeldes hierzu befragen.

Der eigentliche Einbau ist im Handumdrehen erledigt. Einfach den Stecker am Gaspedal abklemmen und den Sprint Booster dazwischenklemmen, so dass er im Kabelstrang in Reihe geschaltet ist. Das Schwierigste ist dabei, genug Platz unter der Armaturentafel zu finden, um an die Stecker zu kommen (siehe Abb. 1). Die Fotos dieses Fahrzeugbereichs entstanden, ohne dass dazu benachbarte Kabel und Schläuche unter der Armaturentafel entfernt werden mussten, es erfordert allerdings einigen Aufwand.

1 Ein Blick unter die Armaturentafel beim Einbau des Sprint Booster. Der Stecker für das Gaspedal sitzt hoch unter der Armaturentafel; einfach abziehen und den Sprint Booster dazwischenklemmen. Dann den Stecker für die Verbindung zum Rahmen wieder anschließen. Der Sprint Booster ist nun zwischen diesen beiden Steckern geschaltet.

ABSCHNITT 11
ZUSÄTZLICHE ARBEITEN

In diesem Abschnitt sind verschiedene Projekte zusammengefasst, die nicht in die anderen, thematisch klar umrissenen Kategorien passen. Im Projekt „Der persönliche Touch“ finden Sie eine Auswahl besonders interessanter und origineller Nachrüstungen. Weitere Projekte sind dem Nachfüllen der Klimaanlage, Vorbereitungen für den Motorsport, der Wahl von Reifen und Rädern sowie Prüfstandtests gewidmet.

PROJEKT 95
Einbau des Dachtransportsystems (RTS)

Zeit/Kosten/Talent: 2 Stunden / ca. 450 EUR /

Werkzeuge: Im Einbausatz enthalten

Relevante Baujahre: 1997-2004

Erforderliche Teile: Dachtransportsystem (RTS)

Tipp: Adapter von Drittanbietern wie Thule und Yakima können mit diesem Kit kombiniert werden.

Arbeitsziel: Wesentlich größeres Transportvolumen

Ergänzende Arbeitsgänge: Möbel-Großeinkauf bei IKEA!

Das Besondere am Boxster ist, dass er über zwei Kofferräume verfügt – einen vorne und einen im Heck. Nur sind diese beiden Kofferräume in der Summe immer noch kleiner als ein einziger normaler Kofferraum in vielen gängigen Limousinen. Als Ausgleich hierfür bietet Porsche jedoch einen ausgeklügelten Dachgepäckträger (kurz: RTS – Roof Transport System) an, mit dem der Boxster zusätzliche Lasten befördern kann.

Die Montage ist recht einfach, die mitgelieferte Anleitung liest sich allerdings komplizierter als die Montage eigentlich ist. Bei montiertem Dachgepäckträger kann das Verdeck nicht geöffnet oder geschlossen werden, also entscheiden Sie sich besser vorher, ob Sie die Transportfahrt bei offenem oder geschlossenem Verdeck absolvieren möchten. Zu diesem Träger gehören zwei Seitenleisten, zwei Dachleisten und eine Schachtel voller Befestigungsteile und Montagewerkzeuge. Als erstes müssen die vorderen Trägerhalterungen am Fahrzeug montiert werden. Drehen Sie die beiden vorhandenen Schrauben heraus und nehmen Sie die Kunststoffverkleidung ab und bringen Sie die vorderen Halterungen links und rechts am Fahrzeug an. Vorsicht: Lack nicht verkratzen! Abb. 1 zeigt die Einzelheiten. Dann bauen Sie die B-Säulen-Verkleidung ab und befestigen dort die beiden Halter (siehe Abb. 2).

1 Hier ist der vordere Befestigungspunkt für das Dachtransportsystem zu sehen. Unter dem Dichtprofil sitzen zwei Sechskantschrauben, die mit dem mitgelieferten Spezialschlüssel herausgedreht werden müssen. Dann wird der Kunststoff-Abstandshalter durch die Rückseite des Dichtprofils weggeschoben (kleines Bild, unten links). Anschließend den vorderen Halter wie gezeigt mit den mitgelieferten Torx-Schrauben montieren (kleines Bild, oben rechts). Kunststoffverkleidung und die beiden Sechskantschrauben in der Verpackung des RTS einlagern (diese Schachtel enthält verschiedene Fächer, die für die am Fahrzeug abgebauten Kleinteile gedacht sind).

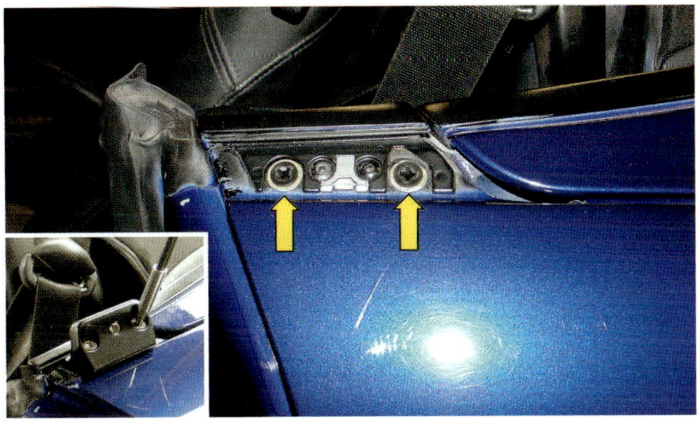

2 Heben Sie mit einem Kunststoffspachtel oder dem zuvor ausgebauten Abstandshalter (siehe Abb. 1) die Abdeckung auf diesem Bereich an und nehmen Sie sie ab. Drehen Sie die beiden durch die Pfeile markierten Kunststoffschrauben vorsichtig heraus. Mit ihnen wird die Abdeckung befestigt, also legen wir sie in der RTS-Kleinteilebox ab. Die Halter für die B-Säule werden an den Stellen montiert, an denen wir zuvor die beiden Schrauben entfernt haben (kleines Bild).

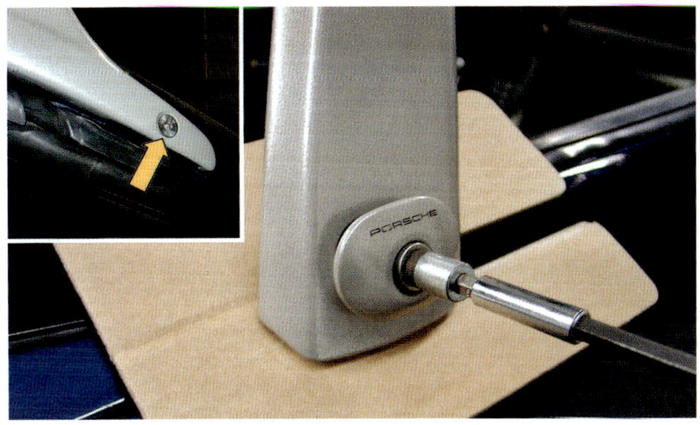

3 Porsche liefert Pappunterlagen mit, mit denen der Lack bei der Montage der Bügel geschützt werden kann. Legen Sie sie um den B-Säulen-Halter und schieben Sie den Bügel in den Halter. Ziehen Sie den exakt positionierten Bügel mit dem Spezialwerkzeug fest. Bei montierter B-Säule bleibt der Bügel stehen, so dass er mit dem Vorderteil verbunden werden kann (orangefarbener Pfeil). Vorgang auf der anderen Seite wiederholen.

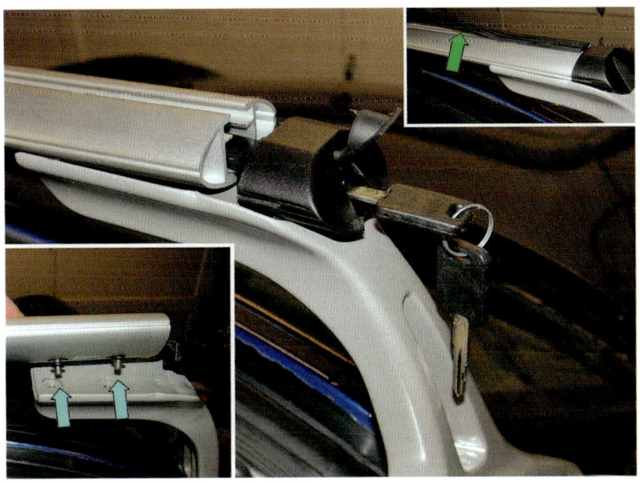

4 Befestigen Sie die Rohrquerträger auf dem Fahrzeug. Entfernen Sie die Endkappen (Schlüssel einsetzen, drehen und mit den Kappen zurückziehen). Nun liegen die Schrauben frei, mit denen die beiden Seitenteile mit dem Bügel (blauer Pfeil) verbunden werden. Mit dem mitgelieferten Schlüssel können die Schrauben durch den oberen Schlitz festgezogen werden. Achten Sie auf die schwarzen O Ringe (an den Schrauben bei den blauen Pfeilen), die die Schrauben gegen Herausfallen aus den Rohren sichern, wenn sie nicht festgezogen sind. Zum Schluss die Kappen auf den Enden des Trägers wieder aufsetzen und mit Schloss und Schlüssel festziehen. Zum Montagesatz gehört auch eine Dichtung, die bei Bedarf in die Nut auf der Oberseite der Leiste eingelegt werden kann.

5 Wenn das Dachträgersystem montiert ist, kann das Verdeck nicht geöffnet oder geschlossen werden, also sollte sicherheitshalber die Sicherung für den Verdeckantrieb entfernt werden. Hier ist der Sicherungskasten bei abgenommenem Kunststoffdeckel zu sehen. Der Sicherungskasten sitzt auf der Fahrerseite in Nähe des linken Fußes des Fahrers. Nehmen Sie den Deckel ab und ziehen Sie Sicherung D3 (roter Pfeil) mit dem kleinen gelben Sicherungsabzieher ab, der am Sicherungskasten angeklemmt sein müsste (gelber Pfeil). Auf der Rückseite des Deckels müsste ein Verzeichnis der Sicherungen und der damit abgesicherten Stromkreise vorhanden sein (Teile-Nr. 996 610 217 XX – die letzten beiden Zahlen variieren je nach Modelljahr). Die werksseitig mitgelieferte „rote Klammer" kann auch zum Verriegeln des geöffneten Verdecks verwendet werden (Teile-Nr. 986 504 986 00). Diese Klammer rastet am Verdeck ein, so dass die Fahrzeugelektronik glaubt, das Verdeck sei bereits geschlossen. Ein weiterer nützlicher Effekt dieser roten Klammer ist, dass sie den Innenraum-Bewegungssensor für die Alarmanlage einschaltet, d.h. der Alarm ertönt, sobald eine Bewegung im Fahrzeuginneren erkannt wird.

6 So sieht das Dachtransportsystem in Verbindung mit dem serienmäßigen Transportkoffer und dem Fahrradträger aus. Auch Fahrradträger und Dachkoffer anderer Anbieter können mit dem Dachträger kombiniert werden; Befestigungsteile muss man selbst zusammenstellen (siehe auch 101Projects.com). *Foto: Mike Rentner*

PROJEKT 96
Deaktivieren des Airbags bei Einbau eines Kindersitzes

Zeit/Kosten/Talent: 1 Stunde / ca. 230 EUR / 🔧🔧

Werkzeuge: Torx-Schraubendrehersatz

Relevante Baujahre: Alle

Erforderliche Teile: Airbag-Abschaltautomatikleiste

Tipp: Soll außerdem der Bordcomputer installiert werden, sollte der Händler diesen gleichzeitig aktivieren.

Arbeitsziel: Kleinkinder können gefahrlos befördert werden.

Ergänzende Arbeitsgänge: Bordcomputer nachrüsten

Viele Porsche-Fahrer, die kleine Kinder haben, werden sich für den Einbau der Airbag-Abschaltautomatik entscheiden, um einen passenden Kindersitz mitnehmen zu können. Die Vorbereitung des Fahrzeugs für die Deaktivierung des Airbags mutet nur auf den ersten Blick kompliziert an, ist aber – wie die nachstehende Beschreibung zeigt – recht einfach.

Die hier verwendete Abschaltautomatikleiste ist im Prinzip lediglich eine Metalltraverse, mit der ein Gurtschloss unten am Beifahrersitz befestigt wird (Teile-Nr. 996 803 083 02). Der Einbausatz von Porsche enthält Leiste und Gurtschloss sowie zwei längere Schrauben, die die vorhandenen Befestigungsschrauben des Beifahrersitzes an der Karosserie ersetzen. Das neue Gurtschloss besitzt einen elektrischen Schalter, der mit einem Stecker unter dem Beifahrersitz verbunden ist. Alle originalen Porsche-Kindersitze sind mit einer Steckzunge ausgerüstet, die mit diesem Gurtschloss zusammengesteckt wird. Bei eingestecktem Gurt wird der Schalter aktiviert und signalisiert dem Airbagcomputer, dass der Airbag im Fahrzeug deaktiviert wird.

Der Einbau ist ein Kinderspiel. Drehen Sie die beiden Torx-Befestigungsschrauben des Sitzes an der Karosserie heraus, schieben Sie die Leiste ein und drehen Sie die neuen Schrauben für die Befestigung von Leiste und Sitz ein. Die Ausrichtung des Gurtschlosses ist in Abb. 2 dargestellt (Einbaueinrichtung beachten!). Schließen Sie den Stecker an dem leeren Steckkontakt an. Zum Abschluss muss mit dem Porsche-Systemtester PST-2 noch die „Kindersitz belegt"-Funktion aktiviert werden. Die – manchmal in Rechnung gestellte – Neueinstellung dauert ca. 5 Minuten.

Ein Haken an dieser Airbag-Abschaltautomatik ist, dass sie nur mit den originalen Porsche-Kindersitzen funktioniert, da diese mit einer speziellen Gurtsteckzunge ausgerüstet sind. Findige Bastler schaffen es aber, einen anderen Sitz mit der Steckzunge eines Porsche-Sitzes an der Sitzunterseite zu kombinieren, z.B. unter Verwendung einer Steckzunge aus einem ausrangierten originalen Porsche-Kindersitz. Wie beim Originalsitz wird dann die Steckzunge beim Einbau des Kindersitzes eingesteckt. Die Deaktivierung des Airbags wird an einer Kontrollleuchte an der Armaturentafel angezeigt (siehe Abb. 1). Die Steckzungen sind nicht ohne weiteres separat aufzutreiben, die TRW-Teilenummern lauten jedoch 33000311 35 06/99680328302 für die Steckzunge sowie 56030A (Teilenummer auf dem Metallteil)/7670842 (Teilenummer auf dem Kunststoff).

Airbags können Leben retten, für Kleinkinder können sie aber zur tödlichen Falle werden. Egal wie Sie Ihren Kindersitz im Fahrzeug einbauen, gehen Sie mit äußerster Vorsicht vor und kontrollieren Sie vor der Fahrt, ob der Airbag auch wirklich deaktiviert ist (Blinkleuchte an der Armaturentafel – siehe Abb. 1). Weitere Informationen zum Einbau des Kinderrückhaltesystems siehe Technisches Rundschreiben 15/98 6923 vom 7.3.2000.

Ab 2005 kam ein ähnliches, aber etwas komplexeres System zum Einbau. Dieses Kindersitz-Befestigungssystem besteht aus Haltevorrichtungen und unteren Befestigungspunkten für die Befestigung zwischen Sitzfläche und Rückenlehne sowie einem Schlüsselschalter für die Deaktivierung des beifahrerseitigen Airbags (Teile-Nr. 997 044 800 15). Ab 2006 wurden die Sitze des Boxster mit einem „Gewichtssensor" ausgerüstet, der den Airbag abschaltet, wenn kein Erwachsener auf dem Sitz sitzt. Allerdings sind diese Sitze mitunter nicht ganz zuverlässig, wenn das Gewicht des Kindersitzes eingerechnet wird, und daher ist die Installation des Schlüsselschalters für die Airbagdeaktivierung zu empfehlen.

1 Dieses Bild zeigt die Leiste mit der Beifahrerairbag-Abschaltautomatik. Das Gurtschloss ist direkt an dieser Metallleiste befestigt. Die Original-Porsche-Kindersitze besitzen eine Steckzunge am Sitzvorderteil (kleines Bild oben rechts). Diese Steckzunge (gelber Pfeil) wird in das Schloss an der Leiste (roter Pfeil) eingesteckt und aktiviert einen Elektroschalter, der den Airbag abschaltet. Der Elektrostecker (blauer Pfeil) muss mit einem freien Steckkontakt unter dem Beifahrersitz verbunden werden. Nach dem Einstecken der Steckzunge leuchtet die Airbagleuchte an der Armaturentafel 10 Sekunden lang intervallartig (bzw. bei Modellen nach Fertigungsdatum 31.3.1999 60 Sekunden lang) und signalisiert damit, dass der Beifahrerairbag deaktiviert ist (grüner Pfeil).

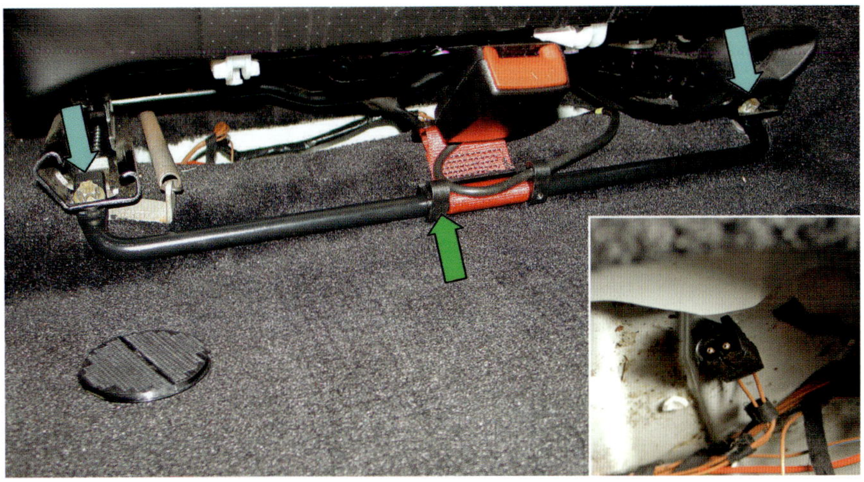

2 Am Beifahrersitz montierte Leiste für die Deaktivierung des Airbags: Die Ausrichtung der Kunststoffklammern am Gurtschloss (grüner Pfeil) ist wichtig. Neue, längere Befestigungsschrauben sind Teil des Einbausatzes, da die Leiste an der Sitzrahmenoberseite befestigt wird (blaue Pfeile). Der Elektrikanschluss für den Airbag liegt unter dem Sitz (Bild unten rechts).

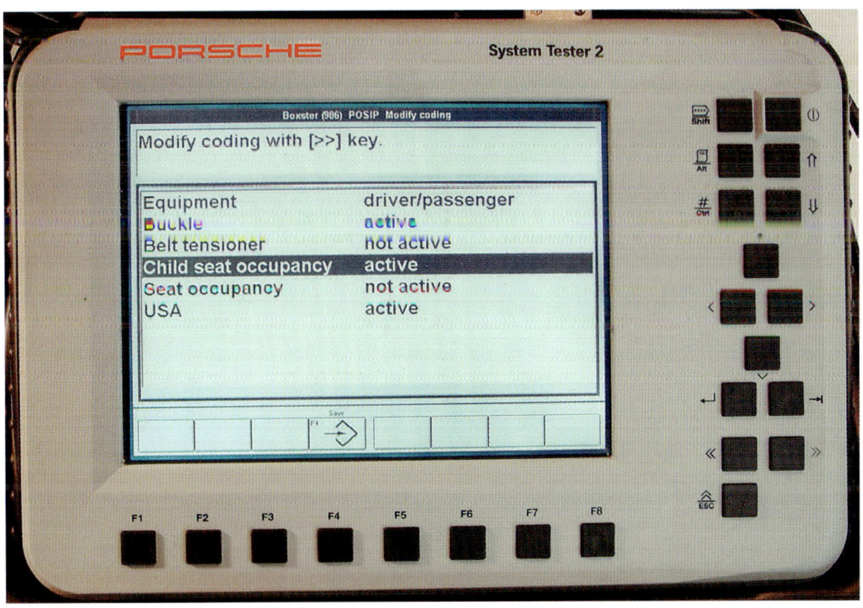

3 Der Porsche Systemtester 2 (PST-2) muss am Fahrzeug angeschlossen werden, um die Einstellung „Kindersitz belegt" im Airbagcomputer des Boxster zu aktivieren. Warum diese Funktion nicht standardmäßig aktiviert ist, ist nicht nachvollziehbar; die Einstellungsänderung dauert 5 Minuten.

PROJEKT 97
Wartung/Nachfüllen der Klimaanlage

Zeit/Kosten/Talent: 1 Stunde / ca. 25 bis 700 EUR /

Werkzeuge: Klimaanlagen-Druckmanometer, spezielle Klimaanlagengeräte

Relevante Baujahre: Alle

Erforderliche Teile: Nachfüllkit für R134a

Tipp: Kein anderes Kältemittel als R134a verwenden

Arbeitsziel: Bessere Kühlwirkung im Sommer

Ergänzende Arbeitsgänge: Hauptantriebsriemen erneuern

Die Klimaanlage ist bei jedem Pkw eine komplizierte Vorrichtung. Wir wollen hier keine Reparaturanleitung für die Klimaanlage geben, sondern lediglich Einblicke in ihre Funktionsweise und grundsätzliche Wartungsarbeiten an der Klimaanlage geben.

Fast alle Klimaanlagen arbeiten nach dem Grundprinzip der Thermodynamik, wonach Wärme von einer wärmeren Fläche zu einer kälteren Fläche strömt. Die Wärme aus dem Fahrzeuginneren wird auf die kalten Metallrippen des Verdampfers übertragen. Das Kältemittel in der Anlage führt die Hitze aus dem Verdampfer in den Verdichter ab. Darauf wird das Gas druckbeaufschlagt, wodurch die Hitze durch den dabei eintretenden Temperaturanstieg des Kältegases konzentriert wird. Dieses Gas strömt anschließend in den Kondensator. Im Kondensator wird das Kältemittel gekühlt und aus dem gasförmigen wieder in flüssigen Zustand überführt. Diese Flüssigkeit strömt in den Sammler-Trockner, in dem in der Anlage entstandener Wasserdampf abgeschieden wird. Der Sammler-Trockner fungiert zugleich als Speicher für nicht benötigtes Kältemittel. Aus dem Sammler-Trockner strömt das Kältemittel in das Expansionsventil, von wo es in den im Fahrzeug montierten Verdampfer gelangt. Hier kann das Kältemittel Wärme aufnehmen und verwandelt sich dabei in ein unter niedrigem Druck stehendes Gas. Bei diesem Verdampfungs- bzw. Siedevorgang des Kältemittels wird Wärme absorbiert, ähnlich wie ein Topf kochendes Wasser, der Wärme von der Herdplatte absorbiert. Beim Wärmeabsorptionsvorgang wird der Verdampfer gekühlt. Ein Gebläse erzeugt einen Luftstrom durch den Verdampfer und in das Fahrzeuginnere und erzeugt damit die Kühlwirkung.

Der Verdichter wälzt das Kältemittel durch die gesamte Anlage um. Die Klimaanlage wird durch eine elektromagnetische Kupplung am Verdichter ein- und ausgeschaltet. Zusätzlich zur Fahrzeugkühlung wird beim Kühlvorgang außerdem der Umgebungsluft Wasserdampf entzogen. Eine kleine Wasserpfütze unter dem Wagen ist als Folge der Kondensation in der Anlage also nichts Ungewöhnliches. Die Thermostatregelung am Verdampfer verhindert ein Einfrieren des Kondensats im Verdampfer (was zu Schäden in der Anlage führen könnte).

Was können wir also zur Wartung und zum Schutz der Anlage unternehmen? Vor allem muss bei Außentemperaturen über + 10 °C die Klimaanlage mindestens einmal wöchentlich zugeschaltet werden, um das Kältemittel in der Anlage umzuwälzen und ein Austrocknen der Dichtringe in der Anlage zu verhindern. Klimaanlagendefekte rühren in erster Linie von Kältemittellecks her und lassen sich durch regelmäßigen Betrieb der Anlage vermeiden.

Der Antriebsriemen auf der Kurbelwelle treibt auch den Klimakompressor an. Bei Verdacht auf Kompressorstörungen sollte zuerst der Riemenzustand überprüft werden. Schalten Sie die Anlage ein und prüfen Sie, ob die elektromagnetische Kupplung einrückt. Wenn nicht, dürfte es Zeit für eine Erneuerung sein. Kontrollieren Sie vor der Erneuerung, ob die Stromversorgung wirklich einwandfrei arbeitet. In der Anlage ist außerdem neben dem Hochdruckabgang im Stirnwandbereich ein Druckschalter montiert, der abschaltet, wenn der Anlagendruck zu hoch oder zu niedrig ist. Überprüfen Sie also bei Störungen an der Klimaanlage den Druck in der Anlage bzw. die Funktion dieses Schalters.

Beim Boxster Modell 1997–2000 können außerdem vom Klimasteuergerät verschiedene Diagnosecodes als Orientierungshilfe bei der Fehlersuche ausgegeben werden. Weitere Einzelheiten sind auf der Website 101Projects.com zu finden.

AUFFÜLLEN DER KLIMAANLAGEN

Das größte Problem an Klimaanlagen ist austretendes Kältemittel. Neubefüllen und Nachfüllen von Kältemittel ist an sich relativ einfach, aber diese Wartungsarbeiten sind stets ein Fall für eine auf Fahrzeugklimaanlagen spezialisierte Fachwerkstatt. Trotzdem im Folgenden einige Hinweise zu diesem Thema: Alle Boxster sind mit dem Kältemittel R134a befüllt, das recht kostengünstig über spezielle Fachhändler erhältlich ist. Die Klimaanlage des Boxster enthält eine Füllmenge von 850 g des der-

zeit noch zugelassenen Kältemittels R134a. Außerdem benötigt der Verdichter für die einwandfreie Funktion ein synthetisches Schmiermittel. Bei der Neubefüllung einer vollständig entleerten Anlage werden 195 ml Kälteöl ND 8 aufgefüllt.

Bei unserem Projektfahrzeug wurde die Anlage mit einem Kältemittelkit der US-Firma Interdynamics befüllt (siehe Abb. 1). Bei laufendem Motor werden die Klimaanlage und das Gebläse auf maximaler Leistung ca. 3 Minuten lang betrieben. Dann wird entsprechend der Anleitung eine neue Flasche Kältemittel an der Schlauch-Manometer-Einheit angeschlossen. Das Manometer wird auf der Niederdruckseite der Klimaanlage angeschlossen (siehe Abb. 2). Beim Umgang mit Kältemittel und dem Manometer gehören eine Schutzbrille und dicke Lederhandschuhe zur Pflichtausstattung. Austretendes Kältemittel kann selbst bei Kontakt mit kleinsten Hautstellen an den Händen Erfrierungen verursachen.

Bei laufendem Motor und auf Maximalleistung arbeitender Klimaanlage wird der angezeigte Druck abgelesen. Bei richtiger Füllung müssten zwischen ca. 1,7 und 3,2 bar angezeigt werden. Bei zu niedrigem Druck sorgt das manuelle Öffnen des Ventils an der Flasche dafür, dass mehr Kältemittel in die Anlage strömt. Die Flasche muss vor dem Anschluss am Manometer ca. 30 Sekunden lang geschüttelt und kopfüber gedreht werden. Außerdem steigt die Manometeranzeige automatisch beim Nachfüllen von Kühlmittel – also muss das Ventil an der Flasche immer wieder geschlossen werden, um zu prüfen, ob der Druck in der Anlage steigt. Steigt der Druck nicht weiter, nachdem eine komplette Flasche nachgefüllt wurde, ist wahrscheinlich eine größere Undichtigkeit an der Anlage vorhanden.

Wurde die Anlage befüllt und mit dem Manometer überprüft, kontrolliert man im Innenraum die Luftaustrittstemperatur an den Düsen. Bei einer einwandfrei arbeitenden Anlage liegt die Temperatur bei ca. 2-3 °C. Bei älteren und schwächeren Anlagen liegt die Temperaturanzeige sehr wahrscheinlich höher. Denken Sie auch daran, dass bei der Kühlung von Luft auf Temperaturen um 2-3 °C der Kompressor immer wieder aus- und einschaltet und die Temperatur deshalb etwas schwankt. Dies deutet nicht auf einen Anlagendefekt hin: Der Kompressor schaltet sich aus, sobald die Temperatur im Verdampfer sich der Gefriertemperatur von Wasser nähert. Dadurch wird verhindert, dass der Verdampfer einfriert und sich durch Eisablagerungen zusetzt.

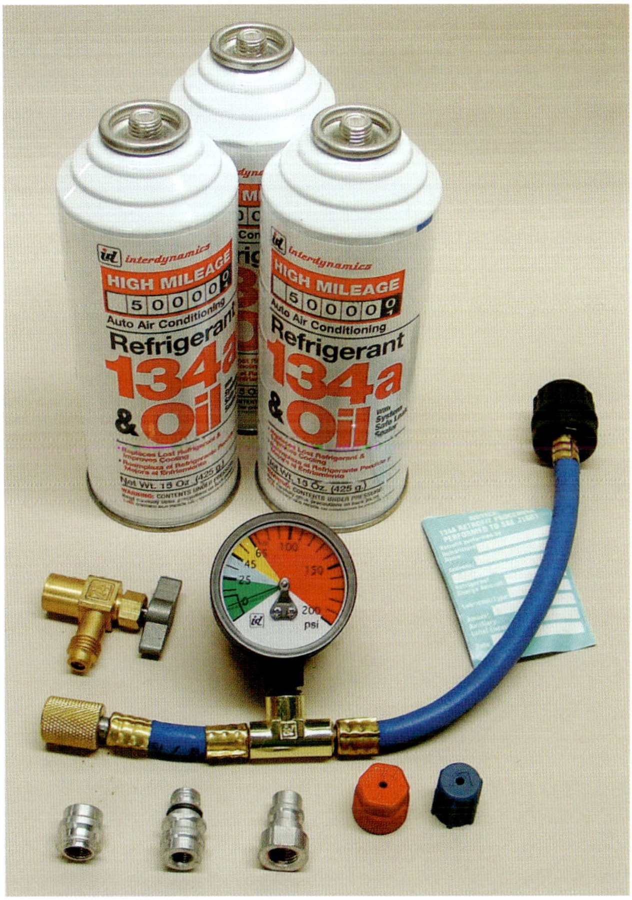

1 Dieser Kit von Interdynamics (USA) mit 3 kleinen Flaschen R134a und Kälteöl eignet sich für die Nachbefüllung von älteren Klimaanlagen mit kleineren Lecks an den O-Ringen. Zum Nachfüllsatz gehören auch ein Flaschenadapterventil, ein Leitungsmanometer sowie mehrere Adapter, die beim Boxster aber nicht benötigt werden.

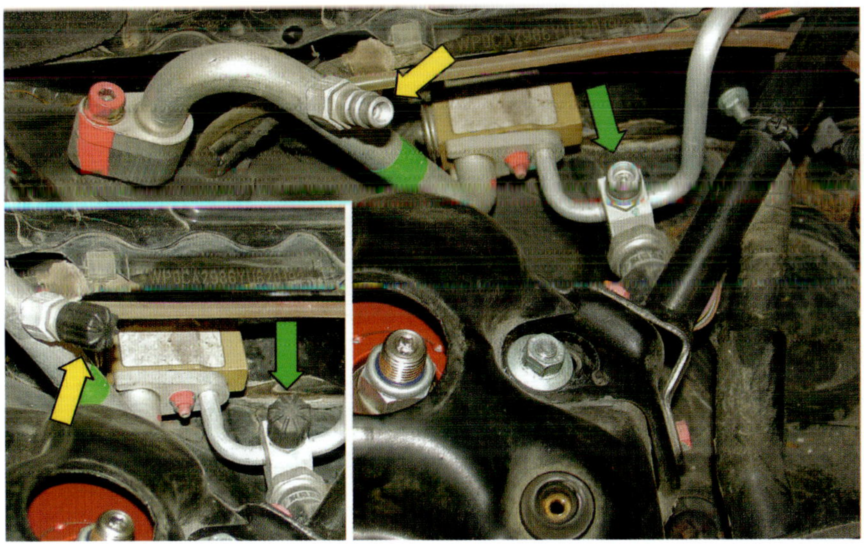

2 Hier sind die Klimaanlagenanschlüsse des Boxster zu sehen. Die Anschlüsse sind normalerweise mit Kunststoffabdeckungen versehen, die einfach abgeschraubt werden (kleines Bild). Die Niederdruckseite – an die Manometer und Kältemittelflasche angeschlossen werden – weist den kleineren Leitungsadapter auf und wird mit der größeren Leitung (gelber Pfeil) verbunden. Die Hochdruckseite – sie dient vor allem für die Kontrolle des Kompressors bei Diagnosetests – ist mit dem größeren Adapter bestückt (grüner Pfeil) und besitzt eine Leitung mit kleinerem Durchmesser.
Aus Sicherheits- und Umweltschutzgründen wird man die Klimaanlagenwartung von einem geeigneten Fachbetrieb durchführen lassen. Bei überschaubaren Kosten wird in der Regel sogar eine Reinigung bzw. Desinfektion der Klimaanlage angeboten, um eventuell vorhandene Pilze, Bakterien, Keime und andere Krankheitserreger sowie unangenehme Gerüche im Fahrzeuginnenraum zu beseitigen.

3 Bei laufendem Motor und zugeschalteter Klimaanlage wird das Manometer am Niederdruckanschluss der Klimaanlage angeschlossen. Die Hochdruckseite besitzt einen größeren Adapter, so dass ein versehentlicher Falschanschluss des Manometers ausgeschlossen ist. Bei angeschlossenem Manometer kann das Ventil vollständig aufgedreht werden und Kältemittel einströmen. Das kleine Bild zeigt, dass der Druck in dieser Klimaanlage genau im Soll liegt – in der Mitte des weißen Bereichs. Bei Arbeiten an Klimaanlagen stets dicke Lederhandschuhe und eine Schutzbrille tragen – Verletzungsgefahr wegen austretendem Kältemittel.

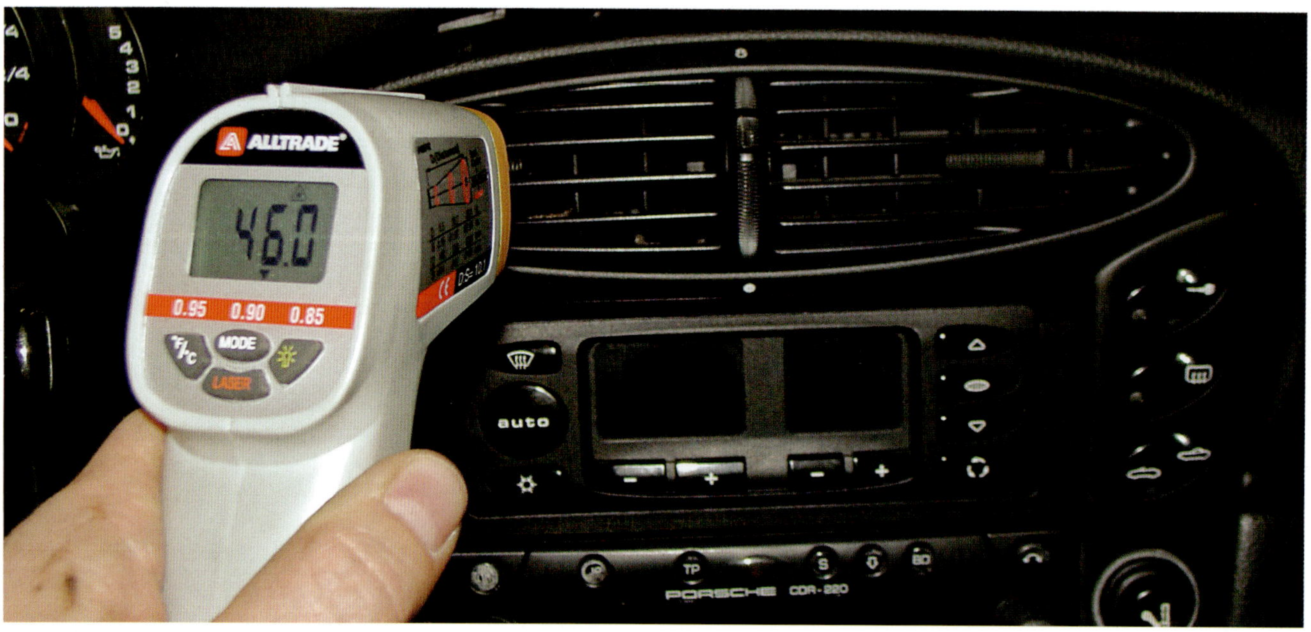

4 Exakte Anzeigewerte liefert ein Digitalthermometer (siehe Bild). Die maximale Kälteleistung einer Klimaanlage hängt von zahlreichen Faktoren ab: Alter, Kältemittelmenge in der Anlage und Zustand von Verdichter und anderen Bauteilen. Bei diesem Boxster Baujahr 1999 mit 130.000 km Laufleistung werden an den Düsen bei voll aufgedrehter Klimaanlage 8 °C (46 °F) gemessen. Die Außentemperatur lag bei dieser Messung bei ca. 20 °C. Eine gegenüber der Umgebungslufttemperatur mindestens rund 10 °C niedrigere Temperatur ist durchaus zu erwarten.

PROJEKT 98

Vorbereitung für den Renneinsatz und Gewichtserleichterung

Zeit/Kosten/Talent: unbegrenzt / unbegrenzt / unbegrenzt

Tipp: Kaufen Sie am besten das unvollendete Projekt eines anderen Schraubers.

Werkzeuge: Alle

Arbeitsziel: Schnellere Rundenzeiten

Relevante Baujahre: Alle

Ergänzende Arbeitsgänge: Kreditrahmen der heimischen „Regierung" beachten!

Erforderliche Teile: Was immer für Geld zu bekommen ist

Im Rahmen der Projekte dieses Buches darf natürlich auch die Vorbereitung des Boxster für den Motorsporteinsatz nicht fehlen. Dank seines relativ geringen Gewichts und der Mittelmotorkonzeption gibt er eine hervorragende Basis für den ultimativen Rundstreckenrenner ab. Zu diesem Thema ließe sich ein ganzes Buch füllen, nachstehend sollen jedoch nur die wichtigsten Umbauten aufgelistet werden, mit denen aus einem Serien-Boxster ein reinrassiges Rennfahrzeug wird:

- Überrollkäfig fest installieren oder Überrollbügelverlängerung für bestimmte Motorsportveranstaltungen montieren (Abb. 1)
- Bremsanlage optimieren (Projekt 52)
- Umrüstung auf einstellbare Stoßdämpfer (Projekt 60)
- Einstellbare Diagonallenker des GT3 nachrüsten (Projekt 58, Abb. 9)
- Umfassende Fahrwerkseinstellung und Radlastenabstimmung für den Rennsporteinsatz
- Verstellbare Stabilisatoren einbauen (Projekt 60)
- Türen und Hauben durch GFK-oder CFK-Teile ersetzen (außerdem GFK-Hardtop montieren)
- Leichtbau-Rennfelgen mit Slicks montieren
- Homologierten Kraftstofftank einbauen
- Feuerlöschanlage einbauen
- Getriebe mit Sperrdifferenzial nachrüsten (Projekt 39)
- Realtime-Datenlogger und/oder elektronischen Bordcomputer nachrüsten
- Rennsitze und 5-Punkt-Sicherheitsgurte einbauen
- Accusump und/oder Deep-Sump-Kit einbauen (Projekt 12)
- MOMO-Lenkrad nachrüsten
- Karosserie und Fahrwerk möglichst abspecken (siehe nächsten Abschnitt)

GEWICHTSREDUZIERUNG

Ohne Maßnahmen zur Gewichtseinsparung wäre kein Projekt zur Vorbereitung für den Motorsport komplett. Ein geringeres Gewicht der rotierenden Motorbauteile macht sich in doppelter Hinsicht bezahlt: Es verringern sich nicht nur die rotierenden Massen, die der Motor auf Drehzahl bringen muss, sondern auch das Gesamtgewicht des Fahrzeugs. Rotierende Massen sind nicht nur im Motor zu finden. Auch durch die rotierenden Elemente im Antriebsstrang (Räder, Getriebezahnräder, Achsen, Bremsscheiben usw.) wird die Fahrzeugleistung erheblich beeinflusst. Leichtere Räder bewirken beispielsweise einen ähnlichen Effekt wie eine Erleichterung des Schwungrades: Der Antriebsstrang beschleunigt schneller hoch und es verringert sich die Gesamtmasse des Fahrzeugs. Deshalb wird beim Erleichtern des Fahrwerks versucht, das Gewicht der Komponenten im Antriebsstrang möglichst weit zu verringern.

Eine geringere Masse der Antriebsstrangkomponenten verspricht zwar die greifbarsten Vorteile, allerdings nur bis zu einer gewissen Grenze. Die Grenze ergibt sich daraus, dass der Antriebsstrang die Leistung auf die Räder übertragen und den Wagen beschleunigen muss. Das Gewicht kann also nicht beliebig reduziert werden, denn der Antrieb darf nicht bis an die Ermüdungsgrenze geschwächt werden. Die zweitbeste Lösung besteht darin, die Bodengruppe des Wagens zu erleichtern. Theoretisch entspräche eine zehnprozentige Verringerung des Gewichts einer zehnprozentigen Steigerung der entsprechenden PS-Zahlen. Bei einem 1500 kg schweren 200-PS-Wagen ist es also womöglich weitaus praktischer, 150 kg am Fahrzeug einzusparen, statt zu versuchen, dem Motor 20 zusätzliche PS zu entlocken.

Wie lässt sich das Gewicht also reduzieren? Ein paar Faustregeln sind auf jeden Fall zu beachten. Zum einen sollte Gewicht an „nicht gefederten" Komponenten entfernt werden. Hierzu zählen die Bauteile, die nicht auf der Federung ruhen, z.B. Längslenker, Dreieckslenker, Bremsscheiben, Räder usw. Die zweitbeste Stelle zur Gewichtseinsparung findet sich an den höchsten Punkten des Fahrzeugs (Seitenscheiben, Windschutzscheibe usw.). Wird hier das Gewicht verringert, wandert der Schwerpunkt des Fahrzeugs nach unten. Weitere Ansatzpunkte sind die Mitte und das Heck des Fahrzeugs, wo beim Boxster Motor und Getriebe sitzen. Steht die reine Leistung im Vordergrund, lässt sich das Gewicht Ihres Porsche durch den Ausbau oder Austausch der folgenden Teile wesentlich reduzieren:

- Gesamte Heizung und Klimaanlage ausbauen
- Fensterheber/Haltestreben in den Türen ausbauen
- Glasteile durch Kunststoffteile ersetzen
- Hauben und Türen durch GFK- oder CFK-Teile ersetzen
- Innenausstattung weitestgehend ausbauen (Bodenteppiche, Türverkleidungen, Innenverkleidung)
- Unterbodenschutz an der Bodengruppe entfernen
- Fahrer-/Beifahrersitz durch Leichtbausitze ersetzen
- Batterie verlegen/durch leichtere Batterie ersetzen (Porsche liefert neuartige Lithiumionenbatterien, die im GT3 debütierten)
- Unnötige Zubehörteile aus dem Frontkofferraum entfernen (Reserverad, Wagenheber usw.)
- Serienstoßfänger durch GFK-Stoßfänger ersetzen
- Stereoanlage, Verstärker und Boxen ausbauen
- Cabrioverdeck ausbauen und durch GFK-Hardtop ersetzen
- Erleichterungs- bzw. Belüftungsbohrungen an den Bremsscheiben anbringen
- Elektrisch verstellbare Außenspiegel ausbauen

Die meisten dieser gewichtssenkenden Maßnahmen sind auch an einem straßenzugelassenen Fahrzeug möglich, müssen aber stets im Hinblick auf ihre Alltagstauglichkeit überprüft werden. Wer auf Klimaanlage und HiFi im Auto Wert legt, wird diese nicht wegen geringfügig höherer Leistung opfern wollen. Ist maximale Leistung freilich das alleinige Kriterium, sollte man kaum glauben, welchen Unterschied eine konsequente Verschlankung des Fahrzeugs machen kann.

1 Überrollbügelverlängerung mit Polsterauflage von Brey-Krause: Dieser Nachrüstsatz war speziell für die Fahrerlehrgänge des Porsche Club of America (PCA) entwickelt worden. Der Serien-Überrollbügel bietet hervorragenden Schutz, allerdings nur, wenn man keinen Helm trägt. Bei vielen Rennläufen ist die Montage der Überrollbügelverlängerung vorgeschrieben, die zusätzlichen Schutz bietet. Diese Verlängerung mit der zugehörigen Polsterauflage ist nicht billig, aber eine gute Investition in die eigene Sicherheit.

2 Für den Einsatz auf Rennstrecken ist ein Überrollkäfig immer ein Muss. Der Einbau sollte durch auf diese Arbeiten spezialisierte Fachleute erfolgen. Der Überrollkäfig sollte auch die notwendigen Befestigungspunkte für einen Schultergurt aufweisen und so gestaltet sein, dass das Boxster-Hardtop (entweder die Stahlversion oder eine gewichtsreduzierte GFK-Ausführung) montiert werden kann.

3 Diese Kinesis K28-Räder zählen zum Optimum reiner Rennfelgen und zu den leichtesten und stabilsten Ausführungen für Rundstreckenrennfahrzeuge. Die Radmitten bestehen aus geschmiedetem Aluminium 6061-T6 und sind mit Felgensegmenten zusammengepasst, die auf CNC-Maschinen gefertigt werden und maximalen Rundlauf gewährleisten. Diese Räder sind nicht nur optisch imposant, sondern ihre Belastungsfähigkeit und Standfestigkeit hat sich auch bei Rennen wie den 24 Stunden von Daytona bewiesen.

4 Ein Blick auf zwei Boxster-Innenräume, die für die Rennpiste ausgeräumt wurden. Beim Wagen links ist vor den normalen Instrumenten ein programmierbarer Anzeigecomputer (Rennsport-Displaysystem, siehe aus www.isa-racing.com) montiert, mit dem alle Fahrzeugdaten und Rundenzeiten gespeichert werden. Beim Fahrzeug rechts wurde der Schalthebel auf einem Eigenbausockel höhergelegt. Dies verringert die notwendigen Handbewegungen des Fahrers, er kann schneller schalten und behält die Hände länger am Lenkrad. Bei beiden Fahrzeugen wurde die übrige Innenausstattung fast komplett entfernt, Brandschutzeinbauten vorgenommen sowie Leichtbausitze, MOMO-Lenkräder und 5-Punkt-Renngurte nachgerüstet.

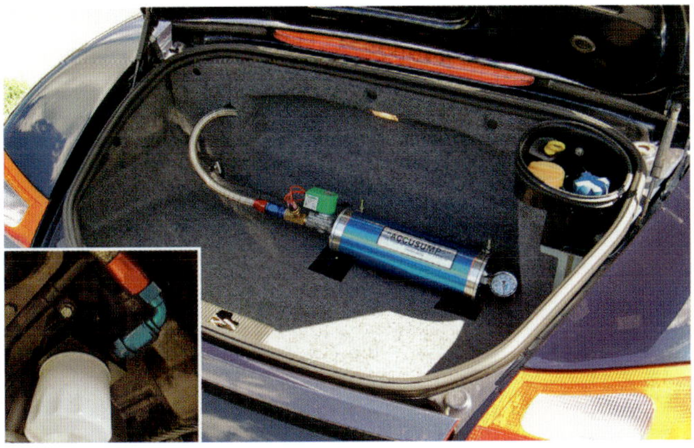

5 Ein nachträglich in einem Boxster-Versuchsfahrzeug montierter Accusump-Druckspeicher. Der Speicherzylinder des Accusump nimmt einen Vorrat an unter Druck stehendem Motoröl auf, das bei Abfall des Öldrucks in den Kreislauf gefördert wird. Der Accusump ist auf der Druckseite des Boxster-Schmierkreislaufs angeschlossen (meist über einen Adapter am Ölfilter, kleines Bild) und wird durch die Motorölpumpe gefüllt. Ein Hydraulikkolben trennt die unter Druck stehende Luftseite und den Öltank voneinander. Auf der Ölseite des Accusump ist ein ventilgesteuerter Auslass angeordnet, der zum Ölkreislauf des Motors führt. Auf der Luftseite sind ein Manometer und ein Luftventil montiert, an dem Druckluft in den Accusump gepumpt werden kann. Diese Nachrüstung gleicht bei Renn-Boxstern das Manko aus, dass die Boxster-Motoren keine Trockensumpfschmierung besitzen.

6 Der Boxster ist einer der idealsten fahrbaren Untersätze für die Rennpiste. Und selbst wer nur eine 2,5-Liter-Version mit Automatikgetriebe sein eigen nennt, erlebt manchmal wahre Wunder. Das Mittelmotorkonzept, die harmonische Fahrwerksabstimmung und die kräftig zupackenden Bremsen machen aus dem Boxster in Verbindung mit dem Tiptronic-Getriebe – das offenbar die speziellen Fahrbedingungen auf der Rennpiste exakt zu erkennen vermag und genau im richtigen Moment schaltet – einen echten Wolf im Schafspelz.

7 Ausladende Heckspoiler sind eines der Markenzeichen reiner Rundstreckenrenner – und es gibt dieses aerodynamische Hilfsmittel in allen Größen und Ausführungen, wobei das Reglement der entsprechenden Klassen die Dimensionen im Prinzip vorgibt. Auf jeden Fall profitieren Boxster-Besitzer mit Rennsportambitionen auch vom Motorsportengagement von Porsche, dank dessen sie auf eine breite Palette von Porsche- und Aftermarket-Spoilern für den Boxster zurückgreifen können. Letzten Endes gilt hier: „Versuch macht klug". Neben der eigenwilligen Lackierung fallen an diesem Fahrzeug die Zentralverschlüsse der Felgen auf.

PROJEKT 99

Der persönliche Touch

Zeit/Kosten/Talent: unbegrenzt / ca. 1-10.000 EUR /

Werkzeuge: Unbegrenzt

Relevante Baujahre: Alle

Erforderliche Teile: Was immer im Katalog steht

Tipp: Teilemärkte und Markentreffen sind eine Fundgrube für manch interessante Objekte, mit denen sich Ihr Boxster weiter individualisieren lässt.

Arbeitsziel: Unbegrenzt

Ergänzende Arbeitsgänge: Auto waschen!

Wer für ein Buch wie das vorliegende die Bildauswahl zusammenstellt, begegnet im Laufe der Jahre unzähligen Umbauten und Verfeinerungen an den unterschiedlichsten Boxstern. Nicht alle sind unbedingt als optischer Gewinn zu werten, aber die persönliche Note kann man diesem Umbauten nicht absprechen. Ob nun neue Räder oder ein individuell modifizierter Spoiler montiert werden, jede nur denkbare Bastelei ist an einem Boxster bereits irgendwo mit unglaublichem zeitlichem und finanziellem Aufwand versucht worden. Dieses Projekt soll einige Anregungen für individuelle Umbauten geben. Viele der dafür verwendeten Bauteile finden sich auch in den einschlägigen Online-Katalogen, u.a. bei PelicanParts.com.

1 Eine optische Aufwertung der Innenausstattung ist nie verkehrt. Porsche und verschiedene Zubehörfirmen bieten nahezu alle Bestandteile der Innenausstattung in echter Kohlefaserausführung (siehe Bild). Für die komplette Neuausstattung des Innenraums werden dann aber schnell 5000 Euro oder mehr fällig. Kostengünstiger ist da eine Kohlefaseroptik (meist mit Folie oder Lackschicht bezogene Teile), die für einen Bruchteil des Preises die perfekte optische Illusion bietet. Nicht jedermanns Sache, aber auf jeden Fall preiswert.

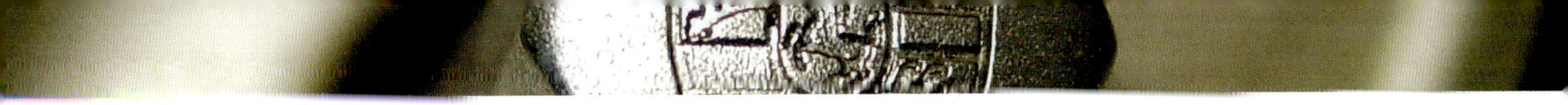

2 Chromzierringe für die Boxster-Anzeigeinstrumente erfreuen sich großer Beliebtheit. Sie bestehen üblicherweise aus extrudiertem Alu und werden mit einer extra haftfesten Klebstoffschicht auf den Außenringen der Instrumente aufgeklebt. Die Instrumente liegen permanent im Blickfeld des Fahrers, also kann eine gewisse optische Gefälligkeit nicht schaden.

3 Die Innenausstattung eines 996 Carrera, wie er ab Werk geordert wurde: Zwar kein Boxster, aber viele Teile der Innenausstattung passen auch in den Boxster. Ungewöhnlich aber interessant sind die roten Sicherheitsgurte (Sonderausstattung für damals ca. 450 EUR), das Porsche-Prägewappen in der Kopfstütze sowie die silbernen Lehnenrückseiten und Mittelkonsole (je ca. 500 EUR pro Einzelteil). So attraktiv die silberfarbene Mittelkonsole auch ist – besonders robust ist sie nicht und verkratzt sehr leicht, weshalb sie schon bald etwas mitgenommen aussieht.

4 Pedalumbauten beim Boxster: Achten Sie aber darauf, dass die Nachrüstpedale festen Halt für den Fuß bieten. Die hier gezeigten Pedale sehen sehr sportlich aus, sind für manche Fahrgewohnheiten aber womöglich zu glatt – vor allem, wenn man Schuhe mit Ledersohlen trägt. Pedale mit integrierten rutschfesten Gummiprofilen sind praktischer.

5 Dieses Foto des Boxster Spyder von 2010 dient als Anschauungsmaterial, denn viele der hier gezeigten Designverfeinerungen können auch für die älteren Baujahre übernommen werden. Die 19-Zoll-Felgen machen sich in Kombination mit den roten Bremssätteln besonders gut. Auch der PORSCHE-Schriftzug auf den Seitenflanken, wie er Anfang der 1970er Jahre beim 911 verbreitet war, wirkt hier außerordentlich stimmig. Die Speedster-Motorhaubenbuckel, wie sie zuletzt als Werksoption beim Boxster zu sehen waren, feierten beim Spyder ein Comeback.

6 Beim Boxster können die Spoiler außerordentlich ausladend geraten (siehe Projekt 80). Dieser Spoiler ist eine Maßanfertigung (wie fast alles an diesem Boxster). Der aufstellbare Spoiler des Boxster ist nicht jedermanns Sache – manch einer empfindet ihn als etwas unelegant.

7 Eines der kleinsten Designdetails am Porsche sind Ventilkappen mit Porsche-Logo für die Reifen. Dieses Werkszubehör hat das gewisse Etwas und ist unter den Teilenummern PNA 705 001 99 (silberfarbenes Wappen) oder PNA 705 002 00 (mehrfarbiges Wappen) lieferbar

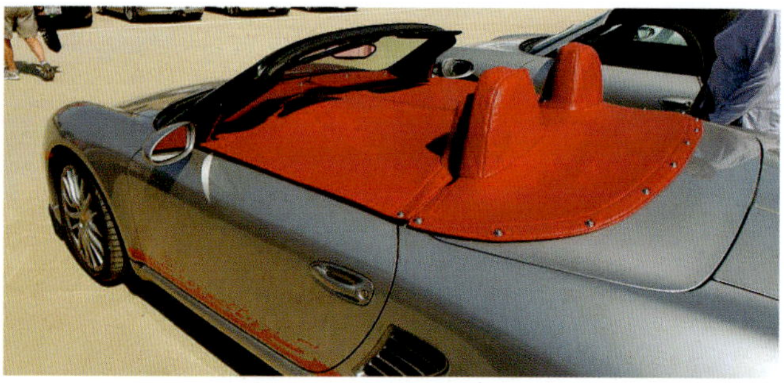

8 Die Persenning soll den Innenraum ihres Boxster schützen. Ursprünglich ein beliebtes Zubehör des 356 Speedster und in montiertem Zustand immer eine Augenweide. Für Auspacken und Einbau sind allerdings mehrere Minuten erforderlich – viel mehr als die 35 Sekunden, die das Öffnen des Verdecks erfordert. Bei Fahrzeugtreffen und Ausstellungen ist dieses Accessoire jedoch ein garantierter Hingucker.

9 Dieser optisch am Speedster angelehnte Boxster wurde wiederholt verfeinert, unter anderem durch die radikale Amputation des Verdecks. Stattdessen werden Verdeckkasten und Motorraum durch eine einfache Abdeckplane verschlossen.

10 Wer sich an seinem Boxster sattgesehen hat, könnte ihn mit einem kompletten „Body Kit" aufhübschen. Manche der im Handel angebotenen Kits sind stilistisch eher fragwürdig, nett ist jedoch z.B. der „Streetster GT" von Patritti Rennsport Design. Augenfällig sind hier die subtilen Designanleihen bei verschiedenen anderen erfolgreichen Porsche-Modellreihen. Hauptscheinwerfer und Stoßfänger erinnern an den 997 Turbo, die seitlichen Lufteinlässe sind eine Reverenz an den legendären Carrera GT, und das Heck ist dem Styling der Marke Ferrari nicht unähnlich.

11 Der Porsche Cayman wartet mit einem völlig neu gestalteten vorderen Stoßfänger auf. Mit geringem Aufwand kann auch ein späterer Boxster (ab Modell 2005) mit einem Stoßfänger in Cayman-Optik veredelt werden. Durch entsprechende Verkabelung lassen sich auch die Nebelscheinwerfer aktivieren. Boxster mit dieser neuen Front fallen auf den ersten Blick überhaupt nicht auf, denn die Änderungen wirken absolut werksoriginal.

12 Noch eine individuelle Note am Boxster: Nach dem Vorbild des in Abb. 5 gezeigten Boxster Spyder aus dem Jahr 2010 wurde hier ein Mittelstreifen (in Anlehnung an die Rallyestreifen vieler früherer Sportfahrzeuge) über Karosserie und Hardtop (Projekt 69) gezogen und der PORSCHE-Schriftzug entlang der Türunterkante angebracht.

PROJEKT 100
Bestimmung der Reifen- und Felgengrößen

Zeit/Kosten/Talent:
4 Stunden / ca. 270-900 EUR /

Werkzeuge: Flexibler Steckschlüssel

Relevante Baujahre: Alle

Erforderliche Teile: Neue Reifen, neue Ventile

Tipp: Fragen Sie einen Freund, der genau die von Ihnen favorisierte Reifen-Felgen-Kombinationen besitzt, ob er sie Ihnen für eine Testfahrt leiht.

Arbeitsziel: Gute Reifen sind für Handling und Bremsverhalten unverzichtbar.

Ergänzende Arbeitsgänge: Umrüstung auf größere oder leichtere Räder!

An diesem Projekt wirkten verschiedene Mitglieder in Internetforen als Ideenlieferanten für die besten und beliebtesten Reifen-Felgen-Kombinationen am Boxster mit. Dabei zeigte sich einmal mehr, dass Umbauten und leistungssteigernde Maßnahmen bei allen Boxster-Fans sehr beliebt sind. Die nachstehenden Aussagen sollen daher lediglich eine Orientierungshilfe für die persönliche Entscheidungsfindung bieten.

Vornweg ein paar grundsätzliche Anmerkungen zur Bereifung: Über Größe und Konstruktion der Reifen ließen sich Bände schreiben, daher beschränken wir uns auf die Grundlagen. Die Größenbezeichnungen der Reifen folgen den visuellen Proportionen des Reifens. Diese Proportionen ergeben sich aus der Reifenhöhe im Verhältnis zur Reifenbreite. Eine gängige Reifengröße ist beispielsweise 195/65R15. Die Zahl 195 bezieht sich auf die Reifenbreite in Millimetern. Die zweite Zahl gibt die Reifenhöhe als Prozentwert der Breite an. 65 Prozent von 195 ergeben dann eine Reifenhöhe von ca. 127 mm. Der Buchstabe nach der Höhen- und Breitenzahl kennzeichnet den Reifen als Radialreifen; der Buchstabe für die maximal zulässige Höchstgeschwindigkeitsklasse (z.B. H oder V, früher bei Radialreifen an dieser Stelle als HR oder VR angegeben) findet sich heute zusammen mit der Tragfähigkeitskennziffer des Reifens nach der Angabe des Reifen-/Felgengröße in Zoll.

R = 170 km/h	V = 240 km/h
S = 180 km/h	W = 270 km/h
T = 190 km/h	Y = 300 km/h
U = 200 km/h	Z = 240 km/h und mehr
H = 210 km/h	

Unnötig zu erwähnen, dass ein guter ZR-Reifen für Fahrer, die keine Selbstmordambitionen hegen, mehr als ausreichend sein dürfte. Die letzte Zahl unseres Beispiels bezeichnet den Felgendurchmesser in Zoll. 15 entspricht also einer 15-Zoll-Felge.

Nicht minder wichtig bei der Reifenwahl ist das Reifenprofil. Die Auswahl richtet sich in erster Linie danach, wie Sie Ihren Porsche überwiegend fahren. Da die meisten Boxster im Winter bevorzugt in der Garage bleiben und Fahrzeuge, die ausschließlich im Motorsport bewegt werden, in erster Linie mit profillosen Rennreifen („Slicks") ausgestattet sind, kommt für die meisten Besitzer ein qualitativ hochwertiger Markenreifen infrage. Das Angebot an Reifenmodellen würde den Rahmen dieses Projekts bei weitem sprengen. Gute Übersichten über aktuell empfehlenswerte Hochleistungsreifen mit maximaler Aufstandsfläche bieten entsprechende Tests in Fachmagazinen. Wer auf seinen Boxster auch im Winter nicht verzichten möchte, der muss wie bei jedem anderen Fahrzeug auch einen geeigneten M+S-Reifen mit der vorgeschriebenen Kennzeichnung aufziehen. Reifenempfehlungen gibt auch der Hersteller Porsche selbst: Unter www.porsche.com/germany/accessoriesandservices/porscheservice/vehicleinformation/reifenfreigaben finden sich die aktuellsten Informationen zu diesem Thema.

Ein weiterer wichtiger Faktor sind Reifenverschleiß und Traktion. Der Reifenverschleiß bezieht sich auf die durchschnittliche Kilometerleistung, die mit dem Reifen zurückgelegt werden kann, bevor er abgefahren ist. Ein Reifenverschleißindikator 100 bedeutet, dass die Reifen ca. 45.000 bis 50.000 km halten dürften. Die Indikatorzahl 80 bedeutet eine ca. 20 % niedrigere Laufleistung, also ca. 35.000 bis 40.000 km. Natürlich ist die Profilabnutzung bei jedem Fahrzeug und je nach Fahrgewohnheiten des Fahrers anders, die grundsätzlichen Klassifikationen ermöglichen jedoch einen guten Vergleich unterschiedlicher Rei-

fenmarken und Reifenausführungen. Je härter die im Reifen verarbeitete Gummimischung ist, desto höher ist die Lebensdauer. Harter Gummi bedeutet allerdings geringere Traktion. Güteklasse A ist bei der Traktion das Optimum. Derartige Reifen bieten gute Fahrbahnhaftung, verschleißen allerdings meistens schneller als Reifen mit Traktionsklasse B oder C.

Neben dem Reifenverschleiß ist bei der Reifenwahl noch ein weiterer Faktor zu berücksichtigen. Die meisten Reifen halten allein schon aufgrund des natürlichen Alterungs- und Versprödungsprozesses des Reifengummis nicht unbegrenzt. Es bringt wenig, einen für 50.000 km Laufleistung ausgelegten Reifen zu kaufen, wenn man nur 4000 oder 5000 km im Jahr zurücklegt. Nach 10 Jahren ist der Gummi möglicherweise rissig und jenseits der Sicherheitsgrenzen versprödet, selbst wenn noch reichlich Profiltiefe vorhanden ist. Dieser Aspekt sollte auch beim Kauf eines lange Jahre nur wenig oder gar nicht gefahrenen Fahrzeugs bedacht werden. So gut das Reifenprofil noch ist, so ist der Reifengummi vielleicht doch bereits ausgetrocknet und unbrauchbar. Zeigen sich in den Seitenflanken Alterungsrisse, können die Reifen durch die beim Fahren einsetzende Erwärmung platzen. Ein Reifenplatzer ist immer heikel und kann dazu führen, dass das Fahrzeug schlagartig unlenkbar wird.

Welche Reifen und Felgen passen also auf den Boxster? Letzten Endes hängt dies von der Felgenkonstruktion und der Felgeneinpresstiefe (Offset) sowie von der bevorzugten Reifengröße ab. Zudem ist im Geltungsbereich des TÜV zu beachten, welche Reifen- und Felgengrößen (bzw. -kombinationen) für Ihr Fahrzeug eingetragen bzw. eintragungsfähig sind. Angesichts der unzähligen auf dem Markt erhältlichen Kombinationen können diese nicht auf einigen wenigen Seiten dokumentiert werden. Die nachstehende Seite zeigt eine Collage unterschiedlicher Räder, die am Porsche montiert werden können. Die Vorlagen dafür lieferten diverse Boxster und Carrera 996, die bei verschiedenen Markentreffen in den USA fotografiert wurden.

Noch mehr Möglichkeiten bieten sich, wenn ursprünglich nicht für dieses Modell konzipierte Räder mithilfe von Distanzringen passend gemacht und montiert werden. Nabenzentrierte Distanzringe sind dabei zu empfehlen, da sie auf der Radnabe durch eine präzisionsbearbeitete Zentrierbohrung geführt werden – anders als nur auf den Radbolzen zentrierte Distanzringe (siehe Projekt 52, Abb. 6).

Bei manchen älteren Exemplaren richten sich die in Frage kommenden Reifengrößen auch nach dem Fahrzeugzustand; manchmal ist das Fahrwerk an allen Rädern perfekt ausbalanciert, manchmal besteht aufgrund eines Unfallschadens oder einer durchhängenden Karosserie ein gewisses Links-Rechts-Ungleichgewicht.

Wer beim Boxster auf größere Felgendurchmesser umstellen möchte, für den sind bei 18-Zoll-Felgen vorne 225/40/R18 und hinten 265/35/R18 die wohl geeignetste Kombination. Bei 19-Zöllern bieten sich 225/35/R19 vorne und 260/30/R19 hinten an. Unterschiedliche Reifen wirken und verhalten sich je nach zugehöriger Felge völlig unterschiedlich, daher sollten Sie die Empfehlungen eines erfahrenen Reifenhändlers einholen. 20-Zoll-Räder passen auch an einen Boxster, allerdings sind die Reifen dann derart dünn, dass Fahrkomfort und Handling erheblich beeinträchtigt sind. Über 19-Zöller sollten Sie also nicht hinausgehen. Bewährt haben sich u.a. die 18-Zoll-Sport Design-Räder, die BBS als Porsche-Originalzubehör u.a. für den Boxster liefert. Erwähnenswert ist in diesem Zusammenhang auch das Technische Rundschreiben von Porsche, in dem vor der Montage von 18-Zoll-Rädern am Boxster des Jahrgangs 1997 gewarnt wurde, da die frühen Boxster-Bodengruppen noch nicht die Verwindungssteifigkeit des Modells 1998 und seiner Nachfolger erreichten.

Mit zunehmender Felgenbreite nimmt auch die Zahl der passenden Reifen zu. Ob die Reifen tatsächlich in den Radausschnitt passen, richtet sich nach der Art des Felgen-Offset am Rad und der Reifengröße. Unter Offset (Einpresstiefe) versteht man den Abstand der Radmitte zum Rand des Montageflansches auf der Radnabe. Unterschiedliche Felgen mit unterschiedlicher Einpresstiefe beeinflussen die Wahl der möglichen Größen erheblich, vor der Montage der Reifen sollten also die Einpresstiefen der Felgen geklärt werden. Besonders im Hinblick darauf, dass Porsche optisch sehr ähnliche Räder für Boxster und 996 Carrera anbot, sollte man beim Kauf gebrauchter Räder auf dieses wichtige Details achten!

Dass für den Einsteiger in dieses Thema das Bild damit nicht unbedingt klarer wird, verwundert kaum. Der Palette der in Frage kommenden Reifengrößen scheinen kaum Grenzen gesetzt. Erkundigen Sie sich bei der Suche nach passenden Reifengrößen daher auf jeden Fall auch bei Markenkollegen oder in Porsche-Foren im Internet. Verschiedene spezialisierte Websites bieten Informationen zu geeigneten Reifen-Felgen-Kombinationen. Porsche führt eigene Tests an Aftermarket-Reifen durch und veröffentlicht Empfehlungen für die Boxster. Diese Informationen stehen bei Händlern zur Verfügung.

1 Egal welche Räder Sie montieren, der Schutz Ihrer Anschaffung durch einen Satz abschließbarer Radbolzen kann nie schaden. Die vom Werk angebotenen Versionen sehen nicht gerade toll aus und sind daher nicht wirklich zu empfehlen. Boothe Design (www.boothedesign.com) liefert qualitativ hochwertige Nachrüstsätze mit Mutternschlössern und hochglanzpolierten Radbolzen, die dem Boxster schon besser stehen.

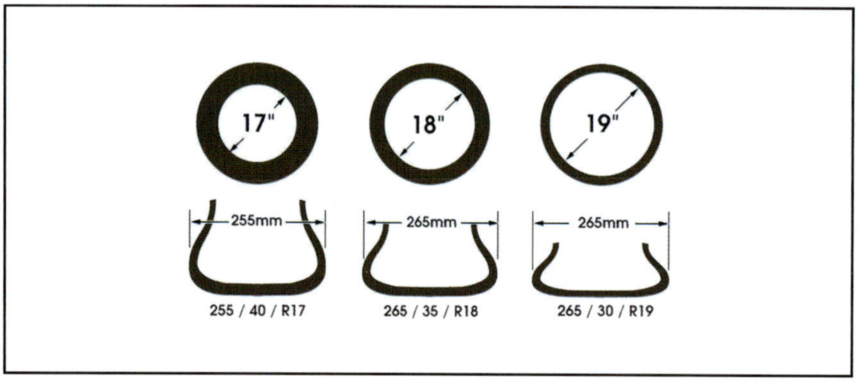

2 So ändern sich die Reifenproportionen je nach Felgengröße. Der Außenumfang des Rades sollte sich nicht ändern, da dies nicht nur das Handling beeinflusst, sondern auch zu abweichenden Tachoanzeigen führt. Eine größere Felge bedingt also einen niedrigeren Reifenquerschnitt. Bei Reifen mit niedrigerem Querschnitt ist das Luftpolster unter dem Fahrzeug kleiner, was meist dem Fahrkomfort abträglich ist. Die hier abgebildeten Hinterradvarianten sind beim Boxster gängig. Als bester Kompromiss aus Optik, Fahrverhalten und Fahrkomfort bieten sich 18-Zoll-Räder an.

3 Polierte Radschraubenköpfe verleihen den Rädern des Boxster den letzten Schliff. Bei der Montage dieser Radschrauben sind Stecknüsse mit weicher Kunststoffummantelung empfehlenswert, mit denen die Radmuttern ohne Verkratzen der Felgenaußenflächen montiert werden können. Wirken die Radnabenabdeckungen bereits etwas mitgenommen, können sie mit sehr feinkörnigem Schleifpapier vorsichtig aufgearbeitet werden. Notfalls werten ein paar neue Kunststoffabdeckungen den optischen Eindruck ungemein auf.

PROJEKT 101
Prüfstandtests

Zeit/Kosten/Talent: 2 Stunden / ca. 90 EUR /

Werkzeuge: Rollenprüfstand

Relevante Baujahre: Alle

Erforderliche Teile: Keine

Tipp: Wer mit mehreren Schrauberkollegen einen Prüfstand für mehrere Läufe bucht, kann bares Geld sparen.

Arbeitsziel: Prüfung, ob Ihr Wagen seine volle Leistung erreicht

Ergänzende Arbeitsgänge: Motor einstellen

Welches Schrauberhandbuch wäre komplett ohne einen Abschnitt über Testläufe auf dem Leistungsprüfstand? Vereinbaren Sie in einer Werkstatt, die über einen entsprechenden Prüfstand verfügt, einen Termin für einen Prüfstandslauf und eine genaue Leistungsmessung Ihres Fahrzeugs. Der Testablauf ist relativ kompliziert und Detaillierungsgrad und Genauigkeit der Daten sind nicht immer gleich, nachstehend aber einige grundlegende Informationen zu diesen Prüfläufen.

Wie ist ein Prüfstand technisch aufgebaut? Kurz gesagt, ein Prüfstand misst die Leistung Ihres Motors. Generell sind zwei Ausführungen der Prüfstände zu unterscheiden: Motorenprüfstände, auf denen ein Motor montiert und seine Leistung gemessen wird, und Rollen- bzw. Bremsprüfstände, auf denen die Leistung an den Antriebs- bzw. Hinterrädern gemessen wird. Am verbreitetsten sind Rollenprüfstände für die Leistungsmessung an den Rädern. Sie fahren das Fahrzeug auf die Rollen und beschleunigen mit Vollgas bis zur Drehzahlgrenze. Dann kuppeln Sie und die Rollen unter den Rädern laufen aus. Durch große Gebläse und Regeleinrichtungen werden die Testbedingungen möglichst konstant gehalten, um die Vergleichbarkeit der einzelnen Prüfstandläufe zu erreichen. Auf dem Prüfstand wird eine Last am Fahrzeug angelegt, wie sie in ähnlicher Form durch Luftreibung bei hoher Geschwindigkeit auf der Straße wirken würde. Durch die Messung dieser Last in Verbindung mit der Gesamtdrehzahl des Fahrzeugs kann ein Diagramm der vom Fahrzeug abgegebenen Leistung erstellt werden.

Drehmoment/Motorleistung. Der Rollenprüfstand misst die an den angetriebenen Rädern abgegebene Leistung. Das Drehmoment ist ein Maß für die Rotationskraft und korreliert mit der Gesamtleistung des Motors. Die Motorleistung (in PS) entspricht folgender Formel, die auf einer älteren englischen Norm basiert:

PS = Drehmoment x Drehzahl/5252

Dies ergibt eine Leistungsgleichung, bei der 1 Pferdestärke (PS) als 33000 ft-lb/min = 1,014 DIN-PS = 745,7 W definiert wird. Dies entspricht auch der PS-Definition der US-SAE (Society of Automotive Engineers).

Daneben existieren noch andere PS-Definitionen. Meist wird die Leistung in neueren Dokumenten in Kilowatt (kW) ausgedrückt. 1 PS entspricht 0,746 kW. Porsche gibt seine Motorleistungen üblicherweise in DIN-PS bzw. DIN-kW an. 1 DIN-PS wird definiert als die Leistung, die erbracht werden muss, um einen Körper auf der Erde (bei Erdbeschleunigung 9,80665 m/s²) mit der Masse m = 75 kg in einer Sekunde um einen Meter anzuheben. Bei den nach den heutigen SAE-Prüfbedingungen gemessenen Leistungen (SAE net) entspricht 1 SAE-PS genau 0,98629 DIN-PS; die beiden Zahlenwerte sind also näherungsweise vergleichbar.

Daneben ist der Begriff „Brems-PS" gebräuchlich. „Brems-PS" steht für die am Motorschwungrad ohne Verluste durch den Antriebsstrang oder elektrische und mechanische Verbraucher abgegebene Leistung unter idealen Bedingungen hinsichtlich Kraftstoffzufuhr und Motoreinstellung. Die Brems-PS entsprechen also ungefähr den Brutto-PS-Angaben.

Messung der Kraftstoff-Luft-Gemischzusammensetzung. Zusätzlich zur Messung von Ausgangsdrehmoment und Drehzahl kann auf manchen Prüfständen auch das Kraftstoff-Luft-Gemisch überwacht werden. Damit lassen sich die Gemischtabellen in einem motorenspezifischen Kennfeld genau auf die Leistungsabgabe einstellen (siehe Projekt 24). Zeigt sich beispielsweise, dass der Motor bei 4500/min zu mager läuft, kann das Einspritzgemisch in diesem Bereich angefettet und damit ein idealer Verbrennungsablauf erreicht werden. Damit steigt auch die abgegebene Motorleistung.

Ergebnisse des Prüfstandlaufs. Am Prüfstand wird ein Diagramm der PS-Leistung über der Drehzahl erstellt. Anhand dieses Diagramms lassen sich die Höchstleistung und das maximale Drehmoment ermitteln. Auch die vom Motor abgegebene Höchstleistung kann daran abgelesen werden.

Bei einem Sechszylinder in einem Boxster liegt diese Höchstleistung üblicherweise im oberen Drehzahlbereich um 6000/min an. Nach Erreichen der Höchstleistung fällt die Motorleistung

rapide ab, sobald der Drehzahlbegrenzer zuschaltet und die Zündung unterbrochen wird.

Vergleichbarkeit der Ergebnisse. Ein Nachteil der Prüfstandtests ist, dass sie häufig nicht exakt miteinander vergleichbar sind. Die Umgebungsbedingungen spielen bei Messunterschieden eine erhebliche Rolle, ebenso der Umstand, dass die Kalibrierung großer Prüfstände nicht ohne weiteres möglich ist. Testläufe auf demselben Prüfstand mit demselben Fahrzeug können daher an unterschiedlichen Tagen unterschiedliche Ergebnisse liefern. Selbst die Hersteller der Prüfstände räumen ein, dass ein Prüfstand am Standort A Ergebnisse liefern kann, die um 5 bis 10 % von den Ergebnissen auf einem baugleichen Modell am Standort B abweichen. Da dieser Wert beim Vergleich von Prüfständen unterschiedlicher Hersteller noch höher sein kann, ist die aussagefähige Vergleichbarkeit der Prüfstandsläufe doch erheblich beeinträchtigt.

Wichtig ist bei Prüfstands-Leistungsangaben auch der spürbare Einfluss der Umgebungsbedingungen, wie u.a. Temperatur, Luftfeuchtigkeit, Meereshöhe. Da viele dieser Bedingungen täglichen Schwankungen unterliegen, liefern mehrtägige Prüfstandsläufe häufig unterschiedliche Ergebnisse.

Optimierung des Motors. Wie bereits erwähnt, ist ein Prüfstandtest abgesehen vom Erfassen reiner Prüfstandzahlen nur bedingt aussagefähig. Der eigentliche Nutzen der Prüfstandtests liegt in der Möglichkeit, damit den betreffenden Motor zu optimieren. Vor allem für Software-Flashes für das elektronische Steuergerät (ECU, siehe Projekt 24) sind umfangreiche Prüfstandläufe notwendig, um die optimalen Betriebsparameter für die Kennfelder von Kraftstoff-Luft-Zusammensetzung und Zündzeitpunkt zu ermitteln. Das gleiche Verfahren wurde auch im Werk für die Optimierung und Programmierung der Bosch-Motronic-Kennfelder im serienmäßigen Motormanagementsystem eingesetzt.

Um die optimale Leistungsausbeute zu erreichen, müssen mehrere Prüfstandläufe bei unterschiedlichen Motorparametern (Einstellung, Gemischzusammensetzung, Verstellkennlinie usw.) absolviert werden. Erst nach sorgfältiger Auswertung der Daten lassen sich die für das Motormanagementsystem am besten geeigneten Werte ermitteln. Durch die Messung der Leistungsabgabe am Motor kann das Treibwerk dahingehend optimiert werden, dass er auch tatsächlich die maximal mögliche Leistung abgibt.

Verluste im Antriebsstrang. Da das Fahrzeug beim Prüfstandlauf auf Rollen läuft, wirken hier Kräfte, die das Fahrzeug abbremsen und die Leistung zwischen Schwungrad und Antriebsrädern reduzieren. Zu diesen Verlusten im Antriebsstrang zählen Reibung im Getriebe, Verluste durch leicht schleifende Bremsscheiben sowie Reibung in den Radlagern. Die Antriebsstrangverluste betragen beim Boxster üblicherweise ca. 15 %, allerdings kann sich dieser Wert durch Eingriffe am Fahrwerk erhöhen oder verringern. Mithilfe eines komplizierten Berechnungsprozesses im Prüfstand können die Verluste im Antriebsstrang berechnet werden, indem die Zeitdauer gemessen wird, die für das Abbremsen der Prüfstandrollen nach dem Kuppeln benötigt wird. Anhand dieser Berechnung lässt sich näherungsweise die Leistungsabgabe am Schwungrad ermitteln.

Getriebeabstufung. Einer der Vorteile der Prüfstandtests ist die Möglichkeit, die Getriebeübersetzungen auf die genaue Leistungscharakteristik des Motors abzustimmen. Je nach dem Punkt, an dem die Maximalleistung zur Verfügung stehen soll, können die 5 oder 6 Gänge des Getriebes kürzer oder länger übersetzt werden. Aus den Ergebnissen der Prüfstandtests lassen sich für jeden Drehzahlbereich Leistungswerte ermitteln und die Getriebeabstufung entsprechend abstimmen.

Softwareprüfstände. Diese Software wird am OBD-II-Diagnoseport des Boxster angeschlossen und ermöglicht anhand verschiedener Faktoren eine näherungsweise Ermittlung von Leistung und Drehmoment. In der für die Überwachung von OBD-II-Funktionen vorgesehenen AutoEnginuity-Software ist auch ein sehr guter Prüfstand-Emulator integriert. Anhand vorprogrammierter Profile für den Boxster ermöglicht er außerordentlich genaue Vorhersagen der Motorleistung (Näheres siehe Projekt 20).

1 Ein mit Turbolader nachgerüsteter Boxster vor dem Prüfstandlauf: Teil der Tuningmaßnahmen am Motor waren hier ein Turbowerx-Doppelturbo mit Ladeluftkühler, ECU-Reflash, längenabgestimmte Fächerkrümmer, EVO-Kaltluftansauganlage und TechArt-Schalldämpfer. Bei diesem Testlauf wurde der Wagen langsam über den gesamten Drehzahlbereich beschleunigt und alle relevanten Daten aufgezeichnet. Die Prüfbedingungen wurden mithilfe von Gebläsen und Lufttemperatur-/Luftfeuchtemessgeräten genau eingeregelt, um konstante Prüfbedingungen während den Prüfstandläufen zu gewährleisten.

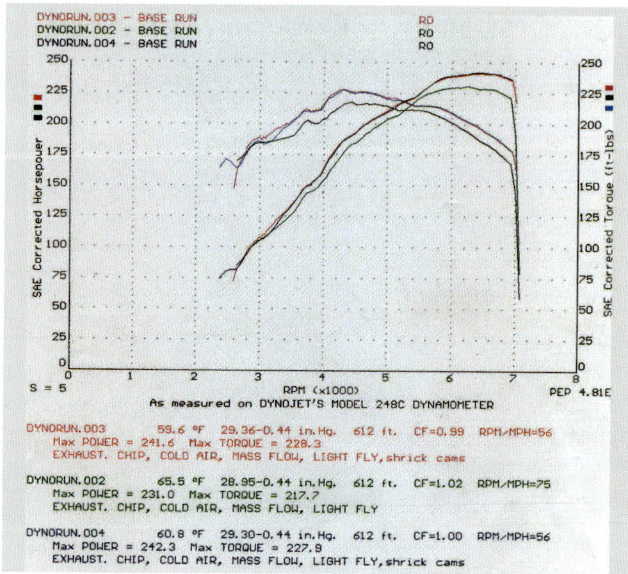

2 Prüfstanddiagramm aus drei separaten Läufen. Die Kennlinie gibt eine Höchstleistung von ca. 242 PS an den Hinterrädern an. Wie die parallel laufenden Kennlinien anzeigen, bewegen sich PS und Drehmoment durchweg in ungefähr gleichem Verhältnis zueinander.

JETZT KOSTENLOS
PROBELESEN!
PORSCHE
FAHRER
DEUTSCHLANDS GRÖSSTES UNABHÄNGIGES PORSCHE MAGAZIN
992
SPORT CLASSIC
BACK TO BÜRZEL
Essenz des Elfers
911 S
Besuch beim Werksfahrer
André Lotterer
Restaurierung ohne Eile
356 Pre A 1500
Fordern Sie jetzt Ihr kostenloses
und unverbindliches Probeexemplar
mit dem Code Boxster2023 an:
www.pf-magazin.de/probeheft
Infos zum Magazin, News aus Zuffenhausen,
Gewinnspiele und Bestellmöglichkeit
unter www.porsche-fahrer.de
ALLE 2 MONATE NEU